Forschungen zur Europäischen Integration

Reihe herausgegeben von

Andrea Lenschow, Kultur- und Sozialwissenschaften, Universität Osnabrück, Osnabrück, Deutschland

Susanne Schmidt, InIIS, Universität Bremen, Bremen, Deutschland

Ingeborg Tömmel, Fachbereich Sozialwissenschaften, Universität Osnabrück, Osnabrück, Deutschland

In dieser Reihe werden Monographien und Sammelbände zur Erforschung der Europäischen Integration veröffentlicht. Zentrale Themen der Reihe sind das politische System der EU sowie Policymaking und Governance im europäischen Mehrebenensystem.

Der erstgenannte Themenkreis umfasst Analysen des europäischen Institutionengefüges in seiner horizontalen und vertikalen Dimension (Mehrebenensystem) sowie der vielfältigen Interaktionen zwischen Institutionen und Akteuren, die sowohl innerhalb des Systems als auch von außen Einfluss ausüben. Der zweitgenannte Themenkreis bezieht sich auf die Politiken der Union, wobei deren Initiierung und Ausgestaltung auf der europäischen Ebene und ihre Umsetzung in den Mitgliedstaaten im Vordergrund stehen. Zudem bildet die Governance europäischer Politik einen zentralen Fokus.

In der Reihe finden sowohl stärker theoretisch orientierte Studien als auch fundierte empirische Analysen Berücksichtigung.

Weitere Bände in der Reihe https://link.springer.com/bookseries/12354

Viktoria Brendler

Die Implementation europäischer Erneuerbare-Energien-Politik

Der Einfluss nationaler Institutionen und Interessen auf die EU-Rechtsumsetzung

 Springer VS

Viktoria Brendler (iD)
Universität Osnabrück
Osnabrück, Deutschland

Dissertation am Fachbereich Kultur- und Sozialwissenschaften der Universität Osnabrück sowie an der Fakultät Wirtschafts- und Sozialwissenschaften der Hochschule Osnabrück. Gefördert durch ein Promotionsstipendium vom Land Niedersachsen und der VolkswagenStiftung.

ISSN 2627-6267   ISSN 2627-6291   (electronic)
Forschungen zur Europäischen Integration
ISBN 978-3-658-37530-0   ISBN 978-3-658-37531-7   (eBook)
https://doi.org/10.1007/978-3-658-37531-7

Die Deutsche Nationalbibliothek verzeichnet diese Publikation in der Deutschen Nationalbibliografie; detaillierte bibliografische Daten sind im Internet über http://dnb.d-nb.de abrufbar.

Planung/Lektorat: Stefanie Eggert
Springer VS ist ein Imprint der eingetragenen Gesellschaft Springer Fachmedien Wiesbaden GmbH und ist ein Teil von Springer Nature.
Die Anschrift der Gesellschaft ist: Abraham-Lincoln-Str. 46, 65189 Wiesbaden, Germany

Vorwort

Dieses Buch wurde im Dezember 2020 als kooperative Dissertation an der Universität Osnabrück und der Hochschule Osnabrück eingereicht. Gefördert wurde die Dissertation im Rahmen des Projekts *Net Future Niedersachsen* an der Hochschule Osnabrück vom Land Niedersachsen und der VolkswagenStiftung. Ich bedanke mich für das Promotionsstipendium, das ich im Rahmen dieses Projekts erhalten habe und das diese Dissertation ermöglicht hat.

Mein herzlicher Dank gilt auch meinen Kolleg:innen an der Hochschule Osnabrück und dem gesamten *Net Future*-Team. Ich danke insbesondere meinem Doktorvater Prof. Dr. Dominik Halstrup, mit dem ich zur Steuerung des Netzausbaus forschen durfte und von dem ich fachlich wie persönlich eine Menge mitgenommen habe. Ein großes Dankeschön geht zudem an Juliette Große Gehling und Dimitrij Umansky – nicht nur waren die Diskussionen mit euch sehr bereichernd, ich danke euch auch für eure Freundschaft. Dr. David Knollmann hat mir mit seiner Erfahrung noch einmal Mut gemacht, als ich mich in der Abschlussphase meiner Dissertation befand.

An der Universität Osnabrück danke ich ganz herzlich meiner Doktormutter Prof. Dr. Andrea Lenschow. In meinem ersten Semester an der Universität, im Bachelorstudiengang Europäische Studien, hat Andreas Vorlesung zum politischen System der EU mir einen Eindruck von der Komplexität der Europäischen Integration vermittelt und damit mein Interesse an der Europäischen Union noch weiter bestärkt. Einige Jahre später habe ich mich als Doktorandin vorgestellt und Andrea hat mich dankenswerterweise schnell unter ihre Fittiche genommen. Ich danke dir sehr für die sorgfältige Auseinandersetzung mit meiner Arbeit und deine freundliche Betreuung! Ich danke auch meinen Kolleg:innen am Lehrstuhl für Europäische Integration für die angeregten und konstruktiven Diskussionen in allen Stadien meiner Dissertation. Ich erinnere mich besonders an wichtige

Nachfragen von Linda Mederake, Franziska Meergans, Magdolna Prantner und Dr. Almut Schilling-Vacaflor, die mir geholfen haben, mein Research Design weiter festzuzurren. Ich möchte mich auch bei Dr. Jan Pollex bedanken, der mir stets den Weg gewiesen hat, wenn ich mal wieder durch den administrativen Promotionsdschungel geirrt bin.

Ein großes Dankeschön gilt auch dem Zentrum für Promovierende und Postdocs (ZePrOs) an der Universität Osnabrück, dessen zahlreiche Workshopangebote mich in allen Phasen der Promotion fachlich und persönlich bestens begleitet haben. Ein ganz besonderes Format war dabei der Schreibworkshop, organisiert von Dr. Andju Giehl und Hanna Wüller. Gerade in der Abschlussphase war dies für mich eine sehr bereichernde Erfahrung. In diesem Sinne geht auch tausend Dank an meine Tandempartnerin Hannah Erk, die sich mit Freude durch meine Kapitel gearbeitet hat und viele hilfreiche Anmerkungen für mich hatte – der Austausch mit dir hat mich auf den letzten Metern des Schreibprozesses noch einmal richtig beflügelt!

Ich danke auch denjenigen, die mich beim Einlaufen in die Zielgerade angefeuert haben. Durch die anregende Zusammenarbeit mit Prof. Dr. Eva Ruffing fiel es mir leichter, die Promotionsphase auch gedanklich abzuschließen und mich als Postdoc neuen Themen und Projekten zuzuwenden. Ich danke auch meinem Weggefährten in der Disputationsphase, Dr. Martin Weinrich. Ebenso bedanke ich mich bei den weiteren Mitgliedern meiner Prüfungskommission, Prof. Dr. Daniel Mertens und Prof. Dr. Hajo Holst.

Zu guter Letzt danke ich den Menschen, die mich persönlich begleitet und unterstützt haben, allen voran meinem Mann, Lars Brendler, der beispielsweise als Versuchskaninchen für meine Vorträge herhalten musste und mit dessen Hilfe ich alle Höhen und Tiefen der Promotionsphase gemeistert habe. Ich möchte mich auch bei Thomke Lena Bögenhold bedanken, deren Freundschaft mir in einer persönlich schwierigen Phase Halt und Zuversicht gegeben hat. Ein großer Dank gilt zudem meinen Eltern – für euer Vorbild und alles, was ihr mir ermöglicht habt. Meiner Mutter möchte ich schließlich ganz besonders danken, denn sie war und ist stets meine größte Cheerleaderin!

In liebem Andenken an Alexander Musika, Ella und Paul Gauß und Elisabeth (Lisa) Martens.

Osnabrück   Viktoria Brendler
Januar 2022

Inhaltsverzeichnis

Abbildungsverzeichnis

Tabellenverzeichnis

Einleitung

Im Frühjahr 2007 traf der Europäische Rat eine richtungsweisende Entscheidung und einigte sich auf die 20-20-20-Ziele. Damit wurde festgelegt, dass bis zum Jahr 2020 die Treibhausgasemissionen gegenüber 1990 um 20 % gesenkt, die Energieeffizienz um 20 % gesteigert und EU-weit ein Anteil von 20 % erneuerbarer Energien erreicht werden sollten (Rat 2007). Auf dieser Grundlage formulierte die Europäische Kommission ein Legislativpaket, welches den europäischen Gesetzgebungsprozess vergleichsweise schnell durchlief und im April 2009 formal verabschiedet wurde. Mit dem Klima- und Energiepaket erging auch die Richtlinie zur Förderung von Energie aus erneuerbaren Energiequellen (2009/28/EG), welche fortan die Grundlage europäischer Erneuerbare-Energien-Politik bildete.[1] Als Richtlinie war sie nicht direkt wirksam, sondern musste zunächst in nationales Recht überführt und auch praktisch von den Mitgliedstaaten umgesetzt werden – ein besonderes Augenmerk galt dabei den verbindlichen nationalen Zielwerten bis 2020, die laut Anhang I der Richtlinie 2009/28/EG vorgegeben waren.

Problemaufriss: Mitgliedstaatliche Implementation als potenzielles EU-Steuerungshemmnis
Die Steuerungs- und Problemlösungsfähigkeit der Europäischen Union hängt davon ab, inwiefern die EU-Mitgliedstaaten europäische Politik korrekt, vollständig und fristgerecht umsetzen (Knill und Lenschow 1999). Insofern ist nicht nur

---

[1] Eine Aktualisierung erfolgte aufgrund des Beitritts der Republik Kroatien, durch die Richtlinie 2013/18/EU. Zudem gab es 2015 eine Anpassung der Biokraftstoffregelungen durch die Richtlinie 2015/1513. Für den Zeitraum nach 2020 wurde im Jahr 2018 eine Nachfolgerichtlinie formuliert, die Richtlinie 2018/2001 des Europäischen Parlaments und des Rates vom 11. Dezember 2018 zur Förderung der Nutzung von Energie aus erneuerbaren Quellen.

V. Brendler, *Die Implementation europäischer Erneuerbare-Energien-Politik*, Forschungen zur Europäischen Integration, https://doi.org/10.1007/978-3-658-37531-7_1

die Phase des EU-Policymaking, sondern auch die Phase der mitgliedstaatlichen Implementation von hohem Interesse für Politik und (Politik-)Wissenschaft. Mit anderen Worten, „crucial decisions that may decide on the success or failure of a particular policy are regularly taken at the implementation stage" (Treib 2014: 5).

Dies gilt umso mehr für Bereiche, in denen der EU-Policy-Output aufgrund von Kompromisslösungen bereits ein geringeres regulatorisches Niveau aufweist, als zur Problemlösung notwendig. So lässt sich das Klima- und Energiepaket einerseits als politischer Erfolg feiern (Fischer 2011: 94; Oberthür und Pallemaerts 2010: 52), besonders im Kontext der bis dato eher zähen gemeinsamen Energiepolitik sowie der ins Stocken geratenen Integrationsdynamik (Kapitel 5). Andererseits bestehen Zweifel, inwiefern damit den gesetzten Klimaschutzzielen genügt wurde (Adelle et al. 2012: 26). Sollte es der EU nicht gelingen, eine effektive Problemlösung herbeizuführen, hätte dies (auch) negative Folgen für ihre (Output-)Legitimität (Schmidt 2013). Will die EU also den von ihr angestrebten klima- und energiepolitischen Wandel erzielen, so bedarf dieser neben einem entsprechenden regulatorischen Output unbedingt der mitgliedstaatlichen Compliance. Allerdings ist aus der EU-Implementationsforschung bereits bekannt, dass die mitgliedstaatliche Implementation von EU-Recht bzw. die mitgliedstaatliche Compliance mit europäischen Vorgaben diverse Schwächen und Probleme aufweisen (Hartlapp und Falkner 2009; Haverland et al. 2011).[2] Beispielsweise kann es zu verpassten Umsetzungsfristen, einer lückenhaften rechtlichen Transposition oder aber einer inadäquaten praktischen Umsetzung kommen. Letzteres bedeutet, dass in der Praxis nicht eingehalten wird, was rechtlich gilt – Falkner et al. (2008) sprechen hier von *Living Rights* vs. *Dead Letters*. Kurzum, die Implementation von EU-Recht birgt auf mehreren Ebenen Stolperfallen. Eine zentrale Frage innerhalb der EU-Implementationsforschung lautet daher: Welche Einflussfaktoren sind es, die eine erfolgreiche mitgliedstaatliche Umsetzung von EU-Recht begünstigen oder erschweren? Warum wird eine EU-Policy in einem Mitgliedstaat erfolgreich umgesetzt, in einem anderen nicht (Varianz *zwischen* den Mitgliedstaaten) und weshalb werden bestimmte Policies in einem Mitgliedstaat erfolgreich umgesetzt, andere Policies jedoch nicht (Varianz *innerhalb* eines Mitgliedstaates)?

---

[2] In Anlehnung an Treib (2008b, 2014) wird unter Implementation insbesondere der Prozess der Umsetzung verstanden, wohingegen mit Compliance speziell das Outcome gemeint ist, d. h. die letztendliche EU-Rechtskonformität.

EU-Implementationsforschung: Erklärungsansätze für die Varianz mitgliedstaatlicher Implementation

Die Ursachen für mitgliedstaatliches Implementationsversagen können vielfältig sein. Die in der EU-Implementationsforschung sowie innerhalb angrenzender Forschungsbereiche diskutierten erklärenden Variablen lassen sich grob drei Perspektiven zuordnen (ausführlicher in Kapitel 2): (1) einer verwaltungszentrierten Perspektive, (2) einer institutionenzentrierten Perspektive und (3) einer akteurzentrierten Perspektive. Die erklärenden Variablen können dabei auf europäischer wie nationaler Ebene verortet werden (Tab. 1.1). Aus *verwaltungszentrierter* Sicht geht es primär um rechtliche und administrative ‚Effizienzfaktoren' (Treib 2014). So kann beispielsweise die Formulierung einer EU-Policy mehr oder weniger günstig für die anschließende Implementation sein (Dimitrakopoulos 2001; Zhelyazkova 2012); auf nationaler Ebene kommen u. a. die Kapazitäten nationaler Bürokratien als mögliche Einflussfaktoren zum Tragen (Berglund et al. 2006; Mbaye 2001). Aus *institutionenzentrierter* Perspektive wird dagegen argumentiert, dass die Kompatibilität bzw. der *fit* von europäischen Modellvorgaben und bestehenden nationalen Arrangements für Compliance vs. Non-Compliance ursächlich sei (Börzel 2000b; Knill und Lenschow 1998); auf nationaler Ebene komme potenziell eine unterschiedlich ausgeprägte Reformfähigkeit hinzu (Bursens 2002), z. B. bedingt durch eine hohe Anzahl von Vetospielern (Haverland 2000). *Akteurzentrierte* Ansätze beziehen sich zum einen auf das Verhältnis von mitgliedstaatlichen Positionen und europäischen Zielen (Thomson et al. 2007; Zhelyazkova 2013), zum anderen auf nationale Interessenkonstellationen, d. h. die relative Macht und die Präferenzen nationaler politischer, administrativer und gesellschaftlicher Akteure (Berglund 2009; Dimitrova und Steunenberg 2017; Treib 2008a) oder das jeweilige Konfliktniveau (Bähr 2006; Dimitrova und Rhinard 2005).

Insofern bietet der Forschungsstand zum Thema eine Vielzahl möglicher Anhaltspunkte. Empirisch konnte sich allerdings keiner dieser Ansätze abschließend durchsetzen. Allen soeben angerissenen Einflussfaktoren können empirische Beiträge zugeordnet werden, in denen ihre jeweilige Relevanz bestätigt (oder aber widerlegt) wurde. Hinzu kommen Fragen nach potenziellen Interaktionseffekten erklärender Variablen sowie nach möglichen einschränkenden Bedingungen. So ist denkbar, dass manche Faktoren in bestimmten Ländern oder Ländergruppen einen erheblichen, in anderen einen geringen oder keinen Einfluss auf die Implementation nehmen (Falkner et al. 2005; Falkner et al. 2007b). Gleichfalls könnte es politikfeldspezifische Unterschiede geben, die wiederum unterschiedliche ‚Implementationslogiken' bedingen und damit einen übergreifenden Vergleich erschweren (Haverland et al. 2011).

Tab. 1.1 Einflussfaktoren auf die mitgliedstaatliche Implementation von EU-Recht

	Perspektiven auf mitgliedstaatliche Implementation		
	verwaltungszentriert	**institutionenzentriert**	**akteurzentriert**
europäische Ebene (EU-Policymaking)	Klarheit der Vorgaben, Art der Steuerungsinstrumente, Ermessensspielraum usw.	Kompatibilität europäischer Vorgaben und nationaler institutioneller Arrangements (*misfit*)	mitgliedstaatliche Verhandlungsposition (*opposition through the back door*)
nationale Ebene (mitgliedstaatliche Implementation)	Effizienz mitgliedstaatlicher Bürokratien (Administration, Justiz)	Reformfähigkeit (politisches System, Gesetzgebungsprozess, Vetospieler usw.)	Policy-Präferenzen und Machtverhältnisse nationaler Akteure, Salienz, Konfliktniveau usw.
weitere Differenzierung von Kausalzusammenhängen	• Interaktionseffekte erklärender Variablen (moderierende Effekte bestimmter Variablen auf die Einflussgröße oder -richtung anderer Variablen) • einschränkende Bedingungen (z. B. Steuerungsansatz/Policy-Typ, Politikfeld bzw. Sektor, Ländertyp/Ländergruppe)		

Eigene Darstellung. Für eine Diskussion der zugrundeliegenden Literatur siehe Kapitel 2 zum Forschungsstand.

Vor dem Hintergrund eines facettenreichen und teils widersprüchlichen Forschungsstands gilt es zunächst, die beobachteten empirischen (sowie damit zusammenhängende konzeptionelle) Inkonsistenzen aufzulösen, beispielsweise durch die theoretische Integration mehrerer Erklärungsansätze und/oder die weitere konzeptionelle Ausdifferenzierung des Untersuchungsgegenstands in Bezug auf einschränkende Bedingungen, Subkategorien u. ä. Eine zweite Herausforderung besteht darin, praktische Handlungsempfehlungen abzuleiten, etwa Vorschläge zu geeigneten Steuerungsansätzen und/oder Compliance-Strategien und Enforcement-Mechanismen zu formulieren. So hat die Europäische Kommission zwar ein breites Instrumentarium an der Hand, um mitgliedstaatlicher Non-Compliance entgegenzuwirken. Dieses kann jedoch nur dann effektiv eingesetzt werden, wenn die jeweiligen Ursachen mitgliedstaatlicher Non-Compliance zuvor präzise diagnostiziert wurden (Börzel et al. 2010; Hartlapp 2007).

Konzeptionelle Weiterentwicklung zwischen theoretischer Integration und Differenzierung

Mit Blick auf die begrenzte Erklärungskraft einzelner Variablen sind grundsätzlich zwei Entwicklungsrichtungen beobachtbar: (1) multitheoretische Ansätze, in denen mehrere Theoriestränge integriert werden – sie ermöglichen es, mehrere potenziell relevante Einflussfaktoren in ein zusammenhängendes Kausalmodell zu überführen und damit die vermutete Komplexität mitgliedstaatlicher Implementation auch konzeptionell adäquat abzubilden; (2) eine stärkere Differenzierung des untersuchten Phänomens – statt die mitgliedstaatliche Umsetzung mithilfe einer Großtheorie erklären zu wollen, wird der Fokus eher verengt; Erklärungen werden auf bestimmte Fallgruppen reduziert oder es werden Konditionen herausgearbeitet, unter denen bestimmte kausale Prozesse wahrscheinlicher sind als andere. Diese Strategien der konzeptionellen Weiterentwicklung sind auch gemeinsam denkbar. Zwei Erklärungsansätze für die Varianz mitgliedstaatlicher Implementation, die sowohl einer integrierenden als auch einer differenzierenden Logik folgen, sind das Modell der Europäisierungsmechanismen von Knill und Lehmkuhl (2000b, 2002, 2004) und die *Worlds of Compliance*-Typologie (Falkner et al. 2005; Falkner et al. 2007b; Falkner et al. 2008; Falkner 2010; Falkner und Treib 2008; Hartlapp und Leiber 2010).

Knill und Lehmkuhl (2000b, 2002, 2004) argumentieren, dass die nationale Anpassung an europäische Vorgaben davon abhänge, welcher Art diese Vorgaben seien. Dabei unterscheiden sie drei Mechanismen der Europäisierung: (1) institutionelle Modellvorgaben, (2) eine Veränderung von *opportunity structures* und (3) *framing*. Je nachdem, unter welche Kategorie eine EU-Policy falle, würden unterschiedliche Aspekte die mitgliedstaatliche Anpassung dominieren (Knill und Lehmkuhl 2000b: 24). Im Fall institutioneller Modellvorgaben, wenn im Sinne positiver Integration ein gemeinsames europäisches Modell etabliert werden soll, sei ein zweistufiger Erklärungsansatz notwendig: Die mitgliedstaatliche Anpassung hänge zunächst davon ab, ob ein Mindestmaß an institutioneller Kompatibilität zwischen den EU-Vorgaben und bestehenden nationalen Arrangements vorhanden sei. Erst wenn diese Bedingung erfüllt sei, komme ein akteurzentrierter Ansatz ins Spiel. Nun hänge die tatsächliche EU-Anpassung von der Interessenkonstellation, also den Machtverhältnissen und Policy-Präferenzen auf nationaler Ebene, ab. Zusammengefasst müsse eine EU-Policy auf nationaler Ebene folglich immer zwei ,Schleusen' passieren, zuerst die der Institutionen, dann die der Interessen.

Während beim Modell der Europäisierungsmechanismen nach Art der EU-rechtlichen Vorgaben unterschieden wird und die Ausprägung der erklärenden Variablen Policy-spezifisch ausfällt, argumentieren Falkner et al. (2005), dass in den Mitgliedstaaten unterschiedliche, aber stabile Muster der EU-Rechtsumsetzung beobachtbar seien, die unabhängig von der jeweiligen Policy auftreten würden. Die Differenzierung, die innerhalb der *Worlds of Compliance*-Typologie vorgenommen wird, gilt zum einen dem jeweiligen Ländertypus, dem ein Mitgliedstaat angehört (also der jeweiligen *World of Compliance*), zum anderen der Implementationsebene bzw. -phase. Denn die mitgliedstaatliche Implementation von EU-Recht verlaufe je nach Compliance-Typ und Implementationsphase nach spezifischen, in unterschiedlicher Weise produzierten Mustern. So sei die Phase der rechtlichen Transposition in einigen Ländern stark politisiert, in anderen dagegen primär von einer allgemeinen Kultur der Rechtsbefolgung geprägt. Bei der praktischen Umsetzung sei anschließend vor allem die administrative Effizienz ausschlaggebend. In manchen Ländern würde der Policy-Output aus der Phase der rechtlichen Transposition zuverlässig in die Praxis übertragen, also angewandt bzw. durchgesetzt, in anderen Ländern bliebe es hingegen bei Rechtsakten ohne praktische Wirkung, sogenannten *Dead Letters* (Falkner und Treib 2008). Je nachdem, zu welcher Gruppe ein Mitgliedstaat gehöre, würden sich angesichts von EU-induziertem Anpassungsdruck somit verschiedenartige Reaktionsmuster auf politischer wie administrativer Ebene zeigen (Falkner et al. 2005; Falkner et al. 2007b; Falkner und Treib 2008). Ergo unterscheide sich auch der Einfluss verschiedener erklärender Variablen je nach *World of Compliance*. Durch die Unterscheidung von Länderclustern bzw. Compliance-Typen und die differenzierte Betrachtung (von Phasen bzw. Ebenen) mitgliedstaatlicher Implementation liefern Falkner et al. ein Modell, welches unterschiedliche Einflussgrößen und -richtungen zentraler erklärender Variablen zulässt (Falkner et al. 2007b: 407–409).

Zielsetzung

Ziel der vorliegenden politikwissenschaftlichen Untersuchung ist es zunächst, die Erklärungskraft zweier integrativer Ansätze am Beispiel der Erneuerbare-Energien-Richtlinie zu testen und damit einen Beitrag zur EU-Implementationsforschung zu leisten. Im Zentrum steht dabei das Modell der Europäisierungsmechanismen (Knill und Lehmkuhl 2000b, 2002, 2004), welches den Vorteil hat, dass es sowohl zur Erklärung zwischenstaatlicher als auch innerstaatlicher Varianz herangezogen werden kann.[3] Die untersuchungsleitende Forschungsfrage lautet daher: Welchen Einfluss hat die Kompatibilität (a) nationaler institutioneller Arrangements und (b) Interessenkonstellationen auf die mitgliedstaatliche Implementation von EU-Recht? Ergänzend wird die *Worlds of Compliance*-Typologie (Falkner et al. 2005; Falkner und Treib 2008) zur Erklärung der beobachteten mitgliedstaatlichen Reaktionsmuster herangezogen. Am Beispiel der mitgliedstaatlichen Implementation der Erneuerbare-Energien-Richtlinie (2009/28/EG) in sechs Mitgliedstaaten (Deutschland, Frankreich, dem Vereinigten Königreich[4], den Niederlanden, Österreich und Schweden) soll damit ein theorietestender Beitrag zur EU-Implementationsforschung geleistet werden. Zugleich ermöglicht das Format der vergleichenden Fallstudie ergänzende, fallbasierte Beobachtungen und Inferenzen, welche über den gesteckten theoretischen Rahmen hinausgehen. Eine weitere Zielsetzung für diese Untersuchung ist es, auf Basis der empirischen Ergebnisse praxisrelevante Empfehlungen, sowohl zum weiteren EU-Policymaking als auch zum EU-Enforcement, abzugeben. Auf diese Weise kann ein tieferes Verständnis mitgliedstaatlicher EU-Implementation dazu beitragen, (a) geeignete Steuerungsansätze und -instrumente auf EU-Ebene zu identifizieren und (b) die Compliance-Strategien der Europäischen Kommission zu optimieren. In diesem Sinne fungiert die Erforschung mitgliedstaatlicher Implementation gleichsam als Schlüssel für eine effektive politische Steuerung auf EU-Ebene.

Nachfolgend werden zunächst wesentliche Erkenntnisse aus der Europäisierungs-, der EU-Implementations- sowie der (IB-)Compliance-Forschung zur mitgliedstaatlichen Implementation von EU-Recht beleuchtet (Kapitel 2). Im Anschluss erfolgt eine vertiefte Betrachtung der hier dargestellten

---

[3] Bei der *Worlds of Compliance*-Typologie werden unabhängig von der jeweiligen EU-Policy stabile Reaktionsmuster angenommen.

[4] Da sich der Untersuchungszeitraum prä-Brexit befindet und der britische Fall wesentlich zur nötigen empirischen Varianz und damit zum Theorietest sowie zu den anschließenden allgemeineren Schlussfolgerungen beiträgt, ist die Untersuchung der britischen EU-Implementation nach wie vor höchst relevant.

zentralen theoretischen Ansätze: dem Modell der Europäisierungsmechanis-
men und der *Worlds of Compliance*-Typologie (Kapitel 3). Auf dieser Basis
wird daraufhin das Research Design vorgestellt (Kapitel 4) und eine the-
matische Einführung in das untersuchte Politikfeld, d. h. die europäische
Erneuerbare-Energien-Politik, gegeben (Abschnitt 5.1). Nach einer Analyse der
Entstehung sowie der Inhalte und Vorgaben der Erneuerbare-Energien-Richtlinie
(Abschnitt 5.2) erfolgt eine sektorspezifische Erhebung nationaler institutioneller
Arrangements und Interessenkonstellationen in den untersuchten Mitgliedstaaten
(Kapitel 6). Anschließend werden die mitgliedstaatlichen Reaktionsmuster auf
die Erneuerbare-Energien-Richtlinie untersucht, untergliedert in (a) die antizipa-
torische Phase, (b) die rechtliche Transposition und (c) die praktische Umsetzung
(Kapitel 7). Die Untersuchungsergebnisse werden sodann im Hinblick auf den
Theorietest sowie weitere fallbasierte Erkenntnisse diskutiert und einer theoreti-
schen wie methodischen Reflexion unterzogen (Kapitel 8). Den Abschluss bilden
Schlussfolgerungen bzw. Empfehlungen zur Steuerung und zum Enforcement
auf EU-Ebene, welche auf der Grundlage der durchgeführten Untersuchung
formuliert und mit neueren Entwicklungen auf dem Feld der europäischen
Erneuerbare-Energien-Politik in Bezug gesetzt werden (Kapitel 9).

Die mitgliedstaatliche Implementation von EU-Recht als Forschungsgegenstand

2

Die mitgliedstaatliche Implementation von EU-Recht kann als Forschungsgegenstand grundsätzlich in mehreren Forschungsbereichen verortet werden: der Europäisierungs-, der EU-Implementations- sowie der (IB-)Compliance-Forschung (Toshkov et al. 2010: 4; Treib 2014: 5). Im Folgenden werden die genannten Forschungsfelder und die für sie jeweils zentralen Konzepte und Erklärungsansätze nacheinander beleuchtet und diskutiert, welchen Beitrag sie jeweils zum Verständnis mitgliedstaatlicher EU-Implementation leisten.

2.1 Europäisierungsforschung

Bei der Europäisierungsforschung richtet sich das Forschungsinteresse vor allem auf die Wechselwirkungen zwischen der europäischen und der nationalen Ebene sowie auf Prozesse mitgliedstaatlicher Anpassung. Europäisierung kann somit auch als Folge Europäischer Integration verstanden werden:

> Europeanization is defined as the process of influence deriving from European decisions and impacting member states' policies and political and administrative structures. It comprises the following elements: the European decisions, the processes triggered by these decisions as well as the impacts of the processes on national policies, decision processes and institutional structures (Héritier 2001: 3).[1]

Für die Europäisierungsforschung ist daher von wesentlichem Erkenntnisinteresse, was auf der nationalen Ebene geschieht, d. h. welche Effekte das

---

[1] Weitere Definitionen von Europäisierung vergleichen Axt et al. (2007).

© Der/die Autor(en), exklusiv lizenziert an Springer Fachmedien Wiesbaden GmbH, ein Teil von Springer Nature 2022
V. Brendler, *Die Implementation europäischer Erneuerbare–Energien–Politik*,
Forschungen zur Europäischen Integration,
https://doi.org/10.1007/978-3-658-37531-7_2

EU-Policymaking auf nationale Systeme entfaltet und was sich in den EU-Mitgliedstaaten in Folge von EU-Anpassungsdruck verändert (Exadaktylos und Radaelli 2015; Featherstone und Radaelli 2003; Green Cowles et al. 2001; Héritier et al. 2001).

Intergouvernementalistische Perspektive: uploading und opposition through the back door

Um das Phänomen bzw. den Prozess der Europäisierung zu verstehen, wird oftmals die gegenseitige Beeinflussung im Mehrebenensystem der EU betrachtet: Von der EU-Ebene ergehen Policies, die sich an die Mitgliedstaaten richten (*top-down*) und von den Mitgliedstaaten werden wiederum Policy-Erwartungen und eigene Modelle an die EU-Ebene gerichtet (*bottom-up*) (Börzel 2002: 193). Ein wesentliches Konzept ist hierbei das *uploading*. Dieses knüpft an die intergouvernementalistische Perspektive an, bei der die Verhandlung zwischen den Mitgliedstaaten als entscheidender Schauplatz der Europäischen Integration verstanden wird (Moravcsik 1991, 1993). Beim Konzept des *uploading* wird angenommen, dass die Mitgliedstaaten darum bemüht sind, ihre eigenen Policies bzw. nationalen Modelle auf EU-Ebene durchzusetzen oder ‚hochzuladen', infolgedessen die verabschiedete EU-Policy in der Phase des *downloading* bereitwilliger akzeptiert werde (Börzel 2000b, 2002; Héritier 1995). Eine wesentliche Schlussfolgerung für die mitgliedstaatliche Umsetzung von EU-Recht lautet daher: Mitgliedstaaten, die nicht erfolgreich darin waren, ihre eigenen Policies bzw. Policy-Modelle auf die EU-Ebene ‚hochzuladen' werden bei der anschließenden Umsetzung der EU-Policy Widerstand zeigen – kurz als *opposition through the back door* bezeichnet (Falkner et al. 2004; Thomson 2010). Empirisch konnte dieses Phänomen beispielsweise von Zhelyazkova (2013) bestätigt werden, die in ihrer Untersuchung von 15 EU-Mitgliedstaaten einen deutlichen Zusammenhang zwischen den mitgliedstaatlichen Präferenzen während des EU-Policymaking und der anschließenden Implementation nachweist. Zu einem anderen Ergebnis kommt jedoch Pircher (2015, 2017), die in ihrer Untersuchung des österreichischen Abstimmungsverhaltens und der anschließenden Implementation nur wenige Fälle von *opposition through the back door* bestätigen kann und insgesamt zu dem Schluss kommt, dass andere Faktoren für die Implementation entscheidender waren (ähnlich bei Falkner et al. 2005). Das Konzept des *uploading* kann somit in einigen, aber nicht in allen Fällen mitgliedstaatlichen Widerstand bzw. Non-Compliance erklären. Was sind also die differenzierenden Faktoren, die nach einem misslungenen *uploading* in bestimmten Fällen mitgliedstaatlichen Widerstand auslösen? Eine mögliche Antwort gilt dem zugrundeliegenden Konflikt: Handelt es sich (nur) um eine Diskrepanz von Policy-Präferenzen, im Sinne von Zielen und Inhalten einer Richtlinie, oder geht es (auch) um viel grundsätzlichere Konflikte, wie einen institutionellen *misfit*?

Institutionalistische Perspektive: Konzept des misfit
Das Konzept des *misfit* ist innerhalb der Europäisierungsforschung entstanden, um zu erklären, weshalb es zu Problemen bei der mitgliedstaatlichen Anpassung an europäische Vorgaben kommt. Die grundlegende Idee dahinter lautet, dass Anpassungsprobleme auf eine Diskrepanz bzw. Inkompatibilität zwischen der nationalen und der europäischen Ebene zurückzuführen sind, d. h. ein *misfit* vorliegt.[2] Besondere Aufmerksamkeit hat das Konzept des *institutional misfit* erfahren, welchem eine institutionalistische Sicht auf EU-Anpassung zugrunde liegt. In der Tradition des (Neo-)Institutionalismus lautet die zentrale Prämisse: „[...] [T]he organization of political life makes a difference" (March und Olsen 1989: 1). Organisation meint dabei die wesentliche (Vor-)Strukturierung politischer Prozesse durch Institutionen; anders ausgedrückt: Institutionen schaffen Rahmenbedingungen, innerhalb derer Politik gestaltet wird (March und Olsen 1989: 16). Politische Institutionen sind somit nicht nur Arenen, innerhalb derer sich politische Prozesse abspielen; sie stellen, je nachdem welche Strömung des Neo-Institutionalismus zugrunde gelegt wird, auch Manifestationen historisch gewachsener Machtverhältnisse (*historischer Institutionalismus*), kollektiver Wahrnehmungen, Werte und Normen (*soziologischer Institutionalismus*) bzw. bestehender Handlungsspielräume und Regeln sozialer Interaktion (*Rational-Choice-Institutionalismus*) dar (Hall und Taylor 1996). Ein wesentliches und mit Blick auf Europäisierung entscheidendes Merkmal von Institutionen ist ihre relative Stabilität:

> Institutions preserve themselves, partly by being resistant to many forms of change, partly by developing their own criteria of appropriateness and success, resource distributions, and constitutional rules (March und Olsen 1989: 55).

Aufgrund dieser Stabilität gilt die Diskrepanz zwischen nationalen institutionellen Arrangements und europäischen Vorgaben auch als so wesentliche Hürde für die mitgliedstaatliche EU-Rechtsumsetzung (ausführlicher in Abschnitt 2.2). Die Idee

---

[2] Im Rahmen des *uploading*-Konzepts wird erwartet, dass die Mitgliedstaaten innerhalb der Verhandlungen auf EU-Ebene bzw. in der Phase des EU-Policymaking versuchen, genau diesen *misfit* möglichst gering zu halten, indem sie eigene Präferenzen und Modelle auf EU-Ebene hochladen (Börzel und Risse 2003: 62).

des *institutional misfit* bietet insofern eine Ergänzung der intergouvernementalistischen Erklärung, als dass neben den mitgliedstaatlichen Verhandlungspositionen auch die jeweiligen nationalen Institutionen als Ursachen möglicher Anpassungsprobleme in Frage kommen (Exadaktylos und Radaelli 2015: 208).

2.2   EU-Implementationsforschung

Die EU-Implementationsforschung stellt gegenüber der Europäisierungsforschung ein enger begrenztes Forschungsfeld dar. Das Forschungsinteresse bezieht sich hier vor allem darauf, die entscheidenden Einflussfaktoren auf die mitgliedstaatliche Umsetzung von EU-Recht zu identifizieren und somit die beobachtete zwischenstaatliche und innerstaatliche Varianz zu erklären. Oftmals bildet die Verabschiedung einer EU-Policy dabei den Ausgangspunkt der Untersuchung (*top-down*-Perspektive), womit sich die EU-Implementationsforschung auch an die Tradition der nationalen Implementationsforschung anschließt (Knill und Tosun 2012: 152; Van Meter und Van Horn 1975: 448).

Verwaltungszentrierte Perspektive – EU-Policy-Design und administrative Kapazitäten der Mitgliedstaaten
Ein erster Zugang zum Phänomen der mitgliedstaatlichen Implementation von EU-Recht kann über die Unterscheidung verschiedener administrativer und rechtlicher Variablen erfolgen, welche auf europäischer wie nationaler Ebene unterschiedliche Voraussetzungen für die Implementation schaffen (Ciavarini Azzi 2000). Mit Blick auf die EU-Ebene stellt sich zunächst die Frage nach dem Policy-Design, d. h. wie wurde die betreffende Richtlinie ausgestaltet, welche rechtlichen Charakteristika weist sie auf? Eine erste mögliche Stellschraube wäre die Formulierung der enthaltenen Maßgaben: So zeigte sich, dass detailliert und komplex formulierte EU-Richtlinien für die nachfolgende Umsetzung eher ungünstig seien (Bossche 1996; Dimitrakopoulos 2001; Schwarze et al. 1993; Zhelyazkova 2012). Eine zweite Stellschraube betrifft den vorhandenen Ermessensspielraum für die implementierenden Akteure, wobei hier keine eindeutige Einflussrichtung festgestellt werden konnte. Aus der nationalen Implementationsforschung ist bereits bekannt, dass die Policy-Implementation im Mehrebenensystem mitunter in einer Verschiebung der ursprünglichen Vorgaben resultiert: Zentral beschlossene Policies durchlaufen auf lokaler Ebene eine Vielzahl weiterer Entscheidungen, Verhandlungen und Weichenstellungen, welche jeweils das Risiko einer Abweichung mit sich bringen (Pressman und

Wildavsky 1973). Dies gilt im Prinzip auch für EU-Policies, kann jedoch unterschiedlich bewertet werden. So wurde empirisch einerseits festgestellt, dass ein hoher Ermessensspielraum die mitgliedstaatliche Implementation deutlich verzögerte (Kaeding 2008; Steunenberg und Toshkov 2009; Thomson et al. 2007). Andererseits beobachteten Zhelyazkova und Torenvlied (2011), dass die Korrektheit der Transposition sich verbesserte, da die Mitgliedstaaten mit dem nötigen Ermessensspielraum in der Lage waren, EU-Policies an den nationalen Kontext anzupassen und bestehende Diskrepanzen zu überwinden (siehe auch Kaya 2018; Zhelyazkova und Thomann 2021). Zhelyazkova (2012) folgert in diesem Zusammenhang, dass sich die Variable ‚Ermessensspielraum' bzw. *discretion* auf verschiedene Compliance-Probleme unterschiedlich auswirke: negativ auf eine fristgerechte, aber positiv auf eine korrekte Transposition (Zhelyazkova 2012: 148).

Noch grundsätzlicher lassen sich der Integrationsanspruch sowie der Steuerungsansatz diskutieren, die einer EU-Policy zugrunde liegen. So stellt Ciavarini Azzi (2000) fest, dass diejenigen Richtlinien besonders problematisch seien, die nicht nur bestimmte Regelungen (z. B. die Einführung neuer Standards) vorgeben, sondern darüber hinaus von den Mitgliedstaaten auch erfordern würden, aktive und potenziell kostspielige Maßnahmen zur Verwirklichung eines gemeinsamen europäischen Modells zu ergreifen:

A [...] source of difficulties for member states is when a directive does not simply require the transposition of rules [...] but calls for active (and expensive) steps to be taken [...]. Clearly, the implementation of these directives entails extra effort on the part of certain member states which may not have the necessary infrastructure [...]. However, these are measures that are essential for 'active' integration, going beyond the idea of the simple 'common market' [...] (Ciavarini Azzi 2000: 57).

Knill und Lenschow (1999, 2000) gingen überdies der Frage nach, ob der jeweilige Steuerungsmodus einen Einfluss auf die mitgliedstaatliche Implementation habe. Hintergrund war ein Wandel der Steuerungsansätze in der europäischen Umweltpolitik – weg von dem klassischen, interventionistischen *top-down*-Steuerungsansatz und hin zu einer neueren, *bottom-up*-orientierten Steuerung, bei der vermehrt auf Flexibilität und Kontextbezug gesetzt wurde. Doch die damit verbundene Hoffnung auf eine verbesserte Implementationsbilanz hatte sich mit Blick auf diverse empirische Studien letztlich nicht erfüllt – es sei somit weniger „die Wahl des Steuerungsmodus *per se* [Hervorh. i. Orig.]", welche die Effektivität mitgliedstaatlicher EU-Policies beeinflusse, sondern vielmehr „das Ausmaß der von diesen Policies implizierten Anpassungszwänge für administrative Strukturen und Prozesse auf nationaler Ebene" (*misfit*) (Knill und Lenschow 1999: 614).

Auf nationaler Ebene kristallisierten sich wiederum die vorhandenen administrativen Kapazitäten bzw. die Effizienz mitgliedstaatlicher Bürokratien (darunter auch die interministerielle Koordination von EU-Recht) als notwendige Bedingung für eine gelungene Implementation heraus (Berglund et al. 2006; Dimitrova und Steunenberg 2017; Haverland und Romeijn 2007; Mbaye 2001; Schwarze et al. 1993; Siedentopf und Ziller 1988; Zubek und Staronova 2010). Abgesehen von der bürokratischen Effizienz könne der nationale Gesetzgebungsprozess die rechtliche Transposition von EU-Recht mehr oder weniger aufwendig machen und damit in die Länge ziehen (Ciavarini Azzi 2000; Kaeding 2006, 2008; Mastenbroek 2003; Steunenberg 2006). Eine wichtige Einordnung dieser ‚Effizienzfaktoren' nehmen Dimitrova und Toshkov (2009) vor. Sie stellen mit Blick auf die neueren Mitgliedstaaten fest, dass eine gute administrative Koordination bzw. Begleitung von EU-Politik auf nationaler Ebene zwar grundsätzlich einen positiven Einfluss auf die Umsetzung von EU-Recht habe, dies allerdings irrelevant werde, sobald eine EU-Policy auf nationaler Ebene eine hohe Salienz erreiche und daraus politische Konflikte entsprängen. Eine effiziente Administration sei im Ergebnis „a necessary, but not sufficient condition for transposition" (Dimitrova und Toshkov 2009: 12). Insgesamt lässt sich also einer effizienten Administration zwar ein positiver Einfluss auf die EU-Implementation zuschreiben – vollständig kann die Varianz der mitgliedstaatlichen Umsetzung dadurch allerdings nicht erklärt werden (Toshkov et al. 2010: 27). Erwähnenswert ist überdies noch der Beitrag Vasevs und Vrangbæks (2014): Am Beispiel der Gesundheitspolitik geben die Autoren zu bedenken, dass nicht nur die aggregierten nationalen administrativen Kapazitäten, sondern auch die Ressourcen, die dem jeweiligen Politikfeld zugewiesen wurden, maßgebliche Auswirkungen auf die Implementation hätten. Hier komme allerdings eine (gegenläufige) politische Komponente zum Tragen – gerade diejenigen Sektoren, die im nationalen Vergleich ressourcentechnisch gut aufgestellt seien, würden eher gegen einen europäischen Zugriff verteidigt: „[...] [R]elatively greater sector resources can trigger purposefully protectionist transposition with intentionally limited implications" (Vasev und Vrangbæk 2014: 707). Dieses Ergebnis deutet darauf hin, dass politikfeldspezifische Besonderheiten, sowohl bezogen auf die vorhandenen Kapazitäten und Ressourcen als auch auf die damit verbundenen politischen Erwägungen, in bestimmten Fällen maßgeblichen Einfluss auf die EU-Implementation ausüben.

Institutionenzentrierte Perspektive – Kompatibilität europäischer Vorgaben und nationaler Arrangements

Abgesehen von administrativen und rechtlichen Variablen gilt ein weiterer Erklärungsansatz der (institutionellen) Kompatibilität zwischen europäischen Vorgaben und nationalen Arrangements. Dass Abweichungen vom Status quo die Implementation erschweren, wurde bereits innerhalb der nationalen Implementationsforschung diskutiert. Van Meter und Van Horn (1975) lieferten hierzu ein theoretisches Modell, in welchem sie Policies nach zwei Kategorien differenzieren, „the amount of change involved, and the extent to which there is goal consensus among the participants in the implementation process" (Van Meter und Van Horn 1975: 458). Erfolgreiche Implementation sei demnach am wahrscheinlichsten, wenn eine Policy nur einen geringen Grad an Wandel erfordere und sich die implementierenden Akteure gleichzeitig in Übereinstimmung mit den Policy-Zielen befänden (Van Meter und Van Horn 1975: 459–460). Viele Implementationsforscher folgten der Annahme, dass eine effektive Implementation umso schwieriger bzw. unwahrscheinlicher werde, je größer die erforderliche Abweichung vom bisherigen Status quo sei (Sabatier 1986: 29). Entsprechend wurde diese These auf EU-induzierten Anpassungsdruck übertragen: Verbunden mit einer (neo-)institutionalistischen Perspektive wurde die Trägheit nationaler Institutionen als wesentliches, kaum überwindbares Implementationshemmnis betrachtet. Damit rückten zunehmend die jeweiligen nationalen Regulierungstraditionen und etwaige Konflikte zwischen nationalen Arrangements und europäischen Modellvorgaben in den Mittelpunkt (*misfit*) (Bailey 2002; Börzel 2000b; Börzel und Risse 2003; Duina 1997; Knill und Lenschow 1998; van Waarden 1995).

In Anlehnung an die verschiedenen Strömungen des Neo-Institutionalismus (Abschnitt 2.1) wurden das Phänomen des *misfit* und speziell die Problematik der damit verbundenen Anpassungshürden unterschiedlich konzipiert und erklärt (Börzel und Risse 2000: 1–2, 2003: 58–59; Mastenbroek 2005: 1108–1110): So standen in der Tradition des Rational-Choice-Institutionalismus vor allem die tatsächlichen Adaptionskosten im Fokus (Kostenhypothese), während in der Tradition des soziologischen Institutionalismus eher die normativen Hürden betont wurden. Entsprechend der Kostenhypothese sei die Implementation einer EU-Policy dann am kostspieligsten für einen Mitgliedstaat, wenn sie maßgebliche Veränderungen bestehender Institutionen nötig mache (Duina 1997: 157). So würden sich EU-Policies, unabhängig von ihrem konkreten Inhalt, vor allem auf zwei nationalstaatliche Institutionen auswirken: (1) die Organisation von Interessengruppen und (2) nationale rechtliche und administrative Traditionen, welche wiederum das Ergebnis einer langen politischen, sozialen und

ökonomischen Geschichte seien.[3] Empirisch bestätigt Duina (1997) die Kostenhypothese anhand einer Fallstudie zur Umsetzung der Entgeltgleichheitsrichtlinie
(75/117/EWG) in Frankreich, dem Vereinigten Königreich und Italien. Im Vereinigten Königreich hätte die Policy ein deutliches Abrücken von bestehenden
Traditionen der Regulierung sowie von der etablierten Organisation der Interessengruppen verlangt, entsprechend sei hier die Umsetzung am problematischsten
gewesen. Die Umsetzung in Italien sei mittelmäßig verlaufen, übereinstimmend
damit, dass zwar eine Abweichung von nationalen Regulierungstraditionen notwendig gewesen sei, jedoch nicht von der Organisation der Interessengruppen. In
Frankreich seien weder die Regulierungstraditionen, noch die Organisation der
Interessengruppen bedroht gewesen, entsprechend hätte es hier eine fast perfekte
Implementation gegeben. Das Ausmaß, in dem die EU-Policy vom jeweiligen
nationalen Regulierungsstil abwich, konnte folglich die Implementation erklären
(Duina 1997).

Eine wesentliche Weiterentwicklung dieser Idee nehmen Knill und Lenschow
(1998, 2001a, 2001b) vor. Nicht jegliche institutionelle Veränderung sei demnach direkt problematisch, sondern speziell diejenigen Veränderungen, die den
Kern administrativer Traditionen beträfen. Die entscheidende Variable wäre somit
der *Grad der Einbettung* der betroffenen nationalen Institutionen. Darüber hinaus
zeigte sich in ihrer Fallstudie, dass der institutionelle Kern selbst Veränderungen unterworfen sein kann. Diese Veränderungen seien nicht immer eine Folge
von Europäisierung, sondern könnten auch innerstaatlich getrieben sein. Würden
die EU-rechtlich geforderten Anpassungen mit der Richtung übereinstimmen, in
die sich das nationale institutionelle Gefüge ohnehin bewege, dann sei auch eine
Anpassung im Sinne der EU-Policy möglich: „[A]daptation requirements that
previously would have been considered as core challenges are now perceived as
acceptable reforms 'within a moved core'" (Knill und Lenschow 1998: 611).

Neben dem Konzept des *institutional misfit* wird in der EU-
Implementationsforschung mitunter auch von *policy misfit, legal misfit* und
normative misfit gesprochen (Toshkov et al. 2010: 19). Obgleich diese Aspekte
jeweils auch unter einem breiten Institutionenbegriff subsumiert werden könnten,
steht in den jeweiligen empirischen Arbeiten dazu stets ein bestimmter Teilaspekt
im Zentrum. Mit dem Begriff des *policy misfit* arbeitet beispielsweise Börzel
(2000b), die sich der bereits erwähnten Kostenhypothese anschließt, zunächst
aber vor allem die inhaltliche Ebene einer Policy betrachtet. Am Beispiel der

---

[3] In ähnlicher Weise argumentiert van Waarden (1995), der (1) die Organisation von Interessengruppen und (2) nationale rechtliche und administrative Traditionen als die beiden
Elemente des *nationalen Regulierungsstils* bezeichnet.

Umweltpolitik formuliert Börzel (2000b) drei Ebenen von *policy misfit* – den Problemlösungsansatz, die gewählten Instrumente und die gesetzten Standards:

> *Problem-solving approach* refers to the general understanding of an administration on how to tackle the problems of environmental pollution. *Policy instruments* are the 'techniques' applied to reach a policy goal by inducing certain behaviour in actors. *Policy standards* are guiding values set by a policy (Börzel 2000b: 161).

Wenn eine Diskrepanz auf einer oder mehrerer dieser Ebenen vorliege, verursache dies für nationale Administrationen erhebliche Anpassungskosten, was wiederum Implementationsprobleme nach sich ziehen würde (Börzel 2000b: 148). In ihrer Untersuchung geht Börzel sodann der Frage nach, ob Mitgliedstaaten mit ambitionierten Umweltschutz-Policies auch eine bessere Compliance-Bilanz mit Blick auf europäische Umweltschutzvorgaben aufweisen. Im Ergebnis war es eher die institutionelle als die inhaltliche Ebene, die den Ausschlag gab: „[...] [E]nvironmental leaders and laggards face similar problems of compliance if an EU policy does not fit their legal and administrative structures" (Börzel 2000b: 158). Hieraus kann abgeleitet werden, dass eine prinzipielle Übereinstimmung von Policy-Zielen und/oder -Inhalten auf europäischer und nationaler Ebene noch kein Garant für erfolgreiche EU-Implementation ist, speziell, wenn die institutionellen Anforderungen nicht mit den nationalen institutionellen Arrangements harmonieren.

Beim *legal misfit* liegt der Fokus besonders auf den rechtlich bedingten Diskrepanzen zwischen europäischer und nationaler Ebene: Inwiefern stehen bestimmte Aspekte nationaler Rechtssysteme mit europäischen Vorgaben in Konflikt, welche konkurrierenden Rechtsnormen blockieren eine EU-Anpassung (Steunenberg und Toshkov 2009)? So stellen beispielsweise Laffan und O'Mahony (2004) mit Blick auf die Umsetzung der Fauna-Flora-Habitat-Richtlinie (92/43/EWG) in Irland fest, dass die zuvor durch das irische Verfassungsgericht garantierten großzügigen Landrechte von Grundbesitzern mit den europäischen Regelungen schwer in Einklang zu bringen waren. Neben der rein rechtlichen Komponente war in Folge des Anpassungsdrucks allerdings auch eine starke nationale Interessenkoalition gegen die EU-Richtlinie entstanden, sodass hier ein weiterer, akteurbezogener Einflussfaktor vorlag.

Beim *normative misfit* geht es in der Tradition des soziologischen Institutionalismus speziell um die Werte und Normen, die von einer bestimmten Policy tangiert werden. So führen Dimitrova und Rhinard (2005) mit Bezug auf Finnemore und Sikkinks (1998) Definition von Normen an, dass Umsetzungsprobleme dann zu erwarten sind, wenn Normkonflikte zwischen der EU-Policy und nationalen Normverständnissen, Identitäten u. ä. auftreten. Dies illustrieren sie am Beispiel zweier EU-Richtlinien, der Antirassismusrichtlinie (2000/43/EG) und der Gleichbehandlungsrahmenrichtlinie (2000/78/EG), die in der Slowakei erhebliche Implementationsprobleme auslösten. Streitpunkte innerhalb der nationalen Policy-Arena waren insbesondere der rechtliche Umgang mit Homosexualität sowie die positive Diskriminierung (ethnischer) Minderheiten. Der dabei diagnostizierte *normative misfit* könnte allerdings auch als Produkt (parteipolitischer) Policy-Präferenzen konzipiert werden, da der entsprechende Widerstand vor allem aus christdemokratischer Richtung kam (siehe dazu auch die später diskutierte Untersuchung Treibs (2008a) zur Umsetzung der Antirassismusrichtlinie in Deutschland).

Eine Unterscheidung der oben dargestellten *misfit*-Varianten als begrifflicher Indikator des jeweiligen empirischen Fokus mag zwar sinnvoll sein, konzeptionell gesehen könnte aber auch von verschiedenen Facetten eines *institutional misfit* gesprochen werden. Schließlich lassen sich die von Börzel (2000b) als *policy misfit* bezeichneten Aspekte, d. h. der generelle Problemlösungsansatz, die Wahl der Policy-Instrumente und die gesetzten Standards, auch als Produkte nationaler rechtlicher und administrativer Traditionen verstehen (van Waarden 1995). Gleichermaßen geht der *legal misfit* konzeptionell im *institutional misfit* auf, wohingegen beim Phänomen des *normative misfit* sowohl eine institutionen- als auch eine akteurzentrierte Schwerpunktsetzung denkbar wäre. Unabhängig vom jeweiligen Institutionenbegriff deuten die oben diskutierten empirischen Beispiele aber darauf hin, dass die innerstaatliche Interessenkonstellation bzw. die Policy-Präferenzen nationaler Akteure mitunter einen (zusätzlichen) Einfluss auf die mitgliedstaatliche Implementation haben können.

Letzteres spiegelte sich auch in der Diskussion möglicher moderierender Variablen, welche helfen könnten, einen bestehenden *misfit* zu überwinden. Börzel (2000b) beschreibt etwa die transformative Wirkung nationaler politischer und/oder gesellschaftlicher Akteure, insbesondere im Zusammenspiel mit supranationalem Druck seitens der Europäischen Kommission (*pull-and-push model;* ähnlich bei Vleuten 2005). Börzel und Risse (2000) geben in diesem Zusammenhang zu bedenken, dass eine EU-Policy u. U. neue Machtverhältnisse auf nationaler Ebene schaffe: „[The] emerging political opportunity structure […] offers some actors additional resources to exert influence, while severely constraining the ability of others to pursue their goals" (Börzel und Risse 2000: 6). Bestimmte Akteure befänden sich durch eine (neue) EU-Policy im Vorteil und könnten einen Wandel in ihrem Sinne vorantreiben. Ähnlich argumentieren Knill und Lehmkuhl (2000b, 2002, 2004) mit Blick auf veränderte *opportunity structures*. Insofern kann der Einfluss nationaler Akteure als moderierende Variable in das *misfit*-Konzept integriert werden. Dies zeigt auch Haverland (2003), der

die Arbeiten von Knill (1998), Börzel (2000b) und Haverland (2000) in einen
Gesamtzusammenhang bringt und folgert, dass Akteure mit ‚vorteilhaften' Präferenzen gegenüber einer EU-Vorgabe (z. B. Regierungen, Parteien, Verbände
und sonstige Interessengruppen) einen *institutional misfit* ‚aufbrechen' könnten.
Obgleich somit ein möglicher moderierender Einfluss akteurbezogener o. a. Variablen in einem *misfit*-orientierten Erklärungsansatz Platz finden kann, verbleibt
doch als Charakteristikum dieses institutionenzentrierten Ansatzes die Annahme
institutioneller Trägheit und eines damit verbundenen kategorischen nationalen
Widerstands gegen eine EU-Anpassung.

Akteurzentrierte Perspektive – Policy-Präferenzen nationaler Akteure
Bei einer akteurzentrierten Perspektive stehen dagegen die Policy-Präferenzen
nationaler Akteure gegenüber einer bestimmten EU-Policy sowie der damit verbundene Prozess der Verhandlung und Entscheidungsfindung im Vordergrund,
wobei angenommen wird, dass die Implementation von EU-Policies in ähnlicher
Weise politisiert sei wie das nationale Policymaking (Toshkov et al. 2010: 21).
Bei einer akteurzentrierten Erklärung mitgliedstaatlicher Implementation geht es
folglich weniger um den Grad des erforderlichen Wandels, sondern vielmehr
darum, ob dieser von politischen Akteuren begrüßt und vorangetrieben werde.
Treib (2003) sieht dabei insbesondere die mitgliedstaatlichen Regierungen im
Zentrum:

> […] Regierungen [agieren] bei der Umsetzung nicht lediglich als Verteidiger des
> nationalen Status quo […], sondern [beurteilen] europäische Vorgaben (auch) im
> Lichte ihrer parteipolitisch definierten Präferenzen […]. Auf diese Weise können
> selbst weit reichende Reformerfordernisse ohne größere Probleme erfüllt werden,
> wenn sie mit den parteipolitischen Zielen der jeweiligen Regierung im Einklang ste-
> hen. Umgekehrt sind auch relativ geringfügige Anpassungen zum Scheitern verurteilt,
> wenn sie von der Regierung aus parteipolitischen Gründen abgelehnt werden (Treib
> 2003: 509).

Die Bedeutung von Regierungspräferenzen im Zusammenhang mit der EU-
Implementation bestätigt auch Dimitrakopoulos (2012) am Beispiel der französischen Implementation der Arbeitszeitrichtlinie (93/104/EG), für die letztlich vor
allem ein Regierungswechsel entscheidend war. Ebenso kann hier die Arbeit
Haverlands (2000) angeführt werden, der die Umsetzung der EU-Richtlinie
(94/62/EG) über Verpackungen und Verpackungsabfälle in drei Mitgliedstaaten
untersuchte. Ein wesentlicher empirischer Befund mit Blick auf das Vereinigte
Königreich lautete, dass trotz hohem institutionellem *misfit* und beträchtlichem

gesellschaftlichen Widerstand, speziell seitens der britischen Industrie, eine EU-Anpassung gelang. Grund dafür sei die Bereitschaft der Regierung gewesen, von bisherigen Traditionen abzuweichen und sich den europäischen Vorgaben anzupassen (Haverland 2000: 92–95).[4]

Treib (2003, 2008a) betont vor allem die parteipolitische Komponente von (Regierungs-)Präferenzen. Seine Untersuchung zur Umsetzung der Antirassismusrichtlinie (2000/43/EG) in Deutschland verdeutlicht diesen Punkt mit Blick auf die Regierung, aber auch die Opposition: „Innerhalb der rot-grünen Bundesregierung [...] führte der Streit zwischen den weitreichenden Forderungen der Grünen und der eher zurückhaltenden SPD immer wieder zu Verzögerungen bei der Umsetzung" (Treib 2008a: 206). Neben den Konflikten innerhalb der Regierung nutzten „die bürgerlichen Oppositionsparteien" ihrerseits „ihren Einfluss im Bundesrat [...], um eine unliebsame Überimplementation der EU-Vorgaben zu verhindern [...]" (Treib 2008a: 206). Insofern waren sowohl (parteipolitische) Konflikte innerhalb der Regierung als auch davon abweichende parteipolitische Präferenzen der Opposition ein wesentliches Implementationshemmnis.[5] In ähnlicher Weise zeigte sich in der Untersuchung Dimitrovas und Rhinards (2005), dass politischer Widerstand gegen die Antirassismusrichtlinie (2000/43/EG) und die Gleichbehandlungsrahmenrichtlinie (2000/78/EG) vor allem von christdemokratischer Seite geäußert wurde, insofern also auch von parteipolitischen Präferenzen bzw. Ideologien geprägt war. Spendzharova und Versluis (2013) konnten in einer quantitativen Studie zur Implementation von EU-Umweltpolitik überdies bestätigen, dass eine Regierungsbeteiligung grüner Parteien die Transposition entsprechender EU-Richtlinien beschleunigte. Die besondere Rolle von Ministerien als (initiale) Gatekeeper der Implementation betonen König und Luig (2014), die feststellen, dass EU-Policies von den zuständigen Ministerien je nach deren parteipolitischen Präferenzen unterschiedlich behandelt würden (siehe auch Mastenbroek 2017).

---

[4] Da es den oppositionellen Kräften innerhalb des politischen Systems nicht möglich war, an einem Vetopunkt anzusetzen, hätte sich die Regierung erfolgreich im Sinne der europäischen Vorgaben durchsetzen können. Während Haverland (2000) zu dem Schluss kommt, dass sich die institutionell verfügbaren Vetopunkte als entscheidender Einflussfaktor herauskristallisiert hätten, bestätigen seine empirischen Ergebnisse doch die Bedeutung von EU-kompatiblen Regierungspräferenzen als Einflussfaktor auf die Implementation.

[5] In einigen Arbeiten wird dabei speziell der Frage nachgegangen, inwiefern Gegner einer EU-Policy auf nationaler Ebene an einem Vetopunkt ansetzen können (Haverland 2000; Kaeding 2006, 2008; Steunenberg 2007). In diesem Sinne entfaltet sich der Einfluss nationaler Policy-Akteure zum Teil erst unter der Bedingung eines institutionellen Gelegenheitsfensters.

Doch nicht nur Regierungen, Ministerien und Parteien werden als relevante Policy-Akteure gehandelt, auch die Präferenzen von Interessengruppen bzw. Stakeholdern können ein wesentlicher Teil der nationalen Policy-Arena und damit auch der EU-Implementation sein. Dies illustrieren Thomson et al. (2019) in einer quantitativen Studie zur Umsetzung von vier EU-Richtlinien aus unterschiedlichen Politikbereichen. Sie stellen fest, dass Richtlinien von politischen Entscheidungsträgern zügiger implementiert wurden, wenn zentrale Stakeholder diese unterstützten. Kaya (2018) beobachtet, dass nationale Regierungen grundsätzlich bemüht seien, die Präferenzen nationaler Interessengruppen im Rahmen der EU-Implementation einzubeziehen bzw. zu berücksichtigen. Wenn eine EU-Richtlinie zahlreiche, verschiedenartige Interessengruppen betreffe, verzögere dies die Transposition. Als moderierende Variable erwies sich dabei der vorhandene Ermessensspielraum, weil nationale Regierungen hierdurch in der Lage waren, EU-Policies an die jeweilige Interessenkonstellation im Land anzupassen. Eine weitere erklärende Variable innerhalb der nationalen Policy-Arena kann zudem speziell zivilgesellschaftlicher Druck sein (Schrama und Zhelyazkova 2018): Würden EU-Policies (gesamt-)gesellschaftlich begrüßt, könne eine entsprechende Mobilisierung zivilgesellschaftlicher Akteure sich positiv auf die Implementation auswirken – die gegenteilige Einflussrichtung sei allerdings ebenso beobachtbar.

Ähnlich verhalte es sich mit der Salienz einer Policy: Einerseits könne eine hohe Salienz auf ein entsprechend hohes Konfliktniveau hindeuten, sodass eine geringe Salienz die rechtliche Transposition beschleunigen und eine hohe Salienz diese verzögern könne (Dimitrova und Toshkov 2009; Vasev und Vrangbæk 2014). Andererseits gebe es jedoch auch Fälle, in denen eine hohe Salienz lediglich bedeute, dass die jeweilige Thematik (z. B. Umweltschutz) und damit die Umsetzung der entsprechenden EU-Policy für politische Akteure hohen Stellenwert habe (Spendzharova und Versluis 2013). Bei der praktischen Umsetzung scheint ein Mindestmaß an Salienz sogar erforderlich zu sein (Versluis 2004, 2007). Denn Policies bzw. Themen, denen keine hohe Bedeutung beigemessen werde, lösten bei den implementierenden Akteuren nicht den nötigen Handlungsdruck aus: „[I]nertia […] takes place when a topic is simply not important enough to induce change" (Versluis 2004: 14; siehe dazu auch Cerych und Sabatier 1986).

Abgesehen von Policy-spezifischen Präferenzen und entsprechenden Konflikten zwischen politischen Akteuren könne auch das grundsätzliche politische Konfliktniveau in einem Land einen negativen Einfluss auf die Implementation einer EU-Policy haben. Dies zeigte sich am Beispiel der Umsetzung der Richtlinie über die integrierte Vermeidung und Verminderung von Umweltverschmutzung (IVU-Richtlinie, 96/61/EG) in Deutschland und Irland: „Politische Konflikte in den Mitgliedstaaten, die nicht direkt mit dem Inhalt der Richtlinie verbunden waren, verschleppten ihre Implementation" (Bähr 2006: 421). Ebenso zeigte Pircher (2015, 2017), dass (vorgezogene) Wahlen auf nationaler Ebene die Implementation von EU-Policies grundsätzlich verzögerten. Einen allgemein positiven Einfluss habe hingegen eine pro-europäische Einstellung nationaler politischer Akteure (Bayram 2017; Toshkov 2008).

Dieser kurze Überblick zu möglichen Einflussfaktoren im Bereich der nationalen Policy-Arena illustriert, dass die mitgliedstaatliche Implementation von EU-Recht nicht nur an potenziellen institutionellen Hürden scheitern kann, sondern auch als politischer Akt auf nationaler Ebene zu verstehen ist und mitunter in entscheidender Weise von den Policy-Präferenzen zentraler Akteure und dem jeweiligen Politisierungsgrad abhängt. Vor diesem Hintergrund erscheint die Verbindung von institutionen- und akteurzentrierter Perspektive, wie sie Knill und Lehmkuhl (2000b, 2002, 2004) in ihrem Modell der Europäisierungsmechanismen vornehmen, eine sinnvolle und vielversprechende konzeptionelle Weiterentwicklung.

Customization – Implementation Beyond Compliance
Neuere Arbeiten im Bereich der EU-Implementationsforschung weisen neben der Weiterentwicklung der bisher benannten Ansätze einen Trend zum Perspektivwechsel auf, der unter dem Stichwort *beyond compliance* zusammengefasst werden kann. Hierbei werden vermehrt Facetten der Implementation beleuchtet, die weniger auf EU-Compliance im eigentlichen Sinne abzielen, sondern vielmehr verdeutlichen, wie Mitgliedstaaten EU-Vorgaben in unterschiedlicher Weise umgestalten, d. h. sie ergänzen und übererfüllen (z. B. *gold-plating,* siehe Jans et al. 2009, oder *bureaucratic outperformance,* siehe Zhelyazkova et al. 2018) bzw. sie anderweitig an nationale Gegebenheiten und Präferenzen anpassen (*customization,* siehe Thomann 2015, 2019). Dies geht einher mit einer Verschiebung des in der EU-Implementationsforschung gängigen *top-down*-Fokus hin zu einer *bottom-up*-Orientierung, bei der die unterschiedlichen nationalen Problemlösungen im Vordergrund stehen (Bondarouk und Liefferink 2017; Thomann und Sager 2017). In Abgrenzung zur *top-down*-Sicht auf Implementation wird also eher das „interplay between Europeanization and domestication" beleuchtet (Thomann und Sager 2017: 1256–1257; siehe auch Bugdahn 2005). So geht es beim *customization*-Ansatz um wechselseitige Anpassungsprozesse, bei denen Mitgliedstaaten nicht nur EU-Regelungen ‚herunterladen', sondern diese auch aktiv an ihre jeweiligen nationalen Besonderheiten anpassen (Thomann 2015: 1370). Eine derartige *customization* von EU-Vorgaben sei dabei unabhängig von der Beurteilung mitgliedstaatlicher Compliance zu betrachten: „[T]he tailoring

of rules to local circumstances may occur within the scope of discretion gran-
ted by an EU rule (compliance), or outside (non-compliance)" (Thomann und
Zhelyazkova 2017: 1274). Arbeiten dieses Forschungsstrangs weisen folglich darauf hin, dass die Unterscheidung zwischen Compliance und Non-Compliance,
wie sie in der EU-Implementationsforschung häufig gebraucht wird, u. U. ein
verkürztes Abbild mitgliedstaatlicher Implementations- und Anpassungsprozesse
mit sich bringt. Eine Konzeptualisierung von Implementation, welche die EU-
Rechtsanpassung mit einem ggf. darüberhinausgehenden nationalen Problemlösen
verbindet (Zhelyazkova und Thomann 2021), erlaube hingegen ein dichteres
Verständnis von Europäisierungsprozessen.

2.3 (IB-)Compliance-Forschung

Über die bisher betrachteten Forschungszweige hinaus ist die mitgliedstaatliche
Befolgung internationalen Rechts auch Gegenstand der Internationalen Beziehungen. Je nachdem, wo die Ursache für mangelnde Compliance gesehen wird,
ergibt sich eine entsprechende Handlungslogik für internationale Organisationen – so auch für die EU bzw. die Europäische Kommission (Börzel 2003;
Börzel et al. 2010; Börzel et al. 2012; Haas 1998; Hartlapp 2007; Tallberg
2002). Eine wichtige Unterscheidung gilt dabei der Frage, inwiefern es sich um
einen willentlichen, also präferenzbasierten, oder aber unwillkürlichen, vor allem
kapazitätsbasierten, Verstoß handelt. Eine neuere Perspektive gilt zudem der Integration von Erklärungsansätzen (siehe dazu Börzels (2021) *Power, Capacity, and
Politicization*-Modell).

Beim *Enforcement*-Ansatz wird von einer rationalen Entscheidung der Mitgliedstaaten gegen Compliance ausgegangen, welche auf einem entsprechenden
Kosten-Nutzen-Kalkül beruhe (*voluntary non-compliance*). Diese Sicht basiert
auf der Theorie des Realismus, wonach insbesondere der eigene Machterhalt der
Antrieb staatlichen Handelns sei (Haas 1998: 22–23). Staaten seien generell nur
ungern bereit, sich internationalen Regeln zu unterwerfen: „[T]he presumption
is that all states would only comply if they were compelled" (Haas 1998: 23).
Die resultierende Handlungslogik für internationale Organisationen ist in diesem Fall die Sanktion (Börzel et al. 2010: 1367–1368). Dagegen bezieht sich der
Management-Ansatz auf finanzielle, administrative oder technische Hürden (*involuntary non-compliance*). In diesem Sinne sollten Mitgliedstaaten eher unterstützt
als sanktioniert werden, z. B. durch finanzielle Ressourcen oder Wissenstransfer (Hartlapp 2007: 655–656). Eine genaue Analyse der „specific country needs
for implementation" könne dazu beitragen, die Besonderheiten der einzelnen

Situation zu verstehen und auf diese entsprechend zu reagieren (Hartlapp 2007: 656). Zum Teil wird auch von *Persuasion* als eigener Strategie gesprochen (Börzel 2003; Hartlapp 2007). Hierbei wird zwar auch eine willentliche Entscheidung der Mitgliedstaaten gegen EU-rechtskonformes Verhalten unterstellt (Börzel 2003: 201–202). Diese gehe aber weniger auf ein Kosten-Nutzen-Kalkül zurück, sondern vielmehr darauf, dass die entsprechenden Werte und Normen nicht übereinstimmen würden (ähnlich des schon diskutierten *normative misfit*). Dementsprechend müssten internationale Organisationen kollektive Identitäten gestalten und Lernprozesse anstoßen, z. B. über einen öffentlichen Diskurs oder durch die gezielte Beeinflussung bedeutender gesellschaftlicher Akteure (Börzel 2003: 202). Ein ähnlicher Ansatz ist der *Legitimacy*-Ansatz, bei dem die empfundene Legitimität internationaler Regeln im Zentrum steht (Börzel et al. 2010). In konstruktivistischer Tradition sind dabei weniger die Regelinhalte im Einzelnen gemeint, sondern vielmehr die generelle normative Haltung gegenüber (1) der Bedeutung von Regeln und der Regelbefolgung im Allgemeinen sowie (2) der jeweils regelsetzenden Instanz (Börzel et al. 2010: 1369–1370). In diesem Sinne sprechen Falkner et al. (2005) auch von einer Kultur der Rechtsbefolgung bzw. einer Compliance-Kultur, die je nach Land grundsätzlich stärker oder schwächer ausgeprägt sei.

In der EU-orientierten Compliance-Forschung geht es entsprechend darum, (a) die Ursachen für Non-Compliance zu identifizieren, wobei oftmals in den Kategorien *voluntary* vs. *involuntary non-compliance* gedacht wird, und (b) angemessene Compliance-Strategien für das EU-Enforcement abzuleiten. Letzteres bezieht sich vor allem auf die Rolle der Europäischen Kommission als Enforcement-Organ. Neben ihren anderen Funktionen innerhalb des europäischen Systems überwacht die Kommission die mitgliedstaatliche Implementation, sanktioniert Verstöße gegen EU-Recht und trägt auf diese Weise dazu bei, dass europäische Politikziele tatsächlich erreicht werden (Scholten 2017: 1348). Das Compliance-System der Europäischen Union besteht dabei grob aus drei Elementen, die sinnbildlich auf einer Eskalationsleiter positioniert werden können (Tallberg 2002): angefangen mit dem Monitoring, über das Management, bis hin zum Enforcement. Das *Monitoring* bildet die Grundlage, auf Basis derer die Kommission mitgliedstaatliche Regelverstöße ahndet. Allerdings funktioniert das Monitoring der mitgliedstaatlichen Implementation nur bei vollständiger Informationsgrundlage (Bauer 2006; Hartlapp und Falkner 2009; Zhelyazkova und Yordanova 2015). Gerade das Monitoring der praktischen Umsetzung von EU-Vorgaben gilt daher als Herausforderung (Wennerås 2006).

Parallel bzw. ergänzend zum Monitoring kann die Kommission über den *Management*-Ansatz versuchen, Mitgliedstaaten bei der Umsetzung zu unterstützen. Tallberg (2002) fasst hierbei vier zentrale Strategien zusammen, die von der Kommission eingesetzt werden: (1) ökonomische Hilfen, (2) Verhandlungen über Übergangslösungen, (3) Wissenstransfer und (4) rechtliche Informationen. Derartige Management-Instrumente können auch Elemente des *Persuasion*-Ansatzes enthalten, wenn die zuständigen Akteure in der Interaktion gemeinsame Problemdeutungen erarbeiten und sich dabei vorhandene Normverständnisse angleichen (Hartlapp 2007). Falls das Monitoring mitgliedstaatliche Verstöße offenbart und bestehende Probleme nicht im Rahmen des Managements beseitigt werden können, bleibt der Kommission der Weg des *Enforcement,* d. h. der Sanktionierung regelbrechender Mitgliedstaaten. Mit dem Vertragsverletzungsverfahren hat die Kommission dabei ein besonderes Sanktionsinstrument zur Verfügung. Aus Art. 258 AEUV (ex-Art. 226 EGV) ergeben sich die einzelnen Schritte des Vertragsverletzungsverfahrens: Zunächst übermittelt die Europäische Kommission dem betreffenden Mitgliedstaat ein *Aufforderungsschreiben,* danach folgt eine *mit Gründen versehene Stellungnahme.* Wenn auf diese Weise immer noch keine Übereinstimmung mit EU-Recht hergestellt werden kann, hat die Kommission die Möglichkeit, den Fall an den *Europäischen Gerichtshof* (EuGH) weiterzuleiten. Verstoßen die Mitgliedstaaten auch gegen das EuGH-Urteil, können schließlich *finanzielle Sanktionen* in Betracht gezogen werden.

Panke (2007) zeigt, dass Urteile des EuGH und die Androhung finanzieller Strafen in der Tat wichtige Treiber für mitgliedstaatliche Compliance sein können. Der Urteilsspruch sei dabei vor allem in Verbindung mit der Unterstützung durch gesellschaftliche Akteure wirksam:

> The very precondition for the success of judgments is [...] that domestic norm proponents exist and are willing to push for compliance. Societal actors can either persuade their governments by talking them into compliance argumentatively (reframing), or threaten them with loss of reputation and electoral sanctions should non-compliance prevail (shaming) (Panke 2007: 852).

In ähnlicher Weise verbindet Börzels (2000b) *pull-and-push*-Modell die Mobilisierung nationaler politischer und/oder gesellschaftlicher Akteure (*pull*) mit dem Enforcement der Kommission (*push*), welche gemeinsam nationalen Wandel zugunsten von EU-Compliance vorantreiben könnten (Börzel 2000b: 147–148). Die Sanktionsmöglichkeiten, die der Kommission zur Verfügung stehen, werden allerdings nicht immer genutzt. Tatsächlich beschreiben Hartlapp und Falkner (2009) einige Diskrepanzen zwischen mitgliedstaatlicher Non-Compliance und der Enforcement-Tätigkeit der Kommission. Beim Vergleich der eingeleiteten

Vertragsverletzungsverfahren mit ihrer eigenen Analyse mitgliedstaatlicher Compliance stellen die Autorinnen fest, dass in nur 60 % der Fälle ungenügender Umsetzung ein Vertragsverletzungsverfahren eröffnet wurde (siehe auch Hartlapp 2007). Zudem konnten deutliche Verzerrungen im Vergleich der geahndeten Mitgliedstaaten festgestellt werden. Manche Mitgliedstaaten würden systematisch häufiger sanktioniert, in anderen Mitgliedstaaten blieben hingegen viele Verstöße straflos. Ebenso offenbarte sich ein Ungleichgewicht im Vergleich der Policies, d. h. Verstöße gegen bestimmte EU-Richtlinien würden von der Kommission grundsätzlich strenger geahndet (Hartlapp und Falkner 2009: 293–295). Ausgehend von Kommissionsberichten sowie Interviews mit Angehörigen der Europäischen Kommission kommen Hartlapp und Falkner (2009) zu dem Ergebnis, dass vor allem administrative Ineffizienzen bzw. mangelnde Ressourcen auf Seiten der Kommission ursächlich dafür seien, dass kein flächendeckendes Enforcement gewährleistet werden könne. Daneben mag die Enforcement-Tätigkeit der Kommission aber auch von bewussten strategischen Entscheidungen geleitet sein (siehe dazu auch Börzel 2021: 21–22). Wie Steunenberg (2010) zu bedenken gibt, agiere die Kommission nicht nur als neutrales Enforcement-Organ, sondern (auch) als Akteur mit eigenen Präferenzen. Abweichungen von EU-Vorgaben würden daher zum Teil bewusst toleriert, sofern sie den Policy-Präferenzen der Kommission entsprächen.

Empfehlungen zum EU-Enforcement gehen insgesamt vor allem dahin, eine Kombination verschiedener Compliance-Strategien anzuwenden, idealerweise zugeschnitten auf die jeweiligen (Policy- und länderspezifischen) Non-Compliance-Ursachen (Di Lucia und Kronsell 2010; Hartlapp 2007; Tallberg 2002). Zugleich bleibt aus einer Meta-Perspektive aber fraglich, inwiefern die Kommission angesichts der verschiedenen administrativen, institutionellen und akteur- bzw. präferenzbasierten Faktoren überhaupt effektiv auf die mitgliedstaatliche Implementation Einfluss nehmen kann (Toshkov et al. 2010: 20). Entsprechend wird auch mit dieser Untersuchung nicht nur ein theorietestender Anspruch verfolgt – als ergänzende Zielsetzung sollen mögliche bzw. sinnvolle ‚Stellschrauben' benannt werden, mithilfe derer mitgliedstaatliche Compliance erhöht und damit die Steuerungskapazität der EU gewährleistet werden kann.

2.4   Resümee und Reflexion

Wie in den vorangegangenen Abschnitten deutlich wurde, lassen sich innerhalb der EU-Implementationsforschung sowie der besprochenen angrenzenden

Bereiche zahlreiche potenzielle Einflussfaktoren auf die mitgliedstaatliche Implementation von EU-Recht identifizieren. Neben Policy- und länderübergreifenden administrativen und rechtlichen Variablen, die sich auf die Gestaltung von EU-Policies sowie die Kapazitäten mitgliedstaatlicher Bürokratien beziehen, wurden unter dem Begriff des *misfit* speziell die institutionellen Diskrepanzen zwischen europäischen Vorgaben und Modellen einerseits und nationalen Arrangements andererseits als wesentliche Implementationshürden identifiziert. Zugleich gibt es etliche Hinweise auf eine Politisierung der EU-Implementation und die daraus folgende Bedeutung der nationalen Policy-Arena, speziell der jeweiligen Interessenkonstellationen und der Policy-Präferenzen nationaler (politischer, administrativer und gesellschaftlicher) Akteure. Zusätzlich stellen das EU-Enforcement bzw. die Compliance-Strategien der Europäischen Kommission eine Möglichkeit dar, die Implementation der Mitgliedstaaten zu optimieren und die Compliance mit EU-Recht sicherzustellen. Neben diesen variablen- und Compliance-orientierten Perspektiven ist auch eine alternative Sicht auf EU-Implementation erwähnenswert, welche vor allem auf mitgliedstaatliche Adaptionsstrategien abzielt (*customization* bzw. *domestication*). In diesem Sinne können Implementations- und Anpassungsprozesse auch *beyond compliance* begriffen werden.

Folgende Rückschlüsse und Empfehlungen lassen sich auf Basis des Forschungsstands für weitere Forschungsarbeiten festhalten: (1) *Theoretische Integration* – Erklärungsansätze sollten sich vom Fokus auf einzelne erklärende Variablen lösen und stattdessen bisherige *findings,* im Sinne einer multitheoretischen Perspektive, in einem integrativen Modell zusammenführen. Speziell ein Brückenschlag zwischen der institutionen- und der akteurzentrierten Perspektive, wie er mit dem Modell der Europäisierungsmechanismen (Knill und Lehmkuhl 2000b, 2002, 2004) geleistet wird, erscheint in diesem Zusammenhang erstrebenswert. (2) *Konzeptionelle Differenzierung* – die mitgliedstaatliche Implementation von EU-Recht sollte als Untersuchungsgegenstand stärker und systematischer spezifiziert bzw. differenziert werden, anhand (a) unterschiedlicher *Implementationsphasen* und (b) unterschiedlicher *Politikfelder* bzw. Sektoren. Eine wesentliche Unterscheidung gilt der rechtlichen und der praktischen Umsetzung von EU-Vorgaben (Zhelyazkova et al. 2016, 2017, 2018), wobei gerade der praktischen Umsetzung lange Zeit nur wenig Beachtung geschenkt wurde (Toshkov et al. 2010; Toshkov 2010). Ein geeignetes Untersuchungsdesign sollte es daher zulassen, etwaige Unterschiede zwischen diesen Implementationsebenen bzw. -phasen aufzudecken. Daneben sollten auch potenzielle politikfeldspezifische Besonderheiten dahingehend berücksichtigt werden, dass sie u. U. eine (Teil-)Varianz mitgliedstaatlicher Implementation erklären (Angelova et al. 2012; Haverland et al. 2011; Luetgert und Dannwolf 2009; Vasev und Vrangbæk

2014). Lassen sich beispielsweise in einer vergleichenden Fallstudie Gemeinsamkeiten ausmachen, obwohl die ausgewählten Mitgliedstaaten sich in vielen zentralen Aspekten unterscheiden (hohe Varianz der erklärenden Variablen, siehe dazu auch Abschnitt 4.3), würde dies den Verdacht auf implementationsrelevante politikfeldspezifische Eigenheiten erhärten.

Vor diesem Hintergrund werden im nächsten Kapitel zwei Erklärungsansätze vorgestellt, die sowohl eine Integration verschiedener Theoriestränge als auch eine differenzierte Betrachtung mitgliedstaatlicher Implementation leisten – das Modell der Europäisierungsmechanismen (Knill und Lehmkuhl 2000b, 2002) und die *Worlds of Compliance*-Typologie (insb. Falkner et al. 2005; Falkner und Treib 2008). Daraufhin erfolgt eine Fallauswahl gemäß der o. g. Empfehlungen und die Konzipierung eines Research Designs, welches einen variablen- mit einem fallorientierten Untersuchungsansatz vereint (Kapitel 4).

Institutionen und Interessen – ein integrierter Erklärungsansatz

Der bestehende Forschungsstand legt nahe, dass eine Variable allein nicht ursächlich für die Varianz der mitgliedstaatlichen Umsetzung sein kann. Erklärungsansätze multi-theoretischen Ursprungs, vor allem die Verbindung institutionen- und akteurzentrierter Ansätze, erscheinen daher als logischer nächster Schritt für ein besseres Verständnis mitgliedstaatlicher Implementation und Compliance. In ebendiese Richtung zeigen das Modell der Europäisierungsmechanismen (Knill und Lehmkuhl 2000b, 2002, 2004) sowie die *Worlds of Compliance*-Typologie (Falkner et al. 2005; Falkner et al. 2007b; Falkner et al. 2008; Falkner 2010; Falkner und Treib 2008; Hartlapp und Leiber 2010; Leiber 2007). Beide erklären mitgliedstaatliche Umsetzung durch die Verbindung mehrerer Einflussfaktoren, die zuvor in der Europäisierungs- bzw. der EU-Implementationsforschung als bedeutsam identifiziert wurden. Während sich das Modell der Europäisierungsmechanismen primär durch die Integration einer institutionenzentrierten und einer akteurzentrierten Erklärung mitgliedstaatlicher Implementation auszeichnet, bietet die *Worlds of Compliance*-Typologie eine Unterscheidung nach Gruppen von Mitgliedstaaten, bei denen jeweils eigene Compliance-Logiken gelten. Innerhalb der einzelnen Compliance-Typen entfalten verschiedene, aus dem Forschungsstand bekannte Variablen wie administrative Effizienz oder nationale Policy-Präferenzen in unterschiedlichem Maße und zum Teil sogar mit unterschiedlicher Einflussrichtung ihre Wirkung (Falkner et al. 2007b: 408). Neben einer theoretischen Integration ermöglichen die genannten Ansätze ebenfalls eine stärkere Spezifizierung bzw. Differenzierung des Untersuchungsgegenstands, was sich als weiteres Desiderat der EU-Implementationsforschung herauskristallisiert hat. Während Knill und Lehmkuhl (2000b, 2002, 2004) verschiedene Europäisierungsmechanismen anhand unterschiedlicher Kategorien von EU-Policies und des damit verbundenen Anpassungsdrucks unterscheiden, liegt eine besondere

© Der/die Autor(en), exklusiv lizenziert an Springer Fachmedien Wiesbaden GmbH, ein Teil von Springer Nature 2022
V. Brendler, *Die Implementation europäischer Erneuerbare–Energien–Politik*, Forschungen zur Europäischen Integration,
https://doi.org/10.1007/978-3-658-37531-7_3

Stärke der *Worlds of Compliance*-Typologie darin, dass verschiedene Implementationsphasen abgegrenzt werden, konkret die rechtliche Transposition und die praktische Umsetzung.

3.1   Das Modell der Europäisierungsmechanismen

Knill und Lehmkuhl (2000b, 2002, 2004) stellen drei idealtypische Europäisierungsmechanismen vor: Sie unterscheiden zwischen (1) institutionellen Modellvorgaben, (2) der Veränderung von *opportunity structures* und (3) *framing*.[1] Nationale Reaktionsmuster auf EU-Policies werden in Abhängigkeit des vorliegenden Europäisierungsmechanismus analysiert und erklärt, wobei die Autoren darauf hinweisen, dass die Unterscheidung in erster Linie eine analytische sei und EU-Policies prinzipiell auch eine Mischung verschiedener Mechanismen enthalten könnten (Knill und Lehmkuhl 2000b: 31). Beim ersten möglichen Mechanismus, der institutionellen Modellvorgabe, werde durch die EU-Policy ein bestimmtes Modell vorgegeben, welches von den Mitgliedstaaten auf nationaler Ebene umzusetzen sei:

> [...] [E]uropäische Politik [löst] nationale Veränderungen aus, indem sie konkrete Vorgaben für die Gestaltung nationaler Regulierungsmuster definiert; d.h. EU-Politik beschreibt ein *institutionelles Modell*, an das nationale Regelungen angepasst werden müssen [Hervorh. i. Orig.] (Knill und Lehmkuhl 2000b: 22).

Meistens finde sich dieser Europäisierungsmechanismus in denjenigen Bereichen, in denen im Sinne einer positiven Integration eine aktive Gestaltung nach einem gemeinsamen europäischen Modell stattfinden solle, z. B. beim Umweltschutz oder in der Sozialpolitik (Knill und Lehmkuhl 2000b: 22).[2] Hierbei greife zunächst das *misfit*-Argument (ausführlicher in Kapitel 2), d. h. eine Anpassung an EU-Policies sei erstens nur dann möglich, wenn eine grundsätzliche institutionelle Kompatibilität zwischen den jeweiligen nationalen Arrangements und den Erfordernissen der EU-Policy bestehe. Ob eine Anpassung daraufhin tatsächlich

---

[1] Eine vergleichbare Unterteilung nehmen Knill und Lenschow (2005a) vor, die europäische Governance-Ansätze und die daraus folgenden Implikationen für nationale Institutionen als *Coercion, Competition* oder *Communication* kategorisieren (siehe auch Knill und Lenschow 2005b). Bei Töller (2004) werden ebenfalls drei Europäisierungsmechanismen unterschieden. Sie spricht dabei von *Adaptation, Learning* und *Evasion*, wobei sich letzteres speziell auf eine negative Integration bezieht (Töller 2004: 10).

[2] Die Unterscheidung von positiver und negativer Integration wird auch als marktschaffende versus marktkorrigierende Regelung konzeptualisiert (Börzel et al. 2003).

erfolge, hänge zweitens davon ab, ob die nationalen Interessenkonstellationen und *opportunity structures* im Sinne der EU-Policy vorteilhaft seien. Wäre dies nicht der Fall, sei auch bei institutionellem *fit* keine Anpassung an die EU-Policy zu erwarten. Die institutionelle Kompatibilität sei somit eine notwendige, aber noch keine hinreichende Bedingung für mitgliedstaatliche Anpassung. Notwendig sei ebenso eine vorteilhafte nationale Interessenkonstellation. Nach diesem Modell wären somit länderübergreifend zwei Variablen für die mitgliedstaatliche Implementation bzw. Compliance ausschlaggebend: Institutionen und Interessen.[3]

Beim zweiten Europäisierungsmechanismus, der Veränderung von *opportunity structures*, werde die nationale Politik dadurch beeinflusst, dass aufgrund einer EU-Policy in die bestehenden Akteurkonstellationen und Machtverhältnisse eingegriffen werde (siehe dazu auch Knill und Lehmkuhl 2000a). Über einen EU-Rechtsakt könne beispielsweise eine Interessengruppe in ihren Rechten gestärkt werden. Eine Verschiebung der Machtverhältnisse auf nationaler Ebene könne wiederum dafür sorgen, dass ein Reformprozess angestoßen werde. Eine derartige europäische Beeinflussung nationaler *opportunity structures* sei nach Knill und Lehmkuhl (2000b, 2002, 2004) allerdings nur dann möglich, wenn die Akteurkonstellation von vornherein umstritten war. Gebe es dagegen eine klare Dominanz in die eine oder die andere Richtung, sei es unwahrscheinlich, dass sich die Machtverhältnisse allein aufgrund des europäischen Einflusses verändern würden. Des Weiteren sei zu bedenken, dass sich die neuen Machtverhältnisse nicht automatisch zugunsten einer Europäisierung entfalten würden, insbesondere, wenn diejenigen Akteure gestärkt würden, die nicht mit den europäischen Policy-Zielen einverstanden seien. Auf Basis empirischer Fallstudien im Transportsektor habe sich z. B. gezeigt, dass ein Eingriff in nationale Akteurkonstellationen auch unbeabsichtigten Widerstand auslösen und damit *opportunity structures* zuungunsten einer weiteren Europäisierung produzieren könne (Héritier et al. 2001). Ob eine Veränderung von *opportunity structures* tatsächlich zur Europäisierung beitrage, hänge somit maßgeblich von der Richtung ab, in welche die nationale Akteurkonstellation verschoben werde.

Der dritte Europäisierungsmechanismus, genannt *framing,* bezieht sich auf die Beeinflussung von Ideen und Erwartungen nationaler Akteure hinsichtlich eines bestimmten Politikbereichs. Auf zweierlei Arten könne dabei ein Europäisierungsprozess angestoßen werden: Erstens könne die Europäische Union Lösungsangebote für nationale Probleme bereitstellen, im Sinne unverbindlicher

---

[3] In ähnlicher Weise funktioniert das Implementationsmodell Van Meters und Van Horns (1975), bei dem als entscheidende erklärende Faktoren *amount of change* und *goal consensus* unterschieden werden (Abschnitt 2.2).

Modellvorgaben, die von nationalen Akteuren wahlweise aufgegriffen werden können. Zweitens sei es u. U. möglich, Reformgegner zu einer Veränderung ihrer Überzeugungen und Erwartungshaltungen zu bewegen – Politikaktivitäten auf EU-Ebene könnten über Ideen und Argumente zu einem Umdenken nationaler Akteure beitragen. Allerdings habe sich empirisch bereits gezeigt, dass dieselben EU-seitigen Vorschläge sowohl als positiver Anstoß oder aber als Bedrohung wahrgenommen werden können (Knill und Lehmkuhl 2000b: 41–44). Insofern lasse sich nicht im Voraus bestimmen, welchen Einfluss europäisches *framing* auf nationaler Ebene ausüben werde.

Aus Sicht der EU-Implementationsforschung ist gerade der erste Europäisierungsmechanismus von besonderem Interesse, da hier die Mitgliedstaaten in der Pflicht sind, konkrete Vorgaben korrekt und vollständig in nationales Recht zu übertragen und die Einhaltung bzw. Verwirklichung dieser Vorgaben auch praktisch sicherzustellen. Dies ist bei einer Veränderung von *opportunity structures* oder beim *framing* nicht bzw. weitaus weniger der Fall. Hier spielt das Verhalten gesellschaftlicher Akteure gegenüber dem nationalstaatlichen Handeln zum Teil die entscheidendere Rolle. Im Fokus dieser Arbeit steht daher der erste Europäisierungsmechanismus: Europäisierung durch institutionelle Anpassung.

Wie bereits illustriert, erklären Knill und Lehmkuhl (2000b, 2002, 2004) mitgliedstaatliche Anpassung im Sinne des ersten Europäisierungsmechanismus anhand zweier Variablen, in entsprechender Abfolge: (1) der Kompatibilität nationaler institutioneller Arrangements und (2) der Kompatibilität nationaler Interessenkonstellationen mit den Vorgaben einer EU-Policy. Eine EU-Policy müsse demnach zwei ‚Schleusen' passieren: zunächst die der Institutionen, dann die der Interessen (siehe auch Abb. 3.1). Damit bringen die Autoren das *misfit*-Argument in einen Wirkungszusammenhang mit den Einflussfaktoren der nationalen Policy-Arena: Beide Variablen sind zur Erklärung eines Outcome notwendig, aber nur gemeinsam hinreichend. Dieser Ansatz lässt sich folglich heranziehen, um mitgliedstaatliche Implementation unter Berücksichtigung zweier unterschiedlicher theoretischer Stränge zu erklären. Zudem ist darin eine Spezifizierung enthalten, die sich auf den jeweiligen EU-Policy-Typ bezieht – es handelt sich um Policies, die institutionelle Modellvorgaben im Sinne einer positiven Integration enthalten.

Ausgehend von einer neo-institutionalistischen Perspektive wird zunächst angenommen, dass „Anpassungen an europäische Vorgaben nur im Rahmen bestimmter institutioneller Grenzen erwartet werden können" (Knill und Lehmkuhl 2000b: 24). Ein hoher institutioneller Anpassungsdruck treffe folglich auf hohen Widerstand seitens des nationalen institutionellen Systems. Dies gelte besonders, wenn historisch gewachsene Rechts- und Verwaltungstraditionen betroffen seien, die das gesamte institutionelle System eines Nationalstaates durchziehen würden – hier beziehen sich die Autoren speziell auf Krasner (1988) und van Waarden (1995). Es gehe folglich nicht nur um den jeweiligen Policy-Inhalt, sondern auch um die damit verbundenen institutionellen Anforderungen (Knill 2001: 1). Inwieweit hier Anpassungen durchgeführt werden müssten, sei ein wesentlicher Faktor bei der mitgliedstaatlichen Umsetzung: „[Do] European policies challenge *core institutional patterns* of national administrative traditions or [do they] only require adjustments within the institutional core [Hervorh. VB]" (Knill 2001: 4; siehe dazu auch Knill und Lenschow 1998, 2001a, 2001b)?

Nationale institutionelle Arrangements werden von Knill und Lehmkuhl (2000b) anhand zweier Dimensionen erfasst: dem Regulierungsstil und der Regulierungsstruktur. Der *Regulierungsstil* setzt sich zusammen aus den Merkmalen regulativer Intervention und den Mustern administrativer Interessenvermittlung (Knill und Lehmkuhl 2000b: 22). Hierbei beziehen sich die Autoren auf van Waarden (1995), welcher eine Unterscheidung nationaler Regulierungsstile vornimmt (Tab. 3.1). Dabei baut van Waarden (1995) seinerseits auf die Vorarbeiten von Feick und Jann (1988), Hayward (1974), Lindblom (1959), Richardson (1982) und Wilson (1973). Daneben bezieht er sich auf eine Reihe weiterer Autoren, die ebenfalls nationale Politikstile unterscheiden, darunter Heidenheimer et al. (1983) und Katzenstein (1985). Die Grundüberlegung van Waardens (1993, 1995) besteht darin, dass sich mit der Herausbildung von Nationalstaaten unterschiedliche nationale Traditionen, darunter Konzepte staatlicher Intervention und gesellschaftlicher Ordnung, sowie Präferenzen mit Blick auf Problemdefinitionen und Lösungsansätze verfestigt hätten. In Anlehnung an den historischen Institutionalismus kann auch von historisch gewachsenen Pfadabhängigkeiten gesprochen werden, die sich sowohl in formellen Handlungsrahmen ausdrücken, als auch informell über kulturelle Traditionen und kollektive Sichtweisen auf das Handeln von Akteuren einwirken (Hall und Taylor 1996: 939–941). Ein nationaler Regulierungsstil stellt demnach das Aggregat historisch-gewachsener Traditionen und Präferenzen dar, bezogen insbesondere auf (A) das Verhältnis von Staat und Gesellschaft, (B) die Ausgestaltung regulativer Interventionen und (C) den Umgang mit Recht. Für van Waarden (1995) sind es genau diese Unterschiede, die zum Großteil die Varianz der mitgliedstaatlichen Implementation von EU-Policies erklären:

Supranational regulation is likely to clash […] with […] national traditions of regulation, with national preferences of problem definition and problem solving, with different conceptions of social order and state intervention. It is insufficiently understood that the resistance of nation-states to [...] [EU] measures is often more than just political, that it can be an indication of underlying differences in style of regulation (van Waarden 1995: 334).

Tab. 3.1 Nationale Regulierungsstile

(A) Verhältnis von Staat und Gesellschaft		
Konzept von staatlichem Handeln		
1	*etatistisch*	*korporatistisch*	*liberal-pluralistisch*
	FR	AT, DE, NL, SE	UK, USA
Positionierung des Staates gegenüber der Gesellschaft		
2	*konfliktorisch*	*paternalistisch*	*konsensual*
	USA, (FR)	FR	DE, NL, UK
(B) Ausgestaltung regulativer Interventionen		
Interventionsverständnis		
3	*aktiv*	*teils, teils*	*reaktiv*
	FR, USA	DE, NL	UK
Regulierungsmodell		
4	*umfassend*	*inkrementell*	*fragmentiert*
	FR	DE, NL, UK	USA
(C) Umgang mit Recht		
Bedeutung von Recht bei der Regulierung		
5		*legalistisch*	*pragmatisch*
		DE, USA	NL, UK, (SE)
Bedeutung von Recht für die Interaktion von Staat und Gesellschaft		
6		*formelle Netzwerkbeziehungen*	*informelle Netzwerkbeziehungen*
		AT, DE, NL, USA	UK, (FR)

Eigene Darstellung nach van Waarden (1993, 1995).

Wie in Tab. 3.1 dargestellt, unterscheidet van Waarden (1993, 1995) drei übergeordnete Bereiche eines nationalen Regulierungsstils, denen jeweils zwei Dimensionen zugeordnet werden können, mit unterschiedlichen möglichen Ausprägungen. Der erste Bereich ist (A) das Verhältnis von Staat und Gesellschaft, dem als Dimensionen (1) das Konzept von staatlichem Handeln bzw. die Aufgabenteilung zwischen Staat und Gesellschaft und (2) die Positionierung des Staates in bzw. gegenüber der Gesellschaft zugeordnet werden. Unter (1) lassen sich als Ausprägungen unterscheiden: *etatistisch,* d. h. die weitgehende staatliche Zuständigkeit für die Regelung gesellschaftlicher Verhältnisse, *korporatistisch,* d. h. eine Partnerschaft von Staat und Gesellschaft, gestützt und institutionalisiert durch die Aggregation und Organisation gesellschaftlicher Interessen innerhalb von Körperschaften und *liberal-pluralistisch,* d. h. eine weitgehende gesellschaftliche Selbstorganisation bei einer pluralistischen Gesellschaftsstruktur (van Waarden 1995: 335–336). Unter (2) lässt sich zunächst eine *konfliktorische* Haltung staatlicher gegenüber gesellschaftlichen Akteuren abgrenzen, bei der vom Staat auf Zwang und Sanktion basierende Weisungen an die Gesellschaft ergehen, daneben eine *paternalistische* Haltung, die weniger extrem ist, aber dennoch eine überlegene Position staatlicher Akteure impliziert und bei der je nach Ermessen staatlicher Akteure eine begrenzte Kooperation mit gesellschaftlichen Akteuren möglich ist sowie schließlich eine *konsensuale* Haltung, bei der Konsultation, Überzeugung und Verhandlung im Mittelpunkt stehen und eine grundsätzliche Kompromissfindung angestrebt wird (van Waarden 1995: 336).

Der zweite Bereich betrifft (B) die Ausgestaltung regulativer Interventionen. Hier lassen sich als Dimensionen (3) das Interventionsverständnis ausmachen, d. h. das Verständnis darüber, wann der Staat eingreifen soll, und (4) das Regulierungsmodell als grundlegender Anspruch, mit dem Neuregelungen entworfen werden. Unter (3) lässt sich zum einen ein *aktives* Interventionsverständnis abgrenzen, bei dem eine aktive staatliche Steuerung der Gesellschaft verfolgt wird und der Staat entsprechend aktiv und intensiv regulierend eingreift, zum anderen ein *reaktives* Interventionsverständnis, bei dem der Staat in der Regel auf Initiativen aus der Gesellschaft wartet, bevor er regulierend tätig wird, alternativ werden auch regulative Aufgaben an gesellschaftliche Organisationen delegiert (van Waarden 1995: 336–340). Unter (4) lässt sich zunächst ein *umfassendes* Regulierungsmodell unterscheiden, bei dem der Anspruch besteht, einen Bereich möglichst vollständig zu regeln, langfristig zu planen und angrenzende Bereiche einzubeziehen (van Waarden 1995: 340). Zentral ist hierbei, dass Policies Teil eines größeren Plans sind (van Waarden 1995: 340). Bei einem *inkrementellen* Regulierungsmodell wird hingegen auf eine schrittweise, allmähliche Regulierung gesetzt (van Waarden 1995: 341). Bei einer *fragmentierten* Regulierung gibt es eine eher unübersichtliche Policy-Landschaft, in der einzelne Policies ohne Bezug zueinander koexistieren, was häufig mit einer Fragmentierung der organisatorischen Zuständigkeit für einen bestimmten Politikbereich einhergeht (van Waarden 1995: 340–341).

Der dritte Bereich ist (C) der Umgang mit Recht. Hierunter fällt (5) die grundsätzliche Bedeutung von Recht bei der Regulierung und (6) die Bedeutung von Recht für die Interaktion zwischen staatlichen und gesellschaftlichen Akteuren. Unter (5) lässt sich zunächst ein *legalistischer* Stil ausmachen, der sich durch einen hohen Grad an Formalität, eine detaillierte Regulierung und eine rigide bzw. universalistische Regelanwendung auszeichnet. Für untere Verwaltungsebenen bleibt dabei nur wenig Ermessensspielraum (van Waarden 1995: 336). Hiervon wird ein *pragmatischer* Regulierungsstil abgegrenzt, charakterisiert durch eine informelle und flexible Herangehensweise, bei der die Abwägung von Mitteln und Zweck im Vordergrund steht, sowohl bei der Formulierung von Policies als auch bei deren Umsetzung (van Waarden 1995: 336). Dies bedeutet, dass (lokale) administrative Akteure über einen hohen Ermessensspielraum verfügen und häufig pragmatische, fallspezifische Kompromisslösungen zusammen mit den Regelungsadressaten vereinbaren (van Waarden 1995: 341–342). Unter (6) lassen sich *formelle* Netzwerkbeziehungen unterscheiden, bei denen der Zugang gesellschaftlicher Akteure zu staatlichen Akteuren bzw. zum Regulierungsprozess klar geregelt und dadurch gesichert bzw. stabil ist, sowie *informelle* Netzwerkbeziehungen, bei denen von staatlicher Seite selektiv bestimmte gesellschaftliche Akteure zur Konsultation herangezogen werden, was oftmals mit Intransparenz verbunden ist (van Waarden 1995: 344–345).

Die Verortung eines nationalen Regulierungsstils sei prinzipiell politikfelderübergreifend und langfristig stabil, dennoch könne es in bestimmten Politikbereichen auch Abweichungen oder Ausnahmen geben (van Waarden 1993: 191, 1995: 346).[4] Wie in Tab. 3.1 dargestellt, nimmt van Waarden (1995) auf Basis der o. g. Vorarbeiten aus den 1970er und 1980er Jahren eine Einordnung verschiedener EU-Mitgliedstaaten hinsichtlich ihres Regulierungsstils vor. Auch neuere Literatur stützt diese Einschätzung (Ahlbäck Öberg 2016; Dahlström 2016; Ismayr 2009; Jahn 2009; Kempf 2009; Lepszy und Wilp 2009; Pelinka 2009; Petersson 2016a, 2016b; Sturm 2009; Ucakar und Gschiegl 2012), wenn auch zum Teil die allmähliche Auflösung bestehender Institutionen thematisiert wird, z. B. die Rückbildung des Korporatismus zugunsten eines wachsenden Pluralismus in Schweden (Hall 2016; Öberg 2016).

Neben dem nationalen Regulierungsstil nach van Waarden (1995) wird im Modell der Europäisierungsmechanismen auch die politikfeldspezifische Regulierungsstruktur als Teil bestehender institutioneller Arrangements betrachtet. Die

---

[4] Im Rahmen einer Untersuchung, bei der die Kompatibilität nationaler institutioneller Arrangements mit den Vorgaben einer EU-Policy bestimmt wird, ist daher eine politikfeldspezifische Erhebung sinnvoll.

Regulierungsstruktur meint dabei den Aufbau und die Organisation der Administration (Knill und Lehmkuhl 2000b: 22). Hier lässt sich vertikal insbesondere zwischen einer *Zentralisierung* und einer *Dezentralisierung* unterscheiden sowie horizontal zwischen einer *Konzentrierung* und einer *Fragmentierung* (Knill und Lenschow 1998). Zusammen bilden der nationale Regulierungsstil sowie die sektorale Regulierungsstruktur die jeweiligen nationalen institutionellen Arrangements, auf die eine EU-Policy trifft. Seien bestehende nationale Institutionen sowie damit verbundene Rechts- und Verwaltungstraditionen durch eine EU-Policy bedroht, könne laut Knill und Lehmkuhl (2000b, 2002, 2004) eine institutionenzentrierte Perspektive den nationalen Widerstand bereits erklären. Der *institutional misfit* sei in diesem Fall ursächlich für Non-Compliance. Wenn eine derartige Bedrohung jedoch nicht gegeben sei, folglich nationale institutionelle Arrangements mit den Erfordernissen der EU-Policy kompatibel oder nur marginale Änderungen notwendig seien, dann müsse die institutionenzentrierte Perspektive um eine akteurzentrierte Perspektive erweitert werden (Knill 2001: 5; Knill und Lehmkuhl 2000b: 26; Knill und Lenschow 2001a: 124). In einem zweiten Erklärungsschritt müssten daher die Interessenkonstellation bzw. die *opportunity structures* auf nationaler Ebene betrachtet werden (Knill und Lehmkuhl 2000b: 26). Die Anpassung an eine EU-Policy hänge dann von der Unterstützung nationaler Akteure ab sowie davon, inwieweit diese in der Lage seien, ihre Positionen auf nationaler Ebene durchzusetzen (Knill und Lehmkuhl 2000b: 26). Insgesamt zielen Knill und Lehmkuhl (2000b, 2002, 2004) mit dem ersten Europäisierungsmechanismus darauf ab, den Wandel nationaler Institutionen in Folge von EU-Anpassungsdruck zu erklären. Damit beleuchten sie vor allem weitreichende Europäisierungsprozesse im Sinne einer *Transformation* nationaler Arrangements (Börzel und Risse 2003). Ein gewisser Grad an *misfit* wird zugleich als Vorausetzung für Europäisierung bzw. nationalen Wandel betrachtet (Börzel und Risse 2003). Stimmen nationale institutionelle Arrangements und europäische Vorgaben bereits überein, sprechen die Autoren von *nationaler Persistenz* (Knill und Lehmkuhl 2000b: 27).

Gilt das Forschungsinteresse dagegen der mitgliedstaatlichen Compliance mit EU-Recht, so ist institutioneller Wandel nicht immer eine notwendige Komponente: Solange der Policy-Output bzw. das Outcome der mitgliedstaatlichen Umsetzung den europäischen Vorgaben entsprechen, ist es aus einer Compliance-orientierten Perspektive prinzipiell zweitrangig, ob dabei auch eine nennenswerte Anpassung nationaler institutioneller Arrangements erfolgt ist – zumal diese in einigen Fällen ggf. nicht erforderlich ist. Es wird also postuliert, dass im Rahmen der Implementation von EU-Recht nationale Anpassung im Sinne von Compliance grundsätzlich auch ohne institutionellen Wandel möglich ist, z. B.

durch die Einführung neuer Policies, die sich inhaltlich mit den EU-Vorgaben decken bzw. die europäischen Policy-Ziele widerspiegeln und gleichzeitig die Tradition bisheriger nationaler Regulierung fortführen (Wahl bestimmter Policy-Instrumente, Präferenz bestimmter Problemlösungsansätze usw.).

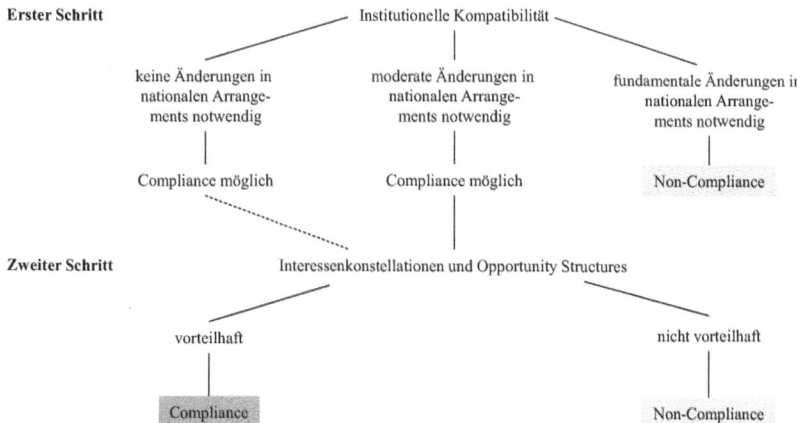

Abb. 3.1 Institutionen und Interessen als erklärende Variablen bei der mitgliedstaatlichen Implementation. Eigene Darstellung in Anlehnung an Knill und Lehmkuhl (2000b: 27)

In Abb. 3.1 ist daher eine leichte Abwandlung des ersten Europäisierungsmechanismus dargestellt: Statt nationaler Persistenz wird im Falle eines ausbleibenden institutionellen Anpassungsdrucks angenommen, dass die ‚erste Schleuse' der Implementation passiert werden kann (Abb. 3.1, gestrichelte Linie) und im zweiten Schritt die nationale Interessenkonstellation ausschlaggebend ist (Abb. 3.1, Pfad links). Institutionelle Kompatibilität wird folglich nicht automatisch mit Compliance assoziiert. Stattdessen wird mitgliedstaatliche Compliance, wie im Fall moderater Änderungen, in Abhängigkeit zur nationalen Interessenkonstellation gesetzt. Länder, in denen bereits ein *fit* nationaler Arrangements und europäischer Vorgaben vorliegt, die jedoch eine *unvorteilhafte* Interessenkonstellation gegenüber den Policy-Zielen bzw. Inhalten einer EU-Richtlinie aufweisen, müssten demnach auch mit Non-Compliance reagieren. Es ergeben sich aus Abb. 3.1 damit fünf mögliche Implementationspfade, welche in mitgliedstaatlicher Compliance oder Non-Compliance resultieren.

3.2 Die *Worlds of Compliance*-Typologie

Ein alternativer theoretischer Ansatz, der ebenfalls den Einfluss mehrerer erklärender Variablen einbezieht, ist die *Worlds of Compliance*-Typologie (Falkner
et al. 2004; Falkner et al. 2005; Falkner et al. 2007b; Falkner et al. 2008;
Falkner 2010; Falkner und Treib 2008; Hartlapp und Leiber 2010). Diese Typologie entstand im Rahmen einer empirischen Untersuchung zur mitgliedstaatlichen
Implementation von EU-Richtlinien im Bereich des Arbeitsrechts. Sie lasse sich
aber auch auf weitere Politikfelder übertragen, denn mithilfe der geführten Interviews sei auch über den Untersuchungsgegenstand hinaus Wissen über andere
Politikfelder und den dort typischen Verlauf von Umsetzungsprozessen gesammelt worden (Falkner et al. 2005: 328–330). Folgende Entdeckung war dabei
ausschlaggebend: „[…] [T]here is a factor at work that is worth considering
but has not yet been elaborated in depth in the European implementation lite-
rature: domestic compliance cultures in the field of EU law" (Falkner et al. 2005:
319). Die Grundidee des Ansatzes besteht darin, dass Mitgliedstaaten bestimmte
Kulturen der EU-Rechtsbefolgung bzw. Compliance-Kulturen aufweisen würden,
im Sinne stabiler Reaktionsmuster gegenüber EU-Anpassungsdruck.[5] Je nachdem, zu welchem Compliance-Typ ein Land gehöre, seien immer wieder die
gleichen Reaktionsmuster zu erwarten, unabhängig von der jeweiligen Policy
(Falkner et al. 2005: 319). Die Compliance-Typen, die von Falkner et al. (2005)
bzw. Falkner und Treib (2008) abgegrenzt werden, können dabei als Aggregat
verschiedener Variablen betrachtet werden; vor allem die Effizienz administrativer Systeme, die Policy-Präferenzen nationaler Akteure und die nationale
Compliance-Kultur spielen dabei eine wesentliche Rolle (Tab. 3.2).

---

[5] Diese Grundidee findet sich auch in Arbeiten Sverdrups (2003, 2004), der speziell skandinavische Länder aufgrund ihres Compliance- und konsensorientierten Politikstils abgrenzt.
Dieses Konzept einer nordischen Compliance-Kultur bzw. eines „Nordic Exceptionalism"
(Sverdrup 2004: 23) bestätigen auch Falkner et al. (2005). Innerhalb der Typologie gilt dies
als prägend für die *World of Law Observance* (Falkner et al. 2005: 331–333). Darüber
hinaus wurden Ländergruppen bzw. Cluster besonders mit Blick auf die neueren osteuropäischen Mitgliedstaaten untersucht, deren Implementations- und Anpassungsmuster im Zuge
des EU-Beitritts sowie mit Blick auf spezielle administrative Herausforderungen beleuchtet
wurden (Dimitrova 2010; Dimitrova und Toshkov 2009; Falkner et al. 2008; Leiber 2007;
Toshkov 2012).

Tab. 3.2 Die *Worlds of Compliance*-Typologie[6]

	World of Law Observance	World of Domestic Politics	World of Dead Letters	World of Transposition Neglect
rechtliche Transposition	+	o	o	–
praktische Umsetzung	+	+	–	+ / –
Länder	Dänemark, Finnland, Schweden	Belgien, Deutschland, Niederlande, Spanien, Vereinigtes Königreich	Irland, Italien, Tschechische Republik, Ungarn, Slowakei, Slowenien	Frankreich, Griechenland, Luxemburg, Portugal

Eigene Darstellung in Anlehnung an Falkner und Treib (2008: 309). + = *Respekt ggü. Rechtstaatlichkeit;* o = *politische Abwägung;* – = *Unterlassung.*

Innerhalb des ersten Typus, der *World of Law Observance,* wird die Kultur der EU-Rechtsbefolgung als zentrale treibende Kraft hinter einer pflichtbewussten Umsetzung gesehen. In Ländern dieses Typs überwiege das Ziel, sich kon- form mit EU-Recht zu verhalten, über innenpolitische Erwägungen. Somit sei eine fristgerechte und korrekte Umsetzung auch bei innenpolitischem Wider- stand zu erwarten. Zudem erfolge die Umsetzung unter dem bewussten Einbezug der beteiligten nationalen Systeme, d. h. der EU-Rechtsakt werde sorgfältig an nationale Verhältnisse angepasst. Diese Art der Umsetzung erleichtere auch die praktische Anwendung der Policy. Zudem zeichneten sich Länder dieses Typs durch gut organisierte und effiziente Verwaltungen und justizielle Systeme aus. Beide Implementationsphasen, die rechtliche Transposition, ebenso wie die praktische Anwendung von EU-Recht, seien im Regelfall unproblematisch: „Non- compliance […] typically occurs only rarely and (at least willingly) not without fundamental domestic traditions or basic regulatory philosophies being at stake" (Falkner et al. 2005: 322). Eine hohe Diskrepanz zwischen europäischen Vorga- ben und nationalen Traditionen (*misfit*) könne potenziell auch in der *World of Law*

---

[6] Während Falkner et al. (2005; 2007b) zunächst drei Ländergruppen unterscheiden, identifi- zieren Falkner und Treib (2008) unter Einbezug der neueren osteuropäischen Mitgliedstaaten einen vierten Compliance-Typ. Die Zuordnung Italiens und Irlands war zunächst nicht ein- deutig (Falkner et al. 2005), später wurden beide Länder jedoch dem neuen Typus zugeordnet (Falkner und Treib 2008).

Observance Probleme bei der Umsetzung verursachen. Sollte es zu einer Verzögerung oder einem Umsetzungsfehler kommen, werde das Problem jedoch zügig behoben. Langwierige Verletzungen von EU-Recht seien in Ländern dieses Typs nicht zu erwarten. Zur *World of Law Observance* werden die skandinavischen Mitgliedstaaten Dänemark, Finnland und Schweden gezählt (Tab. 3.2).

Innerhalb des zweiten Typus, der *World of Domestic Politics,* sei die Umsetzung von EU-Recht ein stark politisierter Prozess. Eine generelle Compliance-Orientierung fände sich hier nicht, stattdessen würden innenpolitische Erwägungen und politische Präferenzen dominieren:

> While in the countries belonging to the world of law observance, breaking EU law would not be a socially acceptable state of affairs, it is much less of a problem in one of the countries in this second category. At times, their politicians or major interest groups even openly call for disobedience with European duties – an appeal which in these countries is not seriously denounced socially (Falkner et al. 2005: 323).

Bei jedem umzusetzenden Rechtsakt erfolge eine innenpolitische Kosten-Nutzen-Abwägung (Falkner und Treib 2008: 297). Sofern die Präferenzen der nationalen Regierung mit der umzusetzenden EU-Policy übereinstimmen würden und es zudem keinen wesentlichen politischen Druck durch oppositionelle Kräfte wie Interessengruppen gebe, könne mit einer fristgerechten und korrekten Umsetzung gerechnet werden. Wenn jedoch keine politische Einigung erzielt werden könne oder aber auf nationaler Ebene ein dem EU-Recht entgegenstehender Kompromiss beschlossen werde, dann komme es sehr wahrscheinlich zu einem langfristigen Rechtsbruch. Für die *World of Domestic Politics* gelte somit: Falls die Umsetzung eines EU-Rechtsakts scheitert, dann bereits während der Transpositionsphase, aufgrund von politischem Widerstand. Die praktische Umsetzung sei hingegen unproblematisch, aufgrund eines zuverlässigen Verwaltungsapparates, der geltendes Recht flächendeckend durchsetze (Falkner et al. 2005: 324; Falkner und Treib 2008: 297). Zur *World of Domestic Politics* zählen u. a. Deutschland und Österreich sowie die Niederlande und das Vereinigte Königreich (Tab. 3.2).

Der nächste Typus wurde von Falkner und Treib (2008) ermittelt, nachdem die neueren, osteuropäischen Mitgliedstaaten in die vorangegangenen Untersuchungen einbezogen wurden (Falkner et al. 2004; Falkner et al. 2005; Falkner et al. 2007b). Es zeichnete sich ein weiterer Umsetzungsstil ab, der als *World of Dead Letters* bezeichnet wird:

> To capture this combination of politicized transposition and systematic shortcomings in enforcement and application, we suggest [another] [...] category: the 'world of dead letters'. Countries belonging to this cluster of our typology may transpose EU

Directives in a compliant manner, depending on the prevalent political constella-
tion among domestic actors, but then there is non-compliance at the later stage of
monitoring and enforcement (Falkner und Treib 2008: 308).

Zunächst gestalte sich die Umsetzung wie in der *World of Domestic Politics*,
d. h. in Abhängigkeit von den vorherrschenden Policy-Präferenzen nationaler
Policy-Akteure. Allerdings sei es für die *World of Dead Letters* typisch, dass
selbst im Anschluss an eine korrekte Transposition Probleme innerhalb der praktischen Umsetzung auftreten würden: Bestehendes Recht werde kaum durchgesetzt.
Hierfür gebe es eine Reihe von Gründen, u. a. ineffiziente administrative und
justizielle Systeme sowie mangelnder zivilgesellschaftlicher Druck (Falkner und
Treib 2008: 308–309).[7] Die EU-Compliance sei in Ländern dieses Typs besonders gefährdet: Selbst bei günstigen politischen Voraussetzungen sei spätestens in
der Phase der praktischen Anwendung mit massiven Problemen zu rechnen. Da
beim Monitoring mitgliedstaatlicher Compliance durch die Europäische Kommission überwiegend auf die Einhaltung der Umsetzungsfrist und allenfalls noch auf
die Korrektheit der rechtlichen Transposition geachtet werde (Hartlapp 2007),
kann davon ausgegangen werden, dass Compliance-Defizite in diesen Ländern
unterdiagnostiziert bleiben. Zur *World of Dead Letters* werden überwiegend osteuropäische Mitgliedstaaten wie Ungarn oder Tschechien gezählt, aber auch Italien
und Irland (Tab. 3.2). Mit Verweis auf Leiber (2007) können neben den untersuchten Ländern vermutlich auch weitere osteuropäische Mitgliedstaaten diesem
Typ subsumiert werden (Falkner und Treib 2008: 310).[8]

Eine ganz eigene Dynamik finde sich innerhalb des letzten Typus, denn hier
werde EU-Recht überwiegend ignoriert. Die meisten Fälle innerhalb der *World
of Transposition Neglect* seien nämlich auf die Untätigkeit der mitgliedstaatlichen
Administration zurückzuführen (Falkner et al. 2005: 321). Der Einhaltung von
EU-Recht werde in Ländern dieses Typs für sich genommen kein besonderer Wert
beigemessen: „[…] domestic actors who call for more obedience […] have even
less of a sound cultural basis for doing so than in the world of domestic politics"
(Falkner und Treib 2008: 297). Sowohl das politische als auch das administrative
System seien von einer gleichgültigen bis ablehnenden Haltung gegenüber EU-
Recht durchdrungen (Falkner et al. 2005: 324–325). Auf EU-Rechtsakte werde
in der Folge meist gar nicht erst reagiert:

---

[7] Letzteres scheint für den Implementationserfolg jedoch weniger relevant zu sein als erwartet (Schrama und Zhelyazkova 2018).

[8] In weiteren Arbeiten zur *World of Dead Letters* konnten die beschriebenen Muster ebenfalls
bestätigt werden (Falkner et al. 2008; Falkner 2010).

[...] [C]ompliance obligations are often not recognised at all in these 'neglecting' countries. A posture of 'national arrogance' (in the sense that indigenous standards are typically expected to be superior) may support this, as may administrative overload or inefficiency. [...] [T]he typical initial reaction to an EU-related implementation duty is inactivity (Falkner et al. 2005: 323).

In der Regel werde die Umsetzung erst nach Einschreiten supranationaler Akteure eingeleitet, d. h. nachdem die Europäische Kommission ein Vertragsverletzungsverfahren eingeleitet habe (Falkner et al. 2005: 323). Allerdings könnten träge Verwaltungsapparate in besonderen Fällen frühzeitiger aktiviert werden. Dies sei interessanterweise dann der Fall, wenn die europäischen Vorgaben stark vom nationalen Status quo abweichen würden: „High degrees of misfit tend to facilitate transposition in these countries as these cases are more easily visible and are therefore treated with higher priority by administrative actors" (Falkner et al. 2007b: 410). Werde die Umsetzung schließlich doch eingeleitet, führe nicht selten die wörtliche Übersetzung des EU-Rechtsakts zu weiteren Problemen – denn wurde eine EU-Richtlinie nicht genügend spezifiziert und in den Kontext des bestehenden nationalen Rechtssystems und anderer relevanter Arrangements eingebettet, erschwere dies die praktische Anwendung (Falkner et al. 2005: 323–324).

Where literal translation of EU Directives takes place at the expense of careful adaptation to domestic conditions, for example, shortcomings in enforcement and application are a frequent phenomenon. Potential deficiencies of this type, however, do not belong to the defining characteristics of the world of transposition neglect. Instead, negligence at the transposition stage is the crucial factor in this cluster of countries [...] (Falkner und Treib 2008: 297–298).

Insgesamt ist das zentrale Merkmal dieses Compliance-Typs also das Hinwegsehen über EU-induzierten Anpassungsdruck bzw. das Vernachlässigen europäischer Vorgaben. Länder, die zur *World of Transposition Neglect* gezählt werden, sind u. a. Frankreich, Griechenland und Portugal (Tab. 3.2).

Die *Worlds of Compliance*-Typologie wurde in der Literatur unterschiedlich rezipiert und zum Teil bereits einer empirischen Überprüfung unterzogen. Erste theorietestende Arbeiten konnten die *Worlds of Compliance*-Typologie empirisch nicht oder nur zum Teil verifizieren (Pircher und Loxbo 2020; Thomson 2007, 2009; Toshkov 2007, 2012). Allerdings merken Falkner et al. (2007a) hierzu an, dass quantitative Studien zur Überprüfung ihrer Typologie grundsätzlich ungeeignet seien. Eine qualitative Studie Treibs (2008a) zur Umsetzung der Antirassismusrichtlinie (2000/43/EG) in Deutschland bestätigte immerhin die für die *World of Domestic Politics* typischen Reaktionsmuster. Eine mögliche Kritik an der Typologisierung mitgliedstaatlicher EU-Rechtsumsetzung besteht darin, dass innerstaatliche Varianz bzw. Unterschiede zwischen verschiedenen Politikfeldern auf diese Weise nicht angemessen berücksichtigt werden könnten (Haverland et al. 2011: 286). In der Erklärung von Varianz sind der *Worlds of Compliance*-Typologie im Vergleich zum Modell der Europäisierungsmechanismen (Knill und Lehmkuhl 2000b, 2002, 2004) in der Tat engere Grenzen gesetzt: Während das Modell der Europäisierungsmechanismen sich sowohl für die Erklärung zwischenstaatlicher als auch innerstaatlicher Varianz eignet und mitgliedstaatliche EU-Anpassung Policy-spezifisch auf die jeweilige Konstellation von Institutionen und Interessen zurückführt, ist die *Worlds of Compliance*-Typologie eher als erklärende Heuristik gedacht, welche typische Implementationsmuster in bestimmten Gruppen von Mitgliedstaaten veranschaulicht (Falkner 2007: 1018). Der Anspruch besteht also nicht darin, ein allgemeingültiges theoretisches Modell anzubieten; vielmehr soll die Typologie in weiteren Forschungsarbeiten als „starting point for further refinement and […] theory building" genutzt werden (Falkner 2007: 1018). In diesem Sinne wird die *Worlds of Compliance*-Typologie in der vorliegenden Untersuchung komplementär zum Modell der Europäisierungsmechanismen (Knill und Lehmkuhl 2000b, 2002, 2004) eingesetzt, um zu überprüfen, inwiefern neben der Kompatibilität von Institutionen und Interessen auch der Compliance-Typ bzw. die Compliance-Kultur eines Landes (mit-) bestimmend für den Erfolg mitgliedstaatlicher Implementation sein können. Eine Funktion, die beide Ansätze jedoch nur bedingt erfüllen können, ist die ex ante-Beurteilung mitgliedstaatlicher Implementation. Denn bevor nicht die Policy-spezifischen Institutionen und Interessen bekannt sind, kann auch mithilfe des Modells der Europäisierungsmechanismen nicht vorhergesagt werden, wie ein Mitgliedstaat auf EU-induzierten Anpassungsdruck reagieren wird.

Research Design 4

Nachdem in den vorangegangenen Kapiteln der Forschungsstand (Kapitel 2) sowie die theoretische Fundierung (Kapitel 3) dieser Untersuchung dargelegt wurden, folgt nun die Erläuterung des Research Designs. Hierzu werden die Zielsetzung (Abschnitt 4.1), der Untersuchungsgegenstand (Abschnitt 4.2), die Fallauswahl (Abschnitt 4.3), die Operationalisierung und Messung (Abschnitt 4.4) sowie die Methode der Datenauswertung (Abschnitt 4.5) diskutiert.

4.1 Zielsetzung

Wie eingangs formuliert, hat diese Untersuchung in erster Linie einen theorietestenden Anspruch: Überprüft werden das Modell der Europäisierungsmechanismen (Knill und Lehmkuhl 2000b, 2002, 2004) sowie die *Worlds of Compliance*-Typologie (Falkner et al. 2005; Falkner und Treib 2008). Die zentrale Forschungsfrage, welche sich primär auf das Modell der Europäisierungsmechanismen stützt, lautet: Welchen Einfluss haben nationale institutionelle Arrangements und Interessenkonstellationen auf die mitgliedstaatliche Implementation von EU-Recht? Die abhängige Variable (y) ist entsprechend die mitgliedstaatliche Implementation von bzw. Compliance mit EU-Recht. Unter Implementation wird dabei insbesondere der Prozess der Umsetzung verstanden, wohingegen mit Compliance speziell das Outcome gemeint ist, d. h. die EU-Rechtskonformität am Ende der Implementation (Treib 2008b, 2014).

Als Einflussfaktoren bzw. unabhängige Variablen (x) werden die Kompatibilität nationaler institutioneller Arrangements (x_1) sowie Interessenkonstellationen (x_2) mit der EU-Policy betrachtet (Knill und Lehmkuhl 2000b, 2002, 2004). Eine alternative Erklärung bietet die *Worlds of Compliance*-Typologie (Falkner et al. 2005; Falkner und Treib 2008). Um die Erklärungskraft dieses Ansatzes zu testen,

45

V. Brendler, *Die Implementation europäischer Erneuerbare–Energien–Politik*, Forschungen zur Europäischen Integration, https://doi.org/10.1007/978-3-658-37531-7_4

wird als weitere erklärende Variable die nationale Compliance-Kultur als spezifisches Reaktionsmuster auf EU-rechtlichen Anpassungsdruck herangezogen, kurz: die Zugehörigkeit zu einer der *Worlds of Compliance* (x_3). Insofern ergibt sich aus dem theorietestenden Anspruch ein Fokus auf drei zentrale x-Variablen bzw. eine variablenbasierte Untersuchungslogik.

Darüber hinaus soll auch sichergestellt werden, dass Interaktionseffekte bzw. Einflüsse möglicher alternativer oder intervenierender erklärender Variablen in angemessener Weise berücksichtigt werden. Dies erfordert eine fallbasierte Untersuchungslogik. Der Unterschied lässt sich dabei folgendermaßen zusammenfassen (Della Porta 2008: 207): *Variablenbasierte* Untersuchungsansätze zielen darauf ab, die Effekte verschiedener Variablen gegenüber einem bestimmten Phänomen zu messen und damit zu beantworten, inwieweit eine abhängige Variable mit jeder unabhängigen Variablen kovariiert; *fallbasierte* Ansätze dienen dagegen der Exploration von Diversität und Abweichungen, was über eine dichte Beschreibung des Falls bzw. einer kleinen Fallzahl geschieht; Fälle werden in der Regel auf mehreren Dimensionen miteinander verglichen, wobei das fallspezifische Narrativ im Vordergrund steht. Während der variablenbasierte Ansatz generalisierbare Erkenntnisse produziert, liegen die Stärken des fallbasierten Ansatzes in der Erfassung von Komplexität (Della Porta 2008: 207). Die beschriebenen Ansätze schließen sich nicht gegenseitig aus, sondern können auch in Kombination angewandt werden – nach ähnlichem Prinzip funktioniert in Fallstudien die Verbindung von Deduktion und Induktion, wobei bestehende Annahmen getestet und über die Analyse des Falls neue bzw. ergänzende oder einschränkende Annahmen aufgestellt werden (Muno 2016: 81). Vor dem Hintergrund der oben formulierten Forschungsfrage erlaubt die Kombination von variablenbasiertem und fallbasiertem Untersuchungsansatz, (1) das Modell der Europäisierungsmechanismen (Knill und Lehmkuhl 2000b, 2002, 2004) und die *Worlds of Compliance*-Typologie (Falkner et al. 2005; Falkner und Treib 2008) auf ihre Erklärungskraft hin zu überprüfen und (2) gleichzeitig mögliche weitere Erkenntnisse über den Untersuchungsgegenstand zu gewinnen, die außerhalb des theoretischen Rahmens liegen.

Die beschriebene Zielsetzung wird mithilfe einer vergleichenden Fallstudie umgesetzt. Fallstudien ermöglichen eine holistische Betrachtung komplexer Phänomene (Yin 2009: 4), bei der sowohl dem variablenbasierten als auch dem fallbasierten Untersuchungsanspruch Rechnung getragen werden kann. Aus theorietestender Sicht sind Fallstudien besonders geeignet, um komplexe Interaktionseffekte zwischen unabhängigen Variablen zu identifizieren, sodass die erklärenden Variablen nicht nur auf ihre Effekte im Einzelnen hin untersucht, sondern auch im Zusammenspiel beobachtet werden können (George und Bennett

2005: 212). Gerade die Wechselbeziehung von ‚Institutionen' und ‚Interessen' kann somit herausgearbeitet werden. Außerdem erlauben Fallstudien eine Analyse zugrundeliegender Kausalmechanismen, welche über die Feststellung von Kovarianz hinausgeht (Deters 2013: 76; George und Bennett 2005: 20–22). Bezogen auf die Forschungsfrage soll also festgestellt werden, *auf welche Weise* ‚Institutionen' und ‚Interessen' die mitgliedstaatliche Implementation beeinflussen. Für eine robuste theoriegeleitete Fallstudie muss der Vergleich von Fällen strukturiert und fokussiert erfolgen (George und Bennett 2005: 67). Ein *strukturierter* Vergleich bedeutet, dass sich die gleichen, auf den Untersuchungsgegenstand bzw. das Forschungsinteresse gerichteten Fragen an jeden einzelnen Fall richten – resultierend in einer standardisierten Erhebung von Daten und einem systematischen Vergleich der Fälle; ein *fokussierter* Vergleich meint die Zuspitzung des Falls auf bestimmte (theoriegeleitete) Aspekte, Variablen, Zusammenhänge usw., welche bei der Untersuchung im Vordergrund stehen sollen (George und Bennett 2005: 67–70). Diesen Prinzipien wird durch die Operationalisierung in Abschnitt 4.4 Rechnung getragen.

Während ein systematischer Fallvergleich insbesondere bei einem theorietestenden, variablenbasierten Vorgehen von Bedeutung ist, ergibt sich für darüberhinausgehende, fallbasierte Beobachtungen die Herausforderung, diese über den jeweiligen Fall hinaus an einen theoretischen Rahmen anzuknüpfen bzw. in abstraktere Kategorien zu übersetzen. Um die theoretische Anschlussfähigkeit des *fallbasierten* Untersuchungsteils zu gewährleisten, wird in Bezug auf die mitgliedstaatlichen Reaktionsmuster ein Analyseraster genutzt, bei dem verschiedene Abstufungen bzw. „degrees of domestic change" im Hinblick auf die EU-Anpassung von Mitgliedstaaten unterschieden werden (Börzel und Risse 2003: 69). Hierdurch kann die mitgliedstaatliche Anpassung über die reine Diagnose von Compliance vs. Non-Compliance hinaus weiter qualifiziert werden – während dies für einen Theorietest gemäß der in Abschnitt 3.1 dargestellten Prämissen keine notwendige Unterscheidung ist, liefert dieses zusätzliche Analyseraster doch eine mögliche Hilfestellung für das holistische Fallverständnis sowie die anschließende Diskussion:

1. *Absorption:* Member states incorporate European policies or ideas into their programs and domestic structures, respectively, but without substantially modifying existing processes, policies, and institutions. [...]
2. *Accommodation:* Member states accommodate Europeanization pressures by adapting existing processes, policies, and institutions without changing their essential features and the underlying collective understandings attached to them. [...]

3. *Transformation:* Member states replace existing policies, processes, and institutions by new, substantially different ones, or alter existing ones to the extent
that their essential features and/or the underlying collective understandings are
fundamentally changed [...] (Börzel und Risse 2003: 69–70).

Es geht in der o. g. Abstufung folglich darum, wie weitreichend die mitgliedstaatliche Anpassung an EU-Recht war: Wurden dabei lediglich europäische Vorgaben
in bestehende Arrangements integriert oder wurden im Verlauf auch Prozesse,
Policies und Institutionen verändert? Nachdem nun das Ziel und der grundsätzliche Rahmen für die empirische Untersuchung abgesteckt wurden, folgt im
nächsten Abschnitt eine Spezifizierung des Untersuchungsgegenstands.

4.2   Untersuchungsgegenstand

Die vorliegende Untersuchung ist grundsätzlich *top-down*-orientiert: Das Forschungsinteresse richtet sich auf die Maßgaben einer bestimmten Policy und die
Frage, wie diese von den jeweiligen Mitgliedstaaten umgesetzt wurden (Knill und
Tosun 2012; Sabatier 1986). Dabei wird aber auch die wechselseitige Beeinflussung von nationaler und supranationaler Ebene einbezogen (Knill 2001: 9–10).
Denn wie bereits in Kapitel 2 unter dem Begriff des *uploading* diskutiert wurde,
sind die EU-Mitgliedstaaten nicht nur Empfänger europäischer Weisungen, sondern gestalten diese ihrerseits aktiv mit, wobei sie oftmals versuchen, ihre eigenen
Modelle auf die supranationale Ebene zu übertragen (Börzel 2000b, 2002; Héritier 1995). In der Phase des *downloading* ergehen anschließend Policies von der
EU-Ebene an die Mitgliedstaaten, z. B. in Form von EU-Richtlinien, wodurch
für die Mitgliedstaaten Anpassungsdruck entsteht (Abb. 4.1). Dessen Höhe hängt
von der Diskrepanz zwischen der europäischen und der nationalen Ebene ab
(*misfit*): „The lower the compatibility between European and domestic processes, policies, and institutions, the higher the adaptational pressure" (Börzel und
Risse 2000: 5). Um den Anpassungsdruck, der von einer EU-Policy ausgeht, zu
bestimmen, müssen die europäischen Vorgaben mit dem bestehenden nationalen
Status quo abgeglichen werden: Wie weitreichend sind die Änderungen, die an
der bestehenden nationalen Regulierung vorgenommen werden müssen? Wie in
den Kapiteln 2 und 3 beschrieben, kann die Konfliktebene dabei inhaltlicher wie
institutioneller Natur sein: „When there are misfits, national institutions are pres-
sured to change policy, adopt policy styles and structures in a way they would not
if these aspects matched" (Di Lucia und Kronsell 2010: 548). Es geht folglich

nicht nur darum, bestimmte Vorgaben oder Inhalte in nationales Recht zu überführen, sondern oftmals auch um eine Anpassung nationaler Regulierungsstile
und -strukturen.

Ein weiterer Aspekt, der bei der Bestimmung des Anpassungsdrucks bzw. des
notwendigen „amount of change" (Van Meter und Van Horn 1975: 460) bedacht
werden sollte, ist der (politikfeldspezifische) *Acquis communautaire*. Hierbei handelt es sich um den gemeinsamen rechtlichen bzw. regulativen Besitzstand auf
EU-Ebene. Das Verständnis einer EU-Policy im regulativen EU-Kontext, noch
bevor der jeweilige *fit* oder *misfit* auf nationaler Ebene bestimmt wird, kann
bereits Hinweise über mögliche Konfliktlinien sowie die Höhe des Anpassungsdrucks für die Mitgliedstaaten offenbaren (siehe auch Börzel 2021: 49–52). Denn
eine EU-Policy kann im europäischen regulativen Kontext unterschiedlich hohen
Innovationscharakter haben: (a) Handelt es sich bei dem jeweiligen Politikfeld
um einen bereits seit langem vergemeinschafteten Politikbereich oder ist die
Europäische Integration auf diesem Gebiet noch relativ neu? (b) Welchen Stellenwert weist die jeweilige Policy im Vergleich zu bisheriger/vorangegangener
europäischer Regulierung auf? Inwieweit hat sie Reformcharakter, d. h. werden
z. B. neue Instrumente genutzt, neue Standards gesetzt oder anderweitig neue
Verbindlichkeiten geschaffen?

Ausgehend von diesen konzeptionellen Vorüberlegungen sowie dem in Kapitel 3 dargestellten theoretischen Fundament gliedert sich die nachfolgende
Untersuchung somit in folgende Schritte (siehe auch Abb. 4.1):

(1) Erfassung des politikfeldspezifischen *Acquis communautaire* (Abschnitt 5.1),
(2) Analyse des EU-Policymaking zum untersuchten EU-Policy-Output sowie
    der darin enthaltenen Vorgaben (Abschnitt 5.2),
(3) Erhebung nationaler institutioneller Arrangements (x_1) und Interessenkonstel-
    lationen (x_2) im Vorfeld des EU-induzierten Anpassungsdrucks (gemäß dem
    Modell der Europäisierungsmechanismen von Knill und Lehmkuhl (2000b,
    2002, 2004); Kapitel 6),
(4) Erhebung der mitgliedstaatlichen Compliance-Muster mit Bezug auf die
    rechtliche Transposition (y_1) und die praktische Umsetzung (y_2) (in Anleh-
    nung an die *Worlds of Compliance*-Typologie von Falkner et al. (2005) bzw.
    Falkner und Treib (2008); Kapitel 7),
(5) Abgleich und Diskussion theoretisch erwarteter und empirisch beobachteter
    Muster bzw. weiterer fallbasierter Erkenntnisse (Kapitel 8).

Nachdem in diesem Abschnitt spezifiziert wurde, welche Aspekte bei der Untersuchung mitgliedstaatlicher Implementation im Kontext des europäischen und
nationalen Policymaking von Bedeutung sind, folgt im nächsten Abschnitt die
Fallauswahl für die vergleichende Fallstudie.

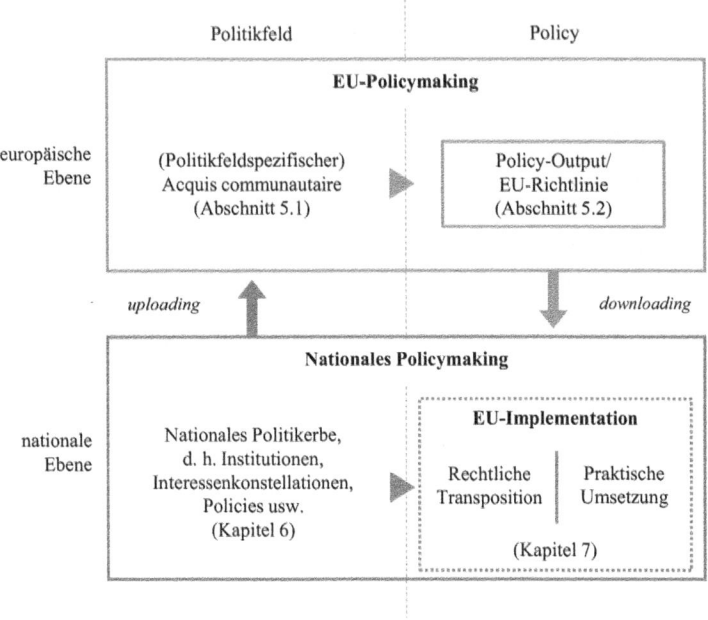

Abb. 4.1 Mitgliedstaatliche Implementation im Kontext des europäischen und nationalen
Policymaking. Eigene Darstellung

4.3   Fallauswahl

Die Fallauswahl erfolgt auf zwei Ebenen: der Ebene der EU-Policy und der Ebene der EU-Mitgliedstaaten. Ein Fall wird hierbei definiert als die Implementation einer EU-Policy in einem Mitgliedstaat. Wie vorangehend beschrieben, ist dabei auch der nationale Status quo im Vorfeld der Implementation wesentlicher Bestandteil der Untersuchung, d. h. die Phase prä-Reform (Héritier 2001: 10–11).

EU-Policy
Mit Blick auf den geplanten Theorietest sollte es sich bei der zu untersuchenden EU-Policy erstens um eine Modellvorgabe im Sinne des ersten Europäisierungsmechanismus handeln (Knill und Lehmkuhl 2000b; 2002, 2004). Zweitens wird angestrebt, mit der Fallauswahl auch eine hohe politische wie gesellschaftliche Relevanz abzubilden, wobei idealerweise drittens der Forschungsstand zur EU-Implementationsforschung derart ergänzt werden kann, dass ein vergleichsweise neuer Bereich der Europäischen Integration beleuchtet wird.

Ein Thema, das für die Europäische Union in den vergangenen etwa zwanzig Jahren immer zentraler geworden ist und enorme gesellschaftliche Relevanz aufweist, ist die gemeinsame Energiepolitik und insbesondere der langfristige Umstieg auf erneuerbare Energiequellen (EK 2011: 2). Die Förderung erneuerbarer Energiequellen ist für die EU aus mehreren Gründen von Bedeutung: Erstens ist der Energiesektor der größte Produzent klimaschädlicher Emissionen – 80 % der in der EU produzierten Treibhausgasemissionen gehen auf die Verbrennung fossiler Energieträger zurück (Geden und Fischer 2008: 14; siehe dazu auch das fortlaufende Monitoring der Europäischen Umweltagentur unter eea.europa.eu). Da erneuerbare Energiequellen CO_2-produzierende Energiequellen langfristig zumindest teilweise verdrängen können, ist ihre Förderung aus Klimaschutzgründen von höchster Priorität (Dupont 2016: 65). Zweitens sorgt die beschriebene Verdrängung fossiler Energieträger dafür, dass der europäische Energiemix ausbalanciert und diversifiziert wird, sodass auch die Importabhängigkeit der EU bzw. ihrer Mitgliedstaaten sinkt (Howes 2010: 117). Dies ist nicht nur für die europäische Versorgungssicherheit von Interesse, sondern hat mitunter auch erhebliche außen- und sicherheitspolitische Relevanz (Belkin 2008; Georgiou und Rocco 2017). Drittens wird der Ausbau erneuerbarer Energiequellen mit neuen technologischen Entwicklungen in Verbindung gebracht – die damit verbundenen Innovationsimpulse werden im EU-Kontext somit auch aus volkswirtschaftlicher bzw. arbeitsmarktpolitischer Sicht als erstrebenswert betrachtet (Howes 2010: 117).

Die europäische Erneuerbare-Energien-Politik ist dabei ein vergleichsweise junges Politikfeld (Kapitel 5). Einen wesentlichen Integrationsschub löste 2007 die Formulierung der 20-20-20-Ziele sowie die anschließende Verabschiedung des Klima- und Energiepakets im Jahr 2009 aus, inklusive der Richtlinie 2009/28/EG zur Förderung der Nutzung von Energie aus erneuerbaren Quellen. Bis zur Aktualisierung durch die EU-Richtlinie 2018/2001 handelte es sich dabei um die zentrale EU-Policy im Bereich erneuerbare Energien. Als zentrales Ziel der Erneuerbare-Energien-Richtlinie von 2009 wurde festgelegt, bis 2020 einen Anteil von 20 % des EU-weiten Energieverbrauchs aus erneuerbaren Energiequellen zu gewinnen. Dieses Ziel wurde in verpflichtende nationale Zielwerte übersetzt, die bis 2020 erreicht werden mussten. Neben diesen Zielvorgaben sowie weiteren Bestimmungen gehörte zur Implementation der Richtlinie auch die Erstellung nationaler Aktionspläne nach dem verbindlichen Muster der Europäischen Kommission (EK 2009). Diese Vorlage zeichnete eine umfassende, detaillierte und integrierte Maßnahmenplanung vor, die nicht nur die Förderung erneuerbarer Energien betraf, sondern auch Auswirkungen auf den gesamten Energiesektor hatte. In diesem Sinne stellte die EU-Richtlinie 2009/28/EG eine Modellvorgabe dar, die den Voraussetzungen für den ersten Europäisierungsmechanismus entspricht (Knill und Lehmkuhl 2000b; 2002, 2004).

Abgesehen von den enthaltenen Zielwerten und der Vorgabe eines detaillierten nationalen Aktionsplans enthielt die Richtlinie weitere Maßgaben, die über die Förderung erneuerbarer Energiequellen hinausgingen und z. B. nationale Verwaltungsverfahren betrafen (Art. 13 RL 2009/28/EG). Die Abgrenzung derartiger Sub-Policies (Zhelyazkova 2012, 2013; Zhelyazkova und Torenvlied 2011) ermöglicht neben dem Ländervergleich zusätzliche Rückschlüsse auf die innerstaatliche Varianz in der Umsetzung: Welche Anteile der EU-Richtlinie wurden in einem Mitgliedstaat bereitwillig umgesetzt, welche waren problematisch?

Die Erneuerbare-Energien-Richtlinie (2009/28/EG) erfüllt somit die wesentlichen Voraussetzungen, die sich im Rahmen der Fragestellung und des Research Designs an eine zu untersuchende EU-Policy richten: Sie entspricht den Kriterien der Modellvorgabe gemäß dem ersten Europäisierungsmechanismus (Knill und Lehmkuhl 2000b, 2002, 2004), sie weist neben ihrer (politik-)wissenschaftlichen Relevanz auch eine hohe gesellschaftliche Bedeutung auf und repräsentiert überdies einen vergleichsweise neuen Bereich Europäischer Integration; zudem enthält die Richtlinie Sub-Policies, die sich für eine Bewertung innerstaatlicher Varianz eignen. Im Vergleich scheint das Politikfeld ‚Energie und Transport' zunächst keine besonderen bzw. systematischen Compliance-Probleme aufzuweisen, zumindest im Zeitraum von 1978 bis 2012 betrachtet (Börzel 2021: 32–33).

Allerdings stellte das Ziel einer Energietransformation womöglich doch eine größere Herausforderung für die mitgliedstaatliche Implementation dar.

Mitgliedstaaten

Für die Auswahl der Mitgliedstaaten wird eine Kombination von Strategien zur Fallauswahl eingesetzt (*nested strategies*), d. h. es wird mit hoher Fallzahl (N) und grob gemessenen Variablen begonnen und anschließend eine detailliertere Auswahl mit kleinerem N und einer feineren Aufstellung der Variablen vorgenommen (Schmitter 2008). Eine erste Einschränkung der Grundgesamtheit (alle EU-Mitgliedstaaten) wird über eine negative Fallauswahl erzielt (Jahn 2013: 234), bei der alle ost- und südeuropäischen Mitgliedstaaten und/oder Länder der *World of Dead Letters* nach Falkner und Treib (2008) von der Untersuchung ausgeschlossen werden. Hierdurch sollen die in der Forschung herausgearbeiteten ‚Effizienzfaktoren' (Treib 2014) möglichst konstant gehalten werden, schließlich können in den genannten Ländern Schwächen der administrativen Systeme (Falkner und Treib 2008: 305–306) oder Probleme wie Korruption (Sievers 2011: 271) bereits für sich genommen zu Umsetzungsproblemen führen. Unterschiede im Bereich der Institutionen und Interessen, die gemäß dem Modell der Europäisierungsmechanismen im Zentrum stehen (Knill und Lehmkuhl 2000b, 2002, 2004), lassen sich durch diese negative Fallauswahl folglich genauer herausarbeiten.

Um eine aussagekräftige vergleichende Fallstudie durchführen zu können, richtet sich die Auswahl der Mitgliedstaaten als nächstes nach der Varianz der unabhängigen Variablen, sodass verschiedene Ausprägungen und damit möglichst unterschiedliche Implementationsszenarien abgebildet werden können (Schmitter 2008). Wie zu Beginn des Kapitels erwähnt, beziehen sich die zentralen unabhängigen Variablen für das theorietestende Vorgehen auf nationale institutionelle Arrangements (x_1), nationale Interessenkonstellationen (x_2) und die nationale Compliance-Kultur bzw. die Zugehörigkeit zu einer der *Worlds of Compliance* (x_3). Um eine möglichst hohe Varianz für die nationalen institutionellen Arrangements (x_1) zu gewährleisten, werden zunächst die verschiedenen nationalen Regulierungsstile nach van Waarden (1995) verglichen (siehe dazu Abschnitt 3.1 bzw. Tab. 3.1). Es lassen sich dabei insbesondere Deutschland, Frankreich, das Vereinigte Königreich und die Niederlande voneinander abgrenzen: Im Vereinigten Königreich ist aufgrund des *liberal-pluralistischen, reaktiven* und *pragmatischen* Regulierungsstils ein großangelegtes staatliches Vorgehen potenziell problematisch. In Frankreich ist der Regulierungsstil dagegen klassischerweise *etatistisch, aktiv* und *umfassend,* sodass z. B. ein nationaler

Aktionsplan vermutlich besser übertragbar ist. In Deutschland bzw. den Niederlanden ist es aufgrund des *korporatistischen* und *konsensualen* Regulierungsstils
besonders wichtig, gesellschaftliche Akteure einzubeziehen. Dabei unterscheidet
sich Deutschland von den Niederlanden dahingehend, dass der Regulierungsstil in
Deutschland ein *legalistischer* ist, während in den Niederlanden eher *pragmatisch*
reguliert wird. Auch strukturell weisen die genannten Länder unterschiedliche
Modelle der *Zentralisierung* und *Dezentralisierung* auf (Lijphart 2012). Somit
bilden sie eine hohe Bandbreite möglicher Regulierungsstile ab, was einer hohen
Varianz der unabhängigen Variable ‚Institutionen' entspricht.

Mit Bezug auf die Varianz der zweiten unabhängigen Variable, der nationalen Interessenkonstellationen (x_2), wird eine Vorauswahl für das Politikfeld
der Energiepolitik getroffen, indem die EU-Mitgliedstaaten anhand der relati-
ven Bedeutung verschiedener Energiequellen verortet werden. Hierzu wird der
durchschnittliche Anteil einer Energiequelle an der Primärenergieerzeugung in
einem Land berechnet (Abb. 4.2). Zwar stehen damit noch nicht die tatsächlichen Positionen verschiedener Akteure und ihr relativer Einfluss innerhalb
der nationalen Interessenkonstellation fest. Dennoch ermöglicht dies eine erste
Annäherung, denn der energiewirtschaftliche Status quo spiegelt oftmals die
nationale Interessenkonstellation mitsamt etwaiger Verflechtungen zwischen Staat
und Energiewirtschaft sowie bestehender energiepolitischer Pfadabhängigkeiten
wider (Laumanns 2005: 283–284). Je nachdem, ob bestimmte Energiequellen,
z. B. Kohle oder Atomenergie, für die Energieerzeugung eines Landes im Vorfeld
der EU-Richtlinie eine wichtige Rolle gespielt haben, liegt entsprechend nahe,
dass es dort ein Interesse am Erhalt des energiepolitischen und -wirtschaftlichen
Status quo gab.

Wie in Abb. 4.2 dargestellt, unterscheiden sich Deutschland, Frankreich, das
Vereinigte Königreich und die Niederlande auch mit Blick auf ihre Energieerzeugung im Vorfeld der EU-Richtlinie erheblich. In Deutschland wurde Energie
vor allem aus festen Brennstoffen, d. h. aus der Kohleenergie erzeugt; die
Atomenergie war die zweitwichtigste Erzeugungsquelle. In Frankreich hatte die
Atomenergie eine klare Vorrangstellung, während im Vereinigten Königreich Gas
und Öl die Erzeugung dominierten. In den Niederlanden stellte Gas den mit
Abstand wichtigsten Energieträger in der Erzeugung dar, während andere Quellen
zu vernachlässigen waren.

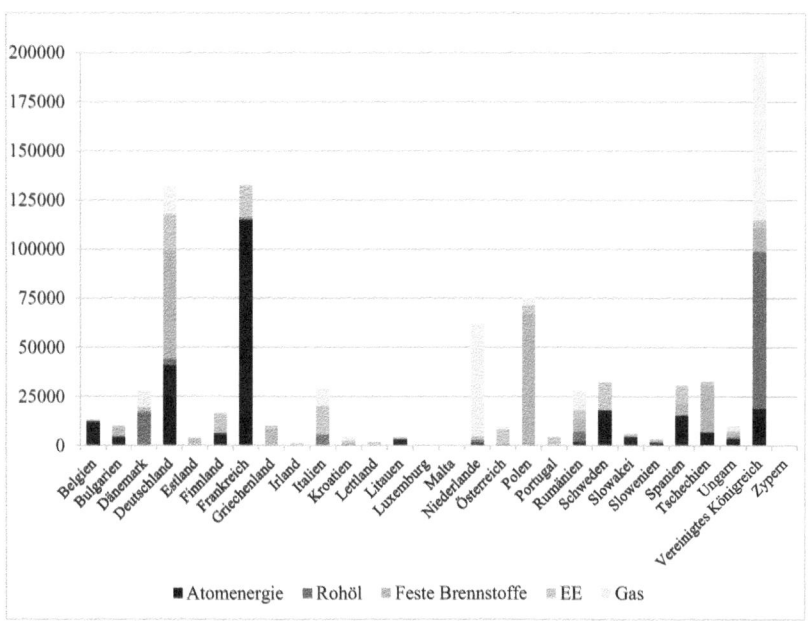

Abb. 4.2 Energieerzeugung in den EU-Mitgliedstaaten – Durchschnitt der Jahre 2003 bis 2008 (in 1000 t RÖE). Eigene Berechnung und Darstellung nach Eurostat (2016) und IEA (2018)

Insgesamt zeigen die vier angesprochenen Mitgliedstaaten somit nicht nur beim nationalen Regulierungsstil eine deutliche Varianz, sondern auch mit Blick auf den energiewirtschaftlichen Status quo im Vorfeld der europäischen Erneuerbare-Energien-Richtlinie. Doch wie verhält es sich mit dem Anteil erneuerbarer Energien am Verbrauch, d. h. dem Outcome, das laut EU-Richtlinie im Zentrum steht? Bei Betrachtung der Anteile erneuerbarer Energien in den einzelnen Mitgliedstaaten im Jahr 2007, d. h. zum Zeitpunkt der 20-20-20-Zielsetzung, welche später in die Erneuerbare-Energien-Richtlinie mündete, zeigt sich eine große Spannweite innerhalb der EU-28 (Abb. 4.3). Während Schweden (mit 44 %) den klaren Vorreiter darstellte, gefolgt von Finnland (29 %) und Lettland (29 %) sowie Österreich (27 %), Kroatien (22 %) und Portugal (22 %), lagen Frankreich, Italien und Spanien im Mittelfeld (bei etwa 10 %). Im unteren Mittelfeld (d. h. unter 10 %) befanden sich neben Deutschland (9 %) einige osteuropäische Länder, z. B. Polen (7 %) und Ungarn (6 %). Die Schlusslichter

bildeten im Jahr 2007 u. a. das Vereinigte Königreich (2 %), Irland (4 %) und
die Niederlande (3 %).

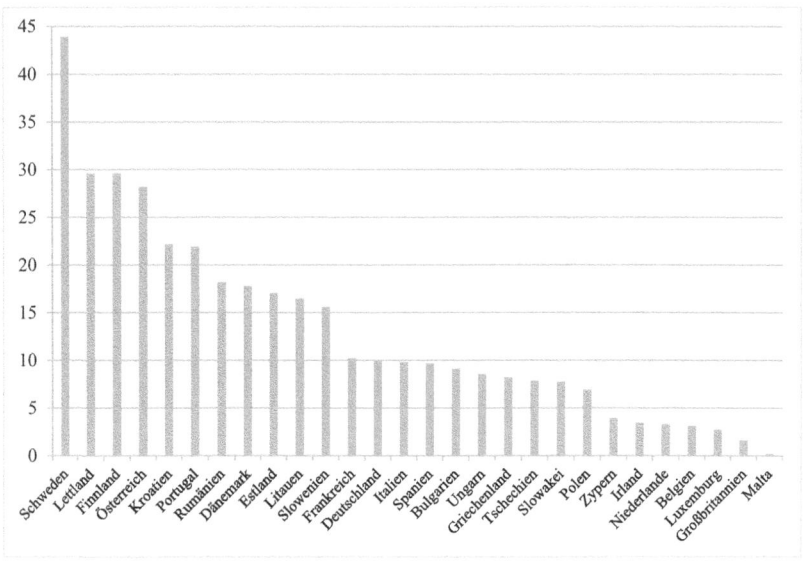

Abb. 4.3 Anteil erneuerbarer Energien am Energieverbrauch im Jahr 2007 (in %). Eigene
Darstellung nach Eurostat (2022a)

Diese Übersicht zeigt, dass die bisher ausgewählten vier Mitgliedstaaten
nur das Mittelfeld (Deutschland, Frankreich) und die ‚Nachzügler' (Vereinigtes
Königreich, Niederlande) abdecken, dagegen die fortschrittlichsten Mitgliedstaaten beim Anteil erneuerbarer Energien noch nicht in der Fallauswahl enthalten
sind. Um hier einen Ausgleich zu schaffen, werden zwei weitere Mitgliedstaaten in die Fallauswahl einbezogen, die mit Blick auf den Anteil erneuerbarer
Energien als Vorreiter bezeichnet werden können und somit potenziell einen
geringeren *policy misfit* (Börzel 2000b) aufweisen. Gleichzeitig soll die Auswahl
so erfolgen, dass möglichst optimale Voraussetzungen für die Überprüfung der
Worlds of Compliance-Typologie (Falkner et al. 2005; Falkner und Treib 2008)
geschaffen werden. Die hinsichtlich des Modells der Europäisierungsmechanismen (Knill und Lehmkuhl 2000b, 2002, 2004) ausgewählten vier Mitgliedstaaten
repräsentieren bislang nur zwei Compliance-Typen: die *World of Domestic Politics*
(Deutschland, Vereinigtes Königreich, Niederlande) und die *World of Transposition Neglect* (Frankreich). Aus diesem Grund werden aus der Gruppe der

‚EE-Vorreiter' folgende zwei Länder ergänzt: (a) Schweden, als EU-weiter Anführer und Land der *World of Law Observance,* sowie (b) Österreich, als weiterer Vertreter der *World of Domestic Politics,* dabei mit potenziell besonders geringem *policy misfit.* Eine im Vergleich größere Fallzahl speziell beim Typ der *World of Domestic Politics* ist für ein theorietestendes Vorgehen deswegen wünschenswert, weil Ländern dieses Typs nicht immer dasselbe Reaktionsmuster auf EU-Policies zugeschrieben wird, wie dies bei der *World of Law Observance* (Schweden) und der *World of Transposition Neglect* (Frankreich) der Fall ist. Denn während bei letzteren Policy-unabhängig eine konstant erfolgreiche bzw. problematische Implementation erwartet wird, hängt die Implementation in Ländern der *World of Domestic Politics* von den Präferenzen der nationalen Policy-Akteure ab und fällt somit Policy-spezifisch unterschiedlich aus. Für eine robuste Plausibilitätsprobe dieses Compliance-Typs sollten daher idealerweise mehrere Fälle, mit einer möglichst hohen Varianz von Policy-Präferenzen bzw. Interessenkonstellationen, vorliegen. Mit der Auswahl Deutschlands, Frankreichs, des Vereinigten Königreichs, der Niederlande, Österreichs und Schwedens ist neben der Überprüfung der in Abschnitt 3.1 formulierten Thesen zum Modell der Europäisierungsmechanismen (Knill und Lehmkuhl 2000b, 2002, 2004) demnach auch eine (teilweise) Überprüfung der *Worlds of Compliance*-Typologie (Falkner et al. 2005; Falkner und Treib 2008) realisierbar.[1]

4.4 Operationalisierung und Messung

Im Folgenden werden die zentrale abhängige Variable (y) sowie die unabhängigen Variablen (x_1, x_2, x_3) für die vergleichende Fallstudie operationalisiert. Begonnen wird dabei mit den europäischen Vorgaben, weil diese die Grundlage für die Bewertung der Kompatibilität nationaler institutioneller Arrangements (x_1) und Interessenkonstellationen (x_2) bilden.

---

[1] Durch die eingangs erfolgte negative Fallauswahl wurden Länder der *Word of Dead Letters* (Falkner und Treib 2008) von vornherein von der Untersuchung ausgeschlossen. Gezielte Untersuchungen speziell zu diesem Compliance-Typ finden sich z. B. bei Leiber (2007) sowie Falkner et al. (2008).

4.4.1 Europäische Vorgaben

Knill und Lehmkuhl (2000b, 2002, 2004) unterscheiden zwei Arten von Vorgaben, die in einer EU-Policy enthalten sein können: substanzielle und institutionelle Vorgaben (Knill und Lehmkuhl 2000b: 25). Mit *substanziellen* Vorgaben sind diejenigen Inhalte gemeint, welche bestimmte Standards, Zielwerte oder sonstige Regelungen vorgeben, die in nationales Recht überführt werden müssen. Die *institutionellen* Vorgaben sind dagegen implizite oder explizite Modellvorgaben, durch die ein bestimmter Regulierungsstil bzw. bestimmte Regulierungsstrukturen definiert sind. Mit Bezug auf die Vorgaben der Erneuerbare-Energien-Richtlinie (2009/28/EG) ist daher die Ebene der (expliziten) Policy-Inhalte als auch die Ebene der (expliziten und impliziten) institutionellen Modellvorgaben relevant. Was mussten die Mitgliedstaaten inhaltlich übernehmen bzw. erfüllen, um EU-Rechtskonformität zu erreichen und welche Regulierungs- bzw. institutionellen Arrangements sollten dabei verwendet werden?

Vor diesem Hintergrund werden im nächsten Abschnitt zunächst die theoretischen Konzepte von Regulierungsstil und Regulierungsstrukturen (Knill und Lehmkuhl 2000b; Knill und Lenschow 1998; van Waarden 1995) für den Bereich der Energiepolitik bzw. der erneuerbaren Energien operationalisiert. Auf dieser Basis werden in späteren Kapiteln die institutionellen Implikationen der EU-Richtlinie erfasst (Abschnitt 5.2.2) und die nationalen institutionellen Arrangements ex ante erhoben (Kapitel 6).

4.4.2 Nationale institutionelle Arrangements

Zur Erhebung der nationalen institutionellen Arrangements im Vorfeld der EU-Richtlinie werden im Folgenden die von van Waarden (1995) definierten Dimensionen eines Regulierungsstils sowie die von Knill und Lenschow (1998) spezifizierten Merkmale einer Regulierungsstruktur für die Regulierung des Energiesektors bzw. speziell der erneuerbaren Energien operationalisiert, indem definiert wird, wann die einzelnen Ausprägungen beobachtbar sind. Hierfür werden die genannten Dimensionen unter Zuhilfenahme vergleichender Sekundärliteratur zum Energiesektor auf das zu untersuchende Politikfeld übertragen (u. a. Bieling et al. 2008; Brand-Schock 2010; Hazrat 2016; Reiche 2005b).

Regulierungsstil

(1) **Konzept von staatlichem Handeln**
Operationalisierung: Staatliche Rolle bei der Regulierung des Energiesektors
a. *etatistisch:* Der Staat hat die zentrale Rolle bei der Regulierung des Energiesektors inne.
b. *korporatistisch:* Der Staat reguliert den Energiesektor gemeinsam mit gesellschaftlichen Interessenverbänden.
c. *liberal-pluralistisch:* Dem Staat kommt eine nachgeordnete Rolle bei der Regulierung des Energiesektors zu, es handelt sich um eine weitgehende gesellschaftliche Selbstregulierung bzw. die Gestaltung des Energiesektors wird den Marktkräften überlassen.

(2) **Positionierung Staat vs. Gesellschaft**
Operationalisierung: Rolle gesellschaftlicher, speziell energiewirtschaftlicher und ökologischer Interessen bei der Regulierung des Energiesektors
a. *konfliktorisch:* Gesellschaftliche Interessen spielen eine marginale Rolle bei der Regulierung des Energiesektors, bei der Regulierung setzt der Staat der Gesellschaft gegenüber in erster Linie auf Zwang.[2]
b. *paternalistisch:* Gesellschaftliche Interessen spielen eine geringe Rolle bei der Regulierung des Energiesektors und werden vom Staat willkürlich, d. h. je nach Bedarf, via Konsultationen o. ä. einbezogen.
c. *konsensual:* Gesellschaftlichen Interessen kommt bei der Regulierung des Energiesektors eine hohe Bedeutung zu, sie werden aktiv in die Regulierung einbezogen und statt auf Zwang setzt der Staat gegenüber der Gesellschaft auf Überzeugung, Verhandlung und Kompromissfindung.

(3) **Interventionsverständnis**
Operationalisierung: Staatliche Steuerung des EE-Ausbaus
a. *aktiv:* Es gibt eine aktive Steuerung des EE-Sektors bzw. eine aktive Beeinflussung des Ausbaus erneuerbarer Energien durch den Staat. Der Staat ergreift die Initiative.
b. *reaktiv:* Es gibt keine staatlich getriebene Steuerung des EE-Sektors, der Staat greift erst regulierend in den Ausbau erneuerbarer Energien ein, nachdem dies z. B. durch gesellschaftliche Initiativen eingefordert oder aufgrund internationaler Vereinbarungen erforderlich wurde.

---

[2] Laut van Waarden (1995: 343–344) ist diese Ausprägung eine Besonderheit der USA und hinsichtlich der untersuchten Mitgliedstaaten eher irrelevant.

(4) **Regulierungsmodell**
Operationalisierung: Grundsätzliche Ausgestaltung der EE-Förderung

a. *umfassend:* Es gibt bei der EE-Förderung eine langfristige Planung und ein umfassendes Konzept, bei dem unterschiedliche Bereiche einbezogen werden, z. B. verschiedene EE-Technologien oder auch angrenzende Bereiche, darunter Verwaltungsverfahren zum Bau neuer EE-Anlagen oder zum Ausbau der Netzinfrastruktur.

b. *inkrementell:* Es gibt keine langfristig angelegte Planung bei der EE-Förderung, stattdessen wird die EE-Förderung in kleinen Schritten, z. B. für den Zeitraum von zwei bis drei Jahren, reguliert (und dabei immer wieder neu bewertet). Es werden außerdem nur einzelne Bereiche reguliert, d. h. auf eine breitere Integration von Regulierungsbereichen wird verzichtet.

c. *fragmentiert:* Die EE-Förderung basiert auf vielen einzelnen, unzusammenhängenden Policies, bei denen jeweils nur ein einzelner (Teil-)Bereich geregelt wird und es kein kohärentes Gesamtkonzept gibt.

(5) **Bedeutung von Recht bei der Regulierung**
Operationalisierung: Rechtliche Ausgestaltung der Fördermodelle für erneuerbare Energien

a. *legalistisch:* Die Fördermodelle für erneuerbare Energien sind rechtlich detailliert ausgestaltet bzw. spezifiziert und es gibt eine universalistische Regelanwendung, d. h. die Regelungsadressaten werden gleichbehandelt und untere Verwaltungsebenen haben nur wenig Ermessensspielraum.

b. *pragmatisch:* Bei der rechtlichen Ausgestaltung von Fördermodellen für erneuerbare Energien wird überwiegend nur ein grober Rahmen gesetzt, bei dem gemeinsam mit (lokalen) Regelungsadressaten einzelfallbasierte Kompromisse und Lösungsmöglichkeiten ausgehandelt werden (können). Es steht vor allem die Abwägung von Mitteln und Zweck im Vordergrund, weniger die wortgenaue Rechtsbefolgung.

Regulierungsstruktur

(1) **vertikale administrative Organisation**
Operationalisierung: Staatliche Ebene, auf der Energiepolitik entschieden wird bzw. erneuerbare Energien (überwiegend) reguliert werden

a. *zentralisiert:* Energiepolitik, einschließlich der Erneuerbare-Energien-Politik, wird zentralstaatlich, d. h. auf nationaler Ebene geregelt.

b. *dezentralisiert:* Regionale Einheiten wie z. B. Bundesländer haben weitgehende energiepolitische Kompetenzen und verfügen ggf. über unterschiedliche Regelungen und Modelle für die Förderung erneuerbarer Energien.

(2) **horizontale administrative Organisation**
Operationalisierung: Verteilung der Zuständigkeit für die Regulierung des Energiesektors, inklusive der erneuerbaren Energien

a. *konzentriert:* Die Zuständigkeit für Energiepolitik und erneuerbare Energien ist formell und informell an einer zentralen Stelle gebündelt, z. B. liegt das gesamte Energieressort im Zuständigkeitsbereich des Wirtschaftsministeriums und dieses tritt auch faktisch als zentraler/entscheidender Policy-Akteur in Erscheinung.

b. *fragmentiert:* Die Regulierung des Energiesektors bzw. der erneuerbaren Energien unterliegt vielen verschiedenen Einheiten innerhalb der (nationalen und/oder regionalen) Regierung(en) und/oder es gibt eine Diskrepanz zwischen der Zuständigkeit de jure und der Gestaltungsmacht de facto.

Die Erhebung der nationalen institutionellen Arrangements erfolgt mithilfe des Process Tracing (Abschnitt 4.5). Dabei wird eine theoriegeleitete Chronologie der mitgliedstaatlichen Energiepolitik, insbesondere des Subfeldes der erneuerbaren Energien, erstellt. Dies geschieht auf Basis von Sekundärliteratur und Primärquellen (siehe dazu auch Abschnitt 4.4.3).

Kompatibilität mit europäischen Vorgaben
Die Kompatibilität nationaler institutioneller Arrangements mit den Vorgaben der EU-Policy richtet sich gemäß dem Modell der Europäisierungsmechanismen danach, ob entweder *keine* Änderungen nationaler Arrangements, nur *moderate* oder aber *fundamentale* Änderungen notwendig waren (Knill und Lehmkuhl 2000b). Um dies zu bestimmen, werden zunächst die vorangehend operationalisierten Ausprägungen der unterschiedlichen Dimensionen von Regulierungsstil und -strukturen für die untersuchten Mitgliedstaaten erhoben. Anschließend werden die auf nationaler Ebene beobachteten Ausprägungen hinsichtlich ihrer Komptabilität mit den europäischen Modellvorgaben bewertet. Grundsätzlich können Abweichungen auf mehreren Dimensionen des Regulierungsstils sowie der Regulierungsstrukturen auftreten. Neben dieser quantitativen Komponente ist auch ein qualitativer Aspekt von Bedeutung:

[...] Konstellationen hoher institutioneller Inkompatibilität [sind] vor allem dann gegeben, wenn europäische Vorgaben in Widerspruch treten mit nationalen Arrangements, die sich durch einen hohen Grad an institutioneller Verankerung in ihr institutionelles Umfeld auszeichnen (Knill und Lehmkuhl 2000b: 25).

Bei der institutionellen Verankerung beziehen sich die Autoren auf Krasner (1988), welcher *vertical depth* und *horizontal linkage* unterscheidet: „Depth refers to the extent to which the institutional structure defines the individual actors. Breadth refers to the number of links that a particular activity has with other activities [...]" (Krasner 1988: 74). Tief eingebettete Institutionen sind somit solche, die „als kognitive und normative Bezugsrahmen Interessen und Annahmen von Akteuren beeinflussen" (Knill und Lehmkuhl 2000b: 25). Beispielsweise kann ein liberal-pluralistisches Konzept von staatlichem Handeln als übergreifendes Paradigma die Interessen und Annahmen politischer Akteure auf bestimmte Weise eingrenzen oder lenken. Dagegen ist bei der institutionellen Breite entscheidend, wie sehr die betreffenden Institutionen mit dem institutionellen Umfeld gekoppelt sind (Knill und Lehmkuhl 2000b: 25). In Bezug auf den vorliegenden Untersuchungsgegenstand könnte dies beispielsweise bedeuten, dass bestimmte Dimensionen des Regulierungsstils nicht nur auf dem Gebiet der erneuerbaren Energien beobachtbar sind, sondern auch in Verbindung mit der Regulierung des Energiesektors insgesamt stehen oder sogar politikfeldübergreifende Bedeutung haben.

Neben der Anzahl abweichender Dimensionen sowie dem Grad ihrer institutionellen Verankerung sollte als dritter Aspekt bei der Beurteilung institutioneller (In-)Kompatibilität bedacht werden, inwiefern die jeweiligen institutionellen Arrangements im Zeitverlauf tatsächlich stabil waren. Denn wie Knill und Lenschow (1998, 2001a, 2001b) feststellen, können auf nationaler Ebene u. U. bereits Prozesse institutionellen Wandels angestoßen worden sein, an die sich nachfolgende europäische Vorgaben bzw. entsprechende Reformen mehr oder weniger gut anschließen lassen. Insgesamt werden also die notwendigen Änderungen nationaler institutioneller Arrangements (*keine, moderate, fundamentale*) fallspezifisch anhand folgender Kriterien bewertet:

- *Anzahl der institutionellen Hürden,* d. h. der Abweichungen zwischen den auf nationaler Ebene beobachteten Ausprägungen und den Vorgaben der EU-Policy;
- *Grad der Verankerung* der institutionellen Hürden, also *vertical depth*, d. h. inwieweit stellten die identifizierten Abweichungen kognitive und normative Bezugsrahmen für die nationalen Akteure dar, und *horizontal linkage*, d. h. waren die identifizierten Abweichungen nur im Subfeld der EE-Politik oder auch auf dem Feld der Energiepolitik insgesamt beobachtbar (Krasner 1988);

• *Veränderung im Zeitverlauf,* d. h. inwiefern gab es eine Veränderung der institutionellen Arrangements auf nationaler Ebene, sodass die notwendigen Anpassungen im Zusammenhang mit der EU-Policy als „acceptable reforms 'within a moved core'" verstanden werden können (Knill und Lenschow 1998: 611).

4.4.3 Nationale Interessenkonstellationen

Neben der Kompatibilität nationaler institutioneller Arrangements (x_1) wird als zweite erklärende Variable die Kompatibilität der nationalen Interessenkonstellationen (x_2) mit der EU-Policy betrachtet. Diese wird von Knill und Lehmkuhl (2000b) als entweder *vorteilhaft* oder *unvorteilhaft* für eine nationale Anpassung an EU-Recht kategorisiert. Entscheidend seien dabei die Präferenzen, aber auch die relative Einflussmacht nationaler Akteure:

> Gefragt wird, inwieweit Anpassungen an europäische Vorgaben von nationalen Akteuren unterstützt werden und inwieweit solche Akteure vor dem Hintergrund ihrer Ressourcen und institutionellen Handlungsmöglichkeiten in der Lage sind, diese Anpassungen durchzusetzen (Knill und Lehmkuhl 2000b: 26).

In diesem Sinne wird die Variable ‚Interessen' vis-à-vis der Erneuerbare-Energien-Richtlinie als die relative Unterstützung des (weiteren) Ausbaus erneuerbarer Energien, inklusive einer nationalen Förderung, durch die zentralen Akteure des nationalen energiepolitischen Policy-Netzwerks operationalisiert. In Verbindung mit der nationalen Förderhistorie werden hierbei folgende potenziell relevante Akteursgruppen untersucht, die zuvor auf Basis von Sekundärliteratur zur nationalen Regulierung des Energie- bzw. Erneuerbare-Energien-Sektors identifiziert wurden (Brand-Schock 2010; Dagger 2009; Laumanns 2005; Reiche 2005b):

(1) *Regierung und Verwaltung* – energiepolitische Positionen bzw. Präferenzen der nationalen Regierung sowie ggf. speziell der zentralen bzw. zuständigen Ministerien im Bereich Energiepolitik bzw. erneuerbare Energien;

(2) *Parteien* – energiepolitische Positionen bzw. Präferenzen der auf nationaler Ebene im Parlament vertretenen Parteien, insbesondere gegenüber einem Ausbau bzw. einer Förderung erneuerbarer Energien;

(3) *Wirtschaft* – energiepolitische Positionen bzw. Präferenzen sowie die relative politische Einflussmacht zentraler Akteure der etablierten Energiewirtschaft, der Industrie sowie der EE-Branche, ggf. auch spezieller bedeutender

Industriezweige oder anderer wirtschaftspolitisch agierender Akteure wie Gewerkschaften;

(4) *weitere Interessengruppen und Verbände* – energiepolitische Positionen bzw. Präferenzen sowie die relative politische Einflussmacht sonstiger zentraler Interessenorganisationen aus den Bereichen Wirtschaft und Umwelt.

Die Auswahl des zu analysierenden Datenmaterials erfolgt auf Basis einer ersten Eingrenzung mittels Sekundärliteratur und nach den Prinzipien des Process Tracing (Abschnitt 4.5). Bei den untersuchten Primärquellen handelt es sich um europäische und nationale Rechtsakte, offizielle Dokumente (Regierungspapiere, Berichte u. ä.), Parteiprogramme, Plenardebatten, Stellungnahmen und Pressemitteilungen sowie statistische Daten, stellenweise ergänzt durch Medienberichterstattung. Zusätzlich wird die öffentliche Einstellung zur europäischen Klima- und Energiepolitik bzw. zu erneuerbaren Energien erfasst. Dies geschieht auf Basis des Spezial Eurobarometers zum Klimawandel, für das eine Befragung im Frühjahr 2008 stattgefunden hat (EK 2008a). Die Analyse von Dokumenten zur Erhebung der Policy-Präferenzen nationaler Akteure erfolgt standardisiert nach einem vorher definierten Analyseleitfaden (Tab. 4.1).

Tab. 4.1 Analyseleitfaden für die Erhebung von Policy-Präferenzen nationaler Akteure

Schritt 1: Bestimmung des zu untersuchenden Materials	Erste Auswahl mittels Sekundärliteratur und nach den Prinzipien des Process Tracing (Abschnitt 4.5), Ergänzung im Verlauf der Untersuchung
Schritt 2: Sichtung und Eingrenzung des zu untersuchenden Materials	Identifizierung von Textstellen zum Thema Energiepolitik
Schritt 3: Erhebung der Einstellung ggü. erneuerbaren Energien sowie deren argumentative Verortung	Einordnung der Aussagen zu erneuerbaren Energien: – Wird ein EE-Ausbau befürwortet? – Wie allgemein vs. präzise wird ein Ausbau erneuerbarer Energien ggf. anvisiert bzw. skizziert? – Welche Motive und Argumentationslinien werden im Zusammenhang mit erneuerbaren Energien (positiv oder negativ) eingesetzt?

(Fortsetzung)

Tab. 4.1 (Fortsetzung)

Schritt 4: Erhebung der Einstellung ggü. anderen, ggf. konkurrierenden Energiequellen sowie deren argumentative Verortung	Einordnung der Aussagen zu anderen Energiequellen: – Gibt es eine Präferenz für andere Energiequellen? – Wie werden andere Energiequellen ggf. zu erneuerbaren Energien in Bezug gesetzt? Was sind Motive und Argumentationslinien für oder gegen bestimmte Energiequellen? – Wird eine Konkurrenzsituation konstruiert?
Schritt 5: Erhebung der Präferenzen ggü. Förderansätzen oder -instrumenten	Einordnung der Aussagen zu Förderinstrumenten: – Werden bestimmte Förderansätze bzw. -instrumente thematisiert? – Gibt es eine Präferenz oder Ablehnung ggü. bestimmten Förderansätzen und/oder konkreten Instrumenten? – Welche Motive und Argumentationslinien werden ggf. im Zusammenhang mit bestimmten Förderansätzen und/oder -instrumenten genannt?

Eigene Darstellung.

Kompatibilität mit europäischen Vorgaben.
Ausgehend vom Modell der Europäisierungsmechanismen (Knill und Lehmkuhl 2000b) werden nationale Interessenkonstellationen als *vorteilhaft* oder *nicht vorteilhaft,* bezogen auf den Ausbau bzw. die Förderung erneuerbarer Energien, klassifiziert. Als mögliche Zwischenkategorie wird zudem eine *neutrale* Interessenkonstellation eingeführt, um Fälle abzudecken, in denen es einen weitgehenden Ausglcih zwischen den jeweiligen Positionen und Interessen gab bzw. die Förderung erneuerbarer Energien weder besonders positiv noch negativ besetzt war.

Um die Kompatibilität der mitgliedstaatlichen Interessenkonstellationen mit den Vorgaben der Erneuerbare-Energien-Richtlinie zu beurteilen, werden drei zentrale Dimensionen abgegrenzt. Als Erstes wird übergreifend gefragt, ob es einen *Ziel-Konsens* bzgl. des Ausbaus erneuerbarer Energien gab. Dies stellt eine erste, relativ grundlegende Bewertung der Interessenkonstellation dar und knüpft an die Dimension des *goal consensus* im Implementationsmodell Van Meters und Van Horns (1975) an (Abschnitt 2.2). Als Zweites folgt eine Aggregation der von Knill und Lehmkuhl (2000b, 2002, 2004) benannten Dimensionen ‚Präferenzen' sowie ‚Einflussmacht' nationaler Akteure, konkretisiert für den Bereich erneuerbare Energien: Unter dem Begriff *aktive Akteure* werden Konstellationen erfasst, in denen einflussstarke nationale Akteure EU-kompatible Präferenzen aufwiesen. Dies manifestierte sich auf nationaler Ebene ex ante als aktive politische Unterstützung des EE-Ausbaus, z. B. in Form von Agenda Setting, der Formulierung bzw. Initiierung von Förderpolicies, erfolgreichem Lobbying etc. Drittens wird ausgehend von Sekundärliteratur zur nationalen Energiepolitik die (volks-)wirtschaftliche Relevanz erneuerbarer Energien als weitere Kompatibilitätsdimension ergänzt (Brand-Schock 2010; Dagger 2009; Reiche 2005b). Dabei steht im Zusammenhang mit der nationalen Interessenkonstellation weniger die objektive wirtschaftliche Relevanz im Vordergrund als vielmehr die Emergenz eines ökonomisch orientierten Diskurses: Inwieweit hielten zentrale Akteure im nationalen Policy-Netzwerk erneuerbare Energien für einen relevanten Wirtschaftszweig und/oder inwiefern diskutierten sie erneuerbare Energien in Verbindung mit der Energieversorgungssicherheit? Insgesamt ergeben sich somit folgende Kompatibilitätsdimensionen mit Blick auf die nationale Interessenkonstellation:

- *Ziel-Konsens:* Es bestand ein breiter politischer, ggf. auch gesellschaftlicher, Konsens über das Ziel des EE-Ausbaus;
- *aktive Akteure:* zentrale Akteure im energiepolitischen Policy-Netzwerk haben das Ziel des EE-Ausbaus aktiv vorangetrieben, z. B. indem sie konkrete Fördermodelle vorgeschlagen und politisch durchgesetzt haben und/oder einflussstarke Koalitionen mit anderen Akteuren eingegangen sind, mit denen sie gemeinsam das Ziel des EE-Ausbaus verfolgten und auf die (politische) Agenda setzten;
- *wirtschaftliche Relevanz:* dem Ausbau erneuerbarer Energien wurde von zentralen Akteuren im energiepolitischen Policy-Netzwerk volkswirtschaftliche Bedeutung beigemessen, d. h. die EE-Branche wurde als relevanter Industriezweig erachtet und/oder es gab mit Blick auf die nationale Versorgungssicherheit einen (deutlich kommunizierten) Impetus, erneuerbare Energien auszubauen.

4.4.4 Mitgliedstaatliche Compliance

Die nationale Reaktion auf die Erneuerbare-Energien-Richtlinie wird anhand dreier Phasen untersucht: einer antizipatorischen Phase (2007 bis 2009), einer Phase der rechtlichen Transposition (2009 bis 2010) und einer Phase der praktischen Umsetzung (Stand 2021). Die antizipatorische Phase entspricht dem Zeitraum, in dem bereits EU-induzierter Anpassungsdruck auf die Mitgliedstaaten einwirkte, ausgehend von den Anfang 2007 formulierten 20-20-20-Zielen, die EU-Richtlinie als solche jedoch noch nicht verabschiedet war. Von April 2009 (Verabschiedung der RL 2009/28/EG) bis Dezember 2010 (Umsetzungsfrist gem. RL 2009/28/EG) hatten die Mitgliedstaaten offiziell Zeit, die Vorgaben der Erneuerbare-Energien-Richtlinie umzusetzen, d. h. in nationales Recht zu überführen (rechtliche Transposition). Für die praktische Umsetzung ist ein wesentlicher Marker das Zieljahr 2020, auf das sich die in der Richtlinie enthaltenen Zielwerte für den Anteil erneuerbarer Energien beziehen (Anhang I RL 2009/28/EG).

Rechtliche Transposition
Grundsätzlich können bei der Beurteilung der rechtlichen Transposition einer EU-Policy, je nach Erkenntnisinteresse, mehrere Ebenen von Interesse sein. Im Zusammenhang mit der hier beleuchteten Forschungsfrage sind dies insbesondere:

1. *mitgliedstaatliche EU-Compliance*, d. h. die EU-Rechtskonformität nationaler Policies nach Ablauf der Umsetzungsfrist, und
2. *Europäisierung* im Sinne eines nationalen Wandels in Folge von EU-Anpassung, d. h. eine Veränderung des nationalen Status quo ante.

Wie in Abschnitt 3.1 zum Modell der Europäisierungsmechanismen beschrieben, ist Compliance grundsätzlich auch ohne Wandel denkbar. Allerdings sind bei der Beurteilung von Compliance auch die jeweiligen Spezifika einer EU-Policy zu beachten: Was wird formalrechtlich von den Mitgliedstaaten erwartet und was entspricht (zudem) regulatorisch dem europäischen *spirit of the law*? Die Stoßrichtung der Erneuerbare-Energien-Richtlinie von 2009 galt speziell der *Intensivierung* des europäischen EE-Ausbaus (siehe auch Abschnitt 5.2.2). Davon ausgehend, dass die bisherige Entwicklungsdynamik und damit auch bestehende (nationale) Förderregelungen im Lichte europäischer Klima- und Energiezielsetzungen von der EU als nicht ausreichend betrachtet und mit dem Anstieg auf EU-weit 20 % erneuerbare Energien von den Mitgliedstaaten wesentliche (nationale) Anstrengungen erwartet wurden, scheint hier ein gewisser Grad an Wandel doch eine Voraussetzung für die vollumfängliche Implementation der EU-Richtlinie zu sein: „The MS shall introduce measures effectively designed to ensure that the share of energy from renewable sources equals or exceeds that shown in [...] Annex I" (Art. 3 Abs. 2 RL 2009/28/EG). Compliance mit den EU-Vorgaben bedeutete speziell im Fall der Erneuerbare-Energien-Richtlinie also auch, gewisse Veränderungen bzw. Erweiterungen bestehender Policies vorzunehmen oder auch neue Maßnahmen einzuführen. Die verlangten (zusätzlichen) Anstrengungen beim Erreichen der gemeinsamen klima- und energiepolitischen Zielsetzung sollten sich in den mitgliedstaatlichen EE-Politiken ausreichend widerspiegeln.

Aus diesem Grund wurden zur Bewertung der mitgliedstaatlichen Anpassung in Anlehnung an Börzel (2000b), Börzel und Risse (2003), Hall (1993), Hartlapp und Falkner (2009), Lovinfosse (2008) und Töller (2010) Kategorien gebildet, die darauf abzielen, nationale regulatorische Veränderungen in Reaktion auf die EU-Policy zu identifizieren. Speziell in Bezug auf den EE-Sektor nutzt Lovinfosse (2008) zur Erfassung und Beurteilung von *policy change* ein Analyseraster, in welchem zwischen (1) einer Veränderung der Policy-Ziele und (2) einer Veränderung der Policy-Instrumente unterschieden wird, wobei letzteres auch das Setting dieser Instrumente meint, z. B. die Höhe gesetzter Standards:

> [...] [C]hanges in policy objectives refer to a modification of the target of the main policy objective that the policy seeks to address (e.g. increase of the RES-E share in the electricity sector). [...] [A] policy change at the policy instrument level can involve a change either in the target group (e.g. demand actors or supply actors), or in the incentive used to reach the policy objective (e.g. favourable prices for RES-E or guaranteed quantity of RES-E), or in the resources used to finance the instrument (e.g. public budget or private funds) (Lovinfosse 2008: 29–30).

Anknüpfend an diese Überlegungen wird für die Operationalisierung und Messung der rechtlichen Transposition unterschieden zwischen: (a) der inhaltlich-strategischen Übereinstimmung mit den Richtlinienvorgaben, (b) der Neueinführung von Instrumenten und Maßnahmen zur Förderung erneuerbarer Energien und (c) dem EU-Rechtsbezug der formalen Transposition. Letzteres bedeutet: Inwiefern spiegeln die nationalen Rechtsakte zur Umsetzung der EU-Richtlinie, gemessen am Zeitpunkt ihrer Verabschiedung sowie ihrer inhaltlichen Ausrichtung, tatsächlich ein Bemühen um EU-Compliance bzw. eine EU-rechtsbezogene Anpassung wider (Hartlapp und Falkner 2009: 287–288)? Als Datengrundlage werden die nationalen Aktionspläne (NA) sowie die von den Mitgliedstaaten offiziell angezeigten nationalen Rechtsakte zur Umsetzung der Erneuerbare-Energien-Richtlinie herangezogen. Die Operationalisierung der genannten Kategorien ist der nachfolgenden Tabelle zu entnehmen (Tab. 4.2) und knüpft an die Analyse der Richtlinienvorgaben in Abschnitt 5.2.2 an. Stimmt die empirische Ausprägung einer Kategorie mit einer der beschriebenen Ausprägungen gemäß Tab. 4.2 überein, wird die jeweilige Kategorie bzw. das jeweilige Compliance-Niveau entsprechend als ,hoch' bzw. ,gering' bewertet.[3] Für empirische Beobachtungen, die keiner der beiden Beschreibungen klar zugeordnet werden können, wird die Kategorie ,moderat' verwendet. Die Gesamtbewertung der rechtlichen Transposition wird in den Kategorien *compliance, moderate compliance* und *non-compliance* vorgenommen und richtet sich dabei entsprechend nach derjenigen Ausprägung, die insgesamt überwiegt.

Tab. 4.2 Bewertungssystem rechtlicher Transposition

	Compliance ,hoch'	Compliance ,gering'
inhaltlich-strategische Übereinstimmung	– hohe rhetorische Priorisierung des Ausbaus bzw. der Förderung erneuerbarer Energien im Nationalen Aktionsplan (NA) – Formulierung einer spezifischen Strategie für den Ausbau erneuerbarer Energien im NA – Zielsetzung eines sektorübergreifenden Ausbaus erneuerbarer Energien – Spezifizierung verbindlicher sektoraler Zielwerte für den Anteil erneuerbarer Energien im NA	– keine oder geringe rhetorische Priorisierung des Ausbaus bzw. der Förderung erneuerbarer Energien im NA – keine spezifische Strategie für den Ausbau erneuerbarer Energien im NA – ein Ausbau erneuerbarer Energien wird nur für einzelne Sektoren vorgesehen – keine Spezifizierung sektoraler Zielwerte im NA oder eine explizit unverbindliche Zielsetzung

(Fortsetzung)

---

[3] Der Compliance-Begriff wird hier als Aggregat verwendet, um die nationale Konformität mit den EU-Vorgaben fallübergreifend und auf verschiedenen Ebenen erfassen zu können. Somit geht der hier operativ genutzte Compliance-Begriff über eine rein rechtliche EU-Compliance hinaus. Eine konzeptionelle Differenzierung der beobachteten mitgliedstaatlichen Reaktionsmuster erfolgt in der späteren Diskussion der Untersuchungsergebnisse (Kapitel 8).

Tab. 4.2 (Fortsetzung)

	Compliance ‚hoch‘	Compliance ‚gering‘
Neueinführung von Instrumenten und Maßnahmen zur Förderung erneuerbarer Energien	– Einführung neuer Fördermaßnahmen zum Ausbau erneuerbarer Energien mit einer wesentlichen Ergänzung oder Erweiterung bisheriger Fördermechanismen, Anreize etc. – ggf. Konzipierung neuartiger Policy-Instrumente oder Förderansätze – Reformen im Bereich Verwaltungsverfahren und Netze – Anpassungen von Regelungen im Gebäudebereich	– keine oder kaum neue Fördermaßnahmen zum Ausbau erneuerbarer Energien – Erweiterung bestehender Maßnahmen erfolgte höchstens in geringem Umfang (z. B. leichte Anhebung von Fördergeldern) – keine nennenswerte Veränderung bestehender Policy-Instrumente oder Förderansätze – keine Reformen im Bereich Verwaltungsverfahren und Netze – keine Anpassungen von Regelungen im Gebäudebereich
EU-Rechtsbezug formaler Transposition	– einschlägige nationale Rechtsakte wurden vor Ablauf der Umsetzungsfrist verabschiedet – die offiziell angezeigten Rechtsakte, speziell im Umsetzungszeitraum, entsprechen inhaltlich den europäischen Vorgaben	– Reformen bzw. neue Policies wurden erst nach Ablauf der Umsetzungsfrist verabschiedet – offiziell angezeigte Rechtsakte wurden mehrheitlich vor oder nach dem Umsetzungszeitraum verabschiedet – inhaltlich beschränken sich die im Umsetzungszeitraum verabschiedeten Rechtsakte auf einzelne Bereiche, d. h. sie decken nicht alle wesentlichen Vorgaben ab

Eigene Darstellung.

Praktische Umsetzung

Für die praktische Umsetzung der Erneuerbare-Energien-Richtlinie ist die Erreichung der verbindlichen Zielwerte bis 2020 ausschlaggebend. Laut Anhang I der Richtlinie 2009/28/EG wurde für jeden EU-Mitgliedstaat ein verbindlicher, spezifischer Zielwert für den Anteil erneuerbarer Energien am Gesamtverbrauch bis 2020 berechnet (Tab. 4.3). Daneben wurde durch Anhang I auch ein indikativer Zielpfad vorgegeben; dieser Zielpfad beginnt mit dem Zeitpunkt 2011/2012 und endet mit dem finalen Wert für 2019/2020.[4] Zusätzlich zu dem verbindlichen Gesamtanteil bis 2020 wurde den Mitgliedstaaten ein verpflichtender Zielwert speziell für den Transportsektor vorgegeben. Dieser Wert lag für alle Mitgliedstaaten bei mindestens 10 % bis 2020 (Tab. 4.3).

Tab. 4.3 Verbindliche Zielvorgaben für den Anteil erneuerbarer Energien bis 2020 gemäß Erneuerbare-Energien-Richtlinie

Mitgliedstaat	Gesamtanteil	Transportsektor
Deutschland	18 %	10 %
Frankreich	23 %	10 %
Vereinigtes Königreich	15 %	10 %
Niederlande	14 %	10 %
Österreich	34 %	10 %
Schweden	49 %	10 %

Eigene Darstellung gemäß Anhang I EU-Richtlinie 2009/28/EG.

Anhand der durch Eurostat (2022a) offiziell aufbereiteten statistischen Daten wird überprüft, (a) ob die jeweiligen Zielwerte rechtzeitig erreicht wurden, (b) wie sich der Anteil erneuerbarer Energien in den Mitgliedstaaten insgesamt sowie sektorspezifisch entwickelt hat und (c) ob in der zeitlichen Entwicklung ein (positiver) Zusammenhang mit der Erneuerbare-Energien-Richtlinie feststellbar ist. Für die Bewertung der praktischen Umsetzung ist vor allem die Einhaltung der Zielwerte entscheidend: Werden beide Zielwerte rechtzeitig erreicht, wird dies als *compliance* bewertet, *non-compliance* hingegen bedeutet, dass mindestens einer der beiden Zielwerte nicht bis 2020 erreicht werden konnte. Die Einhaltung beider verbindlicher Zielwerte gilt insofern als Mindeststandard für eine adäquate praktische Umsetzung.

4.5 Methode der Datenauswertung

Das bis hier skizzierte Research Design wird nun in mehrere Analyseschritte unterteilt, bei denen jeweils unterschiedliche Analysemethoden eingesetzt werden (Tab. 4.4). Beginnend mit Schritt 1, wird der politikfeldspezifische *Acquis communautaire* mithilfe des Process Tracing erfasst, speziell der Unterform der *detailed*

---

[4] Ausgangswert für die Berechnung ist der in Anhang I jeweils angegebene nationale Anteil erneuerbarer Energien im Jahr 2005.

narrative (George und Bennett 2005: 210).[5] Dabei werden die Entstehung und Entwicklung sowie zentrale Motive, Konfliktlinien und Policies im Bereich der europäischen Energie- und Klimapolitik nachgezeichnet.

Daran schließt in Schritt 2 (a) die Analyse des EU-Policymaking zur Erneuerbare-Energien-Richtlinie (2009/28/EG) an. Hierbei werden die Positionen und Präferenzen der Mitgliedstaaten sowie der beteiligten EU-Institutionen, mit besonderem Augenmerk auf die zentralen Konfliktpunkte bei der Verhandlung der Erneuerbare-Energien-Richtlinie bzw. des Klima- und Energiepakets, analysiert. Methodisch wird dafür das Process Tracing genutzt, speziell die Variante der *analytical explanation* (George und Bennett 2005: 211).[6] In Analyseschritt 2 (b) werden die zentralen Inhalte und institutionellen Modellvorgaben der EU-Richtlinie mittels Qualitativer Inhaltsanalyse, speziell der theoriegeleiteten *Strukturierung,* erfasst (Mayring 2015).

In Analyseschritt 3 werden anschließend die nationalen institutionellen Arrangements und Interessenkonstellationen im Vorfeld des EU-induzierten Anpassungsdrucks erhoben. Mithilfe des Process Tracing bzw. der *detailed narrative* (George und Bennett 2005: 210) wird hierfür eine Chronologie der mitgliedstaatlichen Energiepolitik, vor allem des Subfeldes der erneuerbaren Energien, erarbeitet. Dies ermöglicht neben der Erhebung von (i) politikfeldspezifischen institutionellen Arrangements und (ii) Interessenkonstellationen, d. h. Positionen und Präferenzen zentraler Akteure innerhalb nationaler energiepolitischer Policy-Netzwerke, auch (iii) weitere fallspezifische sowie vergleichende Erkenntnisse und Rückschlüsse bzgl. der Entwicklung des nationalen EE-Ausbaus.

---

[5] Die *detailed narrative* ist eine Grundform des Process Tracing, bei der eine gegenstandsspezifische Chronik bestimmter Ereignisse angelegt wird, ohne dabei explizit von einem bestimmten erklärenden theoretischen Modell auszugehen (George und Bennett 2005: 210).

[6] Im Gegensatz zur *detailed narrative* geht es bei der *analytical explanation* darum, ein (historisches) Narrativ explizit theoretisch einzubetten und Erklärungen über Kausalzusammenhänge zu erarbeiten (George und Bennett 2005: 211). Im vorliegenden Fall wird sich dabei insbesondere auf das in Kapitel 2.1 diskutierte *uploading*-Konzept bezogen. Die Nachzeichnung des EU-Policymaking erfolgt gezielt selektiv, d. h. die Analyse wird auf die zur Erklärung wichtigsten Segmente fokussiert (George und Bennett 2005: 211).

In Analyseschritt 4 (a) werden anschließend die mitgliedstaatlichen Compliance-Muster, bezogen auf die rechtliche Transposition sowie die praktische Umsetzung, erhoben und mit den theoretisch erwarteten Mustern abgeglichen. Dies geschieht in Form eines Pattern Matching (Yin 2009) bzw. mittels der Kongruenzmethode (George und Bennett 2005). Hierbei werden zunächst die unabhängige(n) Variable(n) erhoben und daran anknüpfend theoriegeleitete Vorhersagen über die erwarteten Ausprägungen der abhängigen Variable formuliert (George und Bennett 2005: 181). Auf dieser Basis wird das theoretisch erwartete Outcome mit dem empirisch beobachteten Ergebnis verglichen. Um die zugrundeliegenden Kausalzusammenhänge anschließend über eine Kovarianz hinaus zu überprüfen bzw. diejenigen Outcomes zu erklären, die ggf. nicht den theoretischen Erwartungen entsprechen, wird ergänzend in Analyseschritt 4 (b) die antizipatorische Phase[7] der EU-Implementation in den Blick genommen, d. h. der Zeitraum zwischen der verbindlichen Formulierung der europäischen 20-20-20-Ziele im Frühjahr 2007 und der formalen Verabschiedung der Erneuerbare-Energien-Richtlinie im Frühjahr 2009: Wie haben die Mitgliedstaaten auf die europäische Zielsetzung reagiert und wie haben sich ggf. nationale Diskurse, Interessenkonstellationen oder auch Policies im Bereich der EE-Politik verändert bzw. weiterentwickelt? Somit wird nach der Erhebung von x- und y-Variablen und einem entsprechenden theoriebasierten Pattern Matching mithilfe des Process Tracing zusätzlich eine Kausalkette rekonstruiert (Bennett 2010; Collier 2011; Muno 2016), um die (fallspezifischen) Ursachen für die jeweiligen Reaktionsmuster und Anpassungsprozesse der Mitgliedstaaten (*absorption, accommodation, transformation,* Abschnitt 4.1) herauszuarbeiten und anschließend vergleichend zu betrachten.

---

[7] Im Unterschied zu den Phasen prä-Reform, Reform und post-Reform (Héritier 2001: 10–11) steht hier die mitgliedstaatliche Antizipation, d. h. die Wahrnehmung und ggf. die Vorwegnahme europäisch induzierten Anpassungsdrucks, im direkten Vorfeld einer EU-Policy, im Zentrum. Die prä-Reform-Phase ist dagegen ein längerer Zeitraum, der sich in dieser Untersuchung auf mehrere Jahrzehnte mitgliedstaatlicher Energiepolitik bzw. die Förderhistorie im Bereich erneuerbare Energien bezieht.

Tab. 4.4 Analyseschritte und -methoden im Rahmen der vergleichenden Fallstudie

Schritt	Erkenntnisinteresse	Analysemethode	Kapitel
europäische Ebene			
1	Erfassung des politikfeldspezifischen *Acquis communautaire*	Process Tracing, speziell: *detailed narrative* (George und Bennett 2005)	5.1
2 (a)	Analyse des EU-Policymaking zum untersuchten EU-Policy-Output	Process Tracing, speziell: *analytical explanation* (George und Bennett 2005)	5.2
2 (b)	Analyse der Inhalte und der institutionellen Modellvorgaben der EU-Policy	Theoriegeleitete Qualitative Inhaltsanalyse, speziell: *Strukturierung* (Mayring 2015), gemäß Modell der Europäisierungsmechanismen (Knill und Lehmkuhl 2000b, 2002, 2004) und Operationalisierung in Abschnitt 4.4	5.2
nationale Ebene			
3	Erhebung nationaler institutioneller Arrangements und Interessenkonstellationen im Vorfeld des EU-induzierten Anpassungsdrucks	Process Tracing, speziell: *detailed narrative* (George und Bennett 2005)	6
4 (a)	Erhebung der mitgliedstaatlichen Compliance-Muster, insbesondere der rechtlichen Transposition und der praktischen Umsetzung	Pattern Matching (Yin 2009) bzw. Kongruenzmethode (George und Bennett 2005)	7
4 (b)	Analyse mitgliedstaatlicher Reaktionsmuster auf EU-Anpassungsdruck, speziell in der antizipatorischen Phase	Process Tracing, speziell: *analytical explanation* (George und Bennett 2005)	7
Synthese			
5 (a)	Abgleich theoretisch erwarteter und empirisch beobachteter Muster		8
5 (b)	fallspezifische Diskussion empirisch gewonnener Erkenntnisse		8

Eigene Darstellung.

Methodischer Exkurs: Prinzipien des Process Tracing
Grundsätzlich zielt die Methode des Process Tracing darauf ab, diejenigen Kausalmechanismen zu identifizieren, die sich innerhalb der Beziehung zwischen abhängiger und unabhängiger Variable verbergen (Beach 2018: 1). Die Methode kann dabei sowohl deduktiv als auch induktiv eingesetzt werden:

> [T]he deductive theory-testing side of process tracing examines the observable implications of hypothesized causal mechanisms within a case to test whether a theory on these mechanisms explains the case [...]. The inductive, theory development side of process tracing uses evidence from within a case to develop hypotheses that might explain the case [...] (Bennett und Checkel 2014: 7–8; siehe auch Beach 2018; George und Bennett 2005).[8]

Mit ihrem Fokus auf Kausalmechanismen ist die Methode des Process Tracing gerade für theorietestende Untersuchungen eine sinnvolle Ergänzung zur reinen Messung von Kovarianz (Deters 2013: 76): Weshalb und auf welche Weise führt eine Variable (x) zu einem Ergebnis (y)? Die zugrundeliegenden Kausalmechanismen werden dabei als Systeme ineinandergreifender Teile verstanden, die kausale Kräfte zwischen einer Ursache und einem Ergebnis übertragen (Beach 2018: 4–5). Innerhalb eines Kausalzusammenhangs können sich mehrere Teilprozesse aneinanderreihen, die jeweils aus einer handelnden bzw. aktiven Einheit bestehen – dies können sowohl einzelne Akteure als auch Organisationen oder Strukturen sein (Beach 2018: 4–5). Wie detailliert ein Kausalmechanismus dabei zergliedert und untersucht wird, hängt von der Forschungsfrage, der theoretischen Fundierung und dem Forschungsdesign ab (Beach 2018: 7–8).

Um Kausalmechanismen zu entdecken und ihre Wirkweise nachzuvollziehen, werden im Rahmen des Process Tracing relevante fallbezogene Indizien im Lichte einer vorher formulierten Forschungsfrage systematisch analysiert und ausgewertet (Collier 2011: 823). Dabei geht es nicht darum, eine möglichst hohe Anzahl von Indizien zu sammeln, sondern vielmehr darum, diejenigen zentralen Indizien zu identifizieren, mit denen bestimmte Erklärungsansätze bestätigt oder widerlegt werden können (Bennett 2010: 209–210; Collier 2011: 825). Die Indizien, die beim Process Tracing herangezogen werden, können in folgende Kategorien unterteilt werden (Beach 2016: 469):

---

[8] Beach und Pedersen (2013) unterscheiden neben einer theorietestenden und theoriebildenden Variante des Process Tracing zudem den Einsatz zwecks Erklärung eines speziellen Outcomes, z. B. eines historischen Puzzles.

- *pattern evidence:* statistische Zusammenhänge, die empirisch beobachtet werden können,
- *sequences:* Abläufe, die über den zeitlichen oder räumlichen Zusammenhang bzw. die Chronologie bestimmter Ereignisse Aufschluss geben (Was ist zuerst passiert, was danach? Wann genau wurde eine Entscheidung getroffen?),
- *trace evidence:* Material, das durch seine bloße Existenz ‚Spuren' eines Zusammenhangs hinterlässt (beispielsweise ein Treffen bestimmter Akteure),
- *account evidence:* Material, das inhaltlich auf einen bestimmten Zusammenhang hindeutet (z. B. inhaltliche Ebene von Dokumenten, Interviews etc.).

Für die oben dargestellten Analyseschritte im Rahmen der vergleichenden Fallstudie (Tab. 4.4) ist nachfolgend eine weitere Untergliederung der Analyseschritte 3 und 4 (b) abgebildet, in denen nach den Prinzipien des Process Tracing gearbeitet wird (Tab. 4.5). Diese Analyseschritte entsprechen den Länderanalysen in Kapitel 6 bzw. 7.

Tab. 4.5 Ablaufmodell zum Process Tracing

Analyseschritte des Process Tracing		Datenquellen
Schritt 1:	Erstellung einer Übersicht über den Untersuchungsgegenstand und -zeitraum	Sekundärliteratur
Schritt 2:	Erarbeitung einer Chronologie	
Schritt 3:	Sequenzierung anhand von zentralen Ereignissen, Entscheidungen etc.	
Schritt 4:	Gezielte Ergänzung und Analyse weiterer Indizien zu den entsprechenden Sequenzen	Primärquellen (Regierungspositionen, Rechtsakte, Parteiprogramme, Stellungnahmen, statistische Daten, Medienberichterstattung etc.)
Schritt 5:	Synthese der Analyseergebnisse, Verdichtung einer Kausalkette	
Schritt 6:	Darstellung und Diskussion (Kapitel 6, 7 und 8)	

Eigene Darstellung in Anlehnung an Beach (2016), Collier (2011), George und Bennett (2005).

Erneuerbare Energien als europäisches Politikfeld 5

Lange Zeit waren die EU-Mitgliedstaaten bei der Energiepolitik als auch der Förderung erneuerbarer Energien vor allem national orientiert. Mit zunehmender Europäischer Integration, insbesondere im Bereich der Energiemarktliberalisierung, sowie der steigenden Bedrohung durch den Klimawandel wurde ein gemeinsames Vorgehen beim Ausbau erneuerbarer Energien jedoch immer wichtiger. Die Anfang der 2000er Jahre verabschiedeten EU-Richtlinien zur Förderung erneuerbarer Energien enthielten zunächst nur unverbindliche Zielwerte, die von vielen Mitgliedstaaten nicht eingehalten wurden. Einen wichtigen Einschnitt stellten die 2007 vom Europäischen Rat formulierten 20-20-20-Ziele dar. Sie bildeten die Grundlage für das Energie- und Klimapaket, das wenig später im Frühjahr 2009 verabschiedet wurde. Teil des Legislativpakets war die Erneuerbare-Energien-Richtlinie (2009/28/EG). Erstmalig hatten sich hierbei die EU-Mitgliedstaaten auf verbindliche nationale Zielwerte für den Anteil erneuerbarer Energien geeinigt. Im nachfolgenden Abschnitt 5.1 wird zunächst ein Überblick über erneuerbare Energien als Politikfeld der Europäischen Union gegeben. Hierin wird auch die Erneuerbare-Energien-Richtlinie von 2009 verortet. Anschließend wird in Abschnitt 5.2 skizziert, wie die Richtlinie im europäischen Gesetzgebungsprozess verhandelt wurde und welche zentralen Inhalte und Vorgaben darin verankert wurden. Mit Blick auf das Modell der Europäisierungsmechanismen (Knill und Lehmkuhl 2000b, 2002, 2004) werden dabei neben den inhaltlichen Vorgaben auch die institutionellen Implikationen für die Mitgliedstaaten betrachtet. Auf dieser Basis wird anschließend in Kapitel 6 erhoben, inwiefern die jeweiligen nationalen institutionellen Arrangements und Interessenkonstellationen mit der EU-Richtlinie kompatibel waren.

© Der/die Autor(en), exklusiv lizenziert an Springer Fachmedien Wiesbaden 77
GmbH, ein Teil von Springer Nature 2022
V. Brendler, *Die Implementation europäischer Erneuerbare–Energien–Politik*,
Forschungen zur Europäischen Integration,
https://doi.org/10.1007/978-3-658-37531-7_5

5.1   Beginn und Entwicklung einer gemeinsamen Erneuerbare-Energien-Politik

1950er bis 1980er Jahre: Europäische Energiepolitik im Kontext von Versorgungssicherheit und Umweltschutz
Der Gedanke einer Energieunion hatte bereits die Gründung der Europäischen Gemeinschaft für Kohle und Stahl (EGKS) im Jahr 1951 geprägt (Kanellakis et al. 2013: 1020; Percebois 2008: 8; Suck 2008: 50). Wenig später folgte die Gründung der Europäischen Wirtschafts- bzw. Atomgemeinschaft (EWG und EURATOM). Doch obwohl damit der formale Start in eine energiepolitische Integration gelungen war, blieb Energiepolitik in den folgenden Jahrzehnten ein überwiegend nationales Thema (Pollak et al. 2010; Sandoval und Morata 2012). Dies galt auch für erneuerbare Energien. Einzelne Länder mit entsprechendem Ressourcenangebot hatten erneuerbare Energien bereits traditionell genutzt und als festen Bestandteil ihrer Energieversorgung etabliert; darüber hinaus hatten in vielen Ländern die Ölkrisen der 1970er Jahre eine verstärkte Suche nach alternativen Energiequellen angestoßen (Kapitel 6). Durch die Ölpreisschocks war deutlich geworden, wie sehr die eigene Versorgungssicherheit vom Energieimport abhing. Darauf reagierte auch die EU, indem als gemeinsame Ziele eine 50%ige Verringerung der europäischen Importabhängigkeit sowie eine Senkung des Energieverbrauchs um 15 % formuliert wurden (Rat 1974). Allerdings waren dies unverbindliche Ziele, die nicht mit konkreteren Policies untermauert wurden (Pollak et al. 2010: 73–76; Solorio und Bocquillon 2017: 24).

Erneuerbare Energien hatten in den 1980er Jahren zumindest rhetorisch ihren Weg auf die europäische Agenda gefunden (Dupont 2016: 62). So legte der Rat in seiner Entschließung über neue energiepolitische Ziele der Gemeinschaft den Ausbau erneuerbarer Energien als gemeinsames Ziel fest, und zwar speziell „zur Ersetzung traditioneller Brennstoffe" (Rat 1986: 3). Einen genauen Zielwert gab es dafür jedoch nicht, der Beitrag erneuerbarer Energiequellen sollte lediglich „spürbar erhöht werden" (Rat 1986: 3). Gleichzeitig wurde im selben Jahr signalisiert, dass der Energiemix eine nationale Angelegenheit bleiben sollte. Denn mit Unterzeichnung der Einheitlichen Europäischen Akte (EEA) läuteten die Mitgliedstaaten zwar eine Zusammenarbeit im Bereich des Umweltschutzes[1] ein, sie erklärten jedoch auch, dass „[...] die Tätigkeit der Gemeinschaft auf dem Gebiet des Umweltschutzes sich nicht störend auf die einzelstaatliche Politik der

---

[1] Mit der EEA wurde erstmalig die Umweltpolitik als gemeinsames Politikfeld ins europäische Primärrecht aufgenommen (Knill und Liefferink 2013).

Nutzung der Energieressourcen auswirken darf".[2] Die nationalstaatliche Verfügung über Energieressourcen wurde somit gegen eine mögliche Europäisierung
abgesichert – eine energiepolitische Integration auf direktem Wege war nicht in
Aussicht. Dennoch brachten die folgenden 1990er Jahre zwei größere Entwicklungen mit sich, die den Weg für eine gemeinsame Erneuerbare-Energien-Politik
ebneten: Zum einen lieferte die internationale Klimapolitik neue Impulse für
die Energiepolitik. Zum anderen sorgte der Prozess der Integration und Liberalisierung unter dem Schirm des Binnenmarktprogramms dafür, dass sich auf
nationaler Ebene für Erzeuger erneuerbarer Energien neue Möglichkeiten des
Marktzutritts auftaten.

1990er Jahre: Europäische Energiepolitik zwischen internationaler Klimapolitik
und europäischem Binnenmarktprogramm
Im Bereich der internationalen Klimapolitik hatte sich die Europäische Union seit
Anfang der 1990er Jahre zunehmend als führender Akteur positioniert (Oberthür
und Roche Kelly 2008; Parker und Karlsson 2010). Im Rahmen der zweiten
Weltklimakonferenz, 1990 in Genf, beschlossen die europäischen Energie- und
Umweltminister, den CO_2-Ausstoß in der EU bis 2000 auf den Wert von 1990 zu
stabilisieren (Rat 1993b: 31). Dies war die Grundlage für eine erste Integration
von Klima- und Energiepolitik. Es folgten eine Rahmenrichtlinie zur Energieeffizienz (SAVE),[3] eine Entscheidung über erneuerbare Energien (ALTENER)[4]
und eine Entscheidung über ein CO_2-Monitoring[5]. Ein weiterer Vorschlag der
Europäischen Kommission, die Einführung einer CO_2- bzw. Energiesteuer, wurde
vom Vereinigten Königreich abgelehnt (Wurzel und Connelly 2011: 6). Für den
Bereich der erneuerbaren Energien wurden mit der ALTENER-Entscheidung von
1993 Mittel in Höhe von 40 Mio. € bereitgestellt, um die „Förderung und Verbreitung der erneuerbaren Energieträger in allen Regionen der Gemeinschaft"
voranzutreiben (Rat 1993a: 42). Das ALTENER-Programm hatte eine Laufzeit
von fünf Jahren und sollte vor allem Studien, mitgliedstaatliche Infrastrukturmaßnahmen sowie die nationale, europäische und internationale Koordination im
Bereich erneuerbare Energien unterstützen (Rat 1993a: 42).

---

[2] Einheitliche Europäische Akte (EEA) vom 29.06.1987. ABl. L 169/25.

[3] Richtlinie 93/76/EWG des Rates vom 13. September 1993 zur Begrenzung der Kohlendi-
oxidemissionen durch eine effizientere Energienutzung (SAVE). ABl. L 237.

[4] Entscheidung des Rates vom 13. September 1993 zur Förderung der erneuerbaren Energieträger in der Gemeinschaft (ALTENER-Programm) (93/500/EWG). ABl. L 235.

[5] Entscheidung des Rates vom 24. Juni 1993 über ein System zur Beobachtung der Emissionen von CO_2 und anderen Treibhausgasen in der Gemeinschaft (93/389/EWG). ABl. L
167.

Ungeachtet dieser ersten Maßnahmen gab es einen weiteren Anstieg der CO_2-Emissionen in der EU-15 (Oberthür und Pallemaerts 2010: 33; Wurzel und Connelly 2011: 6). In Vorbereitung der internationalen Verhandlungen zum Kyoto-Protokoll vereinbarte daher der Rat der europäischen Umweltminister ein neues Ziel: die Begrenzung der globalen Erderwärmung auf maximal 2 Grad Celsius (Rat 1996). Auf dieser Grundlage forderte die EU andere Industrienationen dazu auf, ihre Emissionen der drei wesentlichen Treibhausgase bis zum Jahr 2020 um 15 % zu reduzieren. Der europäische Vorschlag galt im internationalen Vergleich als ambitioniert, da die anderen Industrienationen eher für eine Stabilisierung der Emissionen plädierten (Oberthür und Pallemaerts 2010: 33). Für die erste Phase des Kyoto-Protokolls wurde schließlich vereinbart, dass „industrialisierte Länder ihre gemeinsamen Treibhausgasemissionen innerhalb des Zeitraums 2008 bis 2012 um mindestens 5 Prozent gegenüber dem Niveau von 1990 reduzieren werden" (Einleitung, UN 1998). Die EU verpflichtete sich dabei auf einen Wert von 8 % (Anlage B, UN 1998). Intern hatten sich die EU-Mitgliedstaaten darauf verständigt, die erforderliche Treibhausgasreduktion gemeinsam zu leisten (*burden sharing agreement*).[6]

Neben den internationalen Entwicklungen in der Klimapolitik gab es EU-intern ab Mitte der 1990er Jahre einen Transformationsprozess, bei dem das Binnenmarktprogramm auf den Energiesektor ausgeweitet wurde. Für die Europäische Kommission war die Harmonisierung des Energiemarktes und dessen Integration in den Binnenmarkt ein bereits länger anvisiertes Projekt (Andersen 2000: 3; Howes 2010: 118; Pollak et al. 2010: 64). Mit den Legislativpaketen Mitte der 1990er[7] und Anfang der 2000er[8] Jahre zur Liberalisierung des europäischen Energiebinnenmarktes erfolgte in den Mitgliedstaaten eine

---

[6] Siehe dazu Art. 2 der Entscheidung des Rates vom 25. April 2002 über die Genehmigung des Protokolls von Kyoto zum Rahmenübereinkommen der Vereinten Nationen über Klimaänderungen im Namen der Europäischen Gemeinschaft sowie die gemeinsame Erfüllung der daraus erwachsenden Verpflichtungen (2002/358/EG). ABl. L 130.

[7] Richtlinie 96/92/EG des Europäischen Parlaments und des Rates vom 19. Dezember 1996 betreffend gemeinsame Vorschriften für den Elektrizitätsbinnenmarkt. ABl. L 27.
Richtlinie 98/30/EG des Europäischen Parlaments und des Rates vom 22. Juni 1998 betreffend gemeinsame Vorschriften für den Erdgasbinnenmarkt. ABl. L 204.

[8] Richtlinie 2003/54/EG des Europäischen Parlaments und des Rates vom 26. Juni 2003 über gemeinsame Vorschriften für den Elektrizitätsbinnenmarkt und zur Aufhebung der Richtlinie 96/92/EG – Erklärungen zu Stilllegungen und Abfallbewirtschaftungsmaßnahmen. ABl. L 176.
Richtlinie 2003/55/EG des Europäischen Parlaments und des Rates vom 26. Juni 2003 über gemeinsame Vorschriften für den Erdgasbinnenmarkt und zur Aufhebung der Richtlinie 98/30/EG. ABl. L 176.

Umstrukturierung, welche primär der wirtschaftlichen Öffnung diente (ausführlicher zu den Liberalisierungsrichtlinien Lovinfosse 2008; Thomas 2005), zum Teil aber auch Implikationen für den Ausbau erneuerbarer Energien hatte. Beispielsweise war durch die Reorganisation von Unternehmensstrukturen sowie die Öffnung des Netzzugangs ein Marktzutritt für neue Stromanbieter möglich geworden, darunter auch Erzeuger von EE-Strom (Howes 2010: 138–139; siehe dazu auch Kapitel 6).[9]

Diese zwei Entwicklungsströme – internationale klimapolitische Entwicklungen einerseits und die von der Kommission vorangetriebene Integration bzw. Harmonisierung der Energiemärkte andererseits – kulminierten ab Ende der 1990er Jahre in einer dezidierten gemeinsamen Erneuerbare-Energien-Politik. Zunächst legte die Europäische Kommission 1997 das Weißbuch *Energie für die Zukunft* vor, in dem ein EU-weiter Anteil von 12 % erneuerbarer Energien am Gesamtverbrauch bis 2010 als gemeinsames Ziel vorgeschlagen wurde (EK 1997a: 11–12).[10] Einige Jahre später wurden auf Basis dieses Weißbuchs und der darin enthaltenen Zielsetzung die Richtlinie 2001/77/EG zur Förderung der Stromerzeugung aus erneuerbaren Energiequellen[11] und die Richtlinie 2003/30/EG über Biokraftstoffe[12] für den Transportsektor formuliert. Diese Policies stellten zum einen Maßnahmen zur Umsetzung des Kyoto-Protokolls[13] dar, sie dienten also der CO_2-Reduktion, speziell im Energiebereich (Oberthür und Pallemaerts 2010: 37). Zum anderen hatte die Kommission über diesen Weg versucht, eine Harmonisierung der nationalen EE-Fördermodelle zu erreichen (Rowlands 2005; Solorio und Bocquillon 2017: 26). Hier kristallisierte sich ein Konflikt heraus, der auch später wieder aufflammen würde.

---

[9] Meyer (2003, 2007) argumentiert allerdings, dass die Wettbewerbs- und Preissenkungslogik der Energiemarktliberalisierung im Grunde nicht mit den Erfordernissen des EE-Ausbaus zusammenpasste. Für den EE-Ausbau sei eine langfristig angelegte staatliche Planung und Steuerung notwendig, die im Liberalisierungs- und Privatisierungsprozess gerade abgebaut werde. Zudem sei im wettbewerbsbasierten Modell des Elektrizitätsbinnenmarkts nicht berücksichtigt worden, dass bestimmte Energietechnologien, speziell EE-Technologien, aufgrund ihrer noch fehlenden Marktreife bzw. Konkurrenzfähigkeit entsprechende zusätzliche Unterstützung benötigten.

[10] Gegenüber 1995 sollte sich damit der Anteil mehr als verdoppeln (EK 1997a: 57).

[11] Richtlinie 2001/77/EG des Europäischen Parlaments und des Rates vom 27. September 2001 zur Förderung der Stromerzeugung aus erneuerbaren Energiequellen im Elektrizitätsbinnenmarkt. ABl. L 283.

[12] Richtlinie 2003/30/EG des Europäischen Parlaments und des Rates vom 8. Mai 2003 zur Förderung der Verwendung von Biokraftstoffen oder anderen erneuerbaren Kraftstoffen im Verkehrssektor. ABl. L 123.

[13] Siehe dazu die Präambel der Richtlinie 2001/77/EG.

Anfang der 2000er Jahre: EU-Richtlinien zur Förderung erneuerbarer Energien vor dem Hintergrund langjähriger Harmonisierungskonflikte
Die Mitgliedstaaten hatten im Laufe der 1990er Jahre bereits diverse eigene Fördermodelle für erneuerbare Energien entwickelt (Kapitel 6). Für die Kommission galt beim Ausbau erneuerbarer Energien jedoch derselbe marktliberale Ansatz, der auch die Gestaltung des europäischen Energiebinnenmarkts prägte (Lauber und Toke 2005; Rowlands 2005: 972). Insofern war es ein Anliegen der Europäischen Kommission, die nationalen EE-Fördermodelle in ein möglichst kosteneffizientes europäisches Modell zu überführen. Als passendes Fördermodell kam aus Sicht der Kommission im Prinzip nur der Zertifikatshandel in Frage (EK 1998a: 8). Dies ging allerdings gegen die Interessen derjenigen Mitgliedstaaten, die auf nationaler Ebene bereits das Modell der Einspeisetarife für die Förderung von Strom aus erneuerbaren Energiequellen etabliert hatten.[14] Aufgrund dieses Widerstands wurde eine Harmonisierung des EE-Stromsektors zunächst ausgesetzt. Ähnlich verhielt es sich im Transportsektor. Die Kommission hatte 1992 vorgeschlagen, Steuererleichterungen für Biokraftstoffe EU-weit zu harmonisieren, scheiterte aber am Rat (Beneking 2011: 60; Solorio und Bocquillon 2017: 28; Vogelpohl 2011: 41). Deutschland war der einzige Mitgliedstaat, der den Vorschlag befürwortete (Vogelpohl 2018: 189–199).[15] Das Vereinigte Königreich lehnte dagegen nicht nur eine Harmonisierung der Besteuerung ab, sondern war auch grundsätzlich gegen eine Europäisierung der Biokraftstoffpolitik (Solorio und Fairbrass 2017: 112). Ein erneuter Harmonisierungsversuch wurde 2001 unternommen, mit dem Vorschlag einer Biokraftstoff-Richtlinie sowie dem erneuten Vorstoß, die Besteuerung von Biokraftstoffen anzugleichen (EK 2001b).[16] In puncto Besteuerung kam diesmal von Deutschland Widerstand: Die rot-grüne Bundesregierung hatte auf nationaler Ebene mittlerweile eine vollständige Steuerbefreiung für Biokraftstoffe erwirkt – der Kommissionsvorschlag hätte jedoch fortan nur noch eine 50%ige Steuerbefreiung ermöglicht (Vogelpohl et al. 2017: 54–55; Vogelpohl 2018: 207–208). Deutschland wehrte insofern eine Europäisierung der Biokraftstoffförderung ab, um die eigene, ambitioniertere Policy zu schützen.[17]

---

[14] Auch das Europäische Parlament war gegen die von der Kommission vorgeschlagene Harmonisierung zuungunsten der Einspeisetarife (Rowlands 2005: 971–972).

[15] Die schließlich verabschiedete Mineralölsteuer-Struktur-Richtlinie (92/81/EWG) ließ einigen nationalen Gestaltungsspielraum, sodass die implizite Steuerbefreiung in Deutschland aufrechterhalten werden konnte (Vogelpohl 2018: 199).

[16] Die Kommission schlug dazu eine Änderung der Mineralölsteuer-Struktur-Richtlinie (92/81/EWG) vor (EK 2001b).

[17] Im Rat konnte Deutschland die anderen Mitgliedstaaten schnell von seiner Position überzeugen (Vogelpohl 2018: 208). EU-rechtlich befand sich die deutsche Regelung zunächst

Neben der Harmonisierung der EE-Förderinstrumente betraf ein weiterer Streitpunkt die Verbindlichkeit der Zielwerte: Die Kommission hatte in ihren Vorschlägen verbindliche nationale Zielwerte für den Anteil von Strom aus erneuerbaren Energien sowie für den Anteil von Biokraftstoffen vorgesehen. Dies wurde auch vom Europäischen Parlament mitgetragen. Im Rat, d. h. unter den Mitgliedstaaten, gab es hierfür aber wenig Unterstützung: Verbindliche Zielwerte für den Stromsektor wurden zunächst nur von Dänemark, später auch von Deutschland, akzeptiert (Lauber 2005b: 45; Rowlands 2005: 970). Bei den Biokraftstoffen gab es dagegen zwei Lager: Diejenigen Mitgliedstaaten, die bereits einen nationalen Biokraftstoffsektor etabliert hatten, darunter Deutschland, Frankreich, Österreich und Schweden, begrüßten verbindliche Zielwerte (Di Lucia und Nilsson 2007: 537–540; Solorio und Bocquillon 2017: 28; Solorio und Fairbrass 2017: 112).[18] Dementgegen standen Länder, die nicht an einer verbindlichen Biokraftstoffförderung teilnehmen wollten. Dies waren vor allem das Vereinigte Königreich und die Niederlande, für die Biokraftstoffe u. a. agrarpolitisch nicht relevant waren und deren eigene Energieerzeugung sich zu einem hohen Maße auf Öl und Gas stützte (siehe zu den einzelnen Mitgliedstaaten Kapitel 6; siehe auch Pelkmans et al. 2007: 343–345).

Letztlich wurden beide Richtlinien mit rein indikativen Zielwerten verabschiedet. Für Strom aus erneuerbaren Energiequellen gab die Richtlinie 2001/77/EG ein EU-weites Ziel von 22,1 % bis zum Jahr 2010 vor, mit entsprechenden nationalen Zielwerten für die einzelnen Mitgliedstaaten (Art. 3).[19] Die Biokraftstoff-Richtlinie 2003/30/EG legte für den Energieverbrauch im Transportsektor einen Richtwert von 5,75 % bis 2010 fest, der über erneuerbare

---

in einem Graubereich (Bockey 2006: 10–11). Deutschland wirkte auf eine EU-rechtliche Legalisierung durch die Richtlinie 2003/96/EG zur Energiebesteuerung hin, welche den Mitgliedstaaten Steuerbegünstigungen und -befreiungen für Biokraftstoffe erlaubte (Beneking 2011: 104; Bomb et al. 2007: 2258). Der Kommissionsvorschlag von 2001 zur Änderung der Mineralölsteuer-Struktur-Richtlinie (92/81/EWG) wurde dagegen komplett verworfen (Vogelpohl 2018: 208).

[18] Die Entwicklung von Biokraftstoffen wurde auf nationaler Ebene insbesondere dann gefördert, wenn dies einen Vorteil für die heimische Landwirtschaft darstellte (siehe Kapitel 6) – da Biokraftstoffe grenzüberschreitend besser handelbar sind als z. B. EE-Strom (Howes 2010: 122), wären mit verbindlichen Zielwerten für die o. g. Länder vor allem Exportmöglichkeiten an andere EU-Mitgliedstaaten entstanden.

[19] Zudem sollten Verwaltungsverfahren für EE-Projekte vereinfacht (Art. 6) und das Netzmanagement angepasst werden (Art. 7). Dabei wurde ein garantierter Netzzugang für EE-Strom festgelegt, mit der Option, national einen vorrangigen Netzanschluss einzuführen (Art. 7 Abs. 1).

Kraftstoffe erreicht werden sollte (Art. 3 Abs. 1).[20] Dieser Wert galt, anders als im Stromsektor, für alle Mitgliedstaaten gleichermaßen, da argumentiert wurde, dass Biokraftstoffe im Vergleich zu Strom besser grenzüberschreitend handelbar seien und eine fehlende inländische Produktion über Exporte relativ leicht auszugleichen sei (Howes 2010: 122). Des Weiteren wurden mit Art. 5 der Richtlinie 2001/77/EG Herkunftsnachweise für Elektrizität aus erneuerbaren Energiequellen eingeführt, unter dem Prinzip der gegenseitigen Anerkennung. Obwohl die einzelnen Fördermodelle der Mitgliedstaaten zunächst unangetastet blieben, legte die Kommission damit den Grundstein für das von ihr bevorzugte marktbasierte Fördermodell eines EU-weiten Handels mit Zertifikaten (Howes 2010: 120; Kanellakis et al. 2013: 1022; Lauber und Toke 2005). In etwa zeitgleich wurde das zweite Legislativpaket[21] zur Liberalisierung des europäischen Energiebinnenmarktes auf den Weg gebracht. Damit wurde eine weitere Brücke von der Energiemarktliberalisierung zum Ausbau erneuerbarer Energien geschlagen, denn die darin enthaltene Richtlinie 2003/54/EG gab vor, dass auf Stromrechnungen fortan der jeweilige Energiemix, inklusive des Anteils erneuerbarer Energien, ausgewiesen werden müsse (Howes 2010: 137). Diese Regelung hatte ihren Ursprung in der österreichischen Regulierung des Energiesektors (Abschnitt 6.5) und sollte die Entwicklung eines ‚grünen Verbrauchsmarktes' anregen (Howes 2010: 137).[22]

Die Anfang der 2000er Jahre verabschiedeten EE-Policies hatten den gewünschten Effekt, auch wenn die sektoralen Zielwerte von den Mitgliedstaaten nicht ganz erreicht wurden (Abb. 5.1). Im Stromsektor lag der Anteil erneuerbarer Energien im Jahr 2010 bei 21,3 % statt der indikativen 22,1 %. Im Transportsektor wurden 5,46 % erzielt, was knapp unter den vorgegebenen

---

[20] Mit der wenige Monate später verabschiedeten Energiesteuerrichtlinie 2003/96/EG wurden die Mitgliedstaaten in die Lage versetzt, nationale Steuerbegünstigungen oder -befreiungen flexibel einzusetzen, um ihre Biokraftstoffausbauziele zu erreichen (Beneking 2011: 63).

[21] Richtlinie 2003/54/EG des Europäischen Parlaments und des Rates vom 26. Juni 2003 über gemeinsame Vorschriften für den Elektrizitätsbinnenmarkt und zur Aufhebung der Richtlinie 96/92/EG – Erklärungen zu Stilllegungen und Abfallbewirtschaftungsmaßnahmen. ABl. L 176.
Richtlinie 2003/55/EG des Europäischen Parlaments und des Rates vom 26. Juni 2003 über gemeinsame Vorschriften für den Erdgasbinnenmarkt und zur Aufhebung der Richtlinie 98/30/EG. ABl. L 176.

[22] Die Europäisierung im EE-Bereich war von diversen Wechselbeziehungen geprägt, darunter *top-down-* und *bottom-up*-Prozesse sowie *horizontalen* Dynamiken zwischen den Mitgliedstaaten (siehe dazu Kapitel 6 sowie Solorio und Jörgens 2017). Dies bestätigt insofern auch für dieses Politikfeld das Phänomen der „continuous interaction and linkages between national and European levels", welches bereits aus anderen Politikfeldern bekannt ist (Risse et al. 2001: 2).

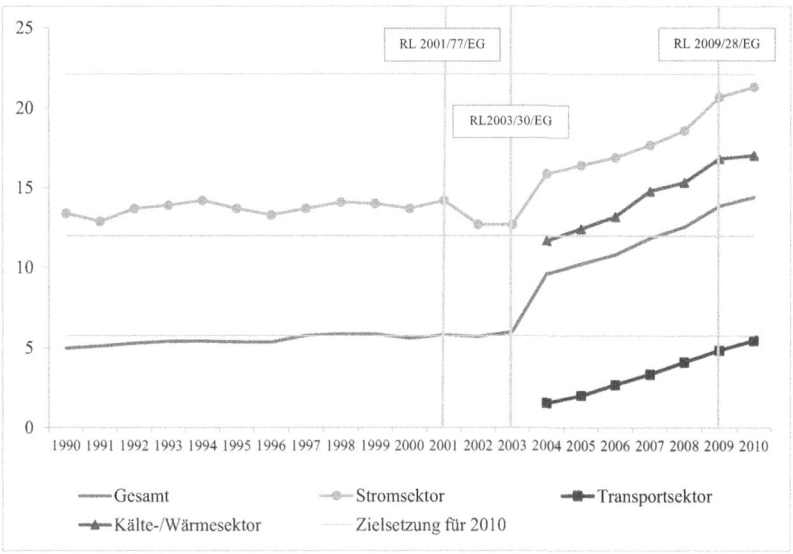

Abb. 5.1 Anteil erneuerbarer Energien am Energieverbrauch in der EU (%). Eigene Darstellung nach Eurostat (2002: 71–75, 2006: 59–63, 2022a)[23]

5,75 % lag. Nichtsdestotrotz war ab Mitte der 2000er Jahre ein deutlicher, sektorübergreifender Anstieg des Anteils erneuerbarer Energien zu beobachten. Auch der ursprünglich von der Europäischen Kommission anvisierte Gesamtwert von 12 % erneuerbarer Energien bis 2010 wurde trotz sektoraler Non-Compliance

---

[23] Je nach Berechnungsgrundlage können die ermittelten Werte abweichen, daher sind die dargestellten Angaben als Annäherungswerte zu betrachten. Eine systematische und vergleichbare sektorspezifische Berechnung begann zum Teil erst mit dem Jahr 2004. Die geringeren EE-Anteile im Stromsektor in den Jahren 2002 und 2003 hingen vermutlich mit der Wasserkraft zusammen und waren u. a. auf Schwankungen in der Niederschlagsmenge zurückzuführen (Eurostat 2006: 63). Ab 2004 veränderte sich zudem die Berechnungsgrundlage, d. h. es wurde nicht mehr der Bruttoinlandsverbrauch als Referenzwert genommen, sondern der Bruttoendenergieverbrauch. Beim Bruttoinlandsverbrauch sind auch der Eigenverbrauch der Energiewirtschaft sowie Netz- und Umwandlungsverluste enthalten – beim Bruttoendenergieverbrauch wird dagegen der reine Endverbrauch betrachtet, der z. B. durch Industrie, Landwirtschaft, im Transport und durch private Haushalte verursacht wird (diese und weitere Definitionen sind dem Glossar der Eurostat-Website zu entnehmen). Die Zugrundelegung des Endenergieverbrauchs gegenüber dem Bruttoinlandsverbrauch ist bei der Berechnung ab 2004 insofern günstig gewesen, als dass die Mitgliedstaaten mit dieser Definition automatisch einen etwas höheren EE-Anteil aufwiesen (von etwa 1 bis 2 %).

einiger Mitgliedstaaten mit 14,4 % im Jahr 2010 verwirklicht (Abb. 5.1). Unter den untersuchten Mitgliedstaaten hatten nur Deutschland und die Niederlande ihre nationalen Zielwerte für den Anteil von EE-Strom gemäß RL 2001/77/EG bis 2010 erreicht (Eurostat 2022a). Deutschland lag sogar deutlich über seinem Zielwert, was sich auch mit der zuvor vertretenen Verhandlungsposition zugunsten verbindlicher Zielwerte deckte. Die Niederlande hatten hingegen während der Verhandlungsphase zur Richtlinie 2001/77/EG sichergestellt, dass der EU-seitig vorgegebene Wert (lediglich) dem bestehenden nationalen Zielniveau entsprechen würde (Arentsen 2008: 60; Arentsen und Bruijn 2005: 429–430). Frankreich, das Vereinigte Königreich, Österreich und auch Schweden hatten die zugesagten Werte für den Anteil von EE-Strom nicht eingehalten (Eurostat 2022a). Im Transportsektor deckte sich die Richtlinienumsetzung noch deutlicher mit den mitgliedstaatlichen Positionen während des EU-Policymaking: Während Deutschland, Frankreich, Österreich und Schweden, welche verbindliche Zielwerte begrüßt hatten, bis 2010 schon über dem vereinbarten Wert von 5,75 % lagen, erreichten das Vereinigte Königreich und die Niederlande nur etwa die Hälfte dieses Ziels (Eurostat 2022a). Gerade in diesen Ländern war die EU-Biokraftstoffrichtlinie dennoch ein wichtiger Treiber für die Weiterentwicklung nationaler Fördermechanismen (Kapitel 6; siehe auch Pelkmans et al. 2007: 344–345).

Mitte der 2000er Jahre: Energiepolitische Neuorientierung als Integrationsmotor?
Nach Verabschiedung der ersten europäischen EE-Richtlinien entstand Mitte der 2000er Jahre eine Situation, in der sich die EU energiepolitisch noch einmal neu ausrichten musste. Drei Entwicklungen waren hierbei besonders ausschlaggebend (Fischer 2011: 88–90; Oberthür und Roche Kelly 2008: 43–44; Wurzel und Connelly 2011: 9): Erstens erforderte das Inkrafttreten des Kyoto-Protokolls, die geleisteten Klimaschutzverpflichtungen durch weitere Policies abzusichern; zweitens schärfte der Gasstreit zwischen Russland und der Ukraine das Problembewusstsein für die europäische Versorgungssicherheit; drittens bildeten die gescheiterten Verfassungsreferenden in Frankreich und den Niederlanden den Ausgangspunkt für eine grundsätzliche Neuorientierung der Europäischen Integration. Vor diesem Hintergrund und im Zuge einer informellen Zusammenkunft der europäischen Staats- und Regierungschefs im britischen Hampton Court ergingen neue Arbeitsaufträge an die Europäische Kommission, darunter die Ausarbeitung eines energiepolitischen Konzepts (EK 2005b). Die Kommission stellte daraufhin *Eine europäische Strategie für nachhaltige, wettbewerbsfähige und sichere Energie* vor und benannte als zentrale Handlungsfelder vor allem den Klimawandel, eine steigende Energienachfrage, die Abhängigkeit von bestimmten Lieferländern sowie eine alternde Infrastruktur (EK 2006: 3–4). Zudem hatte

die Kommission in ihrem Bericht über den Erdgas- und Elektrizitätsbinnenmarkt bemerkt, dass erneuerbare Energien sowohl technisch als auch kommerziell besser in den Markt integriert werden müssten (EK 2005a: 4). Der Europäische Rat nahm in seinen Schlussfolgerungen zum Frühjahrsgipfel 2006 das Zieldreieck aus Versorgungssicherheit, Wettbewerbsfähigkeit und ökologischer Nachhaltigkeit auf und bekannte sich zu einer europäischen Energiepolitik, die nicht nur zwischen den Mitgliedstaaten, sondern auch zwischen den einzelnen Politikfeldern Kohärenz schaffen sollte (Rat 2006: 13). Das Ziel einer ökologisch nachhaltigen Energieversorgung sollte primär durch den Ausbau erneuerbarer Energien verfolgt werden (Rat 2006: 15). Als mögliche Ziele bis 2015 wurden dabei ein Anteil von 15 % erneuerbarer Energien am Gesamtverbrauch sowie 8 % speziell für Biokraftstoffe angepeilt (Rat 2006: 15).

Bis zum nächsten Frühjahrsgipfel des Europäischen Rates hatte die Kommission sowohl ihre grundsätzliche energiepolitische Strategie weiterentwickelt (*Eine Energiepolitik für Europa*, EK 2007a) als auch eine gesonderte Strategie speziell für den Bereich erneuerbare Energien vorgelegt (*Fahrplan für erneuerbare Energien*, EK 2007b). Der sektorübergreifende Gesamtanteil von Energie aus erneuerbaren Quellen sollte dabei in der EU bis 2020 auf 20 % erhöht und dies auch als rechtsverbindliches Ziel verankert werden (EK 2007b: 3). Zusätzlich wurde speziell für den Transportsektor ein Ziel von 10 % erneuerbarer Energien empfohlen (EK 2007b: 11). Auf Basis dieser Vorschläge bekannten sich die europäischen Staats- und Regierungschefs zu den 20-20-20-Zielen (Rat 2007: 12; 20–21):

- einer Senkung der Treibhausgasemissionen um 20 % (gegenüber dem Stand von 1990),
- einer Steigerung der Energieeffizienz um 20 % und
- einem Anteil von 20 % erneuerbarer Energien.

Zum ersten Mal in der Geschichte der europäischen Erneuerbare-Energien-Politik akzeptierten alle Mitgliedstaaten verbindliche Zielwerte (Abschnitt 5.2.1). Der Frühjahrsgipfel markierte damit einen energiepolitischen Meilenstein: „Die Schlussfolgerungen des Europäischen Rates vom März 2007 [enthielten] das wohl umfangreichste energiepolitische Arbeitsprogramm in der Geschichte des europäischen Integrationsprozesses", mit einer „klare[n] Forderung nach Legislativvorschlägen durch die Kommission" (Fischer 2011: 94). Zugleich verkörperten die 20-20-20-Ziele noch deutlicher als zuvor eine Integration von Klima- und Energiepolitik (Parker und Karlsson 2010: 931). Eine weitere Neuerung, die das Jahr 2007 brachte, war die Unterzeichnung des Vertrags von Lissabon

im Dezember. Damit gelangte die EU zu einer umfassenden energiepolitischen Kompetenz. Es wurde ein eigenes Energiekapitel aufgenommen (Art. 194
AEUV) und die geteilte Zuständigkeit festgelegt. Demnach durften die Mitgliedstaaten ihre gesetzgeberische Zuständigkeit im Energiebereich nur noch dann
wahrnehmen, wenn nicht die EU bereits ihre Zuständigkeit ausübte (Art. 4
AEUV). Im Jahr 2009 folgten gleich „zwei legislative Großprojekte" – das dritte
Energiebinnenmarktpaket sowie das Klima- und Energiepaket (Fischer 2011: 95).

Ob das Klima- und Energiepaket angesichts der gesetzten Klimaschutzziele
ausreichte, war fraglich (Adelle et al. 2012: 26). Dennoch stellte es angesichts
der lange Zeit eher zähen Entwicklungen in der europäischen Energiepolitik einen
Sprung nach vorne dar. Zugleich hob das Legislativpaket die Europäische Integration insgesamt auf eine neue Ebene: „Overall, the package [...] constitutes
a significant step for both EU climate policy and EU integration more broadly
[...] (Oberthür und Pallemaerts 2010: 52). Es erfolgte somit ein massiver Integrationsschub, der die europäische EE-Politik innerhalb weniger Jahre nicht nur
nachweislich veränderte, sondern auch ins Zentrum der öffentlichen Aufmerksamkeit rückte. Mit Blick auf die mitgliedstaatliche Implementation könnte diese
Dynamik allerdings auch problematisch gewesen sein, sofern die Mitgliedstaaten
u. U. vorschnell zusagten, was sie auf nationaler Ebene später nicht mehr umsetzen konnten oder wollten (Ancygier 2013: 125–130; Parker und Karlsson 2010:
941). Im nächsten Abschnitt wird daher auf die mitgliedstaatlichen Positionen im
Zuge der Verhandlungen zum Legislativpaket eingegangen.

5.2   Entstehung und Inhalte der Erneuerbare-Energien-Richtlinie 2009/28/EG

5.2.1   Europäischer Gesetzgebungsprozess

Auf Basis der vom Europäischen Rat 2007 beschlossenen 20-20-20-Ziele legte
die Europäische Kommission im Januar 2008 ihren Vorschlag zum Klima- und
Energiepaket vor, inklusive einer Richtlinie zur Förderung der Nutzung von Energie aus erneuerbaren Quellen (EK 2008c). Damit begann das ordentliche Gesetzgebungsverfahren.[24] Ein zentraler Streitpunkt der europäischen EE-Politik war

---

[24] Der Verlauf der Gesetzgebung lässt sich über das *Legislative Observatory* des Europäischen Parlaments unter der Prozessnr. 2008/0016 (COD) nachverfolgen. Siehe dazu auch
Tab. 5.1.

allerdings schon ausgeräumt, noch bevor konkrete Legislativakte von der Europäischen Kommission vorgelegt wurden. Auf dem Frühjahrsgipfel 2007 hatte es die deutsche Bundeskanzlerin Angela Merkel in ihrer Rolle als EU-Ratsvorsitzende erstmalig in der Geschichte der europäischen EE-Politik geschafft, alle Mitgliedstaaten unter einem *verbindlichen* Zielwert von 20 % erneuerbarer Energien zu versammeln (Ancygier 2013: 315; Bocquillon und Evrard 2017: 169). Für Deutschland war es mit Blick auf die national etablierte EE-Branche volkswirtschaftlich wünschenswert, verbindliche Zielwerte durchzusetzen, da sich so ein sicherer europäischer Absatzmarkt für deutsche EE-Produkte auftun würde (Ancygier 2013: 119–120; siehe auch Abschnitt 6.1). Mit nunmehr verbindlichen Zielwerten war im Vorfeld des Legislativprozesses bereits ein Niveau gesetzt worden, von dem auch die neueren osteuropäischen Mitgliedstaaten, die gegenüber erneuerbaren Energien skeptischer waren, nur noch schwerlich abrücken konnten (Ancygier 2013: 125–130).

Ein zweiter größerer Streitpunkt, der neben der Verbindlichkeit von Zielwerten die europäische EE-Politik bislang geprägt hatte, betraf die Harmonisierung von Fördermodellen (Abschnitt 5.1). Zwar hatte die Kommission von einer expliziten Harmonisierung Abstand genommen (EK 2005c, 2008b), sie versuchte aber weiterhin, ein System des europaweiten Handels mit Herkunftsnachweisen zu etablieren (EK 2008c: 27–28; Gan et al. 2007: 154; Jacobs 2012: 33). Dies war auch der zentrale Diskussionsgegenstand im Rat für Verkehr, Telekommunikation und Energie (TTE), der sich maßgeblich mit dem Kommissionsvorschlag zur Erneuerbare-Energien-Richtlinie befasste.[25] Deutschland monierte, dass bei einem Handel mit Herkunftsnachweisen nationale Fördersysteme gegeneinander ausgespielt und bestehende technologiespezifische Einspeisetarife unterwandert würden (Rat 2008f: 5–6). Für Deutschland war es essentiell, das auf nationaler Ebene seit knapp 20 Jahren etablierte System der Einspeisetarife zu schützen (Abschnitt 6.1). Auch Frankreich plädierte dafür, bestehende nationale Fördersysteme nicht zu gefährden (Rat 2008e: 5). Frankreich hatte Anfang der 2000er Jahre ebenfalls begonnen, Einspeisetarife für die Förderung erneuerbarer Energien zu nutzen (Abschnitt 6.2) und sah deshalb einen Handel mit Herkunftsnachweisen skeptisch.[26] Demgegenüber stand das Vereinigte Königreich, das den Handel mit Herkunftsnachweisen begrüßte, solange das neue System die Mitgliedstaaten nicht darin einschränken würde, ihre nationalen Zielwerte auch anderweitig

---

[25] Im Rat der Umweltminister standen vor allem Fragen der Emissionsreduktion im Vordergrund (Rat 2008b).

[26] Auch andere Länder, insbesondere Spanien, sahen ihre nationalen Einspeisetarife durch den vorgeschlagenen Handel mit Herkunftsnachweisen gefährdet (Nilsson et al. 2009: 4458).

zu erreichen (Rat 2008c: 5). Das Vereinigte Königreich stellte sich damit auf die Seite des Kommissionsvorschlags. Dies war nicht überraschend, denn das vorgeschlagene Modell entsprach im Prinzip der bereits etablierten britischen *Renewables Obligation*, die Anfang der 2000er Jahre eingeführt worden war (Abschnitt 6.3; siehe auch Solorio und Fairbrass 2017: 109–111). Schweden hatte zwar ebenfalls einen Handel mit Zertifikaten eingerichtet (Abschnitt 6.6), sprach sich jedoch gegen den Kommissionsvorschlag aus: Ein zentralisiertes, aber rein freiwilliges Handelssystem sei nicht dazu geeignet, einen dynamischen Markt mit der nötigen Investitionssicherheit zu schaffen und könne u. U. regionale Märkte gefährden (Rat 2008d: 4). Obwohl es einen grundsätzlichen *fit* zwischen dem nationalen und dem europäischen Modell gab, versuchte Schweden nicht, sein eigenes Modell auf die EU-Ebene ‚hochzuladen' (für eine Diskussion der *uploading*- und *misfit*-Konzepte siehe Kapitel 2). Stattdessen sollte eine Harmonisierung der EE-Förderung grundsätzlich vermieden werden, was sich auch an Schwedens Befürchtung einer Überregulierung zeigte (Rat 2008d: 2–3). Die Niederlande und Österreich hatten sich weniger in den Verhandlungsprozess eingebracht und beispielsweise keine Stellungnahmen zu Beginn der Verhandlungen abgegeben (Rat 2008a). Auf nationaler Ebene hatte die niederländische Regierung im Vorfeld der Kommissionsvorschläge angekündigt, sich für ein europäisches System handelbarer Zertifikate einsetzen zu wollen und hohe Nachhaltigkeitskriterien für Biokraftstoffe zu unterstützen (TK 2008a: 8–9; VROM 2007: 27–28).

Im Mai 2008 wurde eine mögliche *opt out*-Lösung aus dem Handel mit Herkunftsnachweisen diskutiert (Rat 2008h), welche von der Kommission insbesondere als Kompromiss für Deutschland und Spanien eingeräumt wurde, zwei starken Vertretern von Einspeisetarifen (Nilsson et al. 2009: 4458). Im Sommer 2008 änderte sich die Verhandlungssituation jedoch grundlegend. Maßgeblich war der Schwenk des Vereinigten Königreichs, welches sich von einem Handel mit Herkunftsnachweisen wieder distanzierte (Rat 2008i: 10). Die veränderte Haltung der britischen Regierung hatte einigen Einfluss auf die Debatte im Rat, denn das Vereinigte Königreich war bis dahin einer der stärksten Befürworter eines auf Zertifikaten basierten Handels gewesen (Jacobs 2012: 35). Auf nationaler Ebene wurde das System der *Renewables Obligation* allerdings zunehmend in Zweifel gezogen bzw. möglichen Alternativen gegenübergestellt (Abschnitt 7.3; siehe auch Nilsson et al. 2009: 4459). Angesichts der nationalen Reformdynamik war es letztlich vorteilhafter, sich die Wahl der Förderinstrumente komplett offenzuhalten und kein gemeinsames europäisches Modell einzugehen.

Die veränderte Verhandlungssituation ermöglichte einen gemeinsamen Vorstoß Deutschlands, des Vereinigten Königreichs und Polens. Die drei Länder schlugen vor, auf ein EU-weites Fördermodell zu verzichten[27] und stattdessen alternative Kooperationsmechanismen[28] einzurichten (Rat 2008j). Das gemeinsame Auftreten Deutschlands, des Vereinigten Königreichs und Polens repräsentierte nicht nur die Einigung zwischen den beiden größten Vertretern zweier unterschiedlicher Fördermodelle, sondern es schloss über die Beteiligung Polens als Sprachrohr der osteuropäischen Verhandlungsgruppe auch diejenigen Länder ein, die gegenüber erneuerbaren Energien grundsätzlich weniger aufgeschlossen waren (Ancygier 2013: 125–130). Auch das Europäische Parlament unterstützte den Vorschlag alternativer Kooperationsmechanismen (EP 2008), sodass die Kommission ihr Vorhaben einer weichen Harmonisierung über den Handel mit Herkunftsnachweisen aufgeben musste.[29]

Ein noch offener Kritikpunkt aus Sicht des Vereinigten Königreichs betraf die vorgeschlagenen administrativen Begleitmaßnahmen (Rat 2008h: 19, 2008i: 10). Diese waren von der Kommission vorgelegt worden, um administrative Hemmnisse abzubauen, welche bis dato den Ausbau erneuerbarer Energien behindert hatten (EK 2008c: 7). Entsprechend sollten vor allem Maßnahmen zur Beschleunigung und Vereinfachung von Verwaltungsverfahren sowie zur Regulierung des Netzzugangs erfolgen (Rat 2008h: 19, 2008i: 10). Laut britischem Einwand war dies nicht mit dem Subsidiaritätsprinzip vereinbar, denn die Mitgliedstaaten seien selbst am besten in der Lage, bestehende Barrieren für die Förderung erneuerbarer Energien zu identifizieren und abzubauen und geeignete Wege zur Erreichung der Zielwerte zu finden (Rat 2008i: 10). An diesem Punkt konnte sich das Vereinigte Königreich jedoch nicht ganz durchsetzen: Im Vergleich zu dem ursprünglichen Kommissionsvorschlag (EK 2008c) blieb es in der finalen Richtlinie weitgehend bei den angedachten Maßnahmen, wenn auch in teilweise abgeschwächter Form (Artt. 13–16 RL 2009/28/EG). So gab es bzgl. der Vorgabe eines vorrangigen Netzzugangs (EK 2008c: 31) eine deutliche Abmilderung durch die Umwandlung in einen vorrangigen oder garantierten Netzzugang (Art. 16 Abs. 1 lit. b RL 2009/28/EG). Auch die vormalige Regelung, innerhalb von Genehmigungsverfahren klare Fristen für Verwaltungsentscheidungen vorzugeben (EK 2008c: 29), wurde in der finalen Richtlinie weicher formuliert („transparente Zeitpläne" Art. 13 Abs. 1 lit. a RL 2009/28/EG). Mit dem grundsätzlichen Erfordernis administrativer und regulativer Reformen musste sich das Vereinigte Königreich

---

[27] Herkunftsnachweise sollten lediglich zum Zwecke der Zertifizierung von Strom, Kälte und Wärme aus erneuerbaren Energiequellen genutzt werden (Rat 2008j: 2–3).

[28] Die Mitgliedstaaten könnten somit z. B. über statistische Transfers oder gemeinsame Projekte zusammen an der Erreichung ihrer Zielwerte für erneuerbare Energien arbeiten (Rat 2008j: 5–8).

[29] Für eine ausführliche Diskursanalyse siehe auch Lauber und Schenner (2011).

zwar abfinden, doch immerhin wurde das Niveau der europäischen Vorgaben abgesenkt.

Nachdem im Sommer 2008 die von der Kommission angestrebte Harmonisierung in Form eines Handelssystems gescheitert und damit der größte Konfliktpunkt innerhalb der vorgeschlagenen Erneuerbare-Energien-Richtlinie geklärt worden war, kam in der zweiten Jahreshälfte durch den EU-Ratsvorsitz Frankreichs zusätzliche Dynamik in die Verhandlungen (Ancygier 2013: 331; Bocquillon und Evrard 2017: 169). Wie bereits zu Beginn des Legislativprozesses im Rat angekündigt, versuchte Frankreich, bis zum Jahresende eine Einigung über das gesamte Klima- und Energiepaket zu erreichen, sodass die anschließende formale Verabschiedung des Legislativpakets im ersten Quartal 2009 würde erfolgen können (Rat 2008e: 2–3). Der Zeitdruck ergab sich vor allem aus den anstehenden Neuwahlen zum Europäischen Parlament im Sommer 2009 sowie der geplanten UN-Klimakonferenz in Kopenhagen im Dezember desselben Jahres (Rat 2008e: 2–3). Der Anspruch Frankreichs, eine rasche Einigung herbeizuführen, wurde von vielen Mitgliedstaaten im Rat geteilt. Vor allem die anstehende UN-Klimakonferenz wurde dabei vielfach als Motiv genannt (Rat 2008c, 2008d, 2008f, 2008e). Für Frankreich selbst standen vermutlich weniger der Klimaschutz oder erneuerbare Energien im Zentrum, sondern vielmehr der Wunsch nach einer neuen europäischen Integrationsdynamik:

> The goal of France, whose President was instrumental in facilitating the agreement over the Energy and Climate Package, was of a more general character. After the French *non* in the referendum on [the] Constitutional Treaty in 2005, Nicolas Sarkozy considered it necessary to improve France's credentials as belonging to the core of Europe [Hervorh. i. Orig.] (Ancygier 2013: 331; siehe auch Whiteside et al. 2010: 454–455).

Somit kann Frankreichs Engagement eher als Bekenntnis zur Europäischen Integration, denn zu erneuerbaren Energien gedeutet werden. Doch ein Bereich, der für Frankreich speziell aus agrarpolitischer Sicht von Bedeutung war, waren die Biokraftstoffe (Abschnitt 6.2). Aus diesem Grund forderte Frankreich ein verbindliches 10 %-Ziel für den Transportsektor und beeinflusste auch die Formulierung der Nachhaltigkeitskriterien in einer Weise, die Nicht-EU-Länder benachteiligen und die heimische Produktion von Biokraftstoffen anregen würde (Bocquillon und Evrard 2017: 175). Außerdem versuchte Frankreich, eine Formulierung einzubringen, nach der alle CO_2-armen Energiequellen verstärkt genutzt werden sollten (Rat 2008e: 3). Dies entsprach der in Frankreich etablierten und politisch weitgehend unstrittigen Nutzung der Atomenergie (Abschnitt 6.2; siehe auch Evrard 2012: 346). Dem widersprach allerdings Österreich, das eine EU-seitige Unterstützung des Atomenergieausbaus klar ablehnte (Rat 2008 g: 6;

siehe auch SPÖ und ÖVP 2007: 83), entsprechend des eigenen innerstaatlichen Anti-Atom-Konsenses (Abschnitt 6.5).
Der finale Verhandlungspunkt wurde erneut vom Europäischen Rat gesetzt. Unter Führung des französischen Präsidenten wurde Anfang Dezember 2008 die mitgliedstaatliche Übereinkunft über das Klima- und Energiepaket verkündet:

> The European Council [...] reached agreement on the energy/climate change package which should enable this package to be finalised with the European Parliament by the end of the year. This decisive breakthrough will enable the European Union to honour the ambitious commitments entered into in this area in 2007 and to maintain its leading role in the search for an ambitious and comprehensive global agreement at Copenhagen next year (Rat 2009a: 1).

Die Einigung der Staats- und Regierungschefs setzte das Europäische Parlament unter Druck, dem Entwurf ebenfalls schnell zuzustimmen: „As the action-packed European Council meeting took place *prior* to the first reading in the Parliament, the basic possibilities for the Parliament were narrowed down to two choices: accept or reject [Hervorh. i. Orig.]" (Skjærseth und Wettestad 2010: 83).[30] Nur wenige Tage später folgte die erste Lesung, bei der die Erneuerbare-Energien-Richtlinie mit 635 von 685 Stimmen und 25 Enthaltungen angenommen wurde. Die formale Annahme im Rat erfolgte Anfang April 2009. Alle Mitgliedstaaten stimmten für die Erneuerbare-Energien-Richtlinie, wobei eine qualifizierte Mehrheit bereits ausgereicht hätte (Rat 2009b: 17). Zum 23.04.2009 wurden die einzelnen Rechtsakte des Klima- und Energiepakets offiziell unterzeichnet. Diese umfassten:

- eine neue und umfassende Richtlinie zu erneuerbaren Energiequellen[31],
- eine überarbeitete Version der Richtlinie zum Emissionshandelssystem (ETS) (ursprünglich von 2003)[32],

---

[30] Das Europäische Parlament hatte immerhin durch die Arbeit des ITRE-Ausschusses im Verlauf des Jahres 2008 bereits Position bezogen und Einfluss auf die Formulierung der Policy genommen (EP 2008).

[31] Richtlinie 2009/28/EG des Europäischen Parlaments und des Rates vom 23. April 2009 zur Förderung der Nutzung von Energie aus erneuerbaren Quellen und zur Änderung und anschließenden Aufhebung der Richtlinien 2001/77/EG und 2003/30/EG. ABl. L 140.

[32] Richtlinie 2009/29/EG des Europäischen Parlaments und des Rates vom 23. April 2009 zur Änderung der Richtlinie 2003/87/EG zwecks Verbesserung und Ausweitung des Gemeinschaftssystems für den Handel mit Treibhausgasemissionszertifikaten. ABl. L 140.

- eine Richtlinie zur Änderung von Spezifikationen für Kraftstoffe sowie zur Einführung eines Emissionsmonitorings[33],
- eine Richtlinie zur CO_2-Abscheidung und -Speicherung (*carbon capture & storage*, CCS)[34],
- eine Entscheidung des Rates zum *burden sharing* in Sektoren, die nicht vom ETS umfasst waren[35].

Insgesamt wies der europäische Gesetzgebungsprozess zum Klima- und Energiepaket einige Besonderheiten auf: Durch das nahende Ende der europäischen Legislaturperiode und den Wunsch der Mitgliedstaaten, bei der kommenden UN-Klimakonferenz ein ambitioniertes europäisches Legislativpaket präsentieren zu können, wurde die Einigung über das Paket maßgeblich beschleunigt. Außerdem nahm der Europäische Rat eine besonders aktive Rolle ein, beginnend mit dem Frühjahrsgipfel 2007, als ein verbindlicher Zielwert von 20 % festgelegt wurde, der in späteren Verhandlungen faktisch nicht mehr unterschritten werden konnte, und abschließend mit der finalen politischen Einigung zum Legislativpaket: „The most unusual element [...] was the involvement of the European Council in hammering out a final deal in December 2008" (Skjærseth und Wettestad 2010: 83). Hinzu kam, dass die einzelnen Rechtsakte des Klima- und Energiepakets parallel verhandelt wurden und damit eine Reihe unterschiedlicher Themen zur Debatte stand: „[A] number of countries which concentrated on the parts of the package dealing with the reduction of the CO_2 emissions, failed to fully grasp [the Directive's] importance" (Ancygier 2013: 332). Ungeachtet der beschleunigten und gleichzeitig breitgefächerten Verhandlung hatten die Mitgliedstaaten

---

[33] Richtlinie 2009/30/EG des Europäischen Parlaments und des Rates vom 23. April 2009 zur Änderung der Richtlinie 98/70/EG im Hinblick auf die Spezifikationen für Otto-, Diesel- und Gasölkraftstoffe und die Einführung eines Systems zur Überwachung und Verringerung der Treibhausgasemissionen sowie zur Änderung der Richtlinie 1999/32/EG des Rates im Hinblick auf die Spezifikationen für von Binnenschiffen gebrauchte Kraftstoffe und zur Aufhebung der Richtlinie 93/12/EWG. ABl. L 140.

[34] Richtlinie 2009/31/EG des Europäischen Parlaments und des Rates vom 23. April 2009 über die geologische Speicherung von Kohlendioxid und zur Änderung der Richtlinie 85/337/EWG des Rates sowie der Richtlinien 2000/60/EG, 2001/80/EG, 2004/35/EG, 2006/12/EG und 2008/1/EG des Europäischen Parlaments und des Rates sowie der Verordnung (EG) Nr. 1013/2006. ABl. L 140.

[35] Entscheidung Nr. 406/2009/EG des Europäischen Parlaments und des Rates vom 23. April 2009 über die Anstrengungen der Mitgliedstaaten zur Reduktion ihrer Treibhausgasemissionen mit Blick auf die Erfüllung der Verpflichtungen der Gemeinschaft zur Reduktion der Treibhausgasemissionen bis 2020. ABl. L 140.

im Zuge des EU-Policymaking allerdings gerade im Punkt der Harmonisierung nationaler Fördermodelle eine wesentliche Veränderung gegenüber den Kommissionsvorschlägen realisiert.

Tab. 5.1 Eckdaten des europäischen Gesetzgebungsprozesses zur EU-Richtlinie 2009/28/EG

Datum	Akteur	Ereignis
23.01.2008	Europäische Kommission	Legislativvorschlag
19.02.2008	Europäisches Parlament	Zuweisung an den ITRE-Ausschuss
28.02.2008	Rat (TTE)	Erste Debatte im TTE-Rat
03.03.2008	Rat (Umwelt)	Erste Debatte im Umwelt-Rat
10.04.2008	Europäisches Parlament	Übersendung an assoziierte Ausschüsse
26.05.2008	EU-Ratsvorsitz	Sachstandsbericht
05.06.2008	Rat (Umwelt)	Zweite Debatte im Umwelt-Rat
06.06.2008	Rat (TTE)	Zweite Debatte im TTE-Rat
26.09.2008	Europäisches Parlament	Bericht des ITRE-Ausschusses im Plenum vorgelegt
09.10.2008	Rat (TTE)	Dritte Debatte im TTE-Rat
20.10.2008	Rat (Umwelt)	Dritte Debatte im Umwelt-Rat
04.12.2008	Rat (Umwelt)	Vierte/letzte Debatte im Umwelt-Rat
08.12.2008	Rat (TTE)	Vierte/letzte Debatte im TTE-Rat
11./12.12.2008	Europäischer Rat	Einigung über das Klima- und Energiepaket
16./17.12.2008	Europäisches Parlament	Annahme mit 635 von 685 Stimmen (in 1. Lesung)
06.04.2009	Rat	Einstimmige Annahme der Richtlinie
23.04.2009	Unterzeichnung	
05.06.2009	Veröffentlichung	

Eigene Darstellung nach EP (2019) und Rat (2008a, 2008h, 2009a, 2009b).

5.2.2 Zentrale Inhalte und institutionelle Vorgaben

Die zentralen Inhalte sowie die institutionellen Vorgaben der Erneuerbare-Energien-Richtlinie (2009/28/EG) werden nachfolgend auf Basis der in Kapitel 4 beschriebenen Analyse vorgestellt und diskutiert. Nach einer kurzen Darstellung der formalen Struktur sowie der übergreifenden Policy-Ziele folgt eine Besprechung der wesentlichen Artikel und Bestimmungen. In einem Resümee wird abschließend festgehalten, welcher Anpassungsdruck sich hieraus für die Mitgliedstaaten ergab, sowohl substanziell als auch institutionell (Knill und Lehmkuhl 2000b: 25).

Formale Struktur und übergreifende Policy-Ziele
Die Erneuerbare-Energien-Richtlinie (2009/28/EG) umfasst 47 Seiten, mit 97 vorangestellten Erwägungsgründen und insgesamt 29 Artikeln. Zusätzlich zu den Bestimmungen im Hauptdokument sind in Anhang I die nationalen Zielwerte und Zielpfade bis 2020 angegeben. Die Anhänge II bis VII enthalten weitere Konkretisierungen, z. B. standardisierte Berechnungsformeln. In den Erwägungsgründen, die den Richtlinienbestimmungen vorangehen, wurden von der Europäischen Union folgende Motive für die verabschiedete Policy angeführt:

> Die Kontrolle des Energieverbrauchs in Europa sowie die vermehrte Nutzung von Energie aus erneuerbaren Energiequellen sind gemeinsam mit Energieeinsparungen und einer verbesserten Energieeffizienz wesentliche Elemente des Maßnahmenbündels, das zur Verringerung der Treibhausgasemissionen und zur Einhaltung des Protokolls von Kyoto [...] benötigt wird. Diese Faktoren spielen auch eine wichtige Rolle bei der Stärkung der Energieversorgungssicherheit, der Förderung der technologischen Entwicklung und Innovation sowie der Schaffung von Beschäftigungsmöglichkeiten und von Möglichkeiten der regionalen Entwicklung, vor allem in ländlichen und entlegenen Gebieten (ErwG 1 RL 2009/28/EG).

Gemeinsam mit einer Senkung des Energieverbrauchs und einer Erhöhung der Energieeffizienz sollte der Ausbau erneuerbarer Energien somit in erster Linie zur Reduktion klimaschädlicher Emissionen beitragen und dabei auch die Einhaltung der international geleisteten Verpflichtungen im Rahmen des Kyoto-Protokolls sicherstellen. Daneben wurden die genannten energiepolitischen Maßnahmen auch mit der Versorgungssicherheit in Verbindung gebracht, ebenso mit technologischer Innovation, der Schaffung von Arbeitsplätzen und ländlicher Entwicklung. Diese Motive spiegeln auch die in unterschiedlicher Weise auf nationaler Ebene diskutierten Beweggründe für den Ausbau bzw. die Förderung erneuerbarer Energien wider (Kapitel 6). Auf inhaltlicher Ebene wurde die grundsätzliche Stoßrichtung der Erneuerbare-Energien-Richtlinie bzw. ihr Gegenstand und Anwendungsbereich im ersten Artikel folgendermaßen definiert:

> Mit dieser Richtlinie wird ein gemeinsamer Rahmen für die Förderung von Energie aus erneuerbaren Quellen vorgeschrieben. In ihr werden verbindliche nationale

Ziele für den Gesamtanteil von Energie aus erneuerbaren Quellen am Bruttoend-energieverbrauch und für den Anteil von Energie aus erneuerbaren Quellen im Ver-kehrssektor festgelegt. Gleichzeitig werden Regeln für statistische Transfers zwischen Mitgliedstaaten, gemeinsame Projekte zwischen Mitgliedstaaten und mit Drittlän-dern, Herkunftsnachweise, administrative Verfahren, Informationen und Ausbildung und Zugang zum Elektrizitätsnetz für Energie aus erneuerbaren Quellen aufgestellt. Ferner werden Kriterien für die Nachhaltigkeit von Biokraftstoffen und flüssigen Biobrennstoffen vorgeschrieben (Art. 1 RL 2009/28/EG).

Die genannten Aspekte werden im Folgenden näher beleuchtet. In chrono-logischer Reihenfolge werden dazu die betreffenden Artikel bzw. die darin enthaltenen Bestimmungen bzgl. (a) ihrer substanziellen Vorgaben und (b) ihrer (expliziten oder impliziten) institutionellen Vorgaben diskutiert.

Art. 3: Verbindliche Zielwerte für den Anteil erneuerbarer Energien
Den Kern der Erneuerbare-Energien-Richtlinie (2009/28/EG) stellten die ver-bindlichen Zielwerte für den Anteil erneuerbarer Energien bis zum Jahr 2020 dar:

Jeder Mitgliedstaat sorgt dafür, dass sein [...] Anteil von Energie aus erneuerba-ren Quellen am Bruttoendenergieverbrauch im Jahr 2020 mindestens seinem natio-nalen Gesamtziel [...] gemäß [...] Anhang I Teil A entspricht (Art. 3 Abs. 1 RL 2009/28/EG).

Die in Anhang I genannten Zielwerte bezogen sich somit auf den sektorüber-greifenden Gesamtanteil erneuerbarer Energien. Dieser wurde länderspezifisch berechnet und reichte von 10 % für Malta bis 49 % für Schweden (Anhang I Teil A). Bei der Verteilung des EU-weiten 20 %-Ziels auf die einzelnen Mit-gliedstaaten flossen verschiedene Aspekte in die Berechnung ein, darunter die national verfügbaren natürlichen Ressourcen, das Bruttoinlandsprodukt sowie der bereits erfolgte EE-Ausbau (ErwG 15 RL 2009/28/EG).[36] Neben dem verbindli-chen Gesamtziel je Mitgliedstaat gab die Richtlinie zusätzlich ein verbindliches Ziel für den Transportsektor vor, welches für alle Mitgliedstaaten gleichermaßen galt:

---

[36] Die Zielwerte wurden derart berechnet, dass Mitgliedstaaten mit günstigen geografi-schen Voraussetzungen sowie entsprechenden ökonomischen Möglichkeiten (gemessen am BIP) vergleichsweise mehr leisten sollten, gleichzeitig aber auch „bisherige Anstrengun-gen der Mitgliedstaaten" beim EE-Ausbau positiv berücksichtigt wurden (ErwGr 15 RL 2009/28/EG).

Jeder Mitgliedstaat gewährleistet, dass sein Anteil von Energie aus erneuerbaren Quellen bei allen Verkehrsträgern im Jahr 2020 mindestens 10 % seines Endenergie-verbrauchs im Verkehrssektor entspricht (Art. 3 Abs. 4 RL 2009/28/EG).[37]

Im Vergleich zu den vorangegangenen Richtlinien im Strom- und Transportsektor, welche lediglich indikative Zielwerte enthielten, standen die Mitgliedstaaten nun deutlich mehr unter Druck, ihren Anteil erneuerbarer Energien auszubauen. Abgesehen von dem 10 %-Ziel im Transportsektor waren die Mitgliedstaaten jedoch frei darin, ihr Gesamtziel auf die unterschiedlichen Sektoren (Elektrizität, Kälte/Wärme, Transport) zu verteilen. Ausgehend von den verbindlichen Zielwerten bis 2020 wurde für jeden Mitgliedstaat ein indikativer Zielpfad berechnet, der den jährlichen Anteil erneuerbarer Energien sukzessive vorzeichnete (Anhang I Teil B RL 2009/28/EG).[38] Obgleich es sich hier im Gegensatz zu den o. g. Zielwerten bis 2020 nicht um verbindliche Ziele handelte, wurde dennoch in dem eigens hierfür formulierten Absatz deutlich, dass der Zielpfad nicht nur als lose Orientierung gedacht war, sondern nach Möglichkeit ebenfalls eingehalten werden sollte:

> Die Mitgliedstaaten treffen Maßnahmen, um effektiv zu gewährleisten, dass ihr Anteil von Energie aus erneuerbaren Quellen den im indikativen Zielpfad in Anhang I Teil B angegebenen Anteil erreicht oder übersteigt (Art. 3 Abs. 2 RL 2009/28/EG).

Insgesamt bildete der Anteil erneuerbarer Energien den zentralen Regulierungsge-genstand der Richtlinie. Beeinflussen lässt sich der Anteil erneuerbarer Energien grundsätzlich auf zweierlei Weise: durch die Erhöhung der zum Verbrauch ver-fügbaren Menge von Energie aus erneuerbaren Quellen (EE-Ausbau) und/oder durch die Senkung des Referenzwerts, d. h. der Menge der verbrauchten Ener-gie (Verbrauchssenkung). Beides waren grundsätzlich europäische Politikziele, wie im o. g. Erwägungsgrund angesprochen. Jedoch stand, wie in Art. 1 zum Gegenstand und Anwendungsbereich beschrieben, die Förderung von Energie aus erneuerbaren Quellen als primäres Ziel im Vordergrund. Ergänzend sollte als sekundäres Ziel eine Verbrauchssenkung angestrebt werden: „Um die in diesem Artikel aufgestellten Ziele *leichter erreichen* zu können, fördern die Mitgliedstaa-ten Energieeffizienz und Energieeinsparungen [Hervorh. VB]" (Art. 3 Abs. 1 RL

---

[37] Ebenso wie bei der EU-Biokraftstoffrichtlinie (2003/30/EG), wurde davon ausgegangen, dass Länder ohne ausreichende Eigenproduktion den notwendigen Anteil auf dem (europäi-schen) Markt würden einkaufen können, da Biokraftstoffe im Vergleich zu Strom einfacher grenzüberschreitend handelbar seien (Howes 2010).

[38] Das Europäische Parlament hatte versucht, auch diese Zwischenziele verbindlich zu machen, konnte sich damit jedoch nicht durchsetzen (EP 2008: 61).

2009/28/EG). Der Ausbau erneuerbarer Energien im Sinne neuer EE-Kapazitäten sollte entsprechend von einer generellen Senkung des Energieverbrauchs begleitet werden, letzteres war jedoch eine implizite Zielsetzung und keine verbindliche Vorgabe.[39]

Art. 4: Nationale Aktionspläne nach Vorgabe der Europäischen Kommission
Neben den verbindlichen nationalen Zielwerten stellten die in Art. 4 geregelten nationalen Aktionspläne (NA) ein weiteres zentrales Element der Erneuerbare-Energien-Richtlinie dar (Howes 2010: 144). Nationale Aktionspläne wurden bereits in den Schlussfolgerungen des Rates vom Frühjahrsgipfel 2007 als mögliche Maßnahme festgehalten (Rat 2007: 21). In der finalen Fassung der Richtlinie 2009/28/EG waren sie schließlich als verbindliche Vorgabe integriert worden: „Jeder Mitgliedstaat verabschiedet einen Aktionsplan für erneuerbare Energie" (Art. 4 Abs. 1). Der NA sollte dabei nach einem Muster der Europäischen Kommission angefertigt werden, welches sie im Nachgang zur Richtlinie vorlegen würde:

> Die Kommission legt bis zum 30. Juni 2009 ein Muster für die nationalen Aktionspläne für erneuerbare Energie fest. […] Die Mitgliedstaaten halten sich bei der Vorlage ihrer nationalen Aktionspläne für erneuerbare Energie an dieses Muster (Art. 4 Abs. 1).

Insofern bildete das von der Kommission erarbeitete Muster für nationale Aktionspläne eine wesentliche Ergänzung bzw. Konkretisierung der Richtlinienbestimmungen (EK 2009).[40] Gemäß dem knapp 30-seitigen Muster waren die Mitgliedstaaten dazu verpflichtet, u. a.:

- eine nationale Strategie für erneuerbare Energien zu formulieren,
- sektorspezifische Ziele und Zielpfade bis 2020 zu entwickeln,
- alle bestehenden sowie noch geplanten Strategien und Maßnahmen zur Förderung erneuerbarer Energien darzustellen, darunter Maßnahmen im Bereich der Verwaltungsverfahren und der Raumplanung, im Gebäudebereich und zum Netzausbau,
- das geplante Monitoring für die Einhaltung der Nachhaltigkeitskriterien für Biokraftstoffe zu skizzieren,

---

[39] Speziell zur Energieeffizienz wurde später die Richtlinie 2012/27/EU verabschiedet.
[40] In diesem Sinne konnte die Kommission noch im Anschluss an die finalisierte EU-Richtlinie weiteren Einfluss auf die Ausgestaltung mitgliedstaatlicher Energiepolitik nehmen.

• Prognosen über potenziell überschüssige Energie abzugeben bzw. den Bedarf an statistischen Transfers zu berechnen sowie die erwarteten Beiträge der einzelnen EE-Technologien zur Erreichung der nationalen Zielwerte in den einzelnen Sektoren anzugeben (EK 2009).

Das sehr umfangreiche und detaillierte Muster für nationale Aktionspläne stellte insofern eine institutionelle Modellvorgabe im Sinne Knills und Lehmkuhls (2000b) dar, als dass darin mehrere spezifische Regulierungsdimensionen vorgegeben wurden, welche von den Mitgliedstaaten für die Regulierung des Energie- bzw. Erneuerbare-Energien-Sektors übernommen werden sollten. Zunächst wurden die Mitgliedstaaten aufgefordert, eine nationale Strategie für erneuerbare Energien zu formulieren, d. h. Ziele zu konkretisierten und grundlegende Ansätze zu beschreiben (EK 2009: 35). Anschließend sollten nationale Zielwerte für den EE-Sektor definiert werden: Neben den verbindlichen nationalen Zielwerten bis 2020, die aus der EU-Richtlinie bereits hervorgingen, wurden die Mitgliedstaaten dazu angehalten, auch sektorspezifische Ziele und Zielpfade zu entwickeln, für den Stromsektor, den Kälte-/Wärmebereich sowie den Transportsektor (EK 2009: 39–40). Neben der Zielsetzung mussten auch die entsprechenden Maßnahmen konkretisiert werden. Dazu sollten die Mitgliedstaaten einen „Überblick über sämtliche Strategien und Maßnahmen zur Förderung der Nutzung von Energie aus erneuerbaren Quellen" geben, wobei die Art der Maßnahme, das erwartete Ergebnis, die Zielgruppe und der Zeitraum abgefragt wurden, ebenso sollten die Mitgliedstaaten angeben, ob die Maßnahme bereits existierte oder noch geplant war (EK 2009: 44). Neben den genannten Förderinstrumenten mussten auch Maßnahmen speziell in Bezug auf Artt. 13 und 16 der Richtlinie 2009/28/EG skizziert werden. Die Mitgliedstaaten sollten hierfür zunächst die bereits geltenden Verfahren bei der Genehmigung von EE-Anlagen, ebenso für den entsprechenden Infrastrukturausbau, beschreiben und anschließend die geplanten Maßnahmen darstellen, die zur Vereinfachung der Verfahren geplant waren (EK 2009: 44–45). Abschließend sollten die Mitgliedstaaten eine zentrale Stelle angeben, die für die Überwachung und Weiterentwicklung des Aktionsplans zuständig sein würde und Angaben über ein nationales Monitoringsystem machen (EK 2009: 62).

Diese Vorgaben spiegeln formal und inhaltlich einen *aktiven* wie *legalistischen* Regulierungsstil wider: Vom Staat wurde ein aktiver Eingriff in den Energiesektor verlangt, um diesen in eine bestimmte Richtung umzuformen. Über die Anweisung, Strategien und Ziele für den EE-Sektor konkret auszuformulieren, inklusive einer Quantifizierung sektoraler Zielwerte, wurde dies um eine legalistische Komponente ergänzt – der NA wurde dabei als Grundlage für die Regulierung des EE- bzw. Energiesektors zu einem rechtsähnlichen Dokument. Eine derartige aktive und legalistische Steuerung des Energiesektors verlangte zusätzlich nach *zentralisierten* und *konzentrierten* Strukturen, was den Mitgliedstaaten explizit durch die Benennung einer zentralen Stelle zur Überwachung und Weiterentwicklung des NA vorgegeben wurde.[41]

Artt. 6 bis 11: Europäische und internationale Kooperation
Die Kooperationsmechanismen, die auf Vorschlag Deutschlands, des Vereinigten Königreichs und Polens in die Richtlinie aufgenommen worden waren, ermöglichten statistische Transfers (Art. 6), gemeinsame Projekte (Artt. 7–8) und gemeinsame Förderregelungen (Art. 11) unter den Mitgliedstaaten. Diese rein freiwilligen Mechanismen waren aber keine Voraussetzung für Compliance. Gleiches gilt für gemeinsame Projekte mit Drittländern (Artt. 9–10), wobei u. a. geregelt wurde, inwiefern gemeinsame Projekte in die nationale Zielerreichung einberechnet werden durften. Derartige Kooperation war jedoch rein optional.

Artt. 13 und 16: Reformen im Bereich Verwaltungsverfahren, Gebäude und Netze
Zusätzlich zu den verbindlichen Zielwerten und den nationalen Aktionsplänen sollte der EE-Ausbau durch die Beseitigung bestehender Hemmnisse unterstützt werden, zu denen insbesondere langwierige Verwaltungsverfahren gehörten (Howes 2010: 136). Aus Art. 13 ergab sich für die Mitgliedstaaten die Verpflichtung, bestehende Verwaltungsverfahren zur Genehmigung von neuen EE-Anlagen sowie der verbundenen Netzinfrastruktur zu überprüfen und ggf. zu reformieren. Dabei hatten die Mitgliedstaaten nach Art. 13 Abs. 1 lit. a-f sicherzustellen, dass:

- Verwaltungsverfahren vereinfacht und beschleunigt werden,
- die Zuständigkeiten der lokalen, regionalen und nationalen Verwaltungsstellen eindeutig definiert und koordiniert sind,
- die Verfahren transparent und Informationen dazu gut zugänglich sind,
- für die Verwaltungsentscheidungen klare Zeitvorgaben bestehen.

Des Weiteren war laut Art. 13 Abs. 4 das Baurecht bzw. die Regulierung im Gebäudebereich derart anzupassen, dass sich der Anteil erneuerbarer Energien im Gebäudebereich erhöhen würde. Speziell sollten die Mitgliedstaaten bis spätestens 31.12.2014 in ihren entsprechenden Regulierungen vorschreiben, dass in neuen und renovierten Gebäuden ein Mindestmaß erneuerbarer Energien genutzt

---

[41] Insofern spiegelt sich hier auch ein genereller Effekt der Europäisierung auf nationalstaatliche (administrative) Strukturen wider, der vor allem aus intergouvernementalistischer Sicht schon länger diskutiert wird: Die Stärkung des (Zentral-)Staates (Börzel 2000a; Moravcsik 1994).

werden müsse. Nach Art. 16 sollten die Mitgliedstaaten außerdem den nötigen Netzausbau sicherstellen, damit Energie aus erneuerbaren Quellen vollständig vom Netz aufgenommen und genutzt werden würde. Netzinfrastrukturprojekte müssten dabei in angemessener Zeit umgesetzt werden können (Art. 16 Abs. 1). Die bereits in Richtlinie 2001/77/EG enthaltene Regelung, einen garantierten Netzzugang für EE-Strom zu gewährleisten, wurde erneut aufgenommen, diesmal mit der Weisung, „einen vorrangigen Netzzugang oder einen garantierten Netzzugang" einzurichten (Art. 16 Abs. 2 lit. b). Gegenüber der Richtlinie von 2001 wurde die Option des vorrangigen Netzzugangs vorangestellt und damit indirekt priorisiert.[42] Dennoch blieb es für die Mitgliedstaaten rein rechtlich gesehen optional, neben einem garantierten Netzzugang auch eine Vorrangregelung zu treffen. Die spezifischen Rechtsakte, mit denen die Mitgliedstaaten diese Vorgaben in nationales Recht umsetzen würden, sollten innerhalb der nationalen Aktionspläne aufgeführt werden (Art. 22 Abs. 1 lit. E RL 2009/28/EG).

Art. 15: Herkunftsnachweise
Die Herkunftsnachweise wurden bereits mit der Richtlinie 2001/77/EG eingeführt und dienten dem Nachweis, dass Elektrizität, Kälte und Wärme tatsächlich aus erneuerbaren Energiequellen stammten (Art. 15 RL 2009/28/EG). Die Herkunftsnachweise dienten somit primär der Information (Art. 15 Abs. 1). Dabei gab es eine Kopplung mit Art. 3 Abs. 6 der Richtlinie 2003/54/EG zum Elektrizitätsbinnenmarkt, wonach Energieversorger ggü. Verbrauchern den jeweiligen Energiemix kenntlich machen mussten. Auch im Rahmen der Richtlinie von 2009 blieb es dabei, dass die Herkunftsnachweise lediglich zur Zertifizierung erneuerbarer Energie genutzt wurden. Die Mitgliedstaaten hatten hierfür eine unabhängige Stelle zu benennen, welche die Ausstellung der Herkunftsnachweise überwachen sollte (Art. 15 Abs. 4 RL 2009/28/EG).

Art. 17: Nachhaltigkeitskriterien für Biokraftstoffe
Mit den Nachhaltigkeitskriterien strebte die EU einen Kompromiss zwischen dringend benötigten Alternativen zu fossilen Kraftstoffen einerseits und Kontroversen um den Effekt von Biokraftstoffen andererseits an (Howes 2010: 141). Als mögliche Nachteile von Biokraftstoffen wurden vor allem die fragliche Einsparung von Treibhausgasen, der mögliche Rückgang von Biodiversität sowie die mit der

---

[42] Ursprünglich wollte die Kommission beim Netzzugang einen Vorrang für erneuerbare Energien einrichten (EK 2008c: 31), was auch vom Europäischen Parlament unterstützt wurde (EP 2008: 102–103), jedoch am Rat scheiterte, vor allem an den Bedenken des Vereinigten Königreichs, wie im vorangegangenen Teil zum europäischen Gesetzgebungsprozess bereits thematisiert wurde.

Lebensmittelherstellung konkurrierende Landnutzung und ihre Auswirkung auf die Lebensmittelpreise diskutiert (Howes 2010: 140). Die Nachhaltigkeitskriterien aus Art. 17 sollten die genannten Risiken eindämmen und bezogen sich entsprechend auf (1) Treibhausgasemissionen, (2) Landnutzung und (3) landwirtschaftliche wie ökologische Praktiken (Vedder et al. 2016: 328). Es war den Mitgliedstaaten im Rahmen der Richtlinie allerdings nicht gestattet, ergänzende Nachhaltigkeitskriterien festzulegen oder Biokraftstoffe aus Nachhaltigkeitsgründen generell abzulehnen (Vedder et al. 2016: 328). Durch Art. 19 wurden die Mitgliedstaaten verpflichtet, die Einhaltung der Nachhaltigkeitskriterien durch die Wirtschaftsteilnehmer sicherzustellen, allerdings ohne dies weiter zu konkretisieren. Zugleich wurde in Art. 17 ein europäisches System anvisiert, bei dem nach Möglichkeit „bilaterale oder multilaterale Übereinkünfte mit Drittländern" geschlossen werden sollten (Art. 17. Abs. 4 RL 2009/28/EG), welche sodann als Ersatz für weiteres Monitoring gelten würden:

> [...] So kann die Kommission beschließen, dass diese Übereinkünfte als Nachweis dafür herangezogen werden dürfen, dass Biokraftstoffe [...] aus in diesen Ländern angebauten Rohstoffen [...] mit den besagten Nachhaltigkeitskriterien übereinstimmen (Art. 17 Abs. 4 RL 2009/28/EG).

Artt. 22, 27: Fristen und Berichterstattung

Neben den genannten Maßgaben wurden in der Richtlinie 2009/28/EG auch Berichterstattungspflichten aufgeführt. Die Mitgliedstaaten wurden nach Art. 22 verpflichtet, der Europäischen Kommission bis zum 31.12.2011 und ab dann alle zwei Jahre einen Bericht über ihre Fortschritte beim Ausbau erneuerbarer Energien vorzulegen. Hierbei sollten insbesondere die sektorspezifischen Anteile erneuerbarer Energien, die national ergriffenen Fördermaßnahmen sowie begleitende Maßnahmen zur Vereinfachung von Genehmigungsverfahren u. ä. übermittelt werden. Als Umsetzungsfrist wurde in Art. 27 der 05.12.2010 angesetzt. Für die nationalen Aktionspläne lag die Frist laut Art. 4 zum 30.06.2010.

Resümee

Ausgehend von der Fragestellung und theoretischen Fundierung dieser Arbeit ist mit Blick auf die EU-Richtlinie von besonderer Bedeutung, (a) welche *substanziellen* sowie (expliziten und impliziten) *institutionellen* Vorgaben enthalten waren (Knill und Lehmkuhl 2000b) und (b) inwiefern diese Vorgaben *verpflichtend* waren, d. h. ihre Nichterfüllung Non-Compliance bedeutet hätte.

Tab. 5.2 Zentrale Inhalte der Erneuerbare-Energien-Richtlinie

Zielwerte	Nationale Aktionspläne (NA)	Verwaltungsverfahren
– verbindliche nationale Zielwerte für den Gesamtanteil erneuerbarer Energien – verbindliches sektorales Ziel für den Transportsektor (für alle Mitgliedstaaten 10 %) – indikativer Zielpfad	– Formulierung einer nationalen EE-Strategie – Planung des EE-Sektors mittels (indikativer) sektoraler Zielwerte – Planung und Reformierung bzw. Neueinführung von Förderinstrumenten für erneuerbare Energien	– Optimierung von Verwaltungsverfahren im Zusammenhang mit dem EE-Ausbau (speziell Genehmigungsverfahren für EE-Anlagen) – Reformen im Zusammenhang mit dem Netzausbau – Reformen im Bereich der Gebäuderegulierung bzw. des Baurechts
Art. 3 i. V. m. Anhang I	Art. 4 i. V. m. EK (2009)	Artt. 13, 16

Eigene Darstellung mit Verweis auf RL 2009/28/EG.

Wie in Tab. 5.2 abgebildet, gab es drei zentrale Elemente bzw. Instrumente für den Ausbau erneuerbarer Energien, die EU-seitig vorgegeben wurden: verbindliche Zielwerte, eine Planung des EE-Sektors nach dem verbindlichen Muster für nationale Aktionspläne sowie administrative Reformen, welche die Rahmenbedingungen für den EE-Ausbau optimieren sollten. Mit den europäischen Vorgaben wurde eine bestimmte Herangehensweise an die Regulierung des EE-Sektors vorausgesetzt, welche besonders deutlich anhand des verbindlichen Musters für die Anfertigung nationaler Aktionspläne erkennbar war (EK 2009). Mit Blick auf die in Abschnitt 3.1 besprochenen Regulierungsdimensionen wurden durch die EU-Policy insbesondere die Ausgestaltung regulativer Intervention sowie der Umgang mit Recht vorgegeben. Damit gingen ebenfalls bestimmte Regulierungsstrukturen einher. Der Ausbau erneuerbarer Energien bzw. der Anteil erneuerbarer Energiequellen am Verbrauch sollte *aktiv* vom (Zentral-)Staat gesteuert werden, mit dem Anspruch einer *umfassenden* Planung, sowohl bei der Konzipierung von Förderpolicies als auch bei der flankierenden Regulierung verbundener Bereiche (Verwaltungsverfahren, Baurecht usw.).

Mit Blick auf unterschiedliche Rechtstraditionen gab die EU-Policy eine *legalistische* Richtung vor. Dies zeigte sich an der umfangreichen und detaillierten Ausgestaltung des Musters für nationale Aktionspläne, aber auch an den geforderten administrativen Reformen. Diese zielten auf eine detaillierte rechtliche Regelung von Verfahrensabläufen und Zuständigkeiten sowie die Spezifizierung von materiellen Vorgaben ab. Wenig überraschend hatte im Laufe des europäischen Gesetzgebungsprozesses das Vereinigte Königreich, nach van Waarden (1995) ein Land mit pragmatischem nationalen Regulierungsstil, eine EU-rechtliche Regelung nationaler administrativer Prozesse abgelehnt (Abschnitt 5.2.1). Obwohl die EU-Policy inhaltlich, aufgrund der angestrebten Vereinfachung und Beschleunigung von Verwaltungsverfahren, durchaus mit den Prinzipien eines pragmatischen Regulierungsstils harmonierte, war sie als Modellvorgabe für die mitgliedstaatliche Regulierung, d. h. in Bezug auf das Wie der Regulierung, legalistischer Natur.

Ausgehend von den EU-Vorgaben wäre somit zunächst ein staatlich geprägter bzw. *etatistischer, aktiver, umfassender* und *legalistischer Regulierungsstil* besonders vorteilhaft, bei dem die Entwicklung des Energiesektors[43] *top-down* vorgegeben wird. Eine derartige (zentral-)staatliche Steuerung würde entsprechende *zentralisierte* und *konzentrierte Regulierungsstrukturen* erfordern. Dies entspräche vor allem der französischen Tradition staatlicher *Planification*, welche u. a. auch im Energiesektor vorzufinden ist (Beckmann 2008: 126). Das Verhältnis von Staat und Gesellschaft wurde hinsichtlich der Rolle des Staates bei der Regulierung vorgegeben, nicht jedoch der Rolle gesellschaftlicher Akteure – in der Frage, wie konsensual sich die Regulierung des EE-Sektors idealerweise gestalten oder inwiefern gesellschaftliche Interessengruppen politikgestaltend teilhaben sollten, ging aus dem Richtlinienmodell keine klare Tendenz hervor. Allerdings impliziert die Erneuerbare-Energien-Richtlinie als Teil des europäischen energiepolitischen Regelwerks, d. h. unter Berücksichtigung der Liberalisierung des europäischen Energiebinnenmarktes, die Annahme dynamischer, privatisierter Wirtschaftsstrukturen.[44] Folglich musste ein Ausbau erneuerbarer Energien unter Beibehaltung des liberalen Kurses auf der Mitwirkung der Wirtschaftsteilnehmer aufbauen, vor allem der Energiewirtschaft sowie den Energieverbrauchern, aber auch der Industrie (via der Weiterentwicklung und Produktion von EE-Technologien). Anders ausgedrückt, konnte der Staat das gewünschte Outcome unter den gegebenen Bedingungen nicht vollständig eigenmächtig realisieren:

---

[43] Zwar bezog sich der regulatorische Anspruch de jure lediglich auf erneuerbare Energien, doch der Anspruch eines veränderten Energiemix bedeutete de facto auch Veränderungen, welche (bereits rein rechnerisch) zulasten anderer Energiequellen gehen mussten.

[44] Für eine Diskussion möglicher Zielkonflikte zwischen der Schaffung eines Energiebinnenmarktes einerseits und dem Ausbau erneuerbarer Energien andererseits siehe Meyer (2007) sowie Rusche (2015).

[...] [I]mplementation of energy policy typifies a move away from 'government' and towards 'governance' where the boundaries of the public and private sectors have become blurred, as have national and international boundaries (Mander 2007: 60).

In einem *korporatistischen* Setting, d. h. im Zusammenspiel von Staat und etablierten gesellschaftlichen Interessengruppen, wäre die aktive Ausgestaltung eines umfassenden Erneuerbare-Energien-Plans ebenfalls möglich. Ein wichtiger Vorteil wäre hierbei die mit einer gemeinsamen Entscheidungsfindung idealerweise einhergehende Kooperation gesellschaftlicher Akteure bei der anschließenden praktischen Umsetzung. Im Sinne einer dynamischen Entwicklung liberalisierter Energiemärkte wäre ein funktionierendes korporatistisches Arrangement daher dem Etatismus insgesamt vorzuziehen. Dagegen stehen liberal-pluralistische Systeme grundsätzlich im Gegensatz zu den Vorgaben der EU-Policy, da hier in erster Linie (rein) marktbasierte Lösungen bzw. die gesellschaftliche Selbstregulierung bevorzugt werden (van Waarden 1995: 335–336). Eine wie auch immer geartete staatliche *top-down*-Vorgabe wäre im Kontext eines solchen Regulierungsstils nur schwer integrierbar.[45] Während also sowohl ein etatistisches als auch ein korporatistisches Arrangement für die nationale Umsetzung der EU-Richtlinie grundsätzlich in Frage kommen, erscheint gerade in Bezug auf die praktische Umsetzung ein korporatistisches Arrangement günstiger. Auch hier bilden konzentrierte und zentralisierte Regulierungsstrukturen die organisatorische Grundlage für Verhandlungen auf höchster Ebene, zwischen politischen und gesellschaftlichen Spitzen. Mit Bezug auf die Formalität der Netzwerkbeziehungen geht aus der Erneuerbare-Energien-Richtlinie keine Vorgabe hervor. Für die Umsetzung der EU-Vorgaben könnte es beispielsweise bereits ausreichen, innerhalb von informellen Systemen einige wenige Akteure intensiv einzubeziehen. Genauso wäre jedoch ein formeller, universalistischer Ansatz möglich. Beide Varianten sind grundsätzlich mit der Richtlinie kompatibel, sodass im weiteren Verlauf vor allem das oben diskutierte grundsätzliche Verhältnis von Staat und Gesellschaft betrachtet wird und auf die Formalität der Interaktionen nur eingegangen wird, sofern dies fallspezifisch von besonderer Bedeutung war.

Insgesamt entspricht die Erneuerbare-Energien-Richtlinie somit einem *korporatistischen* bis *etatistischen, aktiven, umfassenden* und *legalistischen* Regulierungsstil, in Verbindung mit *zentralisierten* und *konzentrierten* Regulierungsstrukturen. In diesem Sinne wären mitgliedstaatliche institutionelle Arrangements, die

---

[45] Insofern wäre es bereits innerhalb der EU-Policy zu einem Konflikt der Regulierungsstile gekommen, wenn das marktliberal geprägte, pragmatische Modell des Handels mit Herkunftsnachweisen durchgesetzt worden wäre.

dieser Art der Regulierung entsprechen, für die Implementation der Erneuerbare-Energien-Richtlinie besonders geeignet. Abweichende institutionelle Arrangements würden dagegen gemäß dem Modell der Europäisierungsmechanismen (Knill und Lehmkuhl 2000b, 2002, 2004) eine Hürde für die mitgliedstaatliche Implementation der EU-Richtlinie darstellen.

Erhebung nationaler institutioneller Arrangements und Interessenkonstellationen im Vorfeld der EU-Richtlinie

Laut Modell der Europäisierungsmechanismen (Knill und Lehmkuhl 2000b, 2002, 2004) ist für die mitgliedstaatliche Implementation einer EU-Policy ausschlaggebend, inwieweit diese kompatibel ist mit (1) bestehenden nationalen institutionellen Arrangements und (2) bestehenden nationalen Interessenkonstellationen. Im vorangegangenen Kapitel 5 wurde beschrieben, welche übergreifende Zielsetzung mit der europäischen Erneuerbare-Energie-Richtlinie verfolgt und welche zentralen inhaltlichen Maßgaben darin verankert wurden. Ebenso wurde identifiziert, welche institutionellen Arrangements, d. h. welcher Regulierungsstil bzw. welche Regulierungsstrukturen, in der Richtlinie zum Ausdruck kamen. In diesem Kapitel richtet sich der Blick nun auf die mitgliedstaatliche Ebene. Es erfolgt eine Erhebung der x-Variablen ‚Institutionen' und ‚Interessen', d. h. des nationalen Status quo ante, gemäß der in Kapitel 4 diskutierten Operationalisierung und Messung. Dabei wird je Mitgliedstaat die Förderhistorie erneuerbarer Energien nachgezeichnet – wann die Förderung erneuerbarer Energien auf nationaler Ebene begann, welche zentralen Policies im Verlauf beschlossen wurden und wie sich der Ausbau erneuerbarer Energien insgesamt gestaltete. Ein besonderes Augenmerk liegt dabei auf dem Regulierungsstil und den Regulierungsstrukturen, welche sich in der Energiepolitik der Mitgliedstaaten manifestierten. Ebenso werden die wichtigsten Akteure im energiepolitischen Policy-Netzwerk beleuchtet, ihre Positionen sowie grundsätzliche Konfliktlinien dargestellt. Im Anschluss folgt die Gegenüberstellung und Bewertung der jeweiligen institutionellen Arrangements sowie der Interessenkonstellationen im Bereich der Energie- bzw. Erneuerbare-Energien-Politik, speziell mit Blick auf ihre Kompatibilität mit den EU-Vorgaben (Abb. 6.1). Ausgehend von den erhobenen Kompatibilitätsmustern werden abschließend die theoretisch erwarteten Compliance-Muster formuliert.

© Der/die Autor(en), exklusiv lizenziert an Springer Fachmedien Wiesbaden GmbH, ein Teil von Springer Nature 2022
V. Brendler, *Die Implementation europäischer Erneuerbare–Energien–Politik*, Forschungen zur Europäischen Integration, https://doi.org/10.1007/978-3-658-37531-7_6

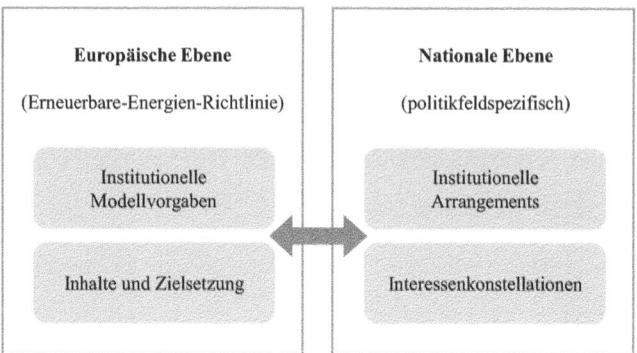

Abb. 6.1 Erhebung mitgliedstaatlicher Kompatibilitätsmuster. Eigene Darstellung

6.1   Deutschland

Die deutsche Förderhistorie fußte auf einem breiten soziopolitischen Bündnis für den Ausbau erneuerbarer Energien, wobei von Beginn an auf Einspeisetarife gesetzt wurde. Die deutsche Förderregelung entwickelte sich bald zum Erfolgsmodell und die EE-Branche zu einer volkswirtschaftlich relevanten Größe – Widerstände seitens der konventionellen Energiewirtschaft sowie der Industrie vermochten eine Weiterförderung nicht zu kippen. Im Bereich der Biokraftstoffe waren es insbesondere landwirtschaftliche Interessen und die Verbindung zur CDU/CSU, die eine Förderung sowie den Ausbau von Biodiesel begünstigten. Insgesamt waren für die Entwicklung erneuerbarer Energien in Deutschland ein starkes gesellschaftliches Engagement, ein breiter Parteienkonsens zugunsten der EE-Förderung sowie die Verknüpfung von ökologischen und ökonomischen Zielen prägend.

6.1.1   Förderhistorie

1970er bis 1980er Jahre: Erste Umbrüche und neue Energieperspektiven
Das Fundament des deutschen Energiesektors wurde in den 1950er und 1960er Jahren mit der Subventionierung der Steinkohle und einem aktiven Ausbau der Atomwirtschaft gelegt (Illing 2012: 100; Reiche und Bechberger 2005: 30). Gemäß der Wachstumspolitik der Nachkriegszeit sollte eine angebotsorientierte

Energiepolitik den Weg für die wirtschaftliche Entfaltung des Landes ebnen (Corbach 2006: 86; Illing 2012: 100). In den 1970er Jahren läuteten sodann, wie auch in anderen Ländern, die Ölkrisen einen ersten energiepolitischen Umbruch ein: Die Bundesregierung startete 1977 ein Energieforschungsprogramm, wobei erstmalig auch der Gedanke der Energieeffizienz sowie das Potenzial erneuerbarer Energien Beachtung fanden (BMWi 2019). Das Scheitern einiger großangelegter Forschungsprojekte im Bereich der Windenergie stützte jedoch alsbald die Vermutung, erneuerbare Energieprojekte seien keine geeignete Alternative zu einer zentralisierten fossil-nuklearen Energieversorgung – bezeichnend war dabei, dass Akteure der etablierten Energiewirtschaft „mit der Untersuchung der eigenen Überzeugungen beauftragt" wurden (Brand-Schock 2010: 101; siehe auch Mautz et al. 2008: 50–51). Somit blieb „trotz eines gewissen Umlenkens der Budgets" der Status quo weitgehend erhalten (Brand-Schock 2010: 101). Gleichzeitig bestand bereits in dieser frühen Phase ein großes gesellschaftliches Potenzial und Interesse, erneuerbare Energien auszubauen: „[...] [T]here was a broad range of people just waiting to play an active role in developing the new technologies – as researchers, farmers, technicians, entrepreneurs, customers etc." (Jacobsson und Lauber 2006: 271). Zudem entstand Mitte der 1970er Jahre eine Anti-AKW-Bewegung, welche immer mehr Zuspruch fand und den bisherigen Atomkonsens unter den Parteien in Frage stellte (Corbach 2005, 2006; Reiche 2004: 49–50).[1] Aus der Anti-AKW-Bewegung folgte 1980 die Gründung einer grünen Partei, die wenig später den Einzug in den Bundestag schaffte.[2] Als sich 1986 schließlich der Reaktorunfall von Tschernobyl ereignete, entschloss sich auch die SPD, für einen Atomausstieg zu plädieren (Corbach 2005: 103–105; Knollmann 2018: 257). Neben der Ökologiebewegung, die „vom bloßen Protest zur eigenständigen Umgestaltung der gesellschaftlichen Verhältnisse überging" (Mautz et al. 2008: 40), prägten auch ökonomische Beweggründe die Genese der deutschen EE-Förderung. Bereits in den 1980er Jahren formierten sich beispielsweise Verbände für Windenergie[3] – hauptsächlich aus den Reihen norddeutscher Landwirte,

---

[1] Zu den Anfängen der deutschen Atomenergiepolitik sowie den damit verbundenen gesellschaftlichen Konflikten, siehe Kitschelt (1980).

[2] Während die deutschen Grünen schon 1983 in den Bundestag einzogen, gelang den französischen Grünen ein Einzug in die Nationalversammlung erst über zehn Jahre später, im Jahr 1997 (Abschnitt 6.2). Die deutschen Grünen konnten damit relativ früh ihr Ziel einer ökologischen Energiewende in die politischen Institutionen einbringen (Brand-Schock 2010: 104; Weidner und Mez 2008: 358–359).

[3] Auch im Solarenergiebereich bildeten sich in den 1970er und 1980er Jahren einige Verbände heraus, die für die weitere Entwicklung erneuerbarer Energien zu wichtigen Fürsprechern wurden (Jacobsson und Lauber 2006: 263).

die sahen, dass ihre dänischen Kollegen mit Windenergieanlagen gute Verdienste machten (Brand-Schock 2010: 101; Suck 2008: 111–118). In Deutschland war es für Erzeuger von EE-Strom hingegen noch schwierig, sich gegenüber den großen Versorgungsunternehmen durchzusetzen und angemessene Einspeisevergütungen zu verhandeln (Bechberger 2000: 4; Wüstenhagen und Bilharz 2006: 1687). Norddeutsche CDU-Abgeordnete[4] nahmen sich des Themas an und starteten 1988 eine Abgeordneteninitiative zur Einspeisevergütung. Obgleich diese vorerst scheiterte, zeichnete sich damit eine mögliche Symbiose ökologischer und ökonomischer Argumente für den Ausbau erneuerbarer Energien ab (Brand-Schock 2010: 104–110). Noch deutlicher als im Strombereich prägten ökonomische Motive der Agrarwirtschaft die beginnende Biokraftstoffentwicklung. Angesichts eines Produktionsüberschusses landwirtschaftlicher Produkte versprach der Anbau von Energiepflanzen neue Absatzmöglichkeiten (Beneking 2011: 50–51). Hinzukam, dass Erzeuger von Biokraftstoffen in Ermangelung einer steuerrechtlichen Regulierung von einer de facto Steuerbefreiung profitierten. Vor diesem Hintergrund entstand bereits im Laufe der 1980er und frühen 1990er Jahre eine deutsche Biodieselbranche (Beneking 2011: 55; Bockey 2006: 10; Brand-Schock 2010: 284).

Frühe 1990er Jahre: Etablierung von Einspeisetarifen als Fördermodell
Eine gesetzliche Regelung zur gezielten Förderung erneuerbarer Energien lehnte insbesondere das FDP-geführte Wirtschaftsministerium ab, welches Beihilfen zur Markteinführung generell verneinte (Hirschl 2008: 187; Jacobsson und Lauber 2006: 264). Alternativ begann das CDU-geführte Forschungsministerium ab 1986, Forschungs- und Demonstrationsprojekte für erneuerbare Energien aufzusetzen (Bechberger 2000: 4–5; Brand-Schock 2010: 108).[5] Ein Gesetz zur Einspeisung von Strom war dabei weiterhin im Gespräch: Die ursprüngliche Initiative der Unionsabgeordneten wurde 1989 von den Grünen wiederaufgenommen und im Rahmen einer fraktionsübergreifenden Zusammenarbeit verfolgt (Brand-Schock 2010: 112–113; Gan et al. 2007: 147). Das Wirtschaftsministerium bemühte sich indes um eine Gegenlösung – auf korporatistischem Wege sollte eine Einigung zwischen den Energieversorgern und unabhängigen Produzenten formuliert werden; nachdem dies jedoch nicht gelang, wurde 1990 das

---

[4] Es handelte sich dabei um Erich Maaß und Peter Harry Carstensen aus Niedersachen bzw. Schleswig-Holstein (genauer bei Brand-Schock 2010: 104–110).

[5] Hieraus entstanden u. a. 1989 das 100 MW-Förderprogramm für Windenergie sowie 1990 das Bund-Länder-1000-Dächer-Photovoltaik-Programm (Hoffmann 2008; Reiche 2004: 161–163).

Stromeinspeisungsgesetz (StrEG) und damit das erste deutsche Fördergesetz verabschiedet (Brand-Schock 2010: 113–114; Dagger 2009: 44; Hazrat 2016: 124).
Nun bestand eine bundesweit einheitliche Regelung für die Einspeisung und Vergütung von EE-Strom, unter der Energieversorger erstmals verpflichtet waren,
einen Mindestpreis für EE-Strom zu zahlen (Gan et al. 2007: 147). Deutschland gehörte damit EU-weit zu den ersten Ländern, die spezifische Policies zur
Förderung von EE-Strom eingeführt hatten (Kitzing et al. 2012: 193). Mit dem
Instrument des StrEG griff der Staat aktiv in den Markt ein, um den Ausbau
erneuerbarer Energien zu steuern. Die garantierten Einspeisetarife ermöglichten
eine wirtschaftlich profitable EE-Erzeugung und ebneten damit neuen Technologien den Weg, sich langfristig am Markt zu behaupten. Neben den ökonomischen
Chancen, die sich für unabhängige EE-Erzeuger nun boten, markierte das StrEG
im Übrigen auch einen strukturellen Wandel in der EE-Erzeugung: Nachdem
der großtechnische *top-down*-Ausbau der Windenergie gescheitert war, hatte sich
Deutschland nun zum *bottom-up*-Ansatz hin orientiert, d. h. einer dezentralen
Erzeugung durch unabhängige Produzenten (Mautz et al. 2008: 54). Dieser
um 1990 vollzogene strukturelle Wechsel scheint rückblickend im Vergleich
zu einigen der anderen untersuchten Mitgliedstaaten ein wichtiger Erfolgsfak-
tor beim EE-Ausbau gewesen zu sein (vgl. z. B. Abschnitt 6.3 zum Vereinigten
Königreich).

Auf Basis des Stromeinspeisungsgesetzes (StrEG) nahmen die EE-Kapazitäten
vor allem im Bereich der Windenergie deutlich zu, welche in der ersten Hälfte
der 1990er Jahre einen regelrechten Boom verzeichnete. Deutsche Unternehmen hatten schnell reagiert, sich das nötige technische Know-how angeeignet
und zugleich ihre Branchenverbände und deren Lobbyarbeit professionalisiert
(Brand-Schock 2010: 118; Jacobsson und Lauber 2006: 264–265; Wüstenhagen
und Bilharz 2006: 1688–1689). Während der wirtschaftliche Erfolg der jungen
EE-Branche das volkswirtschaftliche Potenzial einer EE-Förderung illustrierte,
versuchte die etablierte Energiewirtschaft, das StrEG rechtlich zu kippen, wobei
sie sich auch europäischer Instanzen bediente (Reiche und Bechberger 2006: 203;
Vogelpohl et al. 2017: 49). Die 1998 eingereichte Klage *PreussenElektra AG v
Schleswag AG*, welche vom Europäischen Gerichtshof (EuGH) mit Urteil vom
13.03.2001[6] entschieden wurde, bekräftigte jedoch das StrEG und widerlegte den
Vorwurf unzulässiger staatlicher Beihilfen.[7]

---

[6] Urteil des Gerichtshofes vom 13.03.2001 in der Rechtssache C-379/98 (*PreussenElektra
AG v Schleswag AG*), I-2159.

[7] Der Klage war auch die Europäische Kommission beigetreten, welche die deutschen Einspeisetarife im Kontext der Energiemarktliberalisierung für unzulässig hielt (Lauber und
Toke 2005).

Abgesehen vom StrEG gab es Anfang der 1990er Jahre eine weitere Entwicklung, die sich speziell auf die Biokraftstoffbranche positiv auswirkte. Vor dem Hintergrund einer landwirtschaftlichen Überproduktion vollzog die Europäische Union Anfang 1992 eine Reform ihrer Gemeinsamen Agrarpolitik (GAP) und kürzte dabei bisherige Agrarsubventionen (EK 1993). Die EU-Reform sah vor, dass Landwirte Ausgleichszahlungen erhalten sollten, sofern sie einen Teil ihrer Flächen stilllegten. Auf diesen Stilllegungsflächen war zwar keine Produktion von Nahrungs- oder Futtermitteln möglich, doch nachwachsende Rohstoffe bzw. „non-food crops", z. B. Raps für Biodiesel, konnten hier angebaut werden (EK 1993). Die Regelung über Stilllegungsflächen war dabei auch Teil des 1992 vereinbarten Blair-House-Abkommens mit den USA (Beneking 2011: 52; Bockey 2006: 10; Vogelpohl 2018). Landwirte begannen folglich im Rahmen veränderter ökonomischer Anreize, alternative Produkte und Absatzmöglichkeiten zu erschließen. Für die Vermarktung des (landwirtschaftlich) erzeugten Biodiesels schuf wiederum die Automobilindustrie eine wesentliche Grundvoraussetzung, indem sie entsprechende Freigaben für ihre Fahrzeuge erteilte und sich auch darüber hinaus kooperativ gegenüber einer Kraftstoffweiterentwicklung zeigte (Beneking 2011: 53; Bockey 2006: 10; Bomb et al. 2007: 2264).[8]

Späte 1990er bis frühe 2000er Jahre: Ökologische Modernisierung unter rot-grüner Regierung

Mit der europäischen Liberalisierung der Energiemärkte, welche Mitte der 1990er Jahre einsetzte, geriet das deutsche Förderinstrument ins Wanken: Aufgrund des allgemein sinkenden Preisniveaus war die Vergütung nach StrEG, welche am durchschnittlichen Strompreis bemessen war, nicht mehr ausreichend, um die Wirtschaftlichkeit der Stromerzeugung aus erneuerbaren Energiequellen zu gewährleisten (Bechberger 2000: 9; Brand-Schock 2010: 120; zu den Effekten der Liberalisierung auf die Marktstrukturen des Energiesektors siehe Wüstenhagen und Bilharz 2006: 1683–1684). Mittlerweile hatte die EE-Branche, darunter vor allem die Herstellung von Windturbinen, volkswirtschaftliche Bedeutung erlangt, sodass ihre Expansion nicht ins Stocken geraten durfte (Jacobsson und Lauber 2006: 267; Takeuchi 2003: 10). Ab 1998 war es daher Aufgabe der rot-grünen Koalition, unter erstmaliger Regierungsbeteiligung der Grünen (Tab. 6.1), eine neue Förderregelung auszuarbeiten (Gan et al. 2007: 147). Überhaupt plante die rot-grüne Koalition eine „Ökologische Modernisierung", darunter einen Wandel

---

[8] Im Gegensatz zu Frankreich entschied sich Deutschland, keine Beimischungen zu konventionellem Kraftstoff zu fördern, sondern einen ausschließlichen Reinkraftstoffmarkt aufzubauen (Bockey 2006: 10; Brand 2006: 24).

der Energiepolitik, wobei neben dem Atomausstieg eine stärkere Marktintegration erneuerbarer Energien geplant war (SPD und Bündnis 90/Die GRÜNEN 1998: 13–16). Die Formulierung einer neuen Förderpolicy wurde allerdings abermals vom federführenden Wirtschaftsministerium blockiert – insofern kam es mit dem Ende der FDP-Führung nicht automatisch zu einer Veränderung der organisationsinternen Policy-Präferenzen.[9] Stattdessen formulierten die Fraktionen von SPD und Bündnis 90/Die GRÜNEN eine Gesetzesinitiative, auf deren Grundlage 2000 das Erneuerbare-Energien-Gesetz (EEG)[10] beschlossen wurde, welches nunmehr das StrEG ersetzte (ausführlicher bei Bechberger 2000: 36; Brand-Schock 2010; Reiche und Bechberger 2005: 36–37). Hatten landwirtschaftliche Interessen Teile der CDU/CSU ursprünglich noch zur Unterstützung der EE-Förderung bewogen, stimmte die Unionsfraktion 2000 fast geschlossen gegen das EEG (Deutscher Bundestag 2000a: 8459–8461).

Tab. 6.1 Regierungen der Bundesrepublik Deutschland (1994 bis 2009)

Bundeskanzler(in)	Regierungsparteien	Zeitraum
Helmut Kohl	CDU/CSU, FDP	Okt. 1994 – Sep. 1998
Gerhard Schröder	SPD, Bündnis 90/Die Grünen	Sep. 1998 – Sep. 2002
Gerhard Schröder	SPD, Bündnis 90/Die Grünen	Sep. 2002 – Sep. 2005
Angela Merkel	CDU/CSU, SPD	Sep. 2005 – Sep. 2009

Eigene Darstellung gemäß ParlGov-Datenbank (Döring und Manow 2019).

Mit den auf 20 Jahre ausgelegten Einspeisetarifen bot das EEG langfristige Sicherheit für Investitionen in erneuerbare Energien (Jacobsson und Lauber 2006: 268; Vogelpohl et al. 2017: 49–50).[11] So verstärkte sich die Ausbaudynamik ab 2000 noch einmal erheblich, wobei vor allem kleine und mittelständische

---

[9] Der nun zuständige Wirtschaftsminister Werner Müller (parteilos) war vor und nach seiner Amtszeit als Minister in der Kohle- bzw. Atomindustrie tätig (siehe dazu auch die Kleine Anfrage der FDP-Fraktion, BT-Drs. 15/1152 und 15/1193).

[10] Gesetz für den Vorrang Erneuerbarer Energien (Erneuerbare-Energien-Gesetz – EEG) sowie zur Änderung des Energiewirtschaftsgesetzes und des Mineralölsteuergesetzes vom 29.03.2000, BGBl. I Nr. 13, S. 305.

[11] Das EEG enthielt zudem eine Vorrangregelung, die Netzbetreiber dazu verpflichtete, EE-Anlagen nicht nur ans Netz anzuschließen, sondern deren Strom auch vorrangig abzunehmen und entsprechend der im EEG festgesetzten Tarife zu vergüten (§ 3 (1) EEG 2000; siehe auch Grotz 2005b: 147–148). Ein weiterer wichtiger Inhalt des EEG war die Verpflichtung der Netzbetreiber zum Ausbau des Übertragungsnetzes. Dadurch sollte gewährleistet werden,

Unternehmen sich neu gründeten oder expandierten (Hirschl 2008: 189). Demgegenüber standen die großen Stromversorger bzw. die Kohle- und Atomindustrie als zentrale Akteure der EE-kritischen Gruppe (Brand-Schock 2010: 89; Jacobsson und Lauber 2006: 269; Wüstenhagen und Bilharz 2006: 1687). Zusammen mit der deutschen Industrie bildeten sie eine Interessenkoalition gegen das Fördermodell der Einspeisetarife (Brand-Schock 2010: 134; Hirschl 2008: 194–195).[12] Vor diesem Hintergrund lässt sich eine Abkehr vom korporatistischen Regulierungsstil vermuten, schließlich hatte die rot-grüne Regierungskoalition ihr Fördergesetz entgegen des Widerstands bedeutender gesellschaftlicher Interessengruppen sowie des eigenen Wirtschaftsministeriums durchgesetzt, welches seinerseits traditionell die Interessen der etablierten Energiewirtschaft sowie der deutschen Industrie vertrat (Brand-Schock 2010; Dagger 2009; Lovinfosse 2008: 155; Reiche 2004) und in der Vergangenheit (als Alternative zum StrEG) eine einvernehmliche Regulierung im korporatistischen Stil angestrebt hatte. Ganz anders wurde jedoch im selben Jahr der Atomausstieg gestaltet, denn die Bundesregierung erzielte im Jahr 2000 eine Einigung mit den Energieversorgungsunternehmen, nach der ein geordneter Atomausstieg beschlossen wurde (BMU 2002). Diese Vereinbarung wurde zwei Jahre später mit dem Atomausstiegsgesetz von 2002[13] rechtlich verankert.[14] Für Dryzek et al. (2002) spiegelt sich hierin die Fortführung eines korporatistisch-legalistischen Regulierungsstils wider – mit dem Wirtschaftsministerium und der Atomindustrie als Verhandlungspartnern (siehe dazu auch Benz 2019: 301–302). Ähnlich lässt sich eine weitere Vereinbarung beurteilen, die 2000 zwischen der Bundesregierung und dem Bundesverband der Deutschen Industrie (BDI) zur Emissionsreduktion in der Industrie geschlossen wurde (Reiche 2005a: 245).

---

dass die durch erneuerbare Energien entstehenden neuen Kapazitäten auch vom Netz würden aufgenommen und verteilt werden können (§ 3 (1) EEG 2000; siehe auch Brand-Schock 2010: 129–130).

[12] Die Stromindustrie wurde vom Verband der Deutschen Elektrizitätswirtschaft (VDEW) vertreten. Der VDEW trat grundsätzlich gegen eine Förderung erneuerbarer Energien ein, mit der Zeit beteiligten sich jedoch mehr und mehr Unternehmen selbst an der EE-Erzeugung, wodurch die ablehnende Haltung abnahm (Brand-Schock 2010; Grotz 2005b: 144–145; Reiche 2004: 140–141).

[13] Gesetz zur geordneten Beendigung der Kernenergienutzung zur gewerblichen Erzeugung von Elektrizität (Atomausstiegsgesetz) vom 22.04.2002, BGBl. I Nr. 26, S. 1351.

[14] Zu den Verhandlungen über den Atomausstieg, den damit verbundenen Konflikten zwischen der SPD und Bündnis 90/Die GRÜNEN sowie den gemischten Reaktionen gesellschaftlicher Interessengruppen siehe Thurner (2017).

Als weiteres Legislativprojekt auf der rot-grünen Agenda stand neben dem EEG und dem Atomausstieg die Energiebesteuerung. Geplant war „eine ökologische Steuerreform, die die Lohnnebenkosten senkt und zukunftsfähigen Produkten und Technologien zum Durchbruch verhilft" (SPD und Bündnis 90/Die GRÜNEN 1998: 5). Es sollten damit ökologische Anreize gesetzt und gleichzeitig positive Effekte auf den Arbeitsmarkt erzielt werden. Seitens Wirtschaft und (medialer) Öffentlichkeit wurde die 1999 eingeführte ‚Ökosteuer' heftig kritisiert (z. B. in DER SPIEGEL, DIE WELT, DIE ZEIT[15]; siehe auch Beneking 2011: 56; Weidner und Mez 2008: 365). Für den EE-Sektor war sie ein Glücksfall. Zum einen wurden über die Ökosteuer einige neue Förderprogramme für erneuerbare Energien finanziert, u. a. im Kälte-Wärme-Sektor (Brand-Schock 2010: 131; Grotz 2005b: 147). Beachtenswert war dabei das 100.000-Dächer-Programm[16], welches von 1999 bis 2003 die Installation von PV-Anlagen förderte und damit das zu der Zeit weltweit größte Solarförderprogramm darstellte (Grotz 2005b: 151; Wüstenhagen und Bilharz 2006: 1692).[17] Zum anderen regte die Energiebesteuerung den Ausbau der Biokraftstoffe weiter an. Gegenüber den teurer gewordenen fossilen Kraftstoffen erlangte Biodiesel damit einen deutlichen Preisvorteil, was ab 2004 über eine nunmehr explizite Steuerbefreiung zusätzlich abgesichert wurde (Beneking 2011; Bomb et al. 2007: 2264). Der Effekt war sofort spürbar: Die Biodieselkapazitäten hatten sich zwischen 2004 und 2005 mehr als verdoppelt (Bockey 2006: 10–11; Vogelpohl 2018: 259–260).[18]

---

[15] o. A. (2000): Die Ökosteuer-Falle, in: DER SPIEGEL, 38/2000; o. A. (1999): Vernichtende Kritik an der Ökosteuer, in: DIE WELT vom 04.03.1999; Schmid, Klaus-Peter (2000): Die Ökosteuer und der Trick mit der Rentenkasse, in: DIE ZEIT, 46/2000.

[16] Zur Genese des 100.000-Dächer-Programms, welches ursprünglich vom Verein *Eurosolar* vorgeschlagen worden war, siehe Jacobsson und Lauber (2006).

[17] Im Anschluss wurde ein Nachfolgeprogramm bereitgestellt, was insbesondere von Landwirten in Anspruch genommen wurde (Grotz 2005b: 151).

[18] Neben den Markthilfen für Biodiesel wurden Gremien geschaffen, um Konzepte für eine nachhaltige Verkehrspolitik zu entwickeln (Beneking 2011: 72; Brand-Schock 2010: 294). Vor allem die Unterarbeitsgruppe Kraftstoffmatrix ist hier zu nennen, ein Zusammenschluss von Ministerien, Forschungsinstituten sowie Akteuren aus Industrie und Umwelt (Unterarbeitsgruppe „Kraftstoffmatrix" 2004: 2–3). Parallel wurde auf EU-Ebene eine Richtlinie zur Förderung von Biokraftstoffen (2003/30/EG) verabschiedet. Der darin enthaltene indikative Zielwert von 5,75 % Biokraftstoffen bis 2010 wurde auch von der Unterarbeitsgruppe Kraftstoffmatrix aufgegriffen (Unterarbeitsgruppe „Kraftstoffmatrix" 2004: 24–25). Verwiesen wurde zudem auf die bereits bestehende Selbstverpflichtung der europäischen Automobilindustrie zur Emissionsreduktion (EK 1998b; Unterarbeitsgruppe „Kraftstoffmatrix" 2004: 32).

Mitte der 2000er Jahre: Kontinuität im Stromsektor, Systemwechsel bei den Biokraftstoffen

Nach den Wahlerfolgen der Grünen bei der Bundestagswahl 2002 wurde die Zuständigkeit für erneuerbare Energien vom Wirtschaftsministerium ins Umweltministerium verlagert (Jacobsson und Lauber 2006: 268–269; Lovinfosse 2008: 155; Reiche 2004: 85). Das grün geführte Umweltministerium war diesmal federführend bei der Formulierung einer geplanten EEG-Novelle und legte, wie erwartet, einen ambitionierten Gesetzesentwurf vor (Brand-Schock 2010: 134; Hirschl 2008: 560; Reiche 2004: 158).[19] Im Zuge der Gesetzesnovelle verfestigte sich jedoch eine Spaltung innerhalb der deutschen Wirtschaft: Auf der einen Seite standen die Kohle- und Atomlobby, gemeinsam mit der Großindustrie (Brand-Schock 2010: 134; Hirschl 2008: 194–195). Für die konventionelle Energiewirtschaft gefährdete die EE-Förderung ihre eigene Position im Energiesektor; die Großindustrie, vertreten durch den BDI, sah im EEG ebenfalls eine Bedrohung und befürchtete vor allem steigende Energiepreise und den Verlust der eigenen Wettbewerbsfähigkeit (Bäthge und Fischer 2011: 6; Jacobsson und Lauber 2006: 268–269). Auf der anderen Seite hatte die mittelständische Wirtschaft klar vom EE-Ausbau profitiert, sodass sie sich nun über ihren Bundesverband mittelständische Wirtschaft (BVMW) für das EEG einsetzte (Jacobsson und Lauber 2006: 269).[20] Gegen die Stimmen der Unionsparteien und der FDP wurde die EEG-Novelle[21] 2004 verabschiedet. Die CDU/CSU hätte eine Förderung zugunsten der Landwirte prinzipiell mitgetragen, bestand jedoch auf einer Befristung bis 2007; die FDP lehnte das EEG weiterhin vollständig ab (Brand-Schock 2010:

---

[19] Durch die Verschiebung des EE-Ressorts ins Umweltministerium wurde auch die Gruppe der EE-Befürworter im Policy-Netzwerk gestärkt (Bechberger 2000; Brand-Schock 2010: 56). Wirtschaftsminister Wolfgang Clement (SPD) vertrat hingegen eher die Interessen seines kohlegeprägten Heimatlandes NRW und kritisierte das EEG sowie das Prinzip von Einspeisetarifen insgesamt (Jacobsson und Lauber 2006: 269). Generell sahen sich das Wirtschafts- und das Umweltministerium als Gegenspieler, wobei das Wirtschaftsministerium die ökonomisch-orientierte Seite des Policy-Netzwerks vertrat und das Umweltministerium die ökologische Seite (Dagger 2009; Reiche 2004: 85). In der Ausgestaltung von EE-Policies spiegelte sich dies z. B. darin wider, dass die Ministerien unterschiedlich hohe Ziele für den EE-Ausbau veranschlagten (Wüstenhagen und Bilharz 2006: 1688).

[20] Des Weiteren zeigte sich die angesprochene Spaltung im BDI selbst: Der Verband Deutscher Maschinen- und Anlagenbau (VDMA) vertrat hauptsächlich mittelständische Unternehmen, für die EE-Technologien profitable Produkte waren und stand daher auf Seiten der EE-Befürworter, konträr zu seinem Dachverband (Dagger 2009: 65; Hirschl 2008: 193–194).

[21] Gesetz für den Vorrang Erneuerbarer Energien (Erneuerbare-Energien-Gesetz – EEG) vom 21. Juli 2004, BGBl. I Nr. 40, S. 1918.

134; Reiche 2004: 155–156). Neben einer Erhöhung der Einspeisetarife wurden in § 1 EEG 2004 auch die Zielwerte verankert, die aus der EU-Richtlinie zur Förderung erneuerbarer Energien im Stromsektor (2001/77/EG) hervorgingen, d. h. ein Mindestanteil von 12,5 % erneuerbarer Energien im Stromsektor bis 2010 und 20 % bis 2020. Im nationalen Klimaschutzprogramm von 2000 hatte die Bundesregierung zuvor lediglich 10 % EE-Strom bis 2010 angestrebt (Deutscher Bundestag 2000b: 31), sodass unter dem Einfluss der EU nicht nur der Zielwert bis 2010 erhöht, sondern auch eine längerfristige Planung ergänzt wurde. Im Zuge der EEG-Novelle gab es einen erneuten Boom, diesmal speziell bei der Biogasnutzung, was vor allem auf die Verbreitung regenerativer Energietechnologien innerhalb der konventionellen Landwirtschaft zurückging (Mautz et al. 2008: 95).[22]

Bereits ein Jahr nach der EEG-Novelle kam es 2005 aufgrund von vorgezogenen Neuwahlen zur Großen Koalition zwischen CDU/CSU und SPD. Die SPD übernahm das Umweltministerium und damit die dort nach wie vor angesiedelte Zuständigkeit für erneuerbare Energien.[23] Während die CDU/CSU traditionell der Atomwirtschaft nahestand, pflegte die SPD insbesondere Beziehungen zur Kohleindustrie (Grotz 2005b: 156–157; Hirschl 2008: 193–194; Reiche 2004: 192). Allerdings zeichnete sich zunehmend ein Riss zwischen dem traditionellen Kohle-Flügel und den eher jüngeren Energiewende-Befürwortern ab (Brand-Schock 2010: 62; Dagger 2009: 63; Reiche 2005a: 243–244). Mit ihrer Führung des Umweltministeriums positionierte sich die SPD einerseits klar für erneuerbare Energien, welche nicht nur als ökologisch sinnvoll betrachtet wurden, sondern auch neue Arbeitsplätze schaffen sollten (SPD 2005: 25–26). Andererseits wirkte gleichzeitig die Verbindung zur Kohleindustrie nach, sodass „auch in Zukunft auf hocheffiziente und klimaverträgliche Kohlekraftwerke" gesetzt werden sollte (SPD 2005: 16). Die konventionelle Energiewirtschaft[24] erhoffte sich mit dem Regierungswechsel zur Großen Koalition indes eine Abschaffung des EEG (Brand-Schock 2010: 136–137; Hirschl 2008: 191). Diese Hoffnung blieb unerfüllt, stattdessen hielten die Regierungsparteien in ihrem Koalitionsvertrag

---

[22] Die Energieproduktion verschaffte Landwirten mittlerweile substanzielle Erträge, zum Teil wurde sogar von einem neuen Geschäftsmodell gesprochen: „vom Landwirt zum Energiewirt" (Mautz et al. 2008: 95).

[23] Das Wirtschaftsministerium behielt indirekt Einfluss auf den EE-Bereich, da es das (weitere) Energieressort innehatte (Reiche 2004: 91).

[24] Nicht alle Akteure stimmten hier überein: Das Unternehmen EnBW sprach sich 2005 in einem Positionspapier sowohl für den Ausbau erneuerbarer Energien als auch für eine Förderung in Form des EEG aus (EnBW 2005; siehe auch Brand-Schock 2010: 136–137).

fest, das EEG 2007 wie geplant novellieren und im Grundsatz erhalten zu wollen (CDU et al. 2005: 51). Die Unionsparteien strebten mittlerweile ebenfalls einen weiteren Ausbau erneuerbarer Energien an, wenn auch die Höhe der bisherigen Markthilfen reduziert werden sollte (CDU und CSU 2005: 19).[25] Die Koalitionsregierung brachte auch neue Maßnahmen zur Förderung erneuerbarer Energien auf den Weg, darunter ein anspruchsvolles Programm zur energetischen Gebäudesanierung (Illing 2012: 222). Ebenfalls wurde auf die unzureichenden Netzkapazitäten reagiert (dena 2005; Grotz 2005b: 153), indem 2006 das Infrastrukturplanungsbeschleunigungsgesetz[26] verabschiedet wurde.

Während im Strombereich am EEG festgehalten wurde, gab es bei der Förderung von Biokraftstoffen jedoch einen für die Branche ungünstigen Systemwechsel. Im Koalitionsvertrag der Großen Koalition wurde beschlossen, „die Mineralölsteuerbefreiung für Biokraftstoffe durch eine Beimischungspflicht [zu] ersetzen" (CDU et al. 2005: 52). Den Umstieg von der Steuerbefreiung auf eine Quotenregelung hatte die SPD bereits vor dem Regierungswechsel vorbereitet (Beneking 2011: 103; Vogelpohl 2018: 261). Grund dafür war, dass mit der bisherigen Regelung hohe Steuerausfälle in Kauf genommen wurden, was angesichts des jüngsten Booms in der Biokraftstoffproduktion (Bockey 2006: 10–11; Bomb et al. 2007: 2261) nicht mehr nötig erschien (Vogelpohl 2018: 313). Unter dem Druck des Finanzministeriums[27] setzte die Regierung ihr Vorhaben 2006 in Form des Biokraftstoffquotengesetzes (BioKraftQuG)[28] um, obwohl es eine breite Interessenkoalition zum Erhalt der Steuerbefreiung gab, bestehend aus u. a. dem Landwirtschaftsministerium, dem Deutschen Bauernverband (DBV), Erneuerbare-Energien-Verbänden sowie vielen Abgeordneten von CDU/CSU, SPD und Grünen (Beneking 2011). Die komplette Steuerbefreiung wurde aufgehoben und durch eine Vollbesteuerung von Beimischungen sowie eine stufenweise Teilbesteuerung von Reinkraftstoff ersetzt (Art. 1 BioKraftQuG). Zudem wurde eine Quotenregelung eingeführt, nach der bis 2015

---

[25] Damit sprach sich unter den Parlamentsparteien nur noch die FDP für eine Abschaffung des EEG aus (Brand-Schock 2010: 137).

[26] Gesetz zur Beschleunigung von Planungsverfahren für Infrastrukturvorhaben vom 09. Dezember 2006, BGBl. I Nr. 59, S. 2833.

[27] Das Finanzministerium war mit Blick auf den Staatshaushalt grundsätzlich gegen eine Steuerbefreiung gewesen (Brand-Schock 2010: 253).

[28] Gesetz zur Einführung einer Biokraftstoffquote durch Änderung des Bundes-Immissionsschutzgesetzes und zur Änderung energie- und stromsteuerrechtlicher Vorschriften (Biokraftstoffquotengesetz – BioKraftQuG) vom 18. Dezember 2006, BGBl. I Nr. 62, S. 3180.

stufenweise ein Anteil von 8 % Biokraftstoffen erreicht werden sollte (Art.
3 Abs. 3 BioKraftQuG). Zugleich wurde damit die EU-Biokraftstoff-Richtlinie
(2003/30/EG) umgesetzt, die ein Ziel von 5,75 % bis 2010 vorgab. Für die nunmehr zur Beimischung verpflichteten Mineralölkonzerne war es jedoch günstiger,
den Biokraftstoff im Ausland einzukaufen, wodurch deutsche Produzenten in den
Nachteil gerieten und es schließlich zu einem Einbruch der deutschen Biodieselbranche kam (Beneking 2011: 89–90; Schraven 2007; VDB 2007; Vogelpohl
2018: 268–269). Brand-Schock (2010) sieht hierin den Ausdruck einer fehlenden
langfristigen Förderstrategie: Es sei eine ökonomische Schieflage entstanden, bei
der die Biodieselbranche zunächst aufgebaut worden war, um dann aufgrund „ihres eigenen Erfolges" und „begrenzter heimischer Erzeugungspotenziale" durch
Importe ersetzt zu werden (Brand-Schock 2010: 322).

   Insgesamt war die Förderung erneuerbarer Energien in Deutschland, jedenfalls bis zum BioKraftQuG von 2006, sehr erfolgreich: Deutschland hatte sich zu
einem der weltweit führenden EE-Länder entwickelt, gemessen an der installier-
ten EE-Kapazität, den Wachstumsraten in vielen EE-Technologiebranchen sowie
der verkauften Menge an Biokraftstoffen (Grotz 2005b: 152–155; Takeuchi 2003:
10). Ungeachtet des dynamischen EE-Ausbaus war der deutsche Energiesektor im Vorfeld der EU-Richtlinie 2009/28/EG nach wie vor deutlich von der
Kohle- und Atomindustrie geprägt: Die durchschnittliche Energieerzeugung in
den Jahren 2003 bis 2008 beruhte zu etwa 73 % auf diesen Energieträgern (zu
etwa 42 % auf festen Brennstoffen und etwa 31 % auf Kernenergie, siehe auch
Abb. 6.2). Während sich der Anteil fester Brennstoffe sukzessive von 44 % im
Jahr 2003 auf 39 % im Jahr 2008 reduzierte, bewegte sich der Anteil der Atomenergie um 30 %. Bei der Energieerzeugung aus erneuerbaren Energiequellen
konnte im betrachteten Zeitraum ein deutliches Wachstum verzeichnet werden,
von 10 % im Jahr 2003 auf einen nahezu verdoppelten Wert von 18 % im
Jahr 2008. Absolut gesehen war Deutschland damit EU-weit der größte Erzeuger
erneuerbarer Energien (Eurostat 2016). Abschließend wird nun formuliert, welche
Rückschlüsse sich auf Basis der dargestellten Förderhistorie auf die institutionellen Arrangements sowie die Interessenkonstellation im Vorfeld der europäischen
Erneuerbare-Energien-Richtlinie von 2009 ziehen lassen.

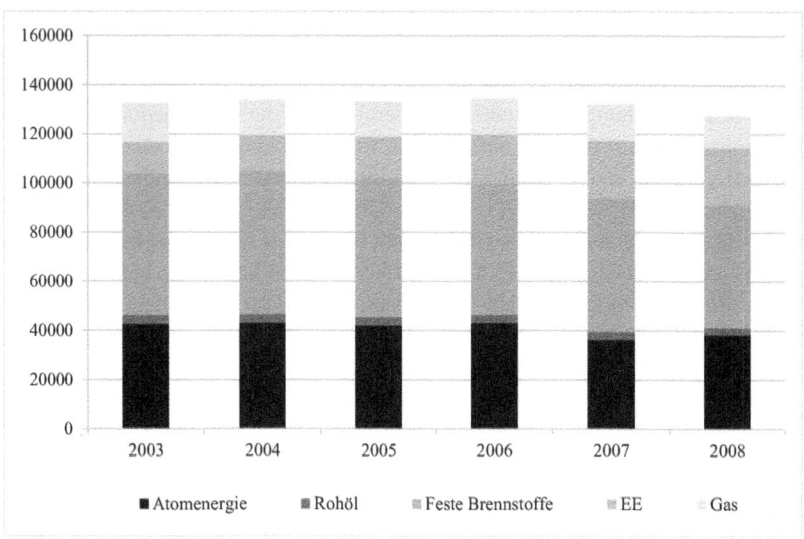

Abb. 6.2 Energieerzeugung in Deutschland im Vorfeld der EU-Richtlinie (in 1000 t RÖE).[29] Eigene Darstellung nach Eurostat (2016)

6.1.2 Institutionen und Interessen

Institutionelle Arrangements im Vorfeld der EU-Richtlinie
Im Verhältnis von Staat und Gesellschaft war eine korporatistische Tradition vor allem an der Verbändestruktur im Energiesektor zu erkennen, welche sowohl die Interessen der etablierten Energiewirtschaft und der Industrie als auch jene der EE-Branche widerspiegelte (siehe dazu auch den folgenden Abschnitt zur Interessenkonstellation). Als sich die politischen Kräfteverhältnisse mit der rot-grünen Regierungskoalition verschoben hatten und Energiepolitik verstärkt zugunsten erneuerbarer Energien gemacht wurde, geschah dies nicht in einem Gegensatz von Staat und Gesellschaft. Das Policy-Netzwerk hatte sich lediglich auf die andere Seite verlagert, d. h. auf die Seite der EE-Befürworter, wo korporatistische Organisationen weiterhin Einfluss hatten. Wenn möglich, wurde zudem versucht, über gemeinsame Vereinbarungen zwischen Regierung und Wirtschaft

---

[29] Primärenergieerzeugung. Die Kategorie ‚Gas' enthält Naturgas und Erdgaskondensate (NGL).

zu regulieren. Überdies prägten breite politische und gesellschaftliche Interessen-koalitionen die EE-Politik, was einem konsensualen Stil entspricht. Allerdings gab es auch Gegenbeispiele: So wurde die Ökosteuer gegen beträchtlichen gesellschaftlichen Widerstand durchgesetzt und auch der Systemwechsel in der Biokraftstoffpolitik war entgegen einer breiten gesellschaftlichen Interessenkoali-tion beschlossen worden. Insofern zeigte sich in Deutschland zwar eine Tendenz zur *korporatistisch-konsensualen* Regulierung, in Konfliktfällen glich diese aber eher der *etatistisch-paternalistischen* Regulierung.

Mit Blick auf die Ausgestaltung regulativer Intervention entwickelte sich die zu Beginn noch überwiegend reaktiv auf (regionale) landwirtschaftliche, später zunehmend auch auf ökologische Interessen gestützte EE-Förderung vor allem unter der ökologischen Zielsetzung der rot-grünen Koalition hin zu einer *aktiven* Steuerung, was sich insbesondere im EEG und der ökologischen Steuerreform manifestierte. Zugleich blieb die Regulierung des EE-Sektors jedoch einer *inkre-mentellen* Logik verhaftet, bei der die Entwicklung des EE-Sektors im Abstand von wenigen Jahren beobachtet und angepasst wurde. So wurde das zentrale Förderinstrument des EEG mehrfach planmäßig novelliert. Der Verzicht auf eine langfristige Planung war zudem besonders im Bereich der Biokraftstoff-politik erkennbar, was hier letztlich zu ökonomischen Fehlentwicklungen führte. Weiterhin drückte sich die Präferenz für eine schrittweise Regulierung in der ver-gleichsweise bescheidenen Zielsetzung von (zunächst nur) 10 % EE-Strom bis 2010 aus, was allerdings mit Umsetzung der EU-Richtlinie 2001/77/EG und der darin enthaltenen, langfristiger angelegten Zielsetzung erweitert wurde.

Was den Umgang mit Recht betrifft, so unterschied sich die sektorale Regu-lierung nicht von dem auch sonst für Deutschland typischen *legalistischen* Regulierungsstil (van Waarden 1995). Das Fördermodell der Einspeisetarife, das den Kern der deutschen EE-Förderung bildete, funktionierte nach dem Prinzip rechtlich detailliert ausgestalteter und für alle Adressaten gleichermaßen ver-bindlicher Regelungen. Gerade dieser universalistische Ansatz mag auch die *bottom-up*-Entwicklung beim deutschen EE-Ausbau begünstigt haben. Andere Instrumente, die sich auf einen kleineren Adressatenkreis bezogen (Biokraft-stoffquote), zeichneten sich ebenso durch konkretisierte, allgemeingültige und rechtsverbindliche Vorgaben aus. Wie mit Verweis auf Dryzek et al. (2002) bereits erwähnt, wurden Vereinbarungen mit gesellschaftlichen Regelungsadres-saten ebenfalls derart formalisiert, dass von einem korporatistisch-legalistischen Regulierungsstil gesprochen werden kann.

Die Regulierungsstrukturen entsprachen einer *zentralisierten* vertikalen Orga-nisation, d. h. energiepolitische Entscheidungen wurden überwiegend auf Bun-desebene getroffen und Förderinstrumente für erneuerbare Energien entsprechend bundesweit aufgesetzt – obgleich die Bundesländer zusätzlich Fördergelder zu Forschungszwecken bereitstellten (Reiche 2004: 178–179). Horizontal betrachtet war zwar lange Zeit das Wirtschaftsministerium formal federführend, doch häufig wurde EE-Politik am Wirtschaftsministerium vorbei gemacht (z. B. über Demonstrationsprojekte des Forschungsministeriums oder Gesetzesinitiativen der Fraktionen). Ab 2002 befand sich das EE-Ressort in der Zuständigkeit des Umweltministeriums, welches sodann eine starke, politikgestaltende Rolle einnahm – das übrige Energieressort verblieb dagegen beim Wirtschaftsministerium. In der wechselhaften Rolle des Wirtschaftsministeriums sowie der Aufspaltung des Energieressorts in einen EE- und einen Nicht-EE-Bereich spiegelte sich somit eine horizontale *Fragmentierung*.

Interessenkonstellation im Vorfeld der EU-Richtlinie
Spätestens unter der Großen Koalition hatte der Ausbau erneuerbarer Energien als politische Zielsetzung eine breite (parteipolitische) Unterstützung sicher. Alle im Bundestag vertretenen Parteien befürworteten die Nutzung erneuerbarer Energien, inklusive der Biokraftstoffe (Brand und Corbach 2005: 260; Brand-Schock 2010; Reiche 2004: 93). Wie eine Befragung von Wüstenhagen und Bilharz (2006) zeigte, wurde eine Positionierung gegen erneuerbare Energien mittlerweile sogar als politisch riskant eingestuft. Auch die Bundesländer waren mehrheitlich für einen Ausbau erneuerbarer Energien, wobei je nach regionalen Voraussetzungen unterschiedliche Quellen bevorzugt wurden.[30] Neben den legislativen Maßnahmen der Großen Koalition zeigten auch die Energiegipfel von 2005 und 2006 im Kanzleramt, dass erneuerbare Energien einen festen Platz innerhalb der deutschen Energielandschaft eingenommen hatten: Zum Gespräch über die Zukunft der Energieversorgung hatte Kanzlerin Merkel nun auch drei Hersteller für Wind-, Biogas- bzw. PV-Anlagen eingeladen, was zuvor selbst unter der rotgrünen Regierung nicht geschehen war (Beneking 2011: 75; Brand-Schock 2010: 138). Die EE-Branche hatte Arbeitsplätze geschaffen und auch industriepolitische Bedeutung erlangt und war somit zu einem bedeutenden Akteur im Policy-Netzwerk geworden (Brand-Schock 2010: 90–91; Grotz 2005b: 157; Takeuchi 2003: 10). Vertreten wurde sie durch eine Reihe von Verbänden, mit dem Bundesverband Erneuerbare Energien (BEE) als Dachverband, welcher bereits während

---

[30] In den ostdeutschen Bundesländern wurde vor allem die Windenergie ausgebaut, während in den süddeutschen Bundesländern Photovoltaik gut angenommen wurde. Obwohl die süddeutschen Bundesländer Windenergieanlagen vor Ort eher ablehnten, wurden auch von ihnen die positiven wirtschaftlichen Effekte, insbesondere in den strukturschwachen Bundesländern, begrüßt und eine EE-Förderung auf Bundesebene daher mitgetragen (Brand-Schock 2010: 140–141; Hirschl 2008: 559; Weidner und Mez 2008: 369–370).

der Vorbereitungen zum EEG im Jahr 1999 über gute Verbindungen zur Regierungskoalition verfügte (Bechberger 2000: 24–25). Auch andere Verbände, vor allem im Bereich der Windenergie, der Solarenergie und der Bioenergie[31] hatten einen hohen Professionalisierungsgrad erreicht und waren gut mit verschiedenen Parteien und anderen Verbänden vernetzt (ausführlicher bei Brand-Schock 2010; Grotz 2005b; Reiche 2004).[32]

Neben der starken Verbändelandschaft war in Deutschland überdies die hohe Kooperation und Bündnisfähigkeit der gesellschaftlichen Pro-EE-Akteure für den Erhalt einer (gesetzlichen) EE-Förderung von Vorteil (Jacobsson und Lauber 2006; Reiche 2004: 134–135; Vogelpohl 2018: 203–204). Hierzu kann auch der Deutsche Bauernverband (DBV) gezählt werden: Da viele Landwirte EE-Anlagen betrieben, war auch der DBV für eine Förderung erneuerbarer Energien und für das geltende Fördermodell gemäß EEG (Brand-Schock 2010: 264; Dagger 2009: 66; Wüstenhagen und Bilharz 2006: 1688). Aufgrund seiner Nähe zur CDU/CSU war der DBV einer der wichtigsten Fürsprecher für die Förderung von Biokraftstoffen (Brand-Schock 2010: 264; Vogelpohl 2018: 160). Vogelpohl (2018: 161) spricht hier auch von „politisch-institutionellen Praktiken des Agrarkorporatismus", welche einen positiven Diskurs rund um Biokraftstoffe begünstigten. Mit der breiten politischen und gesellschaftlichen Unterstützung, kanalisiert über eine einflussstarke Verbändestruktur, war die Interessenkonstellation in Deutschland im Vorfeld der Erneuerbare-Energien-Richtlinie insgesamt *vorteilhaft*. Wie sich im Verlauf der Förderhistorie gezeigt hat, ließen sich Förderpolicies für erneuerbare Energien dabei auch gegen Widerstände bedeutender gesellschaftlicher Akteure durchsetzen.

6.2 Frankreich

Das prägende Merkmal der französischen Förderhistorie war die Verflechtung von Staat und Atomindustrie sowie die herausgehobene Bedeutung der Atomenergie für die Versorgungssicherheit. Entscheidende Akteure in diesem zentralisierten Politikfeld waren das Wirtschaftsministerium sowie *Électricité de France* (EDF).

---

[31] Zu nennen sind insbesondere der Bundesverband Windenergie (BWE), der Bundesverband Solarwirtschaft (BSW-Solar), der Förderverein Solarenergie, der Verein Eurosolar sowie der Bundesverband Bioenergie (BBE) (Brand-Schock 2010; Jacobsson und Lauber 2006; Reiche 2004).

[32] So war z. B. der Bundesverband Bioenergie (BBE) besonders mit dem Deutschen Bauernverband (DBV) als auch der CDU/CSU vernetzt (Brand-Schock 2010: 266; Reiche 2004: 104).

Für den Ausbau erneuerbarer Energien bestand aus Sicht dieser Akteure zunächst kein Anlass. Im Bereich der Biokraftstoffe konnte sich die Landwirtschaft jedoch relativ früh eine Steuerbefreiung sichern. Internationale klimapolitische Entwicklungen sowie die EU-rechtlich angestoßene Energiemarktliberalisierung führten im Verlauf zu Anpassungen, wozu auch Förderpolicies für erneuerbare Energien gehörten. Bezeichnend war, dass weniger parteipolitische Erwägungen im Vordergrund standen, sondern vielmehr ein grundsätzliches Verständnis von staatlicher Steuerung die Energiepolitik leitete.

6.2.1   Förderhistorie

1970er bis 1980er Jahre: Verzahnung von Staat und Atomindustrie als energiepolitische Grundlage
Der französische Energiesektor der 1970er und 1980er Jahre war von zwei zentralen Charakteristika geprägt, die bereits kurz nach Ende des Zweiten Weltkrieges festgelegt worden waren: (1) der Verstaatlichung, durch Gründung der Unternehmen *Électricité de France* (EDF) und *Gaz de France* (GDF), sowie (2) der Atomenergie als zentraler Versorgungsquelle (Bocquillon und Evrard 2017: 165; Lauriol 2016: 482; Percebois 2008; Sauter 2006: 61). Zwar wurde nach Kriegsende auch die Wasserkraft verstärkt ausgebaut, deren Potenzial hatte sich allerdings bis Mitte der 1970er Jahre weitgehend erschöpft (Brand-Schock 2010: 191; Lauriol 2016: 482; Percebois 2008: 6).[33] Atomenergie war für Frankreich angesichts mangelnder fossiler Alternativen die beste Option für eine sichere und kostengünstige Versorgung (Leimbach und Müller 2008: 16; Meritet 2007: 4768).[34] So brachten auch die Ölkrisen der 1970er Jahre nur eine weitere Bestätigung des Status quo: Die primäre Reaktion Frankreichs auf den Ölpreisschock war die Weiterentwicklung der Atomenergie mithilfe eines neuen Nuklearprogramms (Grotz 2005a: 135; Leimbach und Müller 2008: 16; Meritet 2007: 4768).[35] Ähnlich wie in Deutschland, war allerdings auch in Frankreich in den 1970er Jahren eine Anti-AKW-Bewegung entstanden, die sich jedoch bei weitem nicht im selben Maße durchsetzen konnte (Brand-Schock 2010: 190–193; Brouard und Guinaudeau 2017: 128). Auch als in den 1980er Jahren eine

---

[33] Mitte der 1970er Jahre kam etwa ein Drittel der Stromerzeugung aus Wasserkraft (Brand-Schock 2010: 191).

[34] Zu den Anfängen der französischen Atomenergienutzung in den 1950er und 1960er Jahren, siehe Brouard und Guinaudeau (2017).

[35] Daneben wurden bescheidene Forschungsbudgets für Erneuerbare-Energien-Projekte bereitgestellt (Brand-Schock 2010: 191).

internationale Klimadebatte aufkam, lautete die französische Antwort hierauf: Atomenergie. Schließlich galt diese als emissionsarme und damit klimafreundliche Energiequelle (Brand-Schock 2010: 192–202; siehe auch Szarka 2011).[36] Im Transportsektor hatten die Ölkrisen zwar eine kurzweilige Suche nach alternativen Kraftstoffen angeregt, mit sinkendem Ölpreis geriet diese aber wieder ins Stocken (Brand-Schock 2010: 192, 341; Grotz 2005a: 135). Die Verzahnung von Staat und Energiewirtschaft bzw. Atomindustrie innerhalb eines zentralisierten Energiesystems ließ bereits strukturell keine breitere Entwicklung erneuerbarer Energien zu: Ein „Netzwerk sehr schwacher und marginalisierter Akteure aus dem Bereich der erneuerbaren Energien […] [stand] sehr wenigen zentralen institutionellen Akteuren einer stark zentralisierten Stromwirtschaft [gegenüber], die symbiotisch mit den politischen Entscheidern der Regierungsebene verbunden waren" (Brand-Schock 2010: 194; siehe auch Brouard und Guinaudeau 2017: 130). Neben der formalen Interessensymbiose, die sich mit der Verstaatlichung der Energiewirtschaft erklären lässt, gab es auch eine gemeinsame kulturelle und ideologische Herkunft staatlicher und energiewirtschaftlicher Akteure. Denn in den prestigeträchtigen *Grandes Écoles*, an denen die politisch-administrativen sowie wirtschaftlichen Eliten des Landes ausgebildet werden (Zanten und Maxwell 2015)[37], formten sich gemeinsame Wertesysteme, was sich mit Blick auf den Energiesektor im Ideal eines zentralisierten und auf Atomenergie ausgerichteten Energiesystems ausdrückte (Bocquillon und Evrard 2017: 165; Brand-Schock 2010: 142–145; Meritet 2007: 4767).

Frühe 1990er Jahre: Entschiedene Biokraftstoffförderung, zögerlicher Windenergieausbau

Anfang der 1990er Jahre war eine erste größere Veränderung im Bereich erneuerbare Energien die Förderung von Biokraftstoffen. Im Gegensatz zum Stromsektor, wo eine Förderung erneuerbarer Energien der bestehenden Atomtradition entgegenstand, war zur Entwicklung der Biokraftstoffe keine Veränderung bestehender Politiktraditionen oder Interessenkonstellationen notwendig, im Gegenteil: „Here new developments [did] not challenge the traditional policy style. […] The production of biofuels [provided] a golden opportunity to renew the Gaullist

---

[36] Diese Argumentation wurde von Frankreich auch noch Ende der 2000er Jahre vertreten, als die gemeinsame Klima- und Energiepolitik der EU weiterentwickelt wurde (Leimbach und Müller 2008: 10; Meritet 2007).

[37] Auch unter vielen Abgeordneten der Nationalversammlung war eine Ausbildung an den *Grandes Écoles* üblich (Boy 2002: 67).

policy tradition of subsidizing intensive agriculture [...]" (Szarka 2006: 634).[38] Landwirtschaftliche Interessen wurden in Frankreich durch den Landwirtschafts- verband (*Fédération Nationale des Syndicats d'Exploitants Agricole*, FNSEA) vertreten, welcher sehr einflussstark und u. a. mit dem Landwirtschaftsminis- terium überaus gut vernetzt war, was ihn zu einem wichtigen Akteur in der Biokraftstoffpolitik machte (Bocquillon und Evrard 2017: 172–173). Der FNSEA betrieb zusammen mit anderen Verbänden und Landwirtschaftskammern inten- sives Lobbying für eine Förderung der Biokraftstoffproduktion (Sénat 1992a, 1992b).[39] Dies unterstützte auch das Landwirtschaftsministerium, welches auf nationaler wie europäischer Ebene für eine Förderung der Biokraftstoffproduk- tion plädierte (Sénat 1992b). Im Ergebnis wurden bereits 1991 Biokraftstoffe in Frankreich per Finanzgesetz[40] von der Mineralölsteuer befreit („exonération complète de la taxe intérieure de consommation des produits pétroliers (TIPP)", Sénat 1992b). Auf europäischer Ebene forderte Frankreich zudem eine harmoni- sierte Besteuerung von Biokraftstoffen nach französischem Vorbild, hatte damit jedoch keinen Erfolg (Sénat 1992a, 1992b).[41] Neben diesen Entwicklungen im Bereich der Biokraftstoffe zeigten sich ab Mitte der 1990er Jahre auch erste Ver- änderungen im Stromsektor. In einer Kooperation des Wirtschaftsministeriums,

---

[38] Außerdem wurden von Beginn an (nur) Beimischungen zu konventionellen Kraftstoffen vorgesehen, sodass auch keine Konkurrenzsituation gegenüber herkömmlichen Kraftstoffen entstand (Brand-Schock 2010: 344).

[39] Wie bereits in Bezug auf Deutschland angesprochen (Abschnitt 6.1), wurden 1992 bis- herige EU-Agrarsubventionen durch die Reform der Gemeinsamen Agrarpolitik (GAP) gekürzt. Zugleich wurden aber Ausgleichszahlungen für Stilllegungsflächen eingerichtet (EK 1993). Auf diesen Stilllegungsflächen war wiederum ein Anbau von „non-food crops", beispielsweise Raps zur Erzeugung von Biodiesel, möglich (EK 1993). Diese veränderten Rahmenbedingungen bewogen Landwirte dazu, verstärkt in die Herstellung von Biokraft- stoffen einzusteigen.

[40] Art. 32 Loi de finances pour 1992 (n° 91–1322 du 30 décembre 1991). JORF n°304 du 31 décembre 1991, page 17217. Weitere Ausgestaltung durch Arrêté du 27 mars 1992 port- ant application de l'article 32 de la loi de finances pour 1992 relatif à l'alcool éthylique et ses dérivés, et aux esters d'huile de colza et de tournesol. JORF n°75 du 28 mars 1992, page 4322.

[41] Während die Europäische Kommission eine Harmonisierung unterstützte, fand Frankreich unter den anderen Mitgliedstaaten keine Zustimmung (Bocquillon und Evrard 2017: 173; Sénat 1992b).

Électricité de France (EDF) und der Energieagentur ADEME[42] wurde 1996 das über zehn Jahre angelegte Förderprogramm EOLE 2005 für Windenergie etabliert (Brand-Schock 2010: 196–197; Laali und Benard 1999: 805). Motiviert war diese Öffnung gegenüber erneuerbaren Energien im Stromsektor vor allem ökonomisch: Französische Entwickler und Hersteller von Windenergie-Technologien sollten dadurch die Möglichkeit bekommen, sich für das Exportgeschäft aufzustellen (Laali und Benard 1999: 806).[43] Die energiepolitischen Entwicklungen auf europäischer Ebene sowie Positivbeispiele anderer EU-Länder mit EE-Erfahrung signalisierten, dass hier wirtschaftliches Potenzial bestand.[44] Der französische Fokus galt dabei klar dem Export – eine Veränderung des französischen Energiemix wurde nicht für nötig befunden, da EDF den nationalen Strombedarf bereits umfänglich und kostengünstig sowie mit minimalem Einsatz fossiler Energiequellen abdecke (Laali und Benard 1999: 805). Strukturell oder argumentativ hatte es insofern keine Veränderung gegeben, was sich auch in der Durchführung des EOLE 2005-Programms zeigte: Zunächst setzte sich in der Konzeptionsphase des Förderprogramms *Électricité de France* mit dem Anliegen durch, Ausschreibungsverfahren als Fördermodell zu nutzen (Brand-Schock 2010: 198). Aus Sicht der EE-Befürworter galt dies als „Beleg für den Unwillen der französischen Behörden, die Windenergie wirklich zu fördern" (Brand-Schock 2010: 199).[45] In der Auswahlphase, d. h. im Gremium zur Auswahl geeigneter Projekte, gab es ebenfalls eine einflussstarke Beteiligung EDFs (Brand-Schock 2010: 198; Espey 2001:

---

[42] Die *Agence de l'Environnement et de la Maîtrise de l'Énergie* (ADEME) unterstützte als Umwelt- und Energieagentur den Ausbau erneuerbarer Energien, indem sie u. a. Forschungsprojekte ermöglichte, Subventionen bereitstellte und überregionale Vernetzung leistete (Brand 2006: 27; Brand-Schock 2010: 155–156; Grotz 2005a: 123–124). Beispielsweise koordinierte ADEME das Projekt NTB-nett, welches im Rahmen des EU-ALTENER-Programms Biomasse-Organisationen vernetzte und somit die Entwicklung von Biokraftstoffen förderte (Prankl et al. 1996: 3). Unter den staatlichen Akteuren Frankreichs war ADEME als Befürworterin erneuerbarer Energien positioniert, in ihrem Wirken allerdings abhängig von der jeweiligen Regierung (Brand-Schock 2010: 155).

[43] EDF selbst plante auch bereits Windenergieprojekte, u. a. ein 50 MW-Projekt in Marokko (Laali und Benard 1999: 805).

[44] Vorbildfunktion hatte vor allem Deutschland mit seinem Modell der Einspeisetarife (siehe nächste Abschnitte).

[45] Vergleiche unterschiedlicher Förderinstrumente weisen darauf hin, dass Länder, die Quotenregelungen nutzten, u. a. Frankreich und das Vereinigte Königreich, weniger erfolgreich darin waren, erneuerbare Energien auszubauen. Hingegen konnten Dänemark, Deutschland und Spanien, welche eine Förderung über Einspeisetarife etabliert hatten, einen deutlichen Ausbau, insbesondere bei der Windenergie, erzielen (Lauber 2005b: 47).

190; Laali und Benard 1999: 806–807).[46] Letztlich war das Ausschreibungsverfahren nicht sehr erfolgreich, da sich die Anbieter kostenmäßig zu unterbieten versuchten und die damit einhergehende finanzielle Fehlkalkulation häufig die Projektumsetzung zum Scheitern brachte (Brand-Schock 2010: 198–199).

Späte 1990er Jahre: Kontinuität trotz Regierungswechsel zur Gauche plurielle
Etwa zeitgleich mit Entstehung des französischen Förderprogramms EOLE 2005 wurde auf europäischer Ebene die EU-Richtlinie (96/92/EG) zur Liberalisierung der Strom- und Gasmärkte verabschiedet. Die EU-rechtlich angestoßene Liberalisierung fiel zusammen mit einem politischen Umbruch innerhalb Frankreichs, dem Regierungswechsel von 1997, bei dem die konservative Regierung von einer rot-rot-grünen Koalition (*Gauche plurielle*) abgelöst wurde. Mit den Parlamentswahlen 1997 zogen zum ersten Mal die französischen Grünen (*Les Verts*) in die Nationalversammlung ein und bildeten eine linke Regierungskoalition zusammen mit der *Parti Socialiste* (PS) und der *Parti Communiste* (PC) (Tab. 6.2). Energiepolitisch war die Regierungskoalition allerdings gespalten: Die Grünen (*Les Verts*) waren klare Befürworter erneuerbarer Energien und forderten sogar den Atomausstieg (Les Verts 1997: 1–2). Die *Parti Socialiste* (PS) plante in ihrem Parteiprogramm neben anderen umweltpolitischen Maßnahmen ebenfalls eine Neuausrichtung der Energiepolitik, wobei ein Moratorium für den Bau von Kernreaktoren, neue Anreize zur Energieeffizienz sowie der Ausbau erneuerbarer Energien vorgesehen waren (PS 1997: 6). Im Vorfeld der Wahlen schlossen die Sozialisten daher eine Allianz mit den Grünen und formulierten ein gemeinsames Koalitionsprogramm – doch viele der darin vereinbarten Punkte, besonders zur Einschränkung der Atomenergie, wurden letztlich nicht eingelöst (Boy 2002: 66–69). Den Grünen gelang es folglich nicht, „eine signifikante Veränderung in der Energiepolitik" herbeizuführen (Boy 2010a: 8), zumal sie sowohl politisch als auch gesellschaftlich eher ein Randakteur waren.[47] Am anderen Ende des energiepolitischen Spektrums befand sich überdies die *Parti Communiste Français* (PCF), die eine traditionelle Unterstützerin der Atomenergie war und als EE-Skeptikerin

---

[46] Zum Teil wird vermutet, dass EDF damit den eigenen Einstieg ins EE-Geschäft vorbereitet habe (Brand-Schock 2010: 198; Espey 2001: 190).

[47] Dies lag zum einen am französischen Mehrheitswahlrecht, in dem sich *Les Verts* nur schwer gegen andere Parteien durchsetzen konnten, zumal der linke Raum bereits durch die kommunistische Partei besetzt war (Boy 2010a: 5; Brand-Schock 2010: 167). Hinzukam die Spaltung in eine Konkurrenzpartei (*Génération Écologie*), wodurch weitere Wählerstimmen abflossen (Bomberg 1998: 182; Boy 2010a: 6–7; Brand-Schock 2010: 167). Zum anderen waren die Grünen gerade in Energiefragen politisch isoliert, was neben ihrer Ablehnung der Atomenergie auch an ihrer Skepsis gegenüber Biokraftstoffen lag, welche ansonsten parteiübergreifend befürwortet wurden (Brand-Schock 2010: 329–330). Abgesehen davon

galt (Brand-Schock 2010: 166–168). In ihrem Wahlprogramm von 1997 gingen die Kommunisten nicht explizit auf energiepolitische Fragen ein (PCF 1997), was vermutlich aus koalitionspolitischen Erwägungen geschah.

Tab. 6.2 Regierungen der Französischen Republik (1995 bis 2007)

Premierminister	Zeitraum	Regierungspartei(en)	Präsident
Alain Juppé	Mai 1995 – Juni 1997	RPR, UDF[48]	Jacques Chirac (RPR/UMP) 1995 – 2007
Lionel Jospin	Juni 1997 – Mai 2002	PS, PCF, RCV[49]	
Jean-Pierre Raffarin*	Mai 2002 – Juni 2002	RPR, UDF	
Jean-Pierre Raffarin	Juni 2002 – März 2004	UMP/LR, UDF	
Jean-Pierre Raffarin	März 2004 – Mai 2005	UMP, UDF	
Dominique de Villepin	Mai 2005 – Mai 2007	UMP, UDF	

* Minderheitsregierung. Eigene Darstellung nach ParlGov-Datenbank (Döring und Manow 2019).

Angesichts der unvereinbaren energiepolitischen Positionen der *Gauche plurielle*-Regierung wurde eine EE-Förderung zunächst ausgeklammert (Brand-Schock 2010: 206). Ohnehin war das bestimmende energiepolitische Projekt der ersten Regierungshälfte die Umsetzung der EU-Liberalisierungsrichtlinie von 1996. Angesichts der bestehenden Zentralisierung des Energiesektors und der Dominanz des staatlichen Monopolunternehmens *Électricité de France* (EDF) erwies sich dies als problematisch:

---

unterschieden sich die Grünen von den etablierten Parteien dahingehend, dass ihre Abgeordneten nicht denselben Hintergrund der *Grandes Écoles* mitbrachten wie Parlamentskollegen anderer Parteien (Boy 2002: 67). Auch im gesellschaftlichen Raum waren die Grünen nur lose mit Akteuren des Erneuerbare-Energien-Bereichs vernetzt (Brand-Schock 2010: 167–169).

[48] Im französischen Parteienspektrum gab es unter den konservativen Parteien zahlreiche Zusammenschlüsse, Abspaltungen und Umbenennungen, nachverfolgbar über die ParlGov-Datenbank (Döring und Manow 2019). So ging die RPR 2002 in der UMP auf, welche wiederum als Splitterpartei aus der UDF hervorgegangen war.

[49] RCV war ein Parteienbündnis (*Groupe Radical, Citoyen et Vert*), dem auch die Grünen (*Les Verts*) angehörten (Döring und Manow 2019).

In the European energy market's deregulation process, France has sometimes been referred to as the ‚black sheep', with its national energy model built on strong state intervention, two energy champions (state-owned firms Electricité de France EDF and Gaz de France GDF), nuclear power as the main source of electricity and the French concept of ‚public service' (Meritet 2007: 4767; siehe auch Meyer 2003: 667; Sauter 2006: 61).

Entsprechend zog sich das Gesetzgebungsverfahren zu einem neuen Elektrizitätsgesetz in die Länge, worauf die EU-Kommission mit einem Vertragsverletzungsverfahren reagierte (Bocquillon und Evrard 2017: 167; siehe dazu auch Brand-Schock 2010: 203–204).[50] In der Biokraftstoffpolitik gab es derweil auch nach dem Regierungswechsel zur *Gauche plurielle* weitgehende Kontinuität. Die konservative Vorgängerregierung hatte bereits ein Fördersystem konzipiert, welches die rot-rot-grüne Regierung nun umsetzte (Brand-Schock 2010: 344–345).[51] Mit dem Gesetz zur Änderung des Finanzgesetzes für 1997[52] wurde ein System eingerichtet, bei dem eine bestimmte Produktionsquote von Biokraftstoffen steuerlich begünstigt wurde. Voraussetzung dafür war, dass Hersteller von Biokraftstoffen an einem entsprechenden Ausschreibungsverfahren teilnahmen und anschließend eine über drei bzw. neun Jahre gültige Genehmigung vom Finanzministerium erhielten, in Absprache mit dem Landwirtschafts- und dem Wirtschaftsministerium (Décret n° 98–309 du 22 avril 1998, vollständig zit. in Fn. 52; siehe auch EK 1997b). Das Landwirtschaftsministerium setzte sich dabei für möglichst hohe Förderquoten ein, da eine Biokraftstoffförderung hier mit einer Förderung der Landwirtschaft gleichgesetzt wurde (Brand 2006: 26–27; Brand-Schock 2010: 323–324). Auch mit dem Wechsel zurück zu einer konservativen Regierung im Jahr 2002 wurde das System fortgesetzt (Brand-Schock 2010: 349–351).

---

[50] Das Gesetzgebungsverfahren zum Elektrizitätsgesetz begann Ende 1998. Das Vertragsverletzungsverfahren wurde Ende 1999 eingeleitet, bevor Anfang 2000 die französische Gesetzgebung schließlich abgeschlossen war. Zum zeitlichen Verlauf siehe Website des Senats, https://www.senat.fr/dossier-legislatif/electricite.html (30.08.2018).

[51] Wie bereits erwähnt, war die Biokraftstoffförderung (abgesehen von den Grünen) weitgehend unstrittig (Brand-Schock 2010: 329–330).

[52] Art. 25 Loi de finances rectificative pour 1997 (n° 97–1239 du 29 décembre 1997). JORF n° 302 du 30 décembre 1997, page 19101. Spezifiziert durch Décret n° 98–309 du 22 avril 1998 fixant les conditions requises pour concourir à l'appel à candidatures pour la mise à la consommation sur le territoire français de biocarburants donnant lieu à une réduction de la taxe intérieure de consommation sur les produits pétroliers. JORF n° 96 du 24 avril 1998, page 6303.

Frühe 2000er Jahre: Erzwungene Liberalisierung und klimapolitische Integration
Wie bereits erwähnt, zog sich die französische Umsetzung der 1996 ver-
abschiedeten EU-Liberalisierungsrichtlinie in die Länge – das Anfang 2000
schließlich verabschiedete Elektrizitätsgesetz[53] spiegelte dafür einen umfassenden
Regulierungsanspruch wider. Denn neben den EU-rechtlich angestoßenen Libe-
ralisierungsmaßnahmen enthielt es auch Regelungen und Instrumente, welche die
Grundlage für die nachfolgende energiepolitische Steuerung sowie künftige EE-
Fördermodelle bildeten. Unter dem Liberalisierungsaspekt betrachtet, brachte das
Elektrizitätsgesetz von 2000 nur eine mäßige Veränderung (Brand-Schock 2010:
203; Grotz 2005a: 124–125; Lauriol 2016: 487). Die Macht des staatlichen Mono-
polisten *Électricité de France* wurde an einigen Stellen eingeschränkt[54] und EDF
zum Ankauf von Strom aus kleinen EE-Anlagen (bis 12 MW)[55] verpflichtet.
Doch ungeachtet dieser Neuerungen blieb der Energiesektor auch in den Folgejahren weitgehend unter staatlicher Kontrolle, entsprechend der französischen
Tradition des energiepolitischen Interventionismus (Leimbach und Müller 2008:
16; Meritet 2007; Percebois 2008: 7). Dies drückte sich auch in den Artt. 6 und 8
des Elektrizitätsgesetzes aus (Loi n° 2000–108, zit. i. Fn. 53): Laut Art. 6 wurde
ein mehrjähriger Investitionsplan (*Programmation Pluriannuelle des Investissements*, PPI) vorgesehen, welcher dem von der Regierung angestrebten Energiemix
entsprechen sollte; mit Art. 8 wurde zudem der Mechanismus des Ausschreibungsverfahrens verankert. Damit bekam das für Energie zuständige Ministerium
ein flexibles Instrument an die Hand, mit dem es die Entwicklung des Energiemarktes nach Bedarf steuern konnte. Der Mechanismus betraf alle Energieträger

---

[53] Loi n° 2000–108 du 10 février 2000 relative à la modernisation et au développement du
service public de l'électricité. JORF n° 35 du 11 février 2000, page 2143.

[54] So wurde das Übertragungsnetz nun nicht mehr direkt von EDF betrieben, sondern von
dem gem. Artt. 12–16 neu eingerichteten Netzbetreiber *Réseau de Transport d'Électricité*
(RTE), welcher abgesehen von der buchhalterischen Trennung aber weiterhin zu EDF
gehörte (Guénaire et al. 2017). Eine unabhängige Regulierungsbehörde (*Commission de
régulation de l'électricité*) wurde eingerichtet, um u. a. die Bedingungen der Netznutzung
festzulegen sowie Streitigkeiten in Netzfragen beizulegen (Artt. 28–43 Loi n° 2000–108).
Später wurde deren Zuständigkeit auf den Gasbereich ausgeweitet (Lauriol 2016: 490).
Daneben hatten industrielle Verbraucher nunmehr freie Versorgerwahl, sodass sie nicht mehr
auf den historischen Versorger EDF angewiesen waren (Art 22 Loi n° 2000–108; siehe
auch Guénaire et al. 2017). Unabhängige Erzeuger erhielten gem. Art. 23 zudem rechtlichen
Zugang zum Übertragungs- und Verteilnetz.

[55] *Électricité de France* wurde gem. Art. 10 verpflichtet, auf Anfrage mit EE-
Stromproduzenten Verträge abzuschließen, wodurch nach staatlich festgelegten
Bedingungen die Abnahme des produzierten Stroms (für Anlagen bis 12 MW) garantiert
wurde (siehe auch Hazrat 2016: 356–358).

und war Teil der staatlichen energiepolitischen Steuerung und Investitionspla-
nung (Hazrat 2016: 356). Abgesehen davon behielt der französische Staat etwa
85 % der Aktien an *Électricité de France* (Bocquillon und Evrard 2017: 165;
Brand-Schock 2010: 157; Percebois 2008: 7). Für neue Akteure blieb der Marktzutritt angesichts der nach wie vor engen Vernetzung von Staat und Atomindustrie
weiterhin schwierig (Szarka 2006: 634).

In etwa zeitgleich mit Formulierung des Elektrizitätsgesetzes wurde bereits an
weiteren energiepolitischen Reformen gearbeitet: So wurde um 2000 in mehrerer Hinsicht eine Integration von Klima- und Energiepolitik vorgenommen,
bei der einige neue Instrumente eingeführt wurden, die sich positiv auf den
Ausbau erneuerbarer Energien auswirkten. Ab 1999 wurde eine ökologische
Steuerreform angestoßen. Die *Taxe Générale sur les Activités Polluantes* (TGAP)
vereinte zunächst bisherige Steuerabgaben im Bereich der Abfallproduktion, der
Luftverschmutzung etc. und sollte anschließend um eine Energiebesteuerung
ergänzt werden, welche primär dazu gedacht war, eine Senkung des CO_2-
Ausstoßes herbeizuführen (Deroubaix und Lévèque 2006: 941; MIES 2000:
36–38). Gleichzeitig sollten die Steuereinnahmen zur Reduktion der Lohnne-
benkosten genutzt werden (MIES 2000: 37), vergleichbar mit der deutschen
Ökosteuer (Abschnitt 6.1).[56] Im Januar 2000 formulierte die Regierung ein
nationales Klimaprogramm (*Programme National de Lutte contre le Changement Climatique*), in dem die Energiebesteuerung als zentrale Maßnahme zur
Treibhausgasreduktion aufgeführt wurde (MIES 2000).[57] Die Motivation für das
Klimaprogramm entsprang in erster Linie den geleisteten Verpflichtungen im
Rahmen des Kyoto-Protokolls bzw. Frankreichs Verantwortung im Kampf gegen
den Klimawandel.[58] Neben der Energiebesteuerung sollte auch der Ausbau erneuerbarer Energien als Instrument im Kampf gegen den Klimawandel eingesetzt
werden (MIES 2000: 46). Im Vordergrund stand dabei der Wärmesektor, wo

---

[56] Verbunden wurde dies in Frankreich mit einer Arbeitsmarktreform, bei der die 35-
Stunden-Woche eingeführt wurde – geplant war, eine vergünstigte Lohnsteuer nur denjenigen Unternehmen zu gewähren, die auch an der 35-Stunden-Woche teilnahmen (ausführlicher bei Deroubaix und Lévèque 2006).

[57] Erstellt wurde das Klimaprogramm von der interministeriellen Einheit gegen den Treib-
hauseffekt (*Mission Interministérielle de l'Effet de Serre*, MIES), welche 1992 gegründet
worden war und deren Aufgabe u. a. darin bestand, Frankreichs Verhandlungsposition bei
internationalen Klimakonferenzen vorzubereiten und geeignete Maßnahmen zur Verwirklichung der französischen Klimaziele auszuarbeiten (MIES 2000).

[58] Dies wurde in den Vorworten von Premierminister Lionel Jospin sowie Umweltministe-
rin Dominique Voynet deutlich und war überdies Thema des ersten Kapitels (MIES 2000).
Da in manchen Sektoren die CO_2-Emissionen angestiegen waren, war die Einhaltung der
geleisteten Klimavereinbarungen gefährdet (Szarka 2011: 163–165).

die Nutzung von Biomasse und Solarthermie ausgebaut werden sollte (MIES 2000: 13–16).[59] Ein Ausbau erneuerbarer Energien im Stromsektor, speziell der Windenergie, wurde ebenfalls anvisiert, allerdings nur als Vorkehrungsmaßnahme („dans le cadre d'une politique de précaution"), falls die Atomenergienutzung langfristig eingeschränkt werden sollte (MIES 2000: 60).[60] Über die Energiebesteuerung wurde in einem zweijährigen Konsultationsprozess verhandelt, oftmals in vertraulichen Treffen zwischen der Regierung, speziell der *Parti Socialiste* (PS), und Vertretern der energieintensiven Industrie (Deroubaix und Lévèque 2006: 943–944). Im Verlauf wurde der ursprüngliche Vorschlag immer weiter eingeschränkt, z. B. Haushalte ausgenommen, die energieintensive Industrie großzügig bevorteilt und insgesamt sowohl das ökonomische als auch das ökologische Niveau abgesenkt – die Version, die schließlich dem Parlament vorgelegt wurde, fand kaum noch Unterstützung (ausführlicher bei Deroubaix und Lévèque 2006). Das Legislativprojekt wurde sodann vom Verfassungsgericht gekippt, als es in seiner Entscheidung vom 28. Dezember 2000[61] feststellte, dass die Ausweitung der TGAP um eine Energiebesteuerung in der geplanten Form verfassungswidrig sei (kritisch dazu Caudal 2001).

Parallel zur Verhandlung der am Ende gescheiterten Energiebesteuerung wurden im Bereich erneuerbare Energien jedoch einige Erfolge erzielt. Im April 2000, wenige Monate, nachdem das nationale Klimaprogramm formuliert worden war, markierte der Grünenpolitiker und spätere Umweltminister Yves Cochet[62] mit seinem *Rapport Cochet* einen wichtigen Meilenstein in Richtung erneuerbare Energien (Brand-Schock 2010; Grotz 2005a: 136; Hazrat 2016: 355–356). In seinem Bericht auf Geheiß des Premierministers plädierte Cochet nicht nur für einen deutlichen Ausbau erneuerbarer Energien, er kritisierte dabei auch das Modell des Ausschreibungsverfahrens und empfahl stattdessen die Einführung fester Einspeisetarife. Hierbei verwies er auf den Erfolg, der in Deutschland und anderen europäischen Ländern mit diesem Fördermodell erzielt worden war (Cochet 2000: 41–43). Cochet bezog sich explizit auf das deutsche Erneuerbare-Energien-Gesetz, welches am 01.04.2000 in Kraft getreten war (Cochet 2000:

---

[59] Komplementär dazu wurde in puncto Energieeffizienz der Gebäudebereich in den Blick genommen. Geplant waren hier insbesondere eine Neuregulierung zur Energieeffizienz von Gebäuden (MIES 2000: 8–9) und Programme zur Wärmedämmung (MIES 2000: 18).

[60] Biokraftstoffe fanden nur am Rande Erwähnung, stattdessen wurde die Besteuerungshöhe konventioneller Kraftstoffe diskutiert (MIES 2000).

[61] Décision n° 2000–441 DC du 28 décembre 2000. Loi de finances rectificative pour 2000. JORF n° 303 du 31 décembre 2000, page 21204, texte n° 7.

[62] Yves Cochet löste 2001 seine Vorgängerin Dominique Voynet als Umweltminister ab. Beide waren Mitglieder der Grünen.

15). Außerdem nahm er Bezug auf das im Januar formulierte nationale Klimaprogramm sowie den bereits vorliegenden Entwurf einer EU-Richtlinie zur Förderung erneuerbarer Energien im Stromsektor (Cochet 2000: 15). Diese wurde zeitgleich auf EU-Ebene, unter französischer Ratspräsidentschaft, verhandelt. Die Europäische Kommission hatte nationale Ausbauziele für den Stromsektor vorgeschlagen, was für Frankreich auf einen Anteil von 21 % EE-Strom bis zum Jahr 2010 hinauslief, von vormals 15 % im Jahr 1997 (EK 2001a: 103). Frankreich selbst verfolgte während der Verhandlungen einen gemäßigten Kurs und favorisierte rein indikative Ausbauziele sowie die freie Wahl der einzusetzenden Policy-Instrumente (Brand-Schock 2010: 208). Dennoch zeichnete sich durch die europäische EE-Politik auch für Frankreich ab, dass ein Ausbau erneuerbarer Energien perspektivisch auf die Agenda treten würde (Brand-Schock 2010: 207–208; Szarka 2006: 633–634). Während die Energiebesteuerung also gescheitert war, erging parallel dazu im Dezember 2000 ein Décret[63], mit dem die bestehende Ankaufspflicht aus Art. 10 des Elektrizitätsgesetzes um verbindliche Einspeisetarife konkretisiert wurde. Die Höhe der Einspeisetarife wurde allerdings erst später festgelegt, in Form von weiteren Dekreten und Erlassen, welche zwischen Mai 2001 und April 2002 ergingen (Hazrat 2016: 357–361). Die Regierung hatte das Unternehmen EDF, dem die vorgeschlagenen Tarife zu hoch waren und welches auch die Notwendigkeit eines (weiteren) EE-Ausbaus bestritt, nach zähen Verhandlungen schließlich zum Einlenken gezwungen (Brand-Schock 2010: 210–212; Szarka 2006: 633). Mittlerweile war auch das EuGH-Urteil vom 13.03.2001[64] ergangen, mit dem das deutsche Modell der Einspeisetarife als rechtsgültig anerkannt wurde (siehe auch Abschnitt 6.1). Neben der rechtlichen Formalisierung der Einspeisetarife wurde 2002 ebenfalls ein Décret[65] zur weiteren Ausgestaltung der Ausschreibungsverfahren formuliert, welche in Art. 8 des Elektrizitätsgesetzes bereits als Steuerungsinstrument verankert worden waren. Damit gab es nunmehr je nach Anlagengröße zwei parallele Fördersysteme für Strom aus erneuerbaren Energien: Anlagen unter 12 MW wurden über Einspeisetarife gefördert, größere Anlagen per Ausschreibungsverfahren (Dodd 2005b; Hazrat 2016: 354–355).

---

[63] Décret n° 2000–1196 du 6 décembre 2000 fixant par catégorie d'installations les limites de puissance des installations pouvant bénéficier de l'obligation d'achat d'électricité. JORF n°285 du 9 décembre 2000, page 19550.

[64] Urteil des Gerichtshofes vom 13.03.2001 in der Rechtssache C-379/98 (PreussenElektra AG v Schleswag AG), I-2159.

[65] Décret n° 2002–1434 du 4 décembre 2002 relatif à la procédure d'appel d'offres pour les installations de production d'électricité. JORF n° 288 du 11 décembre 2002, page 20413.

Während die Rechtsakte zur Regelung der Einspeisetarife noch in den letzten Regierungsmonaten der *Gauche plurielle*-Regierung finalisiert worden waren, ging das Décret zum Ausschreibungsverfahren bereits auf die konservative Regierung zurück, die im Mai 2002 an die Macht gekommen war (Tab. 6.2). Wie es bereits die *Gauche plurielle* bei der Biokraftstoffförderung getan hatte, behielt auch die konservative Regierung den energiepolitischen Kurs ihrer Vorgängerin bei, sodass die Einspeisetarife erhalten blieben (Brand-Schock 2010: 217; Grotz 2005a: 136). Dies war insofern erstaunlich, als dass die konservative *Union pour un Mouvement Populaire* (UMP) gegenüber der Förderung erneuerbarer Energien und speziell Einspeisetarifen als Skeptikerin galt: Traditionell stand die Partei für einen weiteren Ausbau der Atomenergie – erneuerbare Energien wurden lange Zeit allenfalls als Ergänzung akzeptiert, außerdem wurde regionaler Widerstand gegen neue Windenergieanlagen oftmals von UMP-Politikern (mit-) getragen, die eine Beeinträchtigung des Landschaftsbildes ablehnten (Brand-Schock 2010: 163–164). Nichtsdestotrotz fand sich 2002 auch bei der UMP der Ausbau erneuerbarer Energien im Parteiprogramm wieder (UMP 2002). Zusammen mit der Einsparung von Energie sowie sogenannten sauberen Alternativen im Transportsektor sollten erneuerbare Energien vor allem zur Reduktion von Treibhausgasen beitragen (UMP 2002: 4). Der Regierungspartner *Union pour la Démocratie Française* (UDF)[66] wollte zwar an einer ‚sauberen und sicheren Atomindustrie' festhalten, räumte allerdings ein, dass die Frage der Endlagerung noch ungeklärt sei (UDF 2002: 28). Gleichzeitig zeigte sich die UDF offen für erneuerbare Energien: Neben einem großangelegten Forschungsprogramm für erneuerbare Energien wurde eine stärkere Dezentralisierung bzw. Regionalisierung des EE-Ausbaus gefordert (UDF 2002: 28).[67] Dabei hatte die UDF allerdings eine klare Präferenz für den Ausbau der Solarenergie, während die Windenergie als Bedrohung („menace") für die Schönheit und Harmonie der Landschaft gesehen wurde (UDF 2002: 28). Obgleich der Ausbau erneuerbarer Energien parteipolitisch nicht an oberster Stelle der konservativen Agenda stand und auch nicht alle Technologien gleichermaßen unterstützt wurden, so zeigte sich doch, dass erneuerbare Energien selbst im traditionell atomfreundlichen Lager Teil der energiepolitischen Planung geworden waren. Neben der Einspeisevergütung wurden dabei auch andere Policies fortgeführt, die unter der Vorgängerregierung entstanden waren: Das Wirtschaftsministerium formulierte

---

[66] Gegenüber der UMP (knapp 62 %) hatte die UDF nur knapp 5 % der Parlamentssitze inne (siehe zur Verteilung innerhalb der jeweiligen Raffarin-Regierungen auch die ParlGov-Datenbank bzw. Döring und Manow 2019).

[67] Entscheidungen über EE-Projekte sollten laut UDF verstärkt auf lokaler Ebene, im Rahmen von regionalen EE-Aktionsplänen, getroffen werden (UDF 2002: 28).

Anfang 2003 einen mehrjährigen Investitionsplan (PPI) für den Strombereich[68] und gestaltete damit das in Art. 6 des Elektrizitätsgesetzes von 2000 vorgesehene Instrument aus (Loi n° 2000–108). Hierbei wurde einleitend auch Bezug auf die EU-Richtlinie 2001/77/EG zur Förderung erneuerbarer Energien im Stromsektor genommen, deren Zielsetzung sich dadurch wiederfand, dass ein Anteil von 21 % EE-Strom per Ausschreibung vergeben werden sollte (Art. 3 Arrêté du 7 mars 2003). Zudem wurden für 2007 Zielwerte für verschiedene erneuerbare Energieträger in MW spezifiziert (Annexe Arrêté du 7 mars 2003). Die Verabschiedung des PPI, insbesondere unter einer konservativen Regierung sowie unter Federführung des traditionell EE-skeptischen Wirtschaftsministeriums, verdeutlichte einmal mehr die energiepolitische Öffnung zugunsten erneuerbarer Energien und bestätigte auch Frankreichs Bemühen, das unverbindliche 21 %-Ziel der EU-Richtlinie tatsächlich zu erreichen (Brand-Schock 2010: 219–220).

Mitte der 2000er Jahre: Neuorientierung mit dem Energierahmengesetz
Während die konservative Regierung in vielerlei Hinsicht den Kurs ihrer Vorgängerin fortsetzte, nahm sie sich zugleich eine strategische (Neu-)Ausrichtung der französischen Energiepolitik vor, welche in einem Energierahmengesetz rechtlich verankert werden sollte. In Vorbereitung dazu wurde 2003 eine nationale Debatte anberaumt, welche die Entscheidung über die Zukunft der Energieversorgung demokratisch verankern sollte (Brand-Schock 2010: 220; Grotz 2005a: 136; Szarka 2006: 633; Whiteside et al. 2010: 453). Von der Debatte hatten sich allerdings schon früh diejenigen Organisationen abgekoppelt, die sich für erneuerbare Energien einsetzten bzw. kritisch der Atomenergie gegenüberstanden. Eine echte Grundsatzdiskussion über die Ausrichtung der französischen Energiepolitik war ihrer Meinung nach angesichts der fortwährenden Dominanz der Atomlobby nicht möglich (Brand-Schock 2010: 220–221; siehe auch Szarka 2006: 633). Die Ergebnisse der nationalen Debatte wurden in einem Weißbuch zusammengefasst, welches Ende 2003 vorgestellt wurde (MEFI 2003). Auf dieser Basis wurde im Juli 2005 das Energierahmengesetz[69] verabschiedet, das nunmehr die rechtliche Grundlage der französischen Energiepolitik bildete (Hazrat 2016: 362–363; Lauriol 2016: 484). Neben dem Zieldreieck aus Versorgungssicherheit, Wettbewerbsfähigkeit und Umweltverträglichkeit (Art. 1 Loi n° 2005–781) wurde der Kampf gegen den Klimawandel als energiepolitische Priorität verankert. Zudem

---

[68] Arrêté du 7 mars 2003 relatif à la programmation pluriannuelle des investissements de production d'électricité. JORF n° 65 du 18 mars 2003, page 4692.

[69] Loi n° 2005–781 du 13 juillet 2005 de programme fixant les orientations de la politique énergétique (Loi POPE). JORF n°163 du 14 juillet 2005, page 11570.

spiegelte sich eine Integration von Klima- und Energiepolitik in der Vorgabe, alle zwei Jahre einen angepassten Klimaschutzplan zu entwickeln (Art. 2). Folgende energiepolitische Säulen wurden im Energierahmengesetz verankert:

- die Eindämmung des Energieverbrauchs (Art. 3),
- die Diversifikation der Energiequellen (Art. 4),
- der Ausbau von Forschung im Bereich erneuerbare Energien (Art. 5),
- die Verbesserung der Übertragung und Speicherung von Energie (Art. 6).

Zum Zwecke der angestrebten Diversifikation wurde ein Ziel von 10 % erneuerbarer Energien bis 2010 formuliert (Art. 4). Ergänzt wurde dies um sektorale Ziele. Im Stromsektor sollte bis 2010 ein Anteil von 21 % aus erneuerbaren Energiequellen stammen, obgleich die Atomenergie weiterhin die primäre Erzeugungsquelle bleiben sollte (Art. 4). Damit entsprach Frankreich auch der EU-Vorgabe laut Richtlinie 2001/77/EG. Als neues Planungsinstrument für den Ausbau von EE-Strom wurden zudem Windenergie-Entwicklungszonen (*zones de développement de l'éolien*) eingeführt, die künftig durch die Kommunen ausgewiesen werden sollten (Art. 37).[70] Im Wärmesektor wurde bis 2010 eine Erhöhung des EE-Anteils um 50 % geplant (Art. 4). Außerdem sollte eine Anpassung des Bau- und Wohnrechts gemäß der klima- und energiepolitischen Zielsetzung erfolgen (Art. 26–27).[71] Im Transportsektor wurde ebenfalls die europäische Zielsetzung von 5,75 % bis 2010 aufgegriffen (Art. 4).[72] Angesichts dessen, dass der Transportsektor in besonderem Maße für klimaschädliche Emissionen und Luftverschmutzung verantwortlich gemacht (Art. 4) und die Biokraftstoffförderung im *Plan Climat* als eine zentrale klimapolitische Maßnahme aufgeführt wurde (MEDD und MIES 2004), war diese Zielsetzung zunächst wenig ambitioniert. Durch das Landwirtschaftsrahmengesetz[73] von 2006 wurde die Zielsetzung ein Jahr später jedoch bereits nach oben korrigiert: Es änderte das Energierahmengesetz dahingehend, dass schon 2008 ein Biokraftstoffanteil

---

[70] Diese wurden 2013 wieder abgeschafft (Hazrat 2016: 380).

[71] In Ergänzung zum EE-Ausbau im Strom- und Wärmesektor stand auch der Netzausbau auf der Agenda: Die Übertragungs- und Verteilnetze im Bereich Elektrizität und Gas sollten ausgebaut sowie die Netzanbindung zu anderen europäischen Ländern verbessert werden (Art. 6).

[72] Im Vorfeld der EU-Biokraftstoff-Richtlinie (2003/30/EG) hatte Frankreich erfolglos für verpflichtende Zielwerte plädiert (Bocquillon und Evrard 2017: 173–174; Brand-Schock 2010: 349).

[73] Loi n° 2006–11 du 5 janvier 2006 d'orientation agricole. JORF n°5 du 6 janvier 2006, page 229.

von 5,75 % erreicht werden sollte, mit nachfolgenden Zielwerten von 7 % bis
2010 und 10 % bis 2015 (Art. 48). Frankreich ging somit über die Vorgaben
der EU-Biokraftstoffrichtlinie hinaus. Außerdem wurde mit dem Finanzgesetz
für das Jahr 2005[74] ein weiteres steuerrechtliches Förderinstrument ergänzt:
Neben der bereits bestehenden, 1997 eingeführten Steuerermäßigung für ein
bestimmtes Kontingent an Biokraftstoffen, welches per Ausschreibungsverfahren vergeben wurde, brachte Art. 32 des neuen Finanzgesetzes eine Erweiterung
der Umweltsteuer (TGAP), wodurch auf (konventionelle) Kraftstoffe je nach
ihrem Biokraftstoffanteil eine zusätzliche Abgabe entfiel. Damit wurden nunmehr sowohl die Produktion als auch der Vertrieb von Biokraftstoffen steuerlich
unterstützt (siehe auch Brand-Schock 2010: 363; MTES 2016).

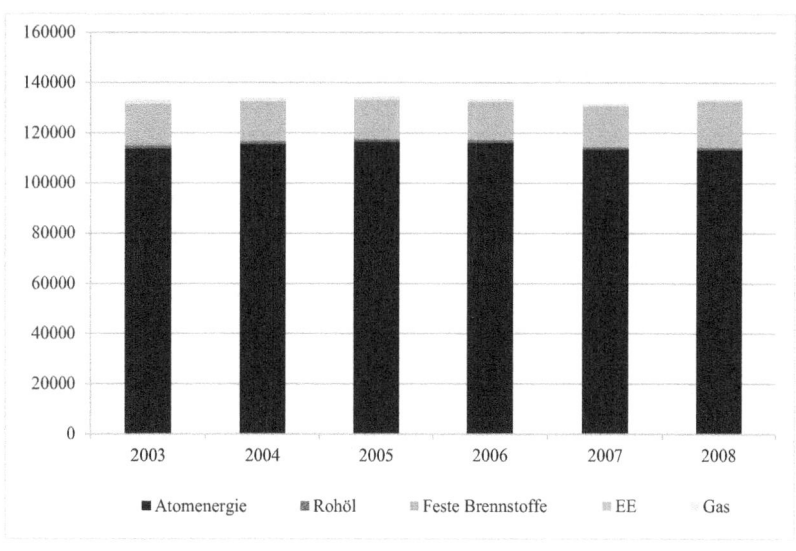

Abb. 6.3 Energieerzeugung in Frankreich im Vorfeld der EU-Richtlinie (in 1000 t RÖE).[75]
Eigene Darstellung nach Eurostat (2016)

Obwohl sich die Regierung für erneuerbare Energien geöffnet und diverse
Förderpolicies verabschiedet hatte, blieb die französische Energiewirtschaft im

---

[74] Loi n° 2004–1484 du 30 décembre 2004 de finances pour 2005. JORF n°304 du 31
décembre 2004, page 22459.

[75] Primärenergieerzeugung. Die Kategorie ‚Gas' enthält Naturgas und Erdgaskondensate
(NGL).

Vorfeld der Erneuerbare-Energien-Richtlinie von 2009 deutlich von der Atomindustrie geprägt. Die in Frankreich erzeugte Energie stammte im Durchschnitt der Jahre 2003 bis 2008 zu etwa 86 % aus Atomenergie. Dieser Wert blieb weitgehend stabil, obwohl die französische Bevölkerung im EU-Vergleich eher atomkritisch eingestellt war (Brouard und Guinaudeau 2017). Laut Eurobarometer begrüßten 49 % der Befragten in Frankreich eine Verringerung des Atomenergieanteils (EK 2007c: 15). Zudem waren 56 % der Befragten der Ansicht, dass die Atomenergie mithilfe von erneuerbaren Energien und Energiesparmaßnahmen leicht ersetzt werden könne (EK 2007c: 12).[76] Am französischen Erzeugungsmix machten erneuerbare Energiequellen im betrachteten Zeitraum durchschnittlich 12 % aus (Abb. 6.3). Von 2003 bis 2008 gab es dabei eine Erhöhung von 12 % auf 14 %, wobei kein konstantes Wachstum, sondern eher Produktionsschwankungen zu beobachten waren. Ungeachtet der bisherigen Fördermaßnahmen bestanden Mitte der 2000er Jahre noch diverse Hürden für den Ausbau erneuerbarer Energien, darunter die für bestimmte EE-Technologien wie Photovoltaik und Biomasse zu niedrig angesetzten Einspeisetarife (Brand-Schock 2010: 237–239; Sauter 2006: 70), Verwaltungshemmnisse bei der Genehmigung neuer EE-Anlagen (Dodd 2005a; Grotz 2005a: 134; Sauter 2006: 71–72) und lokale Akzeptanzprobleme, die sich besonders gegenüber Windenergieprojekten äußerten (Szarka 2006: 633). Abschließend wird nun formuliert, welche Rückschlüsse sich auf Basis der dargestellten Förderhistorie auf die institutionellen Arrangements sowie die Interessenkonstellation im Vorfeld der europäischen Erneuerbare-Energien-Richtlinie von 2009 ziehen lassen.

6.2.2 Institutionen und Interessen

Institutionelle Arrangements im Vorfeld der EU-Richtlinie
Die Regulierung des französischen Energiesektors im Vorfeld der EU-Richtlinie war von einem *etatistischen* und *paternalistischen* Stil geprägt, bei dem der Staat, nahezu unabhängig von der aktuellen parteipolitischen Ausrichtung, als Regelungsinstanz auftrat und je nach Kontext und Erfordernis energiepolitische Neujustierungen vornahm:

---

[76] Die Befragung wurde von Oktober bis November 2006 durchgeführt. EU-weit waren es 39 %, wobei in Ländern mit aktiven AKW tendenziell ein höherer Zuspruch verzeichnet wurde – Frankreich stellte mit der eher ablehnenden Haltung der Bevölkerung insofern nicht nur im EU-Vergleich, sondern vor allem auch in der Gruppe der Länder mit aktiver Atomenergienutzung eine Ausnahme dar (EK 2007c: 15).

Der Staat hat in Frankreich bei allen energiepolitischen Entscheidungen immer eine bestimmende Rolle gespielt, vor allem nach 1945. Er hat stets [...] die notwendigen Kurswechsel vollzogen, unabhängig davon, welche Partei gerade die Regierung stellte (Percebois 2008: 5).

Zwar hatte es mit dem Regierungswechsel zur *Gauche plurielle* einen neuartigen Fokus auf ökologische Fragestellungen in der Energiepolitik gegeben, die dabei eingeschlagenen regulatorischen Pfade wurden jedoch auch von der konservativen Regierung weiterbeschritten und zum Teil sogar weiterentwickelt. Die historische Erwartungshaltung an den Staat lautete, dass dieser „ein Höchstmaß an politischer Freiheit und sozialer Sicherheit" gewährleisten solle (Kempf 2009: 391; siehe auch Sauter 2006: 61). Im Zusammenhang mit der Energieversorgung bedeutete dies eine staatliche Verantwortung, sichere und bezahlbare Energie bereitzustellen, was bis zur europäisch angestoßenen Liberalisierung eine Verstaatlichung des Energiesektors bedingte (Brouard und Guinaudeau 2017: 130). Gesellschaftliche Interessen spielten dabei eine nachgelagerte Rolle – abgesehen von der (verstaatlichten) Atomindustrie war die einzig relevante Größe die Landwirtschaft, welche sich mit Erfolg zugunsten einer Biokraftstoffförderung einsetzte. Ungeachtet der exponierten Rolle des französischen Staates bei der Regulierung des Energiesektors gestaltete sich speziell der EE-Ausbau eher *reaktiv*. So handelte es sich bei der Biokraftstoffförderung um eine Reaktion auf ökonomisch motivierte Forderungen seitens der Landwirtschaft. Spätere Fördermaßnahmen resultierten primär aus einem internationalen Kontext: Zunächst hatten Entwicklungen in anderen europäischen Ländern Frankreich dazu bewogen, ebenfalls das Exportpotenzial von EE-Technologien zu testen (Windenergieprogramm EOLE 2005); später kam es mit der Umsetzung europäischer Richtlinien (Liberalisierung, EE-Stromrichtlinie) zum teilweisen Bruch mit bestehenden Arrangements; daneben ergaben sich aus den internationalen Klimaverpflichtungen maßgebliche Impulse für eine veränderte Klima- und Energiepolitik, welche nicht nur von der *Gauche plurielle*, sondern auch der konservativen Nachfolgeregierung aufgegriffen wurden.

Die Verbindung von Etatismus und (sektoral) reaktiver Regulierung erklärt, weshalb es einen energiepolitischen Wandel gab, ohne dass sich die Interessenkonstellation wesentlich geändert hätte. Zunächst drückte sich die starke Rolle des Staates darin aus, dass erneuerbare Energien weitgehend ignoriert wurden. Im Zuge internationaler klimapolitischer Entwicklungen folgte später jedoch ein *top-down*-organisierter EE-Ausbau, der allerdings so konzipiert war, dass bestehende Strukturen und Machtverhältnisse nicht gefährdet wurden: Einspeisetarife erhielten explizit nur kleine EE-Anlagen und der Staat behielt über das Instrument

des mehrjährigen Investitionsplans sowie der Ausschreibungsverfahren weitgehende Kontrolle über die Entwicklung des Energiemix. Waren bestimmte Ziele
auf die Regierungsagenda gelangt, folgte eine *umfassende* Regulierung, in Verbindung mit einer *legalistischen* Tradition. Der Regulierungsanspruch bestand
folglich darin, möglichst alle relevanten Aspekte einer Thematik abzudecken
und spezifisch zu regeln. Dies zeigte sich u. a. bei der EU-rechtlich angestoßenen Liberalisierung: Eigentlich ging diese Policy gegen die Traditionen und
Interessen Frankreichs, als sie jedoch durch das Elektrizitätsgesetz von 2000
schließlich umgesetzt wurde, war ein umfangreiches Gesetz entstanden, das
auch nachfolgenden Policies im EE-Bereich schon als Grundlage diente. Durch
ergänzende Dekrete und Erlasse des Wirtschaftsministeriums wurden die bereits
relativ umfassenden Gesetze weiter konkretisiert (siehe auch Hazrat 2016: 356).
Diese rechtliche Tradition stärkte wiederum die ohnehin zentrale Position und
Gestaltungsmacht des Wirtschaftsministeriums – Regulierungsstil und Regulierungsstrukturen griffen ineinander und positionierten das Wirtschaftsministerium
im Zentrum eines *zentralisierten* und *konzentrierten* Politikfeldes.

Interessenkonstellation im Vorfeld der EU-Richtlinie
Wie sich 2002 mit dem Regierungswechsel von der *Gauche plurielle* zurück
zu einer konservativen Regierung zeigte, war der Ausbau erneuerbarer Energien
parteiübergreifend auf die Agenda getreten. Während die Atomenergienutzung
grundsätzlich (mit Ausnahme der Grünen) nicht in Frage gestellt wurde, ebenso
wenig wie die agrarwirtschaftlich motivierte Förderung von Biokraftstoffen, trat
mit der Zeit auch der Ausbau weiterer EE-Sektoren und EE-Technologien als
zusätzliche energiepolitische Zielsetzung hinzu. Dies drückte sich u. a. darin aus,
dass das indikative EU-Ziel von 21 % erneuerbarer Energien im Stromsektor aktiv
über den Mechanismus des Ausschreibungsverfahrens verfolgt wurde. Auch das
lange Zeit EE-skeptische Wirtschaftsministerium hatte sich für EE-Förderpolicies
geöffnet. Begründet wurden diese klimapolitisch, eine veränderte Sicht auf die
Atomenergie ging damit nicht einher. So repräsentierten auch die Anpassungen
und Policies, die aufgrund europäischer Vorgaben oder im Lichte internationaler Klimavereinbarungen zu Veränderungen bestehender Arrangements geführt
hatten, letztlich immer einen regulatorischen Mittelweg, bei dem die nationale
Atomindustrie möglichst unberührt blieb. Mit Blick auf gesellschaftliche Akteure
war vor allem das staatsnahe Unternehmen *Électricité de France* (EDF) ein zentraler und mächtiger Akteur. Mitte der 2000er Jahre gingen knapp 90 % der
Stromerzeugung in Frankreich auf EDF zurück (Leimbach und Müller 2008: 18).
Im Schulterschluss mit dem Wirtschaftsministerium gelang es EDF lange Zeit,

den Status quo einer zentralisierten und auf Atomenergie beruhenden Energiewirtschaft beizubehalten. Mit der Zeit erkannte EDF aber auch für sich selbst
ökonomisches Potenzial in erneuerbaren Energien, zunächst in der Wasserkraft
(Percebois 2008: 6), später auch in der Windenergie, was 2000 im Aufkauf
des EE-Unternehmens *SIIF Energies* mündete (Brand-Schock 2010: 159; Pialot
2016).

   Abgesehen von der Atomindustrie, die faktisch weiterhin als halbstaatlicher
Akteur agierte, hatten gesellschaftliche Interessengruppen auf die energiepolitische Regulierung einen sehr geringen Einfluss. Im Bereich erneuerbare Energien
gab es einige Interessengruppen und Verbände[77], doch, anders als in Deutschland,
war in Frankreich keine volkswirtschaftlich relevante EE-Branche entstanden und
somit auch kein Gegengewicht zur Atomindustrie (Brand-Schock 2010; Grotz
2005a; Sauter 2006: 73). Der Verband *Syndicat des Énergies Renouvelables* (SER)
war zwar gut vernetzt, vor allem aufgrund der Mitgliedschaft EDFs – doch das
verhinderte wiederum, dass sich SER klar für den Ausbau erneuerbarer Energien
positionieren konnte (Sauter 2006: 72). Umweltverbände waren in Frankreich,
ähnlich wie die Partei *Les Verts*, im Policy-Netzwerk weitgehend marginalisiert,
aufgrund ihrer politisch nicht tragfähigen Forderung nach einem Atomausstieg
sowie ihrer Kritik an Biokraftstoffen (Brand-Schock 2010: 182; Szarka 2006:
634). Insgesamt lässt sich die Interessenkonstellation in Frankreich dennoch als
neutral einstufen. Als zentrale Akteure hatten sich das Wirtschaftsministerium als
auch EDF im Vorfeld der EU-Richtlinie von 2009 bereits gegenüber erneuerbaren
Energien geöffnet und entsprechende politische und wirtschaftliche Entscheidungen getroffen. Allerdings gab es im Vergleich zu anderen klimapolitischen
Maßnahmen keine inhärente Präferenz für den Ausbau erneuerbarer Energien.

6.3   Vereinigtes Königreich

Ein zentrales Merkmal der britischen Energiepolitik war die frühe Liberalisierung,
die neben dem Energiebereich auch andere Sektoren erfasste und zum Vorbild für die europäische Energiemarktliberalisierung wurde. Eine systematische
Förderung erneuerbarer Energien begann Anfang der 1990er Jahre im Rahmen
des NFFO-Systems, was jedoch eher als Nebenprodukt des Atomenergieausbaus

---

[77] Insbesondere waren dies *Observatoire des Énergies Renouvelables en France*
(Observ'ER), *Comité de Liaison Énergies Renouvelables* (CLER) und *Syndicat des Énergies
Renouvelables* (SER).

zustande gekommen war. Fortan prägte der marktliberale und interventionskritische Kurs, der von beiden politischen Lagern geteilt wurde, die Entwicklung des Energiesektors sowie die Gestaltung der Förderinstrumente. Die britische Regierung nutzte ein Quotenmodell, um den Ausbau erneuerbarer Energien auf möglichst kosteneffiziente Weise, überwiegend vom Markt gesteuert, voranzutreiben. Dies erwies sich für den EE-Ausbau in vielerlei Hinsicht jedoch als problematisch.

6.3.1 Förderhistorie

1960er bis 1980er Jahre: Liberalisierung eines fossilen Energiemarktes
Der britische Energiesektor war grundsätzlich von inländischen fossilen Energiequellen geprägt. Neben der langen Kohletradition kamen durch die Entdeckung von Öl- und Gasfeldern in der Nordsee weitere Energieträger hinzu, die zumindest vorübergehend „eine autarke Energieversorgung des Landes" versprachen (Suck 2008: 61). Ergänzt wurde dies ab Ende der 1960er Jahre von der Atomenergie, aber nur in vergleichsweise geringem Umfang (Elliott 2019: 5; Suck 2008: 67–69). Die Energieversorgung des Landes war durch seine fossilen Energiereserven zunächst weitgehend abgesichert (Espey 2001: 199; Keay 2016: 248). Dennoch regten die Ölkrisen der 1970er Jahre auch im Vereinigten Königreich die Suche nach langfristigen Alternativen zu fossiler Energie an. Im Fokus stand dabei ein weiterer Ausbau der Atomenergie (Elliott 2019: 70–72). Im Vergleich zu Deutschland, wo eine starke Anti-AKW-Bewegung den Ausbau erneuerbarer Energien antrieb, fanden ökologische und atomkritische Bewegungen im Vereinigten Königreich deutlich weniger Zuspruch (Elliott 2019: 15).

Eine Besonderheit der britischen Energiepolitik war die frühe Liberalisierung und Privatisierung, welche auch andere Teile des öffentlichen Sektors betraf. Bereits ab 1979 wurde der Prozess unter Premierministerin Margaret Thatcher angestoßen, d. h. etwa zehn Jahre, bevor dieser Weg auch in anderen EU-Mitgliedstaaten bzw. auf EU-Ebene eingeschlagen wurde (Drews 2008: 34; Meyer 2003: 667). Die konservative Regierung verfolgte dabei eine antiinterventionistische Strategie, mit dem Ziel, u. a. im Energiesektor möglichst effiziente Marktstrukturen zu schaffen (Espey 2001: 199; Keay 2016: 248).[78] Dieses marktliberale Modell der öffentlichen Daseinsvorsorge machte das Vereinigte Königreich zum Vorbild für die europäische Energiemarktliberalisierung (Drews

---

[78] Thomas (2004) übt jedoch Kritik an der Effektivität der britischen Liberalisierung, denn sie habe im Ergebnis nicht zu effizienteren Marktstrukturen geführt.

2008: 34; Lauber und Toke 2005: 135).[79] Für erneuerbare Energien bedeutete die Liberalisierung, dass staatliche Forschungs- und Entwicklungsausgaben langfristig eingeschränkt und die Entwicklung alsbald dem Markt überlassen werden sollte (Elliott 2019: 77–81).

Späte 1980er bis frühe 1990er Jahre: Fördersystem für Atomenergie begünstigt erneuerbare Energien
Interessanterweise zeigte sich im Nachgang der Energiemarktliberalisierung, dass trotz der Ideologie staatlicher Zurückhaltung de facto nicht auf eine proaktive Gestaltung des Politikfeldes verzichtet wurde. Der Einfluss der britischen Regierung blieb auch nach der Energiemarktliberalisierung groß (Espey 2001: 198). Bestimmender Akteur war das Wirtschaftsministerium (*Department of Trade and Industry*, DTI)[80], welches um sich herum ein zentralisiertes Politikfeld schuf, indem es überwiegend mit einigen wenigen großen Unternehmen zusammenarbeitete (Dinica 2005: 298; Mitchell 2010: 123–124). Ein wesentliches Ziel dieser Zeit galt der Verschiebung des Energiemix: Die Regierung strebte an, den Kohlesektor weiter ab- und die Atomenergie auszubauen (Elliott 2019: 6; Suck 2008: 64–70).[81] Der marktorientierte Liberalisierungskurs spiegelte sich dabei vor allem in der Wahl wettbewerbsbasierter und möglichst kosteneffizienter Instrumente wider (Mitchell und Connor 2004: 1938). Zugleich zeigte sich aber eine aktive Gestaltung des Energiesektors an der Konzipierung eines Fördersystems zum Ausbau der Atomenergie. Das System war so angelegt worden, dass

---

[79] Während sich andere EU-Mitgliedstaaten Mitte der 1990er Jahre an die EU-Liberalisierungsrichtlinie für den Energiemarkt anpassen mussten, hatte das Vereinigte Königreich viele darin enthaltene Elemente bereits selbst eingerichtet, darunter eine Regulierungsbehörde für den Energiesektor (*Office of Gas and Electricity Markets*, OFGEM), die Entflechtung von Unternehmensstrukturen und ein System der Preisregulierung (Drews 2008: 55).

[80] In Nordirland lag die Kompetenz beim dortigen Pendant, dem *Department of Enterprise, Trade and Investment* (DETI), wo auch eine Abteilung für nachhaltige Energie organisiert war (Dinica 2005: 298–299). Das schottische und walisische Parlament hatten in Bezug auf erneuerbare Energien angrenzende Kompetenzen über die Bereiche Umwelt- und Klimaschutz sowie Raumordnung (Dinica 2005: 298). Wie im weiteren Verlauf deutlich wird, war die britische Energiepolitik faktisch aber weitgehend beim DTI zentralisiert und wurde anschließend auf regionaler Ebene nachvollzogen.

[81] Die Motivation dafür war ökonomischer Natur, siehe dazu auch das später folgende Zitat aus dem Parteiprogramm der Conservative Party (1992). Mit dem Abbau des Kohlesektors war bereits in den 1960er Jahren begonnen worden, unter der *Labour*-Regierung von Premierminister Harold Wilson (Bailey 1974: 152; siehe auch IEA 2007: 26).

es letztlich auch erneuerbaren Energien zugutekam und einen im Grunde unge-
planten EE-Ausbau anstieß. Die Grundlage der Förderung bildete der *Electricity
Act* von 1989[82], welcher weitere Privatisierungs- und Liberalisierungsmaßnah-
men zur Reorganisation des britischen Energiesektors enthielt. Unter anderem
wurde ein diskriminierungsfreier Netzzugang festgelegt, der auch Anbieter erneuerbarer Energien einschloss (Section 6 Electricity Act 1989; siehe auch Hazrat
2016: 335–338). Die noch wesentlichere Neuerung war jedoch die *Non-Fossil
Fuel Obligation* (NFFO), mit der erstmalig non-fossile Energie gefördert wurde
(Elliott 2019: 83–84; Hazrat 2016: 117; Mitchell und Connor 2004: 1936).
Unter der *Non-Fossil Fuel Obligation* wurden Energieversorgungsunternehmen
verpflichtet, einen Mindestanteil ihres verkauften Stroms aus nicht-fossilen Quellen bereitzustellen (Section 32 Electricity Act 1989). Gesichert wurde dies mittels
Vertragsabschluss zwischen regionalen Energieversorgern und Stromerzeugern,
bei dem sich die Versorger zur Abnahme bestimmter Kapazitäten verpflichteten.[83]
Begleitend führte das Wirtschaftsministerium unregelmäßige Ausschreibungsver-
fahren durch, mit denen sich Stromproduzenten einen garantierten Abnahmepreis
sichern konnten. Finanziert wurde das Ganze über die *Fossil Fuel Levy*, einen
Aufschlag auf die Strompreise (Section 33 Electricity Act 1989). Obwohl das
NFFO-System primär dem Ausbau der Atomenergie galt und somit die finanzielle
Förderung zunächst mehrheitlich der Atomenergie zugutekam, konnten doch im
Laufe der 1990er Jahre erstmals Stromerzeugungskapazitäten aus erneuerbaren
Energiequellen aufgebaut werden (Drillisch und Riechmann 1997: 146; Elliott
2019: 83–84; Espey 2001: 200–204; Wood und Dow 2011: 2229–2230).[84] Bis
dahin hatten erneuerbare Energien, mit Ausnahme der Wasserkraft, so gut wie
keine Rolle gespielt, obwohl das Vereinigte Königreich neben fossilen Energiereserven auch gute Voraussetzungen für Windenergie oder Wellenenergie aufwies
(Connor 2003: 66; Dinica 2005: 296; Espey 2001: 194; Lipp 2007: 5489).

---

[82] UK Public General Acts, 1989 c. 29. Electricity Act 1989. 27th July 1989.

[83] Die regionalen Energieversorgungsunternehmen hatten dazu eigens die *Non-Fossil-Fuel
Purchasing Agency* (NFPA) gegründet, um den Vertragsabschluss kollektiv abzuwickeln.
Die Verträge wurden anschließend der Regulierungsbehörde vorgelegt, um die Erfüllung
der Abnahmepflicht nachzuweisen (Drillisch und Riechmann 1997: 139; Espey 2001: 203;
Hazrat 2016: 246–252).

[84] Das NFFO-System beschränkte sich auf den Stromsektor, im Wärmebereich gab es keinen
vergleichbaren Zuwachs an EE-Kapazitäten (Espey 2001: 197).

Wie bereits erwähnt, war dieser erste Ausbau erneuerbarer Energien nicht politisch motiviert, sondern hatte sich eher zufällig ergeben und stimmte im Grunde nicht mit der energiepolitischen Programmatik der Regierungspartei überein. In ihrem Wahlprogramm von 1992 stellten die Konservativen eine fossile Energiegewinnung prinzipiell nicht in Frage. Auch aus umweltpolitischer Sicht wurde im Grunde kein weiterer Handlungsbedarf gesehen:

> We have invested in clean coal technology to safeguard the environment. Renewable energy projects have received unprecedented support. North Sea oil and gas are enjoying a record expansion thanks to our policies of deregulation and low taxation (Conservative Party 1992: 10).

Oberste Priorität hatte ohnehin die Versorgungssicherheit, wozu auch ein klares Bekenntnis zur Atomenergie gehörte (Conservative Party 1992: 11). Der Kohlesektor wurde differenzierter betrachtet, da Zweifel an der Wettbewerbsfähigkeit von Kohlestrom bestanden:

> The future of the coal industry depends crucially on the *competitiveness* of coal as a fuel for electricity generation [Hervorh. VB]. British Coal has made enormous progress in increasing productivity [...] but there is still further to go. We will support the efforts of British Coal and its workforce to improve the industry's performance (Conservative Party 1992: 10).

Erneuerbare Energien wurden insgesamt eher als Randthema eingeordnet: "We will maintain a guaranteed market for renewable energy projects and fund research in this area" (Conservative Party 1992: 11). Einen etwas stärkeren ökologischen Schwerpunkt setzte die *Labour*-Partei, wobei sich die energiepolitische Zielsetzung nicht wesentlich von jener der Konservativen unterschied. Auch *Labour* betrachtete eine sichere und kostengünstige Energieversorgung als oberstes Ziel, das durch die weitere Erschließung der einheimischen fossilen Energieträger Kohle, Öl und Gas erreicht werden sollte (Labour Party 1992: 13). Gleichzeitig sollte aber auch den internationalen Verpflichtungen Genüge getan werden, durch die Reduktion von „harmful chimney emissions" (Labour Party 1992: 13). Obwohl die Reduktion von CO_2-Emissionen und die Einsparung von Energie bereits auf der Agenda der *Labour*-Partei standen (Labour Party 1992: 21–22), wurde dies nicht mit dem Ausbau erneuerbarer Energien in Verbindung gebracht. Ansonsten unterschied sich *Labour* dahingehend von den Konservativen, dass die Nutzung der Atomenergie allmählich heruntergefahren werden sollte (Labour Party 1992: 22). Eine (überregionale) grüne Partei, Vorgängerin der *Green Party*, gründete sich bereits 1973. Sie ist damit eine der ältesten grünen

Parteien Europas (Bomberg 1998: 185). Doch obwohl grüne Parteien auf regionaler Ebene durchaus Wahlerfolge und Parlamentssitze erzielen konnten (Bomberg
1998: 185), blieb ihnen eine Beteiligung auf nationaler Ebene lange verwehrt –
erst 2010 erlangte die *Green Party of England and Wales*[85] ihren ersten (und bis
dato einzigen) Sitz im *House of Commons* (Döring und Manow 2019).[86]

*Mitte der 1990er bis Anfang der 2000er Jahre: Fortbestand der Marktorientierung
unter Labour*
Nachdem mit dem NFFO-System in den 1990er Jahren erste EE-Kapazitäten
im Stromsektor geschaffen worden waren, zeigten sich im Verlauf einige Nachteile des Systems, speziell für EE-Projekte, darunter lange Vorlaufzeiten und
eine hohe Anzahl letztlich nicht realisierter Projekte, was dazu führte, dass die
erreichten EE-Stromkapazitäten unterhalb der in den Ausschreibungsverfahren
anvisierten Mengen blieben (Dinica 2005: 297; Espey 2001: 204).[87] Dafür gab
es vor allem zwei Gründe: Zum einen konnte die administrative Planung und
Genehmigung nicht ausreichend schnell erfolgen, zum anderen gab es lokale Proteste, vor allem gegen Windenergieprojekte (Dinica 2005: 297; Wood und Dow
2011: 2229–2230). Da die Ausschreibungsrunden zudem sehr kurzfristig angesetzt waren, mussten die nötigen Technologien durch Anlagenhersteller aus dem
Ausland bereitgestellt werden – eine einheimische Industrie konnte so nicht rechtzeitig Fuß fassen (Connor 2003: 70). Seitens der Regierung wurden ab Mitte der
1990er Jahre dennoch, wie geplant, die F&E-Ausgaben für erneuerbare Energien
deutlich heruntergefahren (Elliott 2019: 86–87). Die Weiterentwicklung der viel-
versprechendsten Technologien wurde dem Markt überlassen – diese Rechnung
ging jedoch nicht auf, da Investitionen vorzugsweise im Gasbereich getätigt wurden, welcher als sicherer und profitabler galt (Elliott 2019: 112–113). Im Bereich
der Biokraftstoffe gab es keine nennenswerte Entwicklung: Zwar wurde ab Mitte
der 1990er Jahre stellenweise Biodiesel produziert und in ersten Fahrzeugen eingesetzt, doch dies hatte vorwiegend experimentellen Charakter (Körbitz et al.

---

[85] Der schottische Teil der Partei hatte sich 1989 abgelöst und eine eigene *Scottish Green
Party* gegründet (Bomberg 1998: 185).

[86] Dies ist in erster Linie mit dem britischen Mehrheitswahlrecht zu erklären, durch das kleinere Parteien per se benachteiligt werden (Bomberg 1998: 185–186). Nicht umsonst wird
auch von einem Parteienduopol in Großbritannien gesprochen (Helms 2006: 218). Erschwerend kam hinzu, dass die britischen Grünen, anders als ihre Pendants in anderen europäischen
Ländern, nicht auf größeren gesellschaftlichen Bewegungen aufbauen konnten (Bomberg
1998: 186).

[87] Bis Mitte der 2000er Jahre wurde weniger als die Hälfte der ausgeschriebenen Verträge in
betriebene Anlagen übersetzt (Dinica 2005: 297; Wood und Dow 2011: 2229).

2003: 79). Im Gegensatz zu anderen europäischen Ländern, die bereits Steuererleichterungen eingerichtet hatten, wurde im Vereinigten Königreich auf die
Förderung von Biokraftstoffen verzichtet – mehr noch, die Mineralölsteuer, die
bis dahin Biokraftstoffe noch nicht einbezogen hatte, wurde 1995 dahingehend
angepasst, dass nunmehr die gleichen Steuersätze fällig wurden (Körbitz et al.
2003: 79; Thuijl und Deurwaarder 2006: 40).[88] Damit waren auch die wenigen
experimentellen Projekte nicht mehr wirtschaftsfähig (siehe dazu Cargill PLC
2003).

Die Gelegenheit für eine Richtungsänderung ergab sich 1997 mit dem Regierungswechsel von der Konservativen Partei hin zu *Labour* sowie dem Auslaufen
des NFFO-Systems im Jahr 1998 (Tab. 6.3). Mittlerweile formulierte *Labour* den
Ausbau erneuerbarer Energien als klare Zielsetzung:

> We are committed to an energy policy designed to promote cleaner, more efficient
> energy use and production, including a new and strong drive to develop renewable
> energy sources such as solar and wind energy, and combined heat and power (Labour
> Party 1997: 17).

Labour plante auch darüber hinaus eine Integration von Umweltbelangen ins
Policymaking (Labour Party 1997: 28–29). Zudem wurde erneuerbaren Energien
wirtschaftliches Potenzial zugeschrieben (Labour Party 1997: 17). Die regierende
Labour-Partei hatte sich insofern zugunsten eines EE-Ausbaus und zusätzlich
gegen einen (weiteren) Ausbau der Atomenergie positioniert (Labour Party 1997:
17), behielt dabei den Ansatz geringer staatlicher Eingriffe sowie marktba-
sierter Instrumente jedoch bei (Hazrat 2016: 256; Mitchell und Connor 2004:
1937; Woodman und Mitchell 2011: 3915). *Labour* setzte damit den Liberalisierungskurs der konservativen Vorgängerregierung fort und richtete auch das
EE-Fördersystem noch stärker auf den Markt aus (Elliott 2019: 99). So wurde mit
dem *Utilities Act* von 2000[89] ein neues Fördersystem eingerichtet, das weiterhin
mengenbasiert funktionierte, nun aber ohne Ausschreibungsverfahren, stattdessen
über ein System handelbarer grüner Zertifikate (Kitzing et al. 2012: 196). Der
Utilities Act sah vor, dass künftig bindende Vorgaben über bestimmte Mengen an
EE-Strom per Ministerialverordnung (*Renewables Obligation Order*) an Elektri-
zitätsunternehmen in England und Wales[90] ergehen sollten (Section 32 Utilities

---

[88] UK Statutory Instruments, 1995 No. 2716. The Other Fuel Substitutes (Rates of Excise
Duty etc) Order 1995. 9th November 1995.

[89] UK Public General Acts, 2000 c. 27. Utilities Act 2000. 2nd August 2000.

[90] In Schottland und Nordirland wurden nach gleichem Prinzip eigene *Renewables Obligation Orders* eingerichtet (Dinica 2005: 301).

Act 2000). Mit der daraufhin vom Wirtschaftsministerium 2002 veröffentlichten *Renewables Obligation Order* (ROO)[91] wurden nunmehr jährliche Anteile für EE-Strom festgelegt, die von den Stromversorgern zu erreichen waren. Die ROO von 2002 enthielt eine Zielsetzung von ca. 10 % EE-Strom bis 2010, was auch den Vorgaben laut EU-Richtlinie (2001/77/EG) zur Förderung der Stromerzeugung aus erneuerbaren Energiequellen entsprach.[92] Dieser Wert sollte bis 2027 gelten (Schedule 1 ROO 2002). Die Stromversorger konnten zur Zielerreichung entweder selbst die nötige Menge an EE-Strom produzieren, den EE-Strom von anderen Erzeugern einkaufen (auch in Form grüner Zertifikate[93]) oder aber sich gänzlich oder teilweise aus der Verpflichtung herauskaufen (*buy out*) (Section 7 (1) ROO 2002; siehe dazu auch Hazrat 2016: 257–258; Mitchell und Connor 2004).

Tab. 6.3 Regierungen des Vereinigten Königreichs Großbritannien und Nordirland (1992 bis 2007)

Premierminister	Regierungspartei(en)	Zeitraum
John Major	Conservative Party	Apr. 1992 – Mai 1997
Tony Blair	Labour Party	Mai 1997 – Jun. 2001
Tony Blair	Labour Party	Jun. 2001 – Mai 2005
Tony Blair[94]	Labour Party	Mai 2005 – Jun. 2007

Eigene Darstellung nach ParlGov-Datenbank (Döring und Manow 2019).

---

[91] UK Statutory Instruments, 2002 No. 914. Electricity, England and Wales. The Renewables Obligation Order 2002. 31st March 2002.

[92] Mit Implementation der EU-Richtlinie 2001/77/EG über die Förderung erneuerbarer Energien im Elektrizitätssektor waren zudem Herkunftsnachweise für Erzeuger von EE-Strom eingeführt worden, mit denen auch kleine Erzeuger außerhalb des RO-Systems in der Lage waren, EE-Strom an Direktkunden zu verkaufen (Dinica 2005: 304).

[93] Die grünen Zertifikate (*Renewables Obligation Certificates*, ROCs) konnten zusammen mit dem EE-Strom eingekauft oder einzeln an der Börse gehandelt werden (Hazrat 2016: 259). Die Regulierungsbehörde *Office of Gas and Electricity Markets* (OFGEM) prüfte innerhalb des RO-Systems, ob die Quotenverpflichtungen für EE-Strom eingehalten wurden (Meyer 2003: 672; Mitchell und Connor 2004: 1939–1940).

[94] Im Juni 2007 übergab Premierminister Tony Blair die *Labour*-Regierung an Gordon Brown (siehe dazu Assinder 2007 für BBC NEWS).

*Anfang bis Mitte der 2000er Jahre: Klimapolitische Weiterentwicklung mit beste-
henden Instrumenten*
Neben der Quotenverpflichtung durch das System der *Renewables Obligation*
war durch den *Utilities Act* von 2000 auch eine Klimaschutzabgabe (*Climate
Change Levy*) eingeführt worden (Dinica 2005: 296; Hazrat 2016: 340–341).
Diese Klimaschutzabgabe auf Strom richtete sich an industrielle, kommerzielle
sowie öffentliche Verbraucher, nicht an Privathaushalte, und sollte primär zu mehr
Energieeffizienz beitragen – gleichzeitig wirkte die Abgabe als Anreiz, auf EE-
Strom umzusteigen, da hier keine Klimaschutzabgabe anfiel (Dinica 2005: 303;
Hazrat 2016: 341–343; Prag 2013: 11–12).[95] Opposition gegen die Klimaschutzabgabe kam von den Konservativen und der Industrie (Dryzek et al. 2002: 678).
Nichtsdestotrotz war Klimapolitik im Vereinigten Königreich, vor allem im Zuge
der Verhandlungen zum Kyoto-Protokoll, stärker auf die Agenda getreten, was
neben der Einführung der Klimaschutzabgabe auch daran deutlich wurde, dass
2000 eine *UK Sustainable Development Commission* eingesetzt wurde (Elliott
2019: 125). Außerdem stellte die Regierung 2003 ihre energiepolitische Strategie *Our Energy Future – Creating a Low Carbon Economy* vor, die vor allem
auf die weitere Reduktion von CO_2-Emissionen abzielte (DTI 2003: 6–8). Energieeffizienz und erneuerbare Energien wurden entsprechend primär im Kontext
der Emissionsreduktion gesehen (DTI 2003: 11–13). Ein weiterer Ausbau der
Atomenergie als energie- und klimapolitische Alternative wurde dabei nicht ausgeschlossen (DTI 2003: 19). In der Formulierung eines EE-Ausbauziels blieb die
Regierung vage:

> In January 2000 we announced our aim for renewables to supply 10% of UK electri-
> city in 2010, subject to the costs being acceptable to the consumer. [...] In this white
> paper we set the ambition of doubling renewables' share of electricity generation in
> the decade after that (DTI 2003: 12).[96]

---

[95] Um nachzuweisen, dass es sich um EE-Strom handelte und somit keine Klimaschutzabgabe anfiel, wurden ebenfalls grüne Zertifikate ausgestellt, jedoch zu unterscheiden von
denjenigen Zertifikaten, die im Rahmen des RO-Systems gehandelt wurden (Dinica 2005:
303; Prag 2013: 11–12) Die Einnahmen aus der Klimaschutzabgabe gingen größtenteils in
den allgemeinen Staatshaushalt über (Dinica 2005: 304).

[96] In einem späteren Regierungsbericht wurde der Wert von 10 % EE-Strom bis 2010 als
„target" bezeichnet, während der Anteil von 20 % bis 2020 lediglich als „further aspiration"
benannt wurde (DTI 2006: 98).

In der Tat wurde unterschiedlich interpretiert, ob damit das Ziel für EE-Strom nun tatsächlich von 10 % (bis 2010) auf 20 % (bis 2020) erweitert wurde (Dinica 2005: 309; Mitchell und Connor 2004: 1944; Strachan und Lal 2004: 553). Im Design der Policy-Instrumente setzte die Regierung weiterhin nahezu vollständig auf den Markt, erhöhte aber zugleich die finanzielle Unterstützung für Investitionen in erneuerbare Energien (Keay 2016: 248; Mitchell und Connor 2004: 1944).[97] Darüber hinaus wurde für 2005/2006 eine Überprüfung des RO-Systems anberaumt, welches erst ein Jahr zuvor in Kraft getreten war und ursprünglich bis 2027 Bestand haben sollte (Mitchell 2010: 131–132; Mitchell und Connor 2004: 1944). Auch im weiteren Verlauf wurde alle ein bis zwei Jahre eine Überprüfung bzw. Neuformulierung der ROO vorgenommen. Obwohl die RO-Reform von 2005[98] schließlich doch eine positive Wendung für den EE-Sektor nahm und der Zielwert für 2015 auf ca. 15 % erhöht wurde (Schedule 1 ROO 2005), brachte das Weißbuch der Regierung von 2003 zunächst vor allem Verunsicherung – die unklare Prioritätensetzung und der damit unsichere Fortgang der EE-Förderung wirkte sich unmittelbar negativ auf den Handelswert von RO-Zertifikaten aus (Dinica 2005: 309; Mitchell 2010: 131–132; Mitchell und Connor 2004: 1944).

Um die im energiepolitischen Weißbuch vorgesehenen Maßnahmen zu implementieren, wurden neue Strukturen geschaffen, wobei bewusst keine neue Behörde gebildet[99], sondern stattdessen auf Netzwerkstrukturen gesetzt wurde: Mit der Energieabteilung des Wirtschaftsministeriums im Zentrum wurde das *Sustainable Energy Policy Network* aufgebaut, bestehend aus relevanten administrativen Akteuren, d. h. anderen Ministerien, der Regulierungsbehörde OFGEM, der Umweltagentur usw. (DTI 2003: 112–113). Dem Netzwerk übergeordnet wurde ein Beirat (*Sustainable Energy Policy Advisory Board*), welchem gemeinsam das Wirtschafts- und das Umweltministerium vorsaßen, und der sich

---

[97] Praktisch gesehen beschränkten sich die Neuerungen für den EE-Sektor auf weitere Kapitaldarlehen für den Zeitraum 2002 bis 2005 (Mitchell 2010: 131–132; Mitchell und Connor 2004: 1944). Darüber hinaus hatte sich die Regierung mit der *Clear Skies*-Initiative von 2003 darum bemüht, private Investitionen in erneuerbare Energien anzuregen (z. B. durch Haushalte, Landwirte, Kooperativen). Allerdings war es für derartige gesellschaftliche Akteure unüblich, sich an industriellen Projekten wie der Energieerzeugung zu beteiligen (Dinica 2005: 304).

[98] UK Statutory Instruments, 2005 No. 926. The Renewables Obligation Order 2005. 17th March 2005.

[99] Ein Leitmotiv war es, den Verwaltungsapparat möglichst schlank zu halten (DTI 2003: 112).

ansonsten aus etablierten, unabhängigen Experten und Stakeholdern zusammensetzen sollte (DTI 2003: 113).[100] Darüber hinaus war es üblich, in Vorbereitung von Gesetzen Konsultationen durchzuführen, bei denen die Ministerien ihre Vorhaben darlegten und alle Interessierten Stellungnahmen abgeben konnten (Hazrat 2016: 119). Die gesellschaftliche Einbindung ist hier allerdings weniger Resultat einer konsensualen Politiktradition gewesen, sondern eher Folge eines marktliberalen und anti-interventionistischen Ansatzes, welcher eine Verschlankung des Staatsapparates und seiner administrativen Aufgaben vorsah – dies spiegelte sich auch in der übergreifenden *better regulation*-Agenda.[101]

Mitte der 2000er Jahre: Schleppender Biokraftstoffausbau, bekannte Hürden im Stromsektor
Für das Vereinigte Königreich ergab sich mit dem Vorschlag einer Biokraftstoffrichtlinie, welcher Ende 2001 von der Europäischen Kommission vorgelegt wurde[102], eine neue Herausforderung. Bislang waren Biokraftstoffe im Vereinigten Königreich nicht gefördert worden, sodass EU-Vorgaben über den Anteil von Biokraftstoffen durch eine völlig neue Förderpolicy und/oder über Importe erreicht werden mussten. Während der Richtlinienvorschlag auf EU-Ebene verhandelt wurde, begann das Vereinigte Königreich erstmals mit einer (begrenzten) Förderung von Biokraftstoffen. Hierzu wurde mit dem *Finance Act 2002*[103] erst der Steuersatz auf Biodiesel verringert und anschließend mit dem *Finance Act 2004*[104] eine ebensolche Regelung für Bioethanol eingeführt (siehe auch EK 2002). Außerdem wurde der Bau zweier großer Produktionsanlagen für Biodiesel mit staatlichen Kapitaldarlehen unterstützt (Alberici und Toop 2014: 2–5;

---

[100] Der Beirat hatte zum einen die Funktion, einen Stakeholder-Dialog über geplante EE-Policies zu initiieren und die Regierung entsprechend fachlich zu beraten, zum anderen sollte dieses Forum auch zur engagierten Implementation der EE-Policies beitragen (Dinica 2005: 299).

[101] Die britische Regierung verfolgte einen grundsätzlichen Ansatz der Deregulierung, wobei 1997 u. a. eine *Better Regulation Task Force* gebildet wurde (BRC 2005: 7). Diese sollte die Regierung dabei beraten, bestehende Regulierung zu verschlanken bzw. abzubauen (siehe z. B. BRTF 2005). Auch im Energiebereich galt die Devise: „We will only regulate where necessary [...]" (Labour Party 2005: 22). Diese Agenda und die erarbeiteten Prinzipien werden nach wie vor verfolgt (BEIS 2018a).

[102] Siehe dazu Legal Observatory des Europäischen Parlaments (Prozessnr. 2001/0265/COD).

[103] UK Public General Acts, 2002 c. 23. Finance Act 2002. 24th July 2002. Speziell s. 5 (4).

[104] UK Public General Acts, 2004 c. 12. Finance Act 2004. 22nd July 2004. Speziell s. 10.

BBC News 2004b; Thuijl und Deurwaarder 2006: 40).[105] Seitens der Regierung wurde der Aufbau einer britischen Biokraftstoffbranche insbesondere klimapolitisch begründet, sollte aber auch zur Entstehung neuer Arbeitsplätze innerhalb einer „green economy" beitragen (Minister for Enterprise Jim Wallace, zit. nach BBC News 2004b; siehe auch BBC News 2005, 2007a). Die 2003 verabschiedete EU-Biokraftstoffrichtlinie (2003/30/EG) sah indes vor, dass bis 2010 in jedem Mitgliedstaat ein Anteil von 5,75 % Biokraftstoffen erreicht werden müsse. Diese Vorgabe wurde umgesetzt, indem die britische Regierung auf Basis des *Energy Act* von 2004[106] dazu ermächtigt wurde, künftig eine *Renewable Transport Fuel Obligation* (RTFO) festzusetzen, ähnlich dem bereits geltenden RO-System im Stromsektor. Die RTFO[107] selbst folgte erst 2007. Hierbei wurde eine verpflichtende Beimischung von Biokraftstoffen eingeführt, die von Kraftstofflieferanten per Zertifikat nachzuweisen war (Section 4 (3) lit. c RTFO). Die RTFO gab für 2008 zunächst eine Quote von rund 2,6 % vor, welche bis 2010 auf rund 5 % ansteigen sollte (Section 4 (4) lit. c RTFO). Anders als in Deutschland und Frankreich basierte die britische Biodieselproduktion nicht auf einer landwirtschaftlichen Erzeugung, sondern speiste sich aus der Weiterverwendung von pflanzlichen Altölen (BBC News 2002; Bomb et al. 2007: 2261; Thuijl und Deurwaarder 2006: 39).[108] Der Verkauf von Bioethanol war durch die Steuererleichterung angeregt worden, ohne dass es ein entsprechendes inländisches Angebot gab.[109] Da Biokraftstoffe im Vereinigten Königreich lange Zeit unbeachtet geblieben waren, konnten die Zielwerte aus der EU-Richtlinie noch nicht über die eigene Produktion gedeckt werden:

---

[105] Die Anlagen gingen 2005 bzw. 2006 in Betrieb (Alberici und Toop 2014: 2–5; BBC News 2005).

[106] UK Public General Acts, 2004 c. 20. Energy Act 2004. 22nd July 2004. Speziell ss. 124–132.

[107] UK Statutory Instruments, 2007 No. 3072. The Renewable Transport Fuel Obligations Order 2007. 25th October 2007.

[108] Dies war der günstigste kurzfristig verfügbare Rohstoff – die Steuererleichterungen waren vergleichsweise niedrig angesetzt, sodass nur der günstigste Biodiesel auf den Markt gelangte; die landwirtschaftliche Produktion war auf einen Anbau zwecks Herstellung von Biokraftstoffen noch nicht vorbereitet (Solorio und Fairbrass 2017: 113; Thuijl und Deurwaarder 2006: 39).

[109] Pläne für den Bau einer ersten Produktionsanlage für Bioethanol wurden 2004 vom Unternehmen *British Sugar* vorgelegt (BBC News 2004a). Die Inbetriebnahme der Anlage erfolgte 2007 (Alberici und Toop 2014: 2–5; BBC News 2007a).

With only an embryonic industry and not enough time to reform agricultural policy in order to allow the planting of crops for biofuels production, [...] imports became the most viable solution for reaching the biofuels objective (Solorio und Fairbrass 2017: 113).

Während sich also allmählich ein britischer Biokraftstoffsektor etablierte, wurde der nötige Bedarf vorwiegend mit Importen aus Brasilien gedeckt (Alberici und Toop 2014: 2–5; Bomb et al. 2007: 2261–2262; Thuijl und Deurwaarder 2006: 39). Im Stromsektor zeigte sich derweil, dass mit dem Fördermodell der *Renewables Obligation* nur etwa die Hälfte der Quotenverpflichtung tatsächlich erfüllt werden konnte (Dinica 2005: 306–307; Lauber und Toke 2005: 135; Woodman und Mitchell 2011: 3916–3917). Grund dafür war vor allem, dass marktdominierende Erzeuger in der Lage waren, den Preis für Zertifikate in die Höhe zu treiben, sodass es zum Teil günstiger wurde, den *buy out*-Preis zu zahlen, statt in neue EE-Kapazitäten zu investieren (Dinica 2005: 306–307; Lauber und Toke 2005: 135; Woodman und Mitchell 2011: 3916–3917). Dennoch wurde am RO-System zunächst festgehalten.[110] Gleichzeitig bestand aber Unsicherheit über die weitere Policy-Entwicklung. Anfang 2005 wurde beispielsweise eine Besteuerung von EE-Anlagen diskutiert, was für die Wirtschaftlichkeit und den weiteren Ausbau erneuerbarer Energien sehr von Nachteil gewesen wäre (Dinica 2005: 306–308). Auch die weiterhin offen gehaltene Rolle der Atomenergie weckte Zweifel am Stellenwert erneuerbarer Energien (Dinica 2005: 309; Lipp 2007: 5490). Der Regierungsbericht *The Energy Challenge* von 2006, welcher eigentlich Klarheit in dieser Angelegenheit schaffen sollte, blieb weiterhin vage (DTI 2006; siehe dazu auch Keay 2016: 248). So hieß es darin: „Nuclear is a potentially economic source of electricity generation [...]. However, it will be for the private sector to make commercial decisions on investment in nuclear" (DTI 2006: 113). Erneuerbare Energien sollten weiter ausgebaut werden, jedoch bestand dabei nicht der Anspruch, die eigene Energieversorgung (langfristig) darauf umzustellen:

---

[110] Im Jahr 2005 folgte eine Aktualisierung, bei der das RO-System u. a. für den gesamten Marktraum (England, Wales, Schottland, Nordirland) weiter integriert wurde (gegenseitige Anerkennung von Zertifikaten, gemeinsamer *buy out*-Fonds). UK Statutory Instruments, 2005 No. 926. The Renewables Obligation Order 2005. Siehe auch Dinica (2005: 302) und Hazrat (2016: 261–262).

It is clear that we must significantly increase investment in, and support for, renewable energy so that it plays a larger role in our energy needs. [...] But neither renewable energy nor greater energy efficiency can provide the complete solution to the shortfall we face. This will depend on securing energy supplies from abroad, in new nuclear power stations [...] and [...] cleaner, more efficient [coal-firing] technology (DTI 2006: 5).

In diesem Sinne blieb die Energievision der britischen Regierung weitgehend unverändert und wiederholte die Leitlinien des Wahlprogramms aus dem Vorjahr (Labour Party 2005: 22). Die *Renewables Obligation* sollte weiterhin das zentrale Förder- bzw. Steuerungsinstrument bleiben, wenn auch mit gewissen Anpassungen (DTI 2006: 15–16). Im Transportsektor wurde eine mögliche Erhöhung der RTFO-Quote in Aussicht gestellt (DTI 2006: 18).[111] Letztlich blieben erneuerbare Energien politisch wie wirtschaftlich ein Randthema. Die britische Energiewirtschaft war im Vorfeld der Erneuerbare-Energien-Richtlinie nach wie vor von der Öl- und Gasförderung geprägt (Abb. 6.4). Die erzeugte Energie stammte im Durchschnitt der Jahre 2003 bis 2008 insgesamt zu etwa 88 % aus fossilen Energieträgern, davon zu etwa 42 % aus Gas, 40 % aus Öl und 6 % aus festen Brennstoffen. Ergänzend wurde Energie aus Atomkraft erzeugt (durchschnittlich ca. 10 %). Ein wesentlicher Trend, der sich im Vorfeld der EU-Richtlinie zeigte, war eine insgesamt rückläufige Energieerzeugung. Die erzeugten Mengen aus den fossilen Energieträgern Gas und Öl, aber auch die Erzeugung aus der Atomenergie nahmen im Zeitverlauf sukzessive ab.[112] Einzig gestiegen ist die absolute wie relative Erzeugung aus erneuerbaren Energien. Der Anteil an der Erzeugung konnte von 1 % im Jahr 2003 auf 3 % im Jahr 2008 gesteigert werden. Insgesamt blieb der Anteil erneuerbarer Energiequellen an der Energieerzeugung dennoch verschwindend gering (Abb. 6.4).

---

[111] Für den Wärmesektor, welcher bislang über kein vergleichbares Förderinstrument verfügte, stand eine *Renewable Heat Obligation* zur Debatte, die von der Regierung zunächst aber nicht weiterverfolgt wurde (DTI 2006: 72). Kleinere Neuerungen im Wärmebereich wurden durch den *Climate Change and Sustainable Energy Act* von 2006 vorgenommen. Diese waren allerdings primär für die Kleinsterzeugung (*microgeneration*) erneuerbarer Energie von Relevanz. UK Public General Acts, 2006 c. 19. Climate Change and Sustainable Energy Act 2006. 21st June 2006.

[112] Ab 2005 war auch der Energieverbrauch insgesamt leicht rückläufig, der Rückgang in der Erzeugung ist jedoch vor allem dadurch ausgeglichen worden, dass das Vereinigte Königreich ab 2000 von einem Nettoexporteur zu einem Nettoimporteur von Energie wurde. Bis 2010 hatte das Vereinigte Königreich eine Importabhängigkeit von etwa 30 % (BEIS 2018b: 10–11).

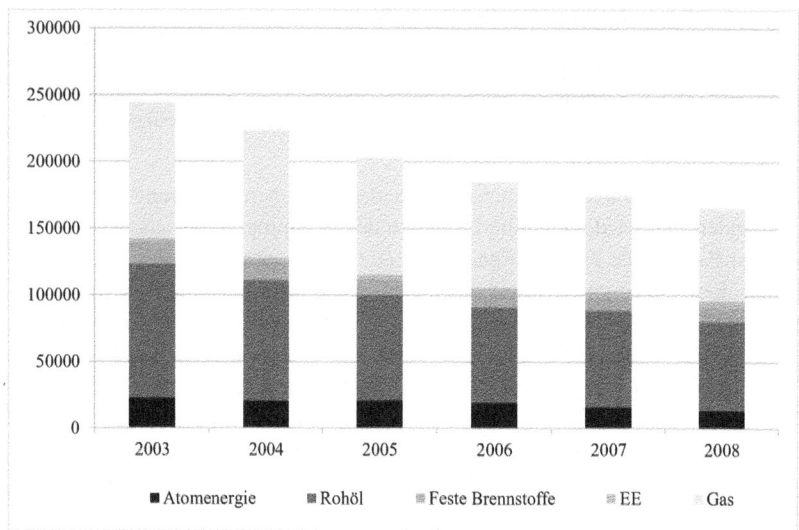

Abb. 6.4 Energieerzeugung im Vereinigten Königreich Großbritannien und Nordirland im Vorfeld der EU-Richtlinie (in 1000 t RÖE).[113] Eigene Darstellung nach Eurostat (2016)

Paradoxerweise hatte gerade das marktliberale Paradigma den Ausbau erneuerbarer Energien gebremst, mit dem eigentlich eine besonders effiziente und kostengünstige Entwicklung angestrebt worden war (Lauber und Toke 2005; Mitchell und Connor 2004; Wood und Dow 2011). Der Anspruch staatlicher Zurückhaltung manifestierte sich in einer unklaren politischen Leitlinie: Die Ungewissheit darüber, wohin sich der Energiesektor künftig entwickeln würde und welche Unterstützung langfristig für erneuerbare Energien zu erwarten sei, schadete dem Investitionsklima (Dinica 2005: 306; Keay 2016: 248; Wood und Dow 2011: 2229–2230). Auch für die lokale Akzeptanz des EE-Ausbaus war dies ungünstig: So sehen Strachan und Lal (2004) die lokalen Proteste gegen den Windenergieausbau auch als Folge dessen, dass die Regierung versäumt habe, die Öffentlichkeit ausreichend über die Vorzüge erneuerbarer Energien zu informieren und in eine langfristige Energiepolitik einzubinden.[114] Mit der marktliberalen

---

[113] Primärenergieerzeugung. Die Kategorie ‚Gas‘ enthält Naturgas und Erdgaskondensate (NGL).

[114] Noch grundlegender ist die Erklärung, die Dryzek et al. (2002) anbieten. Sie sehen das geringe zivilgesellschaftliche Engagement, das sich im EE-Bereich gezeigt habe, als

Haltung ging des Weiteren die Wahl wettbewerbsbasierter Förderinstrumente einher (Mitchell 2010: 123). Bei der *Renewables Obligation* handelte es sich entsprechend um ein Quotenmodell[115] mit Zertifikatshandel. Dieses Fördermodell schuf jedoch nicht genügend Anreize, um die von der Regierung angepeilten EE-Kapazitäten zu erreichen. Die Projekte, die dennoch umgesetzt wurden, beschränkten sich auf die kostengünstigsten Technologien, sodass bestehendes EE-Potenzial zum Teil ungenutzt blieb (Lauber und Toke 2005: 137; Mitchell und Connor 2004: 1942). Zudem handelte es sich in der Regel um Windenergie- oder Müllverbrennungsanlagen[116] und damit um Projekte, die aufgrund ihrer lokalen Auswirkungen in besonderem Maße Widerstand hervorriefen (Reiche und Bechberger 2004: 845). Ein weiterer Nachteil des Quotenmodells war, dass es keine *bottom-up*-Entwicklung zuließ, sondern nur etablierte Energieunternehmen bemächtigte, EE-Projekte durchzuführen:

> [...] [A]lmost all the wind projects in the UK were owned by large companies and often financed with overseas investment. They could be portrayed as being imposed on unwilling communities [...] by profit-seeking outsiders. [...] [I]t was very hard for local wind co-ops and small projects to get started (Elliott 2019: 137).[117]

Insgesamt lässt sich festhalten, dass sowohl die marktliberale Tradition als auch die politische Zurückhaltung einem dynamischen EE-Ausbau im Wege standen. Abschließend wird nun formuliert, welche Rückschlüsse sich auf Basis der dargestellten Förderhistorie auf die institutionellen Arrangements sowie die Interessenkonstellation im Vorfeld der europäischen Erneuerbare-Energien-Richtlinie von 2009 ziehen lassen.

---

institutionelles Problem, das über diesen Politikbereich hinausgehe: Die gesellschaftliche Interessenbildung und -artikulation sei vor dem Hintergrund einer ausgeprägten marktliberalen Haltung und einer selektiven Einbindung gesellschaftlicher Interessen durch den Staat grundsätzlich unterminiert worden (Dryzek et al. 2002: 677).

[115] Wie an anderer Stelle bereits erwähnt, gibt es im Ländervergleich Hinweise darauf, dass Quotenmodelle im Vergleich zu Einspeisetarifen eine weniger effektive Förderung erneuerbarer Energien erzielten (Lauber 2005b: 47). Innerhalb eines Quotenmodells werden einzelne, noch nicht marktreife EE-Technologien in der Regel nicht individuell gefördert, sodass bestehendes EE-Potenzial nicht umfänglich ausgeschöpft wird – wie dies auch im Vereinigten Königreich der Fall war (Lauber und Toke 2005: 137; Mitchell und Connor 2004: 1942).

[116] Unter den Mitgliedstaaten gab es im Vorfeld der europäischen Erneuerbare-Energien-Richtlinie unterschiedliche Definitionen erneuerbarer Energien. Während z. B. Deutschland Müllverbrennungsanlagen in seiner Definition ausschloss, galten diese im Vereinigten Königreich und in den Niederlanden als EE-Quelle (Reiche und Bechberger 2005: 19).

[117] Zu den strukturellen Finanzierungsschwierigkeiten, siehe Lauber und Toke (2005: 139).

6.3.2   Institutionen und Interessen

Institutionelle Arrangements im Vorfeld der EU-Richtlinie
Der britische Energiesektor war von einer *liberal-pluralistischen* Regulierungstradition geprägt, was sich in einer Präferenz für Marktmechanismen und Netzwerkstrukturen ausdrückte und mit dem Anspruch möglichst geringer staatlicher Intervention einherging. Dies wurde im Großen anhand des allgemeinen Liberalisierungskurses, im Kleinen anhand der Wahl der EE-Förderinstrumente deutlich. Dennoch gab es Eingriffe des Staates, mit denen der Energiemix verändert wurde (zunächst das Fördersystem zum Atomenergieausbau, später ein verpflichtendes Quotenmodell für erneuerbare Energien). Diese energiepolitischen Weichenstellungen wurden in *paternalistischer* Manier beschlossen, d. h. die Förderung erneuerbarer Energien war nicht von gesellschaftlichen Interessen geleitet, sondern zunächst vor allem ein Nebenprodukt des staatlich getriebenen Atomenergieausbaus und später eine der Maßnahmen zur Reduktion von CO_2-Emmissionen. Die Einbindung gesellschaftlicher Akteure geschah eher punktuell und gemäß ihrer Zweckdienlichkeit: Als der Ausbau erneuerbarer Energien explizit auf die Regierungsagenda getreten war, wurde ein Netzwerk aus Akteuren der Administrative sowie etablierten, staatlich eingesetzten Stakeholdern und Experten geschaffen. Vorrangiges Ziel dieses Netzwerks war eine möglichst effiziente Implementation vorab formulierter Maßnahmen. Die Steuerung des EE-Ausbaus gestaltete sich dennoch *reaktiv*, wobei vor allem auf externe Faktoren reagiert wurde. In erster Linie waren es die internationale Klimapolitik bzw. das Problem der CO_2-Emissionen, welche den EE-Ausbau begründeten. Die Förderung von Biokraftstoffen begann als Reaktion auf eine entsprechende EU-Richtlinie, deren Vorgaben bereits in der Verhandlungsphase antizipiert wurden. Entsprechend des reaktiven Charakters der britischen EE-Politik gestaltete sich diese zugleich *inkrementell*, d. h. ohne die Ausrichtung an einem langfristigen Plan oder einer konkreten Strategie. Stattdessen wurden alle ein bis zwei Jahre Anpassungen am bestehenden Fördersystem vorgenommen. Mit Blick auf die rechtliche Ausgestaltung wurde ein Mittelweg eingeschlagen: Formell gab es eine relativ detaillierte rechtliche Ausgestaltung der Förderinstrumente, die sich aus Gesetzen und ergänzenden Bestimmungen des Wirtschaftsministeriums ergab (*legalistisch*). Mit dem Modell der Quotenverpflichtung wurde jedoch ein Rahmen geschaffen, innerhalb dessen Unternehmen auf unterschiedliche Weise ihren Verpflichtungen nachkommen konnten – entweder über tatsächlich geschaffene EE-Kapazitäten oder per *buy out*. Wie im Weißbuch von 2003 formuliert, sollte idealerweise nur ein Mindestmaß an Regulierung erfolgen. Zumindest dem Anspruch nach galt daher ein *pragmatisches* Credo. Mit Blick auf die Regulierungsstrukturen

war die britische Energiepolitik weitgehend beim Wirtschaftsministerium (DTI) *konzentriert*. Damit ging de facto eine *Zentralisierung* einher. Obwohl die einzelnen Landesteile über eine gewisse Autonomie verfügten, funktionierte die EE-Regulierung nach den Vorgaben der Zentralregierung, welche übernommen und in entsprechende eigene Rechtsakte überführt wurden.

Interessenkonstellation im Vorfeld der EU-Richtlinie
Die Energiepolitik des Vereinigten Königreichs war weniger Ausdruck ausdifferenzierter parteipolitischer Positionen, sondern vielmehr Resultat einer Pfadabhängigkeit, welche an die frühe Liberalisierung und Privatisierung anknüpfte. Obwohl sich die *Labour*-Partei zeitweise entschlossener als die Konservativen für einen Ausbau erneuerbarer Energien ausgesprochen hatte, teilten beide Lager ein starkes marktliberales Paradigma, das die Ausgestaltung der EE-Förderung prägte. Erneuerbare Energien wurden primär im Zusammenhang mit einer Reduktion von CO_2-Emissionen gesehen, wobei der EE-Ausbau jedoch nur eine von mehreren Alternativen war, zu denen auch die Atomenergie sowie neuere Formen der Kohleenergie gezählt wurden. Eine volkswirtschaftliche Bedeutung hatte der EE-Sektor nicht: Anders als in Deutschland, wo sich eine neuartige EE-Branche aus dem Mittelstand entwickelt hatte, fehlte hier diese Dynamik. Stattdessen bestärkte das Fördersystem die Dominanz einiger weniger Energieunternehmen und erschwerte kleineren Erzeugern den Marktzutritt (Connor 2003: 72; Drillisch und Riechmann 1997: 152; Mitchell und Connor 2004: 1941–1942). Eine florierende einheimische EE-Industrie hatte sich unter diesen Bedingungen nicht entwickeln können (Dinica 2005: 306–307; Lauber und Toke 2005: 134–137; Wood und Dow 2011: 2230–2231).[118] Auch die Landwirtschaft war kaum in den EE-Ausbau einbezogen worden. Im Prinzip gab es ein beträchtliches Potenzial für den Ausbau der Bioenergie, von dem auch britische Landwirte hätten profitieren können. Allerdings wurde es versäumt, rechtzeitig die nötigen EE-Technologien zu entwickeln und Anreize für den Anbau von Energiepflanzen zu schaffen (Mitchell und Connor 2004: 1942–1943). Ökologische Fragen stellten dagegen Randaspekte der Energiepolitik dar. Umweltverbände verfügten zwar über vergleichsweise hohe Mitgliederzahlen, hatten aber kaum Zugang zur politischen

---

[118] Zwar gab es diverse EE-Verbände im Vereinigten Königreich (für einen Überblick siehe z. B. Bomb et al. 2007; Connor 2003; Dinica 2005), doch diese wurden überwiegend auf Initiative des Wirtschaftsministeriums gegründet (Espey 2001: 202). Sie sind daher eher im Zusammenhang mit der staatlich getriebenen Netzwerkbildung (zwecks Implementation von Policies) zu sehen und weniger Ausdruck gesellschaftlicher Interessenvermittlung.

Entscheidungsarena (Dryzek et al. 2002: 676).[119] Die geringe gesellschaftliche und wirtschaftliche Relevanz erneuerbarer Energien spiegelte sich in den Umfragewerten des Eurobarometers: Die Befragten im Vereinigten Königreich waren im EU-Vergleich deutlich skeptischer bzgl. der europäischen 20-20-20-Ziele sowie dem wirtschaftlichen Potenzial erneuerbarer Energien eingestellt (EK 2008a).[120] Die britische Wirtschaft selbst war Policies zur Reduktion von CO_2-Emissionen gegenüber grundsätzlich aufgeschlossen, bezweifelte jedoch die Notwendigkeit einer EE-Förderung – zumal die Atomenergie als emissionsarme Alternative galt (Mitchell 2010: 121; Mitchell und Connor 2004: 1936). Es lässt sich festhalten: „[...] [R]enewable energy has never been fully supported in the UK" (Mitchell 2010: 121). Dies galt für die politische und die energiewirtschaftliche Arena sowie mit Blick auf das mangelnde Interesse der breiteren Gesellschaft für erneuerbare Energien. Bezogen auf die europäische Erneuerbare-Energien-Richtlinie war die Interessenkonstellation daher *nachteilig*.

6.4   Niederlande

Der niederländische Energiesektor wies einige spezielle Charakteristika auf: die hohe Verfügbarkeit von Gas als Versorgungsquelle, die bereits früh angestoßene Liberalisierung und die parteiübergreifende Präferenz für (freiwillige) Vereinbarungen mit gesellschaftlichen Akteuren als Steuerungsinstrument. Es bestand zwar ein politischer Konsens über das Ziel einer nachhaltigen Energieversorgung, doch der Schwerpunkt wurde dabei auf die Senkung des Verbrauchs gelegt. Bei der Förderung erneuerbarer Energien handelte es sich um eine ad hoc-Politik der vielen Einzelmaßnahmen, zeitlich begrenzt, oder um rein projektbasierte Förderung, wie im Bereich der Biokraftstoffe. Der Policy-Output spiegelte insgesamt sowohl marktliberale Regulierungsansätze als auch die thematische Priorisierung von Liberalisierung und Energieeinsparung wider.

---

[119] Sie unterstützten einen Pro-EE-Diskurs vor allem über die Veröffentlichung von Berichten und Studien (Elliott 2019: 123).

[120] Die Befragung wurde im Frühjahr 2008 vorgenommen. Eine Gesamtübersicht über die Umfragewerte in allen sechs untersuchten Mitgliedstaaten findet sich Abschnitt 6.7 (Tab. 6.12).

6.4.1 Förderhistorie

1960er bis 1980er Jahre: Entdeckung der Gasreserven und erste Windenergieprogramme

Nach Entdeckung eines großen Gasfeldes vor der niederländischen Küste in den 1960er Jahren wurde Gas zum Grundstein der Energieversorgung und löste damit in weiten Teilen die Kohleenergie ab (Arentsen 2008: 46–47; Lovinfosse 2008: 187–188; Slingerland 1997: 194). Für die Niederlande war die Versorgungsfrage damit zumindest mittelfristig geklärt. Dennoch regten die Ölkrisen der 1970er Jahre die niederländische Regierung dazu an, das Thema Energiediversität auf die Agenda zu setzen.[121] In diesem Sinne wurden auch Forschungsprogramme für erneuerbare Energien gestartet. Ein erster größerer Anlauf galt dabei der Windenergie. Hierzu wurden die Forschungsprogramme NOW-1 (1976–1981) und NOW-2 (1981–1990) ins Leben gerufen (detaillierter bei Verbong 1999). Im Fokus stand die großindustrielle Entwicklung in Form von „multi-megawatt turbines", auch wenn die Technologie für eine derart großangelegte Nutzung noch nicht ausgereift war (Breukers und Wolsink 2007: 96). Doch das Wirtschaftsministerium (*Ministerie van Economische Zaken*, MINEZ) erhoffte sich davon die Etablierung eines neuen Industriezweigs (Arentsen 2008: 55; Verbong 1999: 142). Entsprechend schaffte es um sich ein Netzwerk aus Akteuren, die den Ansatz eines zentralisierten, großindustriellen Ausbaus erneuerbarer Energien teilten – darunter die etablierte Stromwirtschaft, dem Ministerium nachgelagerte Behörden sowie Forschungsinstitute (Breukers und Wolsink 2007: 96; Wolsink 1996: 1079). Gesellschaftliche Initiativen, die aus ökologischen Motiven ebenfalls an Windenergieprojekten interessiert waren, wurden nicht ins Policy-Netzwerk einbezogen, ebenso wenig wie Vorschläge oder Innovationen, die außerhalb des Netzwerks entstanden (Breukers und Wolsink 2007: 96; Verbong 1999: 151). Die Windenergieprogramme NOW-1 und NOW-2 erwiesen sich rückblickend als wenig erfolgreich. Zum einen wurden raumordnerische und soziale Herausforderungen auf lokaler Ebene nicht ausreichend berücksichtigt (Breukers und Wolsink 2007: 96; Hofman und Marquart 2001: 160–161). Zum anderen fehlte für die erhoffte Etablierung einer nationalen Windenergiebranche ein entsprechender (nationaler) Absatzmarkt.[122] Das Scheitern der ersten EE-Projekte bestätigte

---

[121] Siehe dazu das vom Wirtschaftsministerium ausgearbeitete erste energiepolitische Weißbuch (TK 1974).

[122] Zwar wurden niederländische Turbinenhersteller subventioniert, jedoch kein Absatzmarkt für deren Produkte geschaffen: Ohne entsprechende Anreize wurde auf nationaler bzw. lokaler Ebene nicht genug in Windenergieanlagen investiert und im internationalen Geschäft waren niederländische Hersteller gegenüber den bereits etablierten dänischen Unternehmen

für Regierung und Stromwirtschaft, dass im Prinzip nur die Atomenergie eine realistische Alternative zur fossilen Energieversorgung sein könne (Arentsen 2008: 56–57; Hofman und Marquart 2001: 65–66; Verbong 1999: 150). In der Gesellschaft traf diese Idee jedoch auf breite Ablehnung. Eine Auflösung des Konflikts brachte der Reaktorunfall von Tschernobyl im Jahr 1986, da nun auch die Regierung von ihrer pronuklearen Position abrückte (Arentsen 2008: 56; Verbong 1999: 148; Verbong und Geels 2007: 1029). Die angestrebte Diversifizierung des Energiemix drückte sich in den 1980er Jahren letztlich durch den starken Ausbau von Gas sowie eine Renaissance der Kohleenergie aus (Arentsen 2008: 47).

Ende der 1980er bis Anfang der 1990er Jahre: Zentralisierung und umweltpolitische Integration
Bislang hatte das Energiesystem der Niederlande aus vielen kleinen Energieunternehmen mit lokalen Monopolen bestanden, welche sich im Besitz von Kommunen und Provinzen befanden (Hofman und Marquart 2001: 35; Slingerland 1997: 195). Mit dem Elektrizitätsgesetz von 1989[123] änderte sich dies, da nun die energiepolitische Kontrolle von den Kommunen und Provinzen an die Zentralregierung überführt wurde (Arentsen 2008: 50).[124] Neben der Zentralisierung fand auch eine Liberalisierung des Energiesektors statt. Von energiewirtschaftlicher Bedeutung war dabei vor allem die Entflechtung von Erzeugung und Verteilung (Thomas 2005: 90; Verbong und Geels 2007: 1029). Dies machte die Niederlande zu einem europäischen Vorreiter bei der Energiemarktliberalisierung (Spieker 2008: 110). Eine weitere Neuerung, die den Energiesektor ereilte, war die Integration umweltpolitischer Zielsetzungen. Hierbei wurde nicht nur eine thematische Verflechtung vorgenommen, sondern auch ein neues Instrumentarium geschaffen. Zunächst veröffentlichte das liberal geführte Umweltministerium im Mai 1989 einen nationalen Umweltplan (*Nationaal Milieubeleidsplan*, NMP) (TK 1989).[125]

---

nicht konkurrenzfähig (Kamp 2007: 340–342; Slingerland 1997: 199; Wolsink 1996: 1984–1085).

[123] Wet van 16 november 1989, houdende regelen met betrekking tot de opwekking, de invoer, het transport en de afzet van elektriciteit (Elektriciteitswet 1989). Staatsblad 1989, 535.

[124] Diese Zentralisierung war schon sehr lange im Gespräch, da bereits um 1960 das Unternehmensmosaik im Stromsektor der Regierung ein Dorn im Auge war – die Regierung beabsichtigte schon damals eine stärkere zentralstaatliche Steuerung und wollte zugleich den Wettbewerb auf dem Strommarkt erhöhen, was allerdings erst rund 30 Jahre später verwirklicht wurde (Hofman und Marquart 2001: 35).

[125] Zum Instrument des NMP siehe Weale (1992).

Als direktes Resultat des NMP wurde in den Folgejahren die gezielte Abfallverbrennung zur Gewinnung von Wärme und Strom für die Niederlande zur
wichtigen ‚erneuerbaren Energiequelle' (Hofman und Marquart 2001: 115).[126]
Die im November 1989 nachrückende Koalitionsregierung aus Christdemokraten
(*Christen-Democratisch Appèl*, CDA) und Sozialdemokraten (*Partij van de Arbeid*,
PvdA) schloss sich dem ökologischen Trend an: Beide Regierungspartner formulierten in ihren Parteiprogrammen den Wunsch nach nachhaltigem Wachstum
bzw. einer Integration von Energie- und Umweltpolitik, idealerweise im Rahmen
eines gemeinsamen europäischen Vorgehens (CDA 1989: 30–31; PvdA 1989: 4–
5). Erneuerbare Energien wurden von beiden Parteien befürwortet, jedoch ohne
dabei konkrete Maßnahmen vorzuschlagen (CDA 1989: 30–31; PvdA 1989: 4–5).

Eine weitere Neuerung knüpfte an einen im Laufe der 1980er Jahre vollzo-
genen Wandel des Instrumentariums an: Die Regierungskoalition aus CDA und
Liberalen (*Volkspartij voor Vrijheid en Democratie*, VVD) distanzierte sich von
der staatlichen *top-down*-Regulierung und setzte stattdessen auf mehr Selbstregulierung bzw. neuartige Regulierungsinstrumente, wovon sie sich eine effizientere
Steuerung versprach (Zito et al. 2003: 169). Diese Weichenstellung wurde von
kommenden Regierungen weiter ausgestaltet. Im Zuge der neuen, kooperativen
Steuerung schuf die nachfolgende Regierung aus CDA und PvdA ein Instrument, um strukturierte umweltpolitische Vereinbarungen mit gesellschaftlichen
Regelungsadressaten zu treffen – den Umweltaktionsplan (*Milieu Actie Plan*,
MAP) (Slingerland 1997: 196; Weale 1992: 133; Zito et al. 2003: 169).[127]
Die erste Vereinbarung wurde 1991 im Rahmen des MAP I (1991–1994) zwischen dem Wirtschaftsministerium und den Verteilerunternehmen geschlossen,
um CO_2-Emissionen im Energiesektor zu reduzieren (Gipe 1995: 41; Slingerland 1997: 196).[128] Die Verteiler sollten künftig Maßnahmen bzw. Projekte in

---

[126] Die Definition der Abfallverbrennung als erneuerbare Energiequelle war unter den Mitgliedstaaten kontrovers (Arentsen und Bruijn 2005: 430).

[127] Die Vereinbarungen erhielten zum Teil dadurch Verbindlichkeit, dass sie als zivilrechtli-
che Verträge formalisiert wurden (Öko-Institut e. V. 1998: 36–37).

[128] Während zuvor vor allem die regionalen Energieerzeuger und deren Vereinigung SEP
(*N. V. Samenwerkende Electriciteitsproductiebedrijven*) Ansprechpartner für die staatliche
Zusammenarbeit gewesen waren, befanden sich aufgrund der erfolgten Entflechtung nun die
Verteiler in dieser begünstigten Position (Breukers und Wolsink 2007: 97; Slingerland 1997:
195). Die Repräsentation des Stromsektors und die Kooperation mit dem Wirtschaftsministerium übernahm nun vorrangig die *Vereniging Energie-Nederland* (oder: *EnergieNed*), die
Vereinigung der Verteiler (Arentsen 2008: 54; Reiche 2005c: 236). *EnergieNed* ist ein Dachverband für den gesamten Energiesektor, in dem sowohl Energieerzeuger, als auch -verteiler
und -händler organisiert sind (Energie-Nederland 2019).

den Bereichen Energieeffizienz und erneuerbare Energien durchführen, finanziert über einen MAP-Aufschlag auf die Strompreise (Breukers und Wolsink 2007: 97; Gan et al. 2007: 148; Wolsink 1996: 1080).[129] Die Verteiler begannen nun, vor allem die industrielle Kraft-Wärme-Kopplung (KWK) auszubauen (als Energieeffizienzmaßnahme, ausführlicher bei Slingerland 1997).[130] Nachdem die Verteiler ihre vereinbarten Zielwerte zur CO_2-Reduktion (größtenteils durch KWK) erreicht hatten, unternahmen sie keine neuen Projekte mehr und stellten auch den MAP-Aufschlag nach und nach ein (Slingerland 1997: 200–201). Das Potenzial lokaler Akteure und Initiativen, die durchaus Interesse an EE-Projekten gehabt hätten, blieb ungenutzt, was auch an der ungeklärten Vergütungsfrage lag: Ohne eine gesetzliche Regelung mussten Produzenten von EE-Strom ihre Vergütung mit den Verteilern verhandeln, welche jedoch lediglich die vermiedenen Kosten zu zahlen bereit waren (Agterbosch et al. 2004: 2058; Arentsen 2008: 61–62; Breukers und Wolsink 2007: 97–98). Ein Bereich, der bis dato weitgehend unbeachtet geblieben war, waren die Biokraftstoffe. Einzelne Unternehmen begannen ab 1990 mit kleineren Experimenten, deren Finanzierung jedoch überwiegend von den Unternehmen selbst sowie mittels europäischer Subventionen und Hilfen lokaler Regierungen bewerkstelligt wurde (Hillman et al. 2008: 598; Ulmanen et al. 2009: 1415). Obwohl die ersten Versuche aus technologischer Sicht erfolgreich verliefen, waren Biokraftstoffe ohne systematische Förderung gegenüber konventionellen Kraftstoffen nicht konkurrenzfähig (Hillman et al. 2008: 598; Suurs und Hekkert 2009b: 1009). Mit einer staatlichen Unterstützung auf nationaler Ebene war jedoch nicht zu rechnen. Denn abgesehen davon, dass die Regierung kein intrinsisches Interesse an Biokraftstoffen hatte, zeichneten sich schon früh gesellschaftliche Kontroversen ab: „Regional actors emphasise[d] the strategic and environmental value of biofuels, whereas scientists and environmentalists stress[ed] their meagre performance" (Suurs und Hekkert 2009b: 1009; siehe auch Ulmanen et al. 2009: 1415). Letztere sollten mit ihrer Kritik auch in den Folgejahren den Biokraftstoffdiskurs bestimmen (Ulmanen et al. 2009).

---

[129] Der MAP-Aufschlag durfte zwischen 0,5 % und 2,5 % der Stromrechnung betragen, die genaue Höhe konnte dabei von den Verteilern frei bestimmt werden – durch diese Flexibilität entstanden Konkurrenzsituationen zwischen den Verteilern, da Anbieter mit geringerem MAP-Aufschlag den Endkunden gegenüber günstigere Angebote machen konnten (Slingerland 1997: 200–203).

[130] Daneben schlossen sich einige Verteilerunternehmen zusammen, um den Ausbau der Windenergie voranzutreiben – der daraus resultierende *Wind Plan* gilt jedoch weithin als gescheitert (ausführlicher bei Gipe 1995: 41–42).

Mitte bis Ende der 1990er Jahre: Energiesteuer als nachfrageseitiges Förderinstrument

Nach der Koalition aus Christdemokraten (CDA) und Sozialdemokraten (PvdA) (1989–1994) gelangte 1994 eine links-liberale Regierungskoalition aus PvdA und Liberalen (VVD sowie *Democraten 66*, D66) an die Macht (Tab. 6.4). In dem offenen und fragmentierten Vielparteiensystem, das die Niederlande traditionsgemäß prägte (Lucardie 1997: 187), waren wechselnde Koalitionsregierungen und eine „Politik der Kompromisse" durchaus üblich (Reiche 2002: 14). Gemeinsam war den Parteien zudem das Ziel einer Energiesteuer (CDA 1994: 60; D66 1994: 24; PvdA 1994: 28). Parteien unterschiedlicher Couleur stimmten überein, dass Energie eingespart werden müsse und dafür eine Besteuerung des Energieverbrauchs nötig sei; der Ausbau erneuerbarer Energien wurde eher am Rande angesprochen (CDA 1994; D66 1994; PvdA 1994).[131] Was die genannten Parteien ebenfalls teilten, war der Wunsch nach einer gemeinsamen europäischen Energiepolitik (z. B. die Einführung einer europäischen Energiesteuer, siehe CDA 1994: 60; D66 1994: 24; PvdA 1994: 28).[132] Der bereits angesprochene Ansatz der kooperativen Regulierung wurde ebenfalls parteiübergreifend begrüßt: Der Staat solle geeignete Rahmenbedingungen schaffen, doch eine maßgebliche Rolle bei der Gestaltung des Energiesektors komme gesellschaftlichen Akteuren zu, d. h. Industrie und (Energie-)Wirtschaft, aber auch (Energie-)Verbrauchern und Konsumenten (CDA 1994: 54–60; D66 1994: 24; PvdA 1994: 28; VVD 1994: 21–22). Die CDA formulierte besonders deutlich, dass der Weg der Vereinbarungen („convenanten") mit der Industrie fortgesetzt werden solle (CDA 1994: 60). Vor diesem Hintergrund hielt auch die neue Regierung an dem Instrument des MAP fest. In der zweiten MAP-Runde (1994–1997) wurde erstmalig eine (freiwillige) Quote für EE-Strom vereinbart. Die Verteiler sagten dabei zu, bis zum Jahr 2000 einen Anteil von 3 % des verkauften Stroms aus EE-Strom abzudecken (Rooijen und Wees 2006: 62–64; Slingerland 1997: 196). Effektiv war dieser Steuerungsversuch letztlich nicht, da die vereinbarte Quote nicht eingehalten wurde (Rooijen und Wees 2006: 65).

---

[131] Die VVD (1994) stimmte beim Ziel der Energieeinsparung mit den anderen Parteien überein, nannte aber keine konkreten Maßnahmen wie beispielsweise eine Energiesteuer; der Ausbau erneuerbarer Energien wurde nicht speziell erwähnt.

[132] Die VVD sprach zwar nicht explizit von einer europäischen Energiesteuer, betonte aber die Notwendigkeit, sich im europäischen und internationalen Verbund zu engagieren und gemeinsam Probleme wie klimaschädliche Emissionen anzugehen (VVD 1994: 22).

Tab. 6.4 Regierungen der Niederlande (1994 bis 2007)

Ministerpräsident	Regierungsparteien	Zeitraum
Wim Kok	PvdA, VVD, D66	Aug. 1994 – Aug. 1998
Wim Kok	PvdA, VVD, D66	Aug. 1998 – Jul. 2002
Jan Peter Balkenende	CDA, LPF, VVD	Jul. 2002 – Okt. 2002[133]
Jan Peter Balkenende	CDA, LPF, VVD	Okt. 2002 – Mai 2003
Jan Peter Balkenende	CDA, VVD, D66	Mai 2003 – Jul. 2006
Jan Peter Balkenende*	CDA, VVD	Jul. 2006 – Feb. 2007

* Minderheitsregierung. Eigene Darstellung nach ParlGov-Datenbank (Döring und Manow 2019).

Nach der MAP II-Vereinbarung war ein nächster wichtiger Schritt der links-liberalen Regierung die Formulierung quantitativer Ziele für den Ausbau erneuerbarer Energien. Das Wirtschaftsministerium legte 1995 ein energiepolitisches Weißbuch vor, das neben der Liberalisierung des Energiesektors als weiteren großen Themenschwerpunkt die Gestaltung einer nachhaltigen Energieversorgung behandelte (TK 1995). Wie bereits in den Parteiprogrammen deutlich wurde, galt der Fokus dabei der Energieeinsparung. Daneben wurde aber auch ein Ziel von 10 % erneuerbarer Energien am Verbrauch bis 2020 beschlossen (TK 1995: 49). Die Anhebung des bis dato etwa 1 % betragenden EE-Anteils sollte zu einem Großteil im Stromsektor geleistet werden, wo bis 2020 mit einem sektoralen Anteil von 17 % gerechnet wurde.[134] Um dies zu verwirklichen, wurde neben der bereits vereinbarten MAP II-Mindestquote geplant, die Nachfrage nach EE-Strom anzuregen, was speziell in Verbindung mit der fortschreitenden Liberalisierung als sinnvoll erachtet wurde (TK 1995: 49). In der Folge wurde 1996 die geplante Energiesteuer (*Regulerende Energie Belasting*, REB) eingeführt. Das primäre Ziel galt zwar der Senkung des Energieverbrauchs[135], zugleich wirkte die REB aber auch als Fördermaßnahme für erneuerbare Energien. Denn ab 1998

---

[133] Das Kabinett wurde aufgrund von internen Konflikten innerhalb der *Lijst Pim Fortuyn* (LPF) aufgelöst, welche als Partei mittlerweile nicht mehr existiert (Döring und Manow 2019).

[134] Einzelne Parteien wie die ökologische Partei *GroenLinks* (GL) und die Sozialistische Partei (*Socialistiese Partij*, SP) forderten ambitioniertere Zielwerte, doch generell herrschte Einigkeit über den Ausbau erneuerbarer Energien (Arentsen 2008: 51).

[135] Während die MAP-Abgabe primär dazu dienen sollte, neue Maßnahmen im Bereich der Energieeffizienz bzw. der erneuerbaren Energien zu finanzieren, war die Energiebesteuerung ein regulatives Instrument, das die Endverbraucher zum Stromsparen anregen sollte – die Einnahmen wurden über kompensatorische Steuermaßnahmen indirekt an die Verbraucher

wurde EE-Strom von der Steuer befreit und zusätzlich über eine kleine Produktionsbeihilfe subventioniert (Espey 2001: 219; Gan et al. 2007: 148; Reiche 2005c: 239). Außerdem profitierte der EE-Sektor von der Liberalisierung durch das Elektrizitätsgesetz von 1998[136], mit dem bereits viele Regelungen aus der zweiten EU-Liberalisierungsrichtlinie (2003/54/EG) antizipiert wurden (Spieker 2008: 110). Die geplante Marktöffnung wurde im EE-Sektor zuerst vollzogen: Verbraucher bekamen 2001, d. h. drei Jahre vor der vollständigen Öffnung des Strommarktes, die Möglichkeit, ihren Stromanbieter zu wechseln, sofern sie dabei auf EE-Strom umstiegen (Breukers und Wolsink 2007: 99–100; Gan et al. 2007: 149; Reiche 2005c: 238). Gemeinsam regten die Energiesteuer und die vorgezogene Marktöffnung die Nachfrage der Verbraucher nach EE-Strom tatsächlich derart an, dass sie weit über die inländische EE-Produktion hinausging und EE-Strom maßgeblich aus dem Ausland importiert werden musste (Arentsen 2008: 61–62; Meyer 2003: 672; Rooijen und Wees 2006: 62–63).

Im Bereich der Biokraftstoffe war eine Förderpolicy nach wie vor nicht in Sicht. Einzelne Projekte wurden weiterhin durch Steuererleichterungen unterstützt: Beispielsweise entwickelte sich ab Mitte der 1990er Jahre in der Schifffahrtsbranche ein erster Nischenmarkt, als Schifffahrtsunternehmen der Provinz Friesland begannen, abbaubare Biokraftstoffe zu testen und hierfür eine zweijährige Steuerbefreiung erwirkten (Hillman et al. 2008: 598–599; Suurs und Hekkert 2009b: 1009).[137] Jedoch wurde eine derartige Unterstützung immer nur ad hoc und zeitlich begrenzt gewährt:

Still these developments were strongly dependent on successful lobbying activities, [s]upport from Advocacy Coalitions, by the companies and local governments involved. For each tax exemption entrepreneurs had to lobby again, thereby highly increasing the transaction costs of their business. Moreover, this kind of ad hoc policy [did] not provide clear signals to other, more risk aversive, actors in the field (Suurs und

---

zurückgeführt (Slingerland 1997: 196). Insofern deckte sich die von der links-liberalen Regierung eingeführte Energiebesteuerung mit dem Modell, das auch die CDA vorgesehen hatte (CDA 1994: 60).

[136] Wet van 2 juli 1998, houdende regels met betrekking tot de productie, het transport en de levering van elektriciteit (Elektriciteitswet 1998). Staatsblad 1998, 427.

[137] Für die Unternehmen war es auch mit Steuererleichterungen schwierig, Biokraftstoffprojekte zu finanzieren. Beispielsweise hatte der Alkoholproduzent *Nedalco* 1995 die testweise Produktion von Bioethanol geplant und sich hierfür von der Regierung Unterstützung in Form einer Steuerbefreiung auf zehn Jahre sichern können – allerdings fielen die nötigen Investitionskosten dann doch deutlich höher aus, sodass das Projekt letztlich nicht realisiert werden konnte (Suurs und Hekkert 2009b: 1011).

Hekkert 2009a: 676; siehe auch Thuijl und Deurwaarder 2006: 37–38; Ulmanen et al. 2009: 1415).

Eine erste Trendwende im nationalen Biokraftstoffdiskurs fand Ende der 1990er Jahre statt: Aus der Kritik, die sich bis dahin recht allgemein gegen (konventionelle) Biokraftstoffe gerichtet hatte, entsprang nunmehr der Vorschlag, stattdessen Biokraftstoffe zweiter Generation[138] zu entwickeln (Hillman et al. 2008: 598–599; Suurs und Hekkert 2009b: 1011; Ulmanen et al. 2009: 1415). Die Verabschiedung des Kyoto-Protokolls im Jahr 1998 motivierte die Niederlande zusätzlich zu neuen emissionsreduzierenden Maßnahmen, was zur Etablierung einer Plattform (GAVE, *Gasvormige en Vloeibare Energiedragers*) führte, welche sich fortan vornehmlich mit Biokraftstoffen befassen sollte (Hillman et al. 2008: 599–600). Die Einrichtung von GAVE stellte insofern einen bedeutenden Schritt dar, als dass es den ersten Versuch der niederländischen Regierung markierte, Biokraftstoffe programmatisch zu fördern (Hillman et al. 2008: 599–600). Dabei war GAVE allerdings deutlich von der ‚Gegenlobby' geprägt, zu der neben Forschungseinrichtungen auch das Mineralölunternehmen Shell gehörte – im Ergebnis bestätigte GAVE den vorherrschenden Diskurs und räumte nur für Biokraftstoffe zweiter Generation eine Entwicklungsperspektive ein (Hillman et al. 2008: 598–600; Suurs und Hekkert 2009b: 1012; Ulmanen et al. 2009: 1415).[139]

Ende der 1990er bis Anfang der 2000er Jahre: Eklektischer Instrumentenmix in der EE-Förderung

Im Stromsektor wurde neben dem Instrument der Energiesteuer weiterhin auf Vereinbarungen gesetzt. In der dritten MAP-Runde (1997–2000) blieb es bei der Quotenvereinbarung des MAP II, welche allerdings auf 2 % abgesenkt wurde; ergänzend dazu sollten künftig *groen labels* zur Kennzeichnung von EE-Strom verwendet werden (Breukers und Wolsink 2007: 99; Espey 2001: 221; Gan et al.

---

[138] Biokraftstoffe der ersten Generation, wie Bioethanol aus der Vergärung von Getreide oder Zuckerrohr, werden aus Inhaltsstoffen weniger Pflanzenteile produziert, der Rest der Pflanze wird als Futtermittel o. ä. weiterverwendet; im Gegensatz dazu wird bei Biokraftstoffen zweiter Generation die gesamte Pflanze als Rohstoff genutzt, wie z. B. bei Bioethanol aus Zellulose oder BTL-Biodiesel aus Holz (siehe dazu auch Suurs und Hekkert 2009b: 1008–1009). Die Herstellung von Biokraftstoffen zweiter Generation ist technisch aufwendig und befindet sich z. T. noch in der Demonstrationsphase (BMK 2020).

[139] Daneben gab es auf lokaler bzw. regionaler Ebene weiterhin vereinzelte Projekte im Bereich Bioethanol und Biodiesel, welche zum Teil über Steuererleichterungen finanziert wurden. Vor allem die Provinz Friesland sowie die Stadt Rotterdam beteiligten sich an diesen Projekten (Ulmanen et al. 2009: 1411–1412).

2007: 148).[140] Andere Vereinbarungen betrafen einzelne EE-Technologien wie Photovoltaik oder die Mitverbrennung von Biomasse in Kohlekraftwerken (Hofman und Marquart 2001: 113–117; Lovinfosse 2008: 190; TK 1997: 37–38). Nicht nur gegenüber gesellschaftlichen Regelungsadressaten wurden Vereinbarungen verwendet, auch in der Kooperation zwischen staatlichen Akteuren kam das Format zum Tragen: Um den lokalen administrativen Hürden beim Windenergieausbau zu begegnen, schloss die Regierung 2001 eine Vereinbarung (BLOW) mit Provinzen und Kommunen, die jedoch sehr unterschiedlich und insgesamt nur lückenhaft umgesetzt wurde (Arentsen 2008: 63–64; Breukers und Wolsink 2007: 102). Andere Stakeholder, z. B. Akteure aus der Energiewirtschaft oder Umweltverbände, wurden nicht an BLOW beteiligt (Breukers und Wolsink 2007: 102). Das Instrument des MAP bzw. der freiwilligen Vereinbarungen erntete im Übrigen auch Kritik: So mahnte der *Algemene Energie Raad* (AER), welcher als zentrales Beratungsgremium das Wirtschaftsministerium unterstützte[141], dass Vereinbarungen mit einzelnen Akteursgruppen angesichts einer Pluralisierung des Energiesektors nicht mehr sinnvoll seien, stattdessen müssten neue, verpflichtende Instrumente geschaffen werden (AER 1999: 13). Doch das Wirtschaftsministerium rückte von seinem Ansatz nicht ab. Generell wurden sowohl Initiativen anderer Ministerien als auch Empfehlungen des Parlaments, anderer Organe sowie gesellschaftlicher Stakeholder vom Wirtschaftsministerium kaum in die EE-Politik einbezogen (Gan et al. 2007: 149; Rooijen und Wees 2006: 65).

Die EU-Richtlinie 2001/77/EG zur Förderung von Strom aus erneuerbaren Energiequellen veränderte wenig an der niederländischen Situation. Bei den Verhandlungen auf EU-Ebene hatten die Niederlande sichergestellt, ihr (gemessen an den geografischen Voraussetzungen) als ehrgeizig empfundenes Ziel nicht noch weiter erhöhen zu müssen (Arentsen 2008: 60; Arentsen und Bruijn 2005: 429–430). Das bestehende Ziel von 19 % EE-Strom bis 2020 wurde vor dem Hintergrund der EU-Richtlinie lediglich um ein Zwischenziel von 9 % bis 2010 ergänzt (Arentsen und Bruijn 2005: 429; Gan et al. 2007: 149). Auch hinsichtlich

---

[140] Die im Rahmen des MAP eingeführten *groen labels* wurden 2001 in ein freiwilliges System handelbarer Zertifikate überführt (Breukers und Wolsink 2007: 99–100; Gan et al. 2007: 148; Reiche 2005c: 238). Allerdings ging das neue Handelssystem im Prinzip nicht über die vorherige Kennzeichnung hinaus, da es weiterhin auf Freiwilligkeit basierte und nicht um eine mengenmäßige Verpflichtung ergänzt wurde (Gan et al. 2007: 149; Reiche 2005c: 238).

[141] Der *Algemene Energie Raad* (AER) gab als Expertengremium energiepolitische Empfehlungen an das Wirtschaftsministerium ab; seine Mitglieder wurden aufgrund ihrer zentralen Positionen in Industrie und Forschung ausgewählt (Arentssen 2008: 53–54; Reiche 2002: 54–55). Nachfolgeorganisation des AER ist seit 2014 der Beirat für Wissenschaft, Technologie und Innovation (*Adviesraad voor wetenschap, technologie en innovatie*).

der Instrumentenwahl nahm die niederländische Regierung keine Veränderungen vor. Die vom Umweltministerium im Januar 2002 vorgelegte nationale Strategie für eine nachhaltige Entwicklung (*Nationale Strategie voor Duurzame Ontwikkeling*) bestätigte bisherige Ansätze und Policies (VROM 2002). Zentrales energiepolitisches Thema blieb die Einsparung von Energie: In Verbindung mit einer aktiven Rolle der Gesellschaft (Verbraucher, Unternehmen usw.) seien bisherige Maßnahmen effektiv genug, vor allem die Energiesteuer sowie die unterschiedlichen Vereinbarungen, und würden daher fortgesetzt (VROM 2002: 29–32).

Mit dem nächsten Regierungswechsel kam im Juli 2002 eine konservativ-liberale Koalitionsregierung aus Christdemokraten (CDA) und Liberalen (VVD) sowie erstmalig der rechtspopulistischen *Lijst Pim Fortuyn* (LPF) an die Macht. Sowohl die christdemokratische CDA (2002) als auch die liberale VVD (2002) sprachen sich in ihren Parteiprogrammen für einen Ausbau erneuerbarer Energien aus. Für die CDA war die Entkarbonisierung der Wirtschaft ein wichtiges Ziel, das weiter voranzutreiben sei – vor diesem Hintergrund sei es auch erforderlich, den Anteil erneuerbarer Energien, u. a. Wind- und Sonnenenergie, deutlich zu erhöhen (CDA 2002: 51). Das schon länger anvisierte Ziel einer europäischen Energiesteuer stand für die CDA nach wie vor auf dem Plan, wobei die Steuereinnahmen explizit nachhaltigen Energieprojekten zukommen sollten, z. B. der Subventionierung von Solaranlagen (CDA 2002: 51). Für die VVD war energiepolitisch vor allem die weitere Deregulierung, Liberalisierung und Privatisierung des Energiesektors von Bedeutung (VVD 2002: 28–32). Gemäß ihrer liberalen Ausrichtung war sie gegen eine Erhöhung der Energiesteuer und zeigte sich in dem Zusammenhang auch besorgt um die niederländische Wettbewerbsposition, die nicht durch nationale Alleingänge (vs. europäische Maßnahmen) im Bereich der Umweltpolitik negativ beeinflusst werden dürfe (VVD 2002: 24). Erneuerbare Energien sah die VVD vor allem in Verbindung mit Innovation und Knowhow und wollte daher insbesondere die weitere Forschung und Entwicklung auf dem Feld der EE-Technologien stimulieren (VVD 2002: 24). Beide Parteien räumten der Atomenergie eine potenzielle Rolle bei der Energieversorgung ein, wenn auch die CDA gegen den Bau neuer AKWs war (CDA 2002: 51; VVD 2002: 24).[142]

Nachdem das letzte Fördermodell vor allem einen Import von EE-Strom aus dem Ausland angeregt hatte, setzte die neue Regierung 2003 ein neues Instrument ein: Unter dem Leitbegriff *milieukwaliteit van elektriciteitsproductie* (MEP)

---

[142] Die LPF nahm in ihrem Parteiprogramm keine energiepolitische Position ein, sie zeigte sich jedoch kritisch gegenüber verschiedenen Formen der Besteuerung, u. a. im Umweltbereich (LPF 2002: 4).

wurden Einspeisetarife für einheimische Erzeuger eingeführt, finanziert über eine jährliche Abgabe auf alle Stromanschlüsse (Gan et al. 2007: 149; IEA 2009: 112; Reiche 2005c: 239). Die Einspeisetarife sollten eine Garantie über zehn Jahre schaffen, mit fester (technologiespezifischer) Tarifhöhe für zunächst etwa zwei Jahre (IEA 2009: 112; Reiche 2005c: 239; Verbong und Geels 2007: 1033). Die Produktionsbeihilfen für EE-Strom fielen dafür weg und die bisherige Befreiung von der Energiesteuer wurde bis 2005 befristet (Breukers und Wolsink 2007: 100; Gan et al. 2007: 149). Die Oppositionsparteien, vor allem die PvdA sowie andere Parteien des linken Spektrums, wehrten sich gegen die Einschränkungen bisheriger Maßnahmen, waren jedoch auf lokaler Ebene gleichzeitig an Protesten gegen EE-Projekte beteiligt (Arentsen 2008: 52). Neben den Einspeisetarifen blieb das System der *groen labels* erhalten, sodass die Niederlande damit das einzige EU-Land waren, das sowohl Einspeisetarife als auch handelbare Zertifikate nutzte (Gan et al. 2007: 149).

Mitte der 2000er Jahre: EU-Anpassungsdruck bei den Biokraftstoffen, Fördervakuum im Stromsektor
Derweil kam es im Bereich der Biokraftstoffe zu einem deutlichen Einschnitt. Auf EU-Ebene wurde eine Biokraftstoffrichtlinie (2003/30/EG) verabschiedet, die in völligem Gegensatz zur niederländischen Position stand. Denn während sich die niederländische Regierung von Biokraftstoffen erster Generation abgewandt hatte, wurde auf EU-Ebene nun eine Zielsetzung von 5,75 % Biokraftstoffen bis 2010 vorgegeben. Entsprechend war die EU-Biokraftstoffrichtlinie von der niederländischen Regierung bis zuletzt abgelehnt worden, dennoch sah sie sich schließlich zu deren Umsetzung gezwungen (Thuijl und Deurwaarder 2006: 37; Ulmanen et al. 2009: 1415). Hierzu wurden zum einen die Aufgaben von GAVE ab 2003 dahingehend verändert, dass nun die Schaffung eines (allgemeinen) Biokraftstoffmarktes im Vordergrund stand (Hillman et al. 2008: 600–601; Thuijl und Deurwaarder 2006: 36). Wieder gab es eine Verschiebung des Diskurses, denn nun wurden Biokraftstoffe erster Generation zumindest als Übergangslösung (Brückentechnologie) akzeptiert (Hillman et al. 2008: 600–601).[143] Zum anderen wurde eine allgemeine Steuerbefreiung für Biokraftstoffe eingeräumt, allerdings begrenzt bis 2006 – ab 2007 sollte anschließend eine Quotenregelung gelten (IEA 2009: 116–117; Ulmanen et al. 2009: 1415). Mit der Verordnung

---

[143] Forschungsgelder wurden weiterhin auf die Entwicklung von Biokraftstoffen zweiter Generation gelenkt (Hoppe und Bueren 2017: 76; Suurs und Hekkert 2009b: 1015).

vom Oktober 2006[144] wurden Ölvertriebsunternehmen dazu verpflichtet, ab 2007 einen Biokraftstoffanteil von zunächst 2 % des gesamten vertriebenen Kraftstoffes in Umlauf zu bringen, mit weiteren Steigerungen im Verlauf, sodass bis 2010 das Ziel von 5,75 % erreicht sein würde. Es blieb den Unternehmen freigestellt, die 2 % in Form von Beimischungen oder Reinkraftstoff zu verkaufen (Suurs und Hekkert 2009b: 1015). Zwischen 2006 und 2007 gab es tatsächlich einen merklichen Anstieg des Biokraftstoffanteils auf 2 % (IEA 2009: 108). Die Gewinner der neuen Marktsituation waren vor allem große Mineralölunternehmen, die Biokraftstoff günstig aus dem Ausland (z. B. Brasilien) importierten (Farla et al. 2010: 1263).

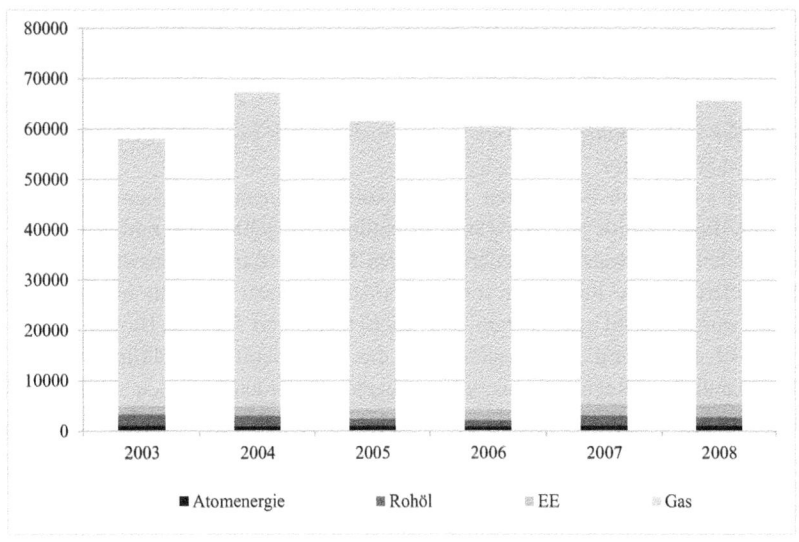

Abb. 6.5 Energieerzeugung in den Niederlanden im Vorfeld der EU-Richtlinie (in 1000 t RÖE).[145] Eigene Darstellung nach Eurostat (2016)

---

[144] Besluit van 20 oktober 2006, houdende regels met betrekking tot het gebruik van biobrandstoffen in het wegverkeer (Besluit biobrandstoffen wegverkeer 2007). Staatsblad 2006, 542.

[145] Primärenergieerzeugung. Die Kategorie ‚Gas' enthält Naturgas und Erdgaskondensate (NGL).

Nachdem 2005 die Steuerbefreiung für EE-Strom ausgelaufen war, wurden 2006 auch die Einspeisetarife wieder abgeschafft – in Folge des erreichten 9 %-Ziels sah die Regierung keine Veranlassung mehr, das MEP-Instrument fortzuführen (Arentsen 2008: 63; IEA 2009: 112–113). Wie es langfristig mit dem EE-Ausbau weitergehen sollte, blieb offen: „[L]ong-term considerations beyond 2010 seemed not to have played a role in this process" (Kern und Howlett 2009: 400). Auch von der 2007 folgenden Regierung aus Christdemokraten (CDA sowie *ChristenUnie*, CU) und Sozialdemokraten (PvdA) wurde zunächst kein weiteres Fördermodell angekündigt (Arentsen 2008: 61–63). Abgesehen von den handelbaren *groen labels*, welche allerdings auf Freiwilligkeit basierten, entstand somit ein Fördervakuum. Die PvdA, die zuvor innerhalb der Opposition noch weitere Fördermaßnahmen für erneuerbare Energien gefordert hatte, brachte mit ihrer Regierungsbeteiligung keine neuen Impulse ein (Arentsen 2008: 52).

Insgesamt waren also zentrale Motive der niederländischen Energiepolitik die Liberalisierung des Energiemarktes und eine Senkung des Energieverbrauchs. Aufgrund ihres Gasvorkommens hatten die Niederlande zumindest mittelfristig keinen Versorgungsengpass zu befürchten, was zum Teil das eher mäßige Engagement für den Ausbau erneuerbarer Energien begründete (Reiche 2005c: 242). Die niederländische Gaswirtschaft war im Vorfeld der europäischen Erneuerbare-Energien-Richtlinie die größte in Kontinentaleuropa, beherrscht von einem Duopol, bestehend aus *Gasunie* (Public-Private-Partnership) und dem Unternehmen *Nederlandse Aardolie Maatschappij* (NAM) (Spieker 2008: 113). Der staatliche Anteil am Gasverkauf über *Gasunie* war eine wichtige Einnahmequelle, sodass im parteiübergreifenden Konsens die Liberalisierung hier weniger stark vorangetrieben wurde (Spieker 2008: 114). Im Durchschnitt der Jahre 2003 bis 2008 beruhte die niederländische Energieerzeugung zu 92 % auf Gas; einen geringen Anteil an der Erzeugung hatten darüber hinaus erneuerbare Energien, Öl und Atomenergie, mit durchschnittlich jeweils 2 bis 3 % (Abb. 6.5). Die Bedeutung der einzelnen Energieträger blieb im Zeitverlauf weitgehend unverändert. Bei den erneuerbaren Energien war die Abfallverbrennung bzw. die Mitverbrennung von Biomasse in Kohlekraftwerken eine wesentliche Erzeugungsquelle, daneben nahm ab Mitte der 2000er Jahre auch die Offshore-Windenergie zu; der erste Offshore-Windpark wurde 2006 in Betrieb genommen und weitere Parks befanden sich in Planung (Arentsen 2008: 55–56).

Während also die niederländische Gaswirtschaft für Staat und Volkswirtschaft eine wesentliche Bedeutung hatte, zeigte sich gleichzeitig schon früh eine parteiübergreifende Sensibilisierung für den Umwelt- und Klimaschutz. Energiepolitisch resultierten hieraus aber vornehmlich verbrauchssenkende Maßnahmen (speziell die Energiesteuer). Die Förderung erneuerbarer Energien gestaltete sich eklektisch, mit mehreren zeitlich begrenzten Einzelmaßnahmen. Dies war Teil einer grundsätzlich marktliberal ausgestalteten Integration von Energie- und Klimapolitik, bei der vom Staat nur ein grober Rahmen vorgegeben und zum Großteil gesellschaftliche Akteure (Verbraucher, Unternehmen usw.) aktiv werden sollten. Dieses Paradigma wurde parteiübergreifend geteilt, sodass es auch mit den verschiedenen Regierungswechseln keine programmatischen Veränderungen in der Energiepolitik bzw. der Förderung erneuerbarer Energien gab. Mit dem marktliberalen Regulierungsansatz ging eine Präferenz für (freiwillige) Vereinbarungen mit gesellschaftlichen, vor allem energiewirtschaftlichen, Akteuren einher. Für den EE-Ausbau war dies eher ungünstig: Diejenigen Akteure, die vom Staat aktiv an der Regulierung beteiligt wurden, hatten im Grunde kein eigenes Interesse an erneuerbaren Energien. Das Potenzial kleiner, lokaler Initiativen blieb weitgehend ungenutzt. Die eklektische und kurzweilige Förderpolitik – zuletzt das abrupte Ende der Einspeisetarife – führte stattdessen zu großer Verunsicherung bei möglichen Investoren (Hoppe und Bueren 2017: 71; IEA 2009: 117–118).

Interessanterweise hatten gerade die niederländische Tradition der konsensorientierten Politik und die parteiübergreifend einhellige Unterstützung von Umwelt, Klima und erneuerbaren Energien dazu beigetragen, dass der Policy-Output letztlich hinter der Rhetorik zurückblieb:

> [T]he Dutch tradition in consensual decision-making – moving forward by means of dialogue, consultation and negotiation – has in the past been given credit for significant progress in the general area of sustainable development. The history of renewables seems to indicate, however, that the consensual mode has not managed to move the agenda on RES-E. Further, it appears as though the model has actually served to 'camouflage' what now appears as a serious gap between rhetoric and reality (Arentsen 2008: 68).

Abschließend wird nun formuliert, welche Rückschlüsse sich auf Basis der dargestellten Förderhistorie auf die institutionellen Arrangements sowie die Interessenkonstellation im Vorfeld der europäischen Erneuerbare-Energien-Richtlinie von 2009 ziehen lassen.

6.4.2 Institutionen und Interessen

Institutionelle Arrangements im Vorfeld der EU-Richtlinie
Innerhalb der niederländischen Energiepolitik war das Verhältnis von Staat und Gesellschaft paradigmatisch klar der *liberal-pluralistischen* Ausprägung zuzuordnen – dies war der parteiübergreifende Regulierungsanspruch und drückte sich auch im Programm der Energiemarktliberalisierung aus. Im Hinblick auf das Regulierungsinstrument der Vereinbarungen lassen sich aber auch *korporatistische* Tendenzen ausmachen, da hier mit den etablierten Akteuren aus der Stromwirtschaft partnerschaftlich bzw. kooperativ verhandelt und gestaltet wurde. Gesellschaftliche Akteure hatten nicht alle den gleichen Zugang zu staatlicher Regulierung (im Sinne des Pluralismus), sondern wurden aufgrund ihrer Position im System, welche sich auch in den Verbandsstrukturen spiegelte, beteiligt. Der Regulierungsstil war des Weiteren *konsensual*, was sich neben der erwähnten partnerschaftlichen Regulierung auch in einem generellen parteiübergreifenden Konsens ausdrückte – gegenüber der Liberalisierung, bestimmten Instrumenten, aber auch grünen Themen wie Umwelt- und Klimaschutz, erneuerbaren Energien etc. Bei gesellschaftlich kontroversen Themen (wie dem Ausbau der Biokraftstoffe) verhielt sich die Regierung neutral. Die Steuerung des EE-Ausbaus wurde im Prinzip aktiv verfolgt, was insbesondere an der quantitativen Zielsetzung deutlich wurde; in der Instrumentenwahl bzw. im Regulierungsansatz wurde die Entwicklung jedoch zu einem großen Teil den beteiligten gesellschaftlichen Akteuren bzw. Marktkräften überlassen. Bei der Biokraftstoffpolitik war die Förderung Ergebnis der EU-Biokraftstoffrichtlinie, also reaktiv. Insgesamt hatte die Regulierung folglich aktive, aber auch reaktive Elemente (*teils, teils*). Die EE-Förderung war in ihrer Ausgestaltung *fragmentiert*: Es gab einen Instrumentenmix der vielen Maßnahmen, welche parallel genutzt wurden und zum Teil relativ begrenzte Anwendungsbereiche hatten (Kern und Howlett 2009), insbesondere die diversen Vereinbarungen. Für die Ausgestaltung des EE-Sektors gab es (abgesehen von der quantitativen Zielsetzung) keinen konkreten, langfristigen Plan – was angesichts der marktliberalen Ausrichtung auch nicht zu erwarten war. Die EE-Förderung lässt sich folglich am ehesten unter dem Motto „trial and error" zusammenfassen (Arentsen 2008: 65). Der Umgang mit Recht kann als *pragmatisch* bewertet werden. Dies steht auch im Zusammenhang mit dem marktliberalen Paradigma, das sich auf das Programm der Liberalisierung und die Wahl der Steuerungsansätze auswirkte. Der staatliche Steuerungsanspruch galt der Rahmensetzung. Gesellschaftliche Akteure sollten innerhalb dieses Rahmens eine aktive Rolle einnehmen und den

Regulierungsgegenstand weiter ausgestalten. So wurde z. B. im Rahmen der MAP-Vereinbarungen oder bei der späteren Biokraftstoffquote gegenüber den Regelungsadressaten freigestellt, wie genau sie die Zielsetzung erfüllen würden. Die Regulierungsstrukturen waren im Energiebereich beim Wirtschaftsministerium *zentralisiert* und *konzentriert*. Die Zentralisierung wurde 1989 per Gesetz vorgenommen, während die Konzentrierung sich ressorttechnisch, aber auch durch die Haltung des Wirtschaftsministeriums ergab, welches seine Zuständigkeit ausübte, ohne dabei in besonderer Weise andere Ministerien oder sonstige administrative Akteure einzubeziehen.

Interessenkonstellation im Vorfeld der EU-Richtlinie
Die Interessenkonstellation in den Niederlanden war von einer gewissen Ambivalenz geprägt. Grüne Themen (wie Nachhaltigkeit, Reduktion verschiedener Formen von Umweltverschmutzung etc.) zogen sich durch sämtliche Parteien (siehe auch Lucardie 1997: 190) und auch energiepolitisch bestand Konsens gegenüber dem Ziel der Energieeinsparung sowie der Nutzung erneuerbarer Energien. Obwohl dies im Prinzip günstige Voraussetzungen für den EE-Ausbau waren, blieb das tatsächliche politische Engagement verhalten: „In short, across the political spectrum there is widespread rhetorical support for RES, but in practice there is considerable inconsistency and resistance" (Arentsen 2008: 52). Ein Grund dafür liegt vermutlich in der geringen volkswirtschaftlichen Bedeutung, die erneuerbaren Energien beigemessen wurde. Nachdem die Etablierung einer nationalen Windenergieindustrie gescheitert war, beschränkte sich die EE-Politik auf klimapolitische Motive. Eine Steigerung der EE-Kapazitäten im Inland stand dabei nicht im Zentrum: Oberste Priorität hatte die Senkung des Verbrauchs, daneben wurde der EE-Anteil in Folge von Nachfragepolitik bzw. Quotenregelung maßgeblich über ausländische Importe (von EE-Strom und Biokraftstoffen) realisiert. Im Vergleich zu Deutschland, wo es eine breite Koalition pro erneuerbare Energien gegeben hatte, war es in den Niederlanden das Wirtschaftsministerium, das die Erneuerbare-Energien-Politik, gemeinsam mit gesellschaftlichen Regelungsadressaten, gestaltete (Gan et al. 2007: 149; Rooijen und Wees 2006: 65).

In den Ausbau erneuerbarer Energien wurden überwiegend Akteure der etablierten Energiewirtschaft einbezogen; dies begann mit den ersten Windenergieprojekten in den 1970er und 1980er Jahren und setzte sich bis Mitte der 2000er Jahre fort. Eine gesellschaftliche *bottom-up*-Entwicklung wurde dagegen nicht unterstützt, obwohl es lokales Interesse bzw. Initiativen gegeben hätte. An Interessengruppen der EE-Branche und Umweltorganisationen mangelte es in den

Niederlanden zwar nicht[146], doch innerhalb der Netzwerke, die vom Wirtschaftsministerium etabliert wurden, konnten sich diese Organisationen in Ermangelung
formalisierter Verfahren kaum einbringen (Hendriks 2008: 1016–1018; Rooijen
und Wees 2006: 64). Die u. a. von Umweltorganisationen geäußerte Kritik an Biokraftstoffen wurde von der Regierung aufgenommen, nicht jedoch deren Unmut
über die Energieerzeugung aus Abfallverbrennung (Arentsen 2008: 64; Reiche
2002: 72; Verbong und Geels 2007: 1034). Zum Teil waren Umweltorganisationen auch gegenüber anderen EE-Projekten ablehnend eingestellt, z. B. der
Windenergie (Verbong und Geels 2007: 1033). Somit nahmen sie eine wider-
sprüchliche Position ein, da sie den Ausbau erneuerbarer Energien generell
befürworteten, gleichzeitig aber oft am lokalen Widerstand gegen Windenergie-
oder Biomasseanlagen beteiligt waren (Arentsen 2008: 64).

Ähnlich wie im Vereinigten Königreich, spiegelte sich der Umstand, dass eine
bottom-up-Entwicklung bzw. eine breitere gesellschaftliche Teilhabe am Ausbau
erneuerbarer Energien ausgeblieben war, in den Umfragewerten des Eurobarometers wider: Die Befragten in den Niederlanden waren EU-weit am skeptischsten
gegenüber möglichen positiven Wirtschaftseffekten des Klimaschutzes eingestellt; nur 38 % stimmten diesem Zusammenhang zu, 48 % waren dagegen
der Meinung, es seien keine positiven Effekte zu erwarten (EK 2008a: 30).
Die europäische Zielsetzung eines 20%igen EE-Anteils wurde von einer Mehrheit begrüßt (74 %), allerdings auch von überdurchschnittlich vielen Befragten
abgelehnt (19 % gegenüber 13 % in der EU-27). Vergleichbare Ablehnung
gab es im Vereinigten Königreich (19 %) (EK 2008a: 61).[147] Insgesamt kann
die Interessenkonstellation in den Niederlanden mit Blick auf europäische
Erneuerbare-Energien-Richtlinie als *neutral* bezeichnet werden, da es politisch
zwar einen vergleichsweise breiten Rückhalt für erneuerbare Energien gab, das
Engagement staatlicher Akteure sich aber nur zum Teil in Policies übersetzte und

---

[146] Unter den EE-Verbänden gab es u. a. die *Nederlandse Wind Energie Associatie* (NWEA)
als Dachorganisation der Windenergiebranche und *Holland Solar* als primäre Lobbyorgani-
sation für die Solarenergiebranche (Reiche 2005c: 236). Die *Platform Bio-Energie* stellte
eine Vereinigung für Unternehmen dar, die im Bereich Biomasse tätig waren, wobei hier
vielfach die bereits etablierte Energiewirtschaft, d. h. Unternehmen wie *Nuon, Essent* und
Eneco, vertreten waren (Reiche 2002: 63–64). Die wichtigsten Umweltorganisationen waren
die *Vereniging Natuurmonumenten, Greenpeace, Milieudefensie* (der niederländische Zweig
von *Friends of the Earth*) sowie der *World Wide Fund For Nature* (WWF) (Espey 2001;
Hendriks 2008; Lucardie 1997; Reiche 2005c). Eine weitere Umweltorganisation war die
Stichting Natuur En Milieu (SNM), welche regierungsberatend tätig war, aber selber keine
Projekte initiierte (Reiche 2005c: 237).

[147] Die Befragung wurde im Frühjahr 2008 vorgenommen. Eine Gesamtübersicht für alle
untersuchten Mitgliedstaaten findet sich in Abschnitt 6.7 (Tab. 6.12).

die beteiligten bzw. zentralen gesellschaftlichen Akteure kein Eigeninteresse am EE-Ausbau hatten.

6.5   Österreich

Erneuerbare Energien haben in Österreich aufgrund der ausgezeichneten geografischen Voraussetzungen früh einen wichtigen Platz in der Energieversorgung eingenommen. Wasserkraft wurde bereits während des Zweiten Weltkrieges massiv ausgebaut. Außerdem begann Österreich in den 1980er Jahren mit der Entwicklung von Biodiesel. Mit der Förderpolitik der 2000er Jahre konnten weitere EE-Technologien wie Windkraft deutlich ausgebaut werden. Aufgrund der Abhängigkeit von Energieimporten und der parteiübergreifenden Ablehnung der Atomenergie war es Konsens, den Anteil erneuerbarer Energien weiter zu erhöhen. Streit entbrannte Mitte der 2000er Jahre jedoch um das Wie der Förderung, als Parteien und gesellschaftliche Interessengruppen über die Novelle des Ökostromgesetzes debattierten. Nichtsdestotrotz nahm die EE-Erzeugung weiter zu und stellte die wichtigste einheimische Energiequelle dar.

6.5.1   Förderhistorie

Nachkriegszeit bis 1980er Jahre: Sozialpartnerschaftliche Steuerung, gesellschaftlicher Protest
In Österreich wurde das Energiepotenzial erneuerbarer Ressourcen schon früh genutzt. Denn das Land verfügte sowohl über sehr gute Bedingungen für Wasserkraft, vor allem in den alpinen Regionen, als auch über große Vorräte an Biomasse, was durch den hohen Flächenanteil von Wäldern bedingt war (IEA 2003: 17). Schon während des Zweiten Weltkrieges wurde die Wasserkraft massiv ausgebaut (Lauber 2005a: 55; Pflüglmayer et al. 2008: 189). Nach Kriegsende erfolgte eine Verstaatlichung österreichischer Stromunternehmen, um sie vor möglichen Forderungen gegen deutsches Eigentum zu schützen (Pflüglmayer et al. 2008: 194; Raschauer 2006: 25; Winkler-Rieder 1997: 620).[148] Mit dem 2. Verstaatlichungsgesetz wurde eine Verbundgesellschaft errichtet, um die Bundesbeteiligung an den Stromunternehmen zu verwalten (§ 5 Abs. 1). Der Aufsichtsrat wurde gemäß des sozialpartnerschaftlichen Prinzips mit Vertretern von Parteien und Verbänden besetzt (Lauber 2005a: 60; Winkler-Rieder 1997:

---

[148] Dies geschah 1947 durch das 2. Verstaatlichungsgesetz. BGBl. Nr. 81/1947.

620). Es spiegelte sich darin eine gesetzlich gesicherte Parität von Bund, Ländern und gesellschaftlichen Vertretern wider, speziell der Wirtschaftskammer, der Arbeiterkammer, der Landwirtschaftskammer sowie Arbeitnehmervertretern aus der Elektrizitätswirtschaft (§ 5 Abs. 2 S. 1–2 2. Verstaatlichungsgesetz). Ziel der Sozialpartnerschaft war es generell, die Ausrichtung der Wirtschafts- und Sozialpolitik möglichst im Konsens mit verschiedenen gesellschaftlichen Gruppen (insbesondere Arbeiterschaft, Wirtschaft und Landwirtschaft) zu beschließen und deren Kooperation bei der anschließenden Umsetzung sicherzustellen (IEA 2003: 31). Auch in der Energiepolitik waren die Sozialpartner fest in die Entscheidungsfindung eingebunden (IEA 2003: 27; Winkler-Rieder 1997). Das o. g. Arrangement im verstaatlichten Energiesektor führte allerdings dazu, dass dieser bis in die 1980er Jahre hinein (unnötig) hohe Subventionen erhielt, was eher parteipolitischen und sozialpartnerschaftlichen Partikularinteressen entsprach und weniger Ergebnis einer wirtschaftlich effizienten Steuerung war (Pflüglmayer et al. 2008: 195; Winkler-Rieder 1997). Widerstand gegen die bisherige Energiepolitik kam insbesondere in den 1970er Jahren auf und richtete sich zunächst speziell gegen den Ausbau der Atomenergie, welcher von staatlicher Seite sowie von Industrie und Gewerkschaften vorangetrieben wurde (Pflüglmayer et al. 2008: 189; Winkler-Rieder 1997: 623). Die erfolgreiche Anti-AKW-Bewegung mündete 1978 in einer Volksabstimmung – mit dem Ergebnis, dass nicht nur Österreichs einziges Atomkraftwerk nie ans Netz ging, sondern die Nutzung der Atomenergie im selben Jahr per Gesetz[149] auch gänzlich untersagt wurde (Müller 2017). Die Regierung selbst stand der Atomenergie im Prinzip noch offen gegenüber, im Zuge der Reaktorkatastrophe von Tschernobyl im Jahr 1986 wurde das Thema jedoch endgültig ad acta gelegt und das Kraftwerk Zwentendorf demontiert (Haas et al. 2017: 37; Pflüglmayer et al. 2008: 193–194).

Die Kritik am bisherigen energiepolitischen Kurs betraf aber auch den Vorwurf der fehlenden Wirtschaftlichkeit: Auf Basis der Umweltbewegung, die sich zunächst primär gegen den AKW-Bau gerichtet hatte, wurden in den 1980er Jahren zunehmend die ökologischen und ökonomischen Versäumnisse der Energiepolitik insgesamt diskutiert (Lauber 2005a: 59; Pflüglmayer et al. 2008: 194; Winkler-Rieder 1997). Ökologische Bedenken galten im Übrigen auch großen Wasserkraftanlagen: Besonders der Widerstand im Hainburger Au gilt als Geburtsstätte der grünen Bewegung in Österreich (Pflüglmayer et al. 2008: 194). Der Unmut gesellschaftlicher Gruppen, aber auch von Teilen des parteipolitischen

---

[149] Bundesgesetz: Verbot der Nutzung der Kernspaltung für die Energieversorgung in Österreich. BGBl. Nr. 676/1978.

Spektrums richtete sich gegen das Establishment bzw. bestehende Regulierungsar-rangements: Seit der Nachkriegszeit und bis Ende der 1990er Jahre dominierten insbesondere zwei Parteien das politische Geschehen, die Sozialdemokratische Partei Österreichs (SPÖ) und die Österreichische Volkspartei (ÖVP), welche oft-mals als große Koalition zusammen regierten (Lauber 2005a: 59; Pflüglmayer et al. 2008: 192–193). Beide Parteien waren durch ihre Aufsichtsratstätigkeit in den verstaatlichten Energieunternehmen eng mit der Energieindustrie vernetzt, sodass sich der Energiesektor politischer Unterstützung relativ sicher sein konnte (Lauber 2005a: 59; Pflüglmayer et al. 2008: 193–194). Die gesellschaftliche Kri-tik an der Steuerung des Energiesektors wurde neben den Grünen auch von der Freiheitlichen Partei Österreichs (FPÖ) geteilt, die den Einfluss und die Privi-legien der Regierungsparteien im Energiesektor beanstandeten, aber auch von Teilen der ÖVP (Lauber 2005a: 59; Pflüglmayer et al. 2008: 194). Ein konkretes Ergebnis der Kritik war Ende der 1980er Jahre die politische Distanzierung vom Kraftwerkausbauprogramm, welches von der Energiewirtschaft trotz bestehen-der Überkapazitäten verfolgt worden war (Lauber 2005a: 60–61; Winkler-Rieder 1997: 624). Die Unterstützung der Energieindustrie fiel seitens der Regierungs-parteien nun verhaltener aus (Lauber 2005a: 59; Pflüglmayer et al. 2008: 194). Außerdem wurde 1987 per Bundesverfassungsgesetz[150] das 2. Verstaatlichungs-gesetz dahingehend angepasst, dass eine Teilprivatisierung des Energiesektors erfolgte. Die eigentliche Verstaatlichung wurde aufgehoben, jedoch festgelegt, dass Unternehmen der Elektrizitätswirtschaft weiterhin zu mindestens 51 % in staatlichem Besitz verbleiben mussten (Art. 1 Bundesverfassungsgesetz). Abge-sehen von diesen ökonomisch motivierten Veränderungen standen seit Mitte der 1980er Jahre auch ökologische Themen auf der Regierungsagenda, darun-ter Energieeffizienz und Umweltverträglichkeit, allerdings wurden dabei keine wesentlichen Reformen angestoßen (Pflüglmayer et al. 2008: 194; Winkler-Rieder 1997: 625). Eine Energiesteuer war zwar seit Beginn der 1980er Jahre im Gespräch, scheiterte jedoch an der Sorge, durch eine Vorreiterrolle die eigene Position im internationalen Wettbewerb zu schädigen (Lauber 2005a: 65).[151]

---

[150] Bundesverfassungsgesetz: Änderung des 2. Verstaatlichungsgesetzes und Erlassung orga-nisationsrechtlicher Bestimmungen für die vom 2. Verstaatlichungsgesetz betroffenen Unter-nehmungen. BGBl. Nr. 321/1987.

[151] In den Jahren 1995 und 1996 wurden geringe Steuern auf Öl bzw. Gas und Elektrizität erhoben, allerdings waren die Motive dafür eher, höhere Steuereinnahmen zu erzielen und weniger, das Konsumentenverhalten zu beeinflussen (Lauber 2005a: 65; Pflüglmayer et al. 2008: 204). Im Jahr 2000 gab es eine erneute Steuererhöhung, wobei allerdings auch Strom

1980er bis Mitte der 1990er Jahre: Erfolgreicher Start der Biodieselproduktion
Neben der ökologischen Bewegung im Inland hatten auch die Ölkrisen der
1970er Jahre Druck auf die Energiepolitik Österreichs ausgeübt: Ein wesentliches Ergebnis der Ölkrisen war, dass die Regierung sich veranlasst sah, alternative
Kraftstoffe zu erkunden – beauftragt wurde damit die Bundesanstalt für Landtechnik (BLT) durch das Landwirtschaftsministerium (Körbitz et al. 2003: 22). Nach
ersten erfolgreichen Versuchen wurden 1987 zwei Pilotanlagen für Biodiesel initiiert; bereits im Folgejahr konnten sich einige kommerzielle Biodieselanlagen
etablieren (Körbitz et al. 2003: 22; Prankl et al. 1996: 4). Die ersten kleineren
Anlagen wurden von landwirtschaftlichen Genossenschaften betrieben, daneben
begann 1990 in Aschach der Bau der weltweit ersten industriellen Anlage für
Biodiesel – bereits 1993 wurde in Bruck eine noch größere Anlage in Betrieb
genommen (Körbitz et al. 2003: 22; Prankl et al. 1996: 11). Der produzierte
Biodiesel wurde direkt in Traktoren verwendet, da die entsprechenden Hersteller
im Zuge der gelungenen Flottentests durch die BLT entsprechende Freigaben für
ihre Fahrzeuge erteilten (Körbitz et al. 2003: 22; Prankl et al. 1996: 4). Unterstützt
wurde das Ganze durch einen rechtlichen Rahmen, der einen Qualitätsstandard für
Biodiesel und damit Sicherheit schuf: Mit der Kraftstoffverordnung von 1992[152]
wurde die ÖNORM von 1991 für Rapsölmethylester (Biodiesel) verbindlich (§
1 Abs. 1 Kraftstoffverordnung). Die rechtlichen Standards schufen nicht nur ver-
lässliche Rahmenbedingungen für den weiteren Ausbau in Österreich (Körbitz
et al. 2003: 22), sondern dienten auch in Deutschland als Orientierungshilfe
(Brand-Schock 2010: 284–285). Wenig später folgte eine Steuerbefreiung für
Biodiesel: Mit dem Mineralölsteuergesetz von 1995[153] wurde reiner Biodiesel
nahezu komplett steuerbefreit (§ 3 Abs. 4 i. V. m. § 3 Abs. 1–2), für Beimischungen von Biodiesel wurden etwa 70 % der anfallenden Steuer erstattet (§ 6
Abs. 1 i. V. m. § 3 Abs. 1–2). Des Weiteren wurden Biokraftstoffe, die im Rahmen der landwirtschaftlichen Selbstversorgung genutzt wurden, komplett von der
Mineralölsteuer befreit (§ 4 Abs. 1 Nr. 7 Mineralölsteuergesetz). Landwirte, die
in Kleinanlagen Biodiesel für den Eigengebrauch produzierten, mussten diesen
folglich nicht versteuern.

---

aus erneuerbaren Energiequellen besteuert wurde (Lauber 2005a: 65). Die Besteuerung verschiedener Energieträger reflektierte somit nicht die jeweiligen Klimaauswirkungen – so
hatte Kohle als größter CO_2-Emittent das niedrigste Steuerniveau (IEA 2003: 36).

[152] Kraftstoffverordnung 1992. BGBl. Nr. 123/1992.

[153] Bundesgesetz, mit dem die Mineralölsteuer an das Gemeinschaftsrecht angepaßt wird
(Mineralölsteuergesetz 1995). BGBl. Nr. 630/1994.

Mitte bis Ende der 1990er Jahre: Europäisch getriebene Liberalisierung durch das ElWOG

Der EU-Beitritt Österreichs im Jahr 1995 erforderte eine wesentliche Anpassung an den europäischen Liberalisierungskurs: Für die Energiewirtschaft wurden große Umstrukturierungsmaßnahmen notwendig und zum ersten Mal gab es echte Anreize zu betriebswirtschaftlicher Effizienz (Raschauer 2006: 26; Winkler-Rieder 1997: 625). Trotz des damit verbundenen Umbruchs wurde die 1996 verabschiedete EU-Richtlinie zur Liberalisierung des Elektrizitätsbinnenmarkts (96/92/EG) mit dem Elektrizitätswirtschafts- und -organisationsgesetz (ElWOG) von 1998[154] fristgerecht umgesetzt (Lauber 2005a: 62; Raschauer 2006: 42). Teil des Bundesgesetzes, welches das ElWOG enthielt, war auch ein eigenes Bundesverfassungsgesetz, mit dem das 2. Verstaatlichungsgesetz außer Kraft gesetzt wurde (Art. 2 § 4 Abs. 2 Bundesverfassungsgesetz). Zugleich wurde jedoch durch Art. 2 §§ 1–2 sichergestellt, dass große Stromunternehmen zu mindestens 51 % in staatlicher Hand verbleiben würden. Dieser Punkt, auf den es vor allem der SPÖ ankam, wurde auch Mitte der 2000er Jahre noch verteidigt (SPÖ 2006: 18). Entsprechend der europäischen Vorgaben wurde im ElWOG u. a. der Netzzugang neu geregelt: Damit wurden alle Kunden und Erzeuger netzzugangsberechtigt, was die laut EU-Recht notwendigen Maßgaben sogar überstieg (Pflüglmayer et al. 2008: 199; Raschauer 2006: 82–83). Neben der Liberalisierung des Strommarktes war ein weiteres Ziel des ElWOG, „den hohen Anteil erneuerbarer Energien in der österreichischen Elektrizitätswirtschaft weiter zu erhöhen" (§ 3 Nr. 3 ElWOG 1998). Hierzu wurden im ElWOG mehrere Bestimmungen zur Förderung erneuerbarer Energien erlassen. Im Rahmen der „gemeinwirtschaftliche[n] Verpflichtungen im Allgemeininteresse" wurde den Stromunternehmen „die *vorrangige* Inanspruchnahme von Erzeugungsanlagen, in denen erneuerbare Energieträger oder Abfälle eingesetzt werden oder die nach dem Prinzip der Kraft-Wärme-Kopplung arbeiten [Hervorh. VB]" auferlegt (§ 4 Nr. 4 ElWOG 1998). Zusätzlich wurde für Verteilerunternehmen eine Quotenregelung formuliert, nach der bis 2005 ein Anteil von 3 % EE-Strom aus regenerativen Energieträgern, mit Ausnahme der Wasserkraft, also z. B. Biomasse, Biogas, Wind- oder Sonnenenergie, an die Endkunden abzugeben sei (§ 31 Abs. 3 ElWOG 1998). Damit bestand nun eine verbindliche Mindestquote für speziell diejenigen erneuerbaren Energiequellen, die sich im Vergleich zur

---

[154] Bundesgesetz, mit dem die Organisation auf dem Gebiet der Elektrizitätswirtschaft neu geregelt wird (Elektrizitätswirtschafts- und -organisationsgesetz – ElWOG), das Bundesverfassungsgesetz, mit dem die Eigentumsverhältnisse an den Unternehmen der österreichischen Elektrizitätswirtschaft geregelt werden, erlassen wird und das Kartellgesetz 1988 und das Preisgesetz 1992 geändert werden. BGBl. I Nr. 143/1998.

Wasserkraft für die Stromproduktion noch nicht gleichermaßen etabliert hatten. Ebenso wurde im ElWOG bereits die Grundlage zur Vereinfachung von Genehmigungsverfahren für EE-Anlagen gelegt (§ 12 Abs. 2 ElWOG 1998).

Anfang der 2000er Jahre: ElWOG-Novelle und Ökostromgesetz unter schwarz-blauer Regierung
Anfang 2000 vollzog sich in Österreich ein denkwürdiger Regierungswechsel (Tab. 6.5): Nach dreißig Jahren, in denen die Österreichische Volkspartei (ÖVP) entweder Juniorpartner der Sozialdemokraten (SPÖ) gewesen war oder sich in der Opposition befunden hatte, war es Wolfgang Schüssel gelungen, trotz historisch schlechter Wahlergebnisse für die ÖVP, eine Koalitionsregierung mit der rechtspopulistischen FPÖ zu formen und sich dadurch die Kanzlerschaft zu sichern (Heinisch 2010: 121).[155] Unter der neuen schwarz-blauen Regierung wurde der bisherige energiepolitische Kurs fortgesetzt. Zunächst wurde Ende 2000 mit einer ElWOG-Novelle bzw. dem Energieliberalisierungsgesetz[156] die Liberalisierung des österreichischen Elektrizitätssektors vervollständigt (IEA 2003: 8; Raschauer 2006: 42). Die Marktöffnung in Österreich wurde noch vor den entsprechenden EU-rechtlichen Fristen vollzogen (IEA 2003: 35; Nationalrat 2000: 251). Allerdings blieb es auf Druck der SPÖ bei der Regelung des 51%igen staatlichen Mindesteigentums – das Wirtschaftsministerium hatte sich in seinem Gesetzesentwurf davon verabschieden wollen, doch zugunsten einer breiten Parlamentsmehrheit mitsamt der SPÖ blieben die Eigentumsverhältnisse (zunächst) unangetastet (Nationalrat 2000: 253–260).

Für erneuerbare Energien brachte die Gesetzesnovelle zwei wichtige Neuerungen: Erstens wurde die Quotenregelung für (neue) EE-Stromtechnologien, die bislang einen Mindestanteil von 3 % bis 2005 vorsah, um eine gestaffelte Aufstellung bis 2007 erweitert, d. h. mindestens 1 % bis 2000, mindestens 2 % bis 2003,

---

[155] Für seine Koalition mit der FPÖ erntete Bundeskanzler Schüssel international heftige Kritik sowie zeitweise Sanktionen der EU-Mitgliedstaaten gegen Österreich, siehe dazu u. a. Perger (2010) in DIE ZEIT und Winkler-Hermaden (2010) in DER STANDARD.

[156] Bundesgesetz, mit dem Neuregelungen auf dem Gebiet der Erdgaswirtschaft erlassen werden (Gaswirtschaftsgesetz – GWG), das Bundesgesetz betreffend den stufenweisen Übergang zu der im Gaswirtschaftsgesetz vorgesehenen Marktorganisation erlassen wird, das Preisgesetz 1992, die Gewerbeordnung 1994, das Rohrleitungsgesetz, das Reichshaftpflichtgesetz, das Elektrizitätswirtschafts- und -organisationsgesetz geändert werden und das Bundesgesetz über die Aufgaben der Regulierungsbehörden im Elektrizitätsbereich und die Errichtung der Elektrizitäts-Control GmbH und der Elektrizitäts-Control Kommission sowie das Bundesgesetz, mit dem die Ausübungsvoraussetzungen, die Aufgaben und die Befugnisse der Verrechnungsstellen für Transaktionen und Preisbildung für die Ausgleichsenergie geregelt werden, erlassen werden (Energieliberalisierungsgesetz). BGBl. I Nr. 121/2000.

mindestens 3 % bis 2005 und mindestens 4 % bis 2007 (§ 32 Abs. 1 i. V. m § 40 Abs. 1 ElWOG 2000). Zweitens wurde eine neuartige Regelung eingeführt, die Stromhändler dazu verpflichtete, auf der Stromrechnung den jeweiligen Strommix nach Energiequelle anzugeben (§ 45 ElWOG 2000). Diese Regelung wurde später auch in die neue EU-Richtlinie zum Elektrizitätsbinnenmarkt aufgenommen (Art. 3 Abs. 6 RL 2003/54/EG). Das österreichische Modell diente damit EU-weit als Vorbild (Lauber 2005a: 65). Während die drei großen Parlamentsparteien SPÖ, ÖVP und FPÖ für die ElWOG-Novelle von 2000 stimmten (was etwa 92 % der Parlamentssitze entsprach), verweigerten die Grünen, die ebenfalls im Parlament vertreten waren (mit 7,7 %), ihre Zustimmung zum Gesetz, da die enthaltene Zielsetzung ihnen nicht ambitioniert genug war: Beispielsweise hätten die Grünen gerne eine Zielsetzung von 10 % Strom aus erneuerbaren Energien (aus noch nicht etablierten EE-Technologien) bis 2010 verankert sowie eine strengere Regelung zum Import von Atomstrom formuliert (Nationalrat 2000: 256–258; zur Parlamentsbesetzung siehe Döring und Manow 2019). Am Prozess kritisierten die Grünen, im Gegensatz zur SPÖ von der Regierung nicht frühzeitig in die Verhandlungen einbezogen worden zu sein (Nationalrat 2000: 258).

Tab. 6.5 Regierungen der Republik Österreich (1997 bis 2007)

Bundeskanzler	Regierungsparteien	Zeitraum
Viktor Klima	SPÖ, ÖVP	Jan. 1997 – Okt. 1999
Viktor Klima	SPÖ, ÖVP	Okt. 1999 – Feb. 2000
Wolfgang Schüssel	ÖVP, FPÖ	Feb. 2000 – Nov. 2002
Wolfgang Schüssel	ÖVP, FPÖ	Nov. 2002 – Feb. 2003
Wolfgang Schüssel	ÖVP, FPÖ	Feb. 2003 – Apr. 2005
Wolfgang Schüssel	ÖVP, BZÖ[157]	Apr. 2005 – Jan. 2007

Eigene Darstellung nach ParlGov-Datenbank (Döring und Manow 2019).

Neben dem Energieliberalisierungsgesetz wurde in der schwarz-blauen Regierungsperiode auch das Ökostromgesetz von 2002[158] verabschiedet. Um die Bedeutung dieses Gesetzes zu verstehen, muss zunächst der Status quo ante verdeutlicht werden. Wie bereits erwähnt, spielten erneuerbare Energiequellen wie

---

[157] Das Bündnis Zukunft Österreich (BZÖ) entstand im April 2005 aus der FPÖ, was sodann eine neue Regierungsbildung verursachte, wobei die BZÖ als Regierungspartner der ÖVP den Platz der FPÖ übernahm. Siehe ParlGov-Datenbank (Döring und Manow 2019).

[158] Ökostromgesetz sowie Änderung des Elektrizitätswirtschafts- und -organisationsgesetzes (ElWOG) und des Energieförderungsgesetzes 1979 (EnFG). BGBl. I Nr. 149/2002.

Wasserkraft oder Biomasse traditionell eine zentrale Rolle in der österreichischen Energieproduktion. Anfang der 2000er Jahre wurde bereits ein Viertel des gesamten Energieverbrauchs in Österreich aus erneuerbaren Energiequellen gedeckt (Faninger 2003: 177–178). Speziell im Stromsektor kamen dabei etwa 70 % des Verbrauchs allein aus Wasserkraft (IEA 2003: 7). Die seit langem etablierte (große) Wasserkraft war mit konventionellen Energieträgern konkurrenzfähig und bedurfte keiner staatlichen Unterstützung (IEA 2003: 67, 2008a: 51). Neben der Wasserkraft, welche am Gesamtverbrauch im Jahr 2000 einen Anteil von 13 % hatte, war die Biomasse, die aufgrund des hohen Waldanteils ebenfalls reichlich verfügbar war, mit 11 % am Verbrauch die zweitwichtigste erneuerbare Energiequelle (IEA 2003: 10). Während die Wasserkraft primär der Stromerzeugung diente, wurde Biomasse überwiegend zur Wärmegewinnung sowie industriell genutzt (IEA 2003: 67–68, 2008a: 11). Bereits in den 1980er Jahren hatten sich in Österreich moderne Heizsysteme auf Basis von Biomasse etabliert, die neben dem eigenen Gebrauch auch erfolgreich exportiert werden konnten (Lauber 2005a: 60; Pflüglmayer et al. 2008: 196). Es mag überraschen, dass auf Bundesebene lange Zeit keine gezielte Förderung erneuerbarer Energien verfolgt wurde (Lauber 2005a: 61–62). Dafür hatten die Bundesländer ihre eigenen Förderregelungen, inklusive unterschiedlicher Einspeisetarife, d. h. die Förderung erneuerbarer Energien war bis Anfang der 2000er Jahre dezentral bzw. föderalistisch organisiert und dabei stark fragmentiert (Achleitner 2009: 75–76; Lauber 2005a: 62; Pflüglmayer et al. 2008: 190). Ein Versuch, dies zu ändern, wurde Anfang der 1990er Jahre von einigen Mitgliedern der FPÖ unternommen, die nach deutschem Vorbild auch in Österreich ein Stromeinspeisungsgesetz einführen wollten, mit ihrer Initiative jedoch scheiterten (Lauber 2005a: 61–62). Mit dem ElWOG von 1998 sowie dem Energieliberalisierungsgesetz von 2000 wurden zwar neue Zielsetzungen und Regelungen betreffend erneuerbarer Energien erlassen, dabei blieb aber „[d]ie wirtschaftspolitisch ungünstige, länderweise Zersplitterung der Fördermechanismen für die Stromerzeugung aus erneuerbaren Energiequellen" erhalten (Achleitner 2009: 77; siehe auch Pflüglmayer et al. 2008: 198–200). Neben dem 4 %-Ziel für EE-Strom, das auf Bundesebene den Verteilern galt, waren auf Länderebene nach wie vor ergänzende Maßnahmen in Kraft, darunter die länderspezifischen Einspeisetarife (Lauber 2005a: 62; Pflüglmayer et al. 2008: 199). Vor diesem Hintergrund steht also das Ökostromgesetz von 2002. Die als ineffizient empfundene Fördersituation fasst ÖVP-Abgeordneter Karlheinz Kopf während der Plenarsitzung des Nationalrates zum Ökostromgesetz so zusammen:

In Österreich besteht bekanntlich die Verfassungssituation, dass Energieangelegenheiten an sich *Ländersache* sind [Hervorh. i. Orig.]. […] Das heißt, dass die Länder zum Beispiel auch für die Regelung der Förderung von Ökostrom [...] zuständig waren, was eben dazu geführt hat, dass wir derzeit in Österreich eine sehr zersplitterte Situation haben, was die Förderinstrumente beziehungsweise die Förderhöhen betrifft. Mit der Zeit ist dann eigentlich bei allen der Wunsch entstanden und immer stärker geworden, man möge diese Länderregelungen österreichweit *vereinheitlichen* [Hervor. i. Orig.]. Man muss ja auch sagen, dass die Ziele, die wir uns im ElWOG – also bei der damaligen Stromliberalisierung – gesteckt haben, was die Prozentanteile von Ökostrom am Gesamtstromaufkommen anbelangt, mit dieser länderweisen Regelung und den länderweisen Versuchen, diese Ziele zu erreichen, erstens möglicherweise verfehlt werden und zweitens vor allem nicht kosteneffizient genug erreicht werden können (Nationalrat 2002: 188).

Für die Länder war die zersplitterte EE-Förderung vor dem Hintergrund unterschiedlicher geografischer Voraussetzungen, EE-Erzeugungskapazitäten und Verbrauchsstrukturen auch ungünstig, sodass sie ab 2001 bei der Bundesregierung auf einen bundesweiten Ausgleich hinwirkten (Achleitner 2009: 77; Nationalrat 2002: 190, 197; Pflüglmayer et al. 2008: 190). So resümiert auch Wirtschaftsminister Martin Bartenstein (ÖVP):

> Es war eigentlich die Initiative *der Länder* [Hervorh. i. Orig.], die erkannt haben, dass diese Zersplitterung, diese ‚Verneunfachung' eines für die Wirtschaft wichtigen Themas für den Standort Österreich nicht gut ist. Über Bitte und im Auftrag der Länder haben die Experten [...] Monate hindurch hart gearbeitet (Nationalrat 2002: 189).

Zugleich wurde im Herbst 2001 die europäische Richtlinie zur Förderung der Stromerzeugung aus erneuerbaren Energiequellen[159] verabschiedet. Diese gab für Österreich ein Richtziel von 78,1 % EE-Strom bis 2010 vor (Anhang RL 2001/77/EG), was ebenfalls Eingang ins österreichische Recht finden sollte. Der unter Führung des Wirtschaftsministeriums erarbeitete Entwurf zum Ökostromgesetz wurde in intensiven Verhandlungen zwischen den Fraktionen und mit den Bundesländern diskutiert und am Ende einem breiten Konsens zugeführt (Nationalrat 2002: 191).[160] Die drei großen Fraktionen der SPÖ, ÖVP und FPÖ stimmten gemeinsam für das Ökostromgesetz. Die SPÖ sah dabei insbesondere „das Kyoto-Ziel im Vordergrund" und wollte gleichzeitig die Förderung erneuerbarer Energien „so effizient wie nur möglich [einsetzen]" (Nationalrat

---

[159] Richtlinie 2001/77/EG des europäischen Parlaments und des Rates vom 27. September 2001 zur Förderung der Stromerzeugung aus erneuerbaren Energiequellen im Elektrizitätsbinnenmarkt. ABl. L 283/33.

[160] Die Grünen stimmten nicht für das Gesetz, da es ihnen (abermals) nicht weit genug ging – sie forderten ein Gesetz „nach deutschem Vorbild, mit sehr hohen Tarifen" bzw. eine ökologische Steuerreform, welche das grundsätzlich effektivere Instrument sei (Nationalrat 2002: 184).

2002: 185). Die bisherige Situation „des österreichischen ‚Fleckerlteppichs'"
sei „wenig effizient" und „zwischen den einzelnen Bundesländern [...] nur mit
erhöhtem Aufwand kompatibel" gewesen (Nationalrat 2002: 185). Für die ÖVP
stand die Förderung erneuerbarer Energien, speziell nach dem neuen Modell
des Ökostromgesetzes, auch in Verbindung mit „zusätzlichen Arbeitsplätzen und
Wertschöpfungen", speziell im ländlichen Raum, sowie einer „Einkommensal-
ternative zur Nahrungsmittelherstellung" für die Landwirte (Nationalrat 2002:
197). Was von der ÖVP ebenfalls ins Feld geführt wurde, war das Ziel eines
europäischen Atomausstiegs: „Wenn wir [...] in Europa den Ausstieg aus der
Atomenergie forcieren wollen, dann müssen wir auch so ehrlich sein, alternative Energien zu finden" (Nationalrat 2002: 197). Als wesentliches Argument
für eine bundesweit einheitliche Regelung wurde vom Wirtschaftsministerium
sowie von ÖVP und SPÖ die damit verbundene Kostenersparnis gegenüber der
bisherigen länderweisen Lösung angebracht (Nationalrat 2002: 188–199).[161] Es
ging in der politischen Diskussion folglich um das Wie des EE-Ausbaus, nicht
um das Ob. Dies war auch bei der FPÖ der Fall: Das europäische Ziel von
78,1 % erneuerbarer Energien in der Stromerzeugung sei „durch die von Bundesland zu Bundesland sehr unterschiedlichen Förderungen und [...] die damit
verbundenen Verzerrungen mehr als gefährdet", sodass die „bundesweite Verein-
heitlichung des Fördersystems" von der FPÖ als „durchaus sinnvoll" betrachtet
wurde (Nationalrat 2002: 187).

Das 2002 verabschiedete Ökostromgesetz gab nun zur Bestimmung der
Einspeisetarife folgendes Prozedere vor: Das Wirtschaftsministerium solle „im
Einvernehmen mit den Bundesministern für Justiz und für Land- und Forstwirtschaft, Umwelt und Wasserwirtschaft durch Verordnung [...] Preise pro kWh für
die Abnahme von elektrischer Energie aus Ökostromanlagen [...] [festsetzen]"
(§ 11 Abs. 1 Ökostromgesetz). Dabei müsse auch die Zustimmung der Länder
eingeholt werden; falls dies jedoch innerhalb von sechs Monaten nicht gelänge,
könne das Wirtschaftsministerium die Einspeisetarife auch ohne Zustimmung der
Länder erlassen (§ 11 Abs. 1 Ökostromgesetz).[162] Aus Sicht der EE-Branche
war die Beteiligung der Länder wünschenswert, da diese mit ihrer langjähri-
gen Erfahrung auf realistische und kostendeckende Tarife hinwirkten (Achleitner
2009: 83). Neben der Einführung bundesweiter Einspeisetarife wurde auch die

---

[161] Das Fördervolumen unter dem Ökostromgesetz würde sich auf lediglich Zweidrittel bis
die Hälfte der bisherigen (länderweise addierten) Förderkosten belaufen (Nationalrat 2002:
188–199).
[162] Nach Angaben des Wirtschaftsministers hatten sich die Länder für eine derartige Regelung ausgesprochen, um Blockadesituationen zu vermeiden (Nationalrat 2002: 191).

EU-Richtlinie 2001/77/EG zur Förderung der Stromerzeugung aus erneuerbaren Energiequellen umgesetzt (§ 3 Ökostromgesetz). Entsprechend wurde auch das Ziel von 78,1 % EE-Strom bis 2010 gem. RL 2001/77/EG „im Interesse des Klima- und Umweltschutzes" aufgenommen (§ 4 Abs. 1 Ökostromgesetz). Zur Erfüllung des Ziels sollte bis 2008 ein Mindestanteil von 9 % EE-Strom aus kleinen Wasserkraftwerken (bis 10 MW) erreicht werden (§ 4 Abs. 1 Nr. 5 Ökostromgesetz). Daneben sollte Strom aus anderen erneuerbaren Energieträgern gestaffelt im Jahr 2004 etwa 2 % betragen, im Jahr 2006 etwa 3 % und im Jahr 2008 mindestens 4 % (§ 4 Abs. 2 Ökostromgesetz). Damit gab es auf Basis des Ökostromgesetzes nunmehr zwei bundesweite Förderinstrumente: verbindliche Mindestquoten für verschiedene Formen von EE-Strom (§ 4) und bundesweite, technologiespezifische Einspeisetarife (§ 11).

Im Bereich Biodiesel hatte sich Österreich mittlerweile zu einem der wichtigsten europäischen Produzenten entwickelt (Thuijl et al. 2003: 49–50). Anfang der 2000er Jahre gab es sechs kommerzielle Erzeuger für Biodiesel, die drei größten waren *Biodiesel Raffinerie*, *Ölmühle Bruck* und *Biodiesel Kärnten* (Körbitz et al. 2003: 25). Die EU-Biokraftstoffrichtlinie (2003/30/EG) wurde vom Lebensministerium (BMLFUW)[163] fristgerecht im November 2004 mit Änderung der Kraftstoffverordnung von 1999[164] umgesetzt. Die europäische Zielsetzung von 5,75 % Biokraftstoffen sollte demnach bereits 2008 erreicht werden (§ 6a Abs. 3 Kraftstoffverordnung 2004), d. h. zwei Jahre vor der gesetzten EU-Frist, was von der österreichischen Landwirtschaft ausgesprochen begrüßt wurde (AIZ 2004b). In ihrem Wahlprogramm von 2006 formulierte die ÖVP bereits ein Ziel von 20 % Biokraftstoffen bis 2020 (ÖVP 2006: 17). Auch die FPÖ sah eine landwirtschaftliche Energieproduktion als wesentliche Zukunftssicherung (FPÖ 2006: 11).

Mitte der 2000er Jahre: Starker Wachstumstrend, konfliktreiche Verlängerung des Ökostromgesetzes
Im Nachgang der auf Bundesebene (neu) geregelten Einspeisetarife gab es ein explosionsartiges Wachstum der Windenergie sowie hohe Wachstumsraten im Bereich Photovoltaik (IEA 2008a: 61; Lauber 2005a: 57–63). Allerdings war die Zukunft der Förderung ungewiss. Für die Parteien, mit Ausnahme der Grünen, trat

---

[163] Als Lebensministerium wurde verkürzt das Bundesministerium für Land- und Forstwirtschaft, Umwelt- und Wasserwirtschaft (BMLFUW) bezeichnet. Zwischenzeitlich wurde es umbenannt in das Bundesministerium für Nachhaltigkeit und Tourismus (BMNT).

[164] Verordnung des Bundesministers für Land- und Forstwirtschaft, Umwelt und Wasserwirtschaft, mit der die Kraftstoffverordnung 1999 geändert wird. BGBl. II Nr. 417/2004.

das Thema erneuerbare Energien wieder in den Hintergrund, stattdessen dominierte das Thema Wettbewerb die energiepolitische Diskussion (Lauber 2005a: 59). Zugleich gab es gesellschaftlichen Widerstand gegen die Förderung durch das Ökostromgesetz, was sich Mitte der 2000er Jahre in heftigen politischen und gesellschaftlichen Debatten über eine Verlängerung des Ökostromgesetzes zuspitzte. Dabei bildete sich auf der einen Seite eine „Allianz der Zahler", bestehend aus Industriellenvereinigung (IV), Wirtschaftskammer (WKÖ) und Arbeiterkammer (AK), die sich für eine Einschränkung der bisherigen Förderung aussprachen (AK Wien 2006: 69). Motiviert war diese Einstellung von Sorgen um die österreichische Wettbewerbsfähigkeit und eine Kostenüberforderung der Endkunden (AK Wien 2004; IV 2004a, 2004b; WKÖ 2004b). Zwar wurde der weitere Ausbau erneuerbarer Energien und auch das 78,1 %-Ziel gemäß EU-Richtlinie (2001/77/EG) durchaus unterstützt, doch das bestehende Fördersystem, dessen Regelungen 2004 planmäßig auslaufen würden, sollte im Sinne einer „Kostenbremse" überarbeitet und neu aufgesetzt werden (WKÖ 2003). Abgesehen von einer Senkung der Einspeisetarife wurde dazu ein Ausschreibungsverfahren vorgeschlagen (IV 2004a). Diesen Forderungen schloss sich das Wirtschaftsministerium an und legte einen entsprechenden Gesetzesentwurf über ein Ausschreibungsverfahren sowie gedeckelte Einspeisetarife vor (BMWA 2004a). Während dieser Vorschlag von den (traditionellen) wirtschaftlichen Interessengruppen begrüßt wurde (IV 2004b; WKÖ 2004a, 2004c), positionierte sich auf der anderen Seite eine „Allianz der Vernünftigen" (Umweltdachverband 2004), zu der sich die EE-Branche, Umweltverbände und auch die Grünen zählten (Die Grünen 2004; GLOBAL 2000 et al. 2004; IGW 2004a; Kleinwasserkraft Ö. 2004; Ö. Biomasse-Verband 2004).

So formulierte die IG Windkraft gemeinsam mit anderen EE-Verbänden eine Stellungnahme, in der das 78,1 %-Ziel aufgrund des steigenden Stromverbrauchs als gefährdet eingestuft wurde – aus diesem Grund müsse der Ausbau erneuerbarer Energien umso mehr beschleunigt werden (IGW 2004a: 1–2). Am Ökostromgesetz müsse dabei festgehalten werden, „um Kontinuität und Sicherheit für Investoren [...] zu gewährleisten" (IGW 2004a: 2). Wichtig sei auch, zeitnah neue Einspeisetarife für den Zeitraum 2005 bis 2006 zu erlassen (IGW 2004a: 2; siehe auch IGW 2004b, 2004c).[165] Auch die Landwirtschaft

---

[165] Überdies wurde empfohlen, sich in der EE-Förderung am deutschen Modell, speziell der EEG-Novelle von 2004, zu orientieren (IGW 2004a: 4). Ähnlich wurde auch von einigen Bundesländern sowie den Grünen auf das deutsche Modell verwiesen (Amt der Burgenländischen Landesregierung 2004: 5–6; Amt der Vorarlberger Landesregierung 2004: 2; Nationalrat 2006: 142).

stellte sich gegen den Vorschlag des Wirtschaftsministeriums: In ihrer Stellungnahme zum Ministerialentwurf lehnten die Landwirtschaftskammern nicht nur
das Modell des Ausschreibungsverfahrens ab, sondern sahen auch den bisherigen
energie- und klimapolitischen Kurs als solchen gefährdet, darunter die Einhaltung des 78,1 %-Ziels und der Kyoto-Verpflichtungen (Präsidentenkonferenz
der Landwirtschaftskammern Österreichs 2004). Ebenso wurde der vorgelegte
Novellierungsentwurf vom Bauernbund abgelehnt (AIZ 2004a). Massive Kritik
kam auch von den Bundesländern, welche zur Optimierung des bisherigen Systems im Sinne der Effizienz durchaus bereit waren, mit der vorgeschlagenen
Novelle und dem Modell des Ausschreibungsverfahrens jedoch einen Einbruch
des Ökostromausbaus am Horizont sahen.[166] Die SPÖ-Fraktion im Parlament
lehnte den Entwurf zur Novelle zunächst ab (SPÖ-Parlamentsklub 2004). Es
folgte eine lange Verhandlungszeit von Herbst 2004 bis zum Frühjahr 2006,
bei der die SPÖ einige Erweiterungen des Vorschlags einbrachte, darunter eine
Anhebung der Zielsetzung von ursprünglich 7 % auf 10 % EE-Strom (mit Ausnahme der Großwasserkraft) bis 2010 (BMWA 2004b; Nationalrat 2006: 154).[167]
Zwischenzeitlich war ab 2005 bereits ein rechtliches Vakuum entstanden, das
insbesondere für Investoren und Anlagenbauer ungünstig war (Lauber 2005a:
64). Im Mai 2006 konnte der angepasste Gesetzesentwurf mit Unterstützung der
SPÖ und unter Kritik der Grünen schließlich verabschiedet werden (Nationalrat
2006).[168] Die Reaktionen der gesellschaftlichen Interessengruppen auf die politische Einigung fielen gemischt aus und entsprachen den im Verlauf vertretenen
Positionen (IV 2005; Klimabündnis Österreich 2005; WKÖ 2005; WWF 2005).
Ungeachtet der Anpassungen, die von der SPÖ eingebracht worden waren, hatte
sich das Ökostromgesetz von 2002 deutlich verändert: So bedurfte die Höhe der
Einspeisetarife nicht mehr der Zustimmung der Länder und auch der Verwaltungs-
aufwand für Anlagenbetreiber war merklich erhöht worden, sodass insgesamt der
Aufschwung, den das Ökostromgesetz 2002 gebracht hatte, durch die Novelle

---

[166] Für die entsprechenden Stellungnahmen zum Gesetzesentwurf siehe Amt der Burgenlän-
dischen Landesregierung (2004), Amt der Kärntner Landesregierung (2004), Amt der Nie-
derösterreichischen Landesregierung (2004), Amt der Salzburger Landesregierung (2004),
Amt der Steiermärkischen Landesregierung (2004), Amt der Tiroler Landesregierung (2004),
Amt der Vorarlberger Landesregierung (2004), Amt der Wiener Landesregierung (2004).
Siehe auch Land Oberösterreich (2005).

[167] Parlamentsdirektion der Republik Österreich, Ökostromgesetz-Novelle 2006 (655 d.B.).

[168] Bundesgesetz, mit dem das Ökostromgesetz, das Elektrizitätswirtschafts- und
-organisationsgesetz und das Energie-Regulierungsbehördengesetz geändert werden
(Ökostromgesetz-Novelle 2006). BGBl. I Nr. 105/2006.

nicht wiederaufgenommen werden konnte (Achleitner 2009: 78–83). Nichtsdestotrotz gab es in den Folgejahren einen weiteren Anstieg der EE-Erzeugung
(Abb. 6.6).

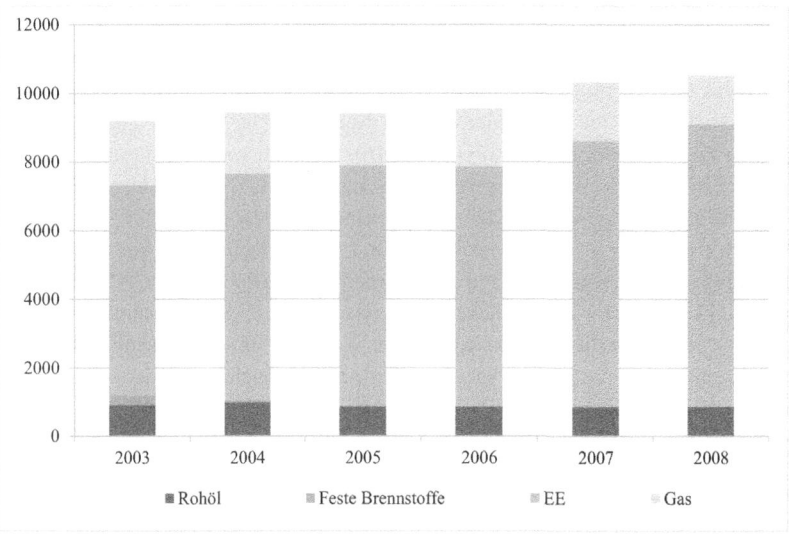

Abb. 6.6 Energieerzeugung in Österreich im Vorfeld der EU-Richtlinie (in 1000 t RÖE).[169]
Eigene Darstellung nach Eurostat (2016)

In summa lässt sich festhalten, dass Österreich seine geografischen Voraussetzungen bereits früh intensiv genutzt hat: Im Vorfeld der europäischen
Erneuerbare-Energien-Richtlinie war die Energieerzeugung bereits deutlich von
erneuerbaren Energiequellen geprägt (Abb. 6.6). Im Durchschnitt der Jahre 2003
bis 2008 stammten 73 % der erzeugten Energie aus erneuerbaren Energiequellen.
Ihr Anteil an der Erzeugung stieg in dieser Zeit weiter an, von 67 % im Jahr
2003 auf 78 % im Jahr 2008. Weitere relevante Energieträger waren Gas und
Öl, die durchschnittlich 17 % bzw. 9 % der österreichischen Energieerzeugung
im betrachteten Zeitraum ausmachten. Hier war zu beobachten, dass der Anteil
von Gas deutlich zurückging, von 21 % im Jahr 2003 auf 14 % im Jahr 2008.
Der Anteil von Öl ist in diesem Zeitraum von 10 % auf 8 % ebenfalls leicht

---

[169] Primärenergieerzeugung. Die Kategorie ‚Gas' enthält Naturgas und Erdgaskondensate
(NGL).

gesunken. Was Österreichs Energiesystem jedoch (weiterhin) unter Druck setzte, war die hohe Importabhängigkeit: Der Energiebedarf wurde zwischen 1990 und 2005 relativ gleichbleibend zu etwa 70 % aus Energieimporten gedeckt (Eurostat 2020). Parteiübergreifend wurde daher festgestellt, dass die Abhängigkeit von Öl- und Gasimporten abnehmen müsse, und zwar mittels einer Senkung des Energieverbrauchs und einer Erhöhung des Anteils erneuerbarer Energien (Die Grünen 2006: 5; FPÖ 2006: 10; ÖVP 2006: 16; SPÖ 2006: 17). Die Atomenergie war keine Option, stattdessen forderten die Parteien einhellig einen europäischen Atomaustritt bzw. die Reformierung von Euratom (Die Grünen 2006: 5; FPÖ 2006: 10; ÖVP 2006: 33–34; SPÖ 2006: 16). Generell war es spätestens seit der EU-Osterweiterung erklärtes energiepolitisches Ziel aller Parlamentsparteien, die Atomenergienutzung auch in den Nachbarländern zu stoppen (Müller 2017).[170] Ebenso zeigte sich in der Bevölkerung laut Umfragedaten eine klare Ablehnung der Atomenergie (Müller 2017: 115; Thurner et al. 2017: 70–71). Abschließend wird nun formuliert, welche Rückschlüsse sich auf Basis der dargestellten Förderhistorie auf die institutionellen Arrangements sowie die Interessenkonstellation im Vorfeld der europäischen Erneuerbare-Energien-Richtlinie von 2009 ziehen lassen.

6.5.2 Institutionen und Interessen

Institutionelle Arrangements im Vorfeld der EU-Richtlinie
Die Tradition der Sozialpartnerschaft prägte nicht nur die Neuorganisation der Energiepolitik in der Nachkriegszeit, sondern blieb auch bis Mitte der 2000er Jahre erhalten: Die innerhalb von Wirtschaftskammer, Arbeiterkammer, Landwirtschaftskammer und weiteren Verbänden organisierten Interessengruppen waren mit ihren Positionen und Stellungnahmen wichtige Teilnehmer am politischen Entscheidungsfindungsprozess, wie auch in der Debatte um die Ökostromgesetz-Novelle deutlich wurde. Der Anspruch, mit den Sozialpartnern zusammen zu regulieren, markierte nicht nur eine *korporatistische*, sondern auch eine in weiten Teilen *konsensuale* Herangehensweise. Auch unter den Parteien und mit den Bundesländern, so zeigte sich in den Verhandlungen zu verschiedenen Gesetzentwürfen, wurde immer wieder versucht, auf einen Konsens und damit einen in der Breite unterstützten Rechtsakt hinzuarbeiten. Die grundlegende Haltung

---

[170] Im nationalen Parteienwettbewerb war dies durchaus relevant: „[…] [F]oreign nuclear power stations were the universal targets and the parties competed over their competence in fighting them" (Müller 2017: 121).

gegenüber dem EE-Ausbau war der einer *aktiven* Steuerung, was sicherlich auch dadurch bedingt war, dass erneuerbare Energien parteiübergreifend als die einzige zukunftsfähige Option betrachtet wurden. Der Anspruch einer aktiven staatlichen Steuerung zeigte sich beispielsweise an den technologiespezifischen, quantitativen Zielsetzungen zum Anteil erneuerbarer Energien, welche bereits seit dem ElWOG 1998 in verschiedene Gesetzestexte eingeflossen waren.

Auf Bundesebene wurde die Ausgestaltung der EE-Förderung entsprechend *umfassend* angegangen: Es gab eine langfristige Zielsetzung, bei der die Entwicklung einzelner EE-Technologien im Voraus geplant und auch begleitende Regelungen zu Genehmigungsverfahren u. ä. gesetzlich mitgeregelt wurden. Dies stand in Verbindung mit einer *legalistischen* Tradition, die sich in konkret und detailliert ausformulierten Gesetzestexten und Verordnungen wiederfand. Auf Länderebene verblieben parallel allerdings weitere Fördermaßnahmen, was insgesamt ein eher *fragmentiertes* Bild ergab. So bezweifelte beispielsweise die Internationale Energieagentur (IEA 2008a), ob angesichts dieser Fragmentierung eine effektive Koordination von Klima- und Energiepolitik möglich sei. Die Ambivalenz von umfassender Regulierung auf Bundesebene bei gleichzeitiger Fragmentierung der EE-Förderung entlang der jeweiligen Länderpolitik fand sich auch in den Regulierungsstrukturen wieder: Auf Bundesebene gab es eine gewisse *Zentralisierung* der Energiepolitik, inklusive der erneuerbaren Energien, beim Wirtschaftsministerium, parallel dazu trafen die Länder jedoch ergänzende Fördermaßnahmen (siehe auch IEA 2003: 29; Lauber 2005a: 57; Martinuzzi und Leschnik 2009: 214). Ungeachtet dieser weiter bestehenden teilweisen *Dezentralisierung* markierte die Einführung des Ökostromgesetzes sowie die nachfolgende Ausarbeitung einer entsprechenden Novelle dennoch den Trend zu einer zentralisierteren EE-Politik, bei der auf Bundesebene zumindest ein wesentlicher regulativer Rahmen gesetzt wurde. In der horizontalen Organisation war in erster Linie das Wirtschaftsministerium zuständig, wenn auch das Lebensministerium z. B. die Kraftstoffverordnung federführend übernahm – gerade die großen bzw. strittigen Fragen blieben aber beim Wirtschaftsministerium verortet, sodass das Policymaking hier de facto *konzentriert* war.

Interessenkonstellation im Vorfeld der EU-Richtlinie
Wie in der Diskussion zur Ökostromgesetz-Novelle Mitte der 2000er Jahre deutlich wurde, hatten erneuerbare Energien grundsätzlich sowohl politisch als auch gesellschaftlich eine breite Unterstützung sicher. In Österreich stand es außer Frage, dass die Zukunft der Energieversorgung in erneuerbaren Energien liegen müsse – angesichts des breiten Anti-Atom-Konsens und der ohnehin hohen Importabhängigkeit gab es im Grunde keine Alternative. Die Parteiprogramme

von ÖVP, SPÖ, FPÖ und Grünen wiesen Mitte der 2000er Jahre entsprechend hohe energiepolitische Schnittmengen auf. Konflikte ergaben sich eher aus der Frage, welches Fördersystem das geeignetste sei und wie dabei unnötige bzw. unverhältnismäßige Belastungen für Wirtschaft und Verbraucher vermieden werden könnten. Wasserkraft wurde bereits nicht mehr in die Diskussion einbezogen, weil diese in Österreich zu einer konventionellen Form der Energieerzeugung geworden und daher auch ohne Förderung marktfähig war. Obwohl die Konflikte um die Ökostrom-Novelle Mitte der 2000er Jahre entlang einer Spaltung von eher (traditionellen) ökonomisch motivierten Akteuren (v. a. Wirtschaftskammer, Industriellenvereinigung, Arbeiterkammer) auf der einen und (neueren) ökonomisch bzw. ökologisch motivierten Akteuren (EE-Branche, Landwirtschaft, Umweltverbände) auf der anderen Seite verliefen, unterstützten auch die ‚kritischen' Akteure den Klimaschutz bzw. die Kyoto-Verpflichtungen, die europäische Zielsetzung für EE-Strom sowie den Ausbau erneuerbarer Energien per se. Statt die bisherige nationale bzw. die europäische Zielsetzung für den EE-Ausbau zu hinterfragen, ging es in der Diskussion eher darum, eine möglichst kosteneffiziente Förderung zu etablieren.

Der Rückhalt, den der EE-Ausbau zudem in der breiten Bevölkerung genoss, spiegelte sich auch in der Eurobarometer-Befragung wider: Das europäische Ziel von 20 % erneuerbarer Energien bis zum Jahr 2020 hielten 74 % der Befragten in Österreich für richtig oder sogar zu bescheiden (EK 2008a: 61). Auch in puncto Biokraftstoffe stimmte eine Mehrheit von 72 % einer verstärkten Nutzung zu (EK 2008a: 24). Des Weiteren waren 61 % der Befragten optimistisch mit Blick auf positive Wirtschaftseffekte, welche der Kampf gegen den Klimawandel mit sich bringen könne (bei einem europäischen Durchschnitt von 56 %) (EK 2008a: 30).[171] Insgesamt kann die Interessenkonstellation in Österreich im Vorfeld der europäischen Erneuerbare-Energien-Richtlinie grundsätzlich als *vorteilhaft* gegenüber dem Ausbau erneuerbarer Energien sowie einer entsprechenden europäischen Zielsetzung eingestuft werden. Jedoch muss einschränkend angemerkt werden, dass die Konflikte um die konkrete Ausgestaltung des Fördersystems die Ökostromgesetz-Novelle Mitte der 2000er Jahre erheblich in die Länge gezogen hatten. Es ist daher fraglich, inwiefern wenige Jahre später die Bereitschaft bestand, den schwer ausgehandelten Kompromiss aufgrund von EU-Vorgaben neu zu verhandeln.

---

[171] Die Befragung wurde im Frühjahr 2008 vorgenommen. Eine Gesamtübersicht über die Ergebnisse in allen sechs untersuchten Mitgliedstaaten findet sich in Abschnitt 6.7 (Tab. 6.12).

6.6   Schweden

Schweden verfügte geografisch über sehr gute Voraussetzungen für die Nutzung von Wasserkraft sowie Biomasse zur Energiegewinnung, wobei letztere erst später intensiver genutzt wurde. Der schwedischen Abhängigkeit von Energieimporten wurde ab Ende der 1960er Jahre zunächst durch den Ausbau der Atomenergie begegnet. Allerdings folgte bereits 1980 der Entschluss, wieder aus der Atomenergie auszusteigen. Die praktische Realisierung des Atomausstiegs war seither ein politisch umstrittenes Thema, bei dem sich unter den Parteien wechselnde Koalitionen bildeten. Die Entwicklung erneuerbarer Energien war dabei eng an die ungelöste Atomenergiefrage geknüpft, denn solange diese Option fortbestand, erschien ein weiterer EE-Ausbau weniger dringlich. Förderinstrumente waren zunächst primär F&E-Maßnahmen, später Investitionshilfen. Ein systematisches Fördersystem kam erst 2003 in Form einer Quotenregelung zum Tragen.

6.6.1   Förderhistorie

1960er bis 1980er Jahre: Atomenergieausbau und erstes Energieforschungsprogramm
Ähnlich wie in Österreich, waren durch die natürlichen Ressourcen Schwedens sehr gute Voraussetzungen für die Energieerzeugung aus Wasserkraft und Biomasse gegeben (IEA 2008b: 16; Körner 2005: 282). Nach einer kurzen Phase intensiver Nutzung im Nachgang des Zweiten Weltkrieges verlor die Biomasse jedoch bald wieder an Bedeutung bzw. wurde durch fossile Energiequellen ersetzt (Björheden 2006: 289–291). Dafür wurde das schwedische Elektrizitätssystem bis Ende der 1960er Jahre vor allem auf Basis von Wasserkraft ausgebaut; doch mit zunehmender Ausschöpfung des vorhandenen Potenzials sowie wachsender Bedenken um die Nutzung verbleibender Flüsse zeichnete sich mehr und mehr die Atomenergie als attraktive Quelle zur Stromproduktion ab (Chen und Johnson 2008: 222–223; Holmberg und Hedberg 2017: 254; Nilsson et al. 2004: 67). So wurde 1966 mit dem Bau des ersten Atomreaktors begonnen, welcher 1972 im südschwedischen Oskarshamm in Betrieb genommen wurde (Holmberg und Hedberg 2017: 236–238). Die Ölkrisen der 1970er Jahre waren für Schweden aufgrund seiner hohen Abhängigkeit von Energieimporten besonders brisant:

[...] [T]he emergency demonstrated Sweden's insecure position. There were no domestic sources of oil, coal, or natural gas available and imported oil amounted to 73% of Sweden's total energy use (Mårald 2010: 335).

Ab Mitte der 1970er Jahre stand daher die Versorgungssicherheit im Vordergrund, was energiepolitisch in zwei Großprojekte übersetzt wurde: (1) den deutlichen Atomenergieausbau und (2) ein breit angelegtes Energieforschungsprogramm. Zunächst kam es zwischen 1973 und 1985 zu einer „rapid expansion of nuclear power", wobei insgesamt zwölf Atomkraftwerke gebaut wurden (Nilsson et al. 2004: 72; siehe auch Wang 2006: 1210).[172] Dieser Ausbaukurs traf allerdings auf politischen und gesellschaftlichen Widerstand. Die agrarisch geprägte Zentrumspartei (*Centerpartiet*, C) positionierte sich bereits 1973 als zentrale Anti-Atom-Partei und konnte damit 1976, nach 40 Jahren sozialdemokratischer Regierung, erstmals die SAP (*Socialdemokratiska arbetarepartiet*) ablösen (Holmberg und Hedberg 2017: 240; Nilsson 2006: 236; Nohrstedt 2005: 1047; siehe auch Tab. 6.6). Für das schwedische Parteiengefüge, das sich traditionell entlang einer klaren rechts-links-Achse orientierte, ergab sich um die Atomenergiefrage eine ungewöhnliche Konstellation: Auf der einen Seite standen die Zentrumspartei, die Christdemokraten (*Kristdemokraterna*, Kd bzw. damals noch *Kristen Demokratisk Samling*) und die sozialistische Partei (*Vänsterpartiet*, V bzw. damals noch *Vänsterpartiet kommunisterna*), welche sich gegen die Atomenergie positionierten; auf der anderen Seite bildete sich eine Gruppe der Befürworter, bestehend aus Sozialdemokraten (SAP), Liberalen (*Folkpartiet liberalerna*, FP bzw. damals nur *Folkpartiet*) und Konservativen (*Moderata samlingspartiet*, MSP) (Holmberg und Hedberg 2017: 239–241).

Der Reaktorunfall von *Three Mile Island* in den USA im März 1979 brachte die atomfreundliche Position der Sozialdemokraten ins Wanken: Nun sah sich auch die SAP dazu veranlasst, von der Atomenergie Abstand zu nehmen, primär jedoch aus taktischen Gründen und weniger aus politischer Überzeugung (Nohrstedt 2005). Ein (konsultatives) Referendum[173] und eine entsprechende parlamentarische Entscheidung besiegelten 1980 schließlich den schwedischen Atomausstieg (IEA 2000: 19). Bis auf die konservative MSP stimmten dabei alle Parteien dem Jahr 2010 als Enddatum zu (Holmberg und Hedberg 2017: 242). Obwohl das Thema damit zunächst abgeschlossen schien, zeigte sich im weiteren Verlauf, dass der für 2010 anvisierte Atomausstieg nicht praktisch realisiert werden konnte. Zunächst wurden die bereits neu gebauten Reaktoren direkt nach dem Referendum, d. h. zwischen 1981 und 1985, planmäßig eingeschaltet

---

[172] Wie Holmberg und Hedberg (2017) anmerken, war der Beginn der schwedischen Atompolitik von großen Ambitionen und großem Optimismus gekennzeichnet. Dabei wurde anfangs sogar die Produktion eigener Atomwaffen anvisiert (Holmberg und Hedberg 2017: 236).

[173] Ausführlicher zum Design und den Ergebnissen des Referendums siehe Holmberg und Hedberg (2017: 242) bzw. Nordhaus (1995: 23).

(Holmberg und Hedberg 2017: 242). Der Reaktorunfall von Tschernobyl im Jahr
1986 veränderte am energiepolitischen Gefüge im Prinzip wenig, sondern revita-
lisierte lediglich die ohnehin gefestigten Positionen der jeweiligen Akteure; die
regierende SAP versuchte ihrerseits, das 1980 erreichte Equilibrium zu erhalten
(Nohrstedt 2008, 2010). Das in Umfragedaten sichtbare Absinken der Unterstützung für Atomenergie innerhalb der schwedischen Bevölkerung hatte sich ein bis
zwei Jahre nach dem Unfall in Tschernobyl wieder normalisiert (Holmberg und
Hedberg 2017: 246–247).[174] Die Stilllegung von Kernreaktoren wurde ab Ende
der 1980er und im Laufe der 1990er Jahre wiederholt beschlossen und wieder
zurückgenommen – vor allem aus Sorge, damit die Strompreise in die Höhe zu
treiben und so die schwedische Wettbewerbsfähigkeit zu gefährden (Gan et al.
2007: 149; Nilsson et al. 2004: 72).[175]

Tab. 6.6 Regierungen des Königreichs Schweden (1976 bis 1990)

Ministerpräsident	Regierungspartei(en)	Zeitraum
Thorbjörn Fälldin	C, MSP, FP	Okt. 1976 – Okt. 1978
Ola Ullsten*	FP	Okt. 1978 – Okt. 1979
Thorbjörn Fälldin	MSP, C, FP	Okt. 1979 – Mai 1981
Thorbjörn Fälldin*	C, FP	Mai 1981 – Okt. 1982
Olof Palme*	SAP	Okt. 1982 – Sep. 1985
Olof Palme*	SAP	Sep. 1985 – März 1986
Ingvar Carlsson*	SAP	März 1986 – Sep. 1988
Ingvar Carlsson*	SAP	Sep. 1988 – Feb. 1990

* Minderheitsregierung. Eigene Darstellung nach ParlGov-Datenbank (Döring und Manow
2019).

---

[174] Auch in anderen europäischen Ländern war zu beobachten, dass sich die Umfragewerte
spätestens Anfang der 1990er Jahre wieder auf dem Niveau prä-Tschernobyl eingependelt
hatten (Thurner et al. 2017: 70–71).
[175] Das benachbarte Dänemark hoffte indes auf eine baldige Abschaltung grenznaher Reaktoren (NZZ 2001).

Abgesehen vom Atomenergieausbau war eine weitere Reaktion auf die Ölkrisen der 1970er Jahre die Einrichtung eines breit angelegten Energieforschungsprogramms (1975–1978) unter Beteiligung von Universitäten, Industrie und Behörden: „The task was to inventory and coordinate ongoing energy research, fund existing and new research and development projects, and promote investments in new and alternative energy systems" (Mårald 2010: 335). In diesem Rahmen wurde auch mit der Erforschung von EE-Technologien wie der Windenergie begonnen. Der erste Anlauf eines Windenergieausbaus verlief dabei ähnlich wie in den Niederlanden – die schwedische Regierung zielte vor allem auf großformatige Projekte ab und nahm dabei die großen Versorgungsunternehmen (*Vattenfall, Sydkraft*) in die Pflicht: „It was clear from the start, that the Government wanted the responsibility for Swedish wind power development to be placed on the large energy utilities" (Åstrand und Neij 2006: 288). Ein eigenes Interesse am Windenergieausbau hatten diese Akteure jedoch nicht (Åstrand und Neij 2006: 289; Meyer 2007: 354; Nilsson et al. 2004: 77). Mit dem F&E-Ansatz konnten ab 1982 zwar erste Demonstrationsprojekte erfolgreich durchgeführt werden, allerdings ohne dabei einen nennenswerten Windenergiemarkt aufzubauen (Nilsson et al. 2004: 77–78). Ein weiteres Ziel des Energieforschungsprogramms war die Entwicklung alternativer Kraftstoffe. Hierbei wurde insbesondere an ein Projekt des Automobilherstellers *Volvo* zur Entwicklung von Methanol angeknüpft, welches 1975 durch Gründung des halbstaatlichen Unternehmens *Svensk metanolutveckling AB* (SMAB) weiterentwickelt wurde – im Rahmen des Energieforschungsprogramms wurde SMAB zum zentralen Projekt für alternative Kraftstoffe und bekam entsprechend den größten Anteil der Fördersummen zugewiesen (Mårald 2010: 340–341; Ulmanen et al. 2009: 1408). Neben der Methanolproduktion durch SMAB hatten auch Landwirte begonnen, sich für die Herstellung von (Bio-)Ethanol[176] zu interessieren. Denn angesichts der bestehenden Überproduktion von Weizen sowie der geringen internationalen Wettbewerbsfähigkeit der Zuckerindustrie bot die Herstellung von Ethanol als Kraftstoff für Landwirte eine neue Perspektive (Ulmanen et al. 2009: 1408). Politisch konnte das Anliegen der Ethanol-Entwicklung durch die enge Verbindung der landwirtschaftlichen Klientel zur Zentrumspartei im Laufe der 1970er Jahre erfolgreich auf der Regierungsagenda platziert werden: Zunächst wurde 1981 eine gesetzliche Steuerbefreiung auf den Weg gebracht,

---

[176] Methanol (Methylalkohol) und Ethanol (Ethylalkohol) gehören beide zu den Alkoholkraftstoffen. Während (Bio-)Ethanol primär in der landwirtschaftlichen Produktion, z. B. aus Weizen, hergestellt wurde, basierte die Methanol-Herstellung auf Petroleumresten (Mårald 2010: 340–341; Ulmanen et al. 2009: 1408).

von der sowohl die Methanol- als auch die (Bio-)Ethanolproduktion profitierten (Ulmanen et al. 2009: 1408). Anschließend entstanden erste Ethanolprojekte
in Netzwerken privater und staatlicher Akteure. Die Entwicklung fand dabei
parallel in zwei Regionen statt: In Nordschweden schlossen sich 1983 Kommunen, regionale Behörden, der Landwirtschaftsverband *Lantbrukarnas Riksförbund*
(LRF) und zwei Chemieunternehmen mit einer bereits bestehenden Ethanol-
Produktionsanlage zusammen und gründeten eine Stiftung (*Stiftelsen Svensk
Etanolutveckling*, SSEU), mit dem Ziel, Ethanol aus lokalen Holzbeständen als
Kraftstoff zu testen (SEKAB 2018; Ulmanen et al. 2009: 1409). In Südschweden
bauten der Landwirtschaftsverband *Svenska Lantmännens Riksförbund* (SLR) und
das Unternehmen *Alfa Laval* eine Anlage, die mithilfe finanzieller Unterstützung
der Regierung im Rahmen einer Testlaufzeit von 1984 bis 1987 Ethanol aus Weizen herstellte (Ulmanen et al. 2009: 1408–1409). Das Ölvertriebsunternehmen
OK unterstützte die Produktion, indem es Ethanol als Beimischung in Benzin
anbot (Ulmanen et al. 2009: 1409).

Anfang der 1990er Jahre: Einführung von Investitionshilfen und einer CO_2-Steuer
Nachdem in den 1970er und 1980er Jahren im Bereich erneuerbarer Energien
hauptsächlich auf Forschung und Entwicklung gesetzt wurde, kamen zu Beginn
der 1990er Jahre neue Förderinstrumente hinzu. Vorab wurden im Januar 1991
grundsätzliche Leitlinien für eine Neuausrichtung der Energiepolitik formuliert,
und zwar in Form einer zwischenparteilichen Einigung zwischen der regierenden SAP (Tab. 6.7), den Liberalen und der Zentrumspartei (Nordhaus 1995: 24).
Diese hatten sich zu einem losen Mehrheitsbündnis im Parlament zusammengetan
(Holmberg und Hedberg 2017: 242).[177] Die von den Parteien formulierte Zielsetzung einer sicheren und wettbewerbsfähigen Energieversorgung, nun auch ergänzt
um Nachhaltigkeit als neuen energiepolitischen Eckpfeiler, wurde anschließend
im Energiesetz von 1991[178] rechtlich verankert (IEA 2000: 19–20; Körner 2005:
287; Wang 2006: 1212). Der Atomausstieg wurde dabei nicht weiter konkretisiert, obwohl die SAP-Regierung Ende der 1980er Jahre erste Schließungen von
Kernreaktoren ab 1995 anvisiert hatte (Nilsson 2006: 236; Nordhaus 1995: 25).

---

[177] Angesichts der schwedischen Tradition zwischenparteilicher Zusammenarbeit war dieses Prozedere bzw. das Format der interparteilichen Einigung nicht unüblich (Persson 2016:
645).
[178] Regeringens proposition 1990/91:88 om energipolitiken.

Tab. 6.7 Regierungen des Königreichs Schweden (1990 bis 2010)

Ministerpräsident	Regierungspartei(en)	Zeitraum
Ingvar Carlsson*	SAP	Feb. 1990 – Okt. 1991
Carl Bildt*	MSP, FP, C, Ks[179]	Okt. 1991 – Okt. 1994
Ingvar Carlsson*	SAP	Okt. 1994 – Mär. 1996
Göran Persson*	SAP	Mär. 1996 – Okt. 1998
Göran Persson*	SAP	Okt. 1998 – Okt. 2002
Göran Persson*	SAP	Okt. 2002 – Okt. 2006
Fredrik Reinfeldt	MSP, C, FP, Kd	Okt. 2006 – Sep. 2010

* Minderheitsregierung. Eigene Darstellung nach ParlGov-Datenbank (Döring und Manow 2019).

Für den Ausbau erneuerbarer Energien waren vor allem zwei Veränderungen wichtig: die Einführung von Investitionshilfen und die Einführung einer CO_2-Steuer. Durch das neue Instrument der Investitionshilfen[180] hatten ab 1991 nun auch kleinere Akteure (wie Privatunternehmen, kommunale Energieversorger, Kooperativen), die zuvor im Rahmen der Forschungsprogramme nicht beteiligt worden waren, die Möglichkeit, den EE-Ausbau mitzugestalten (Åstrand und Neij 2006: 289; Nilsson et al. 2004: 78). Für Windenergieanlagen wurden beispielsweise 25 % der Investitionskosten bezuschusst, ab 1993 bereits 35 % (Åstrand und Neij 2006: 280; Nilsson et al. 2004: 77; Wang 2006: 1213). Obwohl in den 1990er Jahren auch etablierte Unternehmen wie *Vattenfall* (wieder) in die Entwicklung einstiegen, waren es vor allem diese kleineren Akteure, die mit ihren Projekten neuen Schwung in den Windenergieausbau brachten (Åstrand und Neij 2006: 286–289; Nilsson et al. 2004: 77–78). Eine eher indirekte Förderung erfuhren erneuerbare Energien zudem durch die 1991 eingeführte CO_2-Steuer (IEA 2000: 23; Nilsson et al. 2004: 72).[181] Schweden verfügte zu diesem Zeitpunkt bereits über eine lange Tradition der Energiebesteuerung: Ursprünglich war die Besteuerung von Strom, mit der in den 1950er Jahren begonnen wurde, zur Finanzierung öffentlicher Ausgaben gedacht, doch mit der Zeit wandelte sich

---

[179] Die *Kristdemokratiska Samhällspartiet* (Ks) benannte sich 1995 zur *Kristdemokraterna* (Kd) um.

[180] Rechtlich wurden die Investitionshilfen in Form einer Verordnung des Industrieministeriums festgehalten. Förordning (1991:1099) om statligt bidrag till vissa investeringar inom energiområdet, m.m. SFS 1991:1099.

[181] Für einen detaillierteren Bericht über das Instrument der CO_2-Steuer, siehe Ackva und Hoppe (2018).

die Energiesteuer mehr und mehr zu einem Steuerungsinstrument, durch das die Energieeffizienz erhöht, erneuerbare Energien gefördert und Unternehmen zu umweltbewussterem Wirtschaften angeregt werden sollten (IEA 2008b: 22; Körner 2005: 289). Letzteres wurde allerdings nur bedingt verfolgt, denn um die schwedische Wettbewerbsfähigkeit zu sichern, wurde die Industrie von der Energiesteuer freigestellt (Chen und Johnson 2008: 238; Ericsson et al. 2004: 1713–1714). Auch bei der neuen CO_2-Steuer hatte die Industrie, speziell bei den ab 1994 wieder regierenden Sozialdemokraten, erfolgreich auf eine Steuererleichterung hingewirkt: Mitte der 2000er Jahre mussten nur noch 25 % der CO_2-Steuer entrichtet werden, die Energiesteuer entfiel nach wie vor gänzlich (Ericsson et al. 2004: 1713; Nilsson et al. 2004: 74; Uba 2010: 6678).

Dennoch hatte die CO_2-Steuer den gewünschten Effekt: Durch die Besteuerung gerieten fossile Brennstoffe in den Nachteil, sodass in den Folgejahren die Nutzung von Biomasse, vor allem zur Wärmegewinnung, beträchtlich anstieg und Öl als Energiequelle verdrängte (IEA 2008b: 93–96; Jacobsson 2008: 1498–1499; Nilsson et al. 2004: 74; SOU 1995: 41). Mit dem Instrument der Besteuerung konnte im Laufe der 1990er Jahre speziell im Wärmesektor ein deutlicher Umstieg auf erneuerbare Energien realisiert werden (Wang 2006: 1219). Im Zusammenhang mit der Biomassenutzung ergab sich zudem eine Symbiose mit der Industrie, speziell der Papier- und Zelluloseindustrie bzw. holzverarbeitenden Industrie. Generell hatte dieser Industriezweig insofern hohe volkswirtschaftliche Relevanz, als dass Produkte auf Holzbasis für Schweden wichtige Exportgüter waren (Björheden 2006: 289; Ericsson et al. 2004: 1715; siehe auch SOU 1995: 51–52). Als energieintensiver Industriezweig war die holzverarbeitende Industrie besonders auf kostengünstige Energie angewiesen und unterstützte eigentlich die Atomenergie (Ericsson et al. 2004: 1716). Seit den 1990er Jahren profitierte sie aber auch von der Förderung der Biomasse, denn durch die CO_2-Steuer wurde ein Markt für Biobrennstoff geschaffen, ohne dass die Industrie selbst durch die Energie- oder die CO_2-Steuer unter Druck geriet (Ericsson et al. 2004: 1716). Für die Energiegewinnung aus Biomasse konnte auf den bestehenden Strukturen der holzverarbeitenden Industrie aufgebaut werden, die ohnehin über weite Teile der Biomasse-Produktionskette verfügte – so befanden sich 40 % der schwedischen Wälder im Besitz von Unternehmen (Ericsson et al. 2004: 1715–1716; Jacobsson 2008: 1499; Nilsson et al. 2004: 75). Die holzverarbeitende Industrie war damit sowohl Erzeuger als auch Verbraucher von Holz und Holzabfällen (Ericsson et al. 2004: 1709–1711; Körner 2005: 286–287; Nilsson et al. 2004: 75).

Mitte bis Ende der 1990er Jahre: EU-Beitritt und Liberalisierung, Neuverhandlung des Atomausstiegs

Mit dem EU-Beitritt von 1995 wurde es für Schweden notwendig, die EU-Liberalisierungsrichtlinie für den Elektrizitätsmarkt (96/92/EG) umzusetzen, d. h. vor allem eine Entflechtung der Erzeugung, Übertragung und Vermarktung von Strom vorzunehmen. Dies stand auch im Einklang mit dem nationalen politischen Kurs, da bereits seit Anfang der 1990er Jahre eine Liberalisierung nach Vorbild des Vereinigten Königreichs bzw. Norwegens angestrebt wurde (Nilsson et al. 2004: 72). Eine erste administrative Umstrukturierung erfolgte 1992, indem die vormals staatliche Energiebehörde *Vattenfall* aufgeteilt wurde, in die neue Behörde *Svenska Kraftnät*, nunmehr unabhängiger Übertragungsnetzbetreiber, und das in staatlichem Besitz verbleibende Energieunternehmen *Vattenfall* (IEA 2008b: 20). Bei der Umsetzung der EU-Richtlinie wurde von Beginn an eine vollständige Liberalisierung angestrebt, sodass diese bereits 1996 in Gänze realisiert war (Espey 2001: 230; Körner 2005: 286; Nilsson et al. 2004: 72). Dabei nutzte Schweden ab 1996 einen gemeinsamen Strommarkt mit Norwegen (*Nord Pool*), dem später auch Finnland und Dänemark beitraten (Chen und Johnson 2008: 225; Espey 2001: 230; Nord Pool 2017). Mit diesen Entwicklungen war Schweden einerseits sehr fortschrittlich mit Blick auf die Energiemarktliberalisierung (IEA 2008b: 22). Andererseits verblieben neben dem Marktführer *Vattenfall* auch mehrere andere Energieunternehmen ganz oder teilweise in staatlichem Besitz (IEA 2000: 21; Nilsson et al. 2004: 72).

Der Atomausstieg wurde Mitte der 1990er Jahre erneut zum politischen Streitpunkt. Bereits Anfang der 1990er Jahre hatte die SAP ihren atomkritischen Kurs unter dem Druck von Industrie und Gewerkschaften abgemildert und war auch von ihrem Zeitplan für den Atomausstieg abgerückt (Nilsson 2006: 237–238). Die öffentliche Meinung gegenüber der Atomenergienutzung fiel Anfang der 1990er Jahre auch wieder deutlich positiver aus (Holmberg und Hedberg 2017: 246–248). Mit dem Ziel, einen neuen politischen Konsens über die langfristige Entwicklung der Energiepolitik zu schaffen, setzte die SAP-Regierung von 1994 bis 1995 einen parlamentarischen Untersuchungsausschuss (,Energiekommission') ein (SOU 1995). Die Vorbereitung von Policies innerhalb von parlamentarischen Ausschüssen stellte in Schweden eine bedeutende Tradition dar, wobei vor allem die Vertretung unterschiedlicher Interessengruppen und Sichtweisen sowie die Einbindung von Experten bzw. Expertise in Form von Studien charakteristisch waren (Dahlström 2016: 631; Mattson 2016; Petersson

2016b).[182] Oftmals erleichterte dieser inklusive Vorschritt die spätere Abstimmung im Parlament (Uba 2010: 6675). Allerdings zeigte sich speziell im Bereich Klima und Energie, dass die Ausschüsse überwiegend mit Akteuren aus Politik und Verwaltung besetzt waren und weniger mit gesellschaftlichen Akteuren (Uba 2010: 6678). Unter den gesellschaftlichen Akteuren überwogen wiederum Industrievertreter (vor allem aus der energieintensiven Forst-, Papier-, Chemie- und Stahlindustrie) sowie Akteure der etablierten Energiewirtschaft, also Vertreter der nuklearen Energiewirtschaft sowie der großen Wasserkraft – die (neuere) EE-Branche war dagegen kaum involviert (Uba 2010). Durch die Arbeit der Energiekommission wurde zunächst eine politische Vereinbarung zwischen der regierenden SAP und zwei kleineren Oppositionsparteien, den Christdemokraten (Kd) und den Liberalen (FP), erzielt, welche als „moderately pro-nuclear" galten (Nilsson 2006: 236–238). Dieses Arrangement wurde von der 1996 nachrückenden SAP-Regierung, nunmehr unter Göran Persson, jedoch aufgelöst: Anstatt sich den Vorarbeiten des parlamentarischen Ausschusses anzuschließen, wurde 1997 abseits des Parlaments eine Einigung zwischen den Führungsspitzen der SAP und zweier Anti-Atom-Parteien, der Zentrumspartei (C) und den Sozialisten (V), herbeigeführt (Nilsson 2006: 236–238). Diese Neuorientierung hing eng mit dem personellen Wechsel an der SAP-Spitze zusammen – so resümiert der damalige Chef der Zentrumspartei, Olof Johansson, über seine (bilaterale) Verhandlung mit Göran Persson, dass dieser sich von einem erneuten Angehen des Atomausstiegs bereitwilliger überzeugen ließ als seine Vorgänger: „*That opportunity was greater with Göran Persson as party leader than ever before because he was not committeed* [sic] *to earlier generations in the party and their 'reactor hugging'* [Hervorh. i. Orig.]" (Interview mit Olof Johansson, zit. nach Nilsson 2006: 236–237). Im Ergebnis wurde ein Kompromiss gefunden, bei dem einerseits die konkrete Schließung aktiver Reaktoren (Barsebäck I und II) auf den Weg gebracht wurde, andererseits aber 2010 als finales Ausstiegsdatum seine Verbindlichkeit verlor: „Critics saw the closure of Barsebäck as a 'pawn sacrifice' to appease the Centre in exchange for a more obscure phase-out program for the remaining reactors" (Nilsson 2006: 238).

Da ein Atomausstieg unter den gegebenen Bedingungen bis 2010 nicht durchführbar erschien, wurde mit dem Energiegesetz von 1997[183] alternativ ein neues Forschungsprogramm (1998–2004) aufgesetzt, das über den weiteren Ausbau

---

[182] Siehe dazu auch die Stellungnahmen diverser Sachverständiger im Abschlussbericht der Energiekommission (SOU 1995).

[183] Regeringens proposition 1996/97:84. En uthållig energiförsörjning.

erneuerbarer Energien und eine verbesserte Energieeffizienz die nötigen Voraussetzungen für einen ‚realistischen' Atomausstieg schaffen sollte (IEA 2000: 18–19; Körner 2005: 287; Nilsson et al. 2004: 73; Wang 2006: 1212). Die bereits bestehenden Investitionshilfen, z. B. für Windenergie, Biomasse und kleine Wasserkraftanlagen, blieben erhalten (Åstrand und Neij 2006: 281; Haas et al. 2004: 837; Körner 2005: 288). Als Ende der 1990er Jahre die vereinbarte Schließung des Reaktors Barsebäck I bevorstand, versuchte das Energieunternehmen *Sydkraft* als Betreiber des AKW, mit rechtlichen Mitteln auf nationaler und europäischer Ebene dagegen vorzugehen (Nuklearforum Schweiz 1999b; o. A. 1999). Unter der Bedingung, *Sydkraft* finanziell zu kompensieren, wurde Barsebäck I im November 1999 schließlich abgeschaltet, ein Jahr später als geplant (Nilsson 2006: 237; Nuklearforum Schweiz 1999a; Steuer 1999). Innerhalb der Bevölkerung gab es zu diesem Zeitpunkt eine eher positive Einstellung gegenüber der Atomenergienutzung – knapp die Hälfte sprach sich laut Umfragen dafür aus, ein Drittel war dagegen und etwa ein Viertel hatte keine klare Meinung (Holmberg und Hedberg 2017: 247).

Im Bereich der Biokraftstoffe wurde im Laufe der 1990er Jahre auf den Projekten der 1980er Jahre weiter aufgebaut: Das Netzwerk um die nordschwedische Stiftung SSEU führte zuerst kleinere Testläufe mit öffentlichen Bussen durch, auf die Pilotprojekte mit Ethanol-Zapfsäulen und Flex-Fuel-Fahrzeugen folgten, die in der Region Mitte der 1990er Jahre einen lokalen Ethanol-Markt schufen (SEKAB 2018; Ulmanen et al. 2009: 1409). Unterstützt durch Fördermittel der Regierung wurden daraufhin auch in anderen schwedischen Regionen Ethanol-Zapfsäulen und Flex-Fuel-Fahrzeuge eingeführt (SEKAB 2018; Ulmanen et al. 2009: 1409). Mithilfe von Investitionsprogrammen und Steuererleichterungen konnten die Verkaufszahlen von Flex-Fuel-Fahrzeugen noch einmal deutlich gesteigert werden (Ulmanen et al. 2009: 1409). Neben der Ethanol-Entwicklung wurde in den 1990er Jahren auch Biogas erfolgreich als Antrieb in Fahrzeugen getestet und weiterentwickelt, ebenfalls unterstützt durch Steuervergünstigungen (Ulmanen et al. 2009: 1409–1410).

Anfang bis Mitte der 2000er Jahre: Einführung eines Quotensystems, Pump Act für
Biokraftstoffe
Trotz einiger Entwicklungen im Bereich ‚kleinerer' bzw. neuerer EE-Technologien dominierten weiterhin die große Wasserkraft sowie die Atomenergie die schwedische Stromerzeugung (Chen und Johnson 2008: 220). Vor diesem Hintergrund wurde das Fördermodell für erneuerbare Energien, welches bis dato aus Forschung und Entwicklung, Investitionshilfen sowie diversen energiebezogenen Steuern bestand, durch die Einführung eines Quotensystems mit

Zertifikatshandel im Jahr 2003 reformiert (IEA 2008b: 108; Körner 2005: 288; Nilsson et al. 2004: 78; Wang 2006: 1212). Die bestehenden Investitions- und Produktionsbeihilfen sollten innerhalb weniger Jahre komplett durch das Quotensystem ersetzt werden (Körner 2005: 288; Nilsson et al. 2004: 79). Ziel des Quotensystems war es, den EE-Anteil im Stromsektor von 7,4 % im Jahr 2003 auf 17,9 % bis 2010 anzuheben (Gan et al. 2007: 150; Körner 2005: 288).[184] Mit Formulierung dieser Zielwerte wurde das vormals vage gehaltene Ziel, erneuerbare Energien auszubauen, erstmals verbindlich quantifiziert (Espey 2001: 232; Nilsson et al. 2004: 79). Die Erfüllung der Quoten wurde mehrheitlich von den Stromversorgern verantwortet, welche die entsprechenden Kosten an ihre Kunden weitergaben (Körner 2005: 288; Nilsson et al. 2004: 78–79). Für die energieintensive Industrie wurden unter dem Aspekt der Wettbewerbsfähigkeit auch diesmal Ausnahmen eingerichtet (Nilsson et al. 2004: 78; Wang 2006: 1215). Das System der Quotenregelung bzw. des Zertifikatshandels stellte nunmehr das zentrale Instrument zur Förderung von EE-Strom dar (IEA 2008b: 108).[185] In anderen Energiesektoren wurde weiterhin mit finanziellen Anreizen gearbeitet – so bekamen Haushalte ab 2006 ein Drittel ihrer Installationskosten erstattet, wenn sie auf ein EE-Heizsystem wechselten (IEA 2008b: 104). Der Umstieg auf das neue Quotensystem verlief weitgehend konfliktfrei, was vermutlich mit seinem marktliberalen Design zusammenhing: Mit dem Quotensystem wurde eine möglichst effiziente bzw. kostengünstige EE-Förderung angestrebt, was sich letztlich in niedrigeren Energiepreisen widerspiegeln sollte und über die Umwälzung auf die Verbraucher auch Konflikte bzgl. des Staatshaushalts ausklammerte; gleichzeitig gab es durch das neue Fördersystem keine zusätzliche Belastung für die einflussstarken energieintensiven Wirtschaftszweige (Chen und Johnson 2008: 240). Obwohl im parteipolitischen Spektrum Anfang der 2000er Jahre eine große energiepolitische Bandbreite vertreten war (C 2002; FP 2002; Kd 2002; MP 2002; MSP 2002; SAP 2002; V 2002), passte das Quotensystem zumindest zum marktliberalen Ansatz, den viele Parteien teilten (Kd 2002: 10–11; MSP 2002: 12–13; SAP 2002: 3). Vergleichbar damit, wie der anfängliche F&E-Fokus als politische Konfliktvermeidungsstrategie bewertet werden kann (Nilsson et al. 2004: 79), wurde somit auch beim Quotensystem eine politisch und gesellschaftlich konsensfähige Policy konzipiert.

---

[184] 3 § Lag (2003:113) om elcertifikat i. V. m. Förordning (2003:120) om elcertifikat sowie Lag (2003:437) om ursprungsgarantier avseende förnybar el.

[185] Für 2007 wurde ein gemeinsamer Markt für den Zertifikatshandel mit Norwegen anvisiert, wovon die norwegische Regierung 2006 aber zurücktrat (Körner 2005: 288; Meyer 2007: 355).

Mitte der 2000er Jahre wurde zudem die EU-Biokraftstoffrichtlinie (2003/30/EG) durch den sog. *Pump Act*[186] umgesetzt. Ende 2005 nahm dazu das schwedische Parlament einen Gesetzesvorschlag der Regierung an, wodurch Tankstellen verpflichtet wurden, Kraftstoff aus erneuerbaren Energien, z. B. Ethanol oder Biogas, anzubieten (Sveriges Riksdag 2009c). Mit dem Gesetz sollte die Verfügbarkeit von Biokraftstoffen für die Verbraucher verbessert und damit eine breite Nutzung von Biokraftstoffen angeregt werden, um insbesondere eine Reduktion von CO_2-Emissionen herbeizuführen (Sveriges Riksdag 2009c: 3). Mit dem Anfang 2006 in Kraft getretenen *Pump Act* wurde auch dem indikativen Zielwert von mindestens 5,75 % Biokraftstoffen für das Jahr 2010 gemäß EU-Richtlinie 2003/30/EG Rechnung getragen (Sveriges Riksdag 2009c: 6). Zwar war der Pump Act selbst technologieneutral, es wurde also kein bestimmter Biokraftstoff bevorzugt, allerdings setzte sich im Ergebnis vor allem Ethanol (E85) durch (Sveriges Riksdag 2009c: 4). Die bereits bestehende Vorrangstellung von Ethanol wurde durch den *Pump Act* damit weiter gestärkt (Sveriges Riksdag 2009c: 27–28). Mit der wachsenden Etablierung von Ethanol auf dem Kraftstoffmarkt brachten die Automobilhersteller *Volvo* und *Saab* in den 2000er Jahren passende Fahrzeuge auf den Markt (IEA 2008b: 105; Ulmanen et al. 2009: 1409).

Nach einer langen Phase sozialdemokratischer Minderheitsregierungen kam 2006 eine Koalitionsregierung des bürgerlichen Lagers (*Allians för Sverige*) an die Macht (Tab. 6.7), bestehend aus der konservativen *Moderata samlingspartiet* (MSP), der agrarisch geprägten Zentrumspartei (*Centerpartiet*, C), der liberalen *Folkpartiet liberalerna* (FP) sowie den Christdemokraten (*Kristdemokraterna*, Kd). Im Prinzip unterstützten auch die bürgerlichen Regierungsparteien den Ausbau erneuerbarer Energien, sie benannten hierfür aber keine (neue) Zielsetzung und knüpften in ihren Vorschlägen lediglich an bereits bestehende Maßnahmen an (C 2006; FP 2006; Kd 2006; MSP 2006). Mit Blick auf die Atomenergie gab es unterschiedliche Positionen: Während die konservative MSP den nuklearen Status quo einfrieren wollte (MSP 2006: 26), strebte die liberale FP eine Wiederbelebung der Atomenergie an (FP 2006: 14). Die politische Diskussion um die Atomenergie hielt insofern auch Mitte der 2000er Jahre noch an. Zwischenzeitlich war im Jahr 2005 die Abschaltung des Reaktors Barsebäck II erfolgt, nachdem die SAP-Regierung von 2003 bis 2004 zunächst erfolglos versucht hatte, einen gemeinsamen Ausstiegsplan mit der Atomindustrie zu konkretisieren (dpa 2005; Nilsson 2006: 236–237). Mit Blick auf die Energieerzeugung gab es Mitte der 2000er Jahre eine annähernde Parität von Atomenergie und erneuerbaren Energiequellen. Der Anteil der Atomenergie war zwischen 2003 und 2008 rückläufig

---

[186] Lag om skyldighet att tillhandahålla förnybara drivmedel. SFS 2005:1248.

und sank von 58 % auf 51 %, dagegen stieg der Anteil erneuerbarer Energien an der Erzeugung von 41 % im Jahr 2003 auf 48 % im Jahr 2008 (Abb. 6.7).

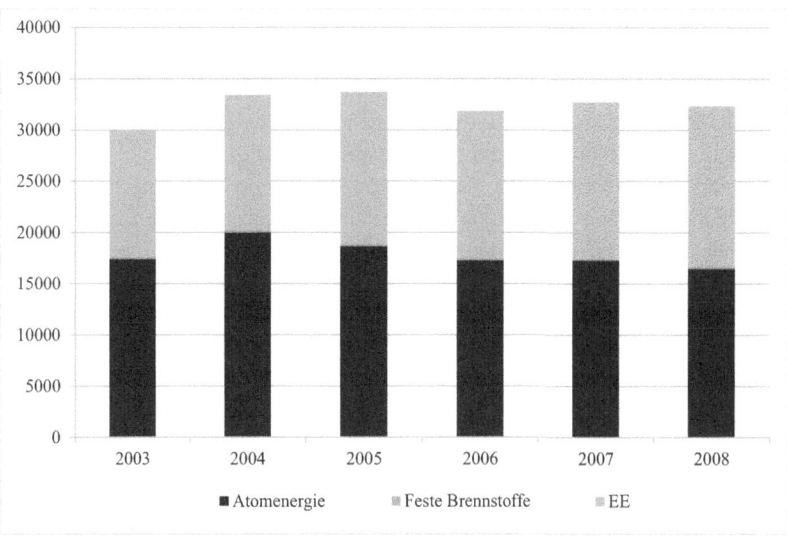

Abb. 6.7 Energieerzeugung in Schweden im Vorfeld der EU-Richtlinie (in 1000 t RÖE). Eigene Darstellung nach Eurostat (2016) und IEA (2018)

Wie im Verlauf deutlich wurde, basierte der hohe Anteil erneuerbarer Energiequellen allerdings „nicht auf einer intensiven Förderpolitik, sondern auf traditionelle [sic] Nutzungen und der bei Biomasse und Wasserkraft ohnehin bereits günstigen Wettbewerbsposition" (Espey 2001: 238). Der größte schwedische und auch skandinavische Stromerzeuger *Vattenfall* befand sich weiterhin vollständig in staatlichem Besitz (Espey 2001: 230; IEA 2008b: 20; Körner 2005: 286). Als zweitgrößter Stromerzeuger war *Sydkraft* mehrheitlich im Besitz ausländischer Unternehmen (Espey 2001: 230; Körner 2005: 286). Sowohl *Vattenfall* als auch *Sydkraft* nutzten primär Wasserkraft und Atomenergie zur Erzeugung (Körner 2005: 286; Wang 2006: 1210). Ein energiepolitischer Richtungswechsel war insofern nicht im Interesse dieser Akteure (Wang 2006: 1210–1211). Für den Ausbau ‚kleinerer‘ bzw. neuerer EE-Technologien gab es auf politischer Ebene vor allem zwei wesentliche Hemmnisse: das Fehlen einer konsequenten politischen Leitlinie, speziell in Verbindung mit der ungeklärten Zukunft der Atomenergie, und das (daraus resultierende) zurückhaltende Design von

Förderinstrumenten. Energiepolitische Entscheidungen waren oftmals Ausdruck des kleinsten gemeinsamen Nenners (z. B. F&E-Maßnahmen zu Beginn der schwedischen EE-Politik) oder der jeweiligen Kompromisslösung innerhalb des aktuellen Parteienbündnisses (speziell in der Frage des Atomausstiegs). Letzteres war innerhalb des politischen Systems im Grunde unvermeidbar: Die SAP-Minderheitsregierung war ohne die Unterstützung zumindest einiger Oppositionsparteien nicht mehrheitsfähig (Bale und Bergman 2006: 196; Körner 2005: 285); die Regierungen des bürgerlichen Lagers beruhten dagegen von vornherein auf einem breiten Parteienbündnis (der *Allians för Sverige*).

Gerade der Streitpunkt der Atomenergie erschwerte eine langfristige energiepolitische Planung und wirkte sich dadurch negativ auf die EE-Förderung aus (Gan et al. 2007: 149; Wang 2006: 1217). Kurzum, „the support schemes in Sweden have lacked credibility and a long-range perspective" (Meyer 2007: 359). Ökonomisch hatte die fehlende Stringenz in der Frage des Atomausstiegs zur Folge, dass Investitionen in erneuerbare Energien ausblieben, während Mitte der 2000er Jahre noch neue Investitionen in AKW getätigt wurden (Nilsson et al. 2004: 72; Sarasini 2009: 649–650). Die öffentliche Meinung war durchaus atomfreundlich: Laut Eurobarometer war Schweden mit 27 % EU-weit das Land, in dem die meisten Befragten befürworteten, den Anteil der Atomenergie zu erhöhen (EK 2007c: 15). Gleichzeitig antworteten die Befragten mit 70 % EU-weit am skeptischsten auf die Frage, ob mit erneuerbaren Energien sowie Energiesparmaßnahmen die Atomenergie leicht ersetzt werden könne (EK 2007c: 12).[187]

Was als weitere Hürde für den EE-Ausbau hinzukam, waren die langwierigen Genehmigungsverfahren (Åstrand und Neij 2006: 286; IEA 2008b: 25; Meyer 2007: 354). So war beispielsweise die Genehmigung von Windenergieanlagen zu einem großen Teil abhängig von der jeweiligen politischen Unterstützung auf lokaler Ebene, denn in Schweden gab es weder auf regionaler noch nationaler Ebene eine rechtsverbindliche Flächenplanung bzw. Raumordnung, nur einige generelle Leitlinien (Åstrand und Neij 2006: 286–287; Meyer 2007: 354; Nilsson et al. 2004: 77–78). Zusätzlich kam erschwerend hinzu, dass gerade bei EE-Projekten, die Einschnitte in Umwelt und/oder Landschaft bedingten (besonders Windenergie- und Biomasseprojekte), die schwedische Tradition des Umweltschutzes zum Teil in Konflikt zum EE-Ausbau stand (Chen und Johnson 2008:

---

[187] Die Befragung fand von Oktober bis November 2006 statt.

229–230). Auf der einen Seite gab es eine durchaus EE-freundliche öffentliche Meinung (EK 2008a),[188] auf der anderen Seite lokale Widerstände gegen EE-Projekte (Wang 2006: 1218).[189] Abschließend wird nun formuliert, welche Rückschlüsse sich auf Basis der dargestellten Förderhistorie auf die institutionellen Arrangements sowie die Interessenkonstellation im Vorfeld der europäischen Erneuerbare-Energien-Richtlinie von 2009 ziehen lassen.

6.6.2 Institutionen und Interessen

Institutionelle Arrangements im Vorfeld der EU-Richtlinie
Die *korporatistische* Tradition Schwedens prägte auch den Energiesektor: Neben den Verbändestrukturen, welche in Schweden grundsätzlich von hoher Bedeutung waren (Öberg 2016), boten vor allem die parlamentarischen Ausschüsse gesellschaftlichen Akteuren eine wichtige Einflussmöglichkeit auf das nationale Policymaking. Die in den Komitees vertretenen gesellschaftlichen Interessengruppen entstammten dabei vornehmlich der etablierten Energiewirtschaft sowie der (energieintensiven) Industrie. Die politische Stärke der (energieintensiven) Industrie manifestierte sich vor allem in großzügigen Ausnahmen von der Energie- und der CO_2-Steuer. Die Zusammenarbeit von Staat und Gesellschaft konnte zudem auf lokaler Ebene beobachtet werden, wo EE-Projekte gemeinsam von staatlichen Akteuren (Regierung, Kommunen) und gesellschaftlichen Akteuren (Unternehmen, Verbänden) entwickelt wurden. Obgleich im Hinblick auf andere Politikfelder eine Abnahme des schwedischen Korporatismus diagnostiziert wurde (Lindvall und Sebring 2005), wirkte dieses institutionelle Erbe im Energiebereich fort. Mit dem korporatistischen Ansatz ging auch ein *konsensualer* Regulierungsstil einher, was sich auf gesellschaftliche wie politische Akteure bezog. Im politischen System Schwedens war es für die Parteien unerlässlich, einen breiten parlamentarischen Konsens zu erzielen, was sowohl innerhalb der parlamentarischen Ausschüsse angestrebt als auch zwischen den Parteispitzen direkt erzielt wurde. Die Policies zur Förderung erneuerbarer Energien stellten dabei nicht nur eine Schnittmenge unterschiedlicher parteipolitischer Standpunkte dar, sondern bildeten auch einen gesellschaftlich tragfähigen Kompromiss ab, der vor allem aus Sicht der Industrie keine zu große Belastung bedeuten durfte.

---

[188] Für eine vergleichende Übersicht der Befragungsergebnisse für alle untersuchten Mitgliedstaaten siehe Abschnitt 6.7 (Tab. 6.12).

[189] Ohnehin unterlag das eigentlich ausgeprägte schwedische Umweltbewusstsein auch Schwankungen, wobei die Kosten umweltschützender Maßnahmen je nach wirtschaftlicher Lage mehr oder weniger gerne in Kauf genommen wurden (Wang 2006: 1218).

Die Steuerung des EE-Ausbaus lässt sich als eher *aktiv* bewerten. Abgesehen von dem sehr frühen Ausbau der großen Wasserkraft war die Förderung (neuer) EE-Technologien zunächst zwar eine Reaktion auf die Ölkrisen der 1970er Jahre. Seither nahm der Ausbau erneuerbarer Energien aber einen festen Platz auf der energiepolitischen Agenda ein und wurde durchgehend, wenn auch mit unterschiedlichen Policy-Instrumenten, gefördert. Gleichzeitig war die Regulierung betont *inkrementell*. In der EE-Förderung wurde sich von einer ausgedehnten F&E-Phase zunächst zu Investitionshilfen und weiteren Steuermaßnahmen vorgetastet, bis 2003 ein Quotenmodell mit Zertifikatshandel eingeführt wurde. In ähnlicher Weise wurden im Bereich der Biokraftstoffe erst einzelne Projekte gefördert, bevor allmählich eine größere Infrastruktur ausgebaut wurde. Obwohl mit dem Quotensystem von 2003 und der damit verbundenen quantitativen Zielsetzung für 2010 eine längerfristige Förderpolitik aufgesetzt wurde, bestand solange Unsicherheit über den weiteren energiepolitischen Kurs und die Entwicklung des Energiemix, wie nicht abschließend über die Atomenergienutzung entschieden wurde. Die Entwicklung erneuerbarer Energien war somit vor allem an die ungelöste Atomenergiefrage bzw. den nicht konsequent verfolgten Atomausstieg geknüpft. Bei der rechtlichen Ausgestaltung der EE-Förderung fanden sich sowohl *legalistische* als auch *pragmatische* Elemente wieder. Die eingesetzten Förderinstrumente waren insgesamt eher marktbegleitender bzw. marktstimulierender Natur und stellten nur zum Teil eine systematische, flächendeckende und allgemeinverbindliche Förderung dar. Die Investitionshilfen wurden allerdings in Form einer Verordnung rechtsverbindlich, konkret und detailliert geregelt. Zugleich bildeten unterschiedliche Formen der energiebezogenen Besteuerung einen rechtlich genau definierten Rahmen, mit dem gezielt Einfluss auf die Marktentwicklung genommen wurde. Mit dem später folgenden Quotensystem und dem damit verbundenen Zertifikatshandel wurde einerseits auf Flexibilität gesetzt, da die Energieunternehmen hier weitgehend freie Hand hatten, wie sie ihre Quotenverpflichtungen erfüllten, andererseits wurde mit Einführung des Quotenmodells erstmals eine rechtsverbindliche quantitative Zielsetzung für EE-Strom festgesetzt. Mit Blick auf die administrative Organisation wurde Energiepolitik in Schweden *zentralisiert* von der Regierung verantwortet (IEA 2008b: 19). Formal war die Zuständigkeit weitgehend bei dem *Näringsdepartementet*, dem Ministerium für Industrie, Arbeit und Kommunikation, *konzentriert* (IEA 2000: 21). Das Industrieministerium war ebenfalls zuständig für die teils oder ganz in staatlichem Besitz befindlichen Energieunternehmen

(IEA 2000: 21).[190] Wie sich im Verlauf gezeigt hat, waren aber vor allem parlamentarische sowie außerparlamentarische Verhandlungen zwischen den Parteien
ein wichtiger energiepolitischer Treiber – was mit wechselnden themenbezoge-
nen Koalitionen einen unsteten energiepolitischen Kurs bedeutete. Dieses Muster
bezog sich besonders auf die Atomenergiepolitik.

Interessenkonstellation im Vorfeld der EU-Richtlinie
Wie bereits besprochen, wurde der Ausbau erneuerbarer Energien in der energiepolitischen Diskussion oftmals in Verbindung zum Atomausstieg gesetzt.
Entsprechend sprachen vor allem diejenigen Parteien vom Ausbau erneuerbarer
Energien, die sich gleichzeitig für einen Atomausstieg einsetzten. Es gab jedoch
auch Argumente für die Weiternutzung der Atomenergie bzw. gegen einen Ausstieg: Dies waren vor allem Sorgen um steigende CO_2-Emissionen sowie um
die schwedische Wettbewerbsfähigkeit auf dem internationalen Markt. Letzteres war auch ein wichtiger Punkt für Industrie und Gewerkschaften. Gerade die
in Schweden volkswirtschaftlich bedeutsamen energieintensiven Industriezweige
(die insbesondere der Herstellung von Holz-, Papier-, Chemie- und Stahlproduk-
ten dienten) waren auf eine kostengünstige Energieversorgung angewiesen – in
der energiepolitischen Diskussion war dies die Atomenergie, welche gegenüber
den noch zu fördernden und daher kostspieligeren (neuen) erneuerbaren Energieträgern abgegrenzt wurde. Mit dem Energiegesetz von 1997 wurde der ehemals
für 2010 geplante Atomausstieg auf unbestimmte Zeit verschoben. Für einen
'realistischen' Atomausstieg, so die Argumentation der schwedischen Regierung,
müsste zunächst genügend Energie aus erneuerbaren Energiequellen zur Verfügung stehen, um den erforderlichen Bedarf zu decken. Das Engagement für den
EE-Ausbau blieb jedoch verhalten: Solange die Atomenergie auf unbestimmte
Zeit als Option im Raum stand, bestand keine Dringlichkeit, erneuerbare Energien
auszubauen (Gan et al. 2007: 149; Wang 2006: 1210). Mit der neuen Regierungskoalition (*Allians för Sverige*) war Mitte der 2000er Jahre zunächst keine
Veränderung zugunsten erneuerbarer Energien zu erwarten: Zwar unterstützten
die Regierungsparteien prinzipiell ebenfalls den Ausbau erneuerbarer Energien,
doch war dies noch kein Garant für konkrete Förderpolicies, zumal kaum bzw.
keine neuen Vorschläge für die EE-Förderung formuliert wurden. Zugleich gab
es in der neuen Regierungskoalition auch Stimmen, die sich für einen Erhalt oder
gar eine Renaissance der Atomenergie aussprachen.

---

[190] Einen zwischenzeitlichen Wechsel der Zuständigkeit gab es zum Umweltministerium,
mit dem Kabinett Reinfeldt wurde Energie ab 2006 aber wieder ans ehemalige Industrieministerium überführt, nunmehr umbenannt in Ministerium für Unternehmen, Energie und
Kommunikation (IEA 2008b: 19; Körner 2005: 285).

Obwohl Schweden eine lange Geschichte der Nutzung bestimmter EE-Technologien aufwies und damit bereits einen relativ hohen Anteil erneuerbarer Energien an der Erzeugung verzeichnete, war die Interessenkonstellation Mitte der 2000er Jahre, d. h. im Vorfeld der europäischen Erneuerbare-Energien-Richtlinie grundsätzlich eher *nachteilig* im Hinblick auf einen dezidierten Ausbau erneuerbarer Energien. Abgesehen von der großen Wasserkraft (die in der schwedischen Diskussion gar nicht mehr unter erneuerbare Energien fiel) und der Bioenergie[191] (die nur für bestimmte Wirtschaftssektoren relevant war) hatten (neuere) EE-Technologien keine wirtschaftliche oder industriepolitische Relevanz; die EE-Branche und Umweltverbände waren im Policymaking kaum involviert, stattdessen übte die (energieintensive) Industrie einen großen (und für den EE-Ausbau eher nachteiligen) Einfluss aus. Im politischen Spektrum gab es unter den zentralen Akteuren nur ein mäßiges Engagement für den EE-Ausbau, die Sorge um die schwedische Wettbewerbsfähigkeit war dagegen ein im Zusammenhang mit der Energiepolitik oft angebrachtes Argument. Mit dem Regierungswechsel zum bürgerlichen Lager im Jahr 2006 verschob sich die Interessenkonstellation weiter in Richtung Atomenergie, was für die Förderung des EE-Ausbaus zunächst eher ungünstig erschien.

6.7   Förderung und Ausbau erneuerbarer Energien im Vergleich

Nachdem in den vorangegangenen Teilkapiteln die Förderhistorien und Policy-Netzwerke der untersuchten sechs EU-Mitgliedstaaten im Einzelnen beleuchtet wurden, folgt an dieser Stelle ein kurzer vergleichender Überblick, bevor anschließend eine zusammenfassende Bewertung der Kompatibilität von nationalen institutionellen Arrangements und Interessenkonstellationen mit den Vorgaben der europäischen Erneuerbare-Energien-Richtlinie erfolgt. Der Ausbau erneuerbarer Energien war bis Mitte der 2000er Jahre auf unterschiedliche Weise, jedoch bei allen untersuchten Mitgliedstaaten, auf die Agenda gerückt. Wie in Tab. 6.8 zusammengefasst, verfügten die untersuchten Mitgliedstaaten über mindestens ein primäres Förderinstrument sowie weitere begleitende finanzielle bzw. fiskalpolitische Maßnahmen. Von den untersuchten sechs Mitgliedstaaten nutzten Deutschland, Frankreich, die Niederlande und Österreich Mitte der 2000er Jahre Einspeisetarife als Fördersystem. Unterschiede gab es dabei vor allem in Bezug auf die Laufzeit, die Vergütungshöhe sowie die Auswahl und Spezifizierung der

---

[191] Gemeint sind Brennstoffe aus Biomasse, inklusive der Biokraftstoffe.

Begünstigten (z. B. bestimmte EE-Technologien und/oder Anlagen einer gewissen Größe). So hatte beispielsweise die Förderung in Deutschland schon sehr früh begonnen, nämlich mit dem Stromeinspeisungsgesetz von 1990, während Frankreich, die Niederlande und Österreich erst Anfang der 2000er Jahre Einspeisetarife einführten – überdies mit geringerem Tarifniveau.[192] In den Niederlanden, dies illustriert auch die schraffierte Fläche in Tab. 6.8, wurde die Förderung mit Einspeisetarifen nur über einen begrenzten Zeitraum genutzt – denn drei Jahre nach Einführung wurden die Einspeisetarife 2006 wieder abgeschafft. Eine Besonderheit in Frankreich war die zusätzliche Nutzung von Ausschreibungsverfahren für Windenergieanlagen einer bestimmten Kapazität: So fielen Windenergieanlagen bis 12 MW unter die Einspeisetarife, ab 12 MW war dagegen nur eine Förderung per Ausschreibungsverfahren möglich. Mit den Ausschreibungsverfahren hatte sich der französische Staat, speziell das Wirtschaftsministerium, ein Steuerungsinstrument geschaffen, mit dem gezielt in den nationalen Energiemix eingegriffen werden konnte.

Tab. 6.8 Mitgliedstaatliche Förderinstrumente im Vorfeld der Erneuerbare-Energien-Richtlinie

| | Primäre Förderinstrumente | | | | Sekundäre Förderinstrumente | |
	Einspeisetarife	Quoten-verpflichtung & Zertifikats-handel	Ausschrei-bungsverfah-ren	CO_2-bzw. Energiesteuer	Investitions-hilfen, Sub-ventionen etc.	Steueranreize
DE						
FR						
UK						
NL						
AT						
SE						

Eigene Darstellung nach Dinica (2005), Espey (2001), Gan et al. (2007) sowie Reiche und Bechberger (2005). *Die schraffierten Flächen weisen auf parallel genutzte oder zeitlich begrenzte Förderinstrumente hin.*

---

[192] In Österreich hatte es zuvor auf Landesebene bereits Einspeisetarife gegeben (Abschnitt 6.5).

Das Vereinigte Königreich und Schweden nutzten als primäres Fördermodell stattdessen Quotenverpflichtungen in Verbindung mit einem Zertifikatshandel. Wie die schraffierte Fläche in Tab. 6.8 verdeutlicht, hatte das Vereinigte
Königreich anfangs ein Ausschreibungsverfahren (NFFO-System) eingerichtet,
wechselte später aber zum Quotenmodell. Die schraffierte Fläche für die Niederlande bedeutet, dass neben Einspeisetarifen auch handelbare grüne Zertifikate
eingesetzt wurden, allerdings auf freiwilliger Basis und ohne eine begleitende
Quotenverpflichtung. Das Pro und Contra verschiedener Fördersysteme bzw.
ihre Effektivität und Effizienz im Hinblick auf den Ausbau erneuerbarer Energien wurde bereits vielfach diskutiert (z. B. Green und Yatchew 2012; Jenner
et al. 2012; Lauber 2011; Lauber und Toke 2005; Río 2014). Die fachliche
Meinung geht überwiegend dahin, dass sich Einspeisetarife gegenüber Quotenmodellen besser bewährt hätten – ein häufig genanntes Paradebeispiel ist
dabei Deutschland, dessen Vorbildfunktion sich auch im Verlauf dieser Arbeit
in den untersuchten nationalen energiepolitischen Entwicklungen und Diskussionen zeigte; speziell in Frankreich und Österreich war das ‚deutsche Modell‘
Teil des Diskurses und wurde von nationalen Policy-Akteuren angebracht, um
auch im eigenen Land Einspeisetarife als Fördermodell zu etablieren. Diejenigen
Länder, die ein eher marktliberales Paradigma pflegten bzw. bei denen im energiepolitischen Diskurs vor allem der Aspekt der Kosteneffizienz einer möglichen
EE-Förderung dominierte, wählten das Quotenmodell (Vereinigtes Königreich,
Niederlande, Schweden). Die Niederlande führten erst 2003 Einspeisetarife ein,
nachdem sich gezeigte hatte, dass im Rahmen der Quotenerfüllung überwiegend
günstiger EE-Strom aus dem Ausland importiert wurde. Wie bereits erwähnt, hielt
dieses Fördersystem jedoch nicht lange an. Generell hat sich in Verbindung mit
Quotenmodellen als auch Ausschreibungsverfahren gezeigt, dass im Vergleich zu
der flächendeckenden Förderung durch Einspeisetarife, von denen auch unabhängige bzw. kleinere Erzeuger direkt profitieren, kaum eine *bottom-up*-Entwicklung
stattfand und damit auch eine gesellschaftliche Verankerung erneuerbarer Energien ausblieb, ebenso wie eine (finanzielle) Teilhabe an EE-Projekten auf lokaler
Ebene (vgl. hierzu auch die bereits angesprochenen Umfragewerte, Tab. 6.12).

Gemeinsame Motive bei der Förderung erneuerbarer Energien waren die
Absicherung der eigenen Energieversorgung sowie die international vereinbarten Verpflichtungen zur Reduktion der Treibhausgasemissionen (dazu auch Gan
et al. 2007: 153). Vor allem die Ölkrisen der 1970er Jahre hatten eine Suche nach
alternativen Energiequellen angestoßen. Allerdings setzten die untersuchten Mitgliedstaaten verschiedene Schwerpunkte und standen auch in unterschiedlicher

Weise unter Druck. In den Niederlanden hatte beispielsweise das Gasvorkommen dafür gesorgt, dass die Versorgung als relativ abgesichert und ein Ausbau erneuerbarer Energien nicht als dringlich betrachtet wurde. In Frankreich war die konsequente Nutzung der Atomenergie eine wesentliche Grundlage der eigenen Energieversorgung. Für einen Atomausstieg hatten sich bis Mitte der 2000er Jahre dagegen Deutschland, die Niederlande, Österreich und (zumindest formal) Schweden entschieden. In Österreich bedeutete die frühe Entscheidung gegen die Atomenergienutzung, bei gleichzeitig hoher Abhängigkeit von Energieimporten, dass der Ausbau erneuerbarer Energien als alternativlos galt.

Die Veränderung des Anteils erneuerbarer Energien am Energieverbrauch ist in Abb. 6.8 dargestellt. Hier zeigen sich nicht nur die unterschiedlichen Ausgangswerte im Jahr 1990 – es wird auch sichtbar, wie sich der EE-Anteil in einem Zeitraum von knapp 15 Jahren weiterentwickelt hat. Deutschland konnte seinen EE-Anteil am Verbrauch von ca. 1,6 % im Jahr 1990 auf rund 4 % im Jahr 2004 deutlich steigern. Mit diesem Plus von 2,4 Prozentpunkten weist Deutschland die mit Abstand größte Veränderung auf. Wie in Abschnitt 6.1 beschrieben, hat vor allem die frühe Einführung eines systematischen Fördermodells in Form der Einspeisetarife die EE-Erzeugung in Deutschland sichtlich angeregt. Im Fall Frankreichs nahm der EE-Anteil hingegen sogar ab, von rund 7 % im Jahr 1990 auf etwa 6,3 % im Jahr 2004. Diese Entwicklung deutet darauf hin, dass der Energieverbrauch in Frankreich schneller gestiegen ist, als neue EE-Kapazitäten installiert werden konnten. Wie sich in Abschnitt 6.2 gezeigt hat, waren die ersten Fördermodelle hier von einer traditionell atomfreundlichen Interessenkonstellation geprägt, EE-Projekte wurden entsprechend nur mit mäßigem Interesse vorangetrieben. Im Vereinigten Königreich hat sich der EE-Anteil in den betrachteten knapp 15 Jahren von ca. 0,5 % auf ca. 1,6 % erhöht. Wie in Abschnitt 6.3 beleuchtet, gab es bereits Anfang der 1990er Jahre eine indirekte bzw. beiläufige Förderung erneuerbarer Energien durch das NFFO-System. Mit dem marktliberalen Ansatz und dem damit einhergehenden Design der Förderinstrumente war allerdings der Ausbau erneuerbarer Energien von bereits etablierten bzw. marktdominierenden Akteuren geprägt, sodass die bereits erwähnte *bottom-up*-Entwicklung, wie sie in Deutschland beobachtet werden konnte, im Vereinigten Königreich ausblieb. Darüber hinaus war das britische Fördermodell insofern nicht erfolgreich, als dass damit die national gesetzten Zielwerte nicht erfüllt werden konnten (Wood und Dow 2011: 2228–2229).

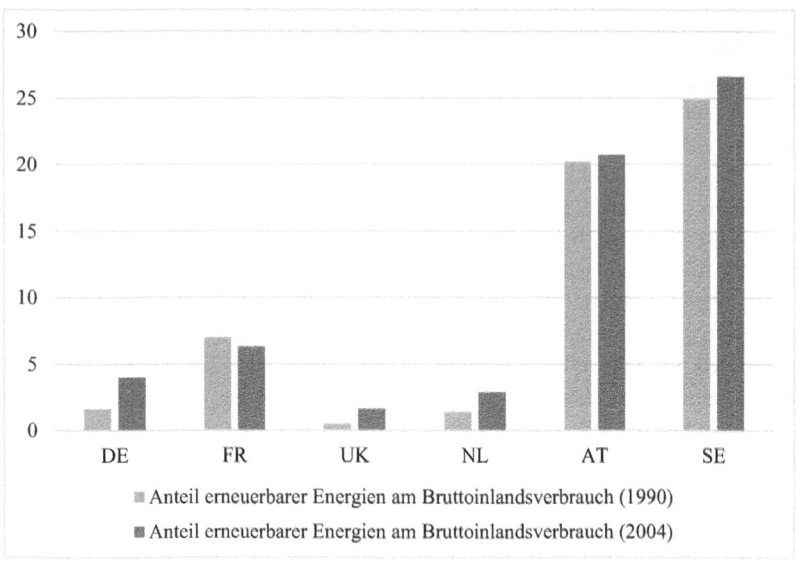

■ Anteil erneuerbarer Energien am Bruttoinlandsverbrauch (1990)

■ Anteil erneuerbarer Energien am Bruttoinlandsverbrauch (2004)

Abb. 6.8 Anteil erneuerbarer Energien am Bruttoinlandsverbrauch in % (1990 vs. 2004).
Eigene Darstellung nach Eurostat (2006)[193]

In den Niederlanden wurde ebenfalls ein marktliberaler Ansatz verfolgt. Hier
konnte der EE-Anteil von ca. 1,4 % im Jahr 1990 auf ca. 2,9 % im Jahr 2004
gesteigert werden. Wie in Abschnitt 6.4 diskutiert, war das in den Niederlanden
bevorzugte Instrument freiwilliger Vereinbarungen mit gesellschaftlichen Regelungsadressaten (speziell der Energiewirtschaft) für den Ausbau der üblicherweise
als erneuerbare Energiequellen verstandenen Technologien wie Wind- und Solarenergie wenig effektiv. Was jedoch in den Niederlanden auch als erneuerbare
Energiequelle galt, war die Abfallverbrennung bzw. die Mitverbrennung von Biomasse in Kohlekraftwerken, welche Mitte der 2000er Jahre den größten Teil der
niederländischen ‚EE-Erzeugung' ausmachte. Hier erwies sich das Instrument
der freiwilligen Vereinbarungen als effektiver, weil auf bestehende Strukturen

---

[193] Die von Eurostat genutzte Berechnungsmethode hat sich im Laufe der Jahre einige Male
verändert – im Vergleich zu Abb. 4.2 (Energieerzeugung in den EU-Mitgliedstaaten) fallen
die EE-Anteile der untersuchten Länder in Abb. 6.8 tendenziell geringer aus. Entscheidend
ist hier aber die einheitliche Berechnungsgrundlage für das Jahr 1990, verglichen mit 2004 –
dies ermöglicht sowohl die Darstellung der nationalen Entwicklung im Zeitverlauf als auch
den Vergleich zwischen den untersuchten Ländern.

(z. B. der fossilen Energiewirtschaft) aufgebaut werden konnte. In Österreich war im selben Zeitraum nur eine Erhöhung von einem halben Prozentpunkt möglich, allerdings von einem bereits sehr hohen Ausgangswert von etwa 20,2 % im Jahr 1990 auf etwa 20,7 % im Jahr 2004. Wie in Abschnitt 6.5 deutlich wurde, ergab sich der hohe Anteil erneuerbarer Energien in Österreich vor allem aus der traditionellen Wasserkraft- sowie der frühen Biomassenutzung. Abgesehen von Wasserkraft und Biomasse sowie von der Vorreiterrolle, die Österreich bei der Biokraftstoffentwicklung innehatte, war Österreich in hohem Maße vom Energieimport abhängig. Die von den Bundesländern festgelegten Einspeisetarife wurden erst Anfang der 2000er Jahre bundesweit konsolidiert. Schweden hatte einen noch höheren Ausgangswert von etwa 24,9 % im Jahr 1990 und konnte diesen noch einmal um 1,7 Prozentpunkte steigern, auf rund 26,6 % im Jahr 2004. Nach Deutschland war Schweden damit unter den untersuchten Mitgliedstaaten das Land mit der zweithöchsten positiven Veränderung des Anteils erneuerbarer Energien. Wie in Abschnitt 6.6 beschrieben, hatte Schweden, ähnlich wie Österreich, bereits nach Ende des Zweiten Weltkrieges die Wasserkraft massiv ausgebaut. Danach war ausschlaggebend, dass im Laufe der 1990er Jahre die seit jeher reichlich verfügbare Biomasse verstärkt zur Wärmegewinnung eingesetzt wurde.

Neben dem Anteil erneuerbarer Energien am Energieverbrauch ist auch ein Blick auf die absolute Energieerzeugung aus erneuerbaren Energiequellen sinnvoll, speziell deren Entwicklung im direkten Vorfeld der europäischen Erneuerbare-Energien-Richtlinie von 2009 (Abb. 6.9). Hier zeigt sich, dass Deutschland noch bis 2007 einen sehr dynamischen Anstieg der EE-Erzeugung erlebt hat. Im Vergleich dazu hatten Frankreich und Schweden, die in ihrer absoluten EE-Erzeugung im Jahr 2003 noch mit Deutschland gleichauf lagen bzw. sogar mehr produzierten, in den Folgejahren ein nur geringes Wachstum bzw. kurzfristig auch eine Abnahme der EE-Erzeugung zu verzeichnen. In Österreich war eine eher langsame, aber kontinuierlich ansteigende Entwicklung zu beobachten, welche zeitlich mit dem Ökostromgesetz sowie der ambitionierten Zielsetzung im Bereich der Biokraftstoffe korrespondierte. Das Vereinigte Königreich und die Niederlande, die beide von einem vergleichsweise geringen Erzeugungsniveau starteten, zeigten unterschiedliche Entwicklungen: Während im Vereinigten Königreich die EE-Erzeugung allmählich zunahm (und parallel die Erzeugung aus fossilen und nuklearen Energiequellen abnahm, siehe dazu Abschnitt 6.3), gab es in den Niederlanden nur marginale Veränderungen – zwischen 2007 und 2008 fiel der Anstieg jedoch etwas höher aus, was vermutlich auf die Offshore-Windenergie zurückzuführen ist, die ab 2006 angelaufen war. Je nach Betrachtungsweise und Zielsetzung kann den Mitgliedstaaten somit in

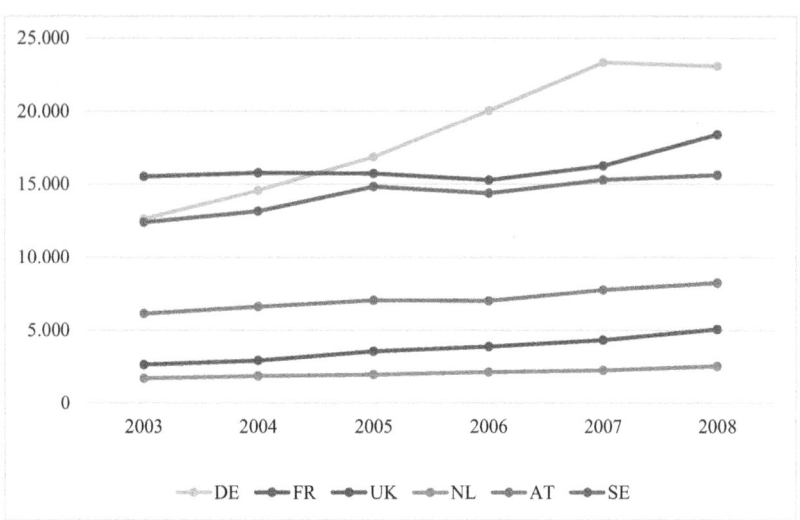

Abb. 6.9 Absolute Primärenergieerzeugung aus erneuerbaren Energiequellen in 1000 t RÖE. Eigene Darstellung nach Eurostat (2016)

unterschiedlicher Weise Erfolg beim Ausbau erneuerbarer Energien attestiert werden. Abgesehen davon ist zu beachten, dass eine, wie auch immer begriffene, Führungsrolle im Bereich erneuerbare Energien nicht automatisch gleichzusetzen ist mit einer Kompatibilität von nationaler EE-Politik bzw. nationalen Arrangements und europäischen Vorgaben. Dies ist Gegenstand der nächsten Abschnitte, in denen die jeweiligen nationalen institutionellen Arrangements und Interessenkonstellationen im Bereich Energiepolitik bzw. erneuerbare Energien vergleichend betrachtet und auf ihre Kompatibilität mit der europäischen Erneuerbare-Energien-Richtlinie hin bewertet werden.

Kompatibilität nationaler institutioneller Arrangements mit den europäischen Modellvorgaben laut Erneuerbare-Energien-Richtlinie
Mit Blick auf die nationalen institutionellen Arrangements im Bereich Energiepolitik bzw. Erneuerbare-Energien-Politik lässt sich zunächst festhalten, dass einige politikfeldspezifische Abweichungen vom nationalen Regulierungsstil nach van Waarden (1993, 1995) identifiziert wurden. Mitunter weisen Länder auf bestimmten Dimensionen Gemeinsamkeiten auf, die gemäß ihres nationalen Regulierungsstils eigentlich Unterschiede sein müssten (Tab. 6.9). Begründet liegt

dies vermutlich in den Besonderheiten des Energiesektors. So zeigte sich, dass auch in föderalistisch organisierten Mitgliedstaaten Energiepolitik überwiegend auf nationaler Ebene gemacht wurde bzw. es einen Trend zur Zentralisierung gab.[194] Damit ging in der Regel die formale Zuständigkeit des nationalen Wirtschaftsministeriums einher. Länder, deren Regulierungsstil grundsätzlich als pragmatisch gilt (Vereinigtes Königreich, Schweden, siehe dazu van Waarden 1993, 1995) zeigten im Energiebereich überdies deutliche legalistische Elemente in der Regulierung. Es fanden sich – wie van Waarden selbst andeutet – zum Teil auch unerwartete oder ungewöhnliche Kombinationen innerhalb der Regulierungsstile, z. B. in Frankreich ein reaktiver, dabei aber umfassender Regulierungsstil. In diesem Zusammenhang wurde ebenfalls deutlich, dass nicht nur die Abgrenzung eines politikfeldspezifischen Regulierungsstils sinnvoll sein kann, sondern es u. U. auch noch Subfelder gibt, in denen wieder eigene Gepflogenheiten und Ansätze vorherrschen. In der vorliegenden Fallstudie hat sich der Bereich erneuerbare Energien als ein solches Subfeld herauskristallisiert, wobei je nach Land die Abweichungen zwischen der (klassischen) Energiepolitik und der Erneuerbare-Energien-Politik mehr oder weniger ins Gewicht fielen. Wie schon angesprochen, zeigte Frankreich in Bezug auf die Förderung erneuerbarer Energien einen eher ungewöhnlichen Mix von reaktiver Steuerung, aber umfassender Regulierung – mit Blick auf die Energiepolitik als solche und speziell die Atomenergie entsprach Frankreich hingegen genau van Waardens (1995) Klassifizierung eines etatistisch-paternalistischen, aktiven und umfassenden Regulierungsstils. Die reaktive Steuerung des EE-Ausbaus rührte zum Großteil daher, dass innerhalb der Interessenkonstellation lange Zeit keine intrinsische Motivation zur EE-Förderung bestand und ein Aktivwerden des Staates entsprechend nicht nötig schien.

Es zeigte sich des Weiteren, dass speziell in Konfliktsituationen zum Teil vom traditionellen Regulierungsstil abgewichen wurde. Zum Beispiel wurde in Deutschland, wo eigentlich ein korporatistisch-konsensualer Regulierungsstil vorherrschte, in Einzelfällen auf eine etatistisch-paternalistische Vorgehensweise zurückgegriffen. In Schweden war zu beobachten, dass in der besonders strittigen Atomenergiefrage auch außerhalb der parlamentarischen Ausschüsse bilaterale ‚Deals‘ zwischen den Parteispitzen gemacht wurden, obwohl im Regelfall der

---

[194] Zum Vergleich: Nach Lijpharts (2012) Föderalismusindex werden Deutschland als föderal und dezentralisiert, Österreich als föderal und zentralisiert und die Niederlande als semiföderal eingeordnet. Das Vereinigte Königreich und Schweden werden hingegen als unitaristisch und dezentralisiert, Frankreich als unitaristisch und zentralisiert kategorisiert (Lijphart 2012: 178). Das Phänomen einer Zentralisierung auf nationaler Ebene als Effekt der Europäisierung wurde beispielsweise von Börzel (2000a) bereits diskutiert.

Institution der parlamentarischen Ausschüsse beim Policymaking große Bedeutung zukam. Wie van Waarden (1993, 1995) selbst zu verstehen gibt, sind die historisch gewachsenen nationalen Traditionen in manchen Bereichen u. U. etwas anders gelagert, was sich hier im Bereich Energiepolitik eindrücklich gezeigt hat. Gerade die (nationale) Energiepolitik stellt ein Politikfeld dar, das eng mit nationaler Souveränität, mit Sicherheit und dem Wachstum der nationalen Volkswirtschaft verflochten ist. Zusätzlich kam im Verlauf die Verbindung zum Umwelt- und Klimaschutz hinzu. Diese thematische und funktionale Verflechtung fand sich auch innerhalb der hier untersuchten nationalen energiepolitischen Argumentationslinien und Diskurse immer wieder. Gerade für diejenigen Politikfelder, die eine vergleichbare Bedeutung für den Nationalstaat und staatliches Steuerungshandeln haben, erscheint es naheliegend, dass ‚eigene Regeln gelten‘ und sie beispielsweise eher zentralstaatlich bzw. zentralisiert sowie konzentriert, u. U. auch aktiver und eher legalistisch, gestaltet werden. Zusätzlich ist zu beachten, wie hoch das Konfliktniveau im jeweiligen (Sub-)Feld ausfällt. Für eine Untersuchung institutioneller Arrangements sollte sich daher die Frage stellen: Geht es um das Politikfeld insgesamt, um ein spezielles Subfeld und/oder um eine bestimmte, u. U. konfliktgeladene Fragestellung (wie z. B. die Atomenergienutzung in Schweden)? Daneben können gerade die jeweiligen Wechselbeziehungen zwischen Regulierungsstilen und -strukturen der einzelnen Subfelder einen lohnenswerten weiteren Forschungsgegenstand bilden.

Wie in Tab. 6.9 abgebildet, fügen sich die nationalen institutionellen Arrangements in unterschiedlicher Weise in die Modellvorgaben der europäischen Erneuerbare-Energien-Richtlinie und das damit verbundene Muster für nationale Aktionspläne ein. Entsprechend der theoretischen Fundierung (Kapitel 3) sowie der erfolgten Operationalisierung (Abschnitt 4.4) wurden die institutionellen Arrangements anhand von fünf Dimensionen des Regulierungsstils gemäß van Waarden (1993, 1995) sowie zwei Dimensionen der Regulierungsstrukturen in Anlehnung an Knill und Lenschow (1998) erfasst. Im Modell der Europäisierungsmechanismen sind drei mögliche Szenarien für die institutionelle Kompatibilität nationaler Arrangements mit europäischen Vorgaben vorgesehen: Es sind entweder *keine* Änderungen nationaler Arrangements notwendig, *moderate* Änderungen oder aber *fundamentale* Änderungen (Knill und Lehmkuhl 2000b). Wie in Abschnitt 4.4 zur Operationalisierung beschrieben, erfolgt die Bewertung fallspezifisch mit Blick auf folgende Aspekte:

- die *Anzahl der institutionellen Hürden*, d. h. der Abweichungen zwischen den auf nationaler Ebene identifizierten Ausprägungen und den Vorgaben der EU-Policy;
- der *Grad der Verankerung* der institutionellen Hürden, also *vertical depth* bzw. *horizontal linkage* (Krasner 1988), d. h. waren die identifizierten Abweichungen nur im Subfeld der EE-Politik oder auch auf dem Feld der Energiepolitik insgesamt beobachtbar;
- die *Veränderung im Zeitverlauf*, d. h. inwiefern gab es eine Veränderung der institutionellen Arrangements auf nationaler Ebene, sodass die notwendigen Anpassungen im Zusammenhang mit der EU-Policy als „acceptable reforms 'within a moved core'" verstanden werden können (Knill und Lenschow 1998: 611).

Bei der folgenden Kompatibilitätsdiskussion ist zu beachten, dass eine hohe Kompatibilität mit europäischen Modellvorgaben nicht gleichzusetzen ist mit günstigen institutionellen Voraussetzungen für einen weiteren EE-Ausbau. Vielmehr geht es bei dem Abgleich um die Variable des *institutional misfit*, also darum, ob die bestehenden institutionellen Arrangements für einen EE-Ausbau *nach europäischem Modell* funktionieren.

Tab. 6.9 Kompatibilität politikfeldspezifischer institutioneller Arrangements mit den Vorgaben der europäischen Erneuerbare-Energien-Richtlinie

		fit	→	*misfit*
	Regulierungsstil			
1.	Staatliche Rolle bei der Regulierung des Energiesektors	*korporatistisch*	*etatistisch*	*liberal-pluralistisch*
		DE, (NL), AT, SE	(DE), FR	UK, (NL)
2.	Rolle energiewirtschaftlicher und ökologischer Interessen	*konsensual*	*paternalistisch*	*konfliktorisch*
		DE, NL, AT, SE	(DE), FR, UK	
3.	Steuerung des EE-Ausbaus	*aktiv*	*teils, teils*	*reaktiv*
		DE, AT, SE	NL	FR, UK
4.	Grundsätzliche Ausgestaltung der EE-Förderung	*umfassend*	*inkrementell*	*fragmentiert*
		FR, AT	DE, UK, SE	NL, (AT)

(Fortsetzung)

Tab. 6.9 (Fortsetzung)

		fit	→	*misfit*
5.	Rechtliche	*legalistisch*		*pragmatisch*
	Ausgestaltung der Fördermodelle für erneuerbare Energien	DE, FR, (UK), AT, (SE)		(UK), NL, (SE)
	Regulierungsstrukturen			
1.	Ebene, auf der	*zentralisiert*		*dezentralisiert*
	Energiepolitik entschieden bzw. der EE-Sektor reguliert wird	DE, FR, UK, NL, AT, SE		(AT)
2.	Zuständigkeit für die	*konzentriert*		*fragmentiert*
	Regulierung des Energiesektors, inkl. erneuerbarer Energien	FR, UK, NL, AT, (SE)		DE

Eigene Darstellung. *Kompatible Elemente eines Regulierungsstils stehen links (fit), mittig ist eine möglicherweise eingeschränkte Kompatibilität gegeben, rechts Inkompatibilität (misfit). Die Länderkürzel signalisieren die Einordnung des jeweils untersuchten Mitgliedstaates in Bezug auf den Energie- bzw. EE-Sektor. Länderkürzel in Klammern weisen darauf hin, dass es hier Einschränkungen in der Zuordnung gibt.*

In *Deutschland* passte mit Blick auf das Verhältnis von Staat und Gesellschaft der im Regelfall korporatistisch-konsensuale Regulierungsstil mit den europäischen Modellvorgaben überein; bei der Ausgestaltung regulativer Interventionen gab es nur eine teilweise Überlappung, da die Steuerung des EE-Ausbaus zwar aktiv verfolgt wurde, die EE-Förderung dabei aber inkrementeller Natur war. Der legalistische Umgang mit Recht passte wiederum gut zum europäischen Modell. Die administrative Organisation war aufgrund ihrer Zentralisierung, bei gleichzeitiger Fragmentierung der Zuständigkeit, nur zum Teil kompatibel. In Reaktion auf die EU-Richtlinie war es für Deutschland somit erforderlich, (a) die Zuständigkeit für EE-Politik klar zu konzentrieren und (b) die EE-Förderung künftig umfassender zu gestalten, d. h. langfristiger zu planen und angrenzende Bereiche stärker zu integrieren. Mit Blick auf die Förderhistorie waren dies durchaus realistische Forderungen: So waren Tendenzen einer umfassenderen Regulierung Mitte der 2000er Jahre bereits daran zu erkennen, dass eine Neuregelung von Planungsverfahren vorgenommen und der Wärmesektor stärker einbezogen wurde. Angesichts der volkswirtschaftlichen Bedeutung, die erneuerbaren Energien mittlerweile zukam, war auch die Rückführung der Zuständigkeit für das EE-Ressort vom Umweltministerium an ein explizit EE-freundliches Wirtschaftsministerium nicht unwahrscheinlich. Somit sind die erforderlich gewesenen institutionellen Anpassungen in Deutschland als *moderat* zu bewerten.

In *Frankreich* war das Verhältnis von Staat und Gesellschaft ein etatistisch-paternalistisches, was mit den europäischen Modellvorgaben weitgehend kompatibel war. In der Ausgestaltung regulativer Interventionen verfolgte das Land einen reaktiven, dabei aber umfassenden Stil und befand sich daher nur zum Teil im Einklang mit den EU-Vorgaben. Was in Frankreich bereits gut mit dem europäischen Modell harmonierte, waren der legalistische Umgang mit Recht sowie die zentralisierte und konzentrierte administrative Organisation. Aus Sicht Frankreichs war die einzige relevante institutionelle Hürde damit die bisher eher reaktive Steuerung des EE-Ausbaus. Dies stellt mit Blick auf die Erneuerbare-Energien-Richtlinie insofern aber kein wesentliches Hindernis dar, als dass Frankreich bereits in der Vergangenheit positiv auf europäische wie internationale Klima- und Energiepolitik reagiert und die Vorgaben in nationales Recht aufgenommen hatte. Überdies war ab 2000 durch das Elektrizitätsgesetz und die Einführung von Einspeisetarifen auch in dem Subfeld der erneuerbaren Energien eine Entwicklung hin zur aktiven Regulierung beobachtbar – hier schloss sich das Subfeld also zunehmend an den sonst üblichen energiepolitischen Regulierungsstil an. Es kann daher festgehalten werden, dass in Frankreich im Prinzip *keine* Änderungen der institutionellen Arrangements erforderlich waren.

Der Regulierungsstil im *Vereinigten Königreich* wies in Bezug auf das Verhältnis von Staat und Gesellschaft eine eigentümliche Kombination von liberal-pluralistischem Ansatz und paternalistischen Mustern auf, was mit den EU-Vorgaben eher schwer vereinbar war. Die Ausgestaltung regulativer Interventionen war überdies von einer reaktiven und inkrementellen Vorgehensweise geprägt – beides stand im Gegensatz zu den europäischen Vorgaben. Der Umgang mit Recht wies legalistische wie pragmatische Elemente auf und war somit zumindest in Teilen kompatibel mit den EU-Vorgaben. Bei der administrativen Organisation bestanden keine Konfliktpunkte. Die institutionellen Veränderungen, die im Vereinigten Königreich notwendig waren, sind insgesamt als *fundamental* einzustufen, denn sie betrafen im Grunde alle Bereiche des Regulierungsstils: (a) die staatliche Rolle, (b) die Steuerung des EE-Ausbaus, (c) die Ausgestaltung der EE-Förderung und auch, in Teilen, (d) den Umgang mit Recht, waren verknüpft mit einem in der politischen Landschaft fest verankerten liberalen Paradigma und wiesen überdies keine signifikante Veränderungstendenz auf.

In den *Niederlanden* war das Verhältnis von Staat und Gesellschaft von einem teils korporatistischen, teils liberal-pluralistischen Ansatz geprägt, dabei aber stets konsensual. Dies war in Teilen mit den europäischen Vorgaben kompatibel.

Die Ausgestaltung regulativer Interventionen passte eher nicht zum europäischen Modell: Die Steuerung fand teils aktiv, teils reaktiv statt; problematisch war aber insbesondere, dass die EE-Förderung fragmentiert war. Eine deutliche Diskrepanz zu den EU-Vorgaben war mit Blick auf den pragmatischen Umgang mit Recht zu beobachten. Die administrative Organisation fügte sich wiederum in die europäische Vorgabe der zentralisierten und konzentrierten Regulierungsstruktur ein. Institutionelle Hürden waren somit vor allem (a) der zum Teil liberal-pluralistische Ansatz, (b) die fragmentierte EE-Förderung sowie (c) der pragmatische Umgang mit Recht. Insbesondere die Anpassung der letzten beiden Punkte, welche mit einer generellen Präferenz für marktbasierte Lösungen, besonders für freiwillige Vereinbarungen, einhergingen, käme einer massiven Umstellung gleich. Insgesamt waren somit *fundamentale* Änderungen nationaler institutioneller Arrangements notwendig.

In *Österreich* passte das korporatistisch-konsensuale Verhältnis von Staat und Gesellschaft gut zu den europäischen Modellvorgaben. Auch die aktive und umfassende Ausgestaltung regulativer Interventionen, zumindest auf Bundesebene, fügte sich gut in die EU-Vorgaben ein. Eine Einschränkung ist hier lediglich der Aspekt zusätzlicher Fördermaßnahmen auf Landesebene, was eine gewisse Fragmentierung der EE-Förderung verursacht hat. Der legalistische Umgang mit Recht sowie die weitgehend zentralisierte und konzentrierte administrative Organisation entsprachen ebenfalls den europäischen Modellvorgaben. Auch hier ist jedoch anzumerken, dass es (noch) eine teilweise Dezentralisierung durch die Fördermaßnahmen der Länder gab. Nichtsdestotrotz war seit Beginn der 2000er Jahre aber eine deutliche Zentralisierungstendenz in der EE-Politik zu verzeichnen. Sofern diese sich nicht wieder umkehrte, waren in Österreich somit im Prinzip *keine* Änderungen der institutionellen Arrangements notwendig.

Mit Blick auf *Schweden* lässt sich das Verhältnis von Staat und Gesellschaft ebenfalls als korporatistisch-konsensual einordnen, d. h. mit den EU-Vorgaben kompatibel. Bei der Ausgestaltung regulativer Interventionen ging Schweden zwar aktiv vor, dabei jedoch (nur) inkrementell, sodass lediglich eine teilweise Überlappung mit dem europäischen Modell bestand. Der Umgang mit Recht war, ebenso wie im Vereinigten Königreich, teils legalistisch, teils pragmatisch, sodass diese Dimension nicht ganz zur EU-Vorgabe passte. Die administrative Organisation war mit der Vorgabe zentralisierter und konzentrierter Regulierungsstrukturen wiederum weitgehend kompatibel – auch wenn die energiepolitische Konzentrierung in Bezug auf Konfliktfälle mit Einschränkung zu versehen ist. Die institutionellen Abweichungen bezogen sich folglich insbesondere auf (a) die inkrementelle Vorgehensweise sowie (b) den teils pragmatischen Umgang mit Recht. Da Schweden in der Regulierung des Energiesektors bereits auch legalistische Elemente eingesetzt hatte, betraf der Anpassungsdruck in erster Linie die Präferenz für inkrementelle Lösungen. Es waren also nur *moderate* Veränderungen nationaler Arrangements notwendig.

Tab. 6.10 *Institutional fit* in Bezug auf die institutionellen Modellvorgaben der europäischen Erneuerbare-Energien-Richtlinie

Gruppe 1: Österreich, Frankreich	*high institutional fit*
Gruppe 2: Schweden, Deutschland	*moderate institutional fit*
Gruppe 3: Niederlande, Vereinigtes Königreich	*low institutional fit*

Eigene Darstellung.

Übersetzt ins Vokabular des *institutional fit* lassen sich somit innerhalb der untersuchten Mitgliedstaaten drei Gruppen bilden (Tab. 6.10), mit folgenden theoretischen Erwartungen zur Implementation der Erneuerbare-Energien-Richtlinie: (1) Für Österreich und Frankreich wird ausgehend vom theoretischen Modell angenommen, dass das nationale institutionelle Arrangement kein Hindernis für die EU-Anpassung bzw. Umsetzung der Erneuerbare-Energien-Richtlinie darstellte (*high institutional fit*) und somit die 'erste Schleuse' der Institutionen erfolgreich passiert werden konnte – in diesen Ländern war ausgehend vom Modell der Europäisierungsmechanismen folglich mit Compliance zu rechnen (institutionell betrachtet: *persistent compliance*), sofern keine explizit nachteilige Interessenkonstellation vorlag. (2) Bei Schweden und Deutschland waren moderate Anpassungen nationaler Arrangements notwendig (*moderate institutional fit*), d. h. der Anpassungsdruck lag höher. Die theoretische Annahme für diese Länder lautet, dass im Falle einer vorteilhaften Interessenkonstellation bestehende institutionelle Hürden zugunsten einer Anpassung an europäische Vorgaben überwunden werden konnten. Sollte die nationale Interessenkonstellation mit Blick auf die EU-Policy jedoch nachteilig ausgefallen sein, so wäre keine Anpassung zu erwarten, sondern eine problematische EU-Implementation. (3) Bezogen auf die Niederlande und das Vereinigte Königreich waren die jeweiligen nationalen Interessenkonstellationen theoretisch nebensächlich – hier lautet die Annahme gemäß dem Modell der Europäisierungsmechanismen in jedem Fall: Non-Compliance. Die institutionellen Hürden fielen in diesen Ländern so hoch aus, dass die Implementation vermutlich von vornherein nicht 'die erste Schleuse passieren' konnte (*low institutional fit*). Erwartet wird also selbst bei vorteilhafter Interessenkonstellation ein Scheitern der Implementation.

*Kompatibilität nationaler Interessenkonstellationen mit den europäischen Modell-
vorgaben laut Erneuerbare-Energien-Richtlinie*

Mit Blick auf die Interessenkonstellationen in den untersuchten Mitgliedstaaten
lässt sich zunächst als Gemeinsamkeit festhalten, dass eine kategorische Ablehnung eines Ausbaus erneuerbarer Energien grundsätzlich nicht mehr als zeitge-
mäß empfunden wurde. Insofern hatte es in allen untersuchten Mitgliedstaaten,
wenn auch in unterschiedlichem Maße, mit den Jahren eine politische und gesellschaftliche Öffnung für sowohl das Thema Klimaschutz als auch den Ausbau und
die Förderung erneuerbarer Energien gegeben. Dies steht auch im Zusammenhang mit Internationalisierungsprozessen (insbesondere den Zielvereinbarungen
zur Senkung von Treibhausgasemissionen) sowie Europäisierungsprozessen (z. B.
erste gemeinsame EE-Richtlinien, siehe dazu Kapitel 5). Unterschiede wurden
vor allem darin sichtbar, auf welche Weise eine EE-Förderung verfolgt und ausgestaltet wurde. Hierbei spielten neben den Regulierungstraditionen auch die
unterschiedlich gelagerten politischen, gesellschaftlichen und ökonomischen Präferenzen sowie die damit einhergehenden Argumente eine wesentliche Rolle.
Grundsätzlich können zunächst die von Cadoret und Padovano (2016) beobachteten Muster bestätigt werden: Demnach wirkte eine starke industrielle Lobby
bremsend auf die EE-Förderung und linksorientierte Parteien setzten sich tendenziell eher für eine EE-Förderung ein als konservative Parteien. Länder, in
denen die Agrarwirtschaft einen hohen Stellenwert hatte, waren eher an der Entwicklung von Biokraftstoffen interessiert, da dies mit ökonomischem Potenzial
für einen relevanten Wirtschaftszweig gleichgesetzt wurde (Suurs und Hekkert
2009b: 1009). Doch nicht immer waren die Zusammenhänge so naheliegend. Eine
Lehre, die aus dem niederländischen Fall gezogen werden kann, ist, dass politische Unterstützung für erneuerbare Energien nicht unbedingt bedeutet, dass auch
ein entsprechender Förderschirm aufgespannt wird – besonders dann nicht, wenn
die Energiepolitik insgesamt von einem marktliberalen Paradigma durchdrungen
ist.

Um die Kompatibilität nationaler Interessenkonstellationen in Bezug zur
europäischen Erneuerbare-Energien-Richtlinie zu bewerten, wurden, wie in
Abschnitt 4.4 zur Operationalisierung beschrieben, drei zentrale Dimensionen
abgegrenzt:

- *Ziel-Konsens*: Es bestand ein breiter politischer, ggf. auch gesellschaftlicher,
  Konsens über das Ziel des EE-Ausbaus;
- *aktive Akteure*: zentrale Akteure im energiepolitischen Policy-Netzwerk haben
  das Ziel des EE-Ausbaus aktiv vorangetrieben, z. B. indem sie konkrete

Fördermodelle vorgeschlagen und politisch durchgesetzt haben und/oder einflussstarke Koalitionen mit anderen Akteuren eingegangen sind, mit denen sie gemeinsam das Ziel des EE-Ausbaus verfolgten und auf die (politische) Agenda setzten;

• *wirtschaftliche Relevanz*: dem Ausbau erneuerbarer Energien wurde von zentralen Akteuren im energiepolitischen Policy-Netzwerk volkswirtschaftliche Bedeutung beigemessen, d. h. die EE-Branche wurde als relevanter Industriezweig betrachtet und/oder es gab mit Blick auf die nationale Versorgungssicherheit einen (deutlich kommunizierten) Impetus, erneuerbare Energien auszubauen.

Die Kombination dieser drei Dimensionen ergibt, in Anlehnung an Knill und Lehmkuhl (2000b), eine *vorteilhafte* oder *nachteilige* Interessenkonstellation mit Blick auf die mitgliedstaatliche Implementation der europäischen Erneuerbare-Energien-Richtlinie, alternativ ist auch eine *neutrale* Konstellation möglich. Im Folgenden werden die vorangehend untersuchten nationalen Interessenkonstellationen im Vorfeld der EU-Richtlinie in Kürze rekapituliert, um anschließend eine Bewertung ihrer Kompatibilität mit der EU-Policy vorzunehmen (Tab. 6.11).

Im Fall *Deutschlands* war entscheidend, dass eine rhetorische und ökonomische Verknüpfung von Klimaschutz und Wirtschaftswachstum erfolgt war. Ein zentrales Argument für den Ausbau und die gezielte Förderung erneuerbarer Energien war entsprechend das wirtschaftliche Potenzial der wachsenden EE-Branche. Durch die 1990 fraktionsübergreifend initiierte Einführung von Einspeisetarifen und das später von der rot-grünen Regierung nachgelegte EEG war eine Situation geschaffen worden, in der sich erneuerbare Energien ökonomisch, und damit immer mehr auch politisch, etablieren konnten. Diesem Kurs folgte sodann auch die Große Koalition ab 2005. Damit war ein weitgehender Ziel-Konsens erreicht, trotz verbleibender Bedenken seitens Industrie und etablierter Energiewirtschaft. Die Bundesregierung war selbst, parteiunabhängig, zu einem aktiven Akteur im o. g. Sinne geworden. In der Verbindung aller drei Dimensionen war die Interessenkonstellation im Vorfeld der EU-Richtlinie damit *vorteilhaft*, d. h. es bestand eine hohe Kompatibilität.

In *Frankreich* hatten erneuerbare Energien diesen wirtschaftlichen Stellenwert nicht erreicht. Dennoch waren erneuerbare Energien unter dem Einfluss der EU Anfang der 2000er Jahre verstärkt auf die Regierungsagenda getreten und spätestens mit dem Energierahmengesetz von 2005 erging ein klares Signal für den Ausbau erneuerbarer Energien. Auch die traditionell weniger am EE-Ausbau interessierten Akteure, z. B. konservative Parteien oder das Energieunternehmen

EDF, hatten sich für einen Ausbau erneuerbarer Energien geöffnet, sodass ein prinzipieller Ziel-Konsens bestand. Dies ging jedoch nicht soweit, dass zentrale Akteure im Policy-Netzwerk auch zu aktiven EE-Promotoren wurden, schließlich standen diese weiterhin vor allem der Atomenergie nahe. Ein ebenso starkes Gegengewicht im Sinne einer EE-Koalition konnte sich nicht etablieren. Insgesamt ist die französische Interessenkonstellation im Vorfeld der EU-Richtlinie damit als *neutral* zu bewerten.

Im *Vereinigten Königreich* hatte die Ausgestaltung der Fördermodelle dazu geführt, dass vor allem marktdominierende Energieunternehmen profitierten, eine breitere gesellschaftliche Teilhabe am EE-Ausbau dagegen nicht gelang. Eine erfolgreiche mittelständische EE-Branche konnte sich unter den bestehenden Bedingungen nicht entwickeln. Erneuerbare Energien hatten im Vereinigten Königreich somit weder gesellschaftlich noch wirtschaftlich sonderlich Fuß gefasst. Dies spiegelte sich auch in der öffentlichen Skepsis gegenüber den europäischen Zielwerten wider, welche in Umfragewerten deutlich wurde (Tab. 6.12). Erneuerbare Energien wurden im Grunde nur als eines von verschiedenen möglichen Mitteln zur Senkung von CO_2-Emissionen betrachtet. Abgesehen davon, dass im Zusammenhang mit dem Klimaschutz (maßvolle) EE-Maßnahmen von der Regierung auf den Weg gebracht wurden, gab es im Policy-Netzwerk keine aktiven Fürsprecher oder Koalitionen, die einen EE-Ausbau vorangetrieben hätten. Insgesamt war die Interessenkonstellation im Vereinigten Königreich mit Blick auf die Erneuerbare-Energien-Richtlinie *nachteilig*, d. h. es bestand eine geringe Kompatibilität.

In den *Niederlanden* gab es prinzipiell einen parteiübergreifenden Konsens über den Ausbau erneuerbarer Energien, allerdings muss dies in Klammern gesetzt werden, da das tatsächliche politische Engagement in Form energiepolitischer Planung oder konkreter Förderpolicies deutlich hinter der Rhetorik zurückblieb. Die Regierung bzw. das Wirtschaftsministerium nahmen stellenweise eine aktive Fürsprecherrolle ein, indem sie sich in den Verhandlungen mit der etablierten Energiewirtschaft für einen Kompromiss im Sinne des EE-Ausbaus einsetzten. Darüber hinaus fehlte es jedoch an weiteren Triebkräften für einen entschiedenen EE-Ausbau. Hinzu kam in puncto (energie-)wirtschaftlicher Relevanz, dass durch die vorhandenen Gasreserven im Prinzip kein Druck auf die Versorgungssicherheit der Niederlande bestand. Insgesamt ist die Interessenkonstellation in den Niederlanden mit Blick auf die Erneuerbare-Energien-Richtlinie daher als *neutral* einzustufen: Es gab zwar grundsätzlich einen breiten politischen Konsens über das Ziel des EE-Ausbaus, doch mit Ausnahme des mäßigen Regierungsengagements gab es weder einflussstarke Fürsprecher bzw. Promotoren noch den wirtschaftlichen Impetus, das Ziel des EE-Ausbaus in entsprechenden Policy-Output zu übersetzen.

In *Österreich* wurde der Ausbau erneuerbarer Energien sowohl politisch als auch gesellschaftlich klar unterstützt. Aufgrund des breiten Anti-Atom-Konsens und der als problematisch diskutierten hohen Importabhängigkeit stand im Grunde außer Frage, dass die Zukunft der Energieversorgung in erneuerbaren Energien liegen müsse. Der Ziel-Konsens hing insofern eng mit der wirtschaftlichen Relevanz erneuerbarer Energien zusammen. Aktive Akteure waren dabei sowohl die verschiedenen Parteien als auch diverse gesellschaftliche Gruppen, besonders die EE-Branche und die Landwirtschaft. Auf allen drei Dimensionen lagen somit Ausprägungen vor, die insgesamt in einer *vorteilhaften* Interessenkonstellation kulminierten. Einzig wird hier die hohe Kompatibilität mit der europäischen Erneuerbare-Energien-Richtlinie deshalb in Klammern gesetzt, weil kurz vor der europäischen Zielsetzung noch unter zähen Debatten ein nationaler Kompromiss über das Ökostromgesetz gefunden worden war – ein Verhandlungserfolg, der durch neue EU-Vorgaben eventuell gefährdet wurde.

In *Schweden* stand der Ausbau erneuerbarer Energien in engem Zusammenhang mit der Atomenergie: Solange über das Für und Wider bzw. das Wie des Atomausstiegs diskutiert wurde, war der Ausbau erneuerbarer Energien ein eher nachgelagertes Thema. Zudem gab es diverse einflussstarke Akteure, die den Ausstieg ablehnten und sich für eine Weiternutzung der Atomenergie einsetzten, darunter mehrere Parteien, die Energiewirtschaft, die Industrie sowie Gewerkschaften – gegenüber anderen Akteuren wie EE- oder Umweltverbänden waren diese deutlich stärker ins Policymaking involviert. Die Sorge um die schwedische Wettbewerbsfähigkeit war dabei ein zentrales Argument. Mit dem Regierungswechsel zum bürgerlichen Lager im Jahr 2006 verschob sich die Interessenkonstellation weiter in Richtung Atomenergie. Abgesehen von der großen Wasserkraft, die in Schweden eher unter der klassischen Energiewirtschaft verortet wurde, und der Bioenergie, die nur für bestimmte Wirtschaftssektoren relevant war, fehlte es dem EE-Sektor an darüberhinausgehender wirtschaftlicher Relevanz. Es gab damit weder einen stabilen Ziel-Konsens noch durchsetzungsstarke EE-Promotoren und, solange die Atomenergie verfügbar war, war auch die Wirtschaftlichkeit erneuerbarer Energien umstritten – all dies resultierte insgesamt in einer *nachteiligen* Interessenkonstellation bzw. einer geringen Kompatibilität mit der Erneuerbare-Energien-Richtlinie.

Tab. 6.11 Kompatibilität politikfeldspezifischer Interessenkonstellationen mit den Vorgaben der Erneuerbare-Energien-Richtlinie

Mitgliedstaat	Ziel-Konsens	aktive Akteure	wirtschaftliche Relevanz	Kompatibilität insgesamt
Deutschland	ja	ja	ja	*hoch*
Frankreich	(ja)	neutral	(nein)	*neutral*
Ver. Königreich	neutral	(nein)	nein	*gering*
Niederlande	(ja)	neutral	nein	*neutral*
Österreich	ja	ja	ja	*(hoch)*
Schweden	(nein)	(nein)	nein	*gering*

Eigene Darstellung.

Tab. 6.12 Öffentliche Meinung zur europäischen 20-20-20-Zielsetzung, wirtschaftlichen Implikationen von Klimaschutzmaßnahmen und der Biokraftstoffnutzung

	EU-27	DE	FR	UK	NL	AT	SE
Europäisches 20-20-20-Ziel richtig / zu bescheiden*	69 %	76 %	72 %	**62 %**	74 %	74 %	**86 %**
Europäisches 20-20-20-Ziel zu ehrgeizig*	13 %	14 %	16 %	**20 %**	19 %	12 %	**5 %**
Wirtschaftliches Potenzial von Klimaschutz (ja)*	56 %	60 %	56 %	51 %	**38 %**	61 %	**65 %**
Wirtschaftliches Potenzial von Klimaschutz (nein)*	24 %	28 %	27 %	26 %	**48 %**	**20 %**	21 %
Nutzung von Biokraftstoffen (positiv)*	70 %	**54 %**	72 %	71 %	75 %	72 %	**85 %**
Nutzung von Biokraftstoffen (negativ)*	18 %	**40 %**	20 %	17 %	21 %	17 %	**11 %**

* Übrige Befragte antworteten mit ‚weiß nicht'.
Eigene Darstellung nach Spezial Eurobarometer 300 (EK 2008a), Befragung im Frühjahr 2008.

In Tab. 6.13 sind die erwarteten Compliance-Muster gemäß des Modells der Europäisierungsmechanismen (Knill und Lehmkuhl 2000b) noch einmal zusammengefasst. In Deutschland waren moderate Anpassungen der nationalen Arrangements an die Vorgaben der EU-Richtlinie notwendig, die jedoch aufgrund der vorteilhaften Interessenkonstellation theoretisch überwindbar waren. In Frankreich gab es eine hohe institutionelle Kompatibilität, was in Verbindung mit

Tab. 6.13 Theoretisch erwartete Compliance-Muster

	Kompatibilität		Theoretische Erwartung	
Mitgliedstaat	*Institutionen*	*Interessen*	*Anpassung*	*Compliance*
Deutschland	moderat	hoch	EU-Anpassung	+
Frankreich	hoch	moderat	Persistenz	(+)
Ver. Königreich	gering	gering	Persistenz	−
Niederlande	gering	moderat	Persistenz	−
Österreich	hoch	(hoch)	Persistenz	+
Schweden	moderat	gering	Persistenz	−

Eigene Darstellung. + = *Compliance erwartet,* − = *Non-Compliance erwartet. In Klammern gesetzt sind Bewertungen bzw. Erwartungen mit Einschränkungen.*

einer neutralen Interessenkonstellation prinzipiell in einer *persistent compliance* (Abschnitt 3.1) resultieren konnte. Das Modell der Europäisierungsmechanismen gibt hier keine eindeutige Erwartung vor, da ursprünglich nur nach einer vorteilhaften bzw. unvorteilhaften Interessenkonstellation unterschieden wird. Ist eine institutionelle Anpassung möglich, aber die nationale Interessenkonstellation lediglich neutral, so könnte auf der einen Seite argumentiert werden, dass der europäische Anpassungsdruck den jeweiligen Mitgliedstaat zum Handeln und damit zu einer (formalen) Implementation (in Richtung Compliance) zwingt. Auf der anderen Seite könnte allerdings auch der Anreiz fehlen, die EU-Policy formalrechtlich umzusetzen bzw. spezifischen Maßgaben nachzukommen, sofern diese nicht unbedingt den nationalen Interessen entsprechen. Daher bleibt dieser Punkt vorerst offen.

Im Vereinigten Königreich gab es eine Inkompatibilität auf beiden Ebenen, sodass mit Non-Compliance zu rechnen war. In den Niederlanden war ebenfalls eine institutionelle Inkompatibilität vorhanden, bei neutraler Interessenkonstellation – im Ergebnis war auch hier Non-Compliance wahrscheinlich. In Österreich lag vergleichsweise die beste Ausgangssituation vor: eine hohe Kompatibilität von Institutionen und Interessen, sodass hier theoretisch Compliance (*persistent compliance*) zu erwarten war. In Schweden waren die notwendigen institutionellen Anpassungen moderater Natur, jedoch war es aufgrund der geringen Kompatibilität der Interessenkonstellation eher unwahrscheinlich, dass diese institutionellen Anpassungen auch erfolgen würden: Für Schweden war theoretisch mit Non-Compliance zu rechnen. Interessanterweise steht den erwarteten Compliance-Mustern gemäß des Modells der Europäisierungsmechanismen

z. T. diametral gegenüber, was laut *Worlds of Compliance*-Typologie zu erwarten war (Falkner et al. 2005; Falkner et al. 2008): Denn als Land der *World of Transposition Neglect* gilt für Frankreich, dass es auf europäischen Anpassungsdruck grundsätzlich nicht bzw. mit Non-Compliance reagiert. Schweden dagegen müsste als Land der *World of Law Observance* die EU-Richtlinie in jedem Fall korrekt umsetzen, selbst bei abweichenden nationalen Arrangements bzw. Interessenkonstellationen (Abschnitt 3.2).

Im nächsten Kapitel werden diese theoretischen Vorannahmen empirisch überprüft, indem die mitgliedstaatlichen Reaktionsmuster auf die Erneuerbare-Energien-Richtlinie mit Blick auf die antizipatorische Phase, die rechtliche Transposition sowie die praktische Umsetzung erhoben, bewertet und im theoretischen Bezugsrahmen verortet werden. Dabei soll auch das oben dargestellte theoretische Puzzle, das sich in der Gegenüberstellung der Vorannahmen gemäß dem Modell der Europäisierungsmechanismen (Knill und Lehmkuhl 2000b, 2002, 2004) bzw. der *Worlds of Compliance*-Typologie (Falkner et al. 2005; Falkner und Treib 2008) herauskristallisiert hat, empirisch aufgeklärt werden.

Mitgliedstaatliche Reaktionsmuster auf die Europäische Erneuerbare-Energien-Richtlinie

7

Die konzeptionelle Erfassung der mitgliedstaatlichen EU-Implementation bzw. EU-Compliance kann, wie bereits mit Blick auf den Forschungsstand festgestellt (Kapitel 2), in unterschiedlicher Weise erfolgen. Eine wichtige Unterteilung in zwei Phasen nehmen Falkner et al. (2005) sowie Falkner und Treib (2008) in ihren Arbeiten zur *Worlds of Compliance*-Typologie vor: Sie unterscheiden die Phase der rechtlichen Transposition von jener der praktischen Umsetzung und identifizieren dabei verschiedene nationale Reaktionsmuster, je nach Zugehörigkeit zu einer bestimmten *World of Compliance*. Eine weitere relevante Phase, die sich vor allem am Beispiel der Erneuerbare-Energien-Richtlinie (2009/28/EG) herauskristallisiert hat, ist die antizipatorische Phase, welche der eigentlichen mitgliedstaatlichen Implementation vorausgeht (Abb. 7.1). In der vorliegenden Fallstudie war es vor allem die Einigung der europäischen Staats- und Regierungschefs auf die verbindlichen 20-20-20-Ziele im Jahr 2007, welche den Ausgangspunkt für die weitere europäische Erneuerbare-Energien-Politik bildete. Somit gab es einen Zeitraum von etwa zwei Jahren, in welchem die Mitgliedstaaten das Klima- und Energiepaket verhandelten, inklusive einer Richtlinie zur Förderung erneuerbarer Energien, wohl wissend, dass sie von den Zielvereinbarungen kaum noch abrücken konnten (Abschnitt 5.2).

© Der/die Autor(en), exklusiv lizenziert an Springer Fachmedien Wiesbaden GmbH, ein Teil von Springer Nature 2022
V. Brendler, *Die Implementation europäischer Erneuerbare–Energien–Politik*,
Forschungen zur Europäischen Integration,
https://doi.org/10.1007/978-3-658-37531-7_7

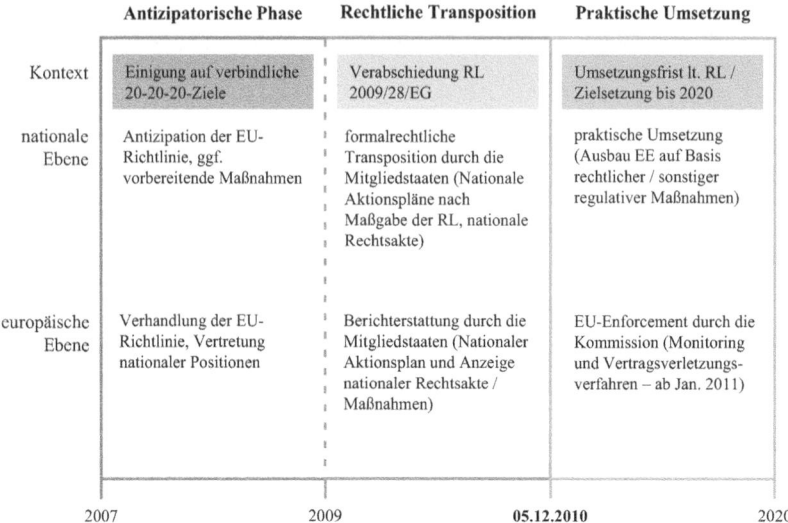

	Antizipatorische Phase	Rechtliche Transposition	Praktische Umsetzung
Kontext	Einigung auf verbindliche 20-20-20-Ziele	Verabschiedung RL 2009/28/EG	Umsetzungsfrist lt. RL / Zielsetzung bis 2020
nationale Ebene	Antizipation der EU-Richtlinie, ggf. vorbereitende Maßnahmen	formalrechtliche Transposition durch die Mitgliedstaaten (Nationale Aktionspläne nach Maßgabe der RL, nationale Rechtsakte)	praktische Umsetzung (Ausbau EE auf Basis rechtlicher / sonstiger regulativer Maßnahmen)
europäische Ebene	Verhandlung der EU-Richtlinie, Vertretung nationaler Positionen	Berichterstattung durch die Mitgliedstaaten (Nationaler Aktionsplan und Anzeige nationaler Rechtsakte / Maßnahmen)	EU-Enforcement durch die Kommission (Monitoring und Vertragsverletzungs-verfahren – ab Jan. 2011)
	2007	2009	05.12.2010 　　　　2020

Abb. 7.1 Phasen mitgliedstaatlicher Implementation von EU-Recht. Eigene Darstellung. *Die gestrichelte Linie drückt aus, dass diese Phasen u. U. nicht klar abgrenzbar sind*

Im Folgenden werden die Compliance-Muster der sechs untersuchten Mitgliedstaaten entlang der in Abb. 7.1 dargestellten drei Phasen nachvollzogen (siehe auch Kapitel 4 zum Research Design). Mit Blick auf die *antizipatorische Phase* ist von besonderem Interesse, inwiefern sich die nationale Interessenkonstellation verändert hat und welche Weiterentwicklung es in diesem Zeitraum in der Erneuerbare-Energien-Politik gegeben hat. Die *rechtliche Transposition* wird auf Basis (1) der Nationalen Aktionspläne[1] und (2) der von den Mitgliedstaaten an die EU gemeldeten nationalen Rechtsakte zur Implementation der Richtlinie (2009/28/EG)[2] beurteilt (EU 2019). Forschungsleitend ist dabei die Frage, inwiefern eine nationale Anpassung an die Ziele und Vorgaben der EU-Richtlinie erfolgte. Eine Anpassung auf Ebene der rechtlichen Transposition kann verschiedene Aspekte umfassen: (a) eine Anpassung nationaler Policy-Ziele,

---

[1] Die nationalen Aktionspläne nach Muster der Europäischen Kommission mussten von den Mitgliedstaaten nach Art. 4 RL 2009/28/EG bis zum 30.06.2010 vorgelegt werden.

[2] Die Umsetzungsfrist war gem. Art. 27 RL 2009/28/EG der 05.12.2010. Die Mitgliedstaaten haben jedoch auch nationale Maßnahmen vor sowie nach dem offiziellen Umsetzungszeitraum angezeigt (EU 2019).

(b) eine Anpassung nationaler Policy-Instrumente und (c) eine Anpassung nationaler Rechtsakte (formalrechtliche Anpassung). Mit Blick auf die Umsetzung der Erneuerbare-Energien-Richtlinie wird daher folgenden Fragen nachgegangen: (a) Inwiefern stimmt die im Nationalen Aktionsplan dargestellte inhaltlich-strategische Ausrichtung eines Mitgliedstaates mit den zentralen Policy-Zielen der EU-Richtlinie überein? (b) Wurden innerhalb des Umsetzungszeitraums neue Instrumente und Maßnahmen eingeführt oder abgeändert, insbesondere im Bereich EE-Förderung, aber auch im Bereich Verwaltungsverfahren und Netze? (c) Welchen Umfang und Inhalt hatte die formalrechtliche Umsetzung durch nationale Rechtsakte? Die *praktische Umsetzung* der Erneuerbare-Energien-Richtlinie bemisst sich in erster Linie anhand der von den Mitgliedstaaten erreichten Zielwerte für den Anteil erneuerbarer Energien. Verbindlich laut EU-Richtlinie 2009/28/EG waren der jeweilige nationale Zielwert für den Gesamtanteil erneuerbarer Energien bis 2020 sowie ein Zielwert von 10 % erneuerbarer Energien im Transportsektor, der für alle Mitgliedstaaten gleichermaßen festgesetzt wurde. Anhand offizieller statistischer Daten wird erstens ermittelt, wie sich der Anteil erneuerbarer Energien in den untersuchten Mitgliedstaaten verändert hat und zweitens die Zielerreichung bis 2020 bewertet. Auf Basis der erhobenen Compliance-Muster wird anschließend in Kapitel 8 diskutiert, inwieweit die formulierten Prognosen zur mitgliedstaatlichen Implementation, gemäß dem Modell der Europäisierungsmechanismen sowie der *Worlds of Compliance*-Typologie, empirisch zutreffend waren (*pattern matching*) und welche weiteren theoretischen Schlüsse sich auf Basis der vergleichenden Fallstudie ziehen lassen.

7.1 Deutschland

7.1.1 Antizipatorische Phase

Zentral für die antizipatorische Phase in Deutschland war die Formulierung eines integrierten Energie- und Klimaprogramms (IEKP) durch die deutsche Bundesregierung. Aus diesem Programm resultierten mehrere Rechtsakte zum Ausbau erneuerbarer Energien in Deutschland: im Strom- und Wärmesektor, zur Förderung von Biokraftstoffen und zum Netzausbau.

Klimaagenda und Energiegipfel – nationale Politik im Lichte der europäischen Zielsetzung
Eine erste Reaktion auf die im März 2007 formulierten europäischen 20-20-20-Ziele war die *Klimaagenda 2020*, welche Ende April 2007 vom SPD-geführten

Bundesumweltministerium vorgestellt wurde (BMU 2007d; BMU 2007b). Hierin wurde die europäische Zielsetzung als „historische[r] Beschluss" gewertet, dessen Umsetzung nicht weniger als den „Umbau der Industriegesellschaft" erfordere – inklusive eines „massiven Ausbau[s] der Erneuerbaren Energien" (BMU 2007d: 1). Laut Klimaagenda wurden für den Ausbau erneuerbarer Energien in Deutschland folgende Zielwerte für 2020 vorgeschlagen: 27 % erneuerbare Energien im Stromsektor, 14 % im Wärmesektor und ein Biokraftstoffanteil von 17 % (BMU 2007d: 4–6; BMU 2007b). Rhetorisch wurden Klimaschutz und EE-Ausbau dabei mit ökonomischem Fortschritt gleichgesetzt (BMU 2007d: 1). Besonders deutlich formulierte dies Umweltminister Sigmar Gabriel in einer Presseerklärung:

> All das birgt auch große ökonomische Chancen – gerade für ein exportorientiertes Land wie Deutschland. Wir wissen längst: Nichtstun können wir uns auch wirtschaftlich nicht leisten. [...] Noch nie waren die wirtschaftlichen Chancen so offensichtlich (BMU 2007b).[3]

Im Nachgang zur Klimaagenda fand Anfang Juli der dritte Energiegipfel der Bundesregierung statt. Zu den Teilnehmenden gehörten mehrere Ministerien, darunter das Wirtschafts- und das Umweltministerium, sowie diverse Akteure aus Industrie und Energiewirtschaft (Bundesregierung 2007d). Am zahlreichsten vertreten waren Unternehmen der (traditionellen) Energiewirtschaft, darunter *E.ON*, *RWE*, *EnBW*, *Vattenfall* sowie das Mineralölunternehmen *BP*. Die zweitgrößte Gruppe stellten die Industrievertreter dar: Neben dem Chemiekonzern *BASF* waren beispielsweise der Aluminiumhersteller *TRIMET* vertreten, der Stahlhersteller *ThyssenKrupp*, aber auch das Automobilunternehmen *DaimlerChrysler* sowie das Unternehmen *Viessmann* aus der Kälte-/Wärmetechnik. Ebenfalls nahm die Industriegewerkschaft *IG Bergbau, Chemie, Energie* teil. Die EE-Branche wurde durch die Unternehmen *Schmack Biogas* und *SolarWorld* vertreten, beide seit 2009 bzw. 2017 insolvent, sowie den Windenergieanlagenhersteller *ENERCON* (Bundesregierung 2007d).

Diskutiert wurden auf dem Energiegipfel insbesondere drei Energieszenarien, die zuvor im Auftrag der Bundesregierung erstellt worden waren (Bundesregierung 2007c: 2–3).[4] In der Diskussion dieser Szenarien wurden der Option einer

---

[3] Ähnlich wurde beispielsweise auch das Gebäudesanierungsprogramm der Bundesregierung in den Kontext neuer Arbeitsplätze gesetzt (Bundesregierung 2007a).

[4] Diese umfassten (1) ein Szenario basierend auf den im Koalitionsvertrag (KV) anvisierten Zielen (CDU et al. 2005), sog. KV-Szenario, (2) ein EE-Szenario, „das zusätzlich einen gegenüber dem KV-Szenario verstärkten Ausbau regenerativer Energien vorsieht" und (3) ein Szenario, in dem verlängerte Laufzeiten für AKW vorausgesetzt wurden, sog. Kernenergie-Szenario (Bundesregierung 2007c: 2).

verlängerten Atomenergienutzung durchweg die besten Kennzahlen zugeschrieben: bei der Verbrauchssenkung, der Emissionsreduktion und auch mit Blick auf die Kosten (Bundesregierung 2007c: 2–3). Diese Sicht entsprach zugleich den Interessen der Industrie und der (traditionellen) Energiewirtschaft (Bundesregierung 2007c: 3). Vertreter der EE-Branche betonten ihrerseits die Bedeutung erneuerbarer Energien für den Klimaschutz, für die Versorgungssicherheit und für die Einhaltung der EU-Ziele (Bundesregierung 2007c: 3; siehe auch AEE 2007). Zum Abschluss kündigte Bundeskanzlerin Merkel einen „konkreten Maßnahmenkatalog" an, den die Regierung in Form eines Integrierten Energie- und Klimaprogramms (IEKP) erarbeiten würde (Bundesregierung 2007c: 6). Einerseits bekräftigte der Energiegipfel überwiegend den energiepolitischen Status quo (Hirschl 2008: 175), wozu auch ein „fester Platz" für Kohle- und Atomenergie als „grundlastfähige Energiequellen" gehörte (Bundesregierung 2007c: 6).[5] Andererseits begrüßten die teilnehmenden EE-Vertreter, dass die Bundeskanzlerin „klar und deutlich den Kurs vorgegeben" habe, „um die verbindlichen Klimaschutzziele des EU-Frühjahrsgipfels in Deutschland umzusetzen" (AEE 2007). Nächste Schritte aus Sicht der EE-Unternehmen waren nun „eine Fortsetzung des erfolgreichen Erneuerbare-Energien-Gesetzes" sowie „ein Wärmegesetz für Erneuerbare Energien" (AEE 2007). Zwei Tage nach dem Energiegipfel veröffentlichte das Bundesumweltministerium (BMU) seinen EEG-Erfahrungsbericht (BMU 2007c). Wie in Abschnitt 6.1 dargestellt, war das Erneuerbare-Energien-Gesetz (EEG) das zentrale Förderinstrument für den Ausbau erneuerbarer Energien in Deutschland. Im Kern wurden dadurch Einspeisetarife für EE-Strom festgelegt. Nach der letzten EEG-Novelle im Jahr 2004, noch unter rot-grüner Regierung und damals gegen die Stimmen der Unionsparteien, hielten 2005 die Parteien der Großen Koalition am EEG fest und planten eine nächste Novellierung für 2007 (CDU et al. 2005: 51). Der Erfahrungsbericht des BMU bestätigte neben der positiven Wirkung des EEG auf den Ausbau erneuerbarer Energien seine regulatorische wie kostenmäßige Effizienz: Nicht nur seien die für 2010 gesetzten Ausbauziele bereits 2007 erreicht worden (BMU 2007a: 9), auch habe sich das EEG „als Jobmotor erwiesen" (BMU 2007c). Überdies seien in Folge des gestiegenen Stromangebotes die Strompreise gesunken (BMU 2007c). Mit Blick auf eine Novelle resümierte Umweltminister Sigmar Gabriel, dass sich das EEG bewährt habe und

---

[5] Bzgl. der Atomenergienutzung folgte in den nächsten Jahren eine „Stop-and-go-Politik", bei der nach dem Regierungswechsel im Jahr 2009 von der christlich-liberalen Regierung zunächst auf Drängen der FDP eine Laufzeitverlängerung für Kernkraftwerke beschlossen wurde, die allerdings 2011, im Zuge der Reaktorkatastrophe von Fukushima und der damit einhergehenden „situationsbedingte[n] Machtverschiebung im Verhandlungssystem der Regierungskoalition" wieder zurückgenommen wurde (Benz 2019: 302).

prinzipiell erhalten bleiben solle, allerdings seien in einzelnen Bereichen die Vergütungssätze anzupassen, um auch in Zukunft eine kosteneffiziente Förderung gewährleisten zu können (BMU 2007c).[6]

Integriertes Energie- und Klimaprogramm: Staatlich verordneter EE-Ausbau
Wie von Kanzlerin Angela Merkel beim Energiegipfel angekündigt, tagte das Bundeskabinett im August 2007 in Meseberg, um das geplante IEKP zu konkretisieren (BMWi 2020; Bundesregierung 2007b). Dies geschah ausdrücklich vor dem Hintergrund der europäischen 20-20-20-Ziele:

> Mit den vorgelegten Eckpunkten für ein integriertes Energie- und Klimaprogramm setzt die Bundesregierung die europäischen Richtungsentscheidungen auf nationaler Ebene durch ein konkretes Gesetzgebungs- und Maßnahmenprogramm um (Bundesregierung 2007b: 6).

Wesentliche in Meseberg beschlossene Eckpunkte waren die „Erhöhung des Anteils der Erneuerbaren Energien an der Stromproduktion auf 25 – 30 % bis 2020"[7] und eine „Novelle des Erneuerbare-Energien-Gesetzes auf Basis des EEG-Erfahrungsberichts" (Bundesregierung 2007b: 11). Ebenso sollte EE-Strom künftig besser ins Netz integriert werden, weshalb die Bundesregierung Maßnahmen zum Netzausbau prüfen wollte (Bundesregierung 2007b: 11–12). Für den Wärmesektor wurde laut Eckpunktepapier ein Ziel von 14 % erneuerbarer Energien bis 2020 beschlossen (Bundesregierung 2007b: 27). Hierfür sollte ein Erneuerbare-Energien-Wärmegesetz (EEWärmeG) verabschiedet werden, um „eine Pflicht zur anteiligen Nutzung von Erneuerbaren Energien" einzuführen (Bundesregierung 2007b: 27). Mit Bezug auf Biokraftstoffe enthielt das Eckpunktepapier ein Ziel von 17 % bis 2020, wobei begleitend eine Nachhaltigkeitsverordnung verabschiedet werden sollte, deren Erfüllung künftig als Voraussetzung für die Anrechnung innerhalb des Quotensystems gelten würde (Bundesregierung 2007b: 31). Die in der *Klimaagenda 2020* formulierten Zielwerte wurden somit ins IEKP übernommen. Die Zuständigkeit für die im IEKP beschlossenen Maßnahmen wurde jeweils mehreren Ministerien gleichzeitig zugewiesen, in unterschiedlichen Kombinationen (Bundesregierung 2007b). Im Vergleich zu den Ergebnissen des Energiegipfels wurde mit den Eckpunkten zum IEKP deutlicher auf den Ausbau erneuerbarer Energien gesetzt. Dabei wurde

---

[6] EE-Verbände lehnten eine Tarifsenkung ab und argumentierten, dass auf diese Weise die gesetzten EE-Ausbauziele nicht erreicht werden könnten (BEE 2007; SFV 2008).

[7] Die gegenüber dem BMU-Vorschlag von 27 % flexiblere Zielformulierung für den Stromsektor war Ergebnis einer Einigung zwischen BMU und BMWi (Dagger 2009: 143).

betont, dass die aktive und umfassende Steuerung des EE-Sektors nur dieses Subfeld betreffe und keine *top-down*-Steuerung des Energiesektors insgesamt geplant sei:

> Der nationale Mix der eingesetzten Energieträger wird nicht durch die Bundesregierung festgelegt, sondern ist das Ergebnis der Entscheidungen der verantwortlichen Akteure auf der Grundlage der nationalen und europäischen Rahmenbedingungen (Bundesregierung 2007b: 6–7).[8]

Insofern hielt die deutsche Bundesregierung an der korporatistischen Tradition im Grundsatz fest, sah sich zugleich aber beim EE-Ausbau genötigt, einen staatlich gesteuerten Kurs vorzugeben (Abschnitt 6.1).

Runder Tisch Biokraftstoffe: Dominanz der Mitte
Im Bereich der Biokraftstoffe hatten sich in der ersten Jahreshälfte 2007 das Umwelt- und das Landwirtschaftsministerium mit verschiedenen Vertretern aus der Wirtschaft getroffen, um eine Strategie für die weitere Förderung von Biokraftstoffen zu entwickeln (BMELV et al. 2007). In Vorbereitung auf das erste Treffen im Januar hatte der Deutsche Bauernverband (DBV) zusammen mit Verbänden der Biokraftstoffbranche ein Eckpunktepapier formuliert (DBV et al. 2007). Hierin wurde u. a. festgehalten, dass die „bisherige Doppelstrategie zur Förderung von Biokraftstoffen [...] fortgesetzt werden" müsse, sprich: eine Weiterentwicklung von (synthetischen) Biokraftstoffen zweiter Generation, bei gleichzeitigem Ausbau von Biodiesel und Bioethanol, solange die fortschrittlicheren Kraftstoffe zweiter Generation noch nicht einsatzfähig seien (DBV et al. 2007: 1).[9] Die nötigen Rahmenbedingungen sollten auf EU-Ebene sichergestellt werden – wichtig war den Biokraftstoffproduzenten, dass sie ihre Ware ungehindert auf dem europäischen Binnenmarkt würden vertreiben können:

> Die EU-Kommission sollte dafür Sorge tragen, dass für Biokraftstoffe ein ungehinderter Warenverkehr im europäischen Binnenmarkt möglich ist. Angesichts hoher Produktionskapazitäten wird insbesondere Deutschland künftig auf Exportmärkte angewiesen sein (DBV et al. 2007: 2).

---

[8] In ähnlicher Weise formulierte bereits das Umweltministerium in seiner *Klimaagenda 2020*: „Es ist nicht Aufgabe der Bundesregierung, durch dirigistische Eingriffe den Energiemix im Jahr 2020 festzulegen" (BMU 2007d: 3).

[9] Diese ‚Doppelstrategie' fand sich auch im späteren Energiekonzept der Koalitionsregierung aus CDU/CSU und FDP wieder (BMWi 2010: 25).

Auch Biokraftstoffe waren damit in einen positiven ökonomischen Diskurs bzw. größeren volkswirtschaftlichen Kontext eingebettet. Bei den Treffen zum *Runden Tisch Biokraftstoffe* im Januar und Juli 2007 waren neben den genannten Ministerien auch der Verband der Automobilindustrie (VDA), der Mineralölwirtschaftsverband (MWV), der Deutsche Bauernverband (DBV), die Interessengemeinschaft mittelständischer Mineralölverbände (IG) und der Verband der Deutschen Biokraftstoffindustrie (VDB) beteiligt (BMELV et al. 2007). Die gemeinsame Strategie der Akteure wurde als *Roadmap Biokraftstoffe* im November 2007 vorgestellt. Kernpunkte waren die Erhöhung von Beimischungen sowie der Biokraftstoffziele insgesamt, die „Sicherstellung der Nachhaltigkeit der Biokraftstoffe" und die „Förderung der Biokraftstoffe der zweiten Generation" (BMELV et al. 2007: 1). In der Strategie wurde explizit auf das europäische Ziel eines 10%igen EE-Anteils im Transportsektor Bezug genommen (BMELV et al. 2007: 1–2). Als nationales Ziel griffen die Teilnehmer auf, was sich aus der *Klimaagenda 2020* sowie den Eckpunkten zum IEKP ergab: 17 % Biokraftstoffe bis 2020 (BMELV et al. 2007: 3). Mit Blick auf einen nachhaltigen Anbau von Biomasse und ein möglichst hohes Treibhausgasminderungspotenzial wurde auf die Nachhaltigkeitsverordnung verwiesen, die von der Bundesregierung bereits ausgearbeitet werde – ggf. integriert in ein europäisches Zertifizierungssystem (BMELV et al. 2007: 3–4).[10]

Wie Beneking (2011) analysiert, hatte sich damit die ‚Effizienz'-Gruppe durchgesetzt, d. h. die Gruppe derjenigen Akteure im Policy-Netzwerk, die für eine Förderung von Biokraftstoffen waren, dabei aber Biokraftstoffe zweiter Generation bevorzugten und eine möglichst effiziente Förderung konventioneller Biokraftstoffe wollten, vis-à-vis der Kosten, aber auch der Treibhausgasminderung. Akteure innerhalb dieser Gruppe waren die CDU und die SPD, das Umwelt- und das Wirtschaftsministerium, der Bauernverband, die Automobilindustrie sowie Teile der Mineralölwirtschaft (Beneking 2011: 100). Zugleich war dies ein Mittelweg: Andere Akteure wollten die Steuerbefreiung als Breitenförderung revitalisieren (v. a. Verbände aus der Biokraftstoffbranche) oder standen Biokraftstoffen als solchen skeptisch gegenüber (v. a. Umweltorganisationen) (Beneking 2011; Vogelpohl 2018). Nach längeren Debatten im Verlauf des Jahres 2008 wurde die Zielsetzung für den Biokraftstoffanteil noch einmal angepasst (Vogelpohl 2018). Im April 2009 wurde im gemeinsam vom Umwelt-

---

[10] Eine Nachhaltigkeitsverordnung war für heimische Biokraftstoffproduzenten deshalb wichtig, weil dadurch günstigere Importe aus dem Ausland, z. B. aus Südamerika, keinen Marktvorteil mehr hätten (Vogelpohl 2018: 264).

und Landwirtschaftsministerium erarbeiteten *Nationalen Biomasseaktionsplan* „[a]nstelle eines festen energetischen Anteils" ein Ziel für die Treibhausgasminderung gesetzt (BMU und BMELV 2009: 25; siehe auch Naumann 2019). Dies war vermutlich auf einen Strategiewechsel innerhalb der ‚Effizienz-Gruppe' zurückzuführen sowie Ergebnis anhaltender, ökologisch motivierter Kritik an Biokraftstoffen erster Generation (Beneking 2011; Vogelpohl 2018). Damit sollte „der Anteil von Biokraftstoffen […] bis zum Jahr 2020 auf 7 % Netto-Treibhausgasminderung (entspricht rund 12 % energetisch) steigen" (BMU und BMELV 2009: 6).

Umsetzung des IEKP durch nationale Rechtsakte – Vorwegnahme des EU-Anpassungsdrucks
Auf Basis der im August formulierten Eckpunkte legte die Bundesregierung Anfang Dezember 2007 das knapp 100-seitige IEKP vor (Bundesregierung 2007e). Neben den in Meseberg beschlossenen Legislativprojekten (EEG-Novelle, EEWärmeG, BioKraftQuG-Novelle, Nachhaltigkeitsverordnung) wurden damit ein Energieleitungsausbaugesetz (EnLAG) zum Netzausbau vorbereitet (Bundesregierung 2007e: 4) sowie „Förderprogramme zur energetischen Sanierung von Gebäuden" aufgelegt (Bundesregierung 2007e: 5). Einen Moment der Unsicherheit gab es allerdings, als Anfang 2008 der Vorschlag der Europäischen Kommission für ein Klima- und Energiepaket vorgelegt wurde. Im Rahmen der vorgeschlagenen Erneuerbare-Energien-Richtlinie sollte nämlich ein EU-weiter Zertifikatshandel als gemeinsames europäisches Fördermodell etabliert werden (Abschnitt 5.2.1). Aus Sorge, dass dies das deutsche Modell der Einspeisetarife unterlaufen würde, brachten die CDU/CSU- und die SPD-Fraktionen im Bundestag einen gemeinsamen Antrag ein, mit dem sie die Bundesregierung dazu aufforderten, sich auf EU-Ebene gegen ein europäisches Modell einzusetzen:

Der Deutsche Bundestag fordert die Bundesregierung auf, sich bei der Kommission und im Ministerrat dafür einzusetzen, dass im Sinne des Subsidiaritätsprinzips die Entscheidungsfreiheit der Mitgliedstaaten über geeignete Förderinstrumente […] nicht eingeschränkt wird; dass kein europaweiter […] [Zertifikatshandel] […] auf der Ebene der Unternehmen eingeführt wird, da dieser ein untaugliches und den Ausbau erneuerbarer Energien gefährdendes Instrument wäre […] (Deutscher Bundestag 2008c: 2).

Mit den Gegenstimmen der FDP wurde der Antrag am nächsten Tag im Bundestag angenommen (Deutscher Bundestag 2008a: 15018).[11] Auf EU-Ebene wurde letztlich vom Kommissionsvorschlag Abstand genommen, nachdem sich auch das Vereinigte Königreich davon distanziert hatte (Abschnitt 5.2.1). Doch für das deutsche EEG ging die Gesetzgebung ohnehin weiter: Noch bevor das Thema auf EU-Ebene endgültig geklärt war, wurde im Juni 2008 die EEG-Novelle vom Bundestag angenommen (Deutscher Bundestag 2008b). Auch darüber hinaus wurden bereits einige der zentralen Rechtsakte aus dem IEKP vom Bundestag verabschiedet, bevor im Dezember 2008 die politische Einigung zum europäischen Klima- und Energiepaket erreicht war. Weitere Policies folgten, sodass unter der Großen Koalition das IEKP weitgehend umgesetzt war, ehe im September 2009 eine Koalition aus CDU/CSU und FDP die Regierung stellte:

- im Juni 2008 mit Verabschiedung der EEG-Novelle[12] sowie des EEWärmeG[13] (Deutscher Bundestag 2008b),
- im Mai 2009 mit Verabschiedung des EnLAG[14] (Deutscher Bundestag 2009a),
- im Juni 2009 mit Änderung des Biokraftstoffquotengesetzes[15] (Deutscher Bundestag 2009b),
- im September 2009 mit dem Erlass der Nachhaltigkeitsverordnung[16] für Biokraftstoffe.

---

[11] Für die FDP war die Idee der Europäischen Kommission sehr gut vereinbar mit der eigenen Forderung nach einer möglichst marktwirtschaftlichen Förderung erneuerbarer Energien (Deutscher Bundestag 2008a: 15070). Die FDP begrüßte „ausdrücklich" die europäische Zielsetzung von 20 % erneuerbaren Energien und sah „in dem Vorschlag der Europäischen Kommission [...] nicht zuerst einen Angriff auf das deutsche EEG, sondern vor allem eine Chance, auch andere Wege zur Förderung der erneuerbaren Energien in ganz Europa zu gehen" (Deutscher Bundestag 2008a: 15070).

[12] Gesetz zur Neuregelung des Rechts der Erneuerbaren Energien im Strombereich und zur Änderung damit zusammenhängender Vorschriften vom 25. Oktober 2008. BGBl. I Nr. 49, S. 2074.

[13] Erneuerbare-Energien-Wärmegesetz vom 7. August 2008. BGBl. I Nr. 36, S. 1658.

[14] Energieleitungsausbaugesetz vom 21. August 2009. BGBl. I Nr. 55, S. 2870.

[15] Gesetz zur Änderung der Förderung von Biokraftstoffen vom 15. Juli 2009. BGBl I Nr. 41, S. 1804.

[16] Biokraftstoff-Nachhaltigkeitsverordnung vom 30. September 2009. BGBl. I Nr. 65, S. 3182.

7.1.2 Rechtliche Transposition

Nachdem im vorangegangenen Teil die antizipatorische Phase und die daraus hervorgegangenen nationalen Policies besprochen wurden, schließt sich nun eine nähere Betrachtung der rechtlichen Transposition der EU-Richtlinie an. Hierbei werden der Nationale Aktionsplan sowie die offiziell angezeigten nationalen Rechtsakte zur EU-Richtlinienumsetzung analysiert. Dies geschieht entlang (1) der inhaltlich-strategischen Übereinstimmung, (2) der Neueinführung von Instrumenten und Maßnahmen und (3) dem EU-Rechtsbezug der formalen Transposition.

Inhaltlich-strategische Übereinstimmung
Zunächst wird betrachtet, inwiefern sich die inhaltlich-strategische Ausrichtung, die Deutschland in seinem Nationalen Aktionsplan (NA) darstellte (BRD 2010), mit den Policy-Zielen der EU-Richtlinie deckte. Im NA wurde „[d]er Ausbau der erneuerbaren Energien […] [als] ein Kernelement der energiepolitischen Strategie Deutschlands" beschrieben (BRD 2010: 1). Auf den Erfolgen, die zwischen 1990 und 2009 erzielt worden seien, wollte die deutsche Bundesregierung auch in Zukunft kontinuierlich aufbauen: „Perspektivisch sollen die erneuerbaren Energien den Hauptanteil an der Energieversorgung übernehmen" (BRD 2010: 1). Die Ausrichtung der deutschen Bundesregierung deckte sich insofern mit der inhaltlichen Stoßrichtung der europäischen Erneuerbare-Energien-Richtlinie, was vor dem Hintergrund des bereits besprochenen IEKP nicht verwunderlich war. Dementsprechend sollte für den weiteren Ausbau erneuerbarer Energien an den schon erprobten bzw. im IEKP weiterentwickelten nationalen Policies festgehalten werden: „Die Maßnahmen und Instrumente, die erforderlich sind, um das nationale Ziel von 18 % erneuerbare Energien bis 2020 zu erreichen, sind im Kern bereits etabliert" (BRD 2010: 2). Rein rechnerisch wurde bis 2020 sogar ein höherer EE-Gesamtanteil erwartet, dies blieb allerdings unverbindlich:

> Die Bundesregierung geht […] in ihrer Erwartung der Entwicklung der erneuerbaren Energien bis 2020 von einem höheren Wert als dem verbindlichen nationalen Ziel von 18% nach der Richtlinie aus. Hierbei ist zu betonen, dass es sich bei diesem Wert von 19,6% erneuerbare Energien in 2020 um die derzeit erwartete Entwicklung und nicht um ein nationales Ziel der Bundesregierung handelt (BRD 2010: 2).

Bereits vor Erstellung des NA waren auf nationaler Ebene verbindliche Zielwerte für die einzelnen Energiesektoren rechtlich verankert worden. Im Zuge der Fördergesetze wurde mit § 1 EEG für den Stromsektor ein EE-Anteil von 30 % und mit § 1 EEWärmeG für den Wärmesektor ein EE-Anteil von 14 %

bis 2020 festgelegt (BRD 2010: 12). Im Transportsektor wurde mit etwa 12 % kalkuliert (BRD 2010: 12). Dieser Wert stellte die energetische Entsprechung zum Ziel der Treibhausgasminderung laut *Nationalem Biomasseaktionsplan* dar (BMU und BMELV 2009). Als weiteres Ziel bis 2020 wurden eine Million mit EE-Strom betriebene Elektrofahrzeuge anvisiert (BMWi 2010: 24; BRD 2010: 12). Parallel arbeitete die Bundesregierung bereits an den nächsten Zielwerten: Mit dem 2010 formulierten Energiekonzept wurde die weitere energiepolitische Strategie bis 2050 vorgezeichnet (BMWi 2010; BRD 2010: 1). Dabei sollte der Gesamtanteil erneuerbarer Energien auf 30 % bis 2030 ansteigen, 45 % bis 2040 und 60 % bis 2050 (BMWi 2010: 5). Insgesamt zeigte Deutschland in seinem Nationalen Aktionsplan eine *hohe* inhaltlich-strategische Übereinstimmung mit der EU-Richtlinie. Im NA fand sich eine hohe rhetorische Priorisierung des Ausbaus erneuerbarer Energien, inklusive einer spezifischen Strategie. Die Zielsetzung diente einem sektorübergreifenden Ausbau erneuerbarer Energien, was durch verbindliche sektorale Zielwerte unterstrichen wurde.

Neueinführung von Instrumenten und Maßnahmen
Mit Blick auf die Maßnahmen zur Förderung der Nutzung von Energie aus erneuerbaren Quellen zeigte sich, dass Deutschland vollständig auf seine bisherigen Instrumente und Maßnahmen aufbaute und im Zuge der EU-Richtlinie keine Neuerungen einführte oder plante (BRD 2010: 18–19). Konkret wurden sieben einschlägige Maßnahmen aufgezählt, hauptsächlich gesetzgeberische Maßnahmen wie das EEG oder das Biokraftstoffquotengesetz (BRD 2010: 18–19). Alle genannten Policies waren bereits vor der EU-Rechtsumsetzung Teil des nationalen Rechts. Deutschland sah sich damit für einen weiteren EE-Ausbau gut aufgestellt. Auch mit Blick auf die Verwaltungsverfahren sah Deutschland keinen Handlungsbedarf: Die bestehenden Verfahren „[genügten] den Anforderungen der Richtlinie 2009/28/EG an ein zügiges und koordiniertes Verfahren" (BRD 2010: 24). Auch im Bereich des Netzausbaus seien die nötigen Regelungen auf nationaler Ebene bereits etabliert (BRD 2010: 47–48). Zum einen seien die Netzbetreiber durch das EnWG[17] rechtlich bereits zum Netzausbau verpflichtet und müssten alle zwei Jahre einen entsprechenden Netzentwicklungsplan vorlegen, zum anderen könnten Anlagenbetreiber bei Bedarf einen individuellen

---

[17] Energiewirtschaftsgesetz vom 7. Juli 2005. BGBl. I Nr. 42, S. 1970. Novelliert durch das Gesetz zur Öffnung des Messwesens bei Strom und Gas für Wettbewerb vom 29. August 2008. BGBl. I Nr. 40, S. 1970.

Anspruch auf Entschädigung gegenüber dem Netzbetreiber geltend machen (BRD 2010: 47). Mit Blick auf den geplanten Windenergieausbau wurde auf die dena Netzstudien I und II verwiesen, mit denen der zusätzliche Ausbaubedarf ermittelt werde (BRD 2010: 47; dena 2005, 2010). Gesetzgeberisch seien im Energieleitungsausbaugesetz (EnLAG) bereits 24 Netzausbauvorhaben mit erhöhter Dringlichkeit festgelegt worden (BRD 2010: 47–48). Bezogen auf den Gebäudebereich wurde das EEWärmeG genannt, mit dem der Anteil erneuerbarer Energien an der Wärmeversorgung von Gebäuden erhöht werden sollte. Ebenfalls wurde die Energieeinsparverordnung (EnEV)[18] angeführt, mit der Mindeststandards zur Energieeffizienz in Gebäuden gesetzt worden seien (BRD 2010: 18). Daneben seien finanzielle Mittel zur Gebäudesanierung und für Investitionen in erneuerbare Energien im Gebäudebereich bereitgestellt worden (BRD 2010: 18). Letzteres hatte seinen Anfang bereits im Februar 2006 genommen (Bundesregierung 2007a). In Verbindung mit der antizipatorischen Phase (Abschnitt 7.1.1) wurde deutlich, dass Deutschland seine wesentlichen Policy-Entscheidungen bereits im Vorfeld der EU-Richtlinie getroffen hatte – die Grundlage bildete das 2007 formulierte Integrierte Klima- und Energieprogramm (IEKP), ein Maßnahmenkatalog, der bereits 2008/2009 nationalrechtlich durch die genannten Gesetze und Verordnungen umgesetzt wurde. Die Neueinführung von Instrumenten und Maßnahmen zur Förderung erneuerbarer Energien ist insgesamt als *hoch* zu bewerten: Wie oben dargestellt, hat Deutschland diverse Rechtsakte mit teils neuen, teils angepassten Förderinstrumenten für alle drei EE-Sektoren verabschiedet und darüber hinaus auch im Bereich der Netze und der Gebäuderegulierung neue Maßnahmen eingeführt (allerdings an seinen Verwaltungsverfahren festgehalten). Beachtenswert ist dabei auch das EEWärmeG als neues Fördergesetz für den Wärmesektor bzw. den Gebäudebereich. Wie bereits angesprochen, resultierten die genannten Neuerungen aus dem nationalen IEKP und waren somit keine direkte Folge der EU-Richtlinie.

EU-Rechtsbezug formaler Transposition[19]

Die formale Transposition im Umsetzungszeitraum der EU-Richtlinie (April 2009 bis Dezember 2010) umfasste insbesondere die beiden Nachhaltigkeitsverordnungen für Biomasse bzw. Biokraftstoff sowie ein Gesetz zur Änderung des EEG. Die Nachhaltigkeitskriterien, die auf nationaler Ebene bereits im Zuge des

---

[18] Verordnung zur Änderung der Energieeinsparverordnung vom 29. April 2009. BGBl. I Nr. 23, S. 954.

[19] Offiziell angezeigte Rechtsakte, siehe EU (2019).

IEKP erarbeitet worden waren, deckten sich weitgehend mit dem, was auf EU-Ebene vorgegeben wurde (Beneking 2011: 96; Vogelpohl et al. 2017: 58). Eine weitere EEG-Novelle im Jahr 2010 hatte im Grunde keinen EU-Rechtsbezug, sondern war in erster Linie auf eine unvorhergesehene Dynamik des Photovoltaikmarktes zurückzuführen (Hazrat 2016: 137). Auf diese Marktentwicklung wurde reagiert, indem die Einspeisetarife technologiespezifisch abgesenkt wurden (BRD 2010: 2). Nach dem Umsetzungszeitraum wurde durch das Europarechtsanpassungsgesetz Erneuerbare Energien (EAG EE) im April 2011 die eigentliche formalrechtliche Transposition der EU-Richtlinie vorgenommen. Dieses Gesetz enthielt eher marginale Anpassungen, darunter die Einführung eines elektronischen Registers für Herkunftsnachweise und Ergänzungen des EEWärmeG (Deutscher Bundestag 2011).

Somit hat Deutschland auf der einen Seite alle wesentlichen Vorgaben der Erneuerbare-Energien-Richtlinie national umgesetzt – angefangen bei verbindlichen sektoralen Zielwerten, über konkrete Rechtsakte bzw. Förderpolicies für alle Sektoren, bis hin zu ergänzenden Maßnahmen zum Netzausbau sowie neuer Regulierung im Gebäudebereich. Insofern gab es einen hohen inhaltlichen EU-Rechtsbezug. Auf der anderen Seite waren die einschlägigen Reformen auf nationaler Ebene bereits 2007, im Rahmen des IEKP, angestoßen worden, d. h. bevor die Verhandlungen zur EU-Richtlinie überhaupt begonnen hatten. Dementsprechend lagen das EEG und das EEWärmeG, welche offiziell als Rechtsakte zur Umsetzung der EU-Richtlinie angezeigt wurden, vor dem eigentlichen Umsetzungszeitraum. Doch auch die innerhalb des Umsetzungszeitraums befindlichen Rechtsakte waren Ergebnis des nationalen IEKP. Insgesamt wird der EU-Rechtsbezug der formalen Transposition als *moderat* gewertet: Deutschland hatte die wesentlichen Vorgaben rechtzeitig erfüllt, aber dies nicht in Folge der EU-Richtlinie, sondern auf Basis seiner nationalen Politik getan.[20]

---

[20] Zur Weiterentwicklung der nationalen EE-Förderung, besonders der EEG-Reform von 2016, siehe Leiren und Reimer (2021).

7.1.3 Praktische Umsetzung

Nachdem im vorangegangenen Teil die rechtliche Transposition der EU-Richtlinie betrachtet wurde, wird nun die praktische Umsetzung anhand des tatsächlichen EE-Ausbaus sowie der erreichten Zielwerte beleuchtet. Bei Betrachtung des Anteils erneuerbarer Energien in den verschiedenen Sektoren zeigt sich, dass in Deutschland vor allem der Elektrizitätssektor für ein konstantes Wachstum ausschlaggebend war (Abb. 7.2). Zwischen 2004 und 2020 ist der EE-Anteil hier von etwa 9 % auf rund 45 % angestiegen. Der Wachstumstrend hatte sich über den gesamten Zeitraum relativ kontinuierlich fortgesetzt. Ein nennenswerter Unterschied in der Entwicklung vor und nach der EU-Richtlinie ist dabei nicht festzustellen: Der von Deutschland Mitte der 2000er Jahre eingeschlagene EE-Wachstumskurs wurde relativ unverändert fortgeführt. Diese Entwicklung beschränkte sich allerdings auf den Stromsektor, denn ein vergleichbarer Wachstumstrend war weder im Kälte-/Wärme- noch im Transportsektor zu erkennen. Im Kälte-/Wärmebereich gab es im Zeitraum von 2004 bis 2010 einen Anstieg von 7 % auf 12 %, ab 2011 pendelte sich dieser Wert allerdings bei etwa 13 % bis 14 % ein und erreichte bis 2020 einen Wert von 15 %. Im Transportsektor war der EE-Anteil zunächst von 2 % im Jahr 2004 auf 8 % im Jahr 2007 deutlich angestiegen, ab da bewegte er sich allerdings nur noch zwischen 6 % und 7 %, mit einer leichten Erhöhung auf 8 % im Jahr 2018 und knapp 10 % im Jahr 2020.

Mit Blick auf die Zielwerte gemäß EU-Richtlinie lag der Gesamtanteil erneuerbarer Energien in Deutschland bei rund 19 % im Jahr 2020, d. h. etwa einen Prozentpunkt über dem Zielwert von 18 %, entsprechend dem im Nationalen Aktionsplan kalkulierten Wert (BRD 2010; siehe auch Abschnitt 7.1.2). Im Transportsektor wurde der EU-Zielwert von 10 % bis 2020 noch erreicht, allerdings war hier auf nationaler Ebene ursprünglich ein Ziel von 12 % anvisiert worden (BRD 2010; siehe auch Abschnitt 7.1.1 und 7.1.2). Insgesamt hat Deutschland, trotz der 2019 noch ungewissen Situation (siehe auch Naumann (2019) zum Biokraftstoffziel), beide Zielwerte bis 2020, mit minimalen statistischen Transfers (siehe Abb. 7.10 bzw. Abschnitt 7.7), einhalten können und befand sich somit noch rechtzeitig in *compliance* mit den EU-Vorgaben.

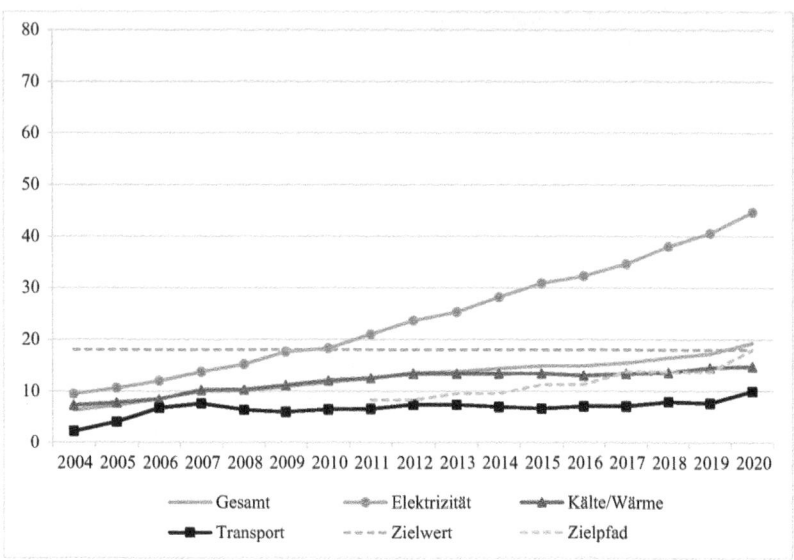

Abb. 7.2 Anteil erneuerbarer Energien in Deutschland nach Sektoren (in %).[21] Eigene Darstellung nach Eurostat (2022a)

7.1.4 Zusammenfassung

In Deutschland wurden die europäischen 20-20-20-Ziele von der Regierung zum Anlass genommen, ein Integriertes Klima- und Energieprogramm (IEKP) zu formulieren. Mit dem IEKP, welches einen aktiven und umfassenden Regulierungsstil widerspiegelte, sowie den daraus hervorgegangenen nationalen Rechtsakten befand sich Deutschland inhaltlich und institutionell im Einklang mit dem europäischen Modell – noch bevor dieses auf EU-Ebene finalisiert war. Wie vorangehend beschrieben, zeigte sich in Deutschland eine hohe Pfadabhängigkeit, sowohl bezogen auf das nationale Fördermodell der Einspeisetarife, welches auf EU-Ebene entschieden verteidigt wurde, als auch mit Blick auf den energiewirtschaftlichen Status quo. Wie z. B. beim Energiegipfel deutlich wurde, waren der Atom- und der Kohleenergie weiterhin feste Plätze im Energiemix sicher. Zugleich bestand Kontinuität im EE-Diskurs, welcher weiterhin positiv

---

[21] Die vertikale Achse ist für alle Mitgliedstaaten auf max. 80 Prozent gesetzt, auch wenn die EE-Anteile in einigen Mitgliedstaaten weit darunterbleiben, um Verzerrungen in der Darstellung zu vermeiden.

mit ökonomischen bzw. volkswirtschaftlichen Argumenten verflochten war. Die EU-Richtlinie hatte insofern keinerlei disruptiven Effekt. Die in Abschnitt 6.1 beobachtete horizontale Fragmentierung der ministerialen Zuständigkeit blieb erhalten, was jedoch für die Erarbeitung des IEKP und seine Umsetzung in nationale Rechtsakte weitgehend unproblematisch war. Erstens wurde das IEKP auf höchster politischer Ebene, und somit zentralisiert und konzentriert, vorangetrieben. Zweitens wurde die Zuständigkeit für einzelne Policies zwischen mehreren Ministerien geteilt, was eine kontinuierliche Abstimmung, zum Teil auch im gesamten Bundeskabinett, erforderlich machte. Alleingänge, die potenziell zu einem fragmentierten Policy-Output geführt hätten, waren so nicht möglich. In diesem Sinne erfolgte eine ‚antizipative' Anpassung an die EU-Vorgaben, bei der die nationalen institutionellen Arrangements größtenteils stabil blieben.

7.2 Frankreich

7.2.1 Antizipatorische Phase

In Frankreich haben vor allem zwei Entwicklungen die antizipatorische Phase geprägt: der Präsidentschaftswahlkampf sowie das daran anschließende Umweltforum *Grenelle Environnement*. Diese großangelegte gesellschaftliche Konsultation verband eine grundsätzliche nationale Neuorientierung mit der Umsetzung europäischer Vorgaben.

Umwelt als Wahlkampfthema und anhaltende Regierung der UMP
Wie in Abschnitt 6.2 gezeigt wurde, waren die Regierungen Frankreichs seit Anfang der 2000er Jahre von konservativen Parteien geprägt. Mitte der 2000er Jahre hatte sich dabei die *Union pour un Mouvement Populaire* (UMP) als dominante Kraft etabliert. Dies setzte sich auch Ende der 2000er Jahre fort (Tab. 7.1). Traditionell war die UMP Anhängerin der Atomenergie, allerdings hatte sie bereits im Wahlkampf 2002 auch den Ausbau erneuerbarer Energien auf ihre Agenda gesetzt (UMP 2002). Eine wichtige konkrete Folge war das Energierahmengesetz von 2005, in dem quantitative Zielwerte für verschiedene EE-Sektoren rechtlich festgeschrieben wurden (ausführlicher in Abschnitt 6.2).
Während der Frühjahrsgipfel des Europäischen Rates von 2007 und die dortige Vereinbarung der 20-20-20-Ziele noch in die Amtszeit des Präsidenten Jacques Chirac (RPR/UMP) fielen, wurde die weitere Entwicklung von Nicolas Sarkozy (UMP) geprägt, welcher von Mai 2007 bis Mai 2012 französischer

Präsident war. Sarkozy nahm im Rahmen des französischen EU-Ratsvorsitzes in der zweiten Hälfte des Jahres 2008 eine zentrale Rolle bei der Einigung auf die Erneuerbare-Energien-Richtlinie ein. Das französische Engagement war dabei weniger inhaltlich getrieben, als vielmehr der Versuch, die Europäische Integration neu zu entfachen und dabei die eigene Position positiv herauszustellen (Abschnitt 5.2.1).

Tab. 7.1 Regierungen der Französischen Republik im Umsetzungszeitraum der EU-Richtlinie

Premierminister	Zeitraum	Regierungspartei(en)	Präsident
Dominique de Villepin	Mai 2005 – Mai 2007	UMP, UDF	Jacques Chirac (RPR/UMP)[22] 1995–2007
François Fillon	Mai 2007 – Juni 2007	UMP, NC[23]	Nicolas Sarkozy (UMP) 2007–2012
François Fillon	Juni 2007 – Nov. 2010	UMP, NC	
François Fillon	Nov. 2010 – Mai 2012	UMP, NC	

Eigene Darstellung nach ParlGov-Datenbank (Döring und Manow 2019).

Im Präsidentschaftswahlkampf 2007 gelangten Umweltthemen zu einer bislang nicht vergleichbaren Aufmerksamkeit und fanden sich entsprechend auch in den Programmen der konservativen Parteien wieder (Boy 2010a: 8, 2010b: 314; Whiteside et al. 2010: 455–456). So sprach auch die UMP von einer „révolution écologique" (UMP 2007: 17). Bestimmende Themen des Regierungsprogramms waren zwar Frankreichs Wirtschaft und die Staatsverschuldung, d. h. energiepolitische Fragestellungen nahmen deutlich weniger Raum ein als noch z. B. Soziales und Bildung (UMP 2007). Doch immerhin bekannte sich die UMP klar zum Ausbau erneuerbarer Energien: Wenn auch die Atomenergie weiterhin eine zentrale Rolle einnehmen sollte und als klimafreundliche Energiequelle galt, war doch geplant, dass künftig die erneuerbaren Energien eine vergleichbare Vorrangstellung einnehmen sollten (UMP 2007: 17–18). Besondere Erwähnung fand der

---

[22] Die RPR ging 2002 in der UMP auf. Siehe zu den Um- und Neubildungen der konservativen Parteien in Frankreich auch die ParlGov-Datenbank (Döring und Manow 2019).

[23] Das Kabinett bestand zum Großteil aus UMP-Politikern, abgesehen von Außenminister Bernard Kouchner, der ohne Unterstützung seiner Partei (*Parti Socialiste*) amtierte, sowie dem Verteidigungsminister Hervé Morin der Partei *Nouveau Centre* (NC).

Transportsektor, darunter speziell die Biokraftstoffe – welche neben ihrer ökologischen bzw. klimapolitischen Vorteile zugleich als „une source d'espoir pour
notre agriculture [dt.: eine Quelle der Hoffnung für unsere Landwirtschaft, Übers.
VB]" galten (UMP 2007: 18). Neben dem Ausbau erneuerbarer Energien wurden
auch Maßnahmen zur Energieeinsparung geplant, vor allem eine bessere Gebäu-
dedämmung (UMP 2007: 18). Auch die konservative Partei *Nouveau Centre* (NC),
die als deutlich kleinerer Partner zusammen mit der UMP regierte[24], nahm sich
in ihrem Parteiprogramm vor, den Energieverbrauch zu senken, Energiequellen
zu diversifizieren und in öffentliche Verkehrsmittel sowie einen umweltverträg-
lichen Transport von Gütern zu investieren – im Rahmen eines nachhaltigeren
Wachstums und mit Blick auf Frankreichs Verantwortung innerhalb Europas (NC
2007).

Grenelle Environnement – neues Format mit alten Inhalten?
Bereits während des Wahlkampfes äußerten Umweltorganisationen den Wunsch
nach einer großangelegten gesellschaftlichen Debatte bzw. Konsultation zum
Thema Umwelt. Präsidentschaftskandidat Sarkozy nahm den Gedanken noch
im Wahlkampf auf und startete kurz nach der gewonnenen Wahl das Umweltforum *Grenelle Environnement* (Boy 2010b: 313–314; Whiteside et al. 2010:
455–456). Hierbei kamen Akteure aus verschiedenen gesellschaftlichen Sphären
mit Vertretern des Staates zusammen, um gemeinsam Strategien und Maßnahmen
für eine nachhaltige Entwicklung zu formulieren (MEDAD 2010). Das Format
war aus zwei Gründen bemerkenswert. Zum einen markierte es einen wichtigen
inhaltlichen Meilenstein für Frankreichs Umweltpolitik:

> [...] [T]he Grenelle pushe[d] forward a process of transforming French environmental
> policy. By European standards, France has never been in the vanguard of environmen-
> tal policy innovators and ecological ideas have had difficulty getting any foothold in
> French intellectual circles. Now the French State has committed itself to renovating
> government policy, across the board, under the banner of sustainable development
> (Whiteside et al. 2010: 450).

Zum anderen wurde ein relativ neues institutionelles Setting genutzt: Anstelle
einer *top-down*-Reform wurde ein Prozess intensiver Konsultation und Verhandlung mit verschiedenen gesellschaftlichen Interessenvertretern initiiert (ausführlicher zum Format und seinen historischen Wurzeln siehe Boy 2010b; Whiteside

---

[24] Im Kabinett Fillon I hatte die NC das Verteidigungsministerium inne, aber keine Par-
lamentssitze. Im nachfolgenden Kabinett Fillon II verfügte die NC über knapp 4 % der
Parlamentssitze und führte weiterhin das Verteidigungsministerium (siehe auch ParlGov-
Datenbank bzw. Döring und Manow 2019).

et al. 2010). Der Ablauf gestaltete sich so, dass zunächst sechs Arbeitsgruppen (mit jeweils 40 bis 60 Mitgliedern) einberufen wurden, welche paritätisch mit Vertretern aus fünf Bereichen besetzt waren: (1) Repräsentanten des (Zentral-) Staates, (2) Vertretern der Gebietskörperschaften, (3) Vertretern der Arbeitgeber, (4) Vertretern der Arbeitnehmer und (5) Umweltorganisationen bzw. NGOs (MEDAD 2007a). Die Auswahl der teilnehmenden Organisationen erfolgte durch das Umweltministerium (*Ministère de l'Écologie, du Développement et de l'Aménagement durables*, MEDAD), welches den *Grenelle*-Prozess federführend organisierte (Boy 2010b: 314–315). Das Umweltministerium hatte zuvor per Dekret[25] die teilweise energiepolitische Kompetenz bekommen, welche sie sich von nun an mit dem Wirtschaftsministerium (*Ministère de l'Économie, des Finances et de l'Emploi*, MEFE) teilte. Dem Umweltministerium wurde außerdem 2008 die neu geschaffene Abteilung für Energie und Klima (*Direction générale de l'Énergie et du Climat*, DGEC) zugeordnet (MTES 2020). Im Anschluss an die Arbeitsgruppen (Juli bis September 2007) fand eine weitere Verhandlungsrunde in Form von runden Tischen statt (Oktober 2007). Den Abschluss des *Grenelle Environnement* bildeten operative Komitees, die im Laufe der Jahre 2007 und 2008 die erzielten Verhandlungsergebnisse in Legislativvorschläge übersetzten. Die paritätische Besetzung wurde nicht mehr eingehalten – die Teilnehmenden stammten nunmehr zu 45 % aus dem (zentralen) Staatsdienst und zu 25 % aus Arbeitgeberorganisationen (Boy 2012: 118).[26]

Ein wichtiger erster Punkt, der bereits früh deutlich wurde, war der weitgehende Konsens bzgl. der europäischen 20-20-20-Ziele – generell war das Umweltforum in den Diskurs eingebettet, dass Frankreich nun (endlich) aufschließen müsse zur ambitionierten europäischen Politik bzw. in umwelt- und klimapolitischen Belangen fortschrittlicheren Mitgliedstaaten (Bocquillon und Evrard 2017: 170; Jouzel et al. 2007: 61; RF 2007: 2). Erneuerbare Energien wurden in der Arbeitsgruppe 1 zum Thema Klimawandel und Energie (*Lutter contre les changements climatiques et maîtriser l'énergie*) verhandelt. Unter den Teilnehmenden waren u. a. Vertreter des Wirtschafts- und des Umweltministeriums, Angehörige verschiedener Wirtschaftsverbände, darunter auch EE-Verbände, Vertreter der Gewerkschaften, diverse Umweltorganisationen und einige weitere Stakeholder sowie verschiedene Vertreter der Regionen (MEDAD 2007b). Die

---

[25] Décret n°2007–995 du 31 mai 2007 relatif aux attributions du ministre d'Etat, ministre de l'écologie, du développement et de l'aménagement durables. JORF n° 125 du 1 juin 2007, page 9959.

[26] Zu einer umfänglichen Analyse des *Grenelle Environnement* in Bezug auf Akteurstrukturen, Diskurse und Effekte, siehe Boy et al. (2012).

aufkommenden Konflikte spiegelten größtenteils die in Abschnitt 6.2 beschriebene Interessenkonstellation zur Mitte der 2000er Jahre wider. So nutzten laut
des offiziellen Abschlussberichts der Arbeitsgruppe 1 Umweltorganisationen die
Gelegenheit, um für eine Neubewertung der Atomenergie bzw. einen Aus-
baustopp zu plädieren, stießen dabei jedoch auf Widerstand von Seiten des
Wirtschaftsministeriums sowie der Gewerkschaften (Jouzel et al. 2007: 71–72).
Mit Blick auf die Zielsetzung zum EE-Ausbau plädierten EE- und Umweltverbände dafür, über die europäischen Vorgaben hinauszugehen und ambitioniertere
Ziele zu verfolgen, was jedoch vom Arbeitgeberverein *Mouvement des Entre-
prises de France* (MEDEF) wie auch vom Gewerkschaftsbund *Confédération
générale du travail* (CGT) abgelehnt wurde (Jouzel et al. 2007: 61–62). Die
Teilnehmenden konnten sich aber immerhin darauf einigen, den europäischen
Impuls aufzunehmen und auf nationaler Ebene gleichfalls ein Ziel von 20 %
erneuerbarer Energien bis 2020[27] festzusetzen – speziell für den Stromsektor
konnte aber keine Erhöhung dessen vereinbart werden, was bereits im Energierahmengesetz von 2005 verankert worden war (Jouzel et al. 2007: 60–61).[28]
Eine weitere bekannte Konfliktlinie betraf den Ausbau und die Förderung der
Biokraftstoffe, der vom Landwirtschaftsdachverband *Fédération nationale des
syndicats d'exploitants agricoles* (FNSEA) und vom EE-Verband *Syndicat des
énergies renouvelables* (SER) unterstützt wurde, hingegen bei Umweltorganisationen sowie beim Gewerkschaftsbund CGT auf ökologische und soziale Bedenken
stieß (Jouzel et al. 2007: 66).

   Entsprechend der eher gegensätzlichen Positionen blieben die Ergebnisse der
Arbeitsgruppe in Bezug auf Fördermaßnahmen zum EE-Ausbau relativ allge-
mein gehalten (siehe auch Evrard 2012: 347), so sollte z. B. das System der
Einspeisetarife überarbeitet und die Tarifhöhe für einzelne EE-Technologien nach
Bedarf erhöht oder abgesenkt werden (Jouzel et al. 2007: 69–70). Spezifische
Maßnahmen oder quantitative Ziele für den Ausbau einzelner EE-Technologien
konnten nicht gemeinsam erarbeitet werden (siehe auch Evrard 2012: 347).[29]
Ein wichtiges Ergebnis des anschließenden runden Tisches zum Thema, unter
Beteiligung von Premierminister François Fillon, war ein Investitionsprogramm

---

[27] Laut Erneuerbare-Energien-Richtlinie von 2009 wurde für Frankreich jedoch schließlich
ein Wert von 23 % für den Anteil erneuerbarer Energien bis 2020 berechnet (Anhang I RL
2009/28/EG).

[28] 21 % EE-Strom bis 2020, siehe zum Energierahmengesetz von 2005 auch Abschnitt 6.2.

[29] Mit Blick auf den Energieverbrauch wurde eine CO_2-Steuer vorgeschlagen (Jouzel et al.
2007: 72–73). Diese wurde später vom Parlament als Gesetz verabschiedet, jedoch vom Verfassungsgericht wieder zurückgenommen (Whiteside et al. 2010: 450) – genauso, wie dies
bereits 2000 mit der Energiesteuer geschehen war (Abschnitt 6.2).

zum Ausbau erneuerbarer Energien im Wärmesektor: Mit dem Programm *Haute Qualité Énergie Environnement* (HQEE) sollten der Bau und die energetische Sanierung öffentlicher Gebäude nach entsprechenden Standards finanziert werden, woran sich auch die Europäische Investitionsbank (EIB) beteiligte (EK 2007d; RF 2007: 2–4). Neben dem Wärmesektor war der zweite thematisierte Bereich der Transportsektor: Hier sollte u. a. die öffentliche Infrastruktur ausgebaut sowie künftig ein E-Mobilitätsprogramm aufgesetzt werden (RF 2007: 4–8). Im Anschluss an die Verhandlungen wurde vom zuständigen operativen Komitee ein Entwicklungsplan (*Plan de Développement des Énergies Renouvelables à Haute Qualité Environnementale*) für erneuerbare Energien erarbeitet (Borloo et al. 2007).

Die eigentliche Bewährungsprobe fand jedoch im Parlament statt: Die Gesetzgebung zum *Loi Grenelle 1*[30] verlief noch weitgehend reibungslos und wurde im August 2009 nahezu einstimmig angenommen.[31] Hier wurden eher allgemeine Formulierungen und unstrittige Themen festgehalten, wozu auch die nationale Annahme der europäischen 20-20-20-Ziele gehörte (Art. 2). Mit dem *Loi Grenelle 1* wurde somit das 23 %-EE-Ziel, das für Frankreich aus den europäischen Vereinbarungen hervorging, bestätigt und unter weitgehendem Konsens national rechtsverbindlich gemacht (Art. 2). Hingegen gab es größere Konflikte bzgl. des *Loi Grenelle 2*[32], das im Juli 2010 nach längeren Verhandlungen angenommen wurde. Hier wurden im Prinzip alle ungelösten und vertagten Konflikte aus dem *Grenelle*-Prozess wieder laut, wobei ein wesentlicher Punkt die Ausgestaltung des Windenergieausbaus war (Evrard 2012: 353–354). Die Debatte knüpfte im Prinzip an die Konflikte an, die bereits in der Vorbereitung des Energierahmengesetzes von 2005 aufgetreten waren (Abschnitt 6.2). Unter dem Argument der Landschaftsbewahrung brachte die konservative Parlamentsmehrheit letztlich administrative Einschränkungen für den Bau von Windenergieanlagen ein (vgl. auch Assemblée Nationale 2010), die aus Sicht von EE- und Umweltverbänden erhebliche Hürden für den Windenergieausbau darstellten (AFP 2010; Boughriet 2010; Fabrégat 2010; FEE 2010a, 2010b; FNE 2009; siehe auch Bocquillon und Evrard 2017: 170–171; Evrard 2012: 353–355).

Die Bewertung des *Grenelle Environnement* in Bezug auf Inhalte und Format fiel rückblickend gemischt aus (ausführlich bei Boy 2012). Aus europäischer

---

[30] Loi n° 2009–967 du 3 août 2009 de programmation relative à la mise en œuvre du Grenelle de l'environnement. JORF n°0179, p. 13031.

[31] Die Annahme im Parlament fand mit 520 zu 4 Stimmen statt, mit 21 Enthaltungen (Whiteside et al. 2010: 463).

[32] Loi n° 2010–788 du 12 juillet 2010 portant engagement national pour l'environnement. JORF n°0160 du 13 juillet 2010, p. 12905.

Perspektive kann festgehalten werden, dass Frankreich während der antizipatorischen Phase (2007–2009) eine wichtige Weichenstellung vorgenommen hat. Durch das Format des Umweltforums (*Grenelle Environnement*) konnte gleichzeitig eine nationale Neuausrichtung mit Blick auf Fragen der nachhaltigen Entwicklung erfolgen als auch ausgelotet werden, wie die erforderliche Erhöhung des Anteils erneuerbarer Energien, die bereits seit den im Frühjahr 2007 formulierten 20-20-20-Zielen feststand, bestmöglich geleistet werden könnte.

7.2.2 Rechtliche Transposition

Nachdem im vorangegangenen Teil die antizipatorische Phase und die daraus hervorgegangenen nationalen Policies besprochen wurden, schließt sich nun eine nähere Betrachtung der rechtlichen Transposition der EU-Richtlinie an. Hierbei werden der Nationale Aktionsplan sowie die offiziell angezeigten nationalen Rechtsakte zur EU-Richtlinienumsetzung analysiert. Dies geschieht entlang (1) der inhaltlich-strategischen Übereinstimmung, (2) der Neueinführung von Instrumenten und Maßnahmen und (3) dem EU-Rechtsbezug der formalen Transposition.

Inhaltlich-strategische Übereinstimmung
Zunächst wird betrachtet, inwiefern sich die inhaltlich-strategische Ausrichtung, die Frankreich in seinem Nationalen Aktionsplan darstellte (MEEDDM 2010), mit den Policy-Zielen der EU-Richtlinie deckte. Dabei fällt als Erstes auf, dass Frankreich den bereits besprochenen nationalen Konsultationsprozess (*Grenelle Environnement*) auch in seinem Nationalen Aktionsplan als Fundament für die weitere Erneuerbare-Energien-Politik beschreibt: Zusammen mit den Zielvorgaben der EU-Richtlinie würden die im Rahmen des *Grenelle Environnement* formulierten Zielsetzungen zur Senkung des Energieverbrauchs und zum Ausbau erneuerbarer Energien die Grundlage für ein handlungsleitendes Energieszenario darstellen (MEEDDM 2010: 4, 93–94).

Insofern finden sich im Nationalen Aktionsplan die Strategien und Maßnahmen wieder, die sich bereits im *Grenelle*-Prozess herauskristallisiert hatten: Erstens sollte der nationale Zielwert von 23 % erneuerbarer Energien bis 2020 zum Großteil über die Energieeinsparung im Gebäudebereich erreicht werden (MEEDDM 2010: 10). Dabei wurde auf ein von der französischen Regierung bereits vorbereitetes großangelegtes Renovierungsprojekt verwiesen, bei dem vielfältige finanzielle Anreize für die thermische Sanierung und die Installation von EE-Anlagen zur Beheizung bereitgestellt würden (MEEDDM 2010:

4). Für die Erhöhung der Wärmeproduktion aus erneuerbaren Energiequellen seien zudem im mehrjährigen Investitionsplan von 2009 quantitative Produktionszielwerte definiert worden (MEEDDM 2010: 10).[33] Dieser Ansatz hatte für Frankreich nicht nur klimapolitische, sondern auch arbeitsmarktpolitische Bedeutung: „[…] [T]his means […] creating several hundred thousand jobs, particularly in the fields of building renovation and the installation of renewable energy production equipment" (MEEDDM 2010: 4). Abgesehen von der Energieeinsparung und dem EE-Ausbau im Wärmesektor wurde zweitens auch im Stromsektor ein Ausbau erneuerbarer Energien geplant. Der Stromsektor sei zwar aufgrund des hohen Anteils an Atomenergie und Wasserkraft bereits relativ emissionsarm, dennoch sei auch hier ein weiterer Ausbau erneuerbarer Energien geplant und ebenfalls im mehrjährigen Investitionsplan spezifiziert worden (MEEDDM 2010: 11). Mithilfe finanzieller Anreize solle sich die EE-Produktion bis 2020 mengenmäßig verdoppeln (MEEDDM 2010: 4). Abgesehen davon würde Frankreich allerdings, auch über 2020 hinaus, weiterhin auf die Atomenergie setzen (MEEDDM 2010: 4). Im Transportsektor wurde beabsichtigt, neben der verstärkten Nutzung von Biokraftstoffen auch Elektrofahrzeuge zu fördern: Quantifiziert wurde dieses Ziel in Form von 450 000 Elektrofahrzeugen bis 2015 und 2 Millionen Elektrofahrzeugen bis 2020 (MEEDDM 2010: 11). Im Gegensatz zu Deutschland wollte die französische Regierung hierbei nicht von Beginn an explizit auf EE-Strom setzen, sondern ging davon aus, dass mit der allgemeinen Verschiebung des Energiemix mit der Zeit auch der EE-Anteil innerhalb der Elektromobilität zunehmen würde (MEEDDM 2010: 11).

Die inhaltlich-strategische Ausrichtung ist insgesamt als *moderat* zu bewerten: Der Ausbau erneuerbarer Energien wurde hauptsächlich im Wärmesektor vorgesehen und stand überdies hinter dem Ziel der Energieeinsparung zurück. Dennoch hatte Frankreich, auf Basis der *Grenelle*-Entscheidungen, bereits eine spezifische nationale Strategie formuliert, die sich mit der EU-Implementation verknüpfen ließ. Gemäß der legalistischen Tradition Frankreichs wurden auch im Zuge der *Grenelle*-Gesetzgebung bzw. der mehrjährigen Investitionspläne verbindliche sektorale Zielwerte für den Strom- und Wärmesektor festgelegt. Im Rahmen der EU-Implementation folgte auch ein entsprechender rechtsverbindlicher Zielwert für den Transportsektor. Somit wählte Frankreich einen strategischen Mittelweg, bei dem sich das Land grundsätzlich im Einklang mit der EU-Policy befand (was teilweise bereits durch ein günstiges institutionelles Arrangement bedingt war), dabei aber eigene Schwerpunkte setzte.

---

[33] Zum Instrument des mehrjährigen Investitionsplans, siehe Abschnitt 6.2.

Neueinführung von Instrumenten und Maßnahmen
Ausgehend von der dargestellten energiepolitischen Strategie wurden im Nationalen Aktionsplan einige neue Maßnahmen zur Förderung der Nutzung von Energie aus erneuerbaren Quellen präsentiert, darunter regulative Instrumente, finanzielle Anreize, Planungsinstrumente und Infrastrukturmaßnahmen (MEEDDM 2010: 16–20). Von insgesamt 36 angegebenen Instrumenten und Maßnahmen wurden 13 neu geplant oder sollten einer Reform unterzogen werden. Zudem gab es 7 Maßnahmen, die innerhalb des Umsetzungszeitraums erstmalig in Kraft getreten waren bzw. treten würden (MEEDDM 2010: 16–20). Damit hatte Frankreich ab 2009 de facto 20 neue Maßnahmen in Planung, Überarbeitung oder Umsetzung. Entsprechend der o. g. Strategie im Gebäudebereich wurden regulative Reformen geplant, die sich u. a. auf thermische Standards und die Zertifizierung von EE-Anlagen bezogen (MEEDDM 2010: 17). Daneben sollten neue finanzielle Anreize gesetzt werden, um z. B. Haushalte zu einer thermischen Sanierung anzuregen (MEEDDM 2010: 16). Ebenso wurde als großangelegtes staatlich finanziertes Projekt die thermische Sanierung aller öffentlichen Gebäude und Sozialwohnungen bis 2020 geplant (MEEDDM 2010: 16). Für den Ausbau der EE-Produktion sollten künftig die bestehenden Ausschreibungsverfahren auf Offshore-Windenergie und Meeresenergie ausgeweitet werden (MEEDDM 2010: 19).[34] Ab 2009 wurden zudem weitere Mittel für Forschung und Entwicklung bereitgestellt (MEEDDM 2010: 19).

Begleitend waren infrastrukturelle Maßnahmen in Planung, darunter die Verbesserung der Seewege und des nationalen Eisenbahnnetzes (MEEDDM 2010: 19–20). Als weitere Neuerung sollten die bestehenden Verwaltungsverfahren vereinfacht werden, speziell für kleinere EE-Projekte im Strom- und Wärmebereich (MEEDDM 2010: 16). Ein neues Planungsregime für umweltrelevante Installationen sollte im weiteren Verlauf des Jahres 2010 erarbeitet werden (MEEDDM 2010: 16). In den Bereichen Raumordnung und Netzausbau war durch die *Grenelle*-Gesetzgebung im Jahr 2010 eine Reform vollzogen worden, durch die nunmehr drei Instrumente zur Steuerung der EE-Entwicklung festgelegt wurden: Erstens sollten ausgehend von der nationalen Zielsetzung in Zusammenarbeit von nationaler Regierung und regionalen Behörden *Regionale Klima-, Luft- und Energiepläne* entwickelt werden, um regionales Potenzial für die EE-Entwicklung bis 2020 zu identifizieren und gemeinsam mit lokalen Stakeholdern konkrete Maßnahmen auf regionaler und lokaler Ebene zu definieren (MEEDDM 2010: 21). Teil dessen würden auch die regionalen Windenergiepläne sein, die geeignete Flächen für neue Windenergieanlagen vorgaben (MEEDDM 2010: 21–22). Dieses

---

[34] Zum Instrument der Ausschreibungsverfahren in Frankreich, siehe Abschnitt 6.2.

Instrument war bereits mit dem Energierahmengesetz von 2005 eingeführt worden (Abschnitt 6.2). Zweitens wurde nunmehr vorgeschrieben, dass Gemeinden ab 50 000 Einwohnern eigene Klima- und Energiepläne aufsetzen sollten, welche an die regionalen Entwicklungspläne anknüpfen und jene operativen Maßnahmen enthalten sollten, die für die Lokalebene vorgesehen waren (MEEDDM 2010: 22). Drittens wurden regionale Pläne speziell für die Einspeisung erneuerbarer Energien ins Netz vorgesehen, um frühzeitig den entsprechenden Ausbaubedarf zu erkennen (MEEDDM 2010: 22). Auch im Bereich des Netzausbaus wurden durch die *Grenelle*-Gesetzgebung einige Punkte vorgegeben: Aufbauend auf den o. g. regionalen Entwicklungsplänen für den Anschlussbedarf erneuerbarer Energien ans Netz sollte der Ausbaubedarf festgelegt und eine entsprechende Kapazität für erneuerbare Energien auf 10 Jahre reserviert werden (MEEDDM 2010: 36). Zudem waren einige F&E-Maßnahmen im Bereich *Smart Grid* geplant sowie Projekte, die den Netzanschluss zu den Nachbarstaaten verbessern würden (MEEDDM 2010: 36–37).

In Bezug auf die Neueinführung von Instrumenten und Maßnahmen ist die französische Reaktion auf die EU-Richtlinie als *moderat* zu bewerten: Zwar hat Frankreich im Umsetzungszeitraum 20 neue Maßnahmen geplant bzw. überarbeitet oder bereits umgesetzt, was vor allem Folge des *Grenelle*-Prozesses war. Allerdings wurde dabei überwiegend auf bereits bestehende Instrumente zurückgegriffen (z. B. Ausschreibungsverfahren, mehrjähriger Investitionsplan, Windenergieentwicklungszonen). Die Förderinstrumente für erneuerbare Energien erfuhren somit lediglich eine Erweiterung in eher geringem Umfang (Ausweitung der Ausschreibungsverfahren, neue F&E-Mittel). Neue Förderpolicies für den Ausbau erneuerbarer Energien sind nicht konzipiert worden. Dafür gab es einige Neuerungen bei den Verwaltungs- bzw. Planungs- und Genehmigungsverfahren sowie bzgl. des Netzausbaus und im Gebäudebereich. Waren die Neuerungen auch direkte Folgen des *Grenelle* auf nationaler Ebene, so deckten sie doch viele der EU-Vorgaben ab.

EU-Rechtsbezug formaler Transposition[35]
Die formale Transposition im Umsetzungszeitraum der EU-Richtlinie (April 2009 bis Dezember 2010) umfasste zwei Gesetze zur Umsetzung des *Grenelle Environnement*, ein Dekret über Genehmigungsverfahren für EE-Anlagen sowie einen Erlass und ein Dekret bzgl. thermischer Standards und der Energieeffizienz von Gebäuden. Zusätzlich wurden nach dem Umsetzungszeitraum, d. h. nicht mehr fristgerecht, einige weitere Rechtsakte zur Umsetzung der EU-Richtlinie erlassen: So wurden in einer Verordnung (*Ordonnance n° 2011–1105 du 14 septembre*

---

[35] Offiziell angezeigte Rechtsakte, siehe EU (2019).

2011) u. a. die europäischen Vorgaben zu den Herkunftsgarantien nachträglich in nationales Recht überführt (Art. 1) und auch die EE-Zielsetzung von 10 % im Transportsektor bis 2020 klargestellt (Art. 2). Außerdem wurden die Nachhaltigkeitskriterien für Biokraftstoffe präzisiert (Artt. 3–4). Ergänzend wurden 2011 und 2012 einige weitere Rechtsakte speziell zur Regulierung der Biokraftstoffe erlassen.

Wie bereits mehrfach erwähnt, wurden diverse Maßnahmen schon innerhalb des *Grenelle Environnement*, d. h. im Vorfeld des EU-Umsetzungszeitraums, angestoßen. So waren z. B. die Regelungen im Bereich der Verwaltungsverfahren und des Netzausbaus eingebettet in eine Reform der Raumordnung und regionalen Planung, die innerhalb des *Grenelle*-Prozesses entwickelt worden war. Diese Neuerungen, die ihren Anfang im gesellschaftlichen Konsultationsprozess von 2007 genommen hatten, fielen dennoch weitgehend mit den EU-Vorgaben bzw. den europäischen Policy-Zielen zusammen.

Der EU-Rechtsbezug der formalen Transposition ist insgesamt als *moderat* zu bewerten: Innerhalb des Umsetzungszeitraums hat Frankreich viele Maßnahmen ergriffen bzw. in nationales Recht überführt, die auch innerhalb der europäischen Erneuerbare-Energien-Richtlinie einen zentralen Stellenwert einnahmen, darunter Maßnahmen zur Erhöhung des EE-Anteils sowie Regelungen zu den begleitenden Verwaltungsverfahren und zum Netzausbau. Die Mehrzahl der angezeigten Rechtsakte erging jedoch vor bzw. nach dem Umsetzungszeitraum. Die o. g. nachträglichen bzw. verspäteten Rechtsakte weisen darauf hin, dass Frankreich sich bei einigen Aspekten, die aus nationaler Sicht nicht ausschlaggebend (Herkunftsnachweise) oder strittig waren (Regulierung der Biokraftstoffe), nicht rechtzeitig an die europäischen Vorgaben angepasst hatte.

7.2.3 Praktische Umsetzung

Nachdem im vorangegangenen Teil die rechtliche Transposition der EU-Richtlinie betrachtet wurde, wird nun die praktische Umsetzung anhand des tatsächlichen EE-Ausbaus sowie der erreichten Zielwerte beleuchtet. Frankreich konnte in allen Sektoren ein relativ konstantes Wachstum des Anteils erneuerbarer Energien verzeichnen (Abb. 7.3). Im Stromsektor blieb der EE-Anteil von ca. 14 % im Jahr 2004 bis ca. 15 % im Jahr 2009 zunächst weitgehend konstant, zwischen 2009 und 2020 konnte dann jedoch ein Plus von 10 Prozentpunkten, auf rund 25 % erreicht werden. Im Kälte-/Wärmesektor konnten bis 2020 rund 23 % erneuerbare Energien erzielt werden, von ursprünglich etwa 13 % im Jahr 2004 bzw. 15 % im Jahr 2009. Der Wärmebereich hatte ab etwa 2010 den Stromsektor zeitweise

überholt (bis einschließlich 2019) – ganz im Einklang mit der französischen energiepolitischen Strategie. Im Transportsektor hatte sich der EE-Anteil von ehemals
etwa 1 % im Jahr 2004 bereits bis 2009 auf rund 7 % erhöht. Bis 2020 war noch
ein leichter Anstieg auf ca. 9 % zu verzeichnen. Ein Effekt der europäischen
Erneuerbare-Energien-Richtlinie auf die Entwicklung des Anteils erneuerbarer
Energien ist im Zeitverlauf nicht unbedingt auszumachen: Der Wachstumsschub
im Kälte-/Wärme- sowie im Transportsektor begann bereits 2006. Allerdings hatte
die Dynamik im Stromsektor ab etwa 2010 deutlicher zugenommen.

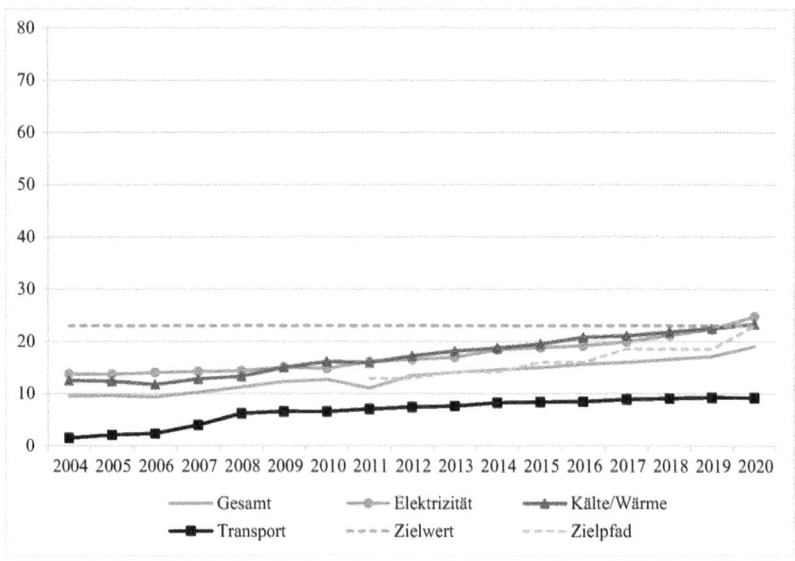

Abb. 7.3 Anteil erneuerbarer Energien in Frankreich nach Sektoren (in %).[36] Eigene Darstellung nach Eurostat (2022a)[37]

Dem indikativen Zielpfad für den Gesamtanteil erneuerbarer Energien konnte
Frankreich bis 2016 genau folgen, doch der Anstieg auf 18,6 % für den Zeitraum

---

[36] Die vertikale Achse ist für alle Mitgliedstaaten auf max. 80 Prozent gesetzt, auch wenn
die EE-Anteile in einigen Mitgliedstaaten weit darunter bleiben, um Verzerrungen in der
Darstellung zu vermeiden.

[37] Für 2011 lag ein Messfehler vor, welcher anhand ergänzender Daten zum absoluten Energieverbrauch im Transportsektor sowie mithilfe eines Annäherungswertes berichtigt werden
konnte.

2017/2018 wurde verpasst. Frankreich blieb mit einem Gesamtanteil von knapp 19 % erneuerbarer Energien im Jahr 2020 damit noch 4 % vom Gesamtzielwert (23 %) für 2020 entfernt. Damit war Frankreich unter allen EU-Mitgliedstaaten das Land mit der höchsten negativen Abweichung vom Zielwert, wobei diese Differenz auch nicht per statistischem Transfer ausgeglichen wurde (Eurostat 2022a, 2022b; siehe auch Abb. 7.10 bzw. Abschnitt 7.7). Im Transportsektor verfehlte Frankreich die Zielmarke von 10 % mit den erreichten 9 % knapp. Insgesamt muss Frankreich somit *non-compliance* attestiert werden – keines der beiden verbindlichen Ziele bis 2020 war rechtzeitig erreicht worden.

7.2.4 Zusammenfassung

Die klima- und energiepolitische Neuausrichtung Frankreichs ging vor allem auf den nationalen *Grenelle*-Prozess von 2007 zurück, wobei die europäischen 20-20-20-Ziele einen wichtigen Diskussionskontext bildeten. Strategisch wurden der Wärmesektor bzw. speziell der Gebäudebereich priorisiert, wo in erster Linie Energie eingespart werden sollte, gefolgt vom Ausbau erneuerbarer Energien. Im Stromsektor wurde weniger Handlungsbedarf gesehen, was größtenteils der Nutzung der Atomenergie geschuldet war. In dem Wissen um die Stoßrichtung der EU-Richtlinie hat Frankreich innerhalb des *Grenelle*-Prozesses einen Weg gefunden, eigene Schwerpunkte zu setzen (z. B. die energetische Sanierung von Gebäuden), die sowohl mit den europäischen Policy-Zielen harmonierten als auch der bestehenden Interessenlage (v. a. dem weiteren Ausbau der Atomenergie) entsprachen und zudem positiv mit der eigenen Volkswirtschaft verknüpft wurden. Nationale Interessen, die potenziell in einem Konflikt zu den Policy-Zielen der EU-Richtlinie stehen könnten (Atomenergie), konnten auf diese Weise gewahrt werden.

Die Reformen, die ihren Anfang im Konsultationsprozess von 2007 genommen hatten, deckten sich inhaltlich mit der Zielsetzung und den Vorgaben der EU-Richtlinie, waren aber nicht vollständig. Insofern wurden die Zielsetzungen, Prioritäten und Maßnahmen, die bereits vor Verabschiedung der EU-Richtlinie auf nationaler Ebene vereinbart bzw. getroffen wurden, nicht mehr verändert. Im Vergleich zu der in Abschnitt 6.2 diskutierten nationalen Energiepolitik und Förderung erneuerbarer Energien im Vorfeld der EU-Richtlinie konnte in Reaktion auf die europäischen 20-20-20-Ziele bzw. auf die Erneuerbare-Energien-Richtlinie von 2009 im Grunde keine Veränderung beobachtet werden, welche die nationalen institutionellen Arrangements oder Interessenkonstellation in größerer Weise betroffen hätte. In der EU-Implementation wurden die vorhandenen

Spielräume der Richtlinie so genutzt, dass eine eigene Interpretation im Sinne nationaler Präferenzen vorgenommen wurde. Letztlich hatte dies jedoch nicht ausgereicht, um den in der EU-Richtlinie vorgegebenen Zielwert für den Anteil erneuerbarer Energien zu erreichen.

7.3 Vereinigtes Königreich

7.3.1 Antizipatorische Phase

Im Vereinigten Königreich prägte vor allem die Veröffentlichung des *White Paper on Energy* von 2007 die antizipatorische Phase. Hieraus resultierten u. a. der *Climate Change Act* und der *Energy Act*. Dies brachte für die Förderung erneuerbarer Energien zwar gewisse Neuerungen, spiegelte jedoch insgesamt eine unverändert marktliberale Energiepolitik wider, die eher auf ein breites Energieangebot abzielte als den entschlossenen Ausbau erneuerbarer Energien.

White Paper on Energy: Klimaschutz und Versorgungssicherheit unter marktliberalen Vorzeichen
Während der antizipatorischen Phase regierte im Vereinigten Königreich die *Labour*-Partei, welche bereits seit 2005 an der Macht war. Premierminister Tony Blair hatte vor allem im Zuge der informellen Zusammenkunft des Europäischen Rates im britischen Hampton Court dazu beigetragen, die Europäische Integration durch eine gemeinsame klima- und energiepolitische Ausrichtung zu revitalisieren (Abschnitt 5.1). Erneuerbare Energien waren für *Labour* jedoch zunächst ein Randthema (Labour Party 2005). Im Parteiprogramm von 2005 wurden lediglich bestehende Policies sowie eine allgemeine marktliberale Haltung bekräftigt (Labour Party 2005: 22). Der relative Misserfolg bisheriger Fördermodelle bewog die britische Regierung 2007 jedoch zu einer Reform (Hazrat 2016: 263–264; Wood und Dow 2011: 2228–2229). Im Mai 2007 veröffentlichte das britische Wirtschaftsministerium[38] das *White Paper on Energy* (DTI 2007). Thematisch war das Weißbuch breit aufgestellt, es behandelte neben den drei Energiesektoren (Strom, Wärme, Transport) und allen relevanten Energieträgern auch Aspekte wie Energieeinsparung und Planungsverfahren für neue Energieprojekte. Zwei

---

[38] Das *Department of Trade and Industry* wurde unter Premierminister Tony Blair zunächst von Alistair Darling (*Labour*) geleitet. Nachdem Blair die *Labour*-Regierung im Juni 2007 an Gordon Brown übergeben hatte, wurde John Hutton (*Labour*) neuer Wirtschaftsminister (nunmehr *Department for Business, Enterprise & Regulatory Reform*).

zentrale, im *White Paper* identifizierte Problemfelder waren klimaschädliche CO_2-Emissionen und eine bedrohte Versorgungssicherheit. Für eine Reduktion der CO_2-Emissionen seien insbesondere die Energieeinsparung und der Einsatz von „low carbon technologies" erforderlich (DTI 2007: 8). Zu diesem Zweck sollte ein *Climate Change Act* erarbeitet werden. Übergreifendes Ziel war dabei eine Emissionsreduktion von mindestens 60 % bis 2050, gemessen am Basiswert von 1990 (DTI 2007: 8).

Verglichen mit der insgesamt relativ ausführlichen Maßnahmenplanung im Bereich Emissionsreduktion wurden erneuerbare Energien eher am Rande erwähnt. Mit Bezug auf die Versorgungssicherheit wurde festgestellt, dass das Vereinigte Königreich aufgrund der abnehmenden Öl- und Gasreserven in der Nordsee künftig von Energieimporten abhängig sein werde (DTI 2007: 4). Dies sei auch aus sicherheitspolitischer Sicht problematisch, schließlich befänden sich fossile Reserven „in fewer and further away places, some of them in less stable parts of the world" (DTI 2007: 7). Angesichts dieser Problemstellungen wurde das in Abschnitt 6.3 bereits beleuchtete marktliberale Paradigma erneut als Panazee angeboten: „Our strategy continues to be based on the principle that independently regulated, competitive energy markets, are the most cost-effective and efficient way of delivering our objectives" (DTI 2007: 8). Aufgabe des Staates sei es in diesem Zusammenhang, Anreize und einen stabilen Planungshorizont für Investoren zu schaffen (DTI 2007: 8–9). Abgesehen davon solle sich der freie Markt entfalten, sodass auch auf EU-Ebene am Liberalisierungskurs festgehalten werden müsse:

This will enable companies to get fair access to the energy resources we need. Effective markets will ensure that the world's finite resources are used in the most efficient way and ensure that we make the transition to a low carbon economy at least cost (DTI 2007: 8).

Mit Bezug auf erneuerbare Energien gingen aus dem *White Paper* von 2007 vor allem zwei konkrete Entscheidungen hervor (Mitchell 2010: 133): eine Anhebung der *Renewables Obligation* auf 20 % bis 2020 sowie die Einführung unterschiedlicher, technologiespezifischer Förderhöhen, sog. *banding* (DTI 2007: 144–151). Letzteres bedeutete, dass der Beitrag verschiedener EE-Technologien nun in Abhängigkeit ihrer Marktreife auf ein *Renewables Obligation Certificate* (ROC) angerechnet werden würde (Hazrat 2016: 263–264; Mitchell 2010: 133).[39] Abgesehen vom Einsatz erneuerbarer Energien sollten weiterhin auch Gas, Kohle- und Atomenergie genutzt werden:

> [...] [W]e need diversity and flexibility in the energy mix and a policy framework that opens up the full range of low carbon options. As well as renewables, those options should include the use of gas and coal with carbon capture and storage along with nuclear power (DTI 2007: 187).

Neue Atomenergiekapazitäten wurden ebenfalls erwogen: „New nuclear power stations could make an important contribution [...] to meeting our needs for low carbon electricity generation and energy security [...]" (DTI 2007: 185). Als Teil der staatlichen „strategy to tackle the challenges of climate change and security of energy supply" sollten privatwirtschaftliche Akteure die Option bekommen, in neue AKW zu investieren (DTI 2007: 180). Bevor jedoch abschließend über das weitere Vorgehen entschieden werden könne, solle das Thema für eine breite Konsultation geöffnet werden.[40] Dies war erst auf erheblichen Druck geschehen, nach einer für das Wirtschaftsministerium ungünstigen Gerichtsentscheidung des England and Wales High Court (EWHC, Urteil vom 15.02.2007). *Greenpeace* hatte dabei gegen eine bereits 2006 durchgeführte öffentliche Konsultation zu den Atomenergieausbauplänen der Regierung geklagt (Keay 2016: 248). Die in einem früheren *Energy White Paper* (DTI 2003) angekündigte umfängliche Konsultation habe nicht stattgefunden, stattdessen sei die Öffentlichkeit lediglich darüber informiert worden, welche Option die Regierung bevorzuge.[41] Das Gericht gab der Umweltorganisation Recht: „[T]he consultation exercise was very seriously flawed. [...] There was therefore procedural unfairness [...]" (Rn. 116–117 EWHC, Urteil vom 15.02.2007). Die Regierung zeigte sich unbeeindruckt, wie von BBC (2007b) im Anschluss an die Urteilsverkündung berichtet wurde:

---

[39] Als *emerging technologies* wurden beispielsweise Wellenergie, Photovoltaik und Geothermie klassifiziert, diese sollten entsprechend pro erzeugter Megawattstunde (MWh) mit zwei ROC prämiert werden; zum Vergleich: Offshore-Windenergie mit 1,5 ROC, Onshore-Windenergie mit 1 ROC, Energie aus der Abfallverbrennung sollte dagegen pro 1 MWh nur 0,25 ROC entsprechen (DTI 2007: 151).

[40] Von Ende Mai bis Anfang Oktober 2007 hatten alle Interessierten die Möglichkeit, sich per Online-Befragung oder postalisch zu den von der Regierung formulierten Fragen zur Atomenergienutzung zu äußern (DTI 2007: 211). Parallel plante die Regierung, sich mit Vertretern von NGOs, der Industrie, lokalen Behörden u. a. Organisationen zu treffen und auszutauschen (DTI 2007: 212).

[41] Siehe dazu die Medienberichterstattung in *The Guardian*, insbesondere Summers (2007) und Walker (2007).

„Ministers plan to re-consult, but say nuclear power is the best way to tackle climate change and energy security. Mr Blair told the BBC: 'This won't affect the policy at all'" (BBC News 2007b).[42] In ihrer Analyse des Konsultationsprozesses kommen Dorfman (2008) sowie Mah und Hills (2014) daher zu dem wenig überraschenden Schluss, dass auch im zweiten Anlauf die Informationsgrundlage eher einseitig präsentiert und kaum auf Feedback oder Einwände eingegangen worden sei.

Climate Change Act, Energy Act und Planning Act 2008 – business as usual für erneuerbare Energien?
Die im Weißbuch von 2007 angekündigten Pläne wurden 2008 als Gesetzesentwürfe zum *Climate Change Act* und *Energy Act* eingebracht. Der Entwurf zum *Energy Act* wurde von der britischen Regierung im Januar 2008 dem *House of Commons* vorgelegt und im November 2008 verabschiedet.[43] Übergreifende Ziele, die mit dem Gesetz verfolgt wurden, waren laut Wirtschaftsminister John Hutton (*Labour*) die Reduktion von CO_2-Emissionen sowie die Absicherung der britischen Versorgungssicherheit (HC 2008c, Col. 1361–1365). Eher am Rande ging er auf das volkswirtschaftliche Potenzial erneuerbarer Energien ein: „[...] [R]enewable energy sources hold out a good chance of bringing about [...] green-collar jobs in British manufacturing" (HC 2008c, Col. 1370). Durch den *Energy Act* sollten neben der geplanten RO-Reform, mit der auch dem europäischen 20 %-Ziel für erneuerbare Energien Rechnung getragen werden sollte, insbesondere die nötigen (Investitions-)Voraussetzungen kreiert werden, um (a) die Kapazitäten zum Gasimport auszubauen, (b) neue Atomenergiekapazitäten zu schaffen und (c) die CCS-Technologie[44] weiterzuentwickeln (HC 2008c, Col. 1361–1365).

---

[42] Die schottische Regierung hatte eine abweichende Position und priorisierte ihrerseits vor allem den Ausbau erneuerbarer Energien (Scottish Government 2007). In den späteren Debatten zum *Energy Act* konnte eine deutliche Animosität zwischen Wirtschaftsminister Hutton und Mitgliedern der *Scottish National Party* beobachtet werden. Hutton wies Einwände der SNP zurück, mit dem Verweis, „I consider that a thoroughly miserable intervention from a member of a party that has absolutely diddly-squat to say about the United Kingdom's energy requirements. We will not take any lectures from the hon. Gentleman and his hon. Friends about how we meet the UK's energy requirements [...]" (HC 2008c, Col. 1366).

[43] UK Public General Acts, 2008 c. 32. Energy Act 2008. 26th November 2008.

[44] CO_2-Abscheidung und -Speicherung (*carbon capture & storage*).

Mit dem *Energy Act* wurden staatlicherseits zwar eine bestimmte Stoßrichtung und entsprechende Rahmenbedingungen vorgegeben – die eigentliche Entwicklung sollte aber so weit möglich dem Markt überlassen werden.[45] So wurde beispielsweise die Notwendigkeit des Atomenergieausbaus betont, gleichzeitig aber klargestellt, dass die Umsetzung vom Interesse der Privatwirtschaft abhängen werde:

> [...] New nuclear power will contribute to the diversity of our energy supplies and help to reduce carbon emissions. It will also reduce the costs of meeting our energy goals. [...] [I]t makes commercial sense. Ultimately, of course, companies will decide whether they wish to invest in new nuclear power, not Ministers (Hutton, HC 2008c, Col. 1372–1373).[46]

Im Bereich erneuerbare Energien war zunächst geplant, komplett beim RO-System zu bleiben, um dadurch die Stabilität des Fördersystems gegenüber Investoren aufrechtzuerhalten (HC 2008c, Col. 1367–1368).[47] Im Gesetzgebungsverfahren wurde jedoch eine Änderung eingebracht, mit der künftig auch Regelungen für Einspeisetarife (*feed-in tariffs*, FIT) getroffen werden konnten (HC 2008a, 2008b). Die Diskussion hierüber wurde seit etwa 2006 geführt (HC 2006, 2007; siehe auch Hazrat 2016: 269–270), bis dato allerdings erfolglos. Während der Parlamentsdebatte im November 2008 wurde es vor allem dem neuen Energieminister Miliband sowie dem Einsatz der Umweltorganisation *Friends of the Earth*, die bei vielen Abgeordneten für die FIT-Einführung lobbyiert hatte, zugesprochen, dass eine entsprechende Maßgabe nun in den Gesetzesentwurf integriert werden konnte (HC 2008d, Col. 139–156).

Hintergrund war, dass Premierminister Gordon Brown Anfang Oktober 2008 sein Kabinett umstrukturiert und dabei das neue *Department of Energy and*

---

[45] Wie in Abschnitt 6.3 diskutiert, lagen hierin bereits in der Vergangenheit einige Herausforderungen, speziell für den EE-Ausbau. Wie Keay (2016) kommentiert, war die janusköpfige britische Energiepolitik zudem auch über den EE-Sektor hinaus mit Problemen verbunden: „UK energy policy is not fit for purpose – it remains stuck in a limbo, half-planned, half market-oriented. [...] There is a risk of getting the worst of both worlds – without the coordination that could come from a centralised approach or the efficiencies and innovation which could come from a market approach [...]" (Keay 2016: 251).

[46] Durch den 2008 verabschiedeten *Energy Act* wurden vom Staat lediglich Rahmenbedingungen formuliert, mit der die Vergabe von Lizenzen für den AKW-Bau an bestimmte Bedingungen geknüpft wurde. Insbesondere musste ein finanziell abgesichertes Programm zur Abwicklung des AKW sowie zum Umgang mit dem entstehenden radioaktiven Abfall vorgelegt werden (s. 45 Energy Act 2008).

[47] Die vorgelegten Reformvorschläge seien bereits in enger Zusammenarbeit mit „renewables investors and others" konzipiert worden (HC 2008c, Col. 1368).

Climate Change (DECC) geschaffen hatte (*cabinet reshuffle*). Der neu eingesetzte Minister für Energie und Klimawandel, Edward Miliband, galt als EE-Befürworter und zeigte sich gegenüber Großunternehmen der Energiewirtschaft eher distanziert.[48] Parlamentarier, die sich für FIT einsetzten, fanden in Miliband, verglichen mit seinem Vorgänger Hutton, einen kooperativeren Partner. Unterstützung für eine (nach oben gedeckelte) FIT-Förderung hätte es parteiübergreifend schon länger gegeben (HC 2008d, Col. 139–156), sei aber wiederholt vom Wirtschafts- sowie vom Finanzministerium abgetan worden (HC 2008d, Col. 143, 156). Der neue Energieminister habe sich gegenüber Vorschlägen im Gesetzgebungsprozess offener gezeigt und nicht vom Lobbying der Elektrizitätswirtschaft vereinnahmen lassen (HC 2008d, Col. 140–156). Der Elektrizitätswirtschaft, darunter auch dem Windenergieverband *British Wind Energy Association*, warfen einige Parlamentarier vor, mit ihrer ablehnenden Haltung gegenüber der FIT-Einführung eine gesellschaftliche Teilhabe am EE-Ausbau blockiert zu haben:

[…] [M]any of the big energy suppliers have been fighting tooth and claw […]. The Association of Electricity Producers had lobbied for a threshold of 50 kW. The British Wind Energy Association lobbied, until the last moment, for a threshold of 500 kW. Such demands would preclude the opportunity to develop […] renewable energy systems on a community, town or city scale. […] [E]nergy companies recognise a gravy train when they see one […]. Under the renewables obligation, they have been able to make returns on capital of roughly 40 per cent., so it is little wonder that they want to preserve this […] (MP Alan Simpson (*Labour*), HC 2008d, Col. 141; siehe auch MP Colin Challen (*Labour*), HC 2008d, Col. 141, 148).

Das *cabinet reshuffle* und die Einsetzung Milibands führten zu einer ambitionierteren Klima- und EE-Politik: Zum einen wurde durch den *Energy Act* im Ergebnis die primärrechtliche Grundlage geschaffen, die den Minister ermächtigte, per Verfügung Einspeisetarife für die Förderung von EE-Kleinanlagen (bis 5 MW) festzusetzen (Hazrat 2016: 270). Zum anderen wurde der zur gleichen Zeit verabschiedete *Climate Change Act* dahingehend angepasst, dass nunmehr eine 80%ige Reduktion von CO_2-Emissionen bis 2050 vorgesehen war (Section 1 (1) Climate Change Act 2008).[49] Als neuer Energie- und Klimaminister hatte Miliband kurz nach Amtsantritt die Zielmarke von ursprünglich 60 % nach oben hin angepasst (HC 2008d, Col. 155; Pickard 2015). Neben dem *Energy Act* und dem *Climate*

---

[48] Siehe dazu das Profil Milibands in der *Financial Times* (Pickard 2015) sowie die Medienberichterstattung zum *cabinet reshuffle*, insbesondere Kinver (2008) für *BBC News* und Stratton (2008) in *The Guardian*.

[49] UK Public General Acts, 2008 c. 27. Climate Change Act 2008. 26th November 2008.

Change Act war ein weiteres Resultat des Weißbuchs von 2007 der *Planning Act*.[50] Damit sollte die Planung großer Infrastrukturprojekte effizienter gestaltet werden, sodass u. a.:

• eine *Infrastructure Planning Commission* eingerichtet wurde, als Entscheidungsgremium für große Infrastrukturprojekte (Section 1),
• die Grundlage für *National Policy Statements* (NPS) geschaffen wurde, mit denen der zuständige Minister künftig Leitlinien für die weitere Infrastrukturplanung festlegen konnte (Section 5),
• Planungszeiträume bzw. Fristen für die Planungsverfahren gesetzt wurden (Sections 98, 107 Planning Act 2008).

Der *Planning Act* betraf eine große Bandbreite an Infrastrukturgroßprojekten, z. B. Häfen, Schienennetze, aber auch energieerzeugende Anlagen und Stromnetze (Section 14 (1) Planning Act 2008). Speziell auf den EE-Ausbau wurde dabei nicht eingegangen (dies konnte prinzipiell noch innerhalb der NPS erfolgen, welche aber erst im November 2009 vorgestellt wurden, siehe Abschnitt 7.3.2). Die Verabschiedung des *Energy Act*, des *Climate Change Act* und des *Planning Act* im November 2008 spiegelte insgesamt zwar eine aktivere und umfassendere energiepolitische Steuerung wider, bezogen auf die Förderung erneuerbarer Energien hatte sich jedoch wenig verändert. Angesichts des wahrgenommenen Handlungsdrucks bzgl. der Versorgungssicherheit und des Klimawandels hatte die britische Regierung im *White Paper* ein energiepolitisches Programm formuliert, das als Spagat zwischen marktliberal-angebotsorientierter Energiepolitik und emissionsreduzierenden Maßnahmen betrachtet werden kann. Die Umsetzung der geplanten Maßnahmen brachte für die Förderung erneuerbarer Energien nur kleinere Anpassungen. Im Zentrum stand die breite Expansion des Energieangebotes: durch Gasimporte, neue Atomenergiekapazitäten sowie die Optimierung der Kohleenergie. Erneuerbare Energien blieben ein Randthema, besonders in Verbindung mit dem neu entfachten Interesse am Atomenergieausbau.

7.3.2 Rechtliche Transposition

Nachdem im vorangegangenen Teil die antizipatorische Phase und die daraus hervorgegangenen nationalen Policies besprochen wurden, schließt sich nun eine nähere Betrachtung der rechtlichen Transposition der EU-Richtlinie

---

[50] UK Public General Acts, 2008 c. 29. Planning Act 2008. 26th November 2008.

an. Hierbei werden der Nationale Aktionsplan sowie die offiziell angezeigten nationalen Rechtsakte zur EU-Richtlinienumsetzung analysiert. Dies geschieht entlang (1) der inhaltlich-strategischen Übereinstimmung, (2) der Neueinführung von Instrumenten und Maßnahmen und (3) dem EU-Rechtsbezug der formalen Transposition.

Inhaltlich-strategische Übereinstimmung
Zunächst wird betrachtet, inwiefern sich die inhaltlich-strategische Ausrichtung, die das Vereinigte Königreich in seinem Nationalen Aktionsplan (NA) darstellte (UK 2010), mit den Policy-Zielen der EU-Richtlinie deckte. Grundsätzlich wurde im britischen NA ein klares Bekenntnis zum Ausbau erneuerbarer Energien formuliert: „The UK needs to radically increase its use of renewable energy" (UK 2010: 4).[51] Als zentrale energiepolitische Motive wurden, wie beim *Energy Act* von 2008, der Klimaschutz und die Versorgungssicherheit genannt (UK 2010: 4). Daneben wurde dem EE-Ausbau mittlerweile auch industriepolitisches Potenzial zugeschrieben:

> Our drive to increase the proportion of energy we obtain from renewable sources [...] will also provide opportunities for investment in new industries and new technologies. The UK Government will help business develop in this area to put the UK at the forefront of new renewable technologies and skills (UK 2010: 4).

So sollten u. a. Energieparks für Meeresenergie einen „new world-leading UK-based energy sector" begründen (UK 2010: 7). Eine ähnliche Argumentation fand sich auch in der *Renewable Energy Strategy*, die im Juli 2009, d. h. etwa zwei Monate nach Verabschiedung der EU-Richtlinie, vom neu formierten Ministerium für Energie und Klimawandel (*Department of Energy and Climate Change*, DECC) veröffentlicht wurde:

> [...] [The Renewable Energy Strategy] will provide outstanding opportunities for the UK economy with the potential to create up to half a million more jobs in the UK renewable energy sector resulting from around £100 billion of new investment. In parallel with energy saving, nuclear and carbon capture and storage, this is a key element of our overall transition plan for setting the UK on the path to achieve a low-carbon, sustainable future that helps address dangerous climate change (DECC 2009: 8).

Nach wie vor war die Regierung, seit Mai 2010 nunmehr eine Koalitionsregierung aus *Conservatives* und *Liberal Democrats*, aber der Ansicht, dass neben erneuerbaren Energien auch die Atomenergie sowie (durch CCS-Technologie

---

[51] Dabei wurde auch auf das Koalitionsprogramm der Regierung vom Mai 2010 verwiesen (H. M. Government 2010; UK 2010: 4).

optimierte) Kohleenergie weiter genutzt werden sollten (UK 2010: 4). Der Ausbau erneuerbarer Energien war entlang dreier Ansätze geplant: (1) finanziellen
Förderinstrumenten, (2) dem Abbau von Hemmnissen beim Energietransport und
(3) der Entwicklung neuer Technologien (UK 2010: 6). Der Schwerpunkt galt
dem Stromsektor: Bis 2020 sollte hier ein Anteil von etwa 30 % erneuerbarer
Energien erreicht werden (UK 2010: 5), wie bereits in der *Renewable Energy Strategy* formuliert (DECC 2009: 8). Insbesondere sollten die Offshore-Windenergie
und die Meeresenergie ausgebaut werden (UK 2010: 7). Im Wärmesektor wurden
12 % und im Transportsektor 10 % anvisiert, um den von der EU-Richtlinie vorgegebenen Gesamtwert von 15 % erneuerbarer Energien bis 2020 zu erreichen
(DECC 2009: 8; UK 2010: 5). Diese sektoralen Zielwerte wurden allerdings
nicht als verbindlich betrachtet – die genaue Ausgestaltung des Energiesektors
wurde zwecks größerer Flexibilität bewusst offengelassen (UK 2010: 6, 11–12).
Entsprechend waren die anvisierten Zielwerte auch in der *Renewable Energy Strategy* in eine sehr vage Formulierung eingebettet: „Our lead scenario suggests that
we could see [...]" (DECC 2009: 8). Insgesamt zeigte das Vereinigte Königreich in seinem Nationalen Aktionsplan eine *moderate* inhaltlich-strategische
Übereinstimmung mit der EU-Richtlinie. Zwar fanden sich im NA eine hohe
rhetorische Priorisierung des Ausbaus erneuerbarer Energien und ebenso eine
spezifische Strategie bzw. konkrete Ansätze (z. B. gezielter Offshore-Ausbau).
Zugleich wurde aber betont, dass neben erneuerbaren Energien auch die Atom-
und Kohleenergie weitergenutzt bzw. ausgebaut werden sollten. Der EE-Ausbau
war sektorübergreifend, aber anhand unverbindlicher Zielwerte geplant – wie
bereits in der *Renewable Energy Strategy* von 2009.

Neueinführung von Instrumenten und Maßnahmen
Mit Blick auf die Maßnahmen zur Förderung der Nutzung von Energie aus
erneuerbaren Quellen wurden 41 Punkte aufgelistet, darunter auch verschiedene
regionale Maßnahmen wie der *Scottish National Renewables Infrastructure Plan*
(UK 2010: 15–25). Neben zahlreichen bereits existierenden Maßnahmen befanden sich zum Berichtszeitpunkt elf noch in Planung.[52] Die größte Veränderung
im britischen Fördersystem betraf die Reform des RO-Zertifikatssystems und die
im April 2010 eingeführten Einspeisetarife für stromerzeugende Kleinanlagen
bis 5 MW (UK 2010: 6, 15). Wie in Abschnitt 7.3.1 erwähnt, war die primärrechtliche Grundlage hierfür mit dem *Energy Act* von 2008 geschaffen worden

---

[52] Nicht alle 41 Maßnahmen waren direkt auf die Förderung erneuerbarer Energien bezogen,
es wurden z. B. auch allgemeine emissionssenkende Maßnahmen oder Forschungsprojekte
genannt.

(Hazrat 2016: 270). Mit der *Renewables Obligation Order* (ROO 2009)[53] wurde insbesondere das neue *banding*-Prinzip umgesetzt, mit dem Technologiegruppen nunmehr nach ihrer Marktreife klassifiziert und in unterschiedlicher Höhe im Zertifikatssystem gewichtet wurden (Abschnitt 7.3.1). Die Einspeisetarife wurden per *Feed-in Tariffs Order* 2010[54] eingeführt. Damit bestanden im Stromsektor nunmehr zwei Fördersysteme, nach Anlagengröße bzw. Technologie gestaffelt. Daneben waren im NA weitere finanzielle bzw. marktbegleitende Anreize für den EE-Ausbau im Stromsektor vorgesehen: So war zum Berichtszeitpunkt bereits ein F&E-Förderpaket, speziell zur Entwicklung der Meeresenergie, aufgelegt worden (UK 2010: 24–25). Für die Unterstützung der Offshore-Windenergieentwicklung waren zudem frei zugängliche Testanlagen für Entwickler geplant (UK 2010: 23).

Im Wärmesektor wurde für April 2011 die Einführung einer *Renewable Heat Incentive* (RHI) geplant, mit der finanzielle Anreize für die EE-Wärmenutzung durch Haushalte, Unternehmen und Gemeinden geschaffen werden sollten (UK 2010: 16).[55] Die Ende November 2011 schließlich verabschiedeten *Renewable Heat Incentive Scheme Regulations*[56] brachten zunächst aber nur für kommerzielle Anlagen eine finanzielle Förderung, Wohngebäude waren nicht Teil der Regelung. Im Transportsektor waren ab 2009 einige Einzelmaßnahmen getroffen worden: ein *Green Bus Fund*, eine Steueranpassung zugunsten bestimmter Biokraftstoffe und die Bereitstellung von Forschungsgeldern zur Entwicklung von Biokraftstoffen zweiter Generation (UK 2010: 20). Das bestehende Quotensystem (RTFO) sollte zeitnah überprüft und bei Bedarf angepasst werden (UK 2010: 6).

Neben den primär finanziellen Anreizen zum EE-Ausbau wurde der Abbau von Hemmnissen priorisiert, d. h. die Überprüfung von Planungsverfahren und die Verbesserung der Netzanbindung (UK 2010: 6). Dies war Teil der größeren „better regulation agenda" (UK 2010: 43), die bereits einige Jahre zurückreichte und über den Energiesektor hinaus verfolgt wurde (UK 2010: 48; Abschnitt 6.3). Wie in Abschnitt 7.3.1 beschrieben, wurde mit Blick auf die Planungsverfahren für große Infrastrukturprojekte, darunter Anlagen zur Energieerzeugung, 2008 der *Planning Act* verabschiedet. In Verbindung damit wurden Ende 2009 *National Policy Statements* (NPS) vorbereitet, um Planungsentscheidungen über

---

[53] UK Statutory Instruments, 2009 No. 785, The Renewables Obligation Order 2009. 24th March 2009. Schottland und Nordirland verabschiedeten, wie auch sonst üblich, ihre eigenen Versionen der ROO, mit teils abweichendem *banding* (Sohre 2014: 127).

[54] UK Statutory Instruments, 2010 No. 678, The Feed-in Tariffs (Specified Maximum Capacity and Functions) Order 2010. 8th March 2010.

[55] Die primärrechtliche Grundlage war bereits in s. 100 Energy Act 2008 gegeben.

[56] UK Statutory Instruments, 2011 No. 2860, The Renewable Heat Incentive Scheme Regulations 2011. 27th November 2011.

bedeutende Energieinfrastrukturmaßnahmen anzuleiten (UK 2010: 45). Das im Juli 2011 veröffentlichte übergreifende NPS spiegelte die weitgehend technologieoffene, angebotsorientierte energiepolitische Leitlinie wider, die bereits das Weißbuch von 2007 geprägt hatte (Abschnitt 7.3.1). Insofern zielte auch das NPS darauf ab, ein möglichst breites Energieangebot zu schaffen, wobei erneuerbare Energien neben Gas, CCS-optimierter Kohle- sowie Atomenergie eingereiht wurden (DECC 2011a). Daneben gab es eigene NPS zu bestimmten Energieträgern, darunter ein *National Policy Statement for Renewable Energy Infrastructure* (DECC 2011b). Gegenstand waren hierbei lediglich stromproduzierende Großanlagen (ab 50 MW) auf Basis von Windenergie oder Biomasse (DECC 2011b: 5–6). Speziell zum Ausbau der Offshore-Windenergie war 2008 die *Marine Management Organisation* (MMO) als Genehmigungsbehörde für Offshore-Anlagen gegründet worden (DECC 2011b: 1, 75; UK 2010: 47). Im Bereich Netze wurde seit Mai 2009 ein neues Anschlusssystem getestet (sog. *Connect and Manage*), mit dem neue Energieerzeugungsanlagen schnelleren Zugang zum Netz erhalten sollten (UK 2010: 82). Wie bei der Reformierung der Planungsverfahren, handelte es sich hierbei nicht um EE-spezifische, sondern allgemeingültige Regelungen. Im Gebäudebereich waren 2010 *Building Regulations*[57] verabschiedet worden, mit denen die Installation von Kleinanlagen zur Strom- oder Kälte-/Wärme-Erzeugung aus erneuerbaren Energien vereinfacht werden sollte. Daneben sollten weitere regulative Reformen folgen, um Neubauten ab 2016 klimaneutral zu machen (sog. *Zero Carbon Homes*) (UK 2010: 22–23).

Die Neueinführung von Instrumenten und Maßnahmen zur Förderung erneuerbarer Energien ist insgesamt als *moderat* zu bewerten: Das Vereinigte Königreich hat einerseits einige neue Maßnahmen eingeführt, sowohl im Strom- als auch im Wärme- und Transportsektor. Auch Reformen der Planungsverfahren, Anpassungen im Bereich Netze sowie neue Regelungen im Gebäudebereich zeigten, dass das Vereinigte Königreich dem umfassenden Regulierungsansatz der EU-Richtlinie im Prinzip folgte. Andererseits lag der Fokus dabei nicht unbedingt auf erneuerbaren Energien – so wurden die Neuerungen im Bereich der Planungsverfahren und der Netze eher unter dem Schirm einer expansiven, technologieoffenen Energiepolitik angelegt. Mit Blick auf die Förderung erneuerbarer Energien gab es neben kleineren Anpassungen wie neuen Anreizen für relativ eng

---

[57] UK Statutory Instruments, 2010 No. 2214, The Building Regulations 2010. 6th September 2010.

definierte Bereiche keine nennenswerte Weiterentwicklung bestehender Förderansätze. Obwohl z. B. die Offshore-Energieerzeugung strategisch hervorgehoben wurde, gab es hier vergleichsweise wenig Neues.

EU-Rechtsbezug formaler Transposition[58]
Die formale Transposition im Umsetzungszeitraum der EU-Richtlinie (April 2009 bis Dezember 2010) betraf im Wesentlichen die *Feed-In Order* und die *Building Regulations* von 2010. Weitere offiziell zur Umsetzung der EU-Richtlinie angezeigte Rechtsakte im genannten Zeitraum bezogen sich u. a. auf die Kennzeichnung von Biokraftstoffen, auf Regelungen zum Energietransport und auf eine Anpassung bestehender Regelungen über Herkunftsnachweise. Außerhalb des Umsetzungszeitraums fanden sich unter den offiziell angezeigten Rechtsakten diverse Regelungen aus den 1990er bzw. 2000er Jahren, die sich zum Teil nur indirekt auf erneuerbare Energien bezogen. Relevante, vor dem Umsetzungszeitraum verabschiedete Rechtsakte, waren vor allem die Biokraftstoffquotenregelung (RTFO) von 2007 sowie die aktualisierte ROO 2009 (Abschnitt 7.3.1). Nach Ende der Umsetzungsfrist wurde im Februar 2011 ein weiterer Rechtsakt verabschiedet, mit dem hauptsächlich das europäisch vorgegebene nationale EE-Ziel bis 2020 verankert wurde.[59] Weitere, nach Ablauf der Umsetzungsfrist verabschiedete Rechtsakte waren eine Anpassung der ROO und der RTFO, beide von 2011. Der EU-Rechtsbezug der formalen Transposition fiel im Vereinigten Königreich insgesamt *gering* aus. Die (im Vergleich wenigen) innerhalb des Umsetzungszeitraums angezeigten Rechtsakte betrafen nur einzelne Aspekte der europäischen Vorgaben und gingen auf das nationale Policymaking im Vorfeld der EU-Richtlinie zurück. Die wesentlichen, relevanten Neuerungen im Energie- bzw. EE-Bereich waren Resultate des *White Paper* von 2007 bzw. des damit verbundenen *Energy Act* von 2008 (Abschnitt 7.3.1). Auch das mit der ROO 2009 eingeführte *banding* und die *Feed-In Order* von 2010 – die wenigen nennenswerten Veränderungen des Fördersystems – waren eher Ergebnis einer anhaltenden nationalen Policy-Debatte denn eine direkte Folge der europäischen Erneuerbare-Energien-Richtlinie.

---

[58] Offiziell angezeigte Rechtsakte, siehe EU (2019).
[59] UK Statutory Instruments, 2011 No. 243, The Promotion of the Use of Energy from Renewable Sources Regulations 2011. 7th February 2011.

7.3.3 Praktische Umsetzung

Nachdem im vorangegangenen Teil die rechtliche Transposition der EU-Richtlinie betrachtet wurde, wird nun die praktische Umsetzung anhand des tatsächlichen EE-Ausbaus sowie der erreichten Zielwerte beleuchtet. Bei Betrachtung des Anteils erneuerbarer Energien in den verschiedenen Sektoren fällt zunächst im Stromsektor ein deutliches Wachstum auf. Ab 2011 konnte hier jedes Jahr ein Zuwachs von mindestens zwei Prozentpunkten verzeichnet werden (Abb. 7.3). Beginnend mit einem EE-Stromanteil von 3 % im Jahr 2004 bzw. 6 % im Jahr 2009, konnte das Vereinigte Königreich bis 2020 einen Anteil von rund 39 % erzielen. Die erhöhte Wachstumsdynamik im Stromsektor korrespondierte zeitlich zwar mit der europäischen Erneuerbare-Energien-Richtlinie; doch vor dem Hintergrund der in den Abschnitten 7.3.1 und 7.3.2 betrachteten antizipatorischen Phase bzw. rechtlichen Transposition war dies vermutlich eher der Einführung des *banding* bzw. der Einspeisetarife für Kleinanlagen geschuldet, welche ihren Ursprung auf nationaler Ebene hatten, sowie einer Anpassung der Zielwerte innerhalb der bereits im Vorfeld etablierten *Renewables Obligation*.

Der EE-Anstieg im Stromsektor spiegelte sich im (gemäßigteren) Wachstum des Gesamtanteils erneuerbarer Energien wider. Bis 2020 konnten hier knapp 14 % erreicht werden, von ursprünglich 1 % im Jahr 2004 bzw. 3 % im Jahr 2009. Im Kälte-/Wärmesektor konnte bis 2020 ein Anteil von ca. 7 % erneuerbarer Energien erreicht werden, im Transportsektor rund 10 %. Von den geringen Ausgangswerten im Jahr 2004 (1 % bzw. 0 %) sowie den weiterhin nur marginalen Anteilen im Jahr 2009 (jeweils 3 %) ausgehend, hatte sich damit der EE-Anteil auch in diesen Sektoren bis 2020 vervielfacht.

Dem indikativen Zielpfad war das Vereinigte Königreich 2017/2018 noch gefolgt, sodass die fehlenden 4,8 % bis zum Zielwert von 15 % im Jahr 2020 laut Plan erreichbar waren. Jedoch gehörte das Vereinigte Königreich nach Einschätzung der Europäischen Kommission (2019) zu denjenigen Mitgliedstaaten, bei denen die bestehenden sowie noch geplante EE-Policies evtl. zu kurz greifen würden: „[…] [C]urrently implemented […] and already planned renewable energy policy initiatives appear today to be insufficient to trigger the required renewable energy volumes […]" (EK 2019: 8). Auf nationaler Ebene hatte ebenso das *Energy and Climate Change Committee* (ECC) bereits 2016 prognostiziert, dass das Vereinigte Königreich seine rechtsverbindlichen EE-Ziele bis 2020 nicht würde einhalten können, aufgrund mangelnder Fortschritte insbesondere im Wärme- sowie Transportbereich (ECC 2016).

Letztlich verfehlte das Vereinigte Königreich mit einem Gesamtanteil von knapp 14 % erneuerbarer Energien das EU-Ziel von 15 % bis 2020. Im Transportsektor war der Zielwert von 10 % dagegen genau erreicht worden (Abb. 7.3). Insofern lässt sich für das Vereinigte Königreich lediglich *sectoral compliance* festhalten: Im Transportsektor konnten die EU-Vorgaben zwar realisiert werden, nicht jedoch bezogen auf den Gesamtwert erneuerbarer Energien.

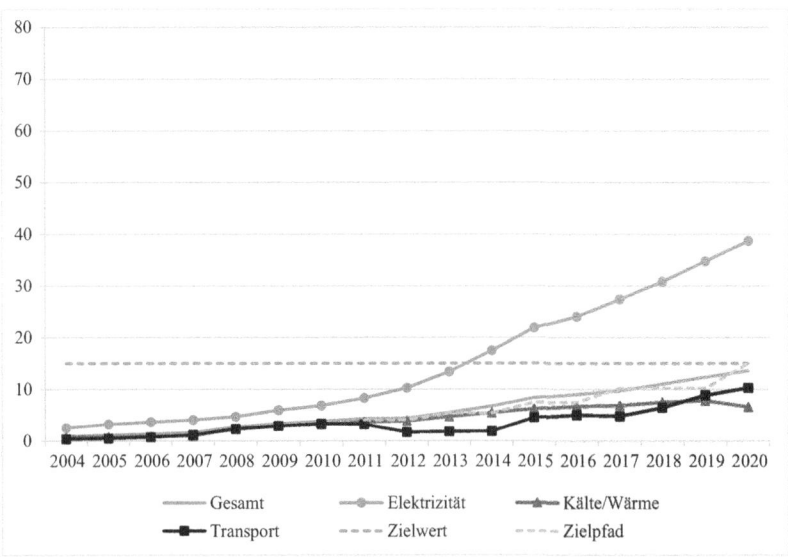

Abb. 7.4 Anteil erneuerbarer Energien im Vereinigten Königreich Großbritannien und Nordirland nach Sektoren (in %).[60] Eigene Darstellung nach Eurostat (2022a) und BEIS (2021)[61]

---

[60] Die vertikale Achse ist für alle Mitgliedstaaten auf max. 80 Prozent gesetzt, auch wenn die EE-Anteile in einigen Mitgliedstaaten weit darunterbleiben, um Verzerrungen in der Darstellung zu vermeiden.

[61] Über Eurostat sind Daten für das Vereinigte Königreich nur bis einschließlich 2019 verfügbar.

7.3.4 Zusammenfassung

Die europäische Erneuerbare-Energien-Richtlinie kam zu einem Zeitpunkt, als im Vereinigten Königreich bereits energiepolitische Reformstimmung herrschte (Wood und Dow 2011: 2229). Auf Basis des energiepolitischen Weißbuchs von 2007 wurden 2008 mehrere Rechtsakte auf den Weg gebracht, um den zentralen Zielen der Versorgungssicherheit und des Klimaschutzes gerecht zu werden. Die maßgeblichen Entscheidungen wurden bereits mit dem Weißbuch von 2007 bzw. im Laufe der Gesetzgebung im Jahr 2008 getroffen, darunter eine Anpassung des RO-Systems und eine begrenzte Einführung von Einspeisetarifen. Darüber hinaus hatten erneuerbare Energien weiterhin eine energiepolitische Randstellung. Unter dem Schirm einer entschieden marktliberalen und angebotsorientierten, d. h. primär auf die Herausforderung der Versorgungssicherheit reagierenden Energiepolitik waren erneuerbare Energien nach wie vor nur eine Option unter vielen: sowohl bezogen auf die langfristige Energieversorgung als auch mit Blick auf den Klimaschutz. Ähnlich fiel bereits die Bewertung der britischen EE-Politik im Vorfeld der EU-Richtlinie aus (Abschnitt 6.3). In diesem Sinne fand keine weitergehende Europäisierung im Zusammenhang mit der EU-Richtlinie statt, auch wenn die 20-20-20-Ziele in der nationalen Debatte aufgegriffen wurden.

Hinsichtlich des *institutional misfit*, der in Abschnitt 6.3 und Abschnitt 6.7 festgestellt wurde, zeigte das Vereinigte Königreich in vielen Punkten Persistenz. Die eigentümliche Kombination aus liberal-pluralistischem und paternalistischem Verständnis der staatlichen Rolle war nach wie vor beobachtbar. Besonders zeigte sich das janusköpfige Vorgehen beim Thema Atomenergieausbau: regierungsseitig ,angeordnet' und doch nahezu vollständig dem Markt überlassen. Kontinuität herrschte auch bei der eher reaktiven Steuerung des EE-Ausbaus, welche aus klima- und energiepolitischem Handlungsdruck resultierte. Erst nach und nach kamen Argumente hinzu, die z. B. vor dem Hintergrund neuer Arbeitsplätze eine aktivere Steuerung begründet hätten. Das inkrementelle Vorgehen war durch die reichlichen und thematisch umfänglichen Rechtsakte von 2008 ff. zumindest vom Anspruch her einem umfassenderen (und legalistischeren) Förderansatz gewichen. Allerdings zeigte sich im Ergebnis eine eher fragmentierte Förderlandschaft, bestehend aus Einzelmaßnahmen. Kurzum, das Vereinigte Königreich hatte sich an das europäische Modell einer staatlich aktiv gesteuerten, umfassend ausgestalteten und legalistischen EE-Politik höchstens rhetorisch, de facto aber nicht angepasst.

7.4 Niederlande

7.4.1 Antizipatorische Phase

Während der antizipatorischen Phase setzte sich die niederländische Regierung ambitionierte klima- und energiepolitische Ziele. Das Arbeitsprogramm *Schoon en zuinig* brachte für die Förderung erneuerbarer Energien jedoch wenig Neues, abgesehen von einer Einspeiseprämie. Ungeachtet der neuen Zielsetzung blieben Policy-Ansätze und -Instrumente weitgehend unverändert.

Koalitionsvertrag verspricht Energiewende mit ambitionierter Zielsetzung
Im Februar 2007 bildete sich eine Koalitionsregierung aus *Christen-Democratisch Appèl* (CDA), *Partij van de Arbeid* (PvdA) und *ChristenUnie* (CU) (Tab. 7.2). In ihrem Koalitionsvertrag planten die Regierungsparteien eine Energiewende, bei der die Niederlande bis 2020 eines der nachhaltigsten und effizientesten Energiesysteme Europas haben sollten (CDA et al. 2007: 8). Dabei komme es vor allem darauf an, Energie einzusparen, verstärkt alternative Energiequellen sowie die CCS-Technologie[62] zu nutzen (CDA et al. 2007: 8). Folgende Ziele bis 2020 wurden aus dem Parteiprogramm der *Partij van de Arbeid* übernommen (PvdA 2006: 88):

- eine jährliche Energieeinsparung von 2 %,
- eine Erhöhung des Anteils erneuerbarer Energien auf 20 %,
- eine 30%ige Reduktion von Treibhausgasemissionen gegenüber 1990 (CDA et al. 2007: 20).[63]

Dies war, besonders mit Blick auf den bislang sehr geringen Anteil erneuerbarer Energien von 3 % im Jahr 2006, eine überaus ambitionierte Zielsetzung

---

[62] CO_2-Abscheidung und -Speicherung (*carbon capture and storage*, CCS).
[63] Die Zielsetzung ging auf eine Arbeitsgruppe der PvdA zurück, die sich 2002 formiert hatte und deren Empfehlungen ins Parteiprogramm von 2006 übernommen wurden (TK 2007a: 18).

(Abb. 7.5).[64] Wie in Abschnitt 6.4 diskutiert, zeichneten sich die niederländische Parteienlandschaft und das Modell der Konsensdemokratie dadurch
aus, dass grüne Themen breit verwurzelt und Ziele wie Umwelt- und Klimaschutz weitgehend unstrittig waren. Mit dem Regierungswechsel von der
christdemokratisch-liberalen Koalition aus CDA und VVD hin zu einer Koalition
aus CDA, PvdA und CU verschoben sich die parteipolitischen Machtverhältnisse
noch einmal mehr in die ökologische Richtung. Besonders das Programm der
ChristenUnie (CU 2006) wurde von *Greenpeace Nederland* (2006) aufgrund seiner ambitionierten klimapolitischen Inhalte lobend herausgestellt. Auch die PvdA
wurde in dieser Hinsicht positiv erwähnt (Greenpeace Nederland 2006). Traditionell gehörte die PvdA bereits zu denjenigen Parteien, die von EE-Branchen- und
Umweltorganisationen als Partner betrachtet wurden (Reiche 2002: 56). Während
die CDA diese Stellung nicht innehatte, zeigten sich doch auch in ihrem Parteiprogramm klima- und energiepolitische Ambitionen (CDA 2006). Im Juni 2007
folgte das Regierungsprogramm *Samen werken samen leven*, mit dem die Ziele
und Maßnahmen aus dem Koalitionsvertrag erneut bestätigt wurden (EZ 2007).
Als klima- und energiepolitisches Maßnahmenbündel wurde dabei das Programm
Schoon en zuinig (zu dt.: ‚Sauber und effizient‘) vorgestellt (EZ 2007: 34). Die
zunächst allgemein formulierten Maßnahmen betrafen u. a. den Energiesektor,
die Industrie, die Landwirtschaft und den Gebäudesektor (EZ 2007: 34).

Wie im Regierungsprogramm deutlich wurde, hatte sich die Regierung mit der
Energiewende zwar ein anspruchsvolles neues Projekt vorgenommen, doch blieben die Policy-Ansätze und -Instrumente quasi unverändert (vgl. Abschnitt 6.4).
Was die niederländische Energiepolitik nach wie vor auszeichnete, war eine
marktorientierte bzw. marktliberale Perspektive: In aufeinanderfolgenden Policy-
Papieren betonte die Regierung mehrfach, dass es bei der Energiewende, darunter
auch dem Ausbau erneuerbarer Energien, vor allem auf einen kosteneffizien-
ten Instrumentenmix ankomme (CDA et al. 2007: 20; EZ 2007: 34; VROM
2007: 9–10). Ebenso sei die Energiewende nur in Kooperation mit gesellschaftlichen Adressaten, besonders der Wirtschaft, zu leisten; Aufgabe des Staates
sei es, für günstige Rahmenbedingungen und die nötigen Marktanreize zu sorgen (CDA et al. 2007: 8, 16, 20; EZ 2007: 34, 39; VROM 2007: 9). In
diesem Sinne sollten Vereinbarungen mit gesellschaftlichen Akteuren weiterhin

---

[64] In den Niederlanden wurde der Anteil erneuerbarer Energien auf Grundlage des Primär-
energieverbrauchs berechnet – im Ergebnis lag der berechnete Anteil höher, als dies nach
europäischer Berechnungsgrundlage der Fall gewesen wäre, wo der Endenergieverbrauch
zugrunde gelegt wurde (ECN 2009: 9). In diesem Sinne ist bei einer ‚europäischen‘ Beurteilung des genannten 20 %-Ziels eine Korrektur von einigen Prozentpunkten nach unten
vorzunehmen (ECN 2009: 9). Nichtsdestotrotz war dies immer noch ein ehrgeiziges Ziel.

wesentlicher Bestandteil des angesprochenen Instrumentenmix sein: So strebte die Regierung mit mindestens zehn Industriesektoren Vereinbarungen zur Verbrauchssenkung an (EZ 2007: 34; VROM 2007: 9, 24). Damit wurde also weiterhin auf den konsensualen und pragmatischen Regulierungsstil gesetzt, der bereits in Abschnitt 6.4 diskutiert wurde. In der Vergangenheit hatte dieses Vorgehen zu einer fragmentierten Förderlandschaft geführt, bestehend aus verschiedenen punktuellen und/oder kurzfristigen Marktanreizen und diversen Vereinbarungen (Abschnitt 6.4). Auch beim Programm *Schoon en zuinig* war dieser fragmentierte Regulierungsansatz erkennbar. Insgesamt waren es vor allem die Regulierungspräferenzen der CDA, die sich im Regierungsprogramm *Samen werken samen leven* widerspiegelten.[65]

Arbeitsprogramm ,Schoon en zuinig' – ein eklektischer Instrumentenmix geht in die nächste Runde
Die Idee zum Programm *Schoon en zuinig* wurde weiter ausgearbeitet und im September 2007 vom Umweltministerium vorgestellt (VROM 2007). Enthalten waren verschiedene emissionsreduzierende Maßnahmen in den Bereichen Industrie, Transport, Gebäude etc., die vor dem Hintergrund des Klimawandels, aber auch der Versorgungssicherheit sowie der Herausforderung einer bezahlbaren Energieversorgung argumentiert wurden (VROM 2007: 8–9). Auch hier wurde die staatliche Rolle genau abgesteckt: Die Regierung werde Entwicklungen im Rahmen der Energiewende anregen, unterstützen und bestehende Hindernisse beseitigen – es sei aber nicht Aufgabe des Staates, der Gesellschaft bestimmte Maßnahmen aufzuerlegen (VROM 2007: 9). Inhaltlich lag der Fokus von *Schoon en zuinig* eher auf der Energieeinsparung, wohingegen der Ausbau erneuerbarer Energien weniger thematisiert wurde. Dies entsprach auch der Priorisierung der CDA, für die das Einsparen von Energie an erster Stelle stand, vor dem Ausbau erneuerbarer Energien (TK 2007a: 14). Ähnlich verhielt es sich bei dem im Dezember 2008 präsentierten Programm *Warmte op stoom* für den Wärmebereich (EZ 2008).

---

[65] Die CDA plädierte in ihrem Parteiprogramm dafür, mit Policy-Instrumenten in erster Linie die gesellschaftliche Selbstregulierung zu fördern und Regelungsadressaten in die Lage zu versetzen, selbst an innovativen Lösungen für Umweltprobleme arbeiten zu können (CDA 2006: 79). Siehe dazu auch die Diskussion im Parlament (TK 2007a: 7–8). Die PvdA ging etwas weiter, indem sie bestehende Anreize im Bereich erneuerbarer Energien ausweiten und dabei auch eine verpflichtende Quote für Energieunternehmen einsetzen wollte (PvdA 2006: 88). Die CU distanzierte sich explizit von der bislang sehr marktorientierten Regierungslinie und sprach sich dagegen aus, dem Markt komplett das Feld zu überlassen – es müsse mehr dafür getan werden, die Nachfrage zu senken und ein nachhaltiges Energieangebot bereitzustellen (CU 2006: 68).

Tab. 7.2 Regierungen der Niederlande im Umsetzungszeitraum der EU-Richtlinie

Ministerpräsident	Regierungsparteien	Zeitraum
Jan Peter Balkenende*	CDA, VVD	Jul. 2006 – Feb. 2007
Jan Peter Balkenende	CDA, PvdA, CU	Feb. 2007 – Feb. 2010
Jan Peter Balkenende*	CDA, CU	Feb. 2010 – Okt. 2010
Mark Rutte*	VVD, CDA	Okt. 2010 – Apr. 2012

* Minderheitsregierung. Eigene Darstellung nach ParlGov-Datenbank (Döring und Manow 2019).

Die vermutlich wichtigste neue Einzelmaßnahme zur Förderung erneuerbarer Energien war eine Einspeiseprämie, die als Nachfolgerin der MEP-Regelung beschrieben wurde (VROM 2007: 27; siehe auch Abschnitt 6.4). Mit der neuen *Stimuleringsregeling Duurzame Energieproductie* (SDE) sollte künftig insbesondere der Ausbau der Windenergie (On- und Offshore) sowie der Biomasse gefördert werden (VROM 2007: 27). Die Finanzierung würde im Zeitraum von 2008 bis 2011 zunächst aus dem Staatshaushalt erfolgen (EZ 2007: 39). Im Wärmebereich wurde ein Subventionsprogramm geplant, um die Installation von EE-Kleinanlagen im Gebäudebestand anzuregen (VROM 2007: 26). Im Transportsektor sollten weiterhin verpflichtende Quoten für die Nutzung von Biokraftstoffen und anderen klimaneutralen Mobilitätsformen eingesetzt und daneben Biokraftstoffe der zweiten Generation weiterentwickelt werden (VROM 2007: 36). Dies entsprach mehr oder weniger dem Status quo (Abschnitt 6.4). Begleitend zum EE-Ausbau sollten auch die Verfahren zum Netzausbau effizienter gestaltet werden, was allerdings erst für 2011 anvisiert war (VROM 2007: 31).

Kritik an Schoon en zuinig – EE-Politik zwischen hehren Zielen und wirkungslosen Maßnahmen?

Im Bericht des *Energy Research Centre of the Netherlands* (ECN) zum Programm *Schoon en zuinig*, welches das Umweltministerium selbst in Auftrag gegeben hatte, wurden die Regierungspläne als ambitioniert bezeichnet, die Effektivität der geplanten Maßnahmen wurde jedoch infrage gestellt (ECN 2007). Das Ziel von 20 % erneuerbarer Energien bis 2020 sei mit dem vorgeschlagenen Programm nicht realisierbar (ECN 2007: 62). In Abhängigkeit von der noch zu erwartenden europäischen Regulierung, insbesondere des Preisniveaus für CO_2-Zertifikate beim Emissionshandel sowie der Regelungen im Bereich Energieeffizienz (Standards für Fahrzeuge und Geräte), wurden zwei Szenarien skizziert: Bei strikteren EU-Regelungen würde sich der Anteil erneuerbarer Energien in den

Niederlanden mit den geplanten Maßnahmen bis 2020 auf 15 % bis 17 % belaufen, bei einem niedrigeren europäischen Regulierungsniveau hingegen nur auf 11 % bis 13 % (ECN 2007: 62). Vor diesem Hintergrund empfahl das ECN der Regierung, unabhängig von den noch zu erwartenden EU-Policies eine starke niederländische Klima- und Energiepolitik voranzutreiben, wozu auch gehöre, die Finanzierung der Einspeiseprämie über 2011 hinaus zu sichern (ECN 2007: 10–11). Der höchstmögliche Gesamtanteil erneuerbarer Energien von 17 % sei überdies nur dann realisierbar, wenn sich die niederländische Politik entschlossen zu einem Biokraftstoffanteil von 20 % bekennen würde (ECN 2007: 6). Zugleich wurde allerdings bemerkt, dass dieses Ziel in Verbindung mit den Nachhaltigkeitskriterien vermutlich nicht praktikabel sei (ECN 2007: 6).

In beiden vom ECN berechneten Szenarien scheiterte das ambitionierte 20 %-Ziel für erneuerbare Energien insbesondere am Wärmesektor bzw. der hohen Nachfrage nach Gas (ECN 2007: 62). Die von der Regierung geplanten Maßnahmen, darunter die Subventionierung von EE-Kleinanlagen in Gebäuden, seien laut ECN nicht ausreichend, um den Wärmebedarf aus erneuerbaren Quellen zu decken (ECN 2007: 62). Die Regierung habe hier vor allem versäumt, dem Potenzial einer systematischen Einspeisung von Biogas in die bestehende Gasinfrastruktur nachzugehen (ECN 2007: 6). Ein genereller Schwachpunkt des Policy-Instrumentariums sei zudem, dass die Regierung zu großes Vertrauen in Vereinbarungen mit gesellschaftlichen Regelungsadressaten setze: Es fehle dabei ein Drohszenario, mit dem sichergestellt werden könnte, dass Vereinbarungen und Selbstverpflichtungen tatsächlich eingehalten werden (ECN 2007: 11).[66] Ein weiterer Bericht des ECN von April 2009 bestätigte bzw. verschärfte die bestehende Einschätzung (ECN 2009). Bereits zu diesem Zeitpunkt wurde gewarnt, dass die Niederlande ihren Zielwert gemäß EU-Richtlinie (14 % bis 2020) unter den bestehenden sowie den noch geplanten politischen Maßnahmen voraussichtlich nicht erreichen würden (ECN 2009: 9).

Trotz Kritik hält die Regierung an ihren Plänen fest
Nachdem die Regierung im September 2007 das Programm *Schoon en zuinig* vorgestellt hatte, wurde es auch im Parlament eher kontrovers diskutiert. Mehreren Parteien gingen die Vorschläge nicht weit genug. So bemängelte die *Socialistische Partij* (SP) in der Parlamentssitzung Ende Oktober 2007 beispielsweise, dass

---

[66] Vorschläge des ECN wären hier beispielsweise verbindliche EE-Anteile, rechtlich festgesetzte Gebäudestandards oder eine Bonus-/Malus-Abgabe für die Industrie. Dies könne eine wirkungsvolle Drohkulisse staatlicher Regulierung sein, welche die Zielgruppen aus Energiewirtschaft, Industrie, Wohnungsbau und Landwirtschaft motivieren würde, ihre Zusagen einzuhalten (ECN 2007: 11).

die Regierung zu wenig auf die Solarenergie eingegangen sei. Außerdem kritisierte die SP das zögerliche Verhalten bei der Verschärfung der Bauverordnung: Statt, wie von der Regierung bislang vorgesehen, zunächst nur die Möglichkeit einer Verschärfung zu prüfen, sollten mit der 2009 geplanten Reform direkt höhere Standards gesetzt werden (TK 2007a: 4). *GroenLinks* begrüßte die generelle Zielsetzung, hielt jedoch die vorgeschlagenen Maßnahmen für unzureichend und bezweifelte, ob das von der Regierung veranschlagte Förderbudget ausreichend sei (TK 2007a: 30–32, 34–35). Des Weiteren herrschte bei einigen Parteien Skepsis gegenüber dem Instrument der Vereinbarungen: *GroenLinks* und *Democraten 66* (D66) argumentierten, dass viele Unternehmen die Vereinbarungen bzw. ihre Selbstverpflichtungen nicht einhalten würden und sich dieser Regulierungsansatz längst als ineffektiv erwiesen habe (TK 2007a: 8, 30–31, 33). Die mitregierende CU äußerte ähnliche Bedenken, schließlich hatte sie sich schon in ihrem Parteiprogramm für mehr staatliche Regulierung ausgesprochen (CU 2006: 68; TK 2007a: 28). Alternativ wurde von D66 ein verpflichtender EE-Anteil im Stromsektor vorgeschlagen (TK 2007a: 33).

Die CDA hielt dagegen entschieden an einem marktliberalen Ansatz fest (TK 2007a: 7–8), obwohl auch innerhalb des Finanzsektors angebracht wurde, dass ohne eine klare staatliche Linie und eine konstante Förderpolitik Investitionen, gerade in EE-Projekte, ausbleiben würden (Gebbink 2010). So unterzeichnete die Regierung im November 2007 eine Nachhaltigkeitsvereinbarung (*Duurzaamheidsakkoord*) mit einigen zentralen gesellschaftlichen Regelungsadressaten: Dies waren neben dem Industrie- und Arbeitgeberverband VNO-NCW[67] der Verband für kleine und mittlere Unternehmen, MKB-Nederland, und die Organisation für Landwirtschaft und Gartenbau, LTO Nederland (TK 2007b). Die Nachhaltigkeitsvereinbarung sollte wiederum die Grundlage für weitere Branchenvereinbarungen darstellen, welche von den Vertragsparteien zusammen mit ihren Mitgliederorganisationen im Anschluss ausgearbeitet werden sollten (TK 2007b: 4–5, 10). Der *Duurzaamheidsakkoord* selbst enthielt eher allgemeine Formulierungen und ging im Prinzip nicht über die bis dahin von der Regierung vorgelegten Pläne hinaus. Weiterhin stand die CO_2-Einsparung im Vordergrund, wobei vielfach auf das europäische Emissionshandelssystem Bezug genommen wurde (TK 2007b). In der Parlamentsdebatte zum Programm *Schoon en zuinig* überwog ebenfalls die Diskussion um Energieeinsparung bzw. emissionsreduzierende Maßnahmen gegenüber dem Ausbau erneuerbarer Energien, welcher am ehesten noch von *GroenLinks* thematisiert wurde. Die nachgestellte Priorität des EE-Ausbaus wurde

---

[67] VON-NCW steht für den Zusammenschluss von *Verbond van Nederlandse Ondernemingen* (VNO) sowie *Nederlands Christelijk Werkgeversverbond* (NCW).

auch an der Position von Wirtschaftsministerin Maria van der Hoeven (CDA) deutlich: Diese äußerte sich einerseits entschieden gegen eine Überförderung erneuerbarer Energien und lehnte aus diesem Grund auch eine Finanzierung der geplanten Einspeiseprämie über die Stromrechnung ab (TK 2007a: 49). Andererseits begründete sie die Notwendigkeit der Kohleenergienutzung, einschließlich neuer Kapazitäten, damit, dass nicht ausreichend alternative Energiequellen zur Verfügung stünden, um die niederländische Energieversorgung langfristig abzusichern (TK 2007a: 51; siehe auch TK 2008b). In diesem Sinne sprach das Wirtschaftsministerium im späteren *Energierapport* von 2008 auch von der Zukunft der Gasnutzung (TK 2008c, 2008d). Laut Kommentar des ECN (2008) habe sich die Regierung dabei zu sehr von der Idee der Niederlande als europäisches Gasdrehkreuz begeistern lassen und daneben kaum konkrete Initiativen zum Ausbau erneuerbarer Energien oder zum Energiesparen angeboten. Ansonsten wurden im *Energierapport* die bestehenden Ansätze des Programms *Schoon en zuinig* im Prinzip noch einmal wiederholt (TK 2008c, 2008d). Laut ECN (2008) fehlte es damit weiterhin an einer klaren energiepolitischen Linie. Überrascht zeigte sich das ECN (2008) übrigens darüber, dass die Regierung weiter an dem 20 %-Ziel für erneuerbare Energien festhalten wollte. Stattdessen riet das ECN, den Zielwert auf ein realistisches Niveau abzusenken und dafür möglichst konkrete Policies auf den Weg zu bringen, um wichtige Vorhaben wie den Offshore-Netzanschluss zeitnah zu realisieren (ECN 2008). Mit dem Programm *Schoon en zuinig* sowie den daraus folgenden Maßnahmen setzten die Niederlande den bereits vor 2007 eingeschlagenen Kurs fort (Abschnitt 6.4). In der Diskussion der neuen Vorschläge war ein deutlicher Rückgriff auf bekannte Ansätze und Instrumente, aber auch den europäischen Regelungsrahmen, speziell das Emissionshandelssystem, erkennbar. Letzteres machte die Umsetzung der regierungsseitig formulierten klima- und energiepolitischen Ziele zu einem wesentlichen Teil vom europäischen Regulierungsniveau abhängig. Die Regierung hatte sich zwar hohe Ziele gesteckt, lief jedoch Gefahr, diese mit den von ihr geplanten Maßnahmen nicht realisieren zu können.

7.4.2 Rechtliche Transposition

Nachdem im vorangegangenen Teil die antizipatorische Phase und die daraus hervorgegangenen nationalen Policies besprochen wurden, schließt sich nun eine nähere Betrachtung der rechtlichen Transposition der EU-Richtlinie an. Hierbei werden der Nationale Aktionsplan sowie die offiziell angezeigten nationalen Rechtsakte zur EU-Richtlinienumsetzung analysiert. Dies geschieht entlang (1) der inhaltlich-strategischen Übereinstimmung, (2) der Neueinführung von Instrumenten und Maßnahmen und (3) dem EU-Rechtsbezug der formalen Transposition.

Inhaltlich-strategische Übereinstimmung
Zunächst wird betrachtet, inwiefern sich die inhaltlich-strategische Ausrichtung, welche die Niederlande in ihrem Nationalen Aktionsplan (NA) darstellten (Rijksoverheid 2010a, 2010b), mit den Policy-Zielen der EU-Richtlinie deckte. Die niederländische Strategie für eine sichere und nachhaltige Energieversorgung wurde im NA in drei Punkten zusammengefasst: (1) ein sauberes und effizientes Energieangebot, (2) effiziente und verbraucherorientierte Energiemärkte, (3) ein stabiles Investitionsklima für alle Energieangebote, mit klaren Rahmenbedingungen und geeigneten Verfahren sowie zusätzlichen Anreizen, wo nötig (Rijksoverheid 2010b: 10). Für ein sauberes und effizientes Energieangebot sollten eine Energieeinsparung von jährlich 2 % erfolgen und auch erneuerbare Energien sowie die CCS-Technologie ausgebaut werden. In diesem Sinne schloss der NA nahtlos an das Programm *Schoon en zuinig* an. Die Details der geplanten Entwicklung ließ die niederländische Regierung offen: „The Dutch government does not set out a blueprint for sustainable energy management, but provides targets and a framework, incentives and direction" (Rijksoverheid 2010b: 10). Damit blieb der im vorangegangenen Teil diskutierte Regulierungsansatz auch im Zuge der EU-Rechtsumsetzung intakt:

> By doing this, the government can build up greater momentum than it would by imposing measures on society. In the 'energy transition', the government and market work together [...]. Common goals and paths are defined by making covenants and agreements (Rijksoverheid 2010b: 11).

Der Ausbau erneuerbarer Energien wurde nicht priorisiert, sondern stand hinter dem Ziel der Energieeinsparung zurück und wurde überdies auch nur als ein Teil der Energiediversifizierung gesehen, in der auch Kohle- und Atomenergie zukunftsfähige Energieträger waren:

> Further diversification of the fuel mix is also required in the form of coal-fired and nuclear power stations. In the case of coal-fired power stations, the capture and storage of CO_2 (CCS) is essential in order to achieve the CO_2 emission reduction target. For this reason, the cabinet is driving forward the development of CCS. Various nuclear energy scenarios are also currently under consideration. [...] Along with energy savings and diversification, there are also good reasons for investing in renewable energy (Rijksoverheid 2010b: 10).

Wie bereits in der vorangehend beschriebenen Diskussion während der antizi-patorischen Phase, war somit das vorrangige Ziel der Niederlande die Emissi-onssenkung, auch wenn die EU-Richtlinie speziell auf den Ausbau erneuerbarer Energien abzielte. Die Entwicklung erneuerbarer Energien bis 2020 wurde mit unverbindlichen Zielwerten beschrieben (Rijksoverheid 2010b: 12). Im Strom-sektor würden 37 % erneuerbare Energien bis 2020 erwartet, im Transportsektor 10,3 % und im Kälte-/Wärmesektor 8,7 %, was sich insgesamt auf einen EE-Anteil von 14,5 % belaufe. Dies sei jedoch nur als Prognose und nicht als beschlossenes nationales Ziel zu betrachten (Rijksoverheid 2010b: 21).

Insgesamt zeigten die Niederlande in ihrem Nationalen Aktionsplan eine *geringe* inhaltlich-strategische Übereinstimmung mit der EU-Richtlinie. Der Ausbau erneuerbarer Energien stellte keine Priorität im Vergleich zu anderen energiepolitischen Zielen dar. Zwar wurde u. a. von einem sauberen Energieange-bot gesprochen, doch hierbei wurden erneuerbare Energien nicht als erstes Mittel der Wahl gesehen, sondern neben der Energieeinsparung sowie der Entwicklung anderer Energiequellen und -technologien eingereiht. Deutlich wurde auch for-muliert, dass sowohl die Kohle- als auch die Atomenergie ihren festen Platz in der Weiterentwicklung des niederländischen Energiemix haben sollten. Für den Ausbau erneuerbarer Energien wurde daher auch keine verbindliche sektorale Planung vorgenommen.

Neueinführung von Instrumenten und Maßnahmen

Als zentrale Förderinstrumente für erneuerbare Energien wurden im Nationalen Aktionsplan der Niederlande die Einspeiseprämie (SDE) herausgestellt, ebenso wie die Biokraftstoffverpflichtung, Reformen der Genehmigungsverfahren für EE-Anlagen und ein noch in Planung befindlicher Einspeisevorrang für erneu-erbare Energien (Rijksoverheid 2010b: 11). Unter den insgesamt 23 aufgelisteten Förderinstrumenten und Maßnahmen zum Ausbau erneuerbarer Energien befand sich zum Berichtszeitpunkt eine noch in Planung, der Rest wurde als bestehend deklariert (Rijksoverheid 2010a: 26–27). Zu den bestehenden Maßnahmen wur-den u. a. auch das Programm *Schoon en zuinig* von 2007 und der *Energierapport* von 2008 gezählt, ebenso das ‚alte' MEP-System, das 2006 ausgelaufen war, die Biokraftstoffverpflichtung von 2006 (gültig für 2007 bis 2010) sowie die neue Einspeiseprämie (ab 2008 in Kraft). Der Unterschied zu Einspeisetarifen bestand übrigens darin, dass der produzierte EE-Strom nicht, wie im deutschen System, vom Netzbetreiber zu festen Preisen (Einspeisetarifen) aufgekauft werden musste und die Mehrkosten anschließend an die Endkunden weitergegeben wurden. Statt-dessen boten EE-Stromproduzenten im niederländischen System ihre Ware frei

am Markt an, jedoch unterstützt durch eine (staatlich finanzierte) Einspeiseprämie (TK 2008e). Teil des niederländischen Maßnahmenkatalogs waren auch
diverse Abkommen, die zwischen Ende 2007 und Anfang 2009 mit Gemeinden,
Provinzen sowie Industriesektoren geschlossen wurden (Rijksoverheid 2010a:
26–29).

Maßnahmen, die speziell im Umsetzungszeitraum der EU-Richtlinie (2009 bis
2010) entstanden oder in Kraft getreten sind, waren ein Aktionsplan für Elektromobilität (2009), Subventionen für die Anschaffung von EE-Wärmeanlagen (ab
2009), eine finanzielle Risikodeckung für Energieproduzenten bei Fehlbohrungen
im Rahmen von Geothermie-Projekten (2009–2010), eine Klima- und Energie-
vereinbarung zwischen der Regierung und den Provinzen für den Zeitraum 2009
bis 2011 sowie verkürzte Genehmigungsverfahren für EE-Anlagen (ab 2010 gültig) (Rijksoverheid 2010a: 26–27). Die einzige zum Berichtszeitpunkt noch nicht
umgesetzte Maßnahme war ein Einspeisevorrang für erneuerbare Energien, welcher sich aber schon im Gesetzgebungsprozess befand und im Dezember 2010
finalisiert wurde (Rijksoverheid 2010a: 27, 2010b: 11).[68] In Bezug auf Verwaltungsverfahren wurden drei Rechtsakte bzw. Reformen angesprochen: Bereits
2008 überarbeitet wurde das Gesetz über die allgemeinen Bestimmungen des
Umweltrechts (*Wet algemene bepalingen omgevingsrecht*, Wabo), welches 2010
in Kraft treten und damit Genehmigungsverfahren effizienter machen sollte
(Rijksoverheid 2010a: 26–27, 32).[69] Noch ausstehende Reformen betrafen das
Umweltschutzgesetz (*Wet milieubeheer*, Wm) zur Genehmigung von EE-Anlagen
und das Raumordnungsgesetz (*Wet ruimtelijke ordening*, Wro). Beide sollten
bis Ende 2010 novelliert werden (Rijksoverheid 2010a: 31–32). Im Bereich
der Netze wurde neben dem Einspeisevorrang insbesondere der Netzausbau
für den Offshore-Bereich vorgesehen (Rijksoverheid 2010b: 47). Dazu würde
die Regierung bereits an einem Gesetz arbeiten, um den Zuständigkeitsbereich
des nationalen Netzbetreibers *TenneT TSO* auf den Offshore-Bereich auszuwei-
ten; der Onshore-Netzausbau würde weiterhin nach bestehendem Recht erfolgen
(Rijksoverheid 2010b: 46–47).

---

[68] Wet van 2 december 2010 tot wijziging van de Gaswet en de Elektriciteitswet 1998, tot
versterking van de werking van de gasmarkt, verbetering van de voorzieningszekerheid en
houdende regels met betrekking tot de voorrang voor duurzame elektriciteit, alsmede enkele
andere wijzigingen van deze wetten. Staatsblad 2010, 810.

[69] Wet van 6 november 2008, houdende regels inzake een vergunningstelsel met betrekking
tot activiteiten die van invloed zijn op de fysieke leefomgeving en inzake handhaving van
regelingen op het gebied van de fysieke leefomgeving (Wet algemene bepalingen omgevingsrecht). Staatsblad 2008, 496.

Insgesamt ist die Neueinführung von Instrumenten und Maßnahmen zur Förderung erneuerbarer Energien in den Niederlanden als *gering* zu bewerten. Zum einen gab es keine nennenswerte Veränderung bestehender Policy-Instrumente oder Förderansätze. Systematische Förderinstrumente wie die Einspeiseprämie und die Biokraftstoffquote schlossen an Instrumente an, die bereits vor 2007 etabliert worden bzw. zwischenzeitlich ausgelaufen waren. Daneben arbeiteten die Niederlande nach wie vor mit einem Instrumentenmix, der auf diversen Vereinbarungen und Marktanreizen basierte. Die neuen Fördermaßnahmen von 2009/2010 hatten entweder nur begrenzte Anwendungsbereiche (z. B. Fehlbohrungen bei Geothermie-Projekten) oder waren allgemeiner Natur (z. B. Aktionsplan für Elektromobilität). Gerade im Gebäudebereich bestand beispielsweise noch Potenzial. Im Bereich der Verwaltungsverfahren und Netze wurden zwar einige Reformen geplant, diese befanden sich zur Richtlinienumsetzung aber größtenteils noch in der konzeptionellen Phase. Beim Netzausbau blieb insbesondere der fehlende Netzanschluss für Offshore-Anlagen noch ungelöst, der u. a. eine wichtige Grundlage für den geplanten Windenergieausbau war.

EU-Rechtsbezug formaler Transposition[70]
Die formale Transposition im Umsetzungszeitraum der EU-Richtlinie (April 2009 bis Dezember 2010) umfasste im Wesentlichen eine Änderung der Biokraftstoffverordnung zur doppelten Zählung von Biokraftstoffen zweiter Generation[71] und das (eher allgemeine) Krisen- und Sanierungsgesetz (*Crisis- en Herstelwet*, Chw) zur Beschleunigung von Infrastrukturprojekten im Bereich Nachhaltigkeit, Energie und Innovation[72]. Daneben stellte das Wirtschaftsministerium u. a. eine aktualisierte Methodik zur Berechnung und Erfassung des Beitrags erneuerbarer Energien vor (EZ 2010). Relevante, noch vor dem Umsetzungszeitraum verabschiedete Rechtsakte betrafen die neue Einspeiseprämie (*Stimuleringsregeling Duurzame Energieproductie*, SDE)[73] und die oben angesprochene Reform des Wabo zur effizienteren Gestaltung von Genehmigungsverfahren, beide von

---

[70] Offiziell angezeigte Rechtsakte, siehe EU (2019).

[71] Besluit van 8 oktober 2009 tot wijziging van het Besluit biobrandstoffen wegverkeer 2007 (zwaardere weging betere biobrandstoffen). Staatsblad 2009, 416.

[72] Wet van 18 maart 2010, houdende regels met betrekking tot versnelde ontwikkeling en verwezenlijking van ruimtelijke en infrastructurele projecten (Crisis- en herstelwet). Staatsblad 2010, 135. Siehe zum *Crisis- en Herstelwet* auch Rijkswaterstaat (2019).

[73] Besluit van 16 oktober 2007, houdende regels inzake de verstrekking van subsidies ten behoeve van de productie van hernieuwbare elektriciteit, hernieuwbaar gas en elektriciteit opgewekt door middel van warmtekrachtkoppeling (Besluit stimulering duurzame energieproductie). Staatsblad 2007, 410.

2008. Zudem wurden unter den offiziell angezeigten Rechtsakten zwei Verordnungen von 2006 über energieeffiziente Gebäude aufgelistet. Nach dem Umsetzungszeitraum folgten noch diverse weitere Rechtsakte, die von 2011 bis 2015 verabschiedet wurden: darunter im April 2011 die im NA geplante Reform des Umweltschutzgesetzes (Wm), im Mai 2011 eine Verordnung über erneuerbare Energien im Verkehrssektor sowie im September 2011 die während der antizipatorischen Phase diskutierte Novelle der Bauverordnung. Der EU-Rechtsbezug der formalen Transposition fiel in den Niederlanden insgesamt *gering* aus. Wesentliche Policies wurden bereits vor dem Umsetzungszeitraum verabschiedet (Einspeiseprämie, Wabo-Reform) bzw. schlossen an bereits bestehende Instrumente an (Biokraftstoffquote). Die offiziell zur Umsetzung der EU-Richtlinie angezeigten Rechtsakte wurden mehrheitlich entweder vor oder nach dem Umsetzungszeitraum verabschiedet. Inhaltlich betrafen die Policies aus dem Umsetzungszeitraum im Grunde nur die Infrastrukturplanung und eine Spezifizierung der Biokraftstoffverordnung.

7.4.3 Praktische Umsetzung

Nachdem im vorangegangenen Teil die rechtliche Transposition der EU-Richtlinie betrachtet wurde, wird nun die praktische Umsetzung anhand des tatsächlichen EE-Ausbaus sowie der erreichten Zielwerte beleuchtet. Der Gesamtanteil erneuerbarer Energien in den Niederlanden war im betrachteten Zeitraum sehr langsam gestiegen: Gestartet mit 2 % im Jahr 2004, konnten die Niederlande den EE-Anteil bis zum Zeitpunkt der EU-Richtlinienverabschiedung (2009) zunächst auf 4 % erhöhen, in den darauffolgenden zehn Jahren konnte ein Plus von insgesamt fünf Prozentpunkten, auf einen Gesamtanteil von 9 % im Jahr 2019, verzeichnet werden (Abb. 7.5). Der deutlich erhöhte Zielwert von 14 % im Jahr 2020 wurde dank statistischer Transfers erzielt (siehe Abb. 7.10 bzw. Abschnitt 7.7), d. h. der starke Anstieg des Anteils erneuerbarer Energien zwischen 2019 und 2020 ging hier nicht auf eine besondere Wachstumsdynamik innerhalb der Niederlande zurück, sondern auf einen Ausgleich, der mit Dänemark vereinbart worden war – andernfalls hätte sich der niederländische Gesamtwert erneuerbarer Energien bis 2020 auf schätzungsweise 11 % belaufen (IEA 2020). Im Zeitverlauf betrachtet gab es ansonsten weder beim Gesamtanteil, noch bezogen auf einzelne Energiesektoren eine auffällige Dynamik – erst ab 2014 war im Stromsektor ein leichter, doch stabiler Anstieg zu beobachten, im Transportsektor gab es erstmals zwischen 2017 und 2019 einen nennenswerten Anstieg. Ein direkter zeitlicher Zusammenhang zwischen der EU-Richtlinie und einer erhöhten Wachstumsdynamik ist im niederländischen Fall jedenfalls nicht erkennbar.

Der sektorale Anteil erneuerbarer Energien lag 2020 (inklusive statistischer Transfers) bei rund 26 % im Stromsektor, etwa 8 % im Kälte-/Wärmebereich und knapp 13 % im Transportsektor. Letzteres war dem sprunghaften Anstieg zwischen 2017 und 2019 geschuldet. Grund hierfür waren die Erhöhung der Quotenregelung und ein erstmalig größerer Beitrag von Biokraftstoffen zweiter Generation (NEA 2019: 3–4). Somit konnte im Transportsektor das für 2020 anvisierte 10 %-Ziel letztlich leicht übererfüllt werden. Mit Blick auf den indikativen Zielpfad wichen die Niederlande allerdings schon 2013/2014 nach unten ab und konnten die seither wachsende Differenz auch nicht mehr aufholen, sodass letztlich ein erheblicher statistischer Transfer nötig war. Angesichts des sehr langsamen Anstiegs während der letzten zehn Jahre blieb der nötige Zielwert, jedenfalls aus eigener Anstrengung, unerreichbar. Die Prognosen des ECN (2007, 2009) hatten sich somit bewahrheitet. Auch im EU-Vergleich schnitten die Niederlande 2019 eher schlecht ab: Sie waren 2019 das EU-Land mit dem drittniedrigsten EE-Anteil insgesamt (nach Luxemburg und Malta) und wiesen mit einer Differenz von 5 % nach Frankreich auch die zweithöchste Abweichung von ihrem Zielwert für 2020 auf (Eurostat 2022a). Allerdings gelang es den Niederlanden durch die Vereinbarung mit Dänemark, bis 2020 einen statistischen Ausgleich vorzunehmen (siehe auch Abb. 7.10 bzw. Abschnitt 7.7), sodass das Ziel von 14 % formal noch knapp erreicht wurde.

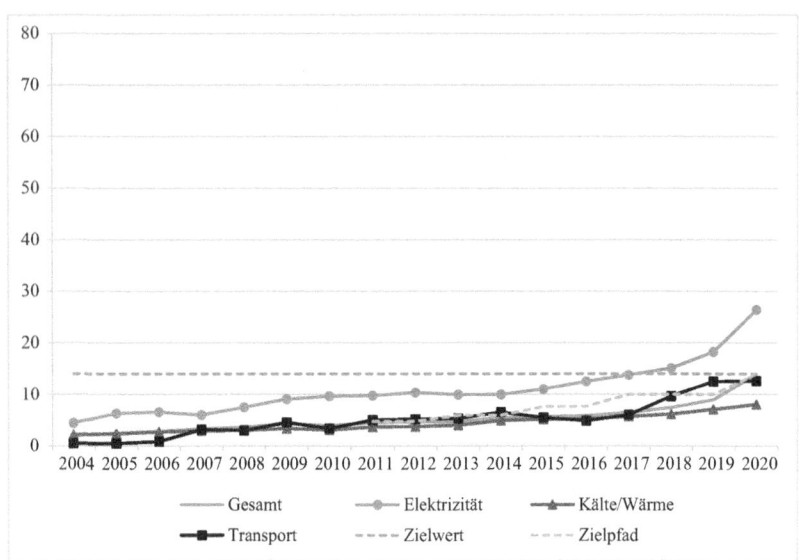

Abb. 7.5 Anteil erneuerbarer Energien in den Niederlanden nach Sektoren (in %).[74] Eigene Darstellung nach Eurostat (2022a)

Mit Blick auf die praktische Umsetzung ist der Fall der Niederlande daher schwer einzuordnen. Auf der einen Seite bedienten sich die Niederlande eines in der EU-Richtlinie vorgesehenen Instruments zwischenstaatlicher Zusammenarbeit (statistische Transfers) und stellten damit bis 2020 eine formale bzw. *legal compliance* her. Auf der anderen Seite waren die Niederlande dem in der EU-Richtlinie vorgegebenen Ziel des intensiven EE-Ausbaus nicht ausreichend nachgekommen, was sich u. a. am frühen Verlassen dies Zielpfades bemerkbar machte. Wiederum ist positiv anzumerken, dass die Niederlande sich angesichts der bis dato unzulänglichen Bilanz rechtzeitig bzw. proaktiv um den statistischen Transfer mit Dänemark bemüht hatten – anders als Frankreich, das dieses Instrument nicht genutzt hatte und damit bis 2020 nicht in der Lage war, seinen Zielwert zu erreichen. Zusammen mit der letztendlichen Compliance im Transportsektor kann die praktische Umsetzung der Niederlande daher als *conditional compliance* bezeichnet werden, denn die niederländische Compliance

---

[74] Die vertikale Achse ist für alle Mitgliedstaaten auf max. 80 Prozent gesetzt, auch wenn die EE-Anteile in einigen Mitgliedstaaten weit darunter bleiben, um Verzerrungen in der Darstellung zu vermeiden.

war nur unter der Bedingung der mitgliedstaatlichen Zusammenarbeit realisierbar. Während die formale Compliance somit sichergestellt war, wäre es aus europäischer Perspektive und im Sinne der Erneuerbare-Energien-Richtlinie doch wünschenswert gewesen, wenn die Niederlande ihre eigenen Anstrengungen beim EE-Ausbau intensiviert und damit den europäischen EE-Anteil insgesamt noch einmal angehoben hätten.

7.4.4 Zusammenfassung

Die Niederlande hatten sich bereits mit dem Koalitionsvertrag von 2007 bzw. dem daraus entstandenen Programm *Schoon en zuinig* überaus ambitionierte klima- und energiepolitische Ziele vorgenommen. Wie in der antizipatorischen Phase deutlich wurde, bedeutete dies allerdings nicht, das von bestehenden Förderansätzen oder -instrumenten abgerückt wurde. Im Gegenteil, die marktliberale, in erster Linie auf Kosteneffizienz und staatliche Zurückhaltung bedachte Grundhaltung, die bereits in Abschnitt 6.4 festgestellt wurde, konnte auch beim Projekt Energiewende beobachtet werden. Obwohl es diesbzgl. einige Bedenken gab, hielt die Regierung auch an dem Instrument der Vereinbarungen mit Regelungsadressaten bzw. Selbstverpflichtungen der Industrie fest. Des Weiteren wurde die niederländische Klima- und Energiepolitik mit engem Bezug zum europäischen Emissionshandelssystem sowie weiteren EU-Standards aufgestellt, was eine starke Abhängigkeit vom europäischen Regulierungsniveau mit sich brachte.

Insgesamt galt die niederländische Energiewende vor allem der CO_2- bzw. Energieeinsparung, weniger dem Ausbau erneuerbarer Energien. Dies wurde in der Debatte auch daran deutlich, dass die EE-Förderung weiterhin möglichst schlank gehalten werden sollte, während vom Wirtschaftsministerium gleichzeitig betont wurde, dass traditionelle Energieträger wie Gas und Kohle, perspektivisch auch die Atomenergie, noch besser ausgeschöpft werden müssten, um angesichts mangelnder Alternativen die Energieversorgung abzusichern. Die wesentliche Neuerung bei der Förderung erneuerbarer Energien war die Einspeiseprämie (SDE), die jedoch im Prinzip keine Neuheit war, sondern, wie die Regierung selbst formulierte, Nachfolgerin des 2006 noch abgeschafften MEP-Systems (Abschnitt 6.4). Für einen substanziellen EE-Ausbau war dies letztlich nicht ausreichend: Ohne die Möglichkeit eines statistischen Transfers (mithilfe Dänemarks) hätten die Niederlande ihr EE-Ziel für 2020 letztlich nicht erreicht, wie auch das von der Regierung selbst beauftragte ECN (2007, 2008, 2009) frühzeitig gewarnt hatte.

7.5   Österreich

7.5.1   Antizipatorische Phase

Bereits im Januar 2007, d. h. noch vor Formulierung der europäischen 20-20-20-Ziele, vereinbarte die Große Koalition in Österreich eine klima- und energiepolitische Zielsetzung, bei der u. a. ein Anteil von 45 % erneuerbarer Energien bis 2020 erreicht werden sollte. Die daraufhin folgenden Maßnahmen blieben für Kritiker allerdings weit hinter den Erwartungen zurück. Bis zur Richtlinienumsetzung orientierte sich Österreich an dem deutlich niedrigeren Ziel von 34 % erneuerbarer Energien bis 2020.

Große Koalition formuliert ambitionierte EE-Zielsetzung im Regierungsprogramm von 2007

Im Januar 2007 begann eine gemeinsame Amtszeit der Sozialdemokratischen Partei Österreichs (SPÖ) und der Österreichischen Volkspartei (ÖVP) (Tab. 7.3). In ihrem Regierungsprogramm formulierte die Koalitionsregierung ambitionierte klima- und energiepolitische Ziele, darunter:

* 45 % erneuerbare Energien bis 2020,
* 85 % erneuerbare Energien in der Stromerzeugung bis 2020,
* 20 % alternative Kraftstoffe im Transportsektor bis 2020[75]
* sowie die Verbesserung der Elektrizitätsinfrastruktur (SPÖ und ÖVP 2007: 75–76).[76]

Wie in Abschnitt 6.5 diskutiert, zählten die hohe Abhängigkeit von Energieimporten und der kategorische Verzicht auf Atomenergie zu den bestimmenden Faktoren der österreichischen Energiepolitik (siehe auch SPÖ und ÖVP 2007: 78, 83–84). In Verbindung mit der Energieeinsparung war der Ausbau erneuerbarer Energien für Österreichs Regierung nach wie vor eng verknüpft mit der eigenen Versorgungssicherheit (SPÖ und ÖVP 2007: 74). Auch darüber hinaus maß die Regierung einer nachhaltigen Energieversorgung volkswirtschaftliche Bedeutung bei: Neben der grundsätzlichen Überlegung, dass eine „moderne Umweltpolitik […] die mittel- bis langfristige Wettbewerbsfähigkeit der Wirtschaft und Industrie

---

[75] Die ÖVP hatte das 20 %-Ziel für Biokraftstoffe bereits in ihrem Wahlprogramm verankert (ÖVP 2006: 17).

[76] Als Zwischenziele bis 2010 wurden dabei 25 % erneuerbare Energien, 80 % EE-Stromerzeugung und 10 % alternative Kraftstoffe festgelegt (SPÖ und ÖVP 2007: 75–76).

stärken und positiv zu Wachstum, Beschäftigung sowie Technologieentwicklung
[...] beitragen" würde, hatten erneuerbare Energien für bestimmte Wirtschaftszweige besondere Relevanz (SPÖ und ÖVP 2007: 79). So wurden mit Blick auf
österreichische Energieunternehmen erneuerbare Energien als Wettbewerbsvorteil gesehen, der „die internationale Positionierung von Österreich als Know-how
Träger" stärken würde (SPÖ und ÖVP 2007: 76). Ähnlich argumentiert wurde
mit Bezug auf die Agrarwirtschaft: „Zur Steigerung der Wettbewerbsfähigkeit
muss vermehrt in agrarische Forschung investiert werden, insbesondere in den
Bereichen Gentechnikfreiheit und erneuerbare Energien" (SPÖ und ÖVP 2007:
72). Klimapolitische Motive waren zwar auch Gegenstand des Regierungsprogramms, standen aber hinter der Verknüpfung von Energie und Ökonomie eher
zurück (SPÖ und ÖVP 2007: 77–79). Für den weiteren Ausbau erneuerbarer
Energien sollten vor allem die traditionellen EE-Träger Wasserkraft und Biomasse
weiter ausgeschöpft werden, aber auch die rechtlichen Rahmenbedingungen für
das Einspeisen von Biogas verbessert und eine neue Methankraftstoffsorte entwickelt werden (SPÖ und ÖVP 2007: 75). Bei der Energieeinsparung wurde
schwerpunktmäßig der Gebäudebereich in den Blick genommen, wo bis 2020
neben einer flächendeckenden thermischen Sanierung „sämtlicher Nachkriegsbau-
ten" strengere Effizienzstandards für Neubauten anvisiert wurden (SPÖ und ÖVP
2007: 75–76).

Energie- und Klimafonds: Ein umstrittener Fördertopf
Eine konkrete rechtliche Folge des Regierungsprogramms von 2007 war die Verabschiedung des Klima- und Energiefondsgesetzes im Juli 2007, in dessen § 1
auch das Ziel von 45 % erneuerbarer Energien bis 2020 aufgegriffen wurde.[77]
Mit dem Fonds sollten künftig u. a. F&E-Projekte im Bereich erneuerbare Energien sowie Maßnahmen zur Steigerung der Energieeffizienz gefördert werden (§
3 KLI.EN-FondsG). Kurz nach Etablierung des Fonds gab es allerdings schon
erste Kritik an seiner Nutzung. Die Umweltorganisation *Greenpeace* bemängelte,
dass die Zielsetzung des Fonds an Klarheit verloren hätte und positionierte sich
gegen die Förderung von Nahverkehrsprojekten durch Gelder des Fonds (siehe
dazu Ruzicka 2007 in DER STANDARD). Im März 2008 wurde durch den
Fonds eine Ausschreibung für ein Forschungs- und Technologieprogramm mit
dem Titel „Neue Energien 2020" gestartet (Klima- und Energiefonds 2008).
Doch es gab weiterhin Bedenken gegenüber der Arbeit des Klimafonds, die

---

[77] Bundesgesetz über die Errichtung des Klima- und Energiefonds – Klima- und Energie-
fondsgesetz (KLI.EN-FondsG). BGBl. I Nr. 40/2007.

z. B. von den Grünen (2008), aber auch im Rahmen kritischer Medienberichterstattung geäußert wurden (z. B. Ruzicka 2008a, 2008b in DER STANDARD;
Wetz 2008 in DIE PRESSE). Die Grünen monierten insbesondere parteipolitische Streitigkeiten von SPÖ und ÖVP, die innerhalb des Klimafonds ausgetragen
würden (Die Grünen 2008c). Ebenso wurde den zuständigen Ministern vorgeworfen, den Klimafonds als „Selbstbedienungsladen" zu nutzen, wobei intransparent
sei, welche Projekte bislang gefördert worden seien (Die Grünen 2008a, 2008b,
2008c). Ähnlich fiel die Bewertung der Umweltorganisation *GLOBAL 2000* aus:
„Kanzler, Umwelt-, Verkehrs- und Wirtschaftsminister blockieren sich gegenseitig und verfolgen jeweils ihre eigenen Interessen" (GLOBAL 2000 2008). Von
der anderen Seite des (energie-)politischen Spektrums kam vergleichbare Kritik.
So stellte z. B. die Industriellenvereinigung „einen deutlichen Verbesserungsbe-
darf hinsichtlich strategischer Ausrichtung, Transparenz und nachvollziehbarer
Entscheidungsstrukturen" beim Klimafonds fest (IV 2007).

Tab. 7.3 Regierungen der Republik Österreich im Umsetzungszeitraum der EU-Richtlinie

Bundeskanzler	Regierungsparteien	Zeitraum
Wolfgang Schüssel	ÖVP, BZÖ	Apr. 2005 – Jan. 2007
Alfred Gusenbauer	SPÖ, ÖVP	Jan. 2007 – Dez. 2008
Werner Faymann	SPÖ, ÖVP	Dez. 2008 – Dez. 2013

Eigene Darstellung nach ParlGov-Datenbank (Döring und Manow 2019).

Eine weitere Welle der Beanstandungen im Zusammenhang mit dem Klimafonds folgte Anfang 2009, als die Regierung im Rahmen der Finanzkrise in
ihrem Konjunkturpaket II Mittel in Höhe von 100 Mio. Euro für die thermische Sanierung von Gebäuden bereitstellte, zum Teil finanziert aus dem Energie-
und Klimafonds (APA 2009). Letzteres war den Grünen, aber auch der Arbeiterkammer ein Dorn im Auge: Statt „frisches Geld" bereitzustellen, würde die
Regierung Gelder aus dem Klimafonds abziehen (AK Wien 2009). Dort würden anschließend die Mittel für andere Klimaschutzprojekte fehlen, was auch mit
Blick auf Beschäftigung und Konjunktur ungünstig sei (AK Wien 2009; APA
2009; Die Grünen 2009). Ebenso wurde die Förderhöhe beanstandet: Neben den
Grünen und *Greenpeace* hielt auch die Österreichische Energieagentur (EA) diese
für unzureichend, um das Sanierungsziel von 3 % zu erreichen (AEA 2009; APA
2009; Die Grünen 2009; Greenpeace Österreich 2009).

Ökostromgesetz – ein Förderinstrument im jährlichen Novellierungstakt
Eine weitere Neuerung während der antizipatorischen Phase war die Novellierung des Ökostromgesetzes. Wie in Abschnitt 6.5 beleuchtet wurde, war das zentrale Förderinstrument für erneuerbare Energien auf Bundesebene das Ökostromgesetz von 2002. Nach seiner umkämpften Novelle im Jahr 2006 erfuhr es während der antizipatorischen Phase einige weitere Änderungen. Zunächst wurde im April 2007 eine geringfügige Anpassung[78] vorgenommen, bei der bestimmte KWK-Anlagen rückwirkend unter die Förderregelungen gefasst wurden. Die Grünen sowie die Freiheitliche Partei Österreichs (FPÖ) kritisierten dies als unzulässig (Nationalrat 2007: 145–146, 150–151).[79] Im Februar 2008 folgte die nächste Anpassung, mit der Betreibern von EE-Anlagen, die Energie auf Basis von flüssiger Biomasse bzw. Biogas erzeugten, zusätzlich zu den Einspeisetarifen nun auch Rohstoffzuschläge gewährt wurden (Art. 1 Abs. 6 Ökostromgesetz-Novelle 2008).[80] Diese Änderung war auf erhöhte Rohstoffpreise zurückzuführen und sollte unter den veränderten Rahmenbedingungen eine weiterhin angemessene Unterstützung gewährleisten (Parlamentsdirektion 2008). Die Anpassung ging einstimmig durch den Nationalrat, wenn auch beispielsweise von der FPÖ angemerkt wurde, dass es besser gewesen wäre, „anstelle einer neuerlichen Novellierung des Ökostromgesetzes [...] das Gesetz über erneuerbare Energien aus Deutschland abzuschreiben" (Parlamentsdirektion 2008).

Im August 2008 folgte die sogenannte ‚2. Ökostromgesetz-Novelle'.[81] Die vom Wirtschaftsministerium ausgearbeiteten Neuerungen waren u. a. angepasste Ziele für die Ökostromproduktion, eine Anhebung des Fördervolumens, aber auch die Förderung von Anlagen auf Basis von Ablauge sowie eine Ausgleichsregelung für energieintensive Unternehmen (BMWA 2008). Bei den Oppositionsparteien stieß der Gesetzesentwurf auf Kritik:

> Hier an diesem Tag, wo wir über Preissteigerungen diskutieren und nicht mehr wissen, wie wir Wärme, Mobilität auf Ölbasis weiterhin finanzieren und ermöglichen

---

[78] Bundesgesetz, mit dem das Ökostromgesetz geändert wird. BGBl. I Nr. 10/2007.

[79] Später wurde die Förderung von KWK-Anlagen in ein eigenes Gesetz ausgelagert: Bundesgesetz, mit dem Bestimmungen auf dem Gebiet der Kraft-Wärme-Kopplung neu erlassen werden (KWK-Gesetz). BGBl. I Nr. 111/2008. Dieses Gesetz wurde gegen die Stimmen der Opposition verabschiedet.

[80] Bundesgesetz, mit dem das Ökostromgesetz (Ökostromgesetz-Novelle 2008) und das Einkommensteuergesetz 1988 geändert werden. BGBl. Nr. I Nr. 44/2008.

[81] Bundesgesetz, mit dem das Ökostromgesetz geändert wird (2. Ökostromgesetz-Novelle 2008). BGBL. I Nr. 114/2008.

sollen, legen Sie ein Gesetz vor, das die Erneuerbaren in Österreich tatsächlich zu
Tode killt (Eva Glawischnig-Piesczek, Grüne, Nationalrat 2008: 65).

Als problematisch wurden von der Opposition u. a. die EE-Zielsetzung sowie die
veranschlagte Förderhöhe gesehen. Der neue § 4 Abs. 2 Ökostromgesetz legte
bis 2015 einen Anteil von 15 % EE-Strom (ohne Großwasserkraft) an dem an
die Endverbraucher abgegebenen Strom fest. Mit dem neuen § 21a Ökostromgesetz wurde das zusätzliche jährliche Fördervolumen ab 2009 von 17 Mio. Euro
auf 21 Mio. Euro angehoben. Beides war aus Sicht der Grünen sowie der FPÖ
ungenügend (Nationalrat 2008: 97–98, 106, 113). Es wurde beanstandet, dass die
Regierung weder ihre eigene Zielsetzung aus dem Januar 2007 noch die mittlerweile von der europäischen Kommission vorgeschlagenen Zielwerte angemessen
berücksichtigt hätte:

> Was die Regierung selbst angeht, scheint sie nicht sehr überzeugt von ihren eigenen
> Programmen zu sein. Nicht nur, dass Sie die Ziele der neuen EU-Richtlinie nicht ein-
> halten, in der eine Steigerung von 23 auf 34 Prozent bis 2020 im Gesamtenergiever-
> brauch als Ziel angegeben wird: Sie haben in Ihrem eigenen Regierungsprogramm 45
> Prozent stehen – und von dem sind Sie so etwas von meilenweit entfernt! Mit dieser
> Ökostromnovelle ist nichts davon erreichbar, und das wissen Sie sehr gut (Michaela
> Sburny, Grüne, Nationalrat 2008: 113).

Dabei richtete sich die Kritik auch gegen Energieminister Martin Bartenstein
persönlich, welcher auf nationaler wie europäischer Ebene gegen eine konsequente EE-Politik agiert habe (Nationalrat 2008: 66–67).[82] Von der FPÖ wurde
überdies grundsätzlich bemängelt, dass die Bundesregierung keinen langfristigen
energiepolitischen Rahmenplan vorweisen könne, „der uns zeigt, wohin die Energieversorgung in Österreich gehen soll" (Karlheinz Klement, FPÖ, Nationalrat
2008: 82). Am Gesetzesvorschlag wurden zudem die Ausnahmeregelungen für
die Industrie moniert:

> Wir haben jetzt die kuriose Situation, dass wir die Industrie dreimal fördern: ers-
> tens bei billigen Stromtarifen, zweitens beim Energieabgabenrückvergütungsgesetz
> und drittens jetzt bei der Ablaugenverbrennung (Karlheinz Klement, FPÖ, Nationalrat
> 2008: 82).

---

[82] Bundesminister Martin Bartenstein (ÖVP) war Minister für Wirtschaft und Arbeit. In der
Parlamentsdebatte zum Ökostromgesetz wurde er als Energieminister bezeichnet. Besonders
die Grünen waren derart unzufrieden mit der klima- und energiepolitischen Arbeit des Ministers, dass sie während der Parlamentssitzung einen Misstrauensantrag gegen ihn einbrachten
(Nationalrat 2008: 66–70).

In ähnlicher Weise bewertete das oppositionelle Bündnis Zukunft Österreich (BZÖ) den Gesetzesvorschlag als „reine Förderpolitik für die Landwirtschaft, für die Industrie, aber auch eine Schonung der Energiekonzerne" (Veit Schalle, BZÖ, Nationalrat 2008: 87). Im Ergebnis der Debatte wurde das Gesetz mit den Stimmen der Regierungsparteien und gegen die Stimmen der Opposition verabschiedet.

Spannungen in der Koalition führen zu Neuwahlen
Etwa zeitgleich hatte sich im Juli 2008 die ÖVP bereits von der Koalition distanziert, sodass es im September 2008 zu vorgezogenen Neuwahlen kam.[83] Im Dezember 2008 formierte sich ein weiteres Mal eine Koalitionsregierung aus SPÖ (31 % der Parlamentssitze) und ÖVP (28 % der Parlamentssitze), allerdings mit neuer personeller Besetzung (Tab. 7.3). In den Wahlprogrammen der Regierungsparteien zeigte sich, dass beide Parteien von der anfangs ambitionierten Zielsetzung wieder abgerückt waren und der Ausbau erneuerbarer Energien nun weniger im Vordergrund stand (ÖVP 2008; SPÖ 2008). Die SPÖ bekannte sich zwar erneut zum Klimaschutz und zur Nutzung erneuerbarer Energien, legte jedoch keine konkreten Pläne diesbezüglich vor. Der Fokus galt diesmal eher der Energieeinsparung, dem Netzausbau sowie der Koordinierung von klimapolitischen Maßnahmen auf nationaler, europäischer und globaler Ebene (SPÖ 2008: 27–28). Bezeichnend war außerdem, dass im Zusammenhang mit alternativen Kraftstoffen hauptsächlich betont wurde, dass diese nachhaltig sein müssten (SPÖ 2008: 27). Im Programm der ÖVP wurden erneuerbare Energien auch eher am Rande angesprochen. Obwohl sich die ÖVP selbst als „Partei der Öko-Sozialen Marktwirtschaft" sah (ÖVP 2008: 3), machte sie keine näheren Angaben dazu, wie Klimaschutz und eine nachhaltige Energieversorgung in Zukunft angegangen werden sollten. Eine explizite Erwähnung erfuhren erneuerbare Energien lediglich im Zusammenhang mit der Landwirtschaft: „Denn der Bauernhof ist […] [ein] wichtiger Arbeitsplatz für hunderttausende Menschen – im zunehmenden Maße auch im Bereich erneuerbarer Energie" (ÖVP 2008: 2).

In dem neuen Regierungsprogramm, welches im Dezember 2008 vorgelegt wurde, waren dementsprechend die ursprünglichen quantitativen Zielwerte aus dem Januar 2007 nicht mehr aufgeführt. Stattdessen bezog sich die Regierung auf die europäischen Vorschläge zum Klima- und Energiepaket, welche sie motiviert hätten, „eine neue energie- und klimapolitische Gesamtstrategie für Österreich [zu] beschließen, die die österreichische Klima- und Energiepolitik mit

---

[83] Eine ausführliche Darstellung der verschiedenen politischen Konflikte innerhalb der Großen Koalition (2007 bis 2008) liefert Kriechbaumer (2016).

den EU-Zielen bis 2020 abstimmt und konkurrierende Zielbestimmungen verhindert" (SPÖ und ÖVP 2008: 33–34). Effektiv bedeutete dies ein Ziel von 34 % erneuerbarer Energien bis 2020, wie auf EU-Ebene berechnet. Abgesehen von einer veränderten bzw. im Grunde fehlenden quantitativen Zielsetzung war im Regierungsprogramm von 2008 auch eine stärkere Gewichtung der Versorgungssicherheit zu beobachten, was andere bzw. traditionelle Energiequellen einschloss: „Die Zukunft der heimischen Energieversorgung beruht auch weiterhin auf einem Mix von traditionellen und erneuerbaren Energieträgern [...]" (SPÖ und ÖVP 2008: 31).

Die Vorschläge zur EU-Richtlinie hatten für die österreichische Regierung somit eher einen Grund geliefert, auch offiziell von den ursprünglichen Zielen gemäß dem Regierungsprogramm von Januar 2007 abzurücken, statt einen Anpassungsdruck in Richtung eines stärkeren EE-Ausbaus auszulösen. Die Ambitionen, welche die Große Koalition in ihrem ersten Regierungsprogramm gegenüber erneuerbaren Energien formuliert hatte, wurden letztlich nicht im gleichen Maße von (neuartigen) Policy-Initiativen untermauert.

7.5.2 Rechtliche Transposition

Nachdem im vorangegangenen Teil die antizipatorische Phase und die daraus hervorgegangenen nationalen Policies besprochen wurden, schließt sich nun eine nähere Betrachtung der rechtlichen Transposition der EU-Richtlinie an. Hierbei werden der Nationale Aktionsplan sowie die offiziell angezeigten nationalen Rechtsakte zur EU-Richtlinienumsetzung analysiert. Dies geschieht entlang (1) der inhaltlich-strategischen Übereinstimmung, (2) der Neueinführung von Instrumenten und Maßnahmen und (3) dem EU-Rechtsbezug der formalen Transposition.

Inhaltlich-strategische Übereinstimmung
Zunächst wird betrachtet, inwiefern sich die inhaltlich-strategische Ausrichtung, welche Österreich in seinem Nationalen Aktionsplan (NA) darstellte (BMWFJ 2010), mit den Policy-Zielen der EU-Richtlinie deckte. Generell machte Österreich im NA nur geringfügige Angaben zur übergreifenden energiepolitischen Strategie bzw. zu den Ansätzen, mit denen der Ausbau erneuerbarer Energien erfolgen sollte. Es hieß lediglich, dass „Wasser, Wind, Sonne" künftig vermehrt ausgeschöpft werden sollten, ebenso wie das vorhandene Biomassepotenzial, welches besonders für den Wärme- und den Transportsektor von Bedeutung sei (BMWFJ 2010: 1). Daneben werde ein Schwerpunkt auf die Energieeffizienz

gelegt (BMWFJ 2010: 2–3). Über diese eher allgemeinen Angaben hinaus wurde die nationale energiepolitische Strategie nicht näher beschrieben. Stattdessen gab es einen Verweis auf die *Energiestrategie Österreich*, welche im März 2010 von der Regierung präsentiert worden war (BMWFJ und BMLFUW 2010). In dieser Energiestrategie wurden als drei „Strategiesäulen" erstens die „konsequente Steigerung der Energieeffizienz" benannt, zweitens der Ausbau erneuerbarer Energien und drittens die Absicherung der Energieversorgung über den Ausbau und die Optimierung entsprechender Netzinfrastruktur (BMWFJ und BMLFUW 2010: 7–8). Als übergreifender Zielwert für den Ausbau erneuerbarer Energien wurde die verbindliche EU-Vorgabe von 34 % bis 2020 übernommen (BMWFJ 2010: 1–2). Die Berechnung des Zielwertes und des entsprechenden indikativen Zielpfades bezog sich laut Anhang I der EU-Richtlinie (2009/28/EG) auf den Basiswert von 2005 (23,3 %). Österreich hatte seinen EE-Anteil bis 2008 bereits auf 29 % und bis 2009 auf 31 % steigern können. Die erste Stufe des indikativen Zielpfades sah indes einen Anteil von 25 % für 2011/2012 vor. Wie im NA richtigerweise festgestellt wurde, waren für Österreich bis 2020 somit weniger Anstrengungen nötig, als durch den Zielpfad vorgezeichnet (BMWFJ 2010: 1–2). Angesichts dieser günstigen Entwicklung entschied sich Österreich jedoch nicht dafür, den nationalen Zielwert zu erhöhen, sondern blieb bei dem (Mindest-)Ziel von 34 %. Der höchste Anteil erneuerbarer Energien wurde im Stromsektor prognostiziert, mit etwa 71 % bis 2020, im Kälte-/Wärmesektor wurde mit etwa 33 % und im Transportsektor mit rund 11 % bis 2020 gerechnet (BMWFJ 2010: 8). Es blieb jedoch unklar, welche Funktion die angegebenen sektoralen Zielwerte für die energiepolitische Planung haben sollten. Es hieß lediglich, dass die Umsetzung der Richtlinie „ein dynamischer Prozess" sei, insofern könnten „sich im Zeitverlauf in den einzelnen Bereichen Änderungen ergeben" (BMWFJ 2010: 1). Mit anderen Worten handelte es sich bei der sektoralen Planung um eine unverbindliche Prognose.

Insgesamt zeigte Österreich in seinem Nationalen Aktionsplan eine eher *geringe* inhaltlich-strategische Übereinstimmung mit der EU-Richtlinie. Dies liegt erstens daran, dass Österreich in seinem Nationalen Aktionsplan keine konkrete Strategie zum Ausbau erneuerbarer Energien vorgestellt hat. Zweitens wurde der Ausbau erneuerbarer Energien, sowohl im NA als auch in der *Energiestrategie Österreich*, als eines von mehreren Zielen dargestellt, nicht als Ziel oberster Priorität. Dies zeigte sich auch daran, dass Österreich trotz guter Prognosen bei dem Mindestziel laut EU-Richtlinie blieb, statt sich ein national höheres, der bisherigen Entwicklung angemessenes Ziel zu setzen. Drittens wurden zwar alle drei Energiesektoren im Zusammenhang mit dem EE-Ausbau angesprochen, allerdings ohne dies mit (verbindlichen) sektoralen Zielwerten zu untermauern.

Wie bereits in der nationalen *Energiestrategie* von 2010, fehlte es an einer verbindlichen sektoralen Planung (BMWFJ und BMLFUW 2010).

Neueinführung von Instrumenten und Maßnahmen
Österreich gab insgesamt 30 Maßnahmen zur Förderung der Nutzung von Energie aus erneuerbaren Quellen an. Dabei wurden innerhalb des Umsetzungszeitraums (2009 bis 2010) zwei konkrete, für den Ausbau erneuerbarer Energien relevante Veränderungen realisiert: eine Änderung des Klima- und Energiefondsgesetzes (2009) und eine Vereinbarung zwischen Bund und Ländern über Regelungen im Gebäudesektor (2009) (BMWFJ 2010: 11–14). Wesentliche Maßnahmen, die bereits vor dem Umsetzungszeitraum existierten, waren insbesondere die Einspeisetarife bzw. das Ökostromgesetz sowie die Beimischung von Biokraftstoffen, welche auf die Umsetzung der europäischen Biokraftstoffrichtlinie zurückging (Abschnitt 6.5). Wie in Abschnitt 7.5.1 diskutiert, hatte das Ökostromgesetz 2007 und 2008 mehrere Novellen erfahren. Im Bereich Biokraftstoffe gab es 2009 zwei Anpassungen, welche die Kraftstoffverordnung und das Mineralölsteuergesetz betrafen. Mit Änderung der Kraftstoffverordnung[84] wurde im Grunde das bereits bestehende Substitutionsziel von 5,75 %, das ab dem 01.01.2009 galt, bestätigt (siehe auch Abschnitt 6.5). Eine Erhöhung der Zielsetzung wurde somit nicht vorgenommen. Mit der Novelle des Mineralölsteuergesetzes[85] wurde hauptsächlich die Beschaffenheit von förderwürdigen Biokraftstoffen konkretisiert (siehe dazu auch den Biokraftstoffbericht im Auftrag des Umweltministeriums, Winter 2010: 9–10). Die Förderung von Biokraftstoffen via Steuerbefreiung war bereits mit dem Mineralölsteuergesetz von 1995 etabliert worden (Abschnitt 6.5).

Viele der im NA angegebenen Maßnahmen befanden sich zum Berichtszeitpunkt erst in Planung, darunter ein Klimaschutzgesetz, eine Ökologische Steuerreform, ein Konzept zur Energieraumplanung sowie die Weiterentwicklung von rechtlichen Vorgaben und Förderinstrumenten im Gebäudesektor (BMWFJ 2010: 12). Des Weiteren wurden einige Strategiepapiere genannt, darunter die bereits erwähnte *Energiestrategie Österreich* und der *Masterplan 2009–2020* zum

---

[84] Verordnung des Bundesministers für Land- und Forstwirtschaft, Umwelt und Wasserwirtschaft, mit der die Kraftstoffverordnung 1999 geändert wird. BGBl. II Nr. 168/2009.

[85] Bundesgesetz, mit dem das Einkommensteuergesetz 1988, das Körperschaftsteuergesetz 1988, das Alkoholsteuergesetz, das Biersteuergesetz 1995, das Mineralölsteuergesetz 1995, das Schaumweinsteuergesetz 1995, das Tabaksteuergesetz 1995, das Tabakmonopolgesetz 1996 und die Abgabenexekutionsordnung geändert werden – Abgabenänderungsgesetz 2009 (AbgÄG 2009). BGBl. I Nr. 151/2009.

Netzausbau[86], welche beide erst noch umgesetzt werden mussten (BMWFJ 2010: 11–14). Daneben wurde eine Biogas- und Biomethanstrategie geplant, die bis 2011 erarbeitet werden sollte (BMWFJ 2010: 14).

Im Bereich der Verwaltungsverfahren waren keine Veränderungen vorgesehen (BMWFJ 2010: 15–19). Dies galt auch für die Verfahren zum Netzausbau: Die Bewilligung von Leitungsvorhaben war nach geltendem Recht oft Ländersache – eine bundesweite Vereinfachung bzw. Beschleunigung von Genehmigungsverfahren wurde nicht anvisiert (BMWFJ 2010: 34–35). Auf den europäischen Anpassungsdruck ließ sich Österreich besonders in diesem Punkt nicht ein: „Aufgrund der unterschiedlichen Zuständigkeiten lassen sich keine allgemeinen Aussagen zu Verfahrenszeiten abgeben und folglich auch keine Angaben zu deren Beschleunigung" (BMWFJ 2010: 35).

Insgesamt ist die Neueinführung von Instrumenten und Maßnahmen zur Förderung erneuerbarer Energien in Österreich als *gering* zu bewerten. Die wesentlichen Förderinstrumente für erneuerbare Energien, d. h. das Ökostromgesetz und die per Kraftstoffverordnung geregelte Beimischung von Biokraftstoffen, waren bereits vor 2007 etabliert worden. Die neuen Maßnahmen, die im NA angegeben wurden, befanden sich zum Großteil erst in Planung bzw. galten nicht direkt dem EE-Ausbau. Nennenswerte Neuerungen in der Förderung erneuerbarer Energien waren somit in Reaktion auf die EU-Richtlinie nicht zu verzeichnen (siehe auch Abschnitt 7.5.1). Ungeachtet des erwähnten *Masterplan 2009–2020* zum Netzausbau wurden keine Reformen im Bereich der Netze oder der Verwaltungsverfahren angestoßen. Die geplanten regulatorischen Anpassungen im Gebäudebereich waren zum Berichtszeitpunkt noch nicht erfolgt.

EU-Rechtsbezug formaler Transposition[87]

Die formale Transposition im Umsetzungszeitraum der EU-Richtlinie (April 2009 bis Dezember 2010) umfasste 16 Policies, von denen 12 auf Landesebene und 3 auf Bundesebene ergangen sind. Auf Bundesebene wurde 2010 eine Ökostromverordnung[88] erlassen, um die Höhe der Einspeisetarife für die einzelnen EE-Technologien je erzeugter kWh zu aktualisieren. Das zugrundeliegende Förderinstrument ging auf das Ökostromgesetz von 2002 zurück, das seither

---

[86] Dieser wurde erstmals im Juli 2009 von der *Austrian Power Grid AG* (APG) erstellt und seither mehrfach aktualisiert (APG 2010: 3).

[87] Offiziell angezeigte Rechtsakte, siehe EU (2019).

[88] Verordnung des Bundesministers für Wirtschaft, Familie und Jugend, mit der Preise für die Abnahme elektrischer Energie aus Ökostromanlagen auf Grund von Verträgen festgesetzt werden, zu deren Abschluss die Ökostromabwicklungsstelle bis Ende des Jahres 2010 verpflichtet ist (Ökostromverordnung 2010 – ÖSVO 2010). BGBl. II Nr. 42/2010.

mehrfach novelliert worden war (Abschnitt 6.5 sowie Abschnitt 7.5.1). Ebenso wurde im Jahr 2010 eine Verordnung über landwirtschaftliche Ausgangsstoffe für Biokraftstoffe erlassen, die laut § 1 primär der Umsetzung der Nachhaltigkeitskriterien gemäß europäischer Erneuerbare-Energien-Richtlinie diente.[89] Dabei wurden die entsprechenden Nachhaltigkeitsanforderungen festgelegt (§ 2) und deren Nachweis bzw. Kontrolle geregelt (§§ 3–8 Landwirtschaftliche Ausgangsstoffe für Biokraftstoffe und flüssige Biobrennstoffe). Neben diesen beiden Verordnungen auf Bundesebene schlossen Bund und Länder 2009 die bereits erwähnte Vereinbarung über Maßnahmen zur Emissionsreduktion im Gebäudesektor.[90] Dabei wurden Leitlinien bestimmt, mit denen in der weiteren landesrechtlichen Ausgestaltung Förderanreize für den Neubau sowie für Wohnhaussanierungen gesetzt werden sollten. Dies galt sowohl der Energieeffizienz als auch dem Einsatz erneuerbarer Energien. Das ebenfalls im Umsetzungszeitraum angegebene Wärme- und Kälteleitungsausbaugesetz war bereits 2008 verabschiedet worden und bezog sich überdies nicht direkt auf den Ausbau erneuerbarer Energien.[91] Neben den auf Bundesebene erlassenen Rechtsakten wurden auf Landesebene im Umsetzungszeitraum insbesondere Anpassungen im Gebäudebereich und im Bereich der Netze vorgenommen. Nach dem Umsetzungszeitraum wurden von Österreich weitere 133 Rechtsakte angegeben, welche in den Folgejahren auf Bundes- und Landesebene im Zusammenhang mit der Richtlinienumsetzung verabschiedeten wurden. Dazu zählten beispielsweise eine neue Ökostromverordnung (2011), eine weitere Bund-Länder-Vereinbarung (2011), eine Novelle des Ökostromgesetzes (2012) sowie eine neue Kraftstoffverordnung (2012) und zahlreiche landesrechtliche Maßnahmen, z. B. im Bereich der Elektrizitätswirtschaft und der Wohnbauförderung. Insgesamt fiel der EU-Rechtsbezug der formalen Transposition in Österreich *gering* aus. Die wenigen vom Bund verabschiedeten Rechtsakte schlossen an das an, was im Regierungsprogramm von 2007 diskutiert bzw. geplant worden war (Emissionsreduktion im Gebäudesektor) bzw.

---

[89] Verordnung des Bundesministers für Land- und Forstwirtschaft, Umwelt und Wasserwirtschaft über landwirtschaftliche Ausgangsstoffe für Biokraftstoffe und flüssige Biobrennstoffe. BGBl. II Nr. 250/2010.

[90] Vereinbarung gemäß Art. 15a. B-VG zwischen dem Bund und den Ländern über Maßnahmen im Gebäudesektor zum Zweck der Reduktion des Ausstoßes an Treibhausgasen. BGBl. II Nr. 251/2009.

[91] Wärme- und Kälteleitungsausbaugesetz und Änderung des Energie-Regulierungsbehördengesetzes. BGBl. I Nr. 113/2008. Im Jahr 2009 handelte es sich lediglich um eine Kundmachung, bei der das Inkrafttreten des Gesetzes nach beihilferechtlicher Prüfung der Europäischen Kommission bekannt gegeben wurde: Kundmachung über das Inkrafttreten des Wärme- und Kälteleitungsausbaugesetzes. BGBl. I Nr. 58/2009.

bauten auf schon vorher bestehenden Förderinstrumenten auf (Ökostromgesetz, Kraftstoffverordnung). Es handelte sich somit eher um eine verspätete Umsetzung der nationalen Zielsetzung, weniger um eine Anpassung an europäische Vorgaben. Eine Ausnahme war allerdings die Umsetzung der Nachhaltigkeitskriterien für Biokraftstoffe. Dennoch deckte die formale Transposition Österreichs nur einzelne Bereiche der europäischen Vorgaben ab und brachte überdies keine wesentlichen Veränderungen bestehender Förderinstrumente. Auffällig am österreichischen Fall war überdies die hohe Anzahl von Umsetzungsmaßnahmen, welche erst nach der Umsetzungsfrist ergangen waren.

7.5.3 Praktische Umsetzung

Nachdem im vorangegangenen Teil die rechtliche Transposition der EU-Richtlinie betrachtet wurde, wird nun die praktische Umsetzung anhand des tatsächlichen EE-Ausbaus sowie der erreichten Zielwerte beleuchtet. Bei Verabschiedung der Erneuerbare-Energien-Richtlinie im Jahr 2009 wies Österreich bereits einen EE-Gesamtanteil von 31 % auf (Abb. 7.6). Bis 2020 wurde dieser Wert um sechs Prozentpunkte, auf 37 % gesteigert. Das Wachstum zwischen 2009 und 2020 ging insbesondere auf den Stromsektor zurück, wo eine Steigerung um neun Prozentpunkte geleistet wurde. Damit war der EE-Anteil im Stromsektor von 69 % im Jahr 2009 auf 78 % im Jahr 2020 angestiegen. Im Wärmebereich gab es zwischen 2009 und 2020 eine allmähliche Erhöhung von 30 % auf 35 % erneuerbarer Energien. Im Transportsektor konnte kein Wachstum generiert werden: Nachdem im Jahr 2009 der bis dahin höchste EE-Anteil von 11 % erreicht worden war, schwankte der Wert in den Folgejahren zwischen 10 und 11 % und blieb auch im Jahr 2020 bei etwa 10 %. Ein zeitlicher Zusammenhang von EE-Ausbau und EU-Richtlinie ist nicht erkennbar, im Gegenteil: Ab 2009 gab es eher eine Stagnation des Gesamtanteils erneuerbarer Energien. Mit Blick auf den indikativen Zielpfad lag Österreich, wie erwartet, stets über den vorgezeichneten Werten. Entsprechend lag der Gesamtanteil erneuerbarer Energien bis 2020 mit 37 % drei Prozentpunkte höher als das EU-seitig vorgegebene Ziel von 34 %. Im Transportsektor befand sich Österreich bereits seit 2009 konstant an der Zielmarke von 10 %. Ungeachtet des steigenden Energieverbrauchs (EK 2019) befand sich Österreich folglich in *compliance* mit den Zielwerten bis 2020.

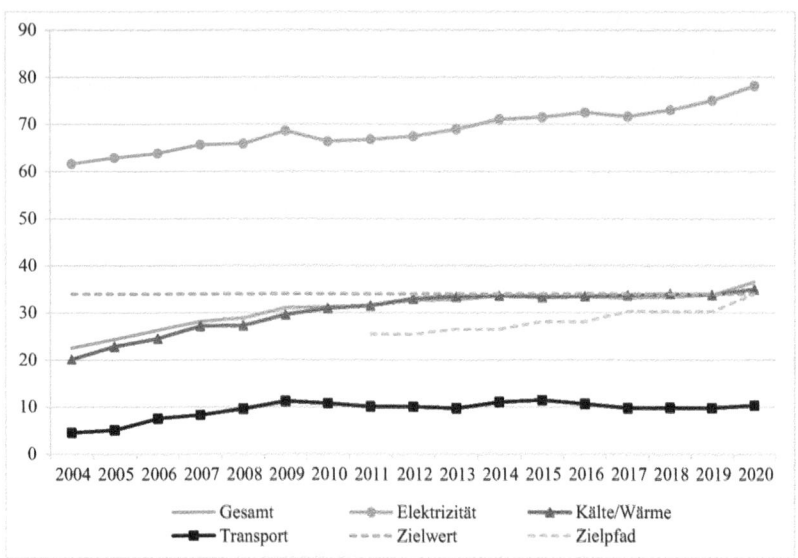

Abb. 7.6 Anteil erneuerbarer Energien in Österreich nach Sektoren (in %). Eigene Darstellung nach Eurostat (2022a)

7.5.4 Zusammenfassung

Insgesamt zeigte Österreich eine ambivalente Politik gegenüber erneuerbaren Energien, was sich auch in der Richtlinienumsetzung ausdrückte. Grundsätzlich waren erneuerbare Energien für Österreich schon traditionell von großer Bedeutung, was vor allem an der hohen Importabhängigkeit sowie dem kategorischen Verzicht auf Atomenergie lag (Abschnitt 6.5). Mit dem Regierungsprogramm von 2007 hatte sich die Regierung zunächst eine sehr ambitionierte Zielsetzung für den weiteren Ausbau erneuerbarer Energien gesetzt, was in den Folgejahren jedoch nicht mit entsprechenden Policies untermauert wurde. Mit den 2008 vorgelegten europäischen Vorschlägen zur Erneuerbare-Energien-Richtlinie rückte die österreichische Regierung von ihren ursprünglichen Zielen ab, mit der Begründung, eine neue Strategie nach europäischen Vorgaben erstellen zu wollen.

Der weitgehende institutionelle *fit*, der im Vorfeld der EU-Richtlinie zu beobachten war (Abschnitt 6.5), war angesichts der veränderten Interessenlage nun weniger deutlich. War im ersten Regierungsprogramm noch der Anspruch einer

aktiven und umfassenden, d. h. langfristigen und sektor- bzw. themenübergrei-
fenden Steuerung erkennbar, so rückten die Regierungsparteien im Zuge der
Koalitionsstreitigkeiten und der Regierungsneubildung von diesem Anspruch ab.
Anhand der verhärteten Fronten im Parlament, die besonders bei den Debatten zum Ökostromgesetz zwischen Regierung und Opposition sichtbar wurden,
aber auch mit Blick auf die Unzufriedenheit unterschiedlicher gesellschaftlicher
Akteure gegenüber dem Klimafonds, zeigte sich überdies eine weniger konsensuale Orientierung als im Vorfeld der EU-Richtlinie (Abschnitt 6.5). Ebenso war
im Hinblick auf die wiederholten Novellen des Ökostromgesetzes ein eher inkre-
mentelles denn umfassendes Vorgehen erkennbar. Die angespannte politische
Situation drückte sich insofern, zumindest zeitweise, in einem Regulierungsstil
aus, der weniger gut mit dem EU-Modell harmonierte. Das Risiko einer fragmentierten Regulierung, das im Zusammenhang mit den föderalen Strukturen bereits
in Abschnitt 6.5 angesprochen wurde, bestätigte sich vor allem im Bereich der
Netze, der Verwaltungsverfahren sowie im Gebäudebereich, wo zu großen Teilen
die Länder zuständig waren.[92]

Bei der Richtlinienumsetzung zeigte Österreich letztlich wenig EU-induzierte
Anpassung. Die Richtlinieninhalte fanden sich zumindest programmatisch bereits
Anfang 2007 auf der Regierungsagenda, wenn auch die Umsetzung in Form
konkreter Policies nur langsam vonstattenging. Im Hinblick auf die Förderinstrumente hielt Österreich an den Ansätzen bzw. Policies fest, die bereits vor 2007
etabliert worden waren. Folglich brachte die Erneuerbare-Energien-Richtlinie für
Österreich nur wenig Veränderung.

7.6 Schweden

7.6.1 Antizipatorische Phase

Die bürgerliche Regierungskoalition (*Allians för Sverige*) setzte während der
antizipatorischen Phase den klima- und energiepolitischen Kurs Schwedens mit
kleineren Erweiterungen fort. Bei der geplanten Aktualisierung der schwedischen
Klimastrategie im Jahr 2008/2009 wurden die Vorschläge zum europäischen
Klima- und Energiepaket vorausschauend in die Politikformulierung einbezogen.

---

[92] Steurer und Clar (2015) illustrieren überdies anhand der Regulierung im Gebäudebereich,
wie der österreichische Föderalismus die Implementation internationaler Klimavereinbarungen erschwerte.

Regierung und Opposition waren dabei gespalten: Aus Sicht der Oppositionsparteien waren die von der Regierung vorgelegten Pläne zur Emissionsreduktion
und zum Ausbau erneuerbarer Energien unzureichend und stimmten nicht mit der
vorgetragenen Rhetorik überein.

Bürgerliche Regierungskoalition – ein breites energiepolitisches Spektrum
Während der antizipatorischen Phase regierte in Schweden das bürgerliche Parteienbündnis *Allians för Sverige*, bestehend aus der konservativen *Moderata
samlingspartiet* (MSP), der agrarisch geprägten *Centerpartiet* (C), der liberalen *Folkpartiet liberalerna* (FP) und der christdemokratischen *Kristdemokraterna*
(Kd).[93] Die energiepolitischen Positionen unterschieden sich zum Teil erheblich,
auch wenn aus Sicht der MSP unter der *Allians* Einigkeit darüber bestand, dass
die Regierung künftig ambitionierte Klimaziele und konkrete Maßnahmenpläne
vorlegen müsse (MSP 2006: 26; siehe auch C 2006: 9; Kd 2006: 5). Innerhalb der
Wahlprogramme wurde deutlich, dass das Ziel einer nachhaltigen Energieversorgung einerseits mit wirtschaftlichen Chancen gleichgesetzt wurde, besonders mit
Blick auf die Entwicklung und den Export zukunftsfähiger Technologien (MSP
2006: 25, 27; siehe auch Kd 2006: 5). Für die agrarisch geprägte Zentrumspartei waren dabei vor allem die Landwirtschaft und der ländliche Raum von
Bedeutung (C 2006: 11). Andererseits dürften die Energiepreise aber nicht zulasten der schwedischen Wettbewerbsfähigkeit gehen (MSP 2006: 26). Im Ergebnis
wurde eine marktliberale und nachfrageseitige Strategie verfolgt, bei der Anreize
für Verbraucher und Unternehmen geschaffen und weitere Forschung angeregt
werden sollten (C 2006: 10–12; MSP 2006: 26). In diesem Sinne sollte auch
das von der Vorgängerregierung etablierte Zertifikatssystem für EE-Strom weitergenutzt werden (C 2006: 11; MSP 2006: 26–27; siehe auch Abschnitt 6.6).
Zudem wurden im Transportsektor Anreize für Automobilhersteller und Verbraucher vorgesehen, um verbrauchsarme Fahrzeuge sowie die Nutzung alternativer
Kraftstoffe zu fördern (MSP 2006: 27).[94]

Eine strittige Frage betraf die Zukunft der Atomenergie: Während die Zentrumspartei plante, mit dem Umstieg auf eine nachhaltige Energieversorgung

---

[93] Den mit Abstand größten Anteil der Parlamentssitze hatte die MSP inne (27,8 %), welche auch den Ministerpräsidenten bzw. *Statsminister* stellte (Fredrik Reinfeldt). Die Zentrumspartei (C) verfügte über 8,3 % der Parlamentssitze, die liberale FP über 8 % und die
Christdemokraten (Kd) hielten 6,9 % (siehe ParlGov-Datenbank bzw. Döring und Manow
2019).

[94] Der agrarisch geprägten Zentrumspartei waren Biokraftstoffe besonders wichtig, sodass
sie einen Schritt weiter ging und bis 2015 alle verkauften Automobile mit alternativen Kraftstoffen kompatibel machen wollte (C 2006: 10–12).

die Grundlage für einen Atomausstieg zu schaffen (C 2006: 11), plädierte die
liberale FP (2006), vor allem im Kontext von Wirtschafts- und Arbeitsmarkt-
politik, für eine Renaissance der Atomenergie. Auch aus ökologischer Sicht sei
der Erhalt funktionierender AKW sinnvoll (FP 2006: 4). Entsprechend sollten
Forschungsgelder besonders in die Weiterentwicklung der Atomenergie investiert werden (FP 2006: 14). Kritisch stand die FP der ökologischen Besteuerung
entgegen, welche die Energiepreise unverhältnismäßig in die Höhe treibe (FP
2006: 14).[95] Zur Atomenergie positionierte sich die führende MSP neutral: Der
Baustopp für neue Reaktoren solle erhalten bleiben, bestehenden AKW stünden
aber keine Schließungen bevor (MSP 2006: 26). Abgesehen von den divergie-
renden Ansichten über die Atomenergienutzung sprachen sich alle Parteien der
Allians, zumindest prinzipiell, für weitere Klimaschutzmaßnahmen und den Ausbau erneuerbarer Energien aus, auch die FP (2006). Quantitative Zielwerte oder
gänzlich neue Förderinstrumente speziell für den EE-Ausbau wurden allerdings
nicht vorgeschlagen (C 2006; FP 2006; Kd 2006; MSP 2006).

Wie in den Parteiprogrammen beabsichtigt, wurde im Mai 2007 per Verordnung[96] des Umweltministeriums eine Umweltprämie eingeführt, mit der
Verbraucher zum Kauf umweltfreundlicher Neuwagen angeregt werden sollten.
Mit dieser *miljöbilspremie* wurden Anschaffungen im Zeitraum vom 1. April
2007 bis zum 30. Juni 2009 unterstützt, sofern die Fahrzeuge einen bestimmten Deckel an CO_2-Emissionen unterschritten (§ 4 Abs. 1 i. V. m. § 3 SFS
2007:380). Dies galt sowohl für Fahrzeuge, die mit fossilem Kraftstoff fuhren,
als auch für jene, die rein auf Biokraftstoffbasis betrieben wurden sowie für
Elektroautos (Huse und Lucinda 2014).

Zögerliche Vorbereitung einer neuen klima- und energiepolitischen Strategie
Des Weiteren stand eine klimapolitische Reform bevor: Nach der letzten Überarbeitung der schwedischen Klimastrategie im Jahr 2005 durch die sozialdemokratische Vorgängerregierung bekannte sich auch die bürgerliche Regierungskoalition
zur nächsten, für 2008 geplanten Weiterentwicklung (IEA 2008b: 31; SOU
2008: 3). Wie der Regierung von den Oppositionsparteien vorgeworfen wurde,
ließ sich die *Allians* damit jedoch Zeit (Sveriges Riksdag 2009a: 40, 47, 109–
110). Im April 2007, d. h. etwa ein halbes Jahr nach Amtsantritt, beauftragte
die Regierung zunächst einen parteiübergreifenden parlamentarischen Ausschuss
mit der Vorbereitung der neuen Klimastrategie, inklusive einer Zielsetzung bis

---

[95] Schweden hatte eine lange Tradition der Energiebesteuerung und verfügte sowohl über
eine Energie- als auch eine CO_2-Steuer (Abschnitt 6.6).
[96] Förordning om miljöbilspremie. SFS 2007:380.

2020 (Miljödepartementet 2007a). Bereits im Juni 2006 hatte zudem die Vorgängerregierung der schwedischen Energieagentur (*Energimyndigheten*) und der
schwedischen Umweltschutzbehörde (*Naturvårdsverket*) den Auftrag erteilt, bisherige Maßnahmen zu überprüfen und eine Prognose über die klima- und
energiepolitische Weiterentwicklung abzugeben (Miljö- och samhällsbyggnadsdepartementet 2006). Der Abschluss des Berichts fiel sodann in die Amtszeit
der *Allians*-Regierung und wurde im Juni 2007 präsentiert (Energimyndigheten und Naturvårdsverket 2007). In ihrem Bericht bemerkten die Energieagentur
und die Umweltschutzbehörde, dass die europäische 20-20-20-Zielsetzung und
daraus noch folgende EU-Policies u. U. noch wesentliche Auswirkungen auf
die schwedische Energiepolitik haben würden (Energimyndigheten und Naturvårdsverket 2007: 102). Mit den bestehenden Instrumenten, insbesondere der
Kombination aus CO_2-Steuer, dem Zertifikatssystem für EE-Strom und dem europäischen Emissionshandelssystem, könne für 2020 ein Gesamtanteil von knapp
32 % erneuerbarer Energien prognostiziert werden (Energimyndigheten und
Naturvårdsverket 2007: 102). Weitere Anstrengungen bei der Verbrauchssenkung
könnten den EE-Anteil zusätzlich anheben (Energimyndigheten und Naturvårdsverket 2007: 102). Obwohl zum Berichtszeitpunkt noch nicht feststünde, welchen
Beitrag Schweden zur europäischen Zielsetzung leisten müsse, sei absehbar, dass
bis 2020 mehr EE-Strom nötig sein würde als bisher im Zertifikatssystem vorgesehen. Die Empfehlung ging entsprechend dahin, die Quoten vorsorglich zu
erhöhen (Energimyndigheten und Naturvårdsverket 2007: 102). Im Wärme- bzw.
Gebäudebereich sei das bestehende Steuerniveau ausreichend, um den Umstieg
von fossilen Quellen auf erneuerbare Energieträger zu gewährleisten (Energimyndigheten und Naturvårdsverket 2007: 10). Für den Transportsektor wurde bereits
fest mit dem europäischen Ziel von 10 % gerechnet (Energimyndigheten und
Naturvårdsverket 2007: 67, 71–72, 102). Um dieses Ziel zu erreichen, sei neben
der bestehenden Steuerbefreiung auch eine verpflichtende Quote für Biokraftstoffe notwendig (Energimyndigheten und Naturvårdsverket 2007: 71–72). Ein
höheres Ziel auf nationaler Ebene sei überdies jedoch nicht ratsam, da das nötige
Biomassepotenzial vermutlich nicht dafür vorhanden sei (Energimyndigheten und
Naturvårdsverket 2007: 71–72).[97]
    Im Dezember 2007 erteilte die schwedische Regierung dem von ihr eingesetz-
ten parlamentarischen Ausschuss (auch: Klimakomitee bzw. *Klimatberedningen*)
für ihren Bericht einen Aufschub, um die von der Europäischen Kommission

---

[97] Vor allem konkurrierende Nutzungen im Bereich der Stromerzeugung und der Wärmegewinnung, aber auch der Bedarf an Rohstoffen innerhalb der Forstindustrie schränkten das
bestehende Biomassepotenzial bereits ein (Energimyndigheten und Naturvårdsverket 2007:
71–72).

erwarteten Vorschläge zum Klima- und Energiepaket noch einarbeiten zu können (Miljödepartementet 2007b). Der Bericht des Klimakomitees, der daraufhin im März 2008 vorgelegt wurde, knüpfte maßgeblich an die zuvor formulierten Empfehlungen der Energieagentur und der Umweltschutzbehörde an (Energimyndigheten und Naturvårdsverket 2007), ebenso an einen Bericht des wissenschaftlichen Rates für Klimaprobleme (*Vetenskapliga rådet för klimatfrågor*) aus dem August 2007 (SOU 2007) sowie an die Vorschläge der Europäischen Kommission (SOU 2008: 17–18). Die im Bericht des Klimakomitees enthaltenen Maßnahmen zielten hauptsächlich auf eine Erweiterung bestehender bzw. in der schwedischen Energiepolitik schon länger genutzter Instrumente ab: So sollten ein neues Forschungsprogramm aufgesetzt, Investitionshilfen gewährt und die Kraftstoffsteuer erhöht werden, in Verbindung mit einer Zertifizierung nachhaltiger Biokraftstoffe und der Entwicklung von Biokraftstoffen zweiter Generation (SOU 2008: 27–37). Eine Erhöhung von Energie- und CO_2-Steuer müsse sozioökonomisch ausgewogen sein, am besten sei es daher, die Anstrengungen auf den Verkehrssektor zu konzentrieren: Hier sei das Potenzial einer Emissionsreduktion, aber auch die gesellschaftliche Akzeptanz am größten (SOU 2008: 220–221). Im Herbst 2008 folgte gemäß den genannten Empfehlungen des Klimakomitees bereits eine Verordnung[98] des Finanzministeriums, mit der die Beiträge zur Energie- und zur CO_2-Steuer speziell im Verkehrsbereich angehoben wurden (siehe auch IEA 2008b: 33). Zudem legte die Regierung ein Finanzierungspaket für Forschung und Entwicklung im Bereich Klima und Energie auf (IEA 2008b: 32; Miljödepartementet 2009: 41–42). Energiebezogene Forschung wurde dabei anhand mehrerer Schwerpunkte gefördert: Neben der großangelegten Erzeugung von EE-Strom (beispielsweise aus Wind- und Wellen- oder Solarenergie) sowie der Einspeisung ins Netz sollten auch elektrische Antriebe und hybride Fahrzeuge erforscht bzw. weiterentwickelt werden; daneben galt ein weiterer Schwerpunkt der Grundlagenforschung zur CCS-Technologie[99] sowie der Atomenergie (Miljödepartementet 2009: 41–42; siehe auch Regeringskansliet 2009: 6).

Regierungsprogramm stößt auf deutliche Kritik der Opposition
Ergänzend zu diesen ersten Maßnahmen stellte die Regierung im Februar 2009 ihr neues Programm ‚Eine nachhaltige Energie- und Klimapolitik für Umwelt, Wettbewerbsfähigkeit und Sicherheit' vor, in dem sie auch auf das kürzlich beschlossene Klima- und Energiepaket der EU Bezug nahm (Regeringskansliet

---

[98] Förordning om fastställande av omräknade belopp för energiskatt och koldioxidskatt för år 2009. SFS 2008:853.

[99] CO_2-Abscheidung und -Speicherung (*carbon capture and storage*, CCS).

2009: 1).[100] Ausgehend von den Vorarbeiten des wissenschaftlichen Rates und des Klimakomitees wurden folgende Ziele bis 2020 formuliert:

- 50 % erneuerbare Energien,
- 10 % erneuerbare Energien im Verkehrssektor,
- 20 % mehr Energieeffizienz,
- 40%ige Reduktion der Treibhausgasemissionen (Regeringskansliet 2009: 1–2).

Aufbauend auf den bereits etablierten Steuerungsinstrumenten plante die Regierung, die CO_2-Steuer zu erhöhen und bisherige Ausnahmen zu kürzen bzw. ganz abzuschaffen (Regeringskansliet 2009: 2).[101] Auch eine weitere Erhöhung der Kraftstoff- und der Energiesteuer stand zur Debatte (Regeringskansliet 2009: 2). Im Stromsektor werde im Sinne des Klimaschutzes die Atomenergie zumindest mittelfristig ein wichtiger Bestandteil der schwedischen Stromerzeugung bleiben (Regeringskansliet 2009: 3). Hierzu plante die Regierung auch ein neues Gesetz, mit dem das bestehende Neubauverbot aufgehoben und der Ersatz älterer Anlagen durch neue Reaktoren ermöglicht werden sollte (Regeringskansliet 2009: 4). Daneben wollte die Regierung aber auch die Kraft-Wärme-Kopplung, die Windkraft sowie andere EE-Technologien ausbauen (Regeringskansliet 2009: 3). Dazu sollte das Zertifikatsystem für die Stromerzeugung aus erneuerbaren Quellen um ein neues Ziel von 25 TWh bis 2020 erweitert werden (Regeringskansliet 2009: 3).[102] Gemäß dem Vorschlag der schwedischen Energieagentur wurde speziell für Windkraft ein neuer Planungsrahmen von 30 TWh bis 2020 veranschlagt, davon 20 TWh für Onshore- und 10 TWh für Offshore-Windenergie. In Verbindung damit sollte auch der Planungsprozess für Windkraft vereinfacht werden, wobei die Regierung zugleich den Gemeinden mehr Mitspracherecht gewähren wollte (Regeringskansliet 2009: 4). Im Transportsektor wurde bis 2030 eine von fossilen Brennstoffen unabhängige Fahrzeugflotte anvisiert (Regeringskansliet 2009: 3). Gerade der Transportsektor biete besonderes Potenzial für die schwedische Industrie: Die Entwicklung von Hybridfahrzeugen, Elektroautos und Biokraftstoffen könnte hier eine weltweite Führungsposition ermöglichen (Regeringskansliet 2009: 3).

---

[100] Wie in Abschnitt 5.2.1 dargestellt, war im Dezember 2008 bereits eine politische Einigung über das europäische Klima- und Energiepaket erzielt worden, bevor es im April 2009 formal finalisiert wurde.

[101] Wie in Abschnitt 6.6 diskutiert, genoss die energieintensive Industrie bislang großzügige Ausnahmen von der Energie- und der CO_2-Steuer.

[102] Der Zuwachs neuer EE-Stromkapazitäten von 25 TWh bezog sich auf den Zeitraum 2002 bis 2020 (Miljödepartementet und Näringsdepartementet 2009: 2).

Auf Grundlage dieses Regierungsprogramms wurden dem Parlament im März 2009 entsprechende Legislativvorschläge vorgelegt.[103] In der Parlamentsdebatte vom Juni 2009 erfuhr die Regierung allerdings umfängliche Kritik seitens der Oppositionsparteien (Sveriges Riksdag 2009a). Großen Anstoß nahmen Sozialdemokraten (*Socialdemokratiska arbetarepartiet*, SAP), Grüne (*Miljöpartiet de Gröna*, MP) und Sozialisten (*Vänsterpartiet*, V) u. a. daran, dass die Regierung den Weg für eine intensivere Atomenergienutzung freimachen wolle, statt sich ehrgeizige Ziele für den Ausbau erneuerbarer Energien zu setzen (Sveriges Riksdag 2009a: 110, 118).[104] Die regierende MSP betonte hingegen, dass lediglich die Bedingungen für einen möglichen Neubau bzw. Ersatz von Reaktoren geschaffen würden, es letztlich aber die Wirtschaft sei, die entscheide, in welche Energietechnologien investiert werde (Sveriges Riksdag 2009a: 135). Nach Ansicht der SAP würden aber gerade durch den atomfreundlichen Kurs Investitionen in erneuerbare Energien gedämpft (Sveriges Riksdag 2009a: 111, 153). Besonders die Grünen, aber auch die SAP, sprachen sich dafür aus, für die Förderung erneuerbarer Energien ein Einspeisetarifmodell zu testen, welches bereits in Ländern wie Dänemark und Deutschland eine stabile Investitionsbasis geschaffen hätte (Sveriges Riksdag 2009a: 49, 111, 117, 144). Mit den vorgelegten Reformen zur Planung von Windenergieanlagen waren die Oppositionsparteien ebenfalls unzufrieden, besonders das neue Veto für Gemeinden stelle eher eine Behinderung des Ausbaus dar (Sveriges Riksdag 2009a: 41–42, 46, 117–118).

Ein großer Kritikpunkt betraf auch die quantitativen Ziele, die sich die Regierung vorgenommen hatte, sowohl das 40 %-Ziel für die Emissionsreduktion als auch das Ziel von 50 % erneuerbarer Energien bis 2020: Der Regierung wurde von der Opposition vorgeworfen, das noch im Rahmen des Klimakomitees zugesagte Ziel von 30 % Emissionsreduktion im Inland (der Rest sollte durch Maßnahmen im Ausland erreicht werden) durch eine neue Berechnung faktisch auf 26,6 % abgesenkt zu haben (Sveriges Riksdag 2009a: 40, 45, 81). Das Ziel von 50 % erneuerbarer Energien hielten zudem vor allem die Grünen für enttäuschend, da dies den von der EU vorgegebenen Wert um nur einen Prozentpunkt übersteige (Sveriges Riksdag 2009a: 48). Aus Sicht der Grünen hätte die Regierung drei Jahre ihrer Amtszeit gezögert, um dann eine ‚verwässerte, defensive und feige' Klimapolitik vorzulegen (Sveriges Riksdag 2009a: 47).

---

[103] Regeringens proposition 2008/09:146. Prövning av vindkraft. 5 mars 2009. Regeringens proposition 2008/09:162. En sammanhållen klimat- och energipolitik – Klimat. 11 mars 2009. Regeringens proposition 2008/09:163. En sammanhållen klimat- och energipolitik – Energi. 11 mars 2009.

[104] Im Jahr 2009 war in Schweden bereits ein Anteil von 48 % erneuerbarer Energien erreicht worden (Eurostat 2022a).

Entsprechend der scharfen Kritik stimmte die Opposition geschlossen gegen die Regierungsvorschläge, welche mit knapper Mehrheit der Regierungsparteien dennoch angenommen wurden (Sveriges Riksdag 2009b: 55–57). Insgesamt brachte die klimapolitische Neuausrichtung für die Förderung erneuerbarer Energien wenig Neues, da überwiegend auf bereits etablierten Instrumenten aufgebaut wurde. Aus Sicht der Opposition waren die klima- und energiepolitischen Ambitionen der Regierung unzureichend und die aufgeschlossene Haltung gegenüber der Atomenergie ungünstig für den Ausbau erneuerbarer Energien.

7.6.2 Rechtliche Transposition

Nachdem im vorangegangenen Teil die antizipatorische Phase und die daraus hervorgegangenen nationalen Rechtsakte besprochen wurden, schließt sich nun eine nähere Betrachtung der rechtlichen Transposition an. Hierbei werden der Nationale Aktionsplan sowie die offiziell angezeigten nationalen Rechtsakte zur EU-Richtlinienumsetzung analysiert. Dies geschieht entlang (1) der inhaltlich-strategischen Übereinstimmung, (2) der Neueinführung von Instrumenten und Maßnahmen und (3) dem EU-Rechtsbezug der formalen Transposition.

Inhaltlich-strategische Übereinstimmung
Im Nationalen Aktionsplan Schwedens wurde betont, dass die Förderung erneuerbarer Energien in Schweden schon lange Tradition hätte und Teil einer übergreifenden Politik nachhaltiger Entwicklung sei (Regeringskansliet 2010: 3). Die schwedische Energiepolitik speise sich aus drei zentralen Motiven: die Abhängigkeit von Öl zu reduzieren, die schädlichen Klimaauswirkungen des Energiesektors zu begrenzen und die eigene technologische und industrielle Wettbewerbsfähigkeit zu stärken (Regeringskansliet 2010: 3). Als quantitatives Ziel für den Ausbau erneuerbarer Energien bis 2020 wurde ein Gesamtanteil von 50 % angegeben, welcher bereits in der nationalen klima- und energiepolitischen Strategie rechtsverbindlich verankert sei, inklusive eines 10 %-Ziels für den Transportsektor sowie eines Zuwachses von 25 TWh in der EE-Stromerzeugung bis 2020 (Regeringskansliet 2010: 3; siehe auch Abschnitt 7.6.1). Mit seinem Zielwert für den Gesamtanteil lag Schweden somit einen Prozentpunkt über dem verbindlichen Ziel laut EU-Richtlinie (Regeringskansliet 2010: 9–12). Die übrigen sektoralen Ziele seien anhand realistischer Prognosen berechnet worden, galten aber nicht als verbindlich: Demnach würden bis 2020 im Stromsektor vermutlich mindestens 63 % erneuerbare Energien erreicht, im Kälte-/Wärmesektor mindestens 62 % und im Transportsektor voraussichtlich 14 % (Regeringskansliet 2010: 10, 12).

Um die genannten Ziele zu erreichen, seien bereits einige konkrete Maßnahmen veranlasst worden, darunter ein nationaler Planungsrahmen für Windenergie, der ebenfalls bereits vom Parlament gebilligt worden sei (Regeringskansliet 2010: 4). Dazu gehörten weitere quantitative Zielwerte für die Produktion aus Windenergie bis 2020 sowie eine Vereinfachung bestehender Genehmigungsverfahren (Regeringskansliet 2010: 4). Daneben sollten auch in Zukunft bestehende Instrumente wie die CO_2-Steuer und das Zertifikatssystem für EE-Strom eingesetzt werden (Regeringskansliet 2010: 4). Zudem werde ein besonderer Schwerpunkt auf die Unterstützung der Energieforschung gelegt, wofür die schwedische Energieagentur (*Energimyndigheten*) bereits ein entsprechendes jährliches Budget eingeplant hätte (Regeringskansliet 2010: 4–5). Insbesondere Großanlagen für EE-Strom und deren Integration ins Stromnetz sollten in diesem Zusammenhang erforscht werden, ebenso wie hybride Fahrzeuge und Biokraftstoffe; daneben sei das Budget auch für die Weiterentwicklung der Atomenergie vorgesehen (Regeringskansliet 2010: 5; siehe auch Abschnitt 7.6.1). Weitere finanzielle Mittel würden für Demonstrationsprojekte und die Kommerzialisierung neuer EE-Technologien eingeplant (Regeringskansliet 2010: 5). So enthalte der Haushaltsplan für 2009 Investitionshilfen für Photovoltaik und Biogas, welche auch für die folgenden Jahre eingeplant seien (Regeringskansliet 2010: 5). Ferner werde die Markteinführung der Windenergie und die Verstärkung der entsprechenden Netzinfrastruktur finanziell unterstützt; weitere Mittel seien für die landwirtschaftliche Biogasproduktion und die Förderung nachhaltiger Städte vorgesehen (Regeringskansliet 2010: 5–6). Im Transportbereich sollte eine fünfjährige Steuerbefreiung umweltfreundlicher Fahrzeuge gewährt werden (Regeringskansliet 2010: 6).

Insgesamt zeigte Schweden in seinem Nationalen Aktionsplan eine eher *hohe* inhaltlich-strategische Übereinstimmung mit der EU-Richtlinie. Der Ausbau erneuerbarer Energien wurde in den Kontext von Versorgungssicherheit, Klimaschutz und volkswirtschaftlichem Wachstum gesetzt, womit ihm eine hohe energiepolitische Bedeutung beigemessen wurde. Auch die 1%ige Zielerhöhung für den Gesamtanteil erneuerbarer Energien signalisiert eine hohe Übereinstimmung mit den Zielen der EU-Richtlinie. Allerdings wurden die sektoralen Zielwerte für den Strom- und den Kälte-/Wärmesektor nicht verbindlich gemacht. Dafür gab es allerdings ein anderes, absolutes Ziel für die EE-Stromerzeugung (ein Plus von insgesamt 25 TWh bis 2020). Die dargelegte Strategie verdeutlichte, welche EE-Technologien primär ausgebaut werden sollten (Windenergie, Biokraftstoffe) und welche Instrumente dabei zum Einsatz kommen sollten (neben bestehenden Instrumenten insbesondere ein stärkerer Fokus auf Forschung und Entwicklung sowie diverse finanzielle Maßnahmen bzw. Investitionshilfen).

Neueinführung von Instrumenten und Maßnahmen

Im schwedischen Aktionsplan wurden 28 Förderinstrumente bzw. Maßnahmen zum Ausbau erneuerbarer Energien angegeben, von denen zum Berichtszeitpunkt alle als bereits umgesetzt angegeben wurden (Regeringskansliet 2010: 17–20). Weitere Anpassungen waren noch bei der Energiesteuer und der CO_2-Steuer geplant (Regeringskansliet 2010: 17). Auch das bestehende Zertifikatssystem für EE-Strom sollte entsprechend der neuen Zielwerte angepasst werden (Regeringskansliet 2010: 17). Unter den existierenden Maßnahmen fielen acht in den Umsetzungszeitraum, d. h. in die Jahre 2009/2010 (Regeringskansliet 2010: 17–20). Hierzu zählten zahlreiche finanzielle Instrumente, darunter Investitionshilfen für Photovoltaik, Solarenergie und Biogas sowie eine Steuerbefreiung für umweltfreundliche Autos (Regeringskansliet 2010: 18–19). Innerhalb des Landentwicklungsprogramms wurden außerdem spezielle Fördermittel für Klima- und EE-Projekte bereitgestellt (Regeringskansliet 2010: 19–20). Des Weiteren wurden Fördergelder an kleine und mittlere Unternehmen vergeben, die eine Energiebewertung ihres Unternehmens vornehmen wollten (Regeringskansliet 2010: 20). Ebenso wurden Fördergelder an nachhaltige Städte vergeben, was insbesondere EE-Projekten zugutekommen sollte (Regeringskansliet 2010: 20). Somit wurde der Fokus überwiegend auf Forschung und Entwicklung sowie Investitionshilfen gelegt. Im Bereich der Verwaltungsverfahren gab Schweden an, eine rechtliche Anpassung des Umwelt- sowie des Planungs- und Baurechts vorgenommen zu haben, mit der die Genehmigung für Windenergieprojekte vereinfacht worden sei (Regeringskansliet 2010: 29). Diese Neuregelung sei bereits im August 2009 in Kraft getreten (Regeringskansliet 2010: 29). Daneben sei Anfang 2010 eine grundsätzliche Novelle des Planungs- und Baurechts vorgenommen worden, zugunsten vereinfachter Vorgaben und fester Zeiträume für die Bearbeitung von Anträgen (Regeringskansliet 2010: 26). Darüber hinaus finde eine jährliche Evaluation bestehender Verfahren, auch im Bereich der Netze, statt (Regeringskansliet 2010: 25). Von der Möglichkeit, die Regulierung im Gebäudebereich zugunsten des EE-Ausbaus anzupassen, hat Schweden keinen Gebrauch gemacht (Regeringskansliet 2010: 36–40).

Die Neueinführung von Instrumenten und Maßnahmen zur Förderung erneuerbarer Energien ist insgesamt als *moderat* zu bewerten. Mit Blick auf die Förderung des EE-Ausbaus wurden keine neuen Instrumente konzipiert, sondern lediglich auf bestehenden Policies (Zertifikatshandel) und Ansätzen (Besteuerung, Forschungsförderung) aufgebaut, welche im Rahmen der neuen Zielwerte erweitert wurden. Die Reformen zur Vereinfachung von Verwaltungs- bzw. Genehmigungsverfahren entsprachen im Prinzip den europäischen Vorgaben, wobei fraglich bleibt, inwiefern diese z. B. für den Windenergieausbau tatsächlich förderlich waren (Abschnitt 7.6.1). Im Bereich der Netze und der Gebäuderegulierung hat sich Schweden mit Reformen zurückgehalten. Insofern hatte Schweden einige Weiterentwicklungen vorzuweisen, jedoch mit begrenzter Reichweite.

EU-Rechtsbezug formaler Transposition[105]
Die formale Transposition im Umsetzungszeitraum der EU-Richtlinie (April 2009 bis Dezember 2010) erfolgte durch drei Gesetze und einige begleitende Verordnungen. Im Juni 2010 wurde ein Gesetz[106] über Nachhaltigkeitskriterien für Biokraftstoffe und flüssige Biobrennstoffe erlassen, welches die Regierung im März desselben Jahres vorgeschlagen hatte (Näringsdepartementet 2010). Weitere Bestimmungen zur Kontrolle der Nachhaltigkeitskriterien ergingen per Verordnung[107] an die schwedische Energieagentur (*Energimyndigheten*). Im Zusammenhang mit den neuen Nachhaltigkeitskriterien erging im Juni 2010 ebenfalls eine Änderung[108] des 2003 verabschiedeten Gesetzes über Stromzertifikate, mit der vor allem sichergestellt wurde, dass für die EE-Stromerzeugung aus Biobrennstoffen nur dann ein Zertifikat ausgestellt wird, wenn die Nachhaltigkeit geprüft wurde (Kap. 2 § 1 SFS 2010:599). Des Weiteren wurden im Juni 2010 per Gesetz[109] Herkunftsnachweise für EE-Strom eingeführt. Weitere Detailregelungen wurden per Verordnung[110] vorgenommen. Mit einer weiteren Verordnung[111] wurden Meldepflichten für den Übertragungsnetzbetreiber *Svenska kraftnät* festgelegt, um den eingespeisten Anteil von Strom aus erneuerbaren Energiequellen überwachen und einer Fehlentwicklung frühzeitig entgegensteuern zu können.

Erwähnenswert im Zusammenhang mit der rechtlichen Transposition Schwedens ist insbesondere, dass ausschließlich Rechtsakte innerhalb des Umsetzungszeitraums angegeben wurden – im Gegensatz zu den anderen untersuchten Mitgliedstaaten wurden keine Policies angeführt, die entweder im Vorfeld der EU-Richtlinie bereits existierten hatten oder erst nach Ablauf der Umsetzungsfrist erlassen wurden. Insgesamt fiel der EU-Rechtsbezug der formalen Transposition in Schweden jedoch nur *moderat* aus. Für einen hohen EU-Rechtsbezug spricht zwar die deutliche Orientierung an der Umsetzungsfrist und die ausschließliche

---

[105] Offiziell angezeigte Rechtsakte, siehe EU (2019).

[106] Lag om hållbarhetskriterier för biodrivmedel och flytande biobränslen. SFS 2010:598.

[107] Förordning om hållbarhetskriterier för biodrivmedel och flytande biobränslen. SFS 2010:1532.

[108] Lag om ändring i lagen (2003:113) om elcertifikat. SFS 2010:599.

[109] Lag om ursprungsgarantier för el. SFS 2010:601.

[110] Förordning om ursprungsgarantier för el. SFS 2010:853.

[111] Förordning om ändring i förordningen (1994:1806) om systemansvaret för el. SFS 2010:854.

Angabe von Rechtsakten, die klar auf die EU-Vorgaben zugeschnitten waren. Doch mit Blick auf Förderinstrumente sowie begleitende Reformen (Verwaltungsverfahren, Netze, Gebäuderegulierung) wurde mit der rechtlichen Transposition vieles, was EU-seitig vorgegeben wurde, nicht explizit umgesetzt.

7.6.3 Praktische Umsetzung

Nachdem im vorangegangenen Teil die rechtliche Transposition der EU-Richtlinie betrachtet wurde, wird nun die praktische Umsetzung anhand des tatsächlichen EE-Ausbaus sowie der erreichten Zielwerte beleuchtet. Mitte der 2000er Jahre wies Schweden EU-weit den höchsten Anteil erneuerbarer Energien auf: Ab 2005 lag dieser kontinuierlich über 40 % und ab 2013 wurde auch die 50 %-Marke überschritten (Abb. 7.7). Im Vorfeld der EU-Richtlinie war vor allem im Wärmesektor ein Anstieg des EE-Anteils beobachtbar, sodass hier zwischenzeitlich ein höherer Anteil erneuerbarer Energien vorlag als im Stromsektor. Im Zeitraum nach 2009 war dagegen eine geringere Wachstumsdynamik auszumachen. Ab 2015 schwankte der Anteil erneuerbarer Energien in beiden Sektoren zwischen 65 % und 66 %, wobei ab 2018 im Stromsektor noch einmal ein deutlicher Anstieg auf 74 % bis 2020 zu verzeichnen war. Im Transportsektor begann ab 2010 eine dynamische Wachstumsphase: Hier konnte der Anteil erneuerbarer Energien von 10 % im Jahr 2010 bis auf 32 % im Jahr 2020 erhöht werden.[112] Im Hinblick auf die Entwicklung des schwedischen EE-Anteils kann somit lediglich im Transportsektor ein zeitlicher Zusammenhang zur europäischen Erneuerbare-Energien-Richtlinie beobachtet werden. In den anderen beiden Sektoren flachte die Wachstumsdynamik dagegen im Nachgang der EU-Richtlinie (zunächst) eher ab. Was die Zielwerte betrifft, so hatte sich Schweden bereits 2009 seinem EE-Gesamtzielwert von 49 % bis 2020 angenähert, ab 2012 wurde dieser Wert übertroffen. Bis 2020 lag der schwedische Gesamtanteil erneuerbarer Energien bereits bei 60 %. Damit hatte Schweden sein EU-Ziel um 11 % deutlich übererfüllt. Wie Abb. 7.7 zu entnehmen ist, bestand von Anfang an ein deutlicher Vorsprung gegenüber dem indikativen Zielpfad: Seit dem Basiswert von 41 % erneuerbarer Energien im Jahr 2005 hatte sich der EE-Anteil bis zur Richtlinienverabschiedung von 2009 bereits auf 48 % erhöht. Auch im Transportsektor hatte Schweden mit 32 % den Zielwert von 10 % mehrfach übertroffen. Insgesamt zeigt

---

[112] Für Schweden erwies es sich hierbei als günstig, dass im Rahmen der RL 2009/28/EG für bestimmte Arten von Biokraftstoffen eine doppelte Anrechnung vorgesehen war (Art. 21 Abs. 2). Ohne diese Doppelzählung hätte sich der schwedische EE-Anteil im Transportsektor auf etwa 20 % belaufen (Forsum et al. 2018: 2).

Schweden damit bei der praktischen Umsetzung der EU-Richtlinie eine deutliche *overcompliance*.

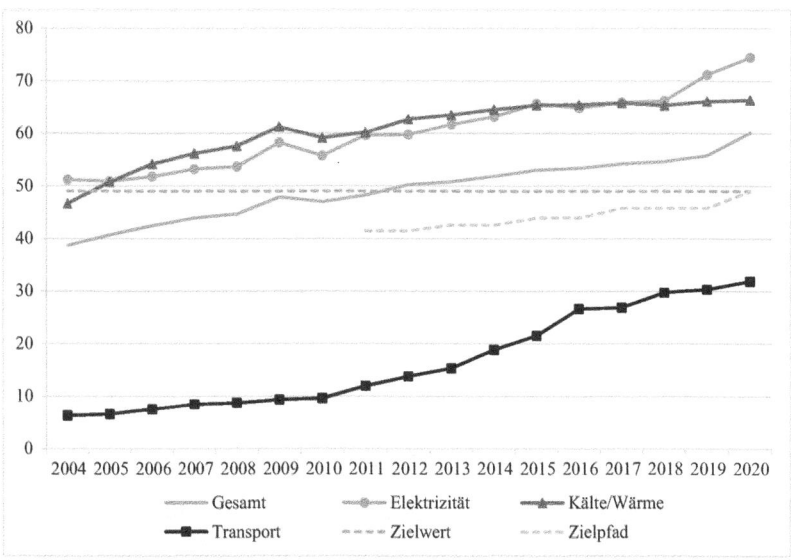

Abb. 7.7   Anteil erneuerbarer Energien in Schweden nach Sektoren (in %). Eigene Darstellung nach Eurostat (2022a)

7.6.4   Zusammenfassung

Die bürgerliche *Allians för Sverige* verfolgte rhetorisch zwar eine aktive Klima- und Energiepolitik, wurde von der Opposition aber auf Basis der formulierten Vorschläge scharf für mangelnde Ambitionen kritisiert. Im Vergleich der untersuchten Mitgliedstaaten fiel Schweden dennoch dadurch auf, dass die eigene nationale Zielsetzung für den Gesamtanteil erneuerbarer Energien bis 2020 um einen Prozentpunkt höher lag als EU-seitig vorgegeben. Die nationale Zielsetzung war im Rahmen einer für 2008 geplanten Überarbeitung der klima- und energiepolitischen Strategie Schwedens formuliert worden. Während der nationalen Politikformulierung wurde explizit auch Bezug auf die europäischen 20-20-20-Ziele und daraus noch folgende Vorgaben genommen.

Auch mit der aktualisierten strategischen Ausrichtung griff die schwedische Regierung allerdings auf altbewährte Ansätze und Instrumente zurück. Im Ergebnis wurden eher geringe Weiterentwicklungen vorgenommen, vor allem des Zertifikatssystems für EE-Strom und der CO_2-Steuer, begleitend wurde eine Reihe neuer finanzieller Maßnahmen, jedoch mit begrenztem Anwendungsbereich, eingeführt. Dabei wurde auch der starke Fokus auf Forschungsförderung, der bereits die Anfänge der schwedischen EE-Förderung geprägt hatte (Abschnitt 6.6), mit neuer Dynamik wiederaufgenommen. Mit F&E-Maßnahmen sowie Investitionshilfen und sonstigen Anreizen versprach sich die Regierung, bei Verbrauchern und Unternehmen eine positive Entwicklung in Gang zu setzen, die nicht nur einer nachhaltigen Energieversorgung, sondern auch dem Wirtschaftswachstum bzw. der schwedischen Wettbewerbsfähigkeit zugutekommen würde. Aus Sicht der Opposition hätte Schweden den Ausbau erneuerbarer Energien allerdings noch deutlicher unterstützen sollen, ggf. auch mit einem neuen Einspeisetarifsystem. Mit Blick auf die deutliche *overcompliance*, die Schweden bei der praktischen Umsetzung an den Tag legte, kann zumindest aus europäischer Perspektive dennoch eine positive Bilanz ausgestellt werden.

7.7 Mitgliedstaatliche Reaktionsmuster im Vergleich

Nachdem in den vorangegangenen Teilkapiteln jeweils die antizipatorische Phase, die rechtliche Transposition und die praktische Umsetzung der europäischen Erneuerbare-Energien-Richtlinie in den sechs untersuchten Mitgliedstaaten beleuchtet wurde, erfolgt nun eine vergleichende Betrachtung. Hierbei werden die Ergebnisse zur mitgliedstaatlichen Reaktion auf die EU-Richtlinie bzw. zu deren Umsetzung zusammengeführt und Gemeinsamkeiten wie Unterschiede festgehalten. Die mitgliedstaatlichen Reaktionsmuster setzen sich dabei aus unterschiedlichen Aspekten zusammen:

(1) *Europäisierung*: Inwiefern reagierten die Mitgliedstaaten auf europäischen Anpassungsdruck und inwieweit war dabei auf nationaler Ebene ein Wandel beobachtbar?

(2) *Implementation*: Welche Maßnahmen wurden auf nationaler Ebene speziell im Zusammenhang mit der Erneuerbare-Energien-Richtlinie ergriffen? Welche Policies ergingen auf nationaler Ebene (rechtliche Transposition) und wie entwickelte sich der Anteil erneuerbarer Energien (praktische Umsetzung)?

(3) *Compliance*: War die mitgliedstaatliche Implementation im Ergebnis EU-rechtskonform, d. h. wurden alle wesentlichen inhaltlichen Vorgaben korrekt

und fristgerecht in nationales Recht überführt (rechtliche Transposition)? Konnten auch die vorgeschriebenen Zielwerte für den Anteil erneuerbarer Energien bis 2020 erreicht werden (praktische Umsetzung)?

Antizipatorische Phase
In allen untersuchten Mitgliedstaaten war während der antizipatorischen Phase, d. h. im Zeitraum zwischen Formulierung der 20-20-20-Ziele auf EU-Ebene (Frühjahr 2007) und formaler Verabschiedung des europäischen Klima- und Energiepakets bzw. der Erneuerbare-Energien-Richtlinie (Frühjahr 2009), eine klima- und energiepolitische Neuorientierung zu beobachten. Alle sechs Länder reagierten folglich nicht erst auf die Verabschiedung der EU-Richtlinie, sondern bereits auf das europäische Agenda Setting zwei Jahre zuvor.

In *Deutschland* war dabei das Integrierte Energie- und Klimaprogramm (IEKP) ausschlaggebend, das die Regierung nach eigenen Angaben in Reaktion auf die europäischen 20-20-20-Ziele formuliert hatte. Aus dem ab 2007 begonnenen Prozess der Entscheidungsfindung über weitere energie- und klimapolitische Ziele folgten in den Jahren 2008 und 2009 konkrete Policies, welche in weiten Teilen den EU-Anpassungsdruck bereits vorwegnahmen. Bei dieser ‚antizipativen Anpassung' blieben nationale institutionelle Arrangements, inklusive spezifischer Förderinstrumente, erhalten.

In *Frankreich* prägte ein breit angelegter Konsultationsprozess, der *Grenelle Environnement*, die antizipatorische Phase. Obgleich die europäischen 20-20-20-Ziele einen wichtigen Diskussionskontext bildeten, setzte Frankreich im Rahmen seiner klima- und energiepolitischen Neuorientierung eigene Schwerpunkte, die der bestehenden Interessenkonstellation, besonders dem Erhalt der Atomenergie, zugutekamen. Insofern hat sich Frankreich ebenfalls antizipativ auf den EU-Anpassungsdruck eingestellt und noch vor der europäischen Einigung auf konkrete Richtlinieninhalte eine entsprechende Strategie formuliert. Auf dieser Basis folgten Rechtsakte, die zugleich als EU-Implementationsakte angezeigt wurden. Die Richtlinienvorgaben wurden dabei im Sinne nationaler Präferenzen interpretiert.

Die antizipatorische Phase war im *Vereinigten Königreich* ebenfalls von einer klima- und energiepolitischen Neuausrichtung geprägt. Die Regierung formulierte 2007 ein *White Paper on Energy*, auf dessen Grundlage im weiteren Verlauf Rechtsakte ergingen, mit denen sowohl die EE-Förderung als auch Planungsverfahren für Infrastrukturprojekte neu geregelt bzw. angepasst wurden. Das nationale Policymaking war dabei von einem Konflikt zwischen der *Labour*-Regierung und dem Parlament geprägt, darunter der eigenen Parlamentsfraktion.

Erst ein *cabinet reshuffle* und der Einsatz eines neuen Energieministers ermöglichten einen Kompromiss, mit dem eine begrenzte Einführung der auf nationaler Ebene seit längerer Zeit geforderten Einspeisetarife gelang.

Die *Niederlande* hatten ebenfalls bereits 2007 ein neues nationales klima- und energiepolitisches Programm (*Schoon en zuinig*) erarbeitet, von dem ausgehend weitere Policies formuliert wurden. Bezeichnend war dabei, dass sich die Regierung zwar ambitionierte Ziele setzte, dazu aber keine neuen Ansätze oder Instrumente konzipierte, sondern auf eine Aktualisierung bereits bestehender Maßnahmen setzte. So war auch die neu eingeführte Einspeiseprämie im Grunde eine Fortsetzung der früheren MEP-Regelung, welche zwischenzeitlich wieder abgeschafft worden war. Vor allem prägte ein stark marktliberaler Ansatz die niederländische EE-Politik. Damit ging bei der Instrumentenwahl eine Präferenz für freiwillige Vereinbarungen und finanzielle Anreize einher. Die Kritik der Opposition, aber auch des von der Regierung eigens eingesetzten Forschungsinstitutes, änderten daran nichts.

In *Österreich* formulierte die Regierung 2007 zunächst ebenfalls ambitionierte Ziele für erneuerbare Energien, von denen sie später jedoch wieder abrückte. Im Rahmen der Ökostromgesetznovelle warfen die Oppositionsparteien der Großen Koalition u. a. vor, zu wenig in die Förderung erneuerbarer Energien zu investieren und überdies die Industrie zu sehr zu begünstigen. Auch sonst blieben die Reformen, die während der antizipatorischen Phase folgten, aus Sicht der Opposition deutlich hinter den Erwartungen zurück. Nach den Neuwahlen Ende 2008 verkündete die Regierung, sich fortan explizit an der europäischen Zielsetzung orientieren zu wollen – faktisch bedeutete dies einen deutlich geringeren EE-Zielwert als ursprünglich veranschlagt.

Schweden bereitete während der antizipatorischen Phase eine planmäßig für 2008 vorgesehene Novelle der nationalen klima- und energiepolitischen Strategie vor. Im Gegensatz zu den o. g. Ländern wollte sich die schwedische Regierung aber nicht auf ein nationales Programm festlegen, solange nicht die Vorschläge der Europäischen Kommission vorlagen bzw. das europäische Klima- und Energiepaket noch nicht verhandelt war. Aus Sicht der Oppositionsparteien verhielt sich die Regierung zögerlich. Das im Februar 2009 vorgelegte Regierungsprogramm zur Klima- und Energiepolitik wurde als unzulänglich kritisiert. Auch Schweden hielt an bereits bestehenden Ansätzen und Instrumenten fest. Nichtsdestotrotz war Schweden unter den untersuchten Mitgliedstaaten das einzige Land, das sich regierungsseitig ein höheres verbindliches Ziel für den Gesamtanteil erneuerbarer Energien setzte, als EU-seitig vorgegeben.

Am Beispiel der Erneuerbare-Energien-Richtlinie zeigt sich also, dass für die mitgliedstaatliche Implementation von EU-Recht nicht nur die jeweilige EU-Policy, sondern auch der regulative Kontext von Bedeutung sind. In Kapitel 5 wurde bereits angesprochen, dass von den Mitgliedstaaten unterschiedliche, teilweise konfligierende EU-Vorgaben gleichzeitig zu erfüllen sind. So gab es im Bereich der Energiepolitik zum einen das Liberalisierungsprogramm im Rahmen des europäischen Binnenmarkts, bei dem die nationalen Energiemärkte möglichst von staatlichem Einfluss befreit und einem marktliberalen Modell zugeführt werden sollten. Zum anderen spiegelte sich aber im Muster für nationale Aktionspläne, welches ein verbindliches institutionelles Modell für die Umsetzung der Erneuerbare-Energien-Richtlinie vorgab, ein weitgehend etatistischer Regulierungsstil, mit dem Anspruch aktiver und umfassender staatlicher Steuerung, zugunsten eines veränderten Energiemix. Dass diese Konstellation für nationale institutionelle Arrangements unterschiedliche bzw. teilweise konfligierende Modellvorgaben mit sich bringt, wurde in Kapitel 5 bereits angemerkt. Neben dieser *horizontalen* Dimension von EU-Anpassungsdruck, welche sich aus mehreren miteinander funktionell verflochtenen Politikbereichen ergibt, muss auch eine *vertikale* Dimension berücksichtigt werden (Abb. 7.8). Denn wie sich während der antizipatorischen Phase gezeigt hat, erging durch die vom Europäischen Rat im Frühjahr 2007 formulierten 20-20-20-Ziele bereits ein Europäisierungsimpuls, auf den alle untersuchten Mitgliedstaaten, wenngleich auf unterschiedliche Weise, reagierten: In jedem der sechs Länder wurden wesentliche klima- und energiepolitische Weichenstellungen vorgenommen bzw. nationale Programme weiterentwickelt, noch bevor auf EU-Ebene eine erste politische Einigung über die Inhalte und Maßgaben der Erneuerbare-Energien-Richtlinie erzielt worden war. Somit haben die Mitgliedstaaten z. B. nicht abgewartet, ob EU-seitig ein harmonisiertes Fördermodell vorgegeben wird, obwohl ein entsprechender Wunsch der Europäischen Kommission schon länger bestand (Kapitel 5).[113]

In diesem Sinne begann in den Mitgliedstaaten eine Anpassung an europäische Vorgaben, speziell an die antizipierte Verpflichtung zur Steigerung des nationalen EE-Anteils, bereits auf Basis des 2007 noch eher vagen europäischen Agenda Settings (in Abb. 7.8 symbolisiert durch den linken Pfad). Der Anpassungsdruck wurde durch die Kommissionsvorschläge zum Klima- und Energiepaket weiter konkretisiert (symbolisiert durch den rechten Pfad). Hierbei wurden diverse Vorgaben ergänzt, z. B. eine Verpflichtung zur Vereinfachung von Verwaltungsverfahren, welche unterschiedlich gut zu bestehenden

---

[113] Zur Erinnerung: Die Einführung eines EU-weiten Zertifikatshandels bildete noch bis Sommer 2008 den Ausgangspunkt der Verhandlungen (Abschnitt 5.2.1).

nationalen Arrangements und Präferenzen passten (*fit*). Während sich also die Mitgliedstaaten auf Basis einer eher allgemeinen Zielsetzung bereits in einem Europäisierungsprozess befanden, ergingen mit den folgenden EU-Policies weitere, konkretere und potenziell problematischere Vorgaben. Im Kontext des Modells der Europäisierungsmechanismen (Knill und Lehmkuhl 2000b, 2002, 2004) ist eine Europäisierung demnach zuerst durch *framing* in Gang gesetzt worden, wobei Ideen und Erwartungen hinsichtlich erneuerbarer Energien beeinflusst wurden, was anschließend um eine *institutionelle Modellvorgabe* in Form der Erneuerbare-Energien-Richtlinie ergänzt wurde.

Für die EU-Implementationsforschung steigert diese Beobachtung die ohnehin vorhandene Komplexität bei der Konzeptualisierung und Abgrenzung von Phänomenen wie Europäisierung, Implementation und Compliance. Wo fängt Implementation an? So vertrat z. B. Deutschland in seinem Nationalen Aktionsplan die Auffassung, bereits während der antizipatorischen Phase alle nötigen Reformen angestoßen zu haben (zum Teil noch vor einer ersten Einigung zur Erneuerbare-Energien-Richtlinie). Wie sich im nächsten Abschnitt zur rechtlichen Transposition zeigen wird, war der Europäisierungsimpuls, der durch das öffentlichkeitswirksame Agenda Setting bzw. die Formulierung der 20-20-20-Ziele angestoßen wurde, allerdings kein Garant für eine korrekte und fristgerechte Implementation der Richtlinienvorgaben.

Rechtliche Transposition

Eine vergleichende Betrachtung der rechtlichen Transposition in den untersuchten Mitgliedstaaten zeigt, dass keines der untersuchten Länder eine vollständige bzw. korrekte Umsetzung der Vorgaben laut Erneuerbare-Energien-Richtlinie vorgenommen hat, insbesondere mit Blick auf das übergreifende Ziel, den Ausbau erneuerbarer Energien durch neue Förderpolicies o. ä. zu intensivieren. Die beste Bilanz weisen gemäß den Untersuchungskriterien (definiert in Abschnitt 4.4.4) Deutschland und Schweden auf (Tab. 7.4). Beide Länder zeigten eine *hohe* inhaltlich-strategische Übereinstimmung mit den EU-Vorgaben, *Deutschland* auch eine *hohe* Neueinführung von Instrumenten und Maßnahmen zur Förderung erneuerbarer Energien, aber einen nur *moderaten* EU-Rechtsbezug der zur Umsetzung angezeigten Rechtsakte. Deutschland hatte im Laufe der antizipatorischen Phase bereits auf nationaler Ebene ein regulatorisches Modell erarbeitet, welches in weiten Teilen dem europäischen Modell entsprach. Dafür musste Deutschland weder seine institutionellen Arrangements noch spezielle Policy-Instrumente verändern. Das System der Einspeisetarife, formalisiert im deutschen EEG, war nach eigener Einschätzung Deutschlands ein Erfolgsmodell (Abschnitt 7.1.2), das auf

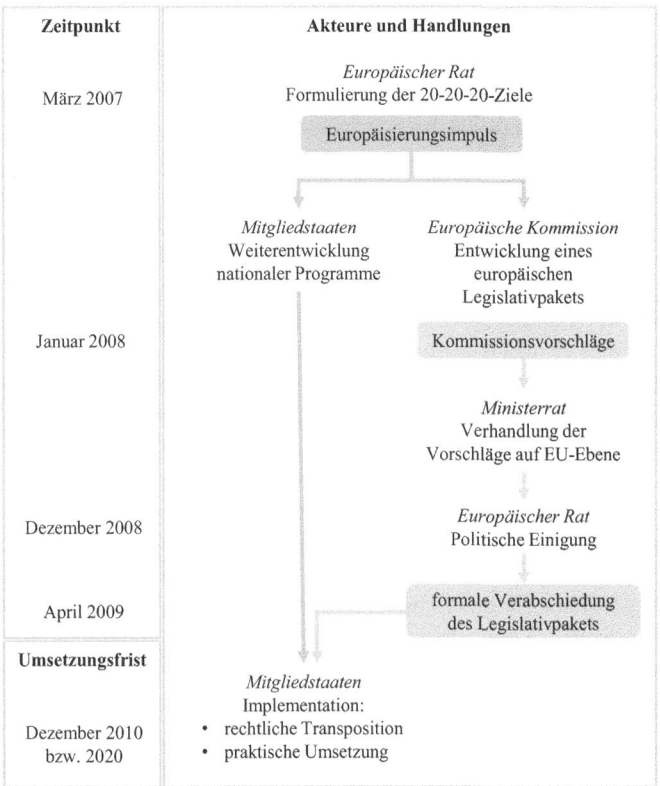

Abb. 7.8 Mitgliedstaatliche Reaktion auf EU-Anpassungsdruck am Beispiel der Erneuerbare-Energien-Richtlinie (2009/28/EG). Eigene Darstellung

EU-Ebene gegen eine Harmonisierung verteidigt worden war (Abschnitt 5.2) und entsprechend auch im Rahmen der EU-Rechtsumsetzung weitergenutzt wurde.

Schweden wies ebenfalls eine *hohe* inhaltlich-strategische Übereinstimmung mit den EU-Vorgaben auf, nahm allerdings eine nur *moderate* Neueinführung von Instrumenten und Maßnahmen zur Förderung erneuerbarer Energien vor und wies einen ebenso *moderaten* EU-Rechtsbezug der angezeigten Rechtsakte auf. Schweden hatte sich im Einklang mit den grundsätzlichen Zielen und der inhaltlichen Stoßrichtung der EU-Richtlinie positioniert, verfolgte dabei jedoch überwiegend altbewährte Instrumente und Maßnahmen, auf Basis bestehender nationaler Regulierungsparadigmen und Policy-Ansätze. Charakteristisch waren dabei vor allem der marktliberale Regulierungsansatz bei der Förderung erneuerbarer Energien sowie der Fokus auf Forschung und Entwicklung, welche bereits im Verlauf der nationalen Förderhistorie beobachtet werden konnten (Abschnitt 6.6) und später auch in der antizipatorischen Phase bzw. im Zuge der EU-Rechtsumsetzung erhalten blieben (Abschnitt 7.6). Lücken in der rechtlichen Transposition zeigten sich hinsichtlich des Netzausbaus sowie der Gebäuderegulierung.

Im Mittelfeld des Ländervergleichs zur rechtlichen Transposition befanden sich Frankreich und das Vereinigte Königreich. Beide Länder zeigten eine *moderate* inhaltlich-strategische Übereinstimmung mit den EU-Vorgaben, auf die in *Frankreich* eine ebenso *moderate* Neueinführung von Instrumenten und Maßnahmen zur Förderung erneuerbarer Energien sowie ein *moderater* EU-Rechtsbezug der formalen Transposition folgten. Frankreich hatte in der EU-Rechtsumsetzung einen strategischen Mittelweg gewählt, bei dem eigene nationale Präferenzen (Festhalten an der Atomenergie) mit den EU-Vorgaben integriert worden waren: Seinen Fokus setzte Frankreich überwiegend auf den Wärmesektor bzw. den Gebäudebereich, wo über Energiesparmaßnahmen sowie den Ausbau erneuerbarer Energien keine Konkurrenzsituation zur Stromerzeugung aus Atomenergie entstand (Abschnitt 7.2 bzw. Abschnitt 6.2).

Im *Vereinigten Königreich* folgte auf die ebenfalls *moderate* inhaltlich-strategische Übereinstimmung gleichfalls eine *moderate* Neueinführung von Instrumenten und Maßnahmen zur Förderung erneuerbarer Energien, jedoch war der EU-Rechtsbezug der formalen Transposition dabei *gering*. Das Vereinigte Königreich knüpfte im Wesentlichen an Förderinstrumente an, die bereits vor 2007 etabliert worden waren. Bei den Neuerungen setzte auch das Vereinigte Königreich eigene Schwerpunkte, die zur nationalen politischen Agenda passten. So wurden im Rahmen der übergreifenden *better regulation agenda* Planungsverfahren für Infrastrukturprojekte vereinfacht (Abschnitt 7.3), was zwar auch der Genehmigung neuer EE-Anlagen sowie dem Netzausbau nutzte, doch prinzipiell technologieoffen gestaltet war, d. h. die Reformen dienten auch dem Ausbau der Atomenergie oder konventionellen Verkehrsinfrastrukturprojekten. Die von der britischen Regierung zur formalen Transposition der EU-Richtlinie angezeigten nationalen Rechtsakte lagen zum Großteil außerhalb des Umsetzungszeitraums und waren auch inhaltlich mitunter nur rudimentär mit dem Ausbau erneuerbarer Energien oder gar der neuen EU-Richtlinie verknüpft.

Tab. 7.4 Vergleichende Betrachtung der rechtlichen Transposition in den untersuchten EU-Mitgliedstaaten

Mitgliedstaat	inhaltlich-strategische Übereinstimmung	Neueinführung von Instrumenten und Maßnahmen	EU-Rechtsbezug formaler Transposition
Deutschland	+	+	o
Frankreich	o	o	o
Ver. Königreich	o	o	−
Niederlande	−	−	−
Österreich	−	−	−
Schweden	+	o	o

Eigene Darstellung. *Legende:* + = *hoch*, o = *moderat*, − = *gering*.

Die Niederlande und Österreich kamen mit Blick auf die rechtliche Transposition auf die schlechteste Bilanz: In beiden Ländern folgte auf eine *geringe* inhaltlich-strategische Übereinstimmung eine ebenso *geringe* Neueinführung von Instrumenten und Maßnahmen zur Förderung erneuerbarer Energien und ein nur *geringer* EU-Rechtsbezug ihrer formalen Transposition. Zwar strebten auch die *Niederlande* auf nationaler Ebene eine nachhaltige Energieversorung an, jedoch unterschied sich die niederländische Strategie von dem, was EU-seitig vorgegeben war: In den Niederlanden wurde der Ausbau erneuerbarer Energien nicht priorisiert, sondern stand erstens hinter dem Ziel der Energieeinsparung zurück und wurde zweitens im Zusammenhang mit einer nachhaltigen Energieversorgung als eine von mehreren Optionen diskutiert, neben der CCS-Technologie und der Atomenergie. Im Rahmen des weiterhin stark marktliberal geprägten Regulierungsansatzes wurde der EE-Ausbau kaum staatlich gesteuert – was sich u. a. darin ausdrückte, dass keine verbindlichen sektoralen Ziele gesetzt wurden und die EE-Förderung vielfach anhand von Marktanreizen und freiwilligen Vereinbarungen mit Regelungsadressaten gestaltet wurde (Abschnitt 7.4 bzw. Abschnitt 6.4). Die offiziell angezeigten nationalen Rechtsakte zur EU-Richtlinienumsetzung bezogen sich auf bereits im Vorfeld der EU-Richtlinie eingeführte Maßnahmen bzw. deckten nur einzelne Teile der EU-Vorgaben ab (Abschnitt 7.4).

In *Österreich* fiel die inhaltlich-strategische Übereinstimmung mit der EU-Richtlinie ebenfalls *gering* aus, was u. a. daran lag, dass Österreich seine Strategie kaum spezifizierte. In den wenigen konkreten Angaben, die sich hierzu im Nationalen Aktionsplan fanden (ergänzend wurde die nationale Energiestrategie herangezogen), stellte der Ausbau erneuerbarer Energien kein vorrangiges Ziel dar. Wie im Laufe der antizipatorischen Phase deutlich wurde, hatte sich die Regierung mit der Zeit von einer ambitionierten klima- und energiepolitischen Rhetorik distanziert. Entsprechend setzte sich Österreich weder verbindliche sektorale Zielwerte noch eine aktualisierte Zielmarke bis 2020, welche der bisherigen Entwicklung Rechnung getragen hätte. Österreich blieb bei den bereits etablierten Instrumenten und Maßnahmen und führte so gut wie keine Neuerungen im Zusammenhang mit der EU-Richtlinie ein. Überdies lag der Großteil der Rechtsakte, die offiziell zur Transposition der Erneuerbare-Energien-Richtlinie angezeigt wurden, nach Ablauf der Umsetzungsfrist (Abschnitt 7.5).

Im Ländervergleich wurde deutlich, dass die inhaltlich-strategische Ausrichtung eines Mitgliedstaates eine wesentliche Weichenstellung für die weiteren Elemente der rechtlichen Transposition darstellte (Tab. 7.4). Die prinzipielle Haltung eines Mitgliedstaates gegenüber dem Ausbau erneuerbarer Energien bzw. die Priorisierung auf nationaler Ebene korrespondierte insofern mit den Instrumenten und Maßnahmen sowie mit dem EU-Rechtsbezug der formalen Transposition, als dass letztere nicht mehr über das Maß hinausgingen, welches strategisch gesetzt wurde. Damit stellte die grundsätzliche nationale Positionierung, oftmals Resultat der eigenen Pfadabhängigkeit, eine entscheidende Variable für die weitere rechtliche Transposition dar.

Daran anknüpfend hat die Analyse der rechtlichen Transposition ebenfalls verdeutlicht, dass eine inhaltlich-strategische Übereinstimmung von EU-Policy und nationaler Politik nicht automatisch zu institutionell relevanten Reformen führt. Illustriert wurde dies durch den Fall Schwedens: Trotz *hoher* inhaltlich-strategischer Übereinstimmung erfolgte im Grunde keine Veränderung nationaler Policy-Ansätze oder -Instrumente. Wie in Tab. 7.4 zusammengefasst, reagierte mit Ausnahme Deutschlands keines der untersuchten Länder mit einer *hohen* Neueinführung von Instrumenten und Maßnahmen zur Förderung erneuerbarer Energien. Stattdessen wurde mehrheitlich an nationalen Paradigmen, Ansätzen und Instrumenten festgehalten, mit etwaigen Erweiterungen bzw. Aktualisierungen. Im Falle Deutschlands muss diesbzgl. betont werden, dass die neu eingeführten Instrumente, beispielsweise das EEWärmeG, bereits während der antizipatorischen Phase, im Rahmen der nationalen Strategieformulierung, konzipiert, entschieden und verabschiedet worden sind. Insofern stellt Deutschland einen Fall von *persistent compliance* (Abschnitt 3.1) dar.

Besondere Lücken offenbarten sich beim EU-Rechtsbezug der formalen Transposition: Während das Anzeigen bereits bestehender Rechtsakte im Sinne schon etablierter und gut funktionierender EE-Förderinstrumente nicht direkt negativ auszulegen ist, da ein derartiges regulatorisches Erbe mit den Vorgaben der

Erneuerbare-Energien-Richtlinie im Einklang stehen mag, zeigte sich darüber hinaus doch bei vielen Mitgliedstaaten ein ‚Anzeigeverhalten', welches inhaltlich wie zeitlich kaum mit den formalen Kriterien der EU-Richtlinie korrespondierte. Regulierungsinhalt und -zeitpunkt hatten oftmals wenig mit den Vorgaben der EU-Richtlinie gemein. Eine Ausnahme bildete Schweden, das ausschließlich einschlägige und nur im Umsetzungszeitraum verabschiedete Rechtsakte angab. Insofern verdichtet sich der Verdacht Hartlapps und Falkners (2009: 288–289), dass die Mitgliedstaaten mit einer strategischen *notification* mitunter eine lückenhafte Implementation zu maskieren versuchen (siehe dazu auch Zhelyazkova und Torenvlied 2011: 704; Zhelyazkova und Yordanova 2015: 409). Die ernüchternde Bewertung der mitgliedstaatlichen Transposition wird überdies auch außerhalb dieser Untersuchung dadurch bekräftigt, dass die Europäische Kommission gegen alle 27 EU-Mitgliedstaaten ein Vertragsverletzungsverfahren einleitete (EK 2022).[114] Die Strategie der Kommission war dabei eine flächendeckende Ahndung fehlender mitgliedstaatlicher *notification*, sowohl bezogen auf die nationalen Aktionspläne als auch auf das lückenhafte Anzeigen der zur Umsetzung notwendigen nationalen Rechtsakte. Dies äußerte sich in einer Welle von Vertragsverletzungsverfahren im Januar 2011, d. h. kurz nach Ablauf der Umsetzungsfrist. Zum Teil wurden daraus längere Verfahren, wenn Mitgliedstaaten bestimmte Maßgaben, z. B. zum Netzzugang oder zu den Nachhaltigkeitskriterien für Biokraftstoffe, nicht zufriedenstellend umgesetzt hatten (EK 2022).

Bezugnehmend auf das Modell der Europäisierungsmechanismen (Knill und Lehmkuhl 2000b, 2002, 2004), welches eine EU-Anpassung nationaler Regulierungsarrangements in Abhängigkeit vom jeweiligen *fit* mitgliedstaatlicher Institutionen und Interessen erklärt, fiel die Varianz der mitgliedstaatlichen Reaktionsmuster geringer aus als erwartet. Bei Betrachtung der rechtlichen Transposition, speziell aus Europäisierungsperspektive, fällt eine länderübergreifende Tendenz zur *Absorption* auf (Börzel und Risse 2003: 69–70). Wie in Abschnitt 4.1 beschrieben, kann mitgliedstaatliche EU-Anpassung neben der Bewertung von Compliance vs. Non-Compliance auch im Sinne verschiedener „degrees of domestic change" qualifiziert werden (Börzel und Risse 2003: 69). Mit Absorption ist entsprechend gemeint, dass die Mitgliedstaaten zwar europäische Ziele und Policies in ihre nationalen Programme und Arrangements eingebunden haben, jedoch

---

[114] Österreich befand sich dabei unter den vier Ländern, bei denen das Verfahren bis zum Europäischen Gerichtshof ging. Wie vorangehend diskutiert, hatte Österreich die Mehrzahl seiner Rechtsakte zur Umsetzung der Erneuerbare-Energien-Richtlinie erst in den Folgejahren, nach Ablauf der Umsetzungsfrist verabschiedet.

ohne dabei bestehende Prozesse, Policies oder Institutionen nennenswert zu modifizieren. Stattdessen wurden das Ziel des EE-Ausbaus und damit verbundene Unteraspekte wie der Netzausbau mithilfe etablierter regulatorischer Paradigmen, Ansätze und Instrumente weiterverfolgt. Eine Anpassung (*accommodation*) oder *Transformation* nationaler Arrangements zugunsten der europäischen Modellvorgabe konnte folglich in keinem Land beobachtet werden. Dies ist insofern überraschend, als dass eine nationale Anpassung an europäische Modellvorgaben, womit Knill und Lehmkuhl (2000b, 2002, 2004) nicht nur die Ergänzung einzelner Policies, sondern auch eine weitergehende Anpassung bestehender Regulierungsarrangements an ein europäisches Modell meinen, in einigen Fällen prinzipiell erwartbar war, aber in keinem Fall auftrat (siehe dazu auch die Diskussion in Kapitel 8).

Zurückkommend auf die eingangs erwähnte Unterscheidung von Europäisierung, Implementation und Compliance, kann als Zwischenergebnis folgendes festgehalten werden: (1) ein *länderübergreifendes* Europäisierungsmuster im Sinne einer *Absorption* europäischer Vorgaben und (2) ein *länderspezifisches* Implementationsverhalten, bei dem stückweise die jeweils passenden, d. h. mit nationalen Institutionen und Interessen harmonierenden, Anteile (mehr oder weniger) umgesetzt wurden. Das von europäischer Seite schon länger monierte ‚Rosinen picken' bei der Umsetzung von EU-Recht bleibt somit zumindest in diesem Bereich ungebrochen (EWSA 2005: 3). Für die Bewertung mitgliedstaatlicher Compliance schließt sich an, dass (3) gerade bei einer näheren Analyse der jeweils angegebenen Rechtsakte eine nur lückenhafte Beachtung bzw. Integration europäischer Vorgaben erfolgte. So zeigte sich auch im Fall Deutschlands (das die EU-Vorgaben noch am umfänglichsten erfüllte) gerade beim unliebsamen Thema Herkunftsnachweise, dass dieses in das (nicht mehr fristgerechte) Europarechtsanpassungsgesetz verschoben wurde.

Praktische Umsetzung

Bei der praktischen Umsetzung der Erneuerbare-Energien-Richtlinie standen insbesondere die verbindlichen Zielwerte für den Anteil erneuerbarer Energien im Zentrum (Abschnitt 4.4.4; siehe auch Abschnitt 5.2). Diese bezogen sich zum einen auf den nationalen Gesamtanteil erneuerbarer Energien bis 2020, zum anderen auf ein Ziel von (mindestens) 10 % erneuerbarer Energien im Transportsektor, welches bis 2020 von allen Mitgliedstaaten gleichermaßen erreicht werden musste. Der länderübergreifende sektorale Zielwert wurde seitens der Europäischen Kommission damit begründet, dass Biokraftstoffe grenzüberschreitend leicht(er) handelbar seien (Howes 2010). Insofern wurde von Mitgliedstaaten, die

z. B. über ungünstige geografische Voraussetzungen für den Ausbau von Bio-kraftstoffen verfügten, erwartet, dass sie Biokraftstoffe aus anderen EU-Staaten importieren bzw. ihren Verbrauch absenken würden (Abschnitt 5.2.2).

Hinsichtlich der Zielwerte gemäß Erneuerbare-Energien-Richtlinie (2009/28/EG) befanden sich bis 2020 Deutschland, die Niederlande, Öster-reich und Schweden in Compliance mit beiden EU-Vorgaben (Tab. 7.5). In den Niederlanden lag der EE-Anteil 2019 zwar noch deutlich unter dem geforderten Niveau; allerdings konnten die Niederlande mithilfe eines statistischen Transfers, speziell einer Vereinbarung mit Dänemark, ihren Zielwert zumindest formal noch realisieren (siehe auch IEA 2020). In Frankreich konnte weder der nationale Zielwert für den Gesamtanteil erneuerbarer Energien noch der Zielwert im Trans-portsektor fristgerecht erreicht werden. Im Vereinigten Königreich konnte das 10 %-Ziel im Transportsektor zwar erfüllt werden, nicht jedoch der Gesamtziel-wert für den Anteil erneuerbarer Energien. Nach Einschätzung der Europäischen Kommission waren es im Fall Frankreichs, des Vereinigten Königreichs und der Niederlande vor allem die unzureichenden nationalen Förderpolicies, die eine Realisierung der nationalen EE-Ausbauziele verhindert hatten (EK 2019: 8). Im Gegensatz zu Frankreich und dem Vereinigten Königreich (das aufgrund des Brexit nun ohnehin nicht mehr zur EU gehörte), hatten die Niederlande sich immerhin um ihre formale Compliance bemüht und diese durch einen statistischen Transfer sichergestellt (Abb. 7.10).

Tab. 7.5 Praktische Umsetzung der europäischen Erneuerbare-Energien-Richtlinie in den untersuchten EU-Mitgliedstaaten

Mitgliedstaat	Gesamtanteil	Transportsektor
Deutschland	+	+
Frankreich	–	–
Vereinigtes Königreich	–	+
Niederlande	o	+
Österreich	+	+
Schweden	+ +	+ +

Eigene Darstellung gemäß Eurostat (2022a). *Legende: + + = Zielvorgaben übererfüllt, + = Zielvorgaben erfüllt, o = Zielvorgaben mithilfe statistischer Transfers erreicht, – = Zielvorgaben nicht erfüllt.*

Angesichts dessen, dass zwei bzw. drei der sechs untersuchten Mitgliedstaa-ten – je nach Kategorisierung der Niederlande – den notwendigen EE-Ausbau nicht realisiert bzw. ihren Zielwert für den Gesamtanteil erneuerbarer Energien nicht erreicht hatten, stellt sich die Frage, wie es EU-weit um die Compliance mit den 2020-Zielen bestellt ist. Wie in Abb. 7.9 dargestellt, lag Schweden auch EU-weit mit seinem Gesamtanteil erneuerbarer Energien von 60 % klar vorne, gefolgt von Finnland (44 %) und Lettland (42 %). Den geringsten Anteil erneuerbarer Energien wiesen Malta (11 %), Luxemburg (12 %) und Belgien (13 %) auf. Ungarn und die Niederlande lagen mit knapp 14 % etwa gleichauf.

In der Differenz zwischen dem jeweiligen Zielwert (bis 2020) und dem tatsächlich erreichten Anteil erneuerbarer Energien (im Jahr 2019, d. h. im Vorfeld größerer statistischer Transfers[115]) zeigt sich zudem folgendes Bild: Kroatien (+ 8 %), Schweden (+ 7 %) und Dänemark (+ 7 %) verzeichneten die höchste positive Differenz und damit eine *overcompliance* mit den EU-Vorgaben.[116] In der Gruppe der Mitgliedstaaten, die 2019 schon deutlich über ihrem Zielwert lagen, befanden sich übrigens auch Estland (+ 7 %) und Bulgarien (+ 6 %). Dagegen waren die Länder mit der höchsten Zielabweichung im Jahr 2019 Frankreich (− 6 %), die Niederlande (− 5 %), und Irland (− 4 %). Vor dem Hintergrund, dass speziell osteuropäischen Mitgliedstaaten mitunter besonders hohe Compliance-Defizite, gerade in der praktischen Umsetzung, attestiert werden, z. B. im Rahmen der *Worlds of Compliance*-Typologie (Falkner et al. 2005; Falkner und Treib 2008), ist dieser Befund daher hervorzuheben.[117] Im Sinne der *Worlds of Compliance*-Typologie (Falkner et al. 2005; Falkner und Treib 2008) sollte aber auch erwähnt werden, dass gerade die skandinavischen Mitgliedstaaten Dänemark, Finnland und Schweden, d. h. die Länder der *World of Law Observance*, zu denjenigen Ländern zählten, die ihren nationalen Zielwert bereits 2019 deutlich übererfüllt hatten (Abb. 7.9). Allerdings hatte Dänemark das 10 %-Ziel im Transportsektor knapp verfehlt, sodass hier doch keine vollständige Compliance gegeben war (Eurostat 2022a).

---

[115] Statistische Transfers zwischen den Mitgliedstaaten fanden in den Jahren 2018, 2019 und 2020 statt, wobei größere Transfers insbesondere im Jahr 2020 getätigt wurden (Eurostat 2022b). Der mit Abstand größte Transfer wurde zwischen Dänemark und den Niederlanden vorgenommen (siehe auch Abb. 7.10).

[116] In der finalen Bilanz, d. h. im Jahr 2020 und im Nachgang statistischer Transfers, verzeichneten Schweden (+ 11 %), Kroatien (+ 11 %) und Bulgarien (+ 7 %) die höchste *overcompliance* beim Gesamtanteil erneuerbarer Energien.

[117] Zur grundsätzlichen, policyübergreifenden Compliance-Varianz innerhalb der Gruppe der osteuropäischen Mitgliedstaaten, siehe auch Börzel (2021).

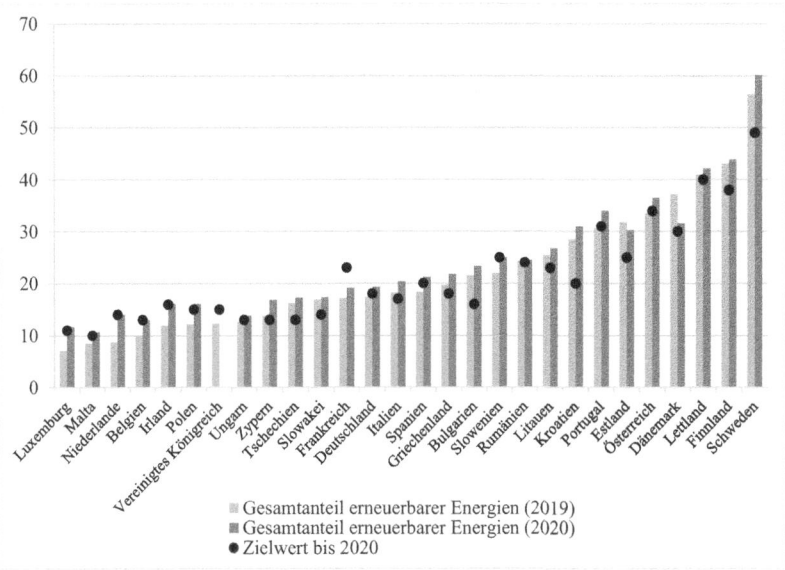

Abb. 7.9 Anteil erneuerbarer Energien in den EU-Mitgliedstaaten (in %). Eigene Darstellung nach Eurostat (2022a) und RL 2009/28/EG. Offizielle Daten für das Vereinigte Königreich liegen bis einschließlich 2019 vor

Im EU-weiten Vergleich wird jedenfalls deutlich: Ein länderübergreifender Non-Compliance-Trend ist nicht beobachtbar. Bis zum Jahr 2020 hatten alle Mitgliedstaaten, zum Teil mithilfe statistischer Transfers (Abb. 7.10), ihre Zielwerte (zumindest formal) genau erfüllt oder sogar übererfüllt – bis auf Frankreich, das als einziges EU-Land unter seinen Zielvorgaben geblieben ist.[118] Insgesamt scheint jedenfalls kein EU-weites Problem mit der praktischen Umsetzung vorzuliegen, auch wenn das EU-Policymaking zur Erneuerbare-Energien-Richtlinie einige potenziell problematische Charakteristika, u. a. hohen Zeitdruck, beinhaltet hatte (Abschnitt 5.2.1). Die verbleibende Varianz in der praktischen Umsetzung ist somit eher aufgrund von Länderspezifika erklärbar.

---

[118] Inwiefern hier ein Vertragsverletzungsverfahren folgt, wird vermutlich erst ab 2023 zu beantworten sein (Schoenefeld und Knodt 2021: 57). Ein gegen Frankreich 2021 eingeleitetes Vertragsverletzungsverfahren (INFR(2021)0238) bezog sich indes auf fehlende Angaben zur Umsetzung der neugefassten Erneuerbare-Energien-Richtlinie von 2018, siehe EK (2022).

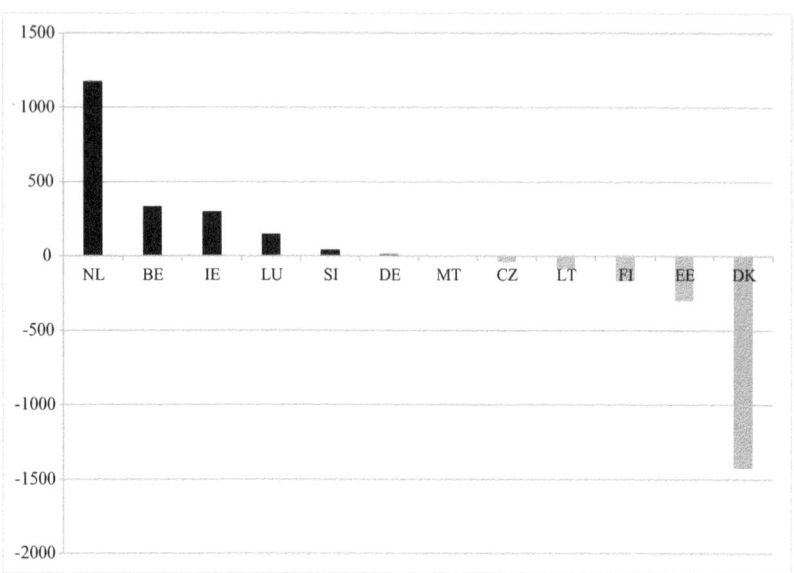

Abb. 7.10 Statistische Transfers zwischen den EU-Mitgliedstaaten (in 1000 t RÖE). Eigene Darstellung nach Eurostat (2022b)

Gemäß dem Modell der Europäisierungsmechanismen (Knill und Lehmkuhl 2000b, 2002, 2004) wäre die Varianz ein Produkt der jeweiligen Kompatibilität von Institutionen und Interessen. Das heißt, diejenigen Mitgliedstaaten, die sich ohne größere Probleme an das europäische Modell anpassen konnten, wären auch jene, die rechtzeitig ihre Zielvorgaben realisierten. Empirisch bestätigt sich diese Vermutung allerdings nicht, denn in Schweden, das EU-weit mit Abstand die beste praktische Compliance aufwies, lag nur eine moderate Kompatibilität von Institutionen und Interessen vor – demgegenüber hatte Frankreich, wo eine hohe Kompatibilität von Institutionen und eine moderate Kompatibilität der Interessen vorlag, EU-weit die am schlechtesten zu bewertende praktische Compliance. Ebenso überrascht Schwedens *overcompliance* im Vergleich mit Deutschland, das sich bereits antizipatorisch in weiten Teilen dem europäischen Modell angenähert hatte und insgesamt eine besser bewertete rechtliche Compliance aufwies. Damit sind zugleich Zweifel an dem Zusammenhang zwischen rechtlicher Transposition und praktischer Umsetzung gesät, wie er in der *Worlds of Compliance*-Typologie postuliert wird: Speziell für die *World of Domestic Politics* nehmen Falkner et al. an, dass die praktische Umsetzung direkte Folge der rechtlichen Transposition sei, begründet durch eine effektive nationale Administration (Falkner et al. 2005; Falkner und Treib 2008). Im Fall der Erneuerbare-Energien-Richtlinie wird jedoch deutlich, dass es komplexe Outcomes gibt, die nicht nur einen politischen Steuerungszugang, sondern auch die Bewertung der mitgliedstaatlichen Compliance erschweren.

Ein Aspekt ist hier das bereits erwähnte, in Kapitel 5 angesprochene Spannungsfeld zwischen Energiemarktliberalisierung und staatlich verordnetem EE-Ausbau: Es ist eben nicht nur eine staatliche bzw. administrative Leistung, den Anteil erneuerbarer Energien zu erhöhen, sondern auch Folge vielschichtiger regulativer wie energiewirtschaftlicher Zusammenhänge, die sich zum Teil über einen längeren Zeitraum erstrecken. Beispielsweise kann der Staat bestimmte Marktanreize setzen, welche die Wirtschaftsteilnehmer idealerweise zur Produktion und/oder zum Konsum erneuerbarer Energien anregen. Doch ein linearer Zusammenhang besteht hier nicht (Abb. 7.11). Nun ist es sicherlich keine neue Erkenntnis, dass zwischen Policy-Zielen, Policy-Output und Policy-Outcome mitunter deutliche Diskrepanzen auftreten. Für die EU-Implementationsforschung ist dieser Punkt dennoch diskussionswürdig. Dazu soll die Problematik zunächst am Beispiel der Erneuerbare-Energien-Richtlinie vertieft werden.

Wie in Abb. 7.11 mittig dargestellt, orientiert sich die Diskussion Erneuerbarer-Energien-Politik und damit auch die Betrachtung der entsprechenden mitgliedstaatlichen Implementation zwangsläufig an einer vereinfachten Kausalkette. Hierbei wird angenommen, dass die (nationale) EE-Zielsetzung als Basis für nachfolgende Förderpolicies fungiert, welche wiederum den EE-Ausbau anregen, sodass sich schließlich der EE-Anteil erhöht. Letzteres ist auch im Rahmen der Erneuerbare-Energien-Richtlinie das gewünschte Outcome bzw. übergreifendes Policy-Ziel. Wenngleich diese Kausalkette von Agenda Setting, Politikformulierung, Policy-Output und Policy-Outcome in Teilen auch zutrifft, ist eine Beeinflussung des Anteils erneuerbarer Energien in der Realität doch deutlich komplexer.

An jedem der dargestellten Schritte spielt eine Reihe weiterer Faktoren eine u. U. tragende und potenziell auch konfligierende Rolle. So entsteht die nationale EE-Zielsetzung stets in einem breiteren politischen Kontext; beim Design von Förderpolicies gibt es zahlreiche Aspekte und mögliche Wechselwirkungen zu beachten; der EE-Ausbau wird darüber hinaus auch vom regulativen Umfeld beeinflusst und beim finalen Outcome, d. h. dem Anteil erneuerbarer Energien, sind wiederum der Energieverbrauch (als Nenner) und die relative Entwicklung anderer Energieträger von Bedeutung. Um ein Beispiel für letzteres zu nennen,

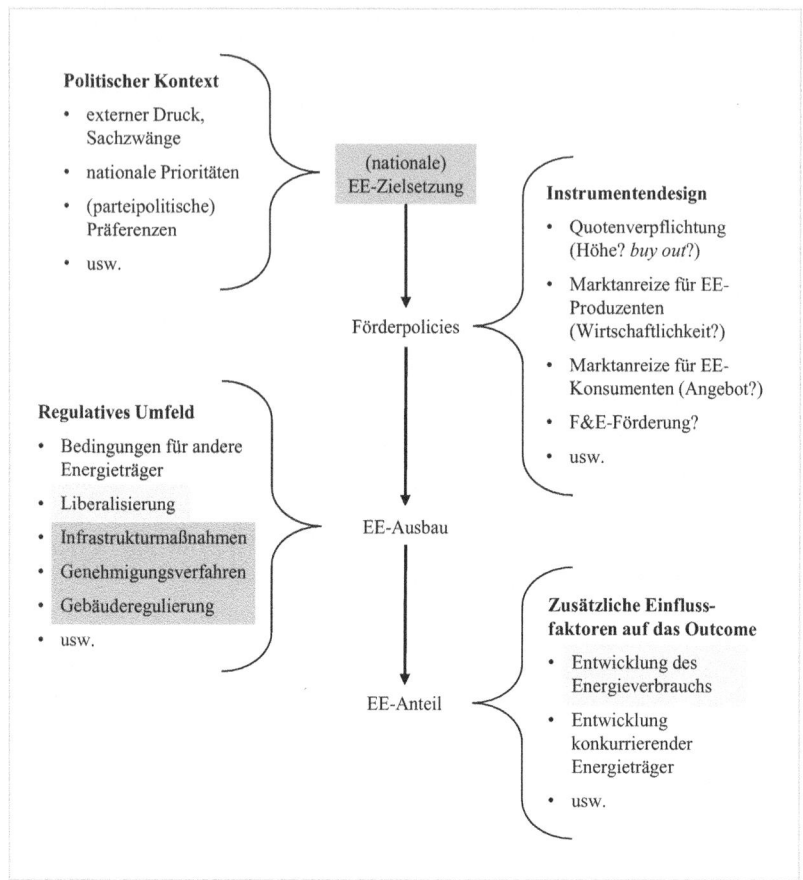

Abb. 7.11 Einflussfaktoren auf den Anteil erneuerbarer Energien. Eigene Darstellung. *Legende: Dunkel unterlegte Flächen beziehen sich auf Vorgaben aus der Erneuerbare-Energien-Richtlinie (2009/28/EG). Hell unterlegte Flächen beziehen sich auf weitere bzw. angrenzende Ziele und Policies der EU*

waren im Fall des Vereinigten Königreichs zwar günstige Reformen für den Infrastrukturausbau angestoßen worden, doch diese kamen nicht nur erneuerbaren Energien, sondern auch anderen Energieträgern zugute. Mit Blick auf das regulative Umfeld waren somit die Bedingungen für konkurrierende Energiequellen ebenfalls optimiert worden (zu den vielfältigen Herausforderungen bei der politischen Steuerung einer (nationalen) Energietransformation siehe auch Benz und Czada 2019; Kemp et al. 2007).

Was in Abb. 7.11 ebenfalls deutlich wird, ist die (begrenzte) regulatorische Intervention seitens der Europäischen Union. Ohne an dieser Stelle eine umfassende Bewertung des Politikfeldes vornehmen zu können, kann doch festgestellt werden, dass die Erneuerbare-Energien-Richtlinie in dem dargestellten Kausalgeflecht im Grunde nur an einzelnen Punkten ansetzte: an einer verbindlichen (nationalen) EE-Zielsetzung und begleitenden regulativen Maßnahmen, vor allem bezogen auf den Netzinfrastrukturausbau, Genehmigungsverfahren für EE-Anlagen sowie die Gebäuderegulierung. Ein harmonisiertes Fördermodell hatten die Mitgliedstaaten dagegen abgelehnt, wobei fraglich bleibt, ob der von der Kommission vorgeschlagene Zertifikatshandel hier die nötigen Impulse geschaffen hätte (Lauber 2011; Lauber und Toke 2005; siehe auch Abschnitt 5.1). In angrenzenden Bereichen finden sich weitere europäische Ziele und Policies (vor allem im Bereich der Energiemarktliberalisierung), die ebenfalls einen gewissen, wenn auch nicht immer klar bestimmbaren, Einfluss auf den Anteil erneuerbarer Energien ausüben. Auf zwei zentrale Punkte vereinfacht, ergibt sich daraus folgende Frage für die EU-Implementationsforschung: Wenn (1) das jeweilige Policy-Ziel unter den gegebenen (EU-rechtlichen) Voraussetzungen nur in einer Kooperation von Staat und Wirtschaftsteilnehmern erreicht werden kann und (2) die vorliegende EU-Policy im Regulierungsfeld nur Teilaspekte des gewünschten Policy-Outcomes ‚aktiviert', wie ist dann die praktische Umsetzung jener EU-Policy durch die Mitgliedstaaten zu bewerten? Oben wurde bereits zur rechtlichen Transposition die Frage gestellt: Wann beginnt Implementation? Ergänzend müsste es nun zur praktischen Umsetzung heißen: (1) Wer implementiert?[119] (2) Was wird (nicht) implementiert?

In diesem Sinne wird abschließend beleuchtet, ob es einen zeitlichen Zusammenhang zwischen der Verabschiedung der Erneuerbare-Energien-Richtlinie und einem verstärkten Anstieg des Anteils erneuerbarer Energien in den untersuchten Mitgliedstaaten gab. Wie in Abb. 7.12 dargestellt, ist diesbzgl. in fast allen Mitgliedstaaten ein relativ gleichbleibendes Wachstum im Zeitraum von 2004 bis 2020 zu erkennen. Ein zeitlicher Zusammenhang zwischen der europäischen Erneuerbare-Energien-Richtlinie und einer verstärkten Wachstumsdynamik

---

[119] Eine konzeptionelle Systematisierung könnte beispielsweise in eine Typologie von Implementation münden, bei der unterschiedliche Akteurgruppen im Fokus stehen (in Ansätzen bei Heidbreder 2017).

in den Mitgliedstaaten kann folglich nicht ausgemacht werden. Lediglich im Vereinigten Königreich zeigt sich im Nachgang der EU-Richtlinie, ab 2012, ein deutlicher Anstieg des EE-Anteils. Dagegen gab es in Österreich ab 2009, d. h. mit Verabschiedung der EU-Richtlinie, eher eine Stagnation. Eine am Outcome erkennbare Veränderung des EE-Ausbaus als Folge europäischer Impulse kann somit nicht ausgemacht werden. Konterfaktisch könnte jedoch argumentiert werden, dass ohne eine europäische energiepolitische Zielsetzung (zu der neben dem Ausbau erneuerbarer Energien z. B. auch die Verbrauchssenkung gehörte) der beobachtete, weitgehend kontinuierliche EE-Wachstumskurs u. U. eingebrochen wäre.

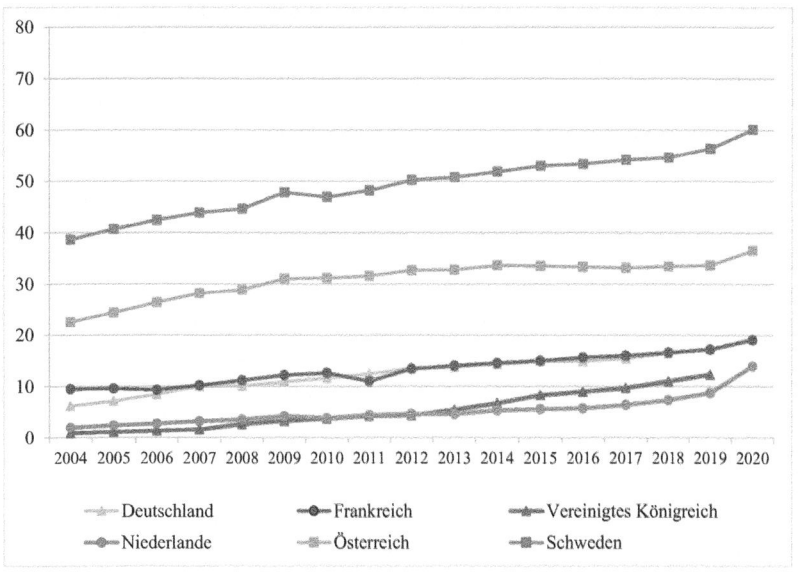

Abb. 7.12 Anteil erneuerbarer Energien in den sechs untersuchten EU-Mitgliedstaaten (in %). Eigene Darstellung nach Eurostat (2022a). Offizielle Daten für das Vereinigte Königreich liegen bis einschließlich 2019 vor

Nun hängt wiederum auch die EU-Politik mit weiteren Kontextfaktoren zusammen und spielt sich nicht in einem Vakuum ab: Wie in Kapitel 5 diskutiert, bestand und besteht im Zusammenhang mit der Energiepolitik erheblicher und vielfältiger (externer) Problemdruck, aufgrund versiegender fossiler Ressourcen, geopolitischer Konflikte in wichtigen Exportregionen und nicht zuletzt der globalen Herausforderung des Klimawandels. Wie sich in Kapitel 6 heraus-kristallisiert hat, war der Ausbau erneuerbarer Energien bis Mitte der 2000er Jahre länder- wie parteiübergreifend auf die politische Agenda gerückt. In der Diskussion um die EE-Förderung wurden in den nationalen politischen Debatten dabei sowohl der externe Problemdruck als auch die europäischen (und internationalen) Verpflichtungen, aber auch Fördermodelle europäischer Nachbarstaaten diskutiert. Beispielsweise war das deutsche EEG-Modell ein Vorbild, das u. a. in der französischen und österreichischen Debatte von EE-Befürwortern im Sinne eines Policy-Transfers (Börzel und Risse 2012) ins Feld geführt wurde. Neben dem Anteil, den (a) die Formulierung der 20-20-20-Ziele im Allgemeinen und (b) die Erneuerbare-Energien-Richtlinie im Speziellen an der beobachteten Entwicklung erneuerbarer Energien hatten, kann somit (c) mindestens rhetorisch ebenso eine horizontale Europäisierung, wenn nicht gar eine begrenzte Politikdiffusion, ausgemacht werden (zu verschiedenartigen Europäisierungseffekten im Bereich mitgliedstaatlicher EE-Politik siehe auch Boasson et al. 2021). Was Lenschow (2004) bereits grundsätzlich zum Modell der Europäisierungsmechanismen anmerkt, erhärtet sich nun auch empirisch mit Blick auf die Erneuerbare-Energien-Richtlinie: „In vielen Fällen wirkt die EU zwar als Resonanzboden von oder Prisma für externe(n) Signale(n), nicht aber als primärer Kausalfaktor" (Lenschow 2004: 170). So wurde z. B. im Fall des Vereinigten Königreichs die europäische Zielsetzung in der politischen Diskussion zwar aufgegriffen, der Problemdruck jedoch ohnehin entlang versiegender Ressourcen und der Abhängigkeit von mitunter instabilen Exportregionen thematisiert. Um wieder auf die EU-Implementationsforschung zurückzukommen, kann daher festgestellt werden, dass mitgliedstaatliche Implementationsprozesse u. U. mit verschiedenartigen vertikalen wie horizontalen Europäisierungsprozessen verwoben sind, was eine trennscharfe Nachzeichnung und Erklärung einzelner Implementationsvorgänge vor erhebliche konzeptionelle und methodische Herausforderungen stellt (ähnlich argumentiert Töller 2010). Im nachfolgenden Kapitel 8 werden zunächst die empirisch beobachteten Reaktionsmuster bzw. Compliance-Bilanzen der Mitgliedstaaten mit den zuvor formulierten theoretischen Erwartungen gemäß dem Modell der Europäisierungsmechanismen (Knill und Lehmkuhl 2000b, 2002, 2004) und der *Worlds of Compliance*-Typologie (Falkner et al. 2005; Falkner und Treib 2008) abgeglichen. Anschließend werden weitere empirische Erkenntnisse besprochen, woraufhin eine Reflexion der durchgeführten Untersuchung erfolgt, inklusive der benannten konzeptionellen und methodischen Herausforderungen und entsprechender Rückschlüsse für die weitere EU-Implementationsforschung.

Diskussion

8

In der vorangegangenen Untersuchung zur mitgliedstaatlichen Implementation europäischer Energiepolitik wurde zunächst das EU-Policymaking zum Klima- und Energiepaket bzw. zur Erneuerbare-Energien-Richtlinie (2009/28/EG) betrachtet (Kapitel 5). Anschließend folgte eine Erhebung der nationalen institutionellen Arrangements und Interessenkonstellationen im Bereich der Energiepolitik bzw. der Erneuerbare-Energien-Förderung in den sechs untersuchten Mitgliedstaaten (Kapitel 6). Schließlich wurden die mitgliedstaatlichen Reaktionsmuster auf die europäische Erneuerbare-Energien-Richtlinie analysiert (Kapitel 7), unterteilt in:

(1) die antizipatorische Phase, d. h. den Zeitraum zwischen Formulierung der 20-20-20-Ziele auf dem Frühjahrsgipfel des Europäischen Rates im Jahr 2007 und der formalen Verabschiedung der EU-Richtlinie im April 2009,
(2) die rechtliche Transposition, bestehend aus:
    a. der inhaltlich-strategischen Übereinstimmung,
    b. der Neueinführung von Instrumenten und Maßnahmen,
    c. dem EU-Rechtsbezug der formalen Transposition,
(3) die praktische Umsetzung, speziell die Einhaltung der verbindlichen Zielwerte bis 2020.

V. Brendler, *Die Implementation europäischer Erneuerbare–Energien–Politik*, Forschungen zur Europäischen Integration, https://doi.org/10.1007/978-3-658-37531-7_8

Die übergreifende forschungsleitende Fragestellung lautete dabei: Welche Einflussfaktoren und Kausalmechanismen begünstigen bzw. erschweren die mitgliedstaatliche Umsetzung von EU-Policies? Auf Basis des Modells der Europäisierungsmechanismen (Knill und Lehmkuhl 2000b, 2002, 2004) wurden dabei insbesondere zwei Variablenkomplexe betrachtet: (1) die Kompatibilität nationaler institutioneller Arrangements und (2) die Kompatibilität nationaler Interessenkonstellationen mit den Vorgaben der EU-Policy (Abschnitt 3.1). Zusätzlich wurde unter Berücksichtigung der *Worlds of Compliance*-Typologie (Falkner et al. 2005; Falkner und Treib 2008) geprüft, ob bestimmte typische Reaktionsmuster auf EU-Anpassungsdruck auch im Fall der Erneuerbare-Energien-Richtlinie beobachtbar waren (Abschnitt 3.2).

Die nachfolgende Diskussion ist in vier Teile gegliedert. Zunächst wird besprochen, inwiefern das Modell der Europäisierungsmechanismen (Knill und Lehmkuhl 2000b, 2002, 2004) die empirisch beobachteten Reaktionsmuster der Mitgliedstaaten auf die Erneuerbare-Energien-Richtlinie erklären kann. Im Zentrum steht dabei der Einfluss nationaler Institutionen und Interessen bzw. ihres jeweiligen *fit* mit den EU-Vorgaben. Anschließend wird die *Worlds of Compliance*-Typologie (Falkner et al. 2005; Falkner und Treib 2008) zur Erklärung herangezogen. Hierbei wird diskutiert, inwiefern sich die Implementation in den untersuchten Mitgliedstaaten mit den Erwartungen für die jeweilige *Worlds of Compliance* deckte. Nach der Besprechung der Theorietests werden anschließend weitere empirische Beobachtungen und mögliche Besonderheiten im Zusammenhang mit der Erneuerbare-Energien-Richtlinie diskutiert und in einen theoretischen Bezug zur (weiteren) EU-Implementationsforschung gesetzt. Abschließend erfolgt eine theoretische und methodische Schlussbetrachtung, bei der die durchgeführte Untersuchung sowie die Generalisierbarkeit der empirischen Ergebnisse einer kritischen Reflexion unterzogen werden.

Modell der Europäisierungsmechanismen – Persistenz vs. Compliance
Zunächst werden in Tab. 8.1 die theoretischen Erwartungen rekapituliert, die in Abschnitt 6.7 gemäß dem Modell der Europäisierungsmechanismen (Knill und Lehmkuhl 2000b, 2002, 2004) sowie auf Basis der durchgeführten Erhebung mitgliedstaatlicher Institutionen und Interessen im Vorfeld des europäischen Anpassungsdrucks formuliert wurden.

Tab. 8.1 Theoretische Erwartungen auf Basis der durchgeführten Erhebung – Status quo ante (bis 2007)

	Kompatibilität		Theoretische Erwartung	
Mitgliedstaat	*Institutionen*	*Interessen*	*Anpassung*	*Compliance*
Deutschland	moderat	hoch	EU-Anpassung	+
Frankreich	hoch	moderat	Persistenz	(+)
Ver. Königreich	gering	gering	Persistenz	–
Niederlande	gering	moderat	Persistenz	–
Österreich	hoch	(hoch)	Persistenz	+
Schweden	moderat	gering	Persistenz	–

Eigene Darstellung (siehe auch Abschnitt 6.7). + = *Compliance erwartet,* – = *Non-Compliance erwartet. In Klammern gesetzt sind Bewertungen bzw. Erwartungen mit Einschränkungen.*

Für Frankreich und Österreich wurde auf Basis einer *hohen* Kompatibilität von Institutionen (und einer mindestens moderaten Kompatibilität von Interessen) nationale Persistenz im Sinne von *persistent compliance* erwartet. In Deutschland und Schweden fiel die institutionelle Kompatibilität dagegen *moderat* aus. Für Deutschland bestand aufgrund der gleichzeitig hohen Kompatibilität von Interessen die Erwartung von EU-Anpassung bzw. *adaptive compliance*. In Schweden wurde hingegen aufgrund einer geringen Kompatibilität von nationalen Interessen und EU-Vorgaben mit Persistenz bzw. Non-Compliance gerechnet. In Bezug auf das Vereinigte Königreich sowie die Niederlande war auf Basis der jeweils *geringen* institutionellen Kompatibilität, ganz unabhängig von der Kompatibilität der Interessen, Persistenz bzw. Non-Compliance zu erwarten.

Wie bereits in Kapitel 7 diskutiert, waren im Verlauf der antizipatorischen Phase in einigen Mitgliedstaaten jedoch auch Veränderungen gegenüber dem Status quo ante zu beobachten (Tab. 8.2). Am weitreichendsten waren die Veränderungen in *Österreich*: Hier hatte sich die Kompatibilität der Interessen, insbesondere aufgrund von regierungsinternen Konflikten, im Verlauf der antizipatorischen Phase von ‚eher hoch' zu ‚moderat' verschoben, was sich in theoretisch unerwarteter Weise sogleich negativ auf den Regulierungsstil auswirkte (siehe auch Abschnitt 6.5 und Abschnitt 7.5). Die ehemals hohe institutionelle Kompatibilität fiel sodann während der antizipatorischen Phase ebenfalls nur noch moderat aus (siehe auch Abschnitt 7.5.4). Mit dieser verschobenen Kompatibilität während der antizipatorischen Phase müsste sich, theoretisch betrachtet, Österreichs Reaktion auf die EU-Vorgaben nunmehr als Persistenz und

Non-Compliance ausgedrückt haben (Tab. 8.2). In *Schweden* beschränkte sich die Verschiebung, die während der antizipatorischen Phase stattfand, auf die Interessenkonstellation und stellte überdies aus EU-Sicht eine günstige Entwicklung dar: Während ursprünglich in Schweden eine eher unvorteilhafte Interessenkonstellation gegeben war (Abschnitt 6.6 und Abschnitt 6.7), basierend vor allem auf dem Regierungswechsel zur bürgerlichen *Allians för Sverige* sowie der wechselhaften politischen Debatte um die Atomenergie, zeigte sich im Verlauf der antizipatorischen Phase, dass auch die bürgerliche Regierung an einem weiteren Ausbau erneuerbarer Energien interessiert war und dies u. a. mit industriepolitischen Erwägungen verband – wenn auch ebenso die Atomenergienutzung weiter verfolgt wurde (Abschnitt 7.6.1). Diese Entwicklung hatte, aus theoretischer Sicht, jedoch keine Auswirkungen auf die ursprüngliche Erwartung (Persistenz bzw. Non-Compliance, Tab. 8.2).

Tab. 8.2 Dynamische Kompatibilität während der antizipatorischen Phase (2007 bis 2009)

	Kompatibilität		Theoretische Erwartung	
Mitgliedstaat	*Institutionen*	*Interessen*	*Anpassung*	*Compliance*
Deutschland	moderat	hoch	EU-Anpassung	+
Frankreich	hoch	moderat	Persistenz	(+)
Ver. Königreich	gering	gering	Persistenz	−
Niederlande	gering	moderat	Persistenz	−
Österreich	hoch → moderat	(hoch) → moderat	Persistenz	−
Schweden	moderat	gering → moderat	Persistenz	−

Eigene Darstellung. + = *Compliance erwartet*, − = *Non-Compliance erwartet. In Klammern gesetzt sind Bewertungen bzw. Erwartungen mit Einschränkungen. Veränderungen im Vergleich zum Status quo ante werden durch einen Pfeil dargestellt.*

Am Beispiel von Österreich und Schweden offenbaren sich mögliche kurzfristige Dynamiken, die u. U. eine Neubewertung der verschiedenen Kompatibilitätsdimensionen erfordern können. Damit bestätigt sich hier abermals die in Abschnitt 7.7 diskutierte Herausforderung, mitgliedstaatliche Reaktionsmuster klar abzugrenzen und bestimmten Phasen bzw. konzeptionellen Kategorien zuzuordnen (z. B. Status quo ante, Antizipation, Implementation, Compliance). Im Folgenden werden nun die formulierten theoretischen Erwartungen den empirischen Ergebnissen auf Basis der Erhebung in Kapitel 7 gegenübergestellt. Dabei werden sowohl die rechtliche und praktische Compliance betrachtet als auch etwaige Veränderungen nationaler institutioneller Arrangements im Sinne einer EU-Anpassung (Tab. 8.3).

Im Fall *Deutschlands* zeigte sich eine Übereinstimmung von Theorie und Empirie. Die erwartete (adaptive) Compliance bestätigte sich auf rechtlicher wie praktischer Ebene. Der EU-Anpassungsdruck wurde dabei mit Formulierung des Integrierten Energie- und Klimapaketes (IEKP) und den daraus folgenden Rechtsakten bereits während der antizipatorischen Phase vorweggenommen. Im IEKP spiegelte sich u. a. der aktive, umfassende und legalistische Ansatz, den auch das europäische Modell vorgab. Insofern bewegte sich Deutschland von einer zunächst eher inkrementellen hin zu einer umfassenderen Regulierung. Allerdings blieb die horizontale Fragmentierung der ministerialen Zuständigkeit unverändert. Folglich passte sich Deutschland nicht vollständig an die institutionelle Modellvorgabe an, sondern nur dort, wo es auch politisch gewollt war.

Im Fall *Frankreichs* deutete die hohe institutionelle Kompatibilität auf eine persistente Compliance hin, gleichzeitig blieb jedoch unklar, wie sich hier eine neutrale Interessenkonstellation auswirken würde (siehe auch Abschnitt 6.7). Empirisch bestätigte sich der (unter Vorbehalt) erwartete positive Einfluss eines *high institutional fit* letztlich nicht; denn während die rechtliche Compliance noch als moderat einzustufen ist und sich damit der neutralen Interessenkonstellation zuschreiben lässt, ist die praktische Umsetzung der EU-Vorgaben klar unter Non-Compliance zu verbuchen. In der antizipatorischen Phase zeigte sich, dass Frankreich früh eigene Schwerpunkte setzte, die den energiewirtschaftlichen Arrangements und der damit einhergehenden Interessenkonstellation entgegenkamen. Angesichts der dominanten Rolle der Atomenergie im Stromsektor konzentrierte sich Frankreich beim weiteren Ausbau erneuerbarer Energien überwiegend auf den Wärmesektor, sodass eine Anpassung lediglich an diejenigen Aspekte der EU-Richtlinie stattfand, die mit den nationalen Institutionen *und* den Interessen harmonierten. Mit Blick auf den praktischen EE-Ausbau wurde Frankreich den europäischen Zielvorgaben damit nicht gerecht.

Mit Blick auf das *Vereinigte Königreich* und die *Niederlande* traten, wie auf Basis der geringen institutionellen Kompatibilität vermutet, Compliance-Probleme auf. Im Vereinigten Königreich äußerte sich dies in einer moderaten rechtlichen Compliance und praktischer Non-Compliance, in den Niederlanden war umgekehrt rechtliche Non-Compliance und eine moderate praktische Compliance zu beobachten. Insofern hatte in beiden Fällen ein *low institutional fit* den erwarteten negativen Einfluss auf die EU-Rechtsumsetzung, wenn auch die Compliance-Muster etwas unterschiedlich ausfielen. Gemeinsam war beiden Ländern ein liberal-pluralistisches Verhältnis von Staat und Gesellschaft, mit dem einherging, dass regulative Interventionen weder aktiv noch umfassend gestaltet wurden, wie dies vom europäischen Modell gefordert wurde. Zudem war im Fall der Niederlande ein besonders pragmatischer Umgang mit Recht festzustellen, was sich vor allem in der Präferenz für freiwillige Vereinbarungen mit Regelungsadressaten ausdrückte, aber auch in dem Unwillen, verbindliche sektorale Zielwerte zu formulieren. Wie gemäß der ersten, institutionenzentrierten Prämisse des Modells der Europäisierungsmechanismen erwartet, verhinderte der *misfit* zwischen nationalen institutionellen Arrangements und europäischen Modellvorgaben eine mitgliedstaatliche EU-Anpassung, was wiederum in Non-Compliance mündete. Da jedoch keines der beiden Länder eine vorteilhafte Interessenkonstellation aufwies, bleibt offen, ob EU-kompatible Interessen u. U. inkompatible Institutionen hätten überwinden können.

Im Fall *Österreichs* hatten sich im Vergleich zum Status quo ante (prä-2007) während der antizipatorischen Phase auf beiden Ebenen Veränderungen der Kompatibilität ergeben, welche die Formulierung einer eindeutigen theoretischen Erwartung erschweren. Interessanterweise stellt sich dabei zugleich ein empirisches Puzzle mit Blick auf die Compliance dar, denn Österreich zeigte eine eigentümliche Kombination aus rechtlicher Non-Compliance und praktischer Compliance. Letztere war überwiegend das Resultat einer Entwicklung, die ab Mitte der 2000er Jahre bis etwa 2009 anhielt, sprich: vor Verabschiedung der EU-Richtlinie erfolgte. In diesem Zeitraum konnten der Gesamtanteil erneuerbarer Energien und auch der EE-Anteil im Transportsektor deutlich erhöht werden; ab 2009 war dagegen eher eine Stagnation zu beobachten (Abschnitt 7.5.3). Insofern handelte es sich hier um eine *persistent compliance*, bei der wesentlich auf dem national bereits eingeschlagenen EE-Ausbaukurs aufgebaut werden konnte. Beim rechtlichen Teil der EU-Rechtsumsetzung zeigte sich jedoch, dass die Konflikte innerhalb der Koalitionsregierung das Thema erneuerbare Energien zumindest zeitweise von der politischen Agenda verdrängt hatten. Der in der EU-Implementationsliteratur bereits identifizierte ungünstige Einfluss politischer Konflikte auf die EU-Rechtsumsetzung (Abschnitt 2.2) hat sich am Beispiel Österreichs somit erneut manifestiert.

Für *Schweden* wurde erwartet, dass bestehende (moderate) institutionelle Hürden nicht würden überwunden werden können, da hier (im Gegensatz zu Deutschland) keine eindeutig vorteilhafte Interessenkonstellation vorlag. Dies müsste folglich in Non-Compliance resultieren. Während die rechtliche Transposition Schwedens in der Tat die jeweils moderate Kompatibilität von Institutionen und Interessen widerspiegelt, zeigt sich bei der praktischen Umsetzung ein völlig anderes Bild, nämlich eine deutliche Übererfüllung der EU-Vorgaben (*overcompliance*). Dies ist nicht nur mit Blick auf die theoretischen Prämissen zum *fit* (von Institutionen und Interessen) überraschend, sondern unterstreicht auch die in Abschnitt 7.7 bereits angesprochene Diskrepanz zwischen rechtlicher und praktischer Compliance, die im Modell der Europäisierungsmechanismen jedoch keine Entsprechung hat. Obwohl sich die schwedische Klima- und Energiepolitik während der antizipatorischen Phase weiterentwickelt hatte, bewegte sich die EE-Regulierung nach wie vor im Rahmen bestehender institutioneller Arrangements, beispielsweise etablierter Förderansätze und -instrumente. Ungeachtet der fehlenden Anpassung an das vorgegebene EU-Modell erwies sich das schwedische Vorgehen jedoch als überaus erfolgreich.

Tab. 8.3 Theorietest – Modell der Europäisierungsmechanismen – Compliance

	Theorie	**Empirie**	
Mitgliedstaat	*Compliance*	*rechtliche Compliance*	*praktische Compliance*
Deutschland	+	+	+
Frankreich	(+)	o	–
Ver. Königreich	–	o	–
Niederlande	–	–	o
Österreich*	+ / –	–	+
Schweden	–	o	+ +

* Für Österreich ergibt sich je nach betrachtetem Zeitpunkt (Status quo ante prä-2007 vs. antizipatorische Phase ab 2007) eine unterschiedliche Erwartung (siehe auch Tab. 8.1 und Tab. 8.2). Eigene Darstellung. ++ = *Übererfüllung der EU-Vorgaben,* + = *Compliance,* o = *moderate Compliance,* – = *Non-Compliance. In Klammern gesetzt sind Erwartungen mit Einschränkungen.*

Bezogen auf die mitgliedstaatliche Compliance fällt der Theorietest zum Modell der Europäisierungsmechanismen insgesamt gemischt aus: Während sich der negative Einfluss eines *low institutional fit* grundsätzlich bestätigt hat (Vereinigtes Königreich, Niederlande) und auch der Einfluss einer vorteilhaften Interessenkonstellation wie erwartet ausfiel (Deutschland), gab es ebenso Compliance-Muster, die nicht den theoretischen Erwartungen entsprachen (Frankreich, Österreich, Schweden). Wie in Tab. 8.4 dargestellt, zeigten sich überdies keine eindeutigen länderübergreifenden Zusammenhänge zwischen (a) der Kompatibilität von Institutionen oder Interessen und (b) der rechtlichen oder praktischen Compliance.

Tab. 8.4 Vergleich von Kompatibilitäts- und Compliance-Dimensionen in der mitgliedstaatlichen Implementation der Erneuerbare-Energien-Richtlinie (2009/28/EG)

Mitgliedstaat	Kompatibilität		Compliance	
	Institutionen	*Interessen*	*rechtlich*	*praktisch*
Deutschland	o	+	+	+
Frankreich	+	o	o	−
Ver. Königreich	−	−	o	−
Niederlande	−	o	−	o
Österreich	+ / o	(+) / o	−	+
Schweden	o	− / o	o	+ +

Eigene Darstellung. ++ = sehr hoch, + = hoch, o = moderat, − = gering. Klammern bedeuten Einschränkungen in der Zuordnung.

Ebenso war die institutionelle EU-Anpassung bzw. der ‚*final fit'* zwischen EU-Vorgaben und nationalen Arrangements post-Implementation kein zuverlässiger Prädiktor für die rechtliche bzw. praktische Compliance der untersuchten Mitgliedstaaten (Tab. 8.5).

Tab. 8.5 Vergleich von institutioneller EU-Anpassung und rechtlicher bzw. praktischer Compliance

Mitgliedstaat	Institutionelle EU-Anpassung		Compliance	
	Reaktionsmuster	*‚final fit'*	*rechtlich*	*praktisch*
Deutschland	Antizipation	(+)	+	+
Frankreich	Persistenz	+	o	−
Ver. Königreich	Persistenz	−	o	−
Niederlande	Persistenz	−	−	o
Österreich	Abweichung	o	−	+
Schweden	Persistenz	o	o	+ +

Eigene Darstellung. ++ = sehr hoch, + = hoch, o = moderat, − = gering. Klammern bedeuten Einschränkungen in der Zuordnung.

Eine weitreichende Anpassung nationaler institutioneller Arrangements bzw. eine *Transformation* (Börzel und Risse 2003) zugunsten des europäischen Modells konnte in keinem der Mitgliedstaaten beobachtet werden (siehe auch Abschnitt 7.7). Stattdessen hielten die untersuchten Mitgliedstaaten an bereits etablierten Ansätzen und Instrumenten fest, mit etwaigen Erweiterungen bzw. Aktualisierungen. Speziell konnte eine instrumentelle Pfadabhängigkeit (Suck 2008: 38) beobachtet werden, d. h. Policy-Ansätze und spezifische Förderinstrumente blieben im Zeitverlauf weitgehend stabil. Dies war auch bei einer parteipolitischen Machtverschiebung der Fall: In Schweden, wo nach langer Zeit sozialdemokratischer Regierung eine bürgerliche Koalition an die Macht gekommen war, wurde an bestehenden Förderansätzen und -instrumenten festgehalten und auch wie geplant die Klimastrategie der Vorgängerregierung aktualisiert. Zwar wurde gemäß dem Modell der Europäisierungsmechanismen (Knill und Lehmkuhl 2000b, 2002, 2004) auch lediglich im Fall Deutschlands eine (institutionelle) EU-Anpassung erwartet (Tab. 8.6). Wie oben beschrieben, hatte sich hier jedoch (auch) nur eine teilweise Anpassung vollzogen, die überdies bereits während der antizipatorischen Phase stattgefunden hatte (Abschnitt 7.1). In Österreich kam es dagegen zu einer unerwarteten Abweichung, wobei sich die österreichische Regulierung des EE-Ausbaus im Zuge einer veränderten Interessenkonstellation während der antizipatorischen Phase eher vom EU-Modell wegbewegte, was sich sodann auch in der Implementation der EU-Richtlinie manifestierte.

Tab. 8.6 Theorietest – Modell der Europäisierungsmechanismen – EU-Anpassung

	Kompatibilität		EU-Anpassung	
Mitgliedstaat	*Institutionen*	*Interessen*	*Theorie*	*Empirie*
Deutschland	moderat	hoch	EU-Anpassung	Antizipation
Frankreich	hoch	moderat	Persistenz	Persistenz
Ver. Königreich	gering	gering	Persistenz	Persistenz
Niederlande	gering	moderat	Persistenz	Persistenz
Österreich	hoch	(hoch)	Persistenz	Abweichung
Schweden	moderat	gering	Persistenz	Persistenz

Eigene Darstellung. *Die Kompatibilität von Institutionen und Interessen bezieht sich hier auf die Erhebung im Vorfeld der EU-Richtlinie (bis 2007).*

Abgesehen davon konnte in allen sechs Ländern eine weitgehende institutionelle Persistenz beobachtet werden. Die Bedeutung nationaler institutioneller Arrangements zeichnete sich dabei schon in der Phase des EU-Policymaking ab: Wie in Kapitel 5 deutlich wurde, hatten die Mitgliedstaaten im Laufe der europäischen Erneuerbare-Energien-Politik, aber auch speziell mit Blick auf die

Erneuerbare-Energien-Richtlinie von 2009, überwiegend eine Strategie des *uploading* nationaler Policies verfolgt (zum *uploading* siehe Börzel 2000b, 2002; Héritier 1995; ebenso Abschnitt 2.1). Auf Basis der 20-20-20-Ziele, die 2007 vom Europäischen Rat formuliert worden waren, gab es bereits einen Grundkonsens hinsichtlich der zentralen Policy-Ziele, inklusive verbindlicher Zielwerte für den Anteil erneuerbarer Energien (siehe dazu auch Ancygier 2013). Ein Konfliktgegenstand blieben allerdings die Mittel zur Erreichung dieser Ziele – das von der Europäischen Kommission vorgeschlagene EU-weite Zertifikatshandelssystem wurde dabei vor allem auf Druck derjenigen Mitgliedstaaten, die bei ihrem eigenen Modell der Einspeisetarife bleiben wollten, letztlich abgeblockt. Doch auch diejenigen Mitgliedstaaten, die selbst bereits einen Zertifikatshandel etabliert hatten, waren skeptisch angesichts einer möglichen EU-Rechtsverbindlichkeit dieses Fördermodells (Abschnitt 5.2.1). Die EU-Mitgliedstaaten konnten sich insofern einer Harmonisierung ihrer Fördersysteme widersetzen. Der Anpassungsdruck verringerte sich hierdurch, besonders für diejenigen Länder, die bereits ein anderes System nutzten. Für den Erhalt nationaler Institutionen wurde damit schon während des EU-Policymaking die Grundlage geschaffen. Nichtsdestotrotz verblieben einige potenziell problematische Vorgaben, vor allem im Zusammenhang mit dem Muster für nationale Aktionspläne, in dem ein bestimmter Regulierungsstil für den Ausbau erneuerbarer Energien vorausgesetzt wurde (ausführlicher in Abschnitt 5.2.2).

Ungeachtet einer grundsätzlichen institutionellen Persistenz nahmen jedoch alle untersuchten Mitgliedstaaten auf nationaler Ebene bereits in der antizipatorischen Phase, d. h. noch während die entsprechende EU-Policy verhandelt wurde, eine strategische Neuorientierung vor. Die Formulierung der 20-20-20-Ziele im Frühjahr 2007 durch den Europäischen Rat wirkte hier als Katalysator und wurde auch in nationale Policy-Debatten einbezogen. Im Modell der Europäisierungsmechanismen (Knill und Lehmkuhl 2000b, 2002, 2004) kann dies als *framing* eingeordnet werden, d. h. der Einfluss auf die Mitgliedstaaten erging zunächst in Form von Ideen und Erwartungen, in diesem Fall einem europäischen Leitbild des EE-Ausbaus bis 2020, gepaart mit der Aussicht auf verbindliche Zielwerte. Letzteres lässt sich auch als ,Schatten der Hierarchie' (Scharpf 1991, 1993) begreifen, welcher für die Mitgliedstaaten bereits einen Anpassungsdruck signalisierte, noch bevor dieser durch eine spezifische EU-Policy formalisiert war. Insofern waren im Fall der Erneuerbare-Energien-Richtlinie gleich zwei Europäisierungsmechanismen am Werk: das *framing* im Rahmen der 20-20-20-Ziele sowie die *institutionelle Modellvorgabe*, die später durch die Verabschiedung der Richtlinie sowie das Muster für nationale Aktionspläne erging (siehe auch Abschnitt 7.7). Eine nennenswerte institutionelle Anpassung in Reaktion auf diese Modellvorgaben war allerdings in keinem der untersuchten Mitgliedstaaten feststellbar.

Welche Rückschlüsse lassen sich daraus bzgl. der Erklärungskraft des Modells der Europäisierungsmechanismen (Knill und Lehmkuhl 2000b, 2002, 2004) ableiten? Zunächst wurde bestätigt, dass hohe institutionelle Hürden, wie sie im Fall des Vereinigten Königreichs und der Niederlande auftraten, ein Hemmnis darstellen, welches zu Non-Compliance führt. Allerdings muss einschränkend bemerkt werden, dass keiner der untersuchten Fälle hohe institutionelle Hürden, dafür aber eine vorteilhafte Interessenkonstellation aufwies. Erst eine solche Kombination könnte jedoch den Einfluss institutioneller Hürden als kategorisches Implementationshemmnis verifizieren. Gleichzeitig wurde mit Blick auf Frankreich und Österreich deutlich, dass ohne vorteilhafte Interessen auch ein (ursprünglich) hoher institutioneller *fit* nicht genügt, um eine vollständige EU-Compliance zu erreichen. Stattdessen wurde im Fall Frankreichs nur das umgesetzt, was sich gut in nationale Arrangements und entsprechende Präferenzen einfügen ließ; im Fall Österreichs sorgten politische Konflikte innerhalb der Regierung für einen ungünstigen Richtungswechsel sowie eine verspätete Umsetzung. Implementation ist folglich kein Selbstläufer, sondern bedarf einer entsprechenden politischen Motivation und einer aktiven Politikformulierung bzw. Gesetzgebung auf nationaler Ebene. Allein das Vorliegen passender institutioneller Arrangements garantiert noch nicht, dass alle Maßgaben einer EU-Policy korrekt und fristgerecht umgesetzt werden und auch eine praktische Compliance sichergestellt wird.

Beklagenswert am Modell der Europäisierungsmechanismen ist die fehlende Trennschärfe bei der Unterscheidung von (1) EU-Anpassung im Sinne einer *Transformation*[1] nationaler Arrangements, (2) Implementation als Reaktion auf eine konkrete EU-Policy und (3) Compliance als Outcome der Implementation. Implementation und Compliance haben wiederum, dies unterstreichen auch die empirischen Ergebnisse, (a) eine rechtliche und (b) eine praktische Dimension (siehe dazu auch Abschnitt 2.2), die im Modell der Europäisierungsmechanismen ebenfalls nicht berücksichtigt wird. Zudem wurde am Beispiel der Erneuerbare-Energien-Richtlinie deutlich, dass eine EU-Policy nicht nur auf Ebene der (übergreifenden) institutionellen Modellvorgabe, also der für einen bestimmten Politikbereich vorgegebenen Regulierungsarrangements, betrachtet werden sollte. Auch die konkreten Richtlinieninhalte können je nach nationaler Gemengelage problematisch bzw. unerwünscht sein. Daher sollte auch jeder Sub-Policy bzw.

---

[1] Siehe zum Begriff bzw. der Unterscheidung von *Transformation* auch Abschnitt 4.1 sowie Börzel und Risse (2003).

Maßgabe für sich Beachtung geschenkt werden. Beispielsweise kam für das Vereinigte Königreich, das eigentlich einen inkompatiblen Regulierungsstil aufwies, die Vorgabe der Verfahrensvereinfachung im Zusammenhang mit EE-Projekten auch institutionell sehr gelegen. Verbindliche sektorale Zielwerte entsprachen dagegen nicht dem britischen Regulierungsstil. Damit zeigen sich auch mögliche Widersprüche innerhalb einer EU-Policy (über die policyübergreifenden Herausforderungen wurde in Abschnitt 5.2 und Abschnitt 7.7 bereits gesprochen).

Eine differenzierte Betrachtung des Anpassungsdrucks, der von einer EU-Policy ausgeht, erklärt im Übrigen auch, weshalb in der vorliegenden Untersuchung zugleich die Persistenz nationaler Institutionen als auch die Bedeutung nationaler Interessen zutage trat: Je nach Sub-Policy war der *misfit* bereits auf Ebene der grundsätzlichen Regulierungsarrangements (Institutionen) angesiedelt oder aber in den politikfeldspezifischen Regierungspräferenzen begründet (Interessen). So war beispielsweise in Frankreich eine aktive, etatistische Steuerung unproblematisch, hingegen ein mit der Atomenergie konkurrierender EE-Ausbau im Stromsektor politisch unerwünscht. Beide Einflussfaktoren konnten daher vor allem in ihrem (fallspezifisch) *negativen* Einfluss auf eine vollständige EU-Implementation bestätigt werden.

Mit Blick auf das Modell der Europäisierungsmechanismen (Knill und Lehmkuhl 2000b, 2002, 2004) verbleibt aber der Eindruck, dass die empirisch beobachtete Komplexität von EU-Anpassung, Implementation und Compliance, inklusive der Diskrepanzen zwischen der rechtlichen und der praktischen Umsetzung von EU-Recht, durch das Modell nicht adäquat abgebildet werden kann. Weder eine Engführung des Modells im Sinne von (institutioneller) EU-Anpassung vs. Nicht-Anpassung noch eine Compliance-orientierte Lesart kann die empirischen Ergebnisse zur Implementation der Erneuerbare-Energien-Richtlinie vollständig erklären (vgl. Tab. 8.3, Tab. 8.4, Tab. 8.6, Tab. 8.6). Was den Einsatz des Modells als Erklärung mitgliedstaatlicher Implementation darüber hinaus erschwert, ist die Zuordnung von EU-Policies. Wie in Abschnitt 3.1 erläutert, unterscheiden Knill und Lehmkuhl (2000b, 2002, 2004) je nach Policy-Typ und damit verbundenem ‚Integrationsmodus' entsprechende Europäisierungsmechanismen: Eine positive Integration erfolge mittels institutioneller Modellvorgaben, während eine negative Integration vor allem das Ergebnis veränderter *opportunity structures* sei; daneben werden mit dem Mechanismus des *framing* auch unverbindliche, weiche Formen der Integration einbezogen. Wie die Autoren aber selbst feststellen, lassen sich in der europäischen regulatorischen Praxis auch Mischformen finden (Knill und Lehmkuhl 2000b: 21–22, 45). Der Anwendung und empirischen Überprüfung des Modells der Europäisierungsmechanismen sind damit jedoch deutliche Grenzen gesetzt: Das Modell ‚funktioniert' im Prinzip nur bei denjenigen Policies, die klar einem der drei Typen entsprechen. Am Beispiel der Erneuerbare-Energien-Richtlinie zeigte sich dagegen, dass auch im Fall einer vergleichsweise deutlichen institutionellen Modellvorgabe die von Lenschow (2004) bereits vermuteten „Interaktionseffekte zwischen institutionellen, interessengesteuerten und kognitiven Prozessen" der Europäisierung beobachtbar sind (siehe dazu auch Abschnitt 7.7).

Worlds of Compliance-Typologie – mehr Gemeinsamkeiten als Unterschiede?
Die grundlegende Prämisse der *Worlds of Compliance*-Typologie (Falkner et al. 2005; Falkner und Treib 2008)[2] lautet, dass Mitgliedstaaten stabile, d. h. Policy-übergreifende Reaktionsmuster auf EU-Anpassungsdruck zeigen würden (Abschnitt 3.2). So wird für Länder der *World of Law Observance* aufgrund einer generellen Kultur der Rechtsbefolgung grundsätzlich Compliance erwartet, sowohl bei der rechtlichen Transposition als auch bei der praktischen Umsetzung. Für Länder der *World of Domestic Politics* sei die Reaktion auf EU-Recht hingegen abhängig von politischen Prozessen auf nationaler Ebene. Die praktische Umsetzung würde dabei die rechtliche Transposition im Regelfall getreu wiedergeben. Länder der *World of Transposition Neglect* würden typischerweise mit Non-Compliance reagieren, was sich aus administrativen Schwächen, aber auch einem Gefühl nationaler Überlegenheit im Hinblick auf eigene Modelle ergeben könne. Auf EU-Recht werde oftmals gar nicht erst reagiert (Abschnitt 3.2).

Wie verhielt es sich empirisch im Fall der Erneuerbare-Energien-Richtlinie? Beginnend mit den Ländern der *World of Domestic Politics* werden zunächst Deutschland, das Vereinigte Königreich, die Niederlande und Österreich diskutiert. Im Fall *Deutschlands* waren die politischen Voraussetzungen für die Umsetzung der Erneuerbare-Energien-Richtlinie überaus günstig: Der EE-Ausbau hatte für die Regierung nach wie vor hohen Stellenwert, vor allem in Verbindung mit der volkswirtschaftlichen Relevanz, die dem Sektor zugeschrieben wurde (Abschnitt 6.1 und Abschnitt 7.1.1). Der politische Prozess gestaltete sich derart, dass sowohl konventionelle energiewirtschaftliche Interessen einbezogen als auch neue Förderinstrumente für erneuerbare Energien auf den Weg gebracht wurden (Abschnitt 7.1.1). Die wesentlichen Interessenkonflikte, die im Zusammenhang mit der Förderung erneuerbarer Energien aufgetreten waren, konnten angesichts der langen Förderhistorie bereits im Vorfeld der europäischen Erneuerbare-Energien-Richtlinie überwiegend ausgetragen werden (Abschnitt 6.1), sodass sich diesbezüglich ein vergleichsweise stabiler energiepolitischer Konsens eingestellt hatte. Die Erwartung angesichts dieser politisch

---

[2] Siehe auch Falkner et al. (2007b); Falkner et al. (2008); Falkner (2010); Hartlapp und Leiber (2010).

vorteilhaften Lage wäre laut *Worlds of Compliance*-Typologie eine problemlose rechtliche wie praktische Umsetzung der EU-Richtlinie. Empirisch konnte Deutschland mit Blick auf die rechtliche Transposition in der Tat die beste Bilanz aufweisen, was überwiegend auf die ,Vorarbeiten' aus der antizipatorischen Phase zurückging (Abschnitt 7.1.1). Das für Länder der *World of Domestic Politics* charakteristische „political pick-and-choose" (Falkner und Treib 2008: 309) konnte gleichwohl in Bezug auf die für Deutschland unattraktiven Herkunftsnachweise beobachtet werden, welche erst verspätet umgesetzt wurden (Abschnitt 7.1.2, zur entsprechenden Diskussion auf EU-Ebene siehe Abschnitt 5.2). Die praktische Umsetzung Deutschlands deckte sich ebenfalls mit den Erwartungen laut *Worlds of Compliance*-Typologie, da hier auf rechtliche auch praktische Compliance folgte (Tab. 8.7).

Im Gegensatz zu Deutschland war die energiepolitische Gemengelage im *Vereinigten Königreich* mit Blick auf die Erneuerbare-Energien-Richtlinie eher ungünstig. Von der britischen Regierung wurde vor allem die eigene Versorgungssicherheit problematisiert – versiegende fossile Ressourcen und instabile Exportregionen wurden als zentrale Herausforderungen für die Zukunft der britischen Energiepolitik identifiziert. Eine Diversifizierung des Energiemix war der nächste logische Schritt, allerdings setzte die Regierung hier neben dem Ausbau erneuerbarer Energien auch große Hoffnungen in die Atomenergie. Politische Konflikte um die (weitere) EE-Förderung traten schon während der antizipatorischen Phase deutlich zutage, d. h. noch bevor über konkrete, umzusetzende Richtlinieninhalte gesprochen wurde. Zwei zentrale Streitpunkte im Zusammenhang mit der Erneuerbare-Energien-Politik waren die Weiterentwicklung der Atomenergie sowie die Einführung von Einspeisetarifen. Ersteres resultierte u. a. in einer Gerichtsentscheidung, welche die Regierung verpflichtete, den versprochenen öffentlichen Konsultationsprozess neu zu konzipieren; letzteres konnte im Zuge eines *cabinet reshuffle*, vor allem der Ernennung eines neuen Energieministers, einem politischen Kompromiss zugeführt werden. Wie bei der *World of Domestic Politics* erwartbar, mündeten die beschriebenen politischen Spannungen bzw. die letztlich gefundenen Kompromisslösungen in einer insgesamt nur moderaten rechtlichen Compliance, auf die sodann praktische Non-Compliance folgte (Tab. 8.7).

Tab. 8.7 Theorietest – *Worlds of Compliance*-Typologie

Mitgliedstaat	Theoretisch erwartete Compliance		Empirische Compliance	
	rechtlich	*praktisch*	*rechtlich*	*praktisch*
Deutschland	+	+	+	+
Frankreich	–	–	o	–
Ver. Königreich	–	–	o	–
Niederlande	o	–	–	o
Österreich	o	–	–	+
Schweden	+	+	o	+ +

Eigene Darstellung. ++ = *Übererfüllung der EU-Vorgaben*, + = *Compliance*, o = *moderate Compliance*, – = *Non-Compliance*.

In den *Niederlanden* war zwar eine parteiübergreifend ‚grüne' Rhetorik zu beobachten, was auch der Transformation des Energiesystems galt. In der Debatte um konkrete Policies bzw. Förderinstrumente wurde jedoch deutlich, dass gerade die CDA als größte Regierungspartei an bestehenden Arrangements zugunsten gesellschaftlicher Selbstregulierung sowie anderer konventioneller Energieträger, insbesondere Gas, festhalten wollte. Entsprechend der moderaten Interessenkompatibilität und der spezifischen nationalen Prioritätensetzung war die rechtliche Transposition insgesamt unter Non-Compliance zu verbuchen. Zugleich spiegelte die praktische Umsetzung der Erneuerbare-Energien-Richtlinie nur eine teilweise Compliance wider, weil der nationale Ausbau erneuerbarer Energien nicht für die Einhaltung der europäischen Zielvorgaben ausreichte (mithilfe statistischer Transfers gelang bis 2020 dennoch die formale Compliance, siehe dazu Abschnitt 7.7). Insgesamt entspricht der niederländische Fall damit weitgehend den Erwartungen für die *World of Domestic Politics* (Tab. 8.7).

In *Österreich* resultierten regierungsinterne Konflikte, Neuwahlen und eine entsprechende Verschiebung politischer Prioritäten in rechtlicher Non-Compliance. Insofern bestätigt sich hier zunächst, was laut *Worlds of Compliance*-Typologie für Länder der *World of Domestic Politics* erwartet wird: eine politisierte Umsetzung, die von den jeweiligen Präferenzen und Prioritäten politischer Akteure abhängt. Allerdings folgte in Österreich auf eine mangelhafte rechtliche Transposition eine unerwartete praktische Compliance. Der für Länder der *World of Domestic Politics* postulierte Zusammenhang zwischen rechtlicher und praktischer Umsetzung fand sich hier somit nicht wieder (Tab. 8.7). Insgesamt lässt sich als Zwischenfazit zur *World of Domestic Politics* festhalten, dass

(a) die rechtliche Transposition weitgehend erwartungsgemäß verlief, sprich: der politischen Gemengelage entsprach, jedoch (b) die erwartete Verknüpfung von rechtlicher und praktischer Umsetzung im Fall Österreichs nicht bestätigt werden konnte.

Mit Blick auf *Frankreich*, ein Land der *World of Transposition Neglect*, zeigte sich zunächst kein von den anderen untersuchten Mitgliedstaaten abweichendes bzw. besonderes *Neglect*-Verhalten: Genauso wie in den anderen Ländern, wurden auch in der französischen politischen Debatte bzw. regierungsseitig schon während der antizipatorischen Phase die europäischen 20-20-20-Ziele aufgenommen und mögliche Entwicklungspfade für die französische Energiepolitik diskutiert. Ein für Länder der *World of Transposition Neglect* typisches Verhalten der Missachtung europäischer Vorgaben oder eine Haltung nationaler Überlegenheit konnten hier nicht bestätigt werden, auch wenn schließlich nur eine teilweise rechtliche Compliance erzielt wurde. Im Übrigen hatte sich bereits im Verlauf der nationalen Förderhistorie eine Offenheit für Lernprozesse in Bezug auf das deutsche Vorbild des EEG bzw. der Einspeisetarife gezeigt (Abschnitt 6.2). Zudem war auch Frankreich nicht immun gegen den externen Problemdruck, welcher das Feld der Energiepolitik länderübergreifend prägte (siehe dazu auch Abschnitt 5.1 und Abschnitt 6.7). Konterfaktisch könnte daher auch argumentiert werden, dass Frankreich u. U. doch eine Reaktion des *Transposition Neglect* gezeigt hätte, wenn die europäischen Vorgaben nicht an bereits bestehenden (externen und internen) Reformdruck hätten anschließen können. Inwiefern entsprechender 'fruchtbarer Reformboden' eventuelle *Transposition Neglect*-Tendenzen verschleiert, kann insofern nicht eindeutig beantwortet werden.

Zugleich könnte der französische Fall ebenso der *World of Domestic Politics* zugeordnet werden. Die teilweise rechtliche Compliance kann hier, ebenso wie in den zuvor diskutierten Ländern, als Resultat politischer Präferenzen verstanden werden: Frankreich setzte seinen energiepolitischen Fokus vorwiegend dort, wo eine Überlappung von europäischen Vorgaben und nationalen Präferenzen realisierbar war – konkret bedeutete dies, dass die Anstrengungen zum EE-Ausbau eher auf den Wärmesektor gerichtet wurden, sodass die Stromerzeugung aus Atomenergie weitgehend unverändert fortgesetzt werden konnte. Das französische Reaktionsmuster könnte damit als ein „political pick-and-choose" (Falkner und Treib 2008: 309) der europäischen Richtlinienvorgaben interpretiert werden, also als typische *World of Domestic Politics*-Implementation. Jedenfalls konnte ein französischer Exzeptionalismus im Vergleich zu den Ländern der *World of Domestic Politics* bei der rechtlichen Transposition nicht beobachtet werden (vgl. auch Tab. 8.7). Mit Blick auf die praktische Compliance zeigten sich allerdings doch die erwarteten *Neglect*-Tendenzen; denn im Gegensatz zu den Niederlanden, die ihren geringen EE-Ausbau schließlich mithilfe statistischer Transfers aus Dänemark kompensierten, bemühte sich Frankreich nicht in ähnlicher Weise darum, seine Zielvorgaben bis 2020 zu erfüllen. Tatsächlich war Frankreich bis 2020 das einzige EU-Land, das (auch formal) unter dem vorgegebenen Gesamtanteil erneuerbarer Energien blieb (Abschnitt 7.7). Während sich also die rechtliche Transposition durchaus auch der *World of Domestic Politics* zuordnen ließe, spiegelt sich die erwartete Missachtung von EU-Vorgaben doch in der mangelhaften praktischen Umsetzung wider. Mit Blick auf die anderen Länder der *World of Transposition Neglect*, d. h. Griechenland, Luxemburg und Portugal, zeigt sich ein gemischtes Bild: Beim Gesamtanteil erneuerbarer Energien konnten Griechenland und Portugal ihre Zielvorgaben sogar leicht übererfüllen (+ 4 % bzw. + 3 %), während Luxemburg die verbleibende Differenz immerhin über statistische Transfers ausgleichen konnte, ähnlich wie die Niederlande (Abschnitt 7.7). Bezogen auf das 10 %-Ziel im Transportsektor befand sich Griechenland mit etwa 5 % bis 2020 allerdings in Non-Compliance, während Portugal mit ca. 9,7 % sehr knapp an der Zielmarke lag (Luxemburg wies hier einen EE-Anteil von etwa 13 % auf). Insgesamt wiesen die Länder der *World of Transposition Neglect* also vereinzelte Schwächen in der praktischen Umsetzung auf, die jedoch nicht mit der auffälligen Non-Compliance Frankreichs vergleichbaren waren.

Schweden zählt dagegen zu den Ländern der *World of Law Observance*. Hier wird laut Typologie eine Kultur der Rechtsbefolgung vermutet, welche eine Anpassung an EU-Vorgaben bzw. die korrekte und fristgerechte rechtliche wie praktische Umsetzung von Richtlinienvorgaben bedingen müsste. Mit Blick auf die rechtliche Transposition ließe sich Schwedens Reaktionsmuster allerdings ebenfalls der *World of Domestic Politics* zuordnen. Entsprechend der nationalen politischen Präferenzen hat sich Schweden in seinen Förderansätzen und -instrumenten nicht umgestellt und z. B. das europäische Modell der sektoralen Zielplanung nicht für sich übernommen. Des Weiteren ergab sich die nur moderate rechtliche Compliance beispielsweise aus dem noch verbleibenden Reformpotenzial im Bereich des Netzausbaus sowie der Gebäuderegulierung (siehe auch Abschnitt 7.6.2). Allerdings könnte bei einer rein formalrechtlichen Betrachtung der Implementation im Sinne der *World of Law Observance* auch argumentiert werden, dass Schweden alle Richtlinienvorgaben, die als verbindlich empfunden wurden, wie beispielsweise die Nachhaltigkeitskriterien für Biokraftstoffe, regelgetreu und fristgerecht umgesetzt hat. Dass daneben der (rechtlich) vorhandene Spielraum im Sinne eigener Modelle und Präferenzen genutzt wurde, widerspricht an sich noch nicht den Prämissen für die *World of Law Observance.*

Bei der praktischen Umsetzung wies Schweden sodann eine deutliche Übererfüllung der Zielvorgaben auf (*overcompliance*), was wiederum als Hinweis auf eine besondere Kultur der (EU-)Rechtsbefolgung im Sinne der *World of Law Observance* gedeutet werden könnte. Wie in Abschnitt 7.7 diskutiert, wurde der nationale Zielwert für den Gesamtanteil erneuerbarer Energien auch in den anderen skandinavischen Mitgliedstaaten (Dänemark und Finnland), d. h. den übrigen Ländern der *World of Law Observance*, schon 2019 deutlich übererfüllt (allerdings mit Schwächen Dänemarks im Transportsektor).

Daneben verweisen zwei weitere Aspekte im Fall Schwedens auf Spezifika gemäß der *World of Law Observance*: (1) Im Gegensatz zu den anderen untersuchten Ländern, die sich auf Basis der 20-20-20-Ziele bereits daranmachten, eigene nationale Programme zu entwickeln, ohne die weiteren Vorgaben der EU-Richtlinie abzuwarten, hatte Schwedens Regierung das nationale Policymaking zur geplanten Novelle der Klimastrategie bzw. die Vorbereitungen hierzu im parlamentarischen Ausschuss extra nach hinten verlegt, um noch die Legislativvorschläge der Europäischen Kommission aus dem Januar 2008 einzubeziehen (Abschnitt 7.6.1). (2) Bei der rechtlichen Transposition hat Schweden als einziges der untersuchten sechs Länder ausschließlich nationale Rechtsakte angezeigt, die sowohl innerhalb des Umsetzungszeitraums ergingen als auch konkreten inhaltlichen Bezug zu den Vorgaben der EU-Policy hatten (Abschnitt 7.6.2). In den anderen Ländern war dagegen zu beobachten, dass sie zum Teil auch weit zurückreichende Rechtsakte anzeigten (zur Problematisierung einer solchen *notification*, siehe Hartlapp und Falkner (2009); Zhelyazkova und Torenvlied (2011); Zhelyazkova und Yordanova (2015) sowie Abschnitt 4.4.4) oder aber Policies, die deutlich nach der Umsetzungsfrist verabschiedet worden waren; auch der inhaltliche EU-Rechtsbezug war nicht immer ersichtlich (Kapitel 7). Schweden wies damit im Ländervergleich einen auffallend präzisen Umgang mit den (formalrechtlichen) EU-Vorgaben auf.

Somit gibt es im vorliegenden schwedischen Fall bzw. im Zusammenhang mit der Erneuerbare-Energien-Richtlinie zwar Hinweise auf eine besondere nordische Compliance-Kultur, welche von Falkner et al. im Rahmen der *Worlds of Compliance*-Typologie (Falkner et al. 2005; Falkner und Treib 2008), aber auch von Sverdrup (2003, 2004) postuliert wird; eine eindeutige Verifizierung oder Falsifizierung lässt dies jedoch noch nicht zu. Für eine aussagekräftige Überprüfung der Prämissen um die *World of Law Observance* wären vor allem solche Fälle notwendig, in denen ein deutlicher Interessenkonflikt zwischen nationaler und europäischer Ebene vorliegt. In diesen Fällen müsste sich dann die Kultur der Rechtsbefolgung im Vergleich zu politischen Erwägungen als einflussstärker erweisen. Im Fall Schwedens ließen sich nationale Interessen und europäische Zielvorgaben mit dem gegebenen Umsetzungsspielraum jedoch vereinen. Obgleich die Kompatibilität von nationalen Interessen und EU-Vorgaben insgesamt moderat ausfiel (siehe Abschnitt 6.6 und Abschnitt 7.6), war die schwedische Regierung doch darauf bedacht, die EE-Vorreiterrolle des Landes zu verteidigen, was sowohl klimapolitisch als auch industriepolitisch motiviert war. So sollte Schwedens Erfahrung mit EE-Technologien weiter ausgebaut und als Wettbewerbsvorteil auf dem internationalen Markt genutzt werden (Abschnitt 7.6.1). Folglich gab es auf nationaler Ebene Motive, Präferenzen und Ziele, die mit der europäischen Zielsetzung im Einklang standen, was wiederum die Abgrenzung von ‚Interessen' und ‚Compliance-Kultur' als erklärende Variablen im Fall Schwedens erschwerte.

Abgesehen von den jeweiligen Reaktionsmustern der einzelnen *Worlds of Compliance*-Typen ergaben sich zwischen der rechtlichen Transposition und der praktischen Umsetzung mitunter Diskrepanzen, die sich mithilfe der *Worlds of Compliance*-Typologie nicht vollständig aufschlüsseln lassen (Tab. 8.7). Interessant sind hier insbesondere die Niederlande, Österreich und Schweden, deren praktische Umsetzung das Niveau der rechtlichen Transposition übertraf. Hingegen fiel die praktische Umsetzung in Frankreich und im Vereinigten Königreich schlechter aus, als auf Basis der rechtlichen Transposition erwartet werden konnte. Nur in Deutschland war das Niveau von rechtlicher Transposition und praktischer Umsetzung identisch und entsprach damit auch den Erwartungen für die *World of Domestic Politics*. Wie in Abschnitt 7.7 bereits festgestellt wurde, basieren der Ausbau erneuerbarer Energien und (umso mehr) der Anteil erneuerbarer Energien am Gesamtverbrauch auf einer Reihe von Einflussfaktoren, welche (a) von der EU-Richtlinie nur zum Teil tangiert wurden und (b) nicht vollständig der staatlichen Steuerung unterliegen, vor allem in einem System liberalisierter Energiemärkte. Dies offenbart zugleich eine mögliche Schwäche der *Worlds of Compliance*-Typologie in ihrer bisherigen Form: Die praktische Umsetzung wird als direktes Produkt (insbesondere) administrativer Kapazitäten begriffen. Am Beispiel der Erneuerbare-Energien-Richtlinie zeigte sich indes, dass die praktische Umsetzung in unterschiedlicher Weise der Mitwirkung verschiedenartiger Akteure bedarf, d. h. nicht allein als Folge staatlicher Kapazitäten verstanden werden sollte. In Abschnitt 7.7 wurden diesbzgl. bereits zwei Fragen vorgebracht: (1) Wer implementiert? (2) Was wird (nicht) implementiert? Die damit verbundene Vielschichtigkeit praktischer Umsetzung findet sich in der Typologie allerdings nicht wieder. Der *Worlds of Compliance*-Typologie kann in diesem Sinne eine Verengung auf die (rein) staatliche Gestaltungsmacht vorgeworfen

werden. Diejenigen Policies und Politikfelder, die einer anderen Logik praktischer Umsetzung folgen, was gerade in Bezug auf (Erneuerbare-)Energiepolitik
im Liberalisierungskontext der Fall zu sein scheint, werden in der Typologie
bisher nicht mitgedacht.

Insofern können auch die Erkenntnisse zum *decoupling* rechtlicher und
praktischer Umsetzung, welche von Zhelyazkova et al. (2016) vorgebracht wurden, um eine mögliche politikfeldspezifische Komponente ergänzt werden: In
ihrer Untersuchung identifizieren Zhelyazkova et al. (2016) als länderübergreifende Einflussfaktoren bei der praktischen Umsetzung (1) administrative und
justizielle Kapazitäten und (2) gesellschaftliches Legitimitätsempfinden. Die
Policy-Präferenzen politischer Akteure seien bei der praktischen Umsetzung hingegen eher zweitrangig, wenn die o. g. Faktoren nicht gegeben seien. Insofern
bestätigen Zhelyazkova et al. (2016) die länderübergreifende Relevanz dessen, was Falkner und Treib (2008) vor allem für die *World of Dead Letters*
argumentieren (die hier nicht untersucht wurde). Was jedoch mit Blick auf
die Erneuerbare-Energien-Richtlinie ebenfalls einkalkuliert werden müsste, sind
Policies bzw. Politikfelder, bei denen die Implementation eben nicht vorrangig auf einer effektiven Administration und Justiz basiert, welche bestimmte
Regelungen (mitunter auf zivilgesellschaftlichen Druck hin) direkt durchsetzen
kann. Beim Ausbau erneuerbarer Energien sind es stattdessen zu einem großen
Teil die Wirtschaftsteilnehmer (EE-Produzenten und EE-Konsumenten), die sich
(indirekt) regelkonform zu verhalten haben (z. B. bei einer an sie gerichteten
Quotenregelung) bzw. deren Reaktion auf vom Staat gesetzte Marktanreize (wie
Investitionshilfen, Einspeisetarife etc.) die eigentliche Umsetzung der EU-Ziele
bewirkt.

Obgleich die empirischen Ergebnisse zur rechtlichen Transposition und praktischen Umsetzung grundsätzlich in vielen Aspekten mit der *Worlds of Compliance*-
Typologie vereinbar sind, konnten systematisch unterschiedliche Reaktionsmuster, im Sinne verschiedenartiger *Worlds of Compliance* bei der Implementation
der Erneuerbare-Energien-Richtlinie nicht ausgemacht werden. Stattdessen war
bei der politischen Entscheidungsfindung in allen Ländern (a) eine deutliche
Dominanz der jeweiligen Regierung zu beobachten, unabhängig von bestehenden
nationalen Regulierungstraditionen, und (b) eine hohe Pfadabhängigkeit in Rhetorik und Policy-Output, selbst bei einer parteipolitischen Machtverschiebung (siehe
Schweden, Abschnitt 7.6). Somit kann eine Übereinstimmung von nationalen Präferenzen und rechtlicher Transposition hier auch als Status quo-Erhalt verstanden
werden und weniger als Produkt der Verhandlung und Kompromissfindung zwischen nationalen politischen Akteuren, wie es Falkner et al. (2005) idealtypisch

für die *World of Domestic Politics* beschreiben. Die beobachteten Gemeinsamkeiten deuten wiederum auf mögliche politikfeldspezifische Besonderheiten hin, welche länderübergreifend ähnliche regulatorische Reaktionen bedingen können. Wie aber lassen sich die beschriebenen Gemeinsamkeiten im Bereich der Energiepolitik erklären? Zunächst wird die Dominanz nationaler Regierungen bei der Entscheidungsfindung beleuchtet: Sowohl bei der Analyse der mitgliedstaatlichen Förderhistorien (Kapitel 6) als auch im Zuge der nationalen politischen Debatten zur europäischen EE-Zielsetzung (Kapitel 7) offenbarte sich eine enge funktionale Verflechtung von Energie mit (a) nationaler Sicherheit und (b) Wirtschaftswachstum. In der Nachkriegszeit wurde den damit einhergehenden Herausforderungen zunächst durch eine staatlich angeleitete, expansive und angebotsorientierte Energiepolitik begegnet, wobei vorhandene (fossile) Energieträger ausgeschöpft und das Potenzial der Atomenergie eruiert wurden (Kapitel 6). Die traditionell etatistische Regulierung des Energiesektors wurde später jedoch durch interne und/oder europäische Liberalisierungsbestrebungen mehr oder weniger entstaatlicht. Im Laufe der 2000er Jahre machte wiederum wachsender externer Problemdruck ein erneutes staatliches Eingreifen erforderlich. Abnehmende Energiereserven, geopolitische Konflikte in Exportregionen und nicht zuletzt die Bedrohung des Klimawandels übten erheblichen Reformdruck auf bestehende Energieversorgungssysteme aus: Wie konnte für die eigenen Volkswirtschaften weiterhin kostengünstige und möglichst nachhaltige Energie bereitgestellt werden? Auf europäischer Ebene wurde auf diese Herausforderungen mittels neuer Zielsetzungen und eines weiteren Integrationsschubs reagiert (Abschnitt 5.1), wobei es im Ergebnis zu dem bereits diskutierten regulatorischen Widerspruch zwischen liberalisierten Energiemärkten und staatlich (teil-)gesteuertem Energiemix kam.

Auf nationaler Ebene sollte den Herausforderungen, je nach regulatorischem Paradigma, zwar weiterhin beispielsweise marktliberal begegnet werden (siehe insbesondere Vereinigtes Königreich, Abschnitt 7.3.1 und die Niederlande, Abschnitt 7.4.1), de facto verweisen die länderübergreifend formulierten Programme zur ‚Klima- und Energiewende‘ aber auf einen staatlichen Steuerungsanspruch. Die Bedrohung sensibler Bereiche des Nationalstaates (Außen- und Sicherheitspolitik, Volkswirtschaft) bewirkte eine ‚Rückkehr zum Staat‘ und einen entsprechenden Rückgriff auf zurückliegende etatistische Traditionen energiepolitischer Regulierung. Dies erklärt auch die im Zuge der EU-Implementation beobachtete Dominanz nationaler Regierungen bei der politischen Entscheidungsfindung. Doch weshalb war zugleich eine hohe Pfadabhängigkeit zu beobachten – wäre bei dem bestehenden (externen) Problem- und Reformdruck nicht eine wesentliche Transformation nationaler Modelle zu erwarten?

Zur Beantwortung dieser Frage lässt sich sowohl eine institutionen- als auch eine akteurzentrierte Antwort heranziehen. Die institutionenzentrierte Erklärung fußt auf der Beobachtung spezifischer sektoraler Regulierungsstile (Kapitel 6): Bestimmte institutionelle Traditionen, beispielsweise eine eher liberal-pluralistische und pragmatische Regulierung des Energiesektors, bedingten bzw. begünstigten die Wahl bestimmter Förderinstrumente für erneuerbare Energien. Vermittelt war dies über einen entsprechenden politischen Diskurs, der überwiegend von den jeweiligen Regierungen getragen wurde. Dies setzte sich auch im Zuge der EU-Implementation fort: Diejenigen Policy-Ansätze und -Instrumente, die sich auf nationaler Ebene bereits als kompatibel mit nationalen Paradigmen, Präferenzen etc. herauskristallisiert hatten, wurden in der Regel weitergenutzt. Zusätzlich ergab sich aus dem jeweiligen energiewirtschaftlichen Kontext eine ‚Pfadabhängigkeit der Sachzwänge‘ bzw. eine ‚Pfadabhängigkeit der Präferenzen‘. So war es in Österreich aufgrund der frühen Abwendung von der Atomenergie, zusammen mit der hohen Importabhängigkeit, so gut wie alternativlos, erneuerbare Energien auszubauen. In Frankreich, wo die nationale Atomindustrie nicht nur einen Großteil der Stromerzeugung ausmachte, sondern auch in die etatistische Regulierungstradition eingebunden war, konnte ein Ausbau erneuerbarer Energien nur in dem Maße vorangetrieben werden, wie dieser nicht der Atomenergie abträglich war. Als Lösung für diesen Zielkonflikt hatte sich Frankreich im Rahmen der EU-Implementation auf den Wärmesektor fokussiert. Wie in Abb. 8.1 dargestellt, bestand eine enge Verflechtung zwischen nationalen institutionellen Arrangements und Interessenkonstellationen – nicht nur im traditionell etatistischen Frankreich, wo bereits die Tradition der *Grandes Écoles* eine Vorherrschaft der Atomenergie unterstützte (Abschnitt 6.2), sondern auch in Ländern mit völlig anderen Konstellationen, z. B. in den Niederlanden, wo die Regierung eine ‚Energiewende‘ zwar priorisiert hatte, aufgrund des ungebrochenen marktliberalen Regulierungsparadigmas aber kaum Veränderungen von Instrumenten, Förderansätzen u. ä. zustande kamen.

Demnach gestalten sich politische Prozesse auf nationaler Ebene stets innerhalb bestimmter institutioneller Arrangements, die diese vorformen und eine Eingrenzung bzgl. bestimmter Paradigmen, Problemdefinitionen, Lösungsansätze u. ä. vornehmen, welche innerhalb der nationalen Policy-Arena bzw. für nationale Policy-Akteure handlungsleitend sind (Abb. 8.1). Zwar nehmen die nationalen Policy-Akteure innerhalb der Policy-Arena unterschiedliche (partei-) politische Positionen ein (A, B, C), sie teilen jedoch die Einbettung der gesamten Policy-Arena im nationalen institutionellen Gefüge. Entsprechend sind die regulatorischen Präferenzen der Policy-Akteure, d. h. die Bevorzugung bestimmter Policy-Ansätze und -Instrumente, immer auch als Produkt ihres institutionellen

Settings zu betrachten. Ein derartiger *lock-in* im Sinne des Historischen Institutionalismus kann mit Blick auf ‚neue' Probleme einen notwendigen Kurswechsel
mitunter blockieren: „[...] [A] dynamic of increasing returns may have locked
in a particular option even though it originated by accident, or the factors that
gave it an original advantage may have long since passed away" (Pierson 2000:
264). Wie sich empirisch zeigte, wurden bestehende institutionelle Arrangements
innerhalb des nationalen Policymaking, aber auch bei der EU-Implementation,
von nationalen Policy-Akteuren reproduziert – sowohl rhetorisch (z. B. Betonung
der Vorteile marktliberaler Ansätze) als auch durch den Policy-Output (z. B. Quotenregelung als Fördersystem) – und dadurch weiter verstetigt (zu Reproduktion
und lock-in, siehe auch Mahoney 2000). Institutionen und Interessen bedingten
somit gemeinsam, als zusammenhängender Komplex nationaler Arrangements,
die jeweiligen Ergebnisse der rechtlichen Transposition. Folglich können die
empirisch beobachteten Reaktionsmuster auf die Erneuerbare-Energien-Richtlinie
länderübergreifend mit einem institutionenzentrierten Ansatz erklärt werden.
Dabei lässt sich die beobachtete länderübergreifende Tendenz zum Status quo-
Erhalt als *lock-in* im Sinne des Historischen Institutionalismus begreifen (Pierson
2000; Thelen 1999).[3] Doch auch ein akteurzentrierter Ansatz könnte geeignet sein, um die beobachtete energiepolitische Pfadabhängigkeit zu erklären.
Gemeinsam wäre den untersuchten Ländern in dem Fall, dass politische Ent-
scheidungsträger bzw. speziell die jeweiligen Regierungen mehr oder weniger
bewusst eine Strategie der Risikovermeidung gewählt hätten, um den vielfältigen Herausforderungen für die Energieversorgung zu begegnen. Dass externer
Problemdruck bzw. Krisen nicht automatisch zu weitreichenden Reformen führen, hat sich anhand jüngerer Krisensituationen bereits gezeigt, z. B. im Zuge
der globalen Finanzkrise von 2008/2009 oder des Reaktorunfalls im japanischen
Fukushima im Jahr 2011 (Baker 2010; Kingston 2013; Walter 2016).

Für die *Worlds of Compliance*-Typologie bleibt festzuhalten, dass länderübergreifende, politikfeldspezifische Faktoren als mögliche Einflussvariable mitbe-
rücksichtigt werden müssen. Zugleich wurde bereits zur praktischen Umsetzung
angemerkt, dass der Ausbau erneuerbarer Energien in einem System liberalisierter Energiemärkte immer auch der Kooperation der Wirtschaftsteilnehmer bedarf.
Insofern ist auch hier eine Unterscheidung von Politikfeldern sinnvoll, je nachdem, welche Rolle die nationalen Bürokratien bei der praktischen Umsetzung
einnehmen (z. B. eigenständige Implementation vs. delegierte Implementation

---

[3] Wie Buschmann und Oels (2019) zu bedenken geben, ist *lock-in* dabei nicht ausschließlich negativ zu bewerten, sondern kann sich, wie im Fall Deutschlands, prinzipiell auch als
verstärkter *lock-in* erneuerbarer Energien ausdrücken.

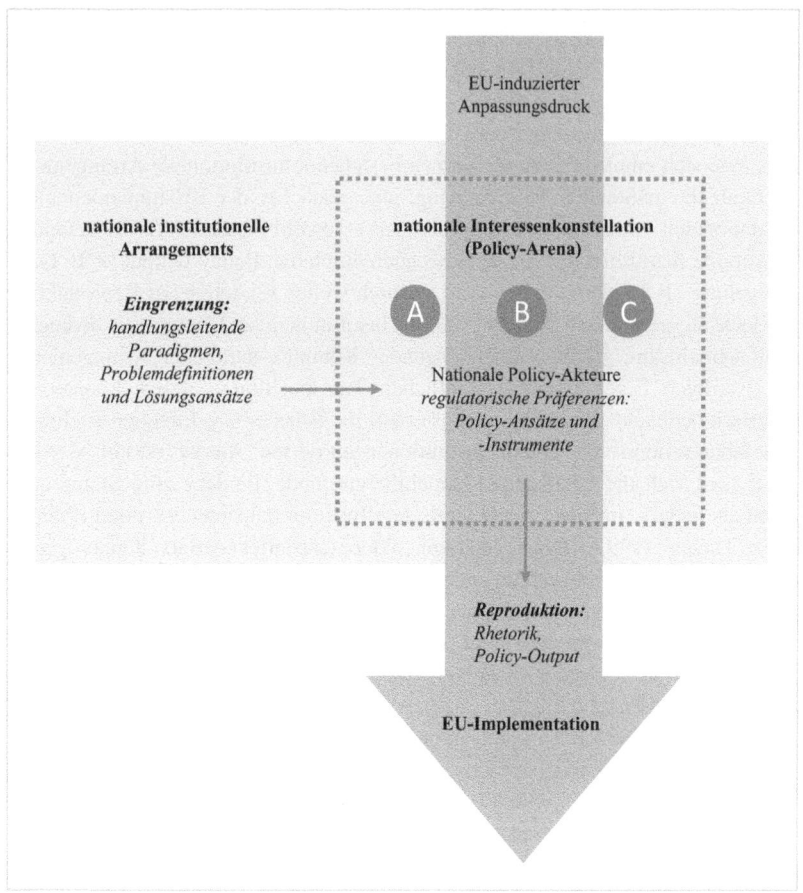

Abb. 8.1 EU-Implementation unter dem Einfluss nationaler Institutionen und Interessen. Eigene Darstellung

unter Überwachung und Sanktion). Anders als in der Sozialpolitik, deren Untersuchung zur Genese der *Worlds of Compliance*-Typologie geführt hatte (Falkner et al. 2005), scheinen im Bereich der Energiepolitik mögliche Unterschiede mitgliedstaatlicher Compliance-Kulturen (rechtliche Transposition) bzw. variierende (administrative) Kapazitäten (praktische Umsetzung) nicht den Ausschlag gegeben zu haben. Für zukünftige Untersuchungen zur *Worlds of Compliance*-Typologie wird daher vorgeschlagen, sich auf ebensolche politikfeldspezifischen Unterschiede zu konzentrieren, um u. U. einschränkende Bedingungen für die Annahmen der *Worlds of Compliance*-Typologie aufzustellen. Andernfalls, und damit schließt sich diese Untersuchung auch der Kritik Haverlands et al. (2011) an, werden mitunter wesentliche politikfeldspezifische Aspekte von Regulierung und Rechtsdurchsetzung von der *Worlds of Compliance*-Typologie übergangen.

Zusammenfassend kann am Beispiel der Erneuerbare-Energien-Richtlinie daher folgendes zur Erklärungskraft der *Worlds of Compliance*-Typologie festgestellt werden: (1) Die rechtliche Transposition konnte in allen untersuchten Mitgliedstaaten prinzipiell auf nationale Präferenzen zurückgeführt werden, was allerdings auch eine institutionenzentrierte bzw. politikfeldbezogene Erklärung zulässt. Jedenfalls konnten die postulierten Unterschiede zwischen den Compliance-Kulturen (*Worlds of Compliance*) nicht abschließend bestätigt werden. (2) Bezogen auf die praktische Umsetzung zeigten sich Abweichungen, welche die von Falkner et al. postulierte Funktionslogik in Frage stellen. Mögliche Unterschiede hinsichtlich (de facto) implementierender Akteure und zu erbringender Implementationsleistungen/-ergebnisse (Policy-Outcome) werden in der Typologie bisher vernachlässigt. Für eine Weiterentwicklung der Typologie wäre daher zu bedenken, inwieweit unterschiedlichen erklärenden Variablen je nach Politikfeld mehr oder weniger Gewicht zukommt und unter welchen Bedingungen auch unabhängig von Akteurpräferenzen mit erhöhter Persistenz zu rechnen ist.

Weitere Erkenntnisse – Pfadabhängigkeit und Customization
Wie in den vorangegangenen Abschnitten beleuchtet, war ein wesentliches Ergebnis der empirischen Untersuchung, dass in allen untersuchten Mitgliedstaaten eine starke Tendenz zum Status quo-Erhalt beobachtet werden konnte, vor allem eine instrumentelle Pfadabhängigkeit (Suck 2008: 38) in Bezug auf bestehende Policy-Ansätze zum Ausbau erneuerbarer Energien sowie daraus hervorgegangene konkrete Fördermodelle. Der EU-Impuls eines (verstärkten) EE-Ausbaus wurde in bestehende Arrangements, also regulative Präferenzen, Policy-Instrumente usw., integriert. Beispielsweise schlossen die Niederlande in der Tradition der *convenanten* neue Vereinbarungen mit Regelungsadressaten (Abschnitt 7.4), in Schweden wurden neben einer Anhebung der Quotenregelung in der Tradition der F&E-Förderung finanzielle Mittel für Forschungsprojekte und Innovationen bereitgestellt (Abschnitt 7.6). Deutschland und Österreich hielten dagegen an ihren legalistischen Modellen des EEG (Abschnitt 7.1) bzw. des Ökostromgesetzes (Abschnitt 7.5) fest.

Neben der weitgehenden Persistenz nationaler Modelle zeigte sich in Teilen auch ein Bemühen um eine (begrenzte) EU-Rechtsanpassung, nämlich dort, wo dies im Sinne nationaler Institutionen und Interessen am besten möglich war. So boten beispielsweise für Frankreich der Wärmesektor sowie die Gebäuderegulierung eine Möglichkeit, den EU-Vorgaben (in Teilen) nachzukommen, ohne eigene nationale Arrangements und Interessen, speziell in Verbindung mit der Atomenergie, gefährden zu müssen (Abschnitt 7.2). Im Vereinigten Königreich sorgte die bereits angesprochene *better regulation agenda* dafür, dass die Vorgaben zur Vereinfachung von Verwaltungsverfahren bereitwillig aufgenommen wurden. Dies bedeutete aber auch, dass die Reformen der Planungsverfahren und des Netzausbaus nicht nur dem Ausbau erneuerbarer Energien dienten, sondern auch andere Energietechnologien vorantrieben (Abschnitt 7.3).

Neben einer generellen Pfadabhängigkeit zeigte sich in den untersuchten Mitgliedstaaten somit auch eine Tendenz zur *customization* der EU-Vorgaben, d. h. ihrer Anpassung an nationale Gegebenheiten und Präferenzen (u. a. Thomann 2015, 2019; Thomann und Sager 2017). Diese ,kreative' Problemlösung der Mitgliedstaaten im Rahmen der EU-Implementation unterstreicht, dass neben einer EU-zentrierten *top-down*-Perspektive nationales Umsetzungsverhalten auch aus einer länderspezifischen *bottom-up*-Perspektive untersucht werden sollte (siehe auch Fink und Ruffing 2017). Gerade in Verbindung mit der beobachteten Pfadabhängigkeit ist das Konzept der *customization* eine hilfreiche theoretische Ergänzung, um mitgliedstaatliche Reaktionen auf europäisch induzierten Anpassungsdruck erfassen und verstehen zu können. Dabei hat sich auch die Bedeutung der antizipatorischen Phase herauskristallisiert: Im Fall der Erneuerbare-Energien-Richtlinie war dies der Zeitraum, in dem auf nationaler Ebene bereits wichtige Weichenstellungen für die EU-Anpassung vorgenommen bzw. *customization*-Strategien erarbeitet wurden. Für weitere Untersuchungen in diesem Zusammenhang wäre ergänzend zu prüfen, auf welcher Ebene diese *customization* genau stattfindet: Ist sie, wie sich im Rahmen der vorliegenden Untersuchung angedeutet hat, ein Produkt institutioneller Persistenz, reproduziert in kognitiven Paradigmen, Problemdeutungen etc. entscheidungsmächtiger Akteure oder eine bewusste strategische Entscheidung zur Vermeidung von Adaptionskosten? Ersteres wäre vermutlich eher dem soziologischen Institutionalismus zuzuordnen, letzteres dem Rational-Choice-Institutionalismus (Abschnitt 2.1).

Theoretische und methodische Schlussbetrachtung
Zum Abschluss der Diskussion folgen nun einige grundsätzliche Überlegungen zur theoretischen und methodischen Erfassung mitgliedstaatlicher Implementation von EU-Recht. Zunächst wurde im Verlauf dieser Untersuchung deutlich,

dass das Phänomen mitgliedstaatlicher Implementation, je nach konzeptionellem Fokus, sehr unterschiedlich begriffen, gemessen und bewertet werden kann. So steht beim Modell der Europäisierungsmechanismen (Knill und Lehmkuhl 2000b, 2002, 2004) vor allem die mitgliedstaatliche (institutionelle bzw. regulatorische) Anpassung an ein europäisches Modell im Vordergrund, kurz: die Europäisierung nationaler Institutionen. Der Erklärungsanspruch der *Worlds of Compliance*-Typologie (Falkner et al. 2005; Falkner et al. 2008) zielt hingegen auf die mitgliedstaatliche Implementation (z. B. politisiert vs. nicht politisiert) und Compliance (letztendliche EU-Rechtskonformität) ab, wobei eine Phase der rechtlichen Transposition von einer Phase der praktischen Umsetzung unterschieden wird. Zudem gibt es in der EU-Implementationsforschung auch Ansätze, mitgliedstaatliche Implementation gerade *beyond compliance* zu betrachten (siehe Abschnitt 2.2), z. B. mit Blick auf eine *customization* von EU-Vorgaben (Thomann 2015, 2019; Thomann und Sager 2017; Thomann und Zhelyazkova 2017; Zhelyazkova und Thomann 2021).

Für theorietestende Arbeiten, die unterschiedliche Erklärungsansätze für die Varianz mitgliedstaatlicher Implementation heranziehen, ergeben sich hieraus mitunter erhebliche Herausforderungen, insbesondere bei der Konzipierung eines passenden Research Designs und speziell bei der Operationalisierung und Messung von EU-Anpassung bzw. EU-Compliance. Wie in Abschnitt 4.4.4 diskutiert, müssen dabei zudem die jeweiligen Spezifika der zu untersuchenden EU-Policy berücksichtigt werden. Für die weitere EU-Implementationsforschung folgt entsprechend die Empfehlung, (a) Europäisierung, (b) Implementation und (c) Compliance noch stärker zu differenzieren bzw. einen einheitlichen Gebrauch von Konzepten und Begriffen anzustreben (siehe auch Kapitel 2), damit empirische Untersuchungen zielgerichtet und reproduzierbar vorgenommen werden können. In ähnlicher Weise sollten auch die einzelnen Elemente innerhalb des Modells der Europäisierungsmechanismen (Knill und Lehmkuhl 2000b, 2002, 2004) weiter spezifiziert werden. Wünschenswert wäre eine einheitliche Interpretation dessen, was genau (a) nationale Anpassung bedeutet, (b) relevante institutionelle Arrangements sind und (c) eine nationale Interessenkonstellation ausmacht. Andernfalls können sich mögliche empirische Unterschiede beispielsweise bereits daraus ergeben, dass entweder der übergreifende nationale Regulierungsstil oder aber die sektor- bzw. politikfeldspezifischen Arrangements zugrunde gelegt werden.

Eine zusätzliche methodische Herausforderung, die sich im Rahmen der vorliegenden Untersuchung offenbart hat, betrifft die europäischen Vorgaben: Wie in Abschnitt 5.1 gezeigt wurde, entsteht eine EU-Policy immer im Kontext eines bestimmten, politikfeldspezifischen *Acquis communautaire*, womit einhergeht, dass eine EU-Policy nicht nur im Lichte ihrer jeweiligen Inhalte und

Vorgaben betrachtet, sondern auch auf mögliche wichtige Verknüpfungen zu anderen EU-Policies und damit einhergehenden (institutionellen) Implikationen geprüft werden sollte. Im Fall der Erneuerbare-Energien-Richtlinie bedeutete dies, dass nicht nur das darin vorgegebene regulative Modell, sondern auch der Kontext der Energiemarktliberalisierung einbezogen werden musste (Abschnitt 5.2.2). Auch hier könnte die Bewertung des jeweiligen institutionellen Anpassungsdrucks potenziell unterschiedlich ausfallen, je nachdem, ob der regulative Kontext Teil der Erhebung ist oder nicht. Neben dieser horizontalen Dimension wurde auch eine vertikale Dimension von Europäisierung diskutiert, die ebenso bedacht werden sollte. Konkret war dies im Fall der Erneuerbare-Energien-Richtlinie vor allem die Formulierung der richtungsweisenden 20-20-20-Ziele durch den Europäischen Rat, die bereits zwei Jahre vor Verabschiedung der eigentlichen Richtlinie auf Ebene der Mitgliedstaaten wesentliche Reaktionen in Gang setzte (Abschnitt 7.7). Für das Verständnis mehrschichtiger Europäisierungsprozesse, insbesondere des Phänomens der (antizipatorischen) Implementation, hat sich im Rahmen der vorliegenden Untersuchung daher insbesondere der Einbezug der antizipatorischen Phase als hilfreich erwiesen. Zugleich bleibt unklar, ob die verwendete Dreiteilung mitgliedstaatlicher Reaktionsmuster in (1) eine antizipatorische Phase, (2) die rechtliche Transposition und (3) die praktische Umsetzung auch auf die Untersuchung anderer EU-Policies gleichermaßen übertragbar ist.

Was ein institutionenzentriertes Untersuchungsinteresse betrifft, erwies sich neben der Analyse der mitgliedstaatlichen Implementation auch die Untersuchung des EU-Policymaking bzw. der mitgliedstaatlichen Positionen während der Verhandlungen zur EU-Richtlinie als eine wichtige Ergänzung für das Verständnis mitgliedstaatlicher Reaktionsmuster. Bereits an diesem Punkt konnten anhand des politischen Widerstands gegen eine Harmonisierung nationaler Fördermodelle erste Hinweise auf die Persistenz nationaler institutioneller Arrangements gesammelt werden (Abschnitt 5.2). Auch die Betrachtung der mitgliedstaatlichen Förderhistorien war diesbzgl. aufschlussreich: So konnten bestimmte Paradigmen und entsprechende Pfadabhängigkeiten über einen Zeitraum von mehreren Jahrzehnten nachgezeichnet werden. Beispielsweise hatte in Schweden eine Präferenz für Forschungsförderung schon den Beginn der Erneuerbare-Energien-Politik in den 1970er Jahren geprägt (Abschnitt 6.6). Im Zuge der nationalen Neuorientierung und der Implementation der EU-Richtlinie in den Jahren 2007 ff. wurde diese Tradition weiter gestärkt (Abschnitt 7.6). Insgesamt sind als Empfehlungen für nachfolgende Untersuchungen im Bereich der EU-Implementationsforschung daher einerseits (empirisch) eine Ausweitung des zeitlichen und regulativen Horizonts zu empfehlen und andererseits (theoretisch) die weitere Zuspitzung und Abgrenzung von implementationsrelevanten Konzepten und Begrifflichkeiten.

Fazit und Ausblick 9

Ausgangspunkt für die vorliegende politikwissenschaftliche Untersuchung war die Feststellung, dass eine steuerungsfähige Europäische Union der regelgetreuen Implementation von EU-Policies durch die EU-Mitgliedstaaten bedarf, in der Vergangenheit hier aber diverse Defizite identifiziert wurden. In einem Fall wie der Erneuerbare-Energien-Richtlinie (2009/28/EG) waren der zugrundeliegende Problemdruck und der damit verbundene europäische Steuerungsimpetus besonders hoch: Neben der hohen klimapolitischen Bedeutung des Energiebereichs steht die nationale und europäische Versorgungssicherheit auch mit Blick auf versiegende Energiereserven und geopolitische Konflikte in Exportregionen unter Druck. Das europäische Ziel, bis 2020 einen Anteil von 20 % des gesamteuropäischen Energieverbrauchs aus erneuerbaren Energien zu speisen, war eine der Antworten, welche der Europäische Rat auf dem Frühjahrsgipfel 2007 angesichts dieser Problemstellung formulierte. Für die Mitgliedstaaten bedeutete dies, nicht nur verbindliche nationale Zielwerte bis 2020 erreichen zu müssen, sondern dabei auch eine institutionelle Modellvorgabe in Form von nationalen Aktionsplänen umsetzen und diverse damit verbundene Maßgaben in nationales Recht integrieren zu müssen. Ein gemeinsames Fördermodell hatten die Mitgliedstaaten hingegen abgelehnt.

Auf Basis der durchgeführten empirischen Untersuchung zur mitgliedstaatlichen Implementation der Erneuerbare-Energien-Richtlinie von 2009 wird nun abschließend auf die wichtigsten Implikationen für die Steuerungsfähigkeit der Europäischen Union eingegangen. Diskutiert wird insbesondere, inwiefern ein experimenteller Steuerungsansatz sinnvoll sein könnte, speziell in Bereichen, in denen ein bestimmtes Outcome im Zentrum steht. Daran anknüpfend folgt ein Ausblick mit Bezug auf die aktualisierte EU-Regulierung und die neue Zielsetzung im Rahmen des *European Green Deal.*

© Der/die Autor(en), exklusiv lizenziert an Springer Fachmedien Wiesbaden GmbH, ein Teil von Springer Nature 2022
V. Brendler, *Die Implementation europäischer Erneuerbare–Energien–Politik*, Forschungen zur Europäischen Integration,
https://doi.org/10.1007/978-3-658-37531-7_9

Drei wesentliche Erkenntnisse aus der Untersuchung werden zunächst rekapituliert (für eine ausführliche Diskussion der Ergebnisse, siehe Abschnitt 7.7
und Kapitel 8): (1) In allen untersuchten Mitgliedstaaten konnten Europäisierungsprozesse bzw. Reaktionen auf EU-Anpassungsdruck bereits im Nachgang
der 20-20-20-Ziele beobachtet werden, sprich: zwei Jahre vor Verabschiedung
der entsprechenden EU-Richtlinie. Insofern kann im vorliegenden Fall bereits
die (öffentlichkeitswirksame) Zielformulierung auf höchster politischer Ebene
(Europäischer Rat) als wirksamer Europäisierungsimpuls verstanden werden. Die
untersuchten Mitgliedstaaten nahmen die 20-20-20-Ziele, unabhängig von ihren
jeweiligen Arrangements und spezifischen Präferenzen, zum Anlass, eine klima-
und energiepolitische Neuorientierung auf nationaler Ebene vorzunehmen. (2)
In allen untersuchten Mitgliedstaaten zeigte sich zugleich ein hohes Maß an
institutioneller Persistenz, speziell eine instrumentelle Pfadabhängigkeit. Sektorale Regulierungsstile als auch konkrete Fördermodelle blieben angesichts der
europäischen Modellvorgabe weitgehend erhalten – gleichzeitig zeigten sich
länderübergreifend *customization*-Strategien (u. a. Thomann 2015, 2019; Zhelyazkova und Thomann 2021), die dazu dienten, die EU-Vorgaben an den
nationalen Kontext anzupassen. Dabei wurden stückweise vor allem diejenigen
Vorgaben übernommen bzw. in nationale Arrangements eingebunden, die mit
bestehenden Institutionen und Interessen kompatibel waren. (3) Bezogen auf die
Unterscheidung zwischen rechtlicher Transposition und praktischer Umsetzung
zeigte sich in einigen Fällen ein deutliches *decoupling* (siehe auch Zhelyazkova
et al. 2016), welches nicht nur dem Muster ‚rechtliche Compliance, praktische
Non-Compliance' folgte, sondern auch umgekehrt zu beobachten war.

Das europäische *framing* in Gestalt der 20-20-20-Ziele, verbunden mit der
Antizipation verbindlicher nationaler Zielwerte, regte in allen Ländern also die
Suche nach geeigneten Anpassungsstrategien an: Welche Sektoren und Technologien sind besonders geeignet für einen EE-Ausbau? Welche Instrumente werden
fortgesetzt, wo sollen neue Marktanreize oder Forschungsinitiativen ergänzt werden? Dieser übergreifende, antizipatorische *customization*-Prozess, bei dem das
zentrale Ziel des EE-Ausbaus an nationale Gegebenheiten, Möglichkeiten und
Präferenzen angepasst wurde, entspricht prinzipiell der Idee der *experimentalist
governance* (u. a. Rangoni und Zeitlin 2020; Sabel und Zeitlin 2008; Zeitlin 2016). Steuerung im Mehrebenensystem funktioniert dabei vor allem über
eine gemeinsame Zielsetzung: Ohne hierarchisch ein spezifisches (institutionelles) Modell vorzugeben, verspricht dieser experimentelle Governance-Ansatz
größtmögliche Flexibilität und die Berücksichtigung bestehender (nationaler)
Arrangements, lässt bei Non-Compliance aber auch klassische Sanktionsmechanismen wie das Vertragsverletzungsverfahren zu. Vor allem für Bereiche, in denen

politische Akteure unter strategischer Unsicherheit operieren und z. B. unklar ist, welche Maßnahmen zur Zielerreichung am geeignetsten sind, kann *experimentalist governance* eine pragmatische und zugleich effektive Lösung für die Erreichung eines bestimmten Outcomes bieten (Rangoni und Zeitlin 2020: 2).

Für das EU-Policymaking könnte ein derartiges Steuerungsmodell bedeuten, dass die Persistenz nationaler Institutionen als Implementationsherausforderung proaktiv einbezogen und eine *customization* von Policies befördert wird. So könnten europäische Policy-Ziele (je nach Politikfeld und Steuerungsziel) bereits in *customizable policies* übersetzt werden, mit mehr oder weniger verbindlichen Modellanteilen und einem grundsätzlich offenen Instrumenteneinsatz zur Erreichung der Ziele. Eine Abwägung, die auf EU-Ebene getroffen werden müsste, wäre folglich, ob sich das Steuerungsinteresse auf die Etablierung eines einheitlichen Modells richtet (Harmonisierung) oder aber die gemeinsame Erreichung bestimmter Ziele im Vordergrund steht, z. B. Klimaschutzziele, der Ausbau erneuerbarer Energien usw.

Bedenken gegenüber einer in höherem Maße experimentellen Steuerung könnten lauten, dass es in der Vergangenheit bereits ähnliche *bottom-up*-Bestrebungen gab, deren Effektivität jedoch enttäuschte. So machen Knill und Lenschow (1999, 2000) am Beispiel der europäischen Umweltpolitik darauf aufmerksam, dass neue Steuerungsmodi nicht zu besseren Compliance-Bilanzen geführt hätten. Essentiell bei der hier anvisierten Spielart experimenteller Governance wäre allerdings, dass neben der genannten Flexibilität auch ein Schatten der Hierarchie im Scharpfschen (1991, 1993) Sinne eingebaut wäre: durch regelmäßiges Monitoring, den horizontalen Vergleich von *best practices* und, in der entscheidenden Eskalationsstufe, EU-seitiges bzw. supranationales regulatorisches Eingreifen, sofern ein Mitgliedstaat keine (praktischen, am Outcome gemessenen) Fortschritte vorweisen kann (Rangoni und Zeitlin 2020: 2). Eine Hinwendung zu einer derartigen Outcome-fokussierten und experimentellen Steuerung würde u. U. zunächst eine Rücknahme von EU-Vorgaben erfordern, also eine Deregulierung oder ein *policy dismantling*, d. h. „the cutting, diminution or removal of existing policy" (Jordan et al. 2013: 795). Dass eine derartige Rückentwicklung praktisch realisiert bzw. empirisch bereits beobachtet werden kann, zeigen Gravey und Jordan (2016) am Beispiel der Umweltpolitik. Europäische Integration verläuft demnach nicht nur entlang einer unaufhörlichen Expansion, sondern kennt neben der *expansion* und *continuation* bestehender Regulierung mitunter auch Phasen des *dismantling*, in denen eine Verringerung oder gar die vollständige Rücknahme bestehender Regulierung erfolgt (Gravey und Jordan 2016). Aus neo-funktionalistischer Sicht vielleicht überraschend, kann doch festgehalten werden, dass eine Neubewertung bestehender Policy-Ziele sowie des damit verbundenen Regulierungsumfangs und

-niveaus prinzipiell möglich ist. Insofern wäre eine Neuausrichtung europäischer Steuerung im Stile der *experimentalist governance* auch in denjenigen Bereichen denkbar, in denen bereits (umfängliche) EU-rechtliche Vorgaben ergangen sind. Das heißt jedoch nicht, dass ein *policy dismantling* im Sinne einer Absenkung des regulatorischen Niveaus hier sinnvoll wäre – im Gegenteil, eine höhere Flexibilität bzw. bessere Möglichkeiten der *customization* sollten sich gerade nicht darin ausdrücken, dass ursprüngliche (energie-) und klimapolitische Ziele herabgesenkt werden.

Im Fall der Erneuerbare-Energien-Richtlinie von 2009 waren Elemente einer *experimentalist governance* bereits angelegt: Eine öffentlichkeitswirksame Zielsetzung auf höchster politischer Ebene (Europäischer Rat) und damit einhergehende verbindliche nationale Zielwerte bildeten die Grundlage; ein kontinuierliches Monitoring der nationalen EE-Anteile und eine vergleichende Bewertung der mitgliedstaatlichen Fortschritte auf dem Zielpfad begleitete die Fortentwicklung der nationalen Erneuerbare-Energien-Politiken. Es fehlte jedoch ein Outcome-zentrierter Sanktionsmechanismus – da die jeweiligen Stufen auf dem Zielpfad als unverbindlich galten, konnte praktische Non-Compliance im Grunde erst bei fehlender Zielerreichung im Jahr 2020 sanktioniert werden. Inwiefern es aufgrund nicht erreichter Zielwerte tatsächlich zu Vertragsverletzungsverfahren kommen wird, zeigt sich vermutlich erst ab 2023 (Schoenefeld und Knodt 2021: 57). Im Hinblick auf die rechtliche Non-Compliance ahndete die Europäische Kommission hingegen Verstöße wie eine fehlende oder verspätete *notification* nationaler Umsetzungsmaßnahmen oder eine unzulängliche Transposition spezifischer Vorgaben (z. B. der Nachhaltigkeitskriterien für Biokraftstoffe, siehe dazu Abschnitt 7.7 sowie EK 2022). Diese Compliance-Strategie der Kommission ist angesichts des bereits diskutierten *decoupling* von rechtlicher und praktischer Compliance (Abschnitt 7.7 und Kapitel 8) für die Durchsetzung des gewünschten Policy-Outcomes vermutlich ungeeignet. Insofern wäre ein Enforcement, das auf einer verbindlichen Zielsetzung beruht und gleichzeitig weitreichende *customization*-Möglichkeiten für die Mitgliedstaaten zulässt, in dieser Hinsicht vorzuziehen.

Abgesehen von der erhofften Effektivitätssteigerung wäre ein EU-Enforcement im Sinne der *experimentalist governance* womöglich auch für die Kommission selbst vorteilhafter, da sie ihre (begrenzten) Enforcement-Ressourcen damit von der Ahndung formalrechtlicher Vergehen (wie der fehlenden *notification* nationaler Umsetzungsakte) wegrücken und zu einer stärker Outcome-fokussierten Sanktion hinbewegen könnte. Zudem könnten die Enforcement-Aktivitäten der Kommission hierdurch weiter an Transparenz gewinnen. Wie Knill et al. (2020)

beobachten, steht die Kommission mitunter unter Druck, europäische Policy-Ziele verteidigen und zugleich gegensätzliche Interessen wahren zu müssen. Auf dem Gebiet der europäischen Umweltpolitik gestaltete sich dies beispielsweise derart, dass die ambitionierte Rhetorik der Kommission im Zuge der Finanzkrise zwar erhalten blieb, sich jedoch nicht in entsprechenden Policy-Initiativen und auch nicht im kategorischen Enforcement bestehender Policies widerspiegelte. Die Autoren sprechen hier von *organizational hypocrisy*: Einerseits wolle sich die Kommission ihre Rolle als *policy entrepreneur* erhalten, andererseits müsse sie aber auch auf bestehende Herausforderungen und entsprechende Bedürfnisse der Mitgliedstaaten eingehen. Wie Steunenberg (2010) erläutert, findet das Enforcement der Kommission auch unabhängig von Krisensituationen und politischen Herausforderungen mitunter präferenzbasiert statt – so würden diejenigen Abweichungen still toleriert, welche den Policy-Präferenzen der Kommission entsprächen (weitere Verzerrungen und Diskrepanzen innerhalb des EU-Enforcements wurden in Abschnitt 2.3 thematisiert). Vor diesem Hintergrund wäre ein primär Outcome-basiertes Enforcement auch deswegen attraktiv, weil es zugänglicher für eine zivilgesellschaftliche Kontrolle ist.

Während die Kommission mit Blick auf die Erneuerbare-Energien-Richtlinie von 2009 also u. a. die verspätete *notification* ahndete oder die mangelhafte Umsetzung von Vorgaben, die eher im Bereich des Elektrizitätsbinnenmarkts angesiedelt waren (z. B. waren Mängel bei der Regulierung des Netzzugangs einer der Gründe für das Vertragsverletzungsverfahren gegen Österreich), würde dies bei einem primär Outcome-basierten Monitoring-Enforcement-Mechanismus entfallen. Im Zentrum stünden stattdessen beispielsweise verpflichtende Fortschritte auf dem Zielpfad für erneuerbare Energien, welche die Grundlage einer zweistufigen Enforcement-Leiter bilden könnten: Die erste Stufe würde durch regelmäßige, öffentlichkeitswirksame horizontale Vergleiche zwischen den Mitgliedstaaten im Sinne des *naming and shaming* funktionieren; auf der zweiten Stufe müsste dann allerdings mit der Möglichkeit eines verbindlichen (mitgliedstaatsspezifischen) regulatorischen Eingriffs seitens der Kommission eine tatsächliche Drohkulisse ergänzt werden. Im Umkehrschluss bedeutet dies, dass spezifische Maßgaben erst im Falle mitgliedstaatlicher Versäumnisse, und auch nur genau auf den jeweiligen mitgliedstaatlichen Kontext und die dabei identifizierten Mängel bzw. Hürden zugeschnitten, ergehen würden.

Die Neufassung der Erneuerbare-Energien-Richtlinie (2018/2001) und die damit verbundene Verordnung über das Governance-System für die Energieunion und für den Klimaschutz (2018/1999) wurden indes in vielerlei Hinsicht im Stil der Richtlinie von 2009 formuliert. Eine Neuerung war, dass mehr Flexibilität in Bezug auf die nationalen Zielwerte eingeräumt wurde, d. h. nunmehr ein verbindliches gemeinsames EU-Ziel von 32 % erneuerbarer Energien bis 2030 im Zentrum stand, sprich: ohne die Vorgabe verbindlicher nationaler Zielwerte. Dieser Kompromiss war Resultat politischer Konflikte, bei denen einige Mitgliedstaaten (insbesondere Dänemark und Deutschland) neue, verbindliche Zielwerte für die post-2020-Phase forderten, während andere Mitgliedstaaten, insbesondere osteuropäische Länder unter Führung Polens, die Souveränität über ihren Energiemix erhalten und eine neue Zielsetzung post-2020 verhindern wollten; im Mittelfeld gab es zudem Länder wie das Vereinigte Königreich oder die Niederlande, welche sich zwar ambitionierte Klimaschutzziele wünschten, für erneuerbare Energien aber keine verbindliche Zielsetzung unterstützten (Monti und Martinez Romera 2020). Ungeachtet dieser auf den ersten Blick erhöhten Flexibilität ergingen mit der Governance-Verordnung dennoch konkrete Vorgaben dazu, wie die Mitgliedstaaten im Rahmen Integrierter Energie- und Klimapläne (IEKP) künftig ihren eigenen Beitrag zum EU-Ziel berechnen sollten (siehe auch Knodt et al. 2020; Schoenefeld und Knodt 2021). Inhaltlich ergänzt wurde in der Erneuerbare-Energien-Richtlinie von 2018 zudem ein Richtwert für die Erhöhung des EE-Anteils speziell im Kälte-/Wärmesektor. Viele weitere Maßgaben, die sich bereits in der Richtlinie von 2009 fanden, darunter Vorgaben zu Genehmigungsverfahren oder zum Netzausbau, blieben auch in der Version von 2018 erhalten. Neu war dagegen beispielsweise ein Artikel über Erneuerbare-Energien-Gemeinschaften. Kurzum, die auf den ersten Blick erhöhte Flexibilität, speziell bezogen auf die Zielwerte, spiegelte sich im Regulierungsumfang nicht wider.

Interessant an den neuen Integrierten Energie- und Klimaplänen ist vor dem Hintergrund dieser Untersuchung zudem zweierlei: Erstens richtete sich mit dem durch Anhang I der Governance-Verordnung vorgegebenen standardisierten Muster für IEKP erneut ein institutionell relevantes Regulierungsmodell an die Mitgliedstaaten. Während die substanziellen (nationalen) Verpflichtungen also aufgehoben wurden, blieb die prozedurale Vorgabe einer zentralisierten, umfassenden und tendenziell legalistischen *top-down*-Planung erhalten. Zweitens sollten die IEKP durch die Bündelung verschiedener Berichterstattungspflichten einer verstärkten Integration europäischer Klima- und Energiepolitik Rechnung tragen (siehe auch Bocquillon und Maltby 2020; Knodt et al. 2020; Monti und Martinez Romera 2020). Strukturell wurde der Bereich erneuerbare Energien dabei unter dem Dekarbonisierungsziel subsumiert, während beispielsweise Energieeffizienz oder Energieversorgungssicherheit als eigene Zieldimensionen konzipiert wurden (Anhang I Verordnung 2018/1999).

Neben den substanziellen und prozeduralen Vorgaben der Erneuerbare-Energien-Richtlinie von 2018 wurde durch Artt. 29–32 der Governance-Verordnung (2018/1999) ein neues Monitoring-System etabliert. Hier sind zwar

Elemente einer *experimentalist governance* vorhanden, aber im Sinne des oben skizzierten Monitoring-Enforcement-Mechanismus nicht konsequent umgesetzt. So wurde zwar ein Outcome-basiertes Monitoring mit der Überwachung der mitgliedstaatlichen Fortschritte auf dem Weg zum gemeinsamen Ziel bis 2030 spezifiziert. Allerdings hat die Kommission dabei lediglich die Möglichkeit, Policy-Empfehlungen auszusprechen, sollten die Klima- und Energiepläne der Mitgliedstaaten nicht ambitioniert genug ausfallen oder die indikativen Zwischenziele nicht erreicht werden. Ein tatsächlicher Sanktionsmechanismus würde hingegen erst bei Nichterreichung des Gemeinschaftsziels bis 2030 greifen (Bocquillon und Maltby 2020: 49). In diesem Fall behält sich die Kommission vor, verbindliche Policies auf EU-Ebene vorzulegen:

> Reichen die nationalen Maßnahmen nicht aus, so schlägt die Kommission zusätzlich zu den Empfehlungen erforderlichenfalls Maßnahmen auf Unionsebene vor und übt erforderlichenfalls ihre Befugnisse auf Unionsebene aus, damit insbesondere die Vorgabe der Union für erneuerbare Energie für 2030 erreicht wird (Art. 32 (2) Verordnung 2018/1999).

Letztlich hat die Kommission hierdurch nur sehr begrenzte bzw. verspätete (und dann nur allgemeine) Möglichkeiten der Einflussnahme. Inwiefern die verschiedenen Berichterstattungspflichten und damit verbundene, institutionalisierte Arenen des *naming and shaming* (Knodt et al. 2020; Schoenefeld und Knodt 2021) bzw. gegenseitige *peer pressure* (Bocquillon et al. 2020; Bocquillon und Maltby 2020) bereits ausreichen, um potenzielle Non-Compliance aufzulösen, bleibt fraglich. Der Mehrwert einer Rechtsverbindlichkeit des gesamteuropäischen Zielwerts von 32 % ist dabei unklar (Monti und Martinez Romera 2020).

Somit sind drei wesentliche Punkte am neuen Policy-Design kritisch anzumerken (ähnlich argumentieren übrigens schon Johnston und van der Marel (2016) mit Blick auf die Erneuerbare-Energien-Richtlinie von 2009): (1) Zwar mag eine weitere klima- und energiepolitische Integration für die Ziel- und Policy-Kohärenz der Europäischen Union förderlich und aus Sicht der Mitgliedstaaten aufgrund einer höheren Flexibilität auch begrüßenswert sein. Doch wenn der Ausbau erneuerbarer Energien, wie oftmals argumentiert wird, für die Europäische Union vielfältige Motive hat und neben dem Klimaschutz beispielsweise mit Sicherheitspolitik verknüpft ist, dann sollte die Zielsetzung entsprechend klar formuliert sein und sich ggf. doch in einem eigenen (nationalen) Aktionsplan für erneuerbare Energien wiederfinden. Wird hingegen eine Zielhierarchie unterstellt, d. h. der Ausbau erneuerbarer Energien speziell klimapolitisch verortet und entsprechend mehr oder weniger priorisiert, dann wird das ursprüngliche

Steuerungsziel u. U. nicht erreicht. Schließlich zeigte sich in der vorange-
gangenen Untersuchung, dass die Mitgliedstaaten dazu neigen, ihre eigenen
Interpretationen vorzunehmen und entsprechende Schwerpunkte zu setzen (Bsp.
Frankreich: EE-Ausbau speziell im Wärmesektor, Bsp. Niederlande: Priorisierung
von Energieeinsparung). (2) Die Flexibilität, die EU-seitig mit der gemeinsamen
Zielsetzung von 32 % angestrebt wurde, widerspricht der weiterhin legalistischen
Ausgestaltung der Richtlinie, welche viele begleitende, teils sehr spezifische,
Maßgaben enthält und über den Weg der IEKP nach wie vor eine Modellvor-
gabe setzt, mit der (je nach Mitgliedstaat) eine potenzielle institutionelle Hürde
geschaffen wird. Vor dem Hintergrund der Erfahrungen mit der ersten Version der Erneuerbare-Energien-Richtlinie und im Sinne eines experimentelleren
Governance-Ansatzes sind sowohl die Fortführung des bisherigen Policy-Designs
als auch der Widerspruch, der sich zwischen der umfassenden, legalistischen
Modellvorgabe einerseits und der flexibleren Zielsetzung andererseits ergibt, als
ungünstig zu bewerten. (3) Mit Blick auf die Enforcement-Tätigkeit der Kommission wird ebenfalls eine Diskrepanz deutlich: Auf der einen Seite ist die
Kommission in der Pflicht, nicht nur die rechtliche (und praktische) Umsetzung
der einzelnen Maßgaben aus der Erneuerbare-Energien-Richtlinie zu überwachen und entsprechende Verstöße zu ahnden, sondern auch ein kontinuierliches,
effektives Monitoring im Zusammenhang mit den IEKP bzw. dem 2030-Ziel zu
leisten und entsprechende Policy-Empfehlungen an die Mitgliedstaaten abzugeben. Ungeachtet dieses erhöhten Enforcement-Pensums fehlen der Kommission
auf der anderen Seite jedoch weitergehende Sanktionsmechanismen.

Ein Design im Sinne der *experimentalist governance* könnte jedenfalls auch
umgekehrt funktionieren: mittels einer klaren, verbindlichen (nationalen) Zielsetzung, bei möglichst wenig regulatorischem Beiwerk bzw. größtmöglicher
customization-Option. Bei einem Fall wie der Erneuerbare-Energien-Richtlinie,
wo in erster Linie ein spezielles Outcome im Vordergrund steht, wäre daher eine
vorsichtige Deregulierung, ggf. auch die thematische Auslagerung bestimmter
Bereiche, welche weiterhin im Rahmen eines gemeinsamen Modells umgesetzt werden sollen (z. B. Nachhaltigkeitskriterien für Biokraftstoffe, einheitliche
Herkunftsnachweise zur Verbraucherinformation und zum grenzüberschreitenden
Handel), u. U. wirkungsvoller als ein klassischer, legalistischer und umfassender
top-down-Steuerungsansatz. Zudem müsste eine derartige experimentelle Governance, welche ein hohes Maß an Flexibilität für die Mitgliedstaaten verspricht,
um ein entsprechendes Gegengewicht auf Seiten der Kommission ergänzt werden, sodass diese nicht nur in Form von Monitoring und Empfehlungen, sondern
mittels präziser regulativer Eingriffe auf die Entwicklung in den Mitgliedstaaten
Einfluss nehmen könnte.

Im Zuge des *European Green Deal* (EGD), welcher sich am Ziel der Klima-neutralität bis 2050 orientiert, plant die Europäische Kommission nunmehr eine Erhöhung des EU-weiten Anteils erneuerbarer Energien auf 40 % bis 2030, womit auch der Vorschlag einer neuen Erneuerbare-Energien-Richtlinie einherging (EK 2021). Die Kommission bewertete das bisherige Governance-Arrangement auf Basis ihrer Evaluation der Integrierten Energie- und Klimapläne (IEKP) der Mit-gliedstaaten dabei als effektiv und daher auch für die aktualisierte Zielsetzung (weiterhin) angemessen – die Kombination aus verbindlichem EU-Ziel und ‚frei-willigen nationalen Beiträgen' der Mitgliedstaaten könnte also durchaus erhalten bleiben (EK 2021: 4–5), ebenso wie das mit der Governance-Verordnung von 2018 etablierte Monitoring-System (EK 2021: 8). Daneben sieht die Kommis-sion künftig ein verstärktes *Management* (Abschnitt 2.3) der mitgliedstaatlichen Implementation vor, bei dem u. a. in bilateralen Treffen mit den national zustän-digen Akteuren über die bestmögliche Umsetzung der EU-Vorgaben beratschlagt werden soll (EK 2021: 9).

Insgesamt bleibt festzuhalten, dass im Sinne experimenteller Governance-Ansätze für Politikbereiche bzw. Policy-Ziele wie den Ausbau erneuerbarer Energien eine Priorisierung von *Outcomes* bedeuten könnte, dass paradoxerweise gerade eine Deregulierung zu empfehlen ist. Verbunden wäre dies jedoch mit einer (auch in der Zielhierarchie) klar formulierten, rechtsverbindlichen und nicht zuletzt auch durchsetzbaren Zielsetzung. Die in diesem Sinne unzureichende *har-der soft governance* (u. a. Knodt et al. 2020; Knodt und Schoenefeld 2020; Schoenefeld und Knodt 2021), die sich in den Policies von 2018 widerspiegeln und in der derzeit verhandelten Neufassung vermutlich bestehen bleibt, spiegelt aber letztlich auch einen politischen Kompromiss zwischen Mitgliedstaaten mit verschiedenen energiepolitischen Präferenzen und Zielsetzungen wider und ist zudem das Produkt einer kontinuierlichen Aushandlung Europäischer Integration zwischen Intergouvernementalismus und supranationaler Steuerung (Bocquillon und Maltby 2020; Schoenefeld und Knodt 2021). Inwiefern der oben skiz-zierte experimentelle Ansatz neben der erhofften Steuerungseffektivität auch die notwendige politische Integrationskraft entfalten könnte, bleibt vorerst offen.

Literaturverzeichnis

Achleitner, Norbert (2009): Einführung und Überblick über das österreichische und europäische Energierecht. Unter Mitarbeit von Clemens Achleitner, Georg Achleitner, Christina Murr und Ernst Schmautzer. Graz: TU Graz.

Ackva, Johannes; Hoppe, Janna (2018): The Carbon Tax in Sweden. Fact Sheet. On Behalf of Federal Ministry for the Environment, Nature Conservation and Nuclear Safety (BMU). Hg. v. Ecofys und adelphi. o. O.

Adelle, Camilla; Russel, Duncan; Pallemaerts, Marc (2012): A 'Coordinated' European Energy Policy? The Integration of EU Energy and Climate Change Policies. In: Francesc Morata und Israel Solorio Sandoval (Hg.): European Energy Policy. An Environmental Approach. Cheltenham: Edward Elgar, S. 25–47.

Agence France-Presse (AFP) (2010): Grenelle: les pro-éoliens défilent à Paris. In: Le Figaro, 04.05.2010. www.lefigaro.fr (16.02.2022).

Agentur für Erneuerbare Energien e. V. (AEE) (2007): Energiegipfelteilnehmer begrüßen klaren Kurs der Bundeskanzlerin. Berlin, 03.07.2007.

Agrarisches Informationszentrum (AIZ) (2004a): Grillitsch warnt vor Umsetzung der Novelle zum Ökostromgesetz. Keine Zustimmung zu „Kriegserklärung an vernünftige Alternativen zum Erdöl". Wien, 15.09.2004.

Agrarisches Informationszentrum (AIZ) (2004b): Schwarzböck: Biotreibstoff und Ökostrom – Signal für Umwelt und Bauern. Abhängigkeit des Landes von fossilen Treibstoffen kann nachhaltig gesenkt werden. Wien, 25.11.2004.

Agterbosch, Susanne; Vermeulen, Walter; Glasbergen, Pieter (2004): Implementation of Wind Energy in the Netherlands. The Importance of the Social-Institutional Setting. In: Energy Policy 32 (18), S. 2049–2066.

Ahlbäck Öberg, Shirin (2016): Introduction. Constitutional Design. In: Jon Pierre (Hg.): The Oxford Handbook of Swedish Politics. Oxford: Oxford University Press, S. 87–88.

Alberici, Sacha; Toop, Gemma (2014): Overview of UK Biofuel Producers. Input to Post-Implementation Review. BIOUK10553. Hg. v. Ecofys. London.

Algemene Energieraad (AER) (1999): Advies duurzame energie. Advies aan de Minister van Economische Zaken. 's-Gravenhage.

© Der/die Herausgeber bzw. der/die Autor(en), exklusiv lizenziert an Springer Fachmedien Wiesbaden GmbH, ein Teil von Springer Nature 2022
V. Brendler, *Die Implementation europäischer Erneuerbare–Energien–Politik*, Forschungen zur Europäischen Integration,
https://doi.org/10.1007/978-3-658-37531-7

379

Amt der Burgenländischen Landesregierung (2004): Stellungnahme zu dem Ministerialentwurf betreffend ein Bundesgesetz, mit dem das Ökostromgesetz, das Elektrizitätswirtschafts- und -organisationsgesetz und das Energie-Regulierungsbehördengesetz geändert werden. Stellungnahme Nr. 18/SN-184/ME. 24.09.2004. Eisenstadt.

Amt der Kärntner Landesregierung (2004): Stellungnahme zu dem Ministerialentwurf betreffend ein Bundesgesetz, mit dem das Ökostromgesetz, das Elektrizitätswirtschafts- und -organisationsgesetz und das Energie-Regulierungsbehördengesetz geändert werden. Stellungnahme Nr. 8/SN-184/ME. 24.08.2004. Klagenfurt.

Amt der Niederösterreichischen Landesregierung (2004): Stellungnahme zu dem Ministerialentwurf betreffend ein Bundesgesetz, mit dem das Ökostromgesetz, das Elektrizitätswirtschafts- und -organisationsgesetz und das Energie-Regulierungsbehördengesetz geändert werden. Stellungnahme Nr. 9/SN-184/ME. 14.09.2004. St. Pölten.

Amt der Salzburger Landesregierung (2004): Stellungnahme zu dem Ministerialentwurf betreffend ein Bundesgesetz, mit dem das Ökostromgesetz, das Elektrizitätswirtschafts- und -organisationsgesetz und das Energie-Regulierungsbehördengesetz geändert werden. Stellungnahme Nr. 15/SN-184/ME. 22.09.2004. Salzburg.

Amt der Steiermärkischen Landesregierung (2004): Stellungnahme zu dem Ministerialentwurf betreffend ein Bundesgesetz, mit dem das Ökostromgesetz, das Elektrizitätswirtschafts- und -organisationsgesetz und das Energie-Regulierungsbehördengesetz geändert werden. Stellungnahme Nr. 13/SN-184/ME. 15.09.2004. Graz.

Amt der Tiroler Landesregierung (2004): Stellungnahme zu dem Ministerialentwurf betreffend ein Bundesgesetz, mit dem das Ökostromgesetz, das Elektrizitätswirtschafts- und -organisationsgesetz und das Energie-Regulierungsbehördengesetz geändert werden. Stellungnahme Nr. 14/SN-184/ME. 16.09.2004. Innsbruck.

Amt der Vorarlberger Landesregierung (2004): Stellungnahme zu dem Ministerialentwurf betreffend ein Bundesgesetz, mit dem das Ökostromgesetz, das Elektrizitätswirtschafts- und -organisationsgesetz und das Energie-Regulierungsbehördengesetz geändert werden. Stellungnahme Nr. 1/SN-184/ME. 08.09.2004. Bregenz.

Amt der Wiener Landesregierung (2004): Stellungnahme zu dem Ministerialentwurf betreffend ein Bundesgesetz, mit dem das Ökostromgesetz, das Elektrizitätswirtschafts- und -organisationsgesetz und das Energie-Regulierungsbehördengesetz geändert werden. Stellungnahme Nr. 12/SN-184/ME. 13.09.2004. Wien.

Ancygier, Andrzej (2013): Misfit of Interests Instead of the „Goodness of Fit"? Implementation of European Directives 2001/77/EC and 2009/28/EC in Poland. Hamburg: Dr. Kovač.

Andersen, Svein S. (2000): EU Energy Policy. Interest Interaction and Supranational Authority. ARENA Working Paper 00/5. Hg. v. ARENA Centre for European Studies. Oslo.

Angelova, Mariyana; Dannwolf, Tanja; König, Thomas (2012): How Robust Are Compliance Findings? A Research Synthesis. In: *Journal of European Public Policy* 19 (8), S. 1269–1291.

Arbeiterkammer Wien (AK Wien) (2009): Thermische Sanierung hat Schönheitsfehler. Frisches Geld nötig, um Arbeitsplätze zu sichern. Wien, 14.04.2009.

Arentsen, Maarten J. (2008): The Netherlands. Muddling Through in the Dutch Delta. In: William M. Lafferty und Audun Ruud (Hg.): Promoting Sustainable Electricity in Europe. Challenging the Path Dependence of Dominant Energy Systems. Cheltenham: Edward Elgar, S. 45–72.

Arentsen, Maarten J.; Bruijn, Theo de (2005): National Room to Manoeuvre. The Dutch Position in EU Energy Policies. In: Frank Wijen, Kees Zoeteman und Jan Pieters (Hg.): A Handbook of Globalisation and Environmental Policy. National Government Interventions in a Global Arena. Cheltenham: Edward Elgar, S. 417–434.

Assemblée Nationale (2010): Rapport sur le projet de loi, adopté par le Sénat, portant engagement national pour l'environnement (n°1965). N° 2449 tome II. 9 avril 2010.

Assinder, Nick (2007): Why is Tony Blair stepping down? Analysis. 27.06.2007. BBC News. news.bbc.co.uk (04.07.2019).

Åstrand, Kerstin; Neij, Lena (2006): An Assessment of Governmental Wind Power Programmes in Sweden – Using a Systems Approach. In: Energy Policy 34 (3), S. 277–296.

Austria Presse Agentur (APA) (2009): AK kritisiert Geldspritze aus Klimafonds. In: DER STANDARD, 26.03.2009. www.derstandard.at (21.08.2020).

Austrian Power Grid AG (APG) (2010): APG-Masterplan 2009–2020. Die strategische Weiterentwicklung des Höchstspannungsnetzes der Austrian Power Grid AG. Kurzfassung. 3. Aufl. In Kooperation mit der TU Wien und der TU Graz. www.apg.at (29.11.2020).

Axt, Heinz-Jürgen; Milososki, Antonio; Schwarz, Oliver (2007): Europäisierung – ein weites Feld. Literaturbericht und Forschungsfragen. In: Politische Vierteljahresschrift 48 (1), S. 136–149.

Bähr, Holger (2006): Implementationsprobleme trotz übereinstimmender Politik. Die Rolle von Ideen und Institutionen bei der Umsetzung europäischer Umweltpolitik. In: Österreichische Zeitschrift für Politikwissenschaft 35 (4), S. 407–424.

Bailey, Ian (2002): National Adaptation to European Integration. Institutional Vetoes and Goodness-of-Fit. In: Journal of European Public Policy 9 (5), S. 791–811.

Bailey, Richard (1974): The UK Coal Industry – Recent Past and Future. In: Energy Policy 2 (2), S. 152–158.

Baker, Andrew (2010): Restraining Regulatory Capture? Anglo-America, Crisis Politics and Trajectories of Change in Global Financial Governance. In: International Affairs 86 (3), S. 647–663.

Bale, Tim; Bergman, Torbjörn (2006): A Taste of Honey Is Worse Than None at All? Coping with the Generic Challenges of Support Party Status in Sweden and New Zealand. In: Party Politics 12 (2), S. 189–202.

Bäthge, Sandra; Fischer, Severin (2011): Energiepolitik in Deutschland. Zwischen „ökologischer Industriepolitik" und klimapolitischem Pragmatismus. Hg. v. Friedrich-Ebert-Stiftung (FES). Seoul.

Bauer, Michael W. (2006): Co-Managing Programme Implementation. Conceptualizing the European Commission's Role in Policy Execution. In: Journal of European Public Policy 13 (5), S. 717–735.

Bayram, A. Burcu (2017): Good Europeans? How European Identity and Costs Interact to Explain Politician Attitudes Towards Compliance with European Union Law. In: Journal of European Public Policy 24 (1), S. 42–60.

BBC News (2002): Cooking Oil 'to Be Turned into Fuel'. 01.12.2002. news.bbc.co.uk (28.01.2020).

BBC News (2004a): £20m Biofuel Beet Factory Planned. 15.12.2004. news.bbc.co.uk (28.01.2020).

BBC News (2004b): Ministers Back Biodiesel Plant. 25.03.2004. news.bbc.co.uk (28.01.2020).

BBC News (2005): Green Biodiesel Production Starts. 04.04.2005. news.bbc.co.uk (28.01.2020).

BBC News (2007a): UK's First Bioethanol Plant Opens. 22.11.2007. news.bbc.co.uk (28.01.2020).

BBC News (2007b): Blair Defiant over Nuclear Plans. 15.02.2007. news.bbc.co.uk (03.08.2020).

Beach, Derek (2016): It's all about Mechanisms. What Process-Tracing Case Studies Should Be Tracing. In: *New Political Economy* 21 (5), S. 463–472.

Beach, Derek (2018): Process Tracing Methods. In: Claudius Wagemann, Achim Goerres und Markus Siewert (Hg.): Handbuch Methoden der Politikwissenschaft. Wiesbaden: Springer VS, S. 1–21.

Beach, Derek; Pedersen, Rasmus Brun (2013): Process-Tracing Methods. Foundations and Guidelines. Ann Arbor: The University of Michigan Press.

Bechberger, Mischa (2000): Das Erneuerbare-Energien-Gesetz (EEG). Eine Analyse des Politikformulierungsprozesses. FFU-report 00–06. Hg. v. Forschungsstelle für Umweltpolitik (FFU). Freie Universität Berlin. Berlin.

Beckmann, Jens (2008): Die Entkernung des Service Public in Frankreich. In: Hans-Jürgen Bieling, Christina Deckwirth und Stefan Schmalz (Hg.): Liberalisierung und Privatisierung in Europa. Die Reorganisation der öffentlichen Infrastruktur in der Europäischen Union. Münster: Verlag Westfälisches Dampfboot, S. 126–151.

Belkin, Paul (2008): The European Union's Energy Security Challenges. In: *Connections* 7 (1), S. 76–102.

Beneking, Andreas (2011): Genese und Wandel der deutschen Biokraftstoffpolitik. Eine akteurszentrierte Policy-Analyse der Förderung biogener Kraftstoffe in Deutschland. Fair Fuels? Working Paper 3. Institut für ökologische Wirtschaftsforschung (IÖW). Berlin.

Bennett, Andrew (2010): Process Tracing and Causal Inference. In: Henry E. Brady und David Collier (Hg.): Rethinking Social Inquiry. Diverse Tools, Shared Standards. 2. Aufl. Lanham et al.: Rowman & Littlefield, S. 207–219.

Bennett, Andrew; Checkel, Jeffrey T. (2014): Process Tracing. From Philosophical Roots to Best Practices. In: Andrew Bennett und Jeffrey T. Checkel (Hg.): Process Tracing. From Metaphor to Analytical Tool. Cambridge: Cambridge University Press, S. 3–37.

Benz, Arthur (2019): Koordination der Energiepolitik im deutschen Bundesstaat. In: *Der moderne Staat* 12 (2–2019), S. 299–312.

Benz, Arthur; Czada, Roland (2019): Politische Steuerung von Transformation – Das Beispiel der Energiepolitik. In: *Der moderne Staat* 12 (2–2019), S. 243–250.

Berglund, Sara; Gange, Ieva; van Waarden, Frans (2006): Mass Production of Law. Routinization in the Transposition of European Directives. A Sociological-Institutionalist Account. In: *Journal of European Public Policy* 13 (5), S. 692–716.

Berglund, Sara Katarina (2009): Putting Politics into Perspective. A Study of the Implementation of EU Public Utilities Directives. Delft: Eburon Academic Publishers.

Better Regulation Commission (BRC) (2005): Better Regulation. From Design to Delivery. London.

Better Regulation Task Force (BRTF) (2005): Regulation – Less is More. Reducing Burdens, Improving Outcomes. A BRTF Report to the Prime Minister. London.

Bieling, Hans-Jürgen; Deckwirth, Christina; Schmalz, Stefan (Hg.) (2008): Liberalisierung und Privatisierung in Europa. Die Reorganisation der öffentlichen Infrastruktur in der Europäischen Union. Münster: Verlag Westfälisches Dampfboot.

Björheden, Rolf (2006): Drivers behind the Development of Forest Energy in Sweden. In: *Biomass and Bioenergy* 30 (4), S. 289–295.

Boasson, Elin Lerum; Leiren, Merethe Dotterud; Wettestad, Jørgen (Hg.) (2021): Comparative Renewables Policy. Political, Organizational and European Fields. Abingdon: Routledge.

Bockey, Dieter (2006): Biodiesel und pflanzliche Öle als Kraftstoffe – aus der Nische in den Kraftstoffmarkt. In: *Zeitschrift Technikfolgenabschätzung – Theorie und Praxis* 15 (1), S. 10–15.

Bocquillon, Pierre; Brooks, Eleanor; Maltby, Tomas (2020): Speak Softly and Carry a Big Stick. Hardening Soft Governance in EU Energy and Health Policies. In: *Journal of Environmental Policy & Planning* 22 (6), S. 843–856.

Bocquillon, Pierre; Evrard, Aurélien (2017): Complying with, Resisting or Using Europe? Explaining the Uneven and Diffuse Europeanization of French Renewable Electricity and Biofuels Policies. In: Israel Solorio und Helge Jörgens (Hg.): A Guide to EU Renewable Energy Policy. Comparing Europeanization and Domestic Policy Change in EU Member States. Cheltenham: Edward Elgar, S. 162–182.

Bocquillon, Pierre; Maltby, Tomas (2020): EU Energy Policy Integration as Embedded Intergovernmentalism. The Case of Energy Union Governance. In: *Journal of European Integration* 42 (1), S. 39–57.

Bomb, Christian; McCormick, Kes; Deurwaarder, Ewout; Kåberger, Tomas (2007): Biofuels for Transport in Europe. Lessons from Germany and the UK. In: *Energy Policy* 35 (4), S. 2256–2267.

Bomberg, Elizabeth (1998): Green Parties and Politics in the European Union. Abingdon: Routledge.

Bondarouk, Elena; Liefferink, Duncan (2017): Diversity in Sub-National EU Implementation. The Application of the EU Ambient Air Quality Directive in 13 Municipalities in the Netherlands. In: *Journal of Environmental Policy & Planning* 19 (6), S. 733–753.

Borloo, Jean-Louis; Kosciusko-Morizet, Nathalie; Bussereau, Dominique (2007): Plan de développement des énergies renouvelables à haute qualité environnementale. 2008 – 2012 – 2020. Comité opérationnel n° 10. Unter Mitarbeit von Jean-Claude Lenoir, Alain Liébard, Pascal Dupuis, Julien Turenne und Jean-Louis Bal. Paris.

Börzel, Tanja A. (2000a): Europäisierung und innerstaatlicher Wandel. Zentralisierung und Entparlamentarisierung? In: *Politische Vierteljahresschrift* 41 (2), S. 225–250.

Börzel, Tanja A. (2000b): Why There Is No 'Southern Problem'. On Environmental Leaders and Laggards in the European Union. In: *Journal of European Public Policy* 7 (1), S. 141–162.

Börzel, Tanja A. (2002): Pace-Setting, Foot-Dragging, and Fence-Sitting. Member State Responses to Europeanization. In: *Journal of Common Market Studies* 40 (2), S. 193–214.

Börzel, Tanja A. (2003): Guarding the Treaty. The Compliance Strategies of the European Commission. In: Tanja A. Börzel und Rachel A. Cichowski (Hg.): The State of the European Union. Law, Politics, and Society. Oxford: Oxford University Press, S. 197–220.

Börzel, Tanja A. (2021): Why Noncompliance. The Politics of Law in the European Union. Ithaca: Cornell University Press.

Börzel, Tanja A.; Hofmann, Tobias; Panke, Diana (2012): Caving in or Sitting It Out? Longitudinal Patterns of Non-Compliance in the European Union. In: *Journal of European Public Policy* 19 (4), S. 454–471.

Börzel, Tanja A.; Hofmann, Tobias; Panke, Diana; Sprungk, Carina (2010): Obstinate and Inefficient. Why Member States Do Not Comply With European Law. In: *Comparative Political Studies* 43 (11), S. 1363–1390.

Börzel, Tanja A.; Hofmann, Tobias; Sprungk, Carina (2003): Einhaltung von Recht jenseits des Nationalstaats. Zur Implementationslogik marktkorrigierender Regelungen in der EU. In: *Zeitschrift für Internationale Beziehungen* 10 (2), S. 247–286.

Börzel, Tanja A.; Risse, Thomas (2000): When Europe Hits Home. Europeanization and Domestic Change. In: *European Integration online Papers* 4 (15), S. 1–24.

Börzel, Tanja A.; Risse, Thomas (2003): Conceptualizing the Domestic Impact of Europe. In: Kevin Featherstone und Claudio M. Radaelli (Hg.): The Politics of Europeanization. Oxford: Oxford University Press, S. 57–80.

Börzel, Tanja A.; Risse, Thomas (2012): From Europeanisation to Diffusion: Introduction. In: *West European Politics* 35 (1), S. 1–19.

Bossche, Peter van den (1996): In Search of Remedies for Non-Compliance. The Experience of the European Community. In: *Maastricht Journal of European and Comparative Law* 3 (4), S. 371–398.

Boughriet, Rachida (2010): Grenelle 2. Le SER salue des "avancées significatives" pour l'éolien. Hg. v. Actu-environnement. www.actu-environnement.com (04.04.2020).

Boy, Daniel (2002): France. In: *Environmental Politics* 11 (1), S. 64–77.

Boy, Daniel (2010a): Das Ende einer „exception française". Die politischen Umweltschützer in Frankreich gehen mit der Zeit. Hg. v. Forschungsinstitut der Deutschen Gesellschaft für Auswärtige Politik e. V. Berlin (DGAP-Analyse Frankreich, 3).

Boy, Daniel (2010b): Le Grenelle de l'Environnement. Une novation politique? In: *Revue française d'administration publique* 134 (2), S. 313–324.

Boy, Daniel (2012): Les acteurs du Grenelle. Règles de gouvernance, sociologie des acteurs et perception des acteurs. In: Centre de recherches politiques de Sciences Po (CEVIPOF) und Centre national de la recherche scientifique (CNRS) (Hg.): Le Grenelle de l'environnement. Acteurs, discours, effets. Rapport final. Institut d'études politiques de Paris (Sciences Po). Paris, S. 61–119.

Boy, Daniel; Brugidou, Mathieu; Denord, François; Evrard, Aurélien; Gaultier-Voituriez, Odile; Halpern, Charlotte et al. (2012): Le Grenelle de l'environnement. Acteurs, discours, effets. Rapport final. Hg. v. Centre de recherches politiques de Sciences Po (CEVIPOF) und Centre national de la recherche scientifique (CNRS). Institut d'études politiques de Paris (Sciences Po). Paris.

Brand, Ruth (2006): Die Förderpolitik für Biokraftstoffe in Frankreich und der Bundesrepublik Deutschland im Vergleich. In: Mischa Bechberger und Danyel T. Reiche (Hg.): Ökologische Transformation der Energiewirtschaft. Erfolgsbedingungen und Restriktionen. Berlin: Erich Schmidt, S. 23–40.

Brand, Ruth; Corbach, Matthias (2005): Akteure der Energiepolitik. In: Danyel T. Reiche und Mischa Bechberger (Hg.): Grundlagen der Energiepolitik. Frankfurt am Main: Peter Lang, S. 251–277.

Brand-Schock, Ruth (2010): Grüner Strom und Biokraftstoffe in Deutschland und Frankreich. Ein Vergleich der Policy-Netzwerke. Dissertation. Freie Universität Berlin, Berlin.

Breukers, Sylvia; Wolsink, Maarten (2007): Wind Energy Policies in the Netherlands. Institutional Capacity-Building for Ecological Modernisation. In: *Environmental Politics* 16 (1), S. 92–112.

Brouard, Sylvain; Guinaudeau, Isabelle (2017): Nuclear Politics in France. High-Profile Policy and Low-Salience Politics. In: Wolfgang C. Müller und Paul W. Thurner (Hg.): The Politics of Nuclear Energy in Western Europe. Oxford: Oxford University Press, S. 125–156.

Bugdahn, Sonja (2005): Of Europeanization and Domestication. The Implementation of the Environmental Information Directive in Ireland, Great Britain and Germany. In: *Journal of European Public Policy* 12 (1), S. 177–199.

Bundesministerium für Ernährung, Landwirtschaft und Verbraucherschutz (BMELV); Bundesministerium für Umwelt, Naturschutz und nukleare Sicherheit (BMU); Verband der Automobilindustrie (VDA); Mineralölwirtschaftsverband e. V. (MWV); Deutscher Bauernverband e. V. (DBV); Interessengemeinschaft mittelständischer Mineralölverbände (IG); Verband der Deutschen Biokraftstoffindustrie e. V. (VDB) (2007): Roadmap Biokraftstoffe. Gemeinsame Strategie von BMU/BMELV, VDA, MWV, IG, VDB und DBV. Berlin.

Bundesministerium für Klimaschutz, Umwelt, Energie, Mobilität, Innovation und Technologie (BMK) (2020): Biokraftstoffe im Überblick. www.bmk.gv.at (01.11.2020).

Bundesministerium für Umwelt, Naturschutz und nukleare Sicherheit (BMU) (2002): Neues Atomgesetz tritt in Kraft. Atomausstieg ist die konsequente Antwort auf Tschernobyl. Berlin, 25.04.2002.

Bundesministerium für Umwelt, Naturschutz und nukleare Sicherheit (BMU) (2007a): Erfahrungsbericht 2007 zum Erneuerbare-Energien-Gesetz (EEG-Erfahrungsbericht) gemäß § 20 EEG vorzulegen dem Deutschen Bundestag durch Bundesministerium für Umwelt, Naturschutz und Reaktorsicherheit im Einvernehmen mit Bundesministerium für Ernährung, Landwirtschaft und Verbraucherschutz und Bundesministerium für Wirtschaft und Technologie. Beschlossen vom Bundeskabinett am 7. November 2007. Berlin.

Bundesministerium für Umwelt, Naturschutz und nukleare Sicherheit (BMU) (2007b): Gabriel: Klimaschutz bedeutet Umbau der Industriegesellschaft. 8-Punkte-Plan zur Senkung der Treibhausgas-Emissionen um 40 Prozent bis 2020. Pressemitteilung Nr. 116/07. Berlin, 26.04.2007b.

Bundesministerium für Umwelt, Naturschutz und nukleare Sicherheit (BMU) (2007c): Gabriel: Eine einzigartige Erfolgsstory. Bundesumweltminister legt Erfahrungsbericht zum Erneuerbare-Energien-Gesetz vor. Pressemitteilung Nr. 190/07. Berlin, 05.07.2007.

Bundesministerium für Umwelt, Naturschutz und Reaktorsicherheit (BMU); Bundesministerium für Ernährung, Landwirtschaft und Verbraucherschutz (BMELV) (2009): Nationaler Biomasseaktionsplan für Deutschland. Beitrag der Biomasse für eine nachhaltige Energieversorgung. Berlin.

Bundesministerium für Wirtschaft und Arbeit (BMWA) (2004a): Ministerialentwurf betreffend ein Bundesgesetz, mit dem das Ökostromgesetz, das Elektrizitätswirtschafts- und -organisationsgesetz und das Energie-Regulierungsbehördengesetz geändert werden. 184/ME XXII. Gesetzgebungsperiode. Wien.

Bundesministerium für Wirtschaft und Arbeit (BMWA) (2004b): Ökostrom: SPÖ-Forderung würde Kosten vervierfachen. Einladung zu Gesprächen mit SPÖ bereits in der Vorwoche ausgesprochen. Wien, 11.10.2004.

Bundesministerium für Wirtschaft und Arbeit (BMWA) (2008): Ökostromgesetz, Änderung (2. Ökostromgesetz-Novelle 2008), Regierungsvorlage. Vorblatt und Erläuterungen. XXIII. Gesetzgebungsperiode.

Bundesministerium für Wirtschaft und Energie (BMWi) (2019): 40 Jahre Energieforschung. Forschen für die Energiewende. www.bmwi.de (26.11.2019).

Bundesministerium für Wirtschaft und Energie (BMWi) (2020): Integriertes Energie- und Klimaprogramm (IEKP) der Bundesregierung. www.bmwi.de (27.07.2020).

Bundesministerium für Wirtschaft und Technologie (BMWi) (2010): Energiekonzept für eine umweltschonende, zuverlässige und bezahlbare Energieversorgung. 28. September 2010. Berlin.

Bundesministerium für Wirtschaft, Familie und Jugend (BMWFJ) (2010): Nationaler Aktionsplan 2010 für erneuerbare Energie für Österreich (NREAP-AT) gemäß der Richtlinie 2009/28/EG des Europäischen Parlaments und des Rates.

Bundesministerium für Wirtschaft, Familie und Jugend (BMWFJ); Bundesministerium für Land- und Forstwirtschaft, Umwelt und Wasserwirtschaft (BMLFUW) (2010): Energiestrategie Österreich. Wien.

Bundesregierung (2007a): Das Gebäudesanierungsprogramm. www.bundesregierung.de ([11.11.2007] 27.07.2020).

Bundesregierung (2007b): Eckpunkte für ein integriertes Energie- und Klimaprogramm. o. O.

Bundesregierung (2007c): Ergebnisse des dritten Energiegipfels. Grundlagen für ein integriertes Energie- und Klimaprogramm. Berlin.

Bundesregierung (2007d): Teilnehmer am energiepolitischen Spitzengespräch im Bundeskanzleramt am 3. Juli 2007. www.bundesregierung.de ([04.07.2007] 27.07.2020).

Bundesregierung (2007e): Bericht zur Umsetzung der in der Kabinettsklausur am 23./24.08.2007 in Meseberg beschlossenen Eckpunkte für ein Integriertes Energie- und Klimaprogramm. Berlin.

Bundesrepublik Deutschland (BRD) (2010): Nationaler Aktionsplan für erneuerbare Energie gemäß der Richtlinie 2009/28/EG zur Förderung der Nutzung von Energie aus erneuerbaren Quellen.

Bundesumweltministerium (BMU) (2007d): Klimaagenda 2020. Der Umbau der Industriegesellschaft. Berlin.

Bundesverband Erneuerbare Energie e. V. (BEE) (2007): Kabinettsbeschluss bremst Erneuerbare Energien aus. BEE: Nachbesserungen dringend erforderlich. Berlin, 07.11.2007.

Bursens, Peter (2002): Why Denmark and Belgium Have Different Implementation Records. On Transposition Laggards and Leaders in the EU. In: *Scandinavian Political Studies* 25 (2), S. 173–195.

Buschmann, Pia; Oels, Angela (2019): The Overlooked Role of Discourse in Breaking Carbon Lock-In. The Case of the German Energy Transition. In: *WIREs Climate Change* 10 (3).

Cadoret, Isabelle; Padovano, Fabio (2016): The Political Drivers of Renewable Energies Policies. In: *Energy Economics* 56, S. 261–269.

Cargill PLC (2003): Memorandum submitted by Cargill PLC (U2). Select Committee on Environment, Food and Rural Affairs. Minutes of Evidence. House of Commons (HC).

Caudal, Sylvie (2001): Un nouvel obstacle pour l'écotaxe sur l'énergie. Commentaire de l'extrait de la décision du Conseil constitutionnel n° 2000–441 DC du 28 décembre 2000, concernant l'extension de la taxe générale sur les activités polluantes à l'énergie. In: *Revue Juridique de l'Environnement* (2), S. 215–230.

Centerpartiet (C) (2002): Ta vara på Sveriges möjligheter. Lika villkor Valmanifest 2002. Nyköping.

Centerpartiet (C) (2006): Kontrakt. För fler jobb, förnyad välfärd och god miljö. Centerpartiets valmanifest 2006. o. O.

Cerych, Ladislav; Sabatier, Paul (1986): Great Expectations and Mixed Performance. The Implementation of Higher Education Reforms in Europe. Stoke-on-Trent: Trentham Books.

Chen, Yong; Johnson, Francis X. (2008): Sweden. Greening the Power Market in a Context of Liberalization and Nuclear Ambivalence. In: William M. Lafferty und Audun Ruud (Hg.): Promoting Sustainable Electricity in Europe. Challenging the Path Dependence of Dominant Energy Systems. Cheltenham: Edward Elgar, S. 219–249.

Christen-Democratisch Appèl (CDA) (1989): Verantwoord Voortbouwen. CDA-Verkiezingsprogram. 's-Gravenhage.

Christen-Democratisch Appèl (CDA) (1994): Wat echt telt. Werk. Veiligheid. Milieu. Landelijk Verkiezingsprogramma CDA. 1994–1998. Leiden.

Christen-Democratisch Appèl (CDA) (2002): Betrokken samenleving, betrouwbare overheid. Verkiezingsprogram 2002–2006. Den Haag.

Christen-Democratisch Appèl (CDA) (2006): Vertrouwen in Nederland. Vertrouwen in elkaar. Verkiezingsprogram 2006–2011. o. O.

Christen-Democratisch Appèl (CDA); Partij van de Arbeid (PvdA); ChristenUnie (CU) (2007): Coalitieakkoord tussen de Tweede Kamerfracties van CDA, PvdA en ChristenUnie. 7 februari 2007. o. O.

ChristenUnie (CU) (2006): Verkiezingsprogramma ChristenUnie 2006–2010. Duurzaam voor elkaar. Amersfoort.

Christlich Demokratische Union (CDU); Christlich-soziale Union in Bayern (CSU) (2005): Deutschlands Chancen nutzen. Wachstum. Arbeit. Sicherheit. Regierungsprogramm 2005–2009. Berlin.

Christlich Demokratische Union (CDU); Christlich-soziale Union in Bayern (CSU); Sozialdemokratische Partei Deutschlands (SPD) (2005): Gemeinsam für Deutschland. Mit Mut und Menschlichkeit. Koalitionsvertrag von CDU, CSU und SPD vom 11. November 2005. Rheinbach.

Ciavarini Azzi, Guiseppe (2000): The Slow March of European Legislation. The Implementation of Directives. In: Karlheinz Neunreither und Antje Wiener (Hg.): European Integration After Amsterdam. Institutional Dynamics and Prospects for Democracy. Oxford: Oxford University Press, S. 52–67.

Cochet, Yves (2000): Stratégie et moyens de développement de l'efficacité énergétique et des sources d'énergie renouvelables en France. Rapport au Premier ministre. Paris.

Collier, David (2011): Understanding Process Tracing. In: *Political Science and Politics* 44 (4), S. 823–830.

Connor, Peter M. (2003): UK Renewable Energy Policy. A Review. In: *Renewable and Sustainable Energy Reviews* 7 (1), S. 65–82.

Conservative Party (1992): The Best Future for Britain. The Conservative Manifesto 1992. Hg. v. Conservative Central Office. London.

Corbach, Matthias (2005): Atomenergie. In: Danyel T. Reiche und Mischa Bechberger (Hg.): Grundlagen der Energiepolitik. Frankfurt am Main: Peter Lang, S. 99–116.

Corbach, Matthias (2006): Eine Wirkungsanalyse der Anti-AKW-Bewegung in Deutschland. In: Mischa Bechberger und Danyel T. Reiche (Hg.): Ökologische Transformation der Energiewirtschaft. Erfolgsbedingungen und Restriktionen. Berlin: Erich Schmidt, S. 81–100.

Dagger, Steffen B. (2009): Energiepolitik & Lobbying. Die Novellierung des Erneuerbare-Energien-Gesetzes (EEG) 2009. Stuttgart: ibidem.

Dahlström, Carl (2016): Introduction. Policy-Making in Sweden. In: Jon Pierre (Hg.): The Oxford Handbook of Swedish Politics. Oxford: Oxford University Press, S. 631–633.

Della Porta, Donatella (2008): Comparative Analysis. Case-oriented Versus Variable-oriented Research. In: Donatella Della Porta und Michael Keating (Hg.): Approaches and Methodologies in the Social Sciences. A Pluralist Perspective. Cambridge: Cambridge University Press, S. 198–222.

Democraten 66 (D66) (1994): Ruimte voor de toekomst. Verkiezingsprogramma 1994–1998. o. O.

Department for Business, Energy & Industrial Strategy (BEIS) (2021): Digest of UK Energy Statistics (DUKES). Renewable Sources of Energy. London.

Department for Business, Energy and Industrial Strategy (BEIS) (2018a): Better Regulation Framework. Guidance. August 2018. London.

Department for Business, Energy and Industrial Strategy (BEIS) (2018b): UK Energy in Brief 2018. National Statistics. July 2018. London.

Department of Energy and Climate Change (DECC) (2009): The UK Renewable Energy Strategy. Presented to Parliament by the Secretary of State for Energy and Climate Change by Command of Her Majesty. July 2009. Norwich.

Department of Energy and Climate Change (DECC) (2011a): Overarching National Policy Statement for Energy (EN-1). Presented to Parliament Pursuant to Section 5 (9) of the Planning Act 2008. July 2011. London.

Department of Energy and Climate Change (DECC) (2011b): National Policy Statement for Renewable Energy Infrastructure (EN-3). Presented to Parliament Pursuant to Section 5 (9) of the Planning Act 2008. July 2011. London.

Department of Trade and Industry (DTI) (2003): Energy White Paper. Our Energy Future – Creating a Low Carbon Economy. Presented to Parliament by the Secretary of State for Trade and Industry by Command of Her Majesty. February 2003. Norwich.

Department of Trade and Industry (DTI) (2006): The Energy Challenge. Energy Review Report 2006. Presented to Parliament by the Secretary of State for Trade and Industry by Command of Her Majesty. July 2006. Norwich.

Department of Trade and Industry (DTI) (2007): Meeting the Energy Challenge. A White Paper on Energy. Presented to Parliament by the Secretary of State for Trade and Industry by Command of Her Majesty. May 2007. Norwich.

Deroubaix, José-Frédéric; Lévèque, François (2006): The Rise and Fall of French Ecological Tax Reform. Social Acceptability Versus Political Feasibility in the Energy Tax Implementation Process. In: *Energy Policy* 34 (8), S. 940–949.

Deters, Henning (2013): Process Tracing in the Development and Validation of Theoretical Explanations. The Example of Environmental Policy-Making in the EU. In: *European Political Science* 12, S. 75–85.

Deutsche Energie-Agentur GmbH (dena) (2005): Energiewirtschaftliche Planung für die Netzintegration von Windenergie in Deutschland an Land und Offshore bis zum Jahr 2020. Konzept für eine stufenweise Entwicklung des Stromnetzes in Deutschland zur Anbindung und Integration von Windkraftanlagen Onshore und Offshore unter Berücksichtigung der Erzeugungs- und Kraftwerksentwicklungen sowie der erforderlichen Regelleistung. dena-Netzstudie. Köln.

Deutsche Energie-Agentur GmbH (dena) (2010): Integration erneuerbarer Energien in die deutsche Stromversorgung im Zeitraum 2015–2020 mit Ausblick 2025. dena-Netzstudie II. Berlin.

Deutsche Presseagentur (dpa) (2005): Schwedisches Atomkraftwerk Barsebäck endgültig abgeschaltet. In: *DIE WELT*, 02.06.2005. www.welt.de (21.06.2020).

Deutscher Bauernverband e. V. (DBV); Verband der Deutschen Biokraftstoffindustrie e. V. (VDB); Landwirtschaftliche Biokraftstoffe e. V. (LAB); Union zur Förderung von Öl- und Proteinpflanzen (UFOP) (2007): Eckpunktepapier der Verbände der Deutschen Biokraftstoffwirtschaft. Nachhaltige Mobilität mit Biokraftstoffen. Eckpunkte für die Weiterentwicklung der Biokraftstoffstrategie. Berlin.

Deutscher Bundestag (2000a): Plenarprotokoll 14/91. Berlin, Freitag, den 25. Februar 2000.

Deutscher Bundestag (2000b): Unterrichtung durch die Bundesregierung. Nationales Klimaschutzprogramm. Fünfter Bericht der Interministeriellen Arbeitsgruppe „CO_2-Reduktion". BT Drs. 14/4729.

Deutscher Bundestag (2008a): Plenarprotokoll 16/142. Berlin, Donnerstag, den 14. Februar 2008.

Deutscher Bundestag (2008b): Plenarprotokoll 16/167. Berlin, Freitag, den 6. Juni 2008.

Deutscher Bundestag (2008c): Antrag. Das Erneuerbare-Energien-Gesetz darf nicht durch europäische Vorgaben für einen Zertifikatehandel unterlaufen werden. BT-Drs. 16/8047.

Deutscher Bundestag (2009a): Plenarprotokoll 16/220. Berlin, Donnerstag, den 7. Mai 2009.

Deutscher Bundestag (2009b): Plenarprotokoll 16/227. Berlin, Donnerstag, den 18. Juni 2009.

Deutscher Bundestag (2011): Beschlussempfehlung und Bericht des Ausschusses für Umwelt, Naturschutz und Reaktorsicherheit (16. Ausschuss) zu dem Gesetzentwurf der Bundesregierung – Drucksachen 17/3629, 17/4233 – Entwurf eines Gesetzes zur Umsetzung der Richtlinie 2009/28/EG zur Förderung der Nutzung von Energie aus erneuerbaren Quellen (Europarechtsanpassungsgesetz Erneuerbare Energien – EAG EE). BT-Drs. 17/4895.

Di Lucia, Lorenzo; Kronsell, Annica (2010): The Willing, the Unwilling and the Unable. Explaining Implementation of the EU Biofuels Directive. In: *Journal of European Public Policy* 17 (4), S. 545–563.

Di Lucia, Lorenzo; Nilsson, Lars J. (2007): Transport Biofuels in the European Union. The State of Play. In: *Transport Policy* 14 (6), S. 533–543.

Die Grünen (2004): Glawischnig: Geplantes Ökostromgesetz völlig unbrauchbar. Minister Bartenstein soll Gesetzesentwurf zurückziehen. Wien, 16.09.2004.

Die Grünen (2006): Zeit für Grün. Das Grüne Programm. Wien.

Die Grünen (2008a): Lichtenecker: Klimafonds. Streiten und scheitern der Regierung. Nächstes Versagen der Regierung in der Klimaschutzpolitik. Wien, 22.01.2008.

Die Grünen (2008b): Lichtenecker zum Klimafonds. Regierung betreibt Klimaschutz- Blockadefonds. Grüne fordern mehr Transparenz. Wien, 01.02.2008.

Die Grünen (2008c): Lichtenecker: Wahlkampf im Klimafonds geht auf Kosten des Klimaschutzes. Grüne kritisieren den Boykott von Klimaschutzprojekten durch die Ministerien. Wien, 11.03.2008.

Die Grünen (2009): Lichtenecker zu Sanierungsscheck: Wenig Geld, und das sehr spät. Sogenannte Konjunkturpaket-Gelder wieder doppelt verkauft! Wien, 26.03.2009.

Dimitrakopoulos, Dionyssis G. (2001): The Transposition of EU Law. 'Post-Decisional Politics' and Institutional Autonomy. In: *European Law Journal* 7 (4), S. 442–458.

Dimitrakopoulos, Dionyssis G. (2012): Between the Party and the European Union? The Regulation of Working Time in France. In: *French Politics, Culture & Society* 30 (1), S. 88–110.

Dimitrova, Antoaneta; Rhinard, Mark (2005): The Power of Norms in the Transposition of EU Directives. In: *European Integration online Papers* 9 (16), S. 1–25.

Dimitrova, Antoaneta; Toshkov, Dimiter (2009): Post-Accession Compliance Between Administrative Co-ordination and Political Bargaining. In: *European Integration online Papers* 13 (19), S. 1–18.

Dimitrova, Antoaneta L. (2010): The New Member States of the EU in the Aftermath of Enlargement. Do New European Rules Remain Empty Shells? In: *Journal of European Public Policy* 17 (1), S. 137–148.

Dimitrova, Antoaneta L.; Steunenberg, Bernard (2017): The Power of Implementers. A Three-Level Game Model of Compliance with EU Policy and its Application to Cultural Heritage. In: *Journal of European Public Policy* 24 (8), S. 1211–1232.

Dinica, Valentina (2005): United Kingdom. In: Danyel T. Reiche (Hg.): Handbook of Renewable Energies in the European Union. Case Studies of the EU-15 States. 2. Aufl. Frankfurt a. M.: Peter Lang, S. 295–312.

Dodd, Jan (2005a): Law Creates Fragile Balance for Wind. Industry Fears Landscape Zoning Means New Barriers. In: *Windpower Monthly* (9), S. 28.

Dodd, Jan (2005b): Year of Expectations Dashed but Still Optimistic. Disappointment in France. In: *Windpower Monthly* (3), S. 44–45.

Dorfman, Paul (Hg.) (2008): Nuclear Consultation. Public Trust in Government. Nuclear Consultation Working Group. Unter Mitarbeit von Frank Barnaby, Duncan Bayliss, Andy Blowers, Paul Brown, Paul Dorfman, David Elliott et al. www.nuclearconsult.com (04.08.2020).

Döring, Holger; Manow, Philip (2019): Parliaments and Governments Database (ParlGov). Information on Parties, Elections and Cabinets in Modern Democracies. www.parlgov.org (02.12.2019).

Drews, Kathrin (2008): Großbritannien. „TINA" oder Paradigma einer gescheiterten Reorganisation? In: Hans-Jürgen Bieling, Christina Deckwirth und Stefan Schmalz (Hg.): Liberalisierung und Privatisierung in Europa. Die Reorganisation der öffentlichen Infrastruktur in der Europäischen Union. Münster: Verlag Westfälisches Dampfboot, S. 34–63.

Drillisch, Jens; Riechmann, Christoph (1997): Umweltpolitiche Instrumente in einem liberalisierten Strommarkt. Das Beispiel England und Wales. In: *Zeitschrift für Energiewirtschaft* 21 (2), S. 137–162.

Dryzek, John S.; Hunold, Christian; Schlosberg, David (2002): Environmental Transformation of the State. The USA, Norway, Germany and the UK. In: *Political Studies* 50 (4), S. 659–682.

Duina, Francesco (1997): Explaining Legal Implementation in the European Union. In: *International Journal of the Sociology of Law* 25 (2), S. 155–179.

Dupont, Claire (2016): Climate Policy Integration into EU Energy Policy. Progress and Prospects. Abingdon: Routledge.

Elliott, David (2019): Renewable Energy in the UK. Past, Present and Future. Cham: Palgrave Macmillan.

EnBW Energie Baden-Württemberg AG (2005): Die EnBW Energie Baden-Württemberg AG und die Erneuerbaren Energien. Positionspapier. Karlsruhe, 09.11.2005.

Energie-Nederland (2019): Over Energie-Nederland. Den Haag. www.energie-nederland.nl (02.02.2019).

Energimyndigheten; Naturvårdsverket (2007): Den svenska klimatstrategins utveckling. En sammanfattning av Energimyndighetens och Naturvårdsverkets underlag till kontrollstation 2008. Eskilstuna, Stockholm.

Energy and Climate Change Committee (ECC) (2016): 2020 Renewable Heat and Transport Targets. Second Report of Session 2016–17. HC 173.

Energy Research Centre of the Netherlands (ECN) (2007): Beoordeling werkprogramma Schoon en Zuinig. Effecten op energiebesparing, hernieuwbare energie en uitstoot van broeikasgassen. In samenwerking met MNP. September 2007. ECN-E--07-067. Hg. v. M. Menkveld. o. O.

Energy Research Centre of the Netherlands (ECN) (2008): Energierapport 2008 houdt vele opties open. o. O., 23.06.2008.

Energy Research Centre of the Netherlands (ECN) (2009): Verkenning Schoon en Zuinig. Effecten op energiebesparing, hernieuwbare energie en uitstoot van broeikasgassen. April 2009. ECN-E--09-022. Hg. v. A. W. N. van Dril. o. O.

England and Wales High Court (EWHC) (2007): Greenpeace Ltd., R (on the application of) v Secretary of State for Trade and Industry, Urteil vom 15.02.2007.

Ericsson, Karin; Huttunen, Suvi; Nilsson, Lars J.; Svenningsson, Per (2004): Bioenergy Policy and Market Development in Finland and Sweden. In: *Energy Policy* 32 (15), S. 1707–1721.

Espey, Simone (2001): Internationaler Vergleich energiepolitischer Instrumente zur Förderung regenerativer Energien in ausgewählten Industrieländern. Bremen: Bremer Energie Institut.

Europäische Kommission (EK) (1993): CAP – Agricultural Information. Set-aside – A Brief Guide to the Existing Rules. MEMO/93/43.

Europäische Kommission (EK) (1997a): Mitteilung der Kommission. Energie für die Zukunft: Erneuerbare Energieträger. Weißbuch für eine Gemeinschaftsstrategie und Aktionsplan. o. O.

Europäische Kommission (EK) (1997b): State Aid: France. Commission Decides Not to Raise Any Objection to Tax Exemption for Biofuels. IP/97/285. Straßburg, 09.04.1997.

Europäische Kommission (EK) (1998a): Report to the Council and the European Parliament on Harmonization Requirements. Directive 96/92/EC Concerning Common Rules for the Internal Market in Electricity. COM(1998) 167 final. Brüssel.

Europäische Kommission (EK) (1998b): Commission and ACEA Agree on CO_2 Emissions From Cars. IP/98/734. Brüssel, 29.07.1998.

Europäische Kommission (EK) (2001a): Geänderter Vorschlag für eine Richtlinie des Europäischen Parlaments und des Rates zur Förderung der Stromerzeugung aus erneuerbaren Energiequellen im Elektrizitätsbinnenmarkt. COM(2000) 884 final. ABl. C 154.

Europäische Kommission (EK) (2001b): Communication From the Commission to the European Parliament, the Council, the Economic and Social Committee and the Committee of the Regions on Alternative Fuels for Road Transport and on a Set of Measures to Promote the Use of Biofuels. Proposal for a Directive of the European Parliament and of the Council on the Promotion of the Use of Biofuels for Transport. Proposal for a Council Directive amending Directive 92/81/EEC With Regard to the Possibility of Applying a Reduced Rate of Excise Duty on Certain Mineral Oils Containing Biofuels and on Biofuels. COM(2001) 547 final. Brüssel.

Europäische Kommission (EK) (2002): Proposal for a Council Decision Authorising the United Kingdom to Apply a Differentiated Rate of Excise Duty to Fuels Containing Biodiesel in Accordance with Article 8(4) of Directive 92/81/EEC. COM(2002) 144 final. ABl. C 181.

Europäische Kommission (EK) (2005a): Mitteilung der Kommission an den Rat und das Europäische Parlament. Bericht über die Fortschritte bei der Schaffung des Erdgas- und Elektrizitätsbinnenmarktes. COM(2005) 568 final. Brüssel.

Europäische Kommission (EK) (2005b): Information Note on the Follow up to the Informal Meeting of Heads of State and Government at Hampton Court. SEC(2005)1464. o. O.

Europäische Kommission (EK) (2005c): Communication from the Commission. The Support of Electricity from Renewable Energy Sources. COM(2005) 627 final. Brüssel.

Europäische Kommission (EK) (2006): Grünbuch. Eine europäische Strategie für nachhaltige, wettbewerbsfähige und sichere Energie. COM(2006) 105 final. Brüssel.

Europäische Kommission (EK) (2007a): Mitteilung der Kommission an den Europäischen Rat und das Europäische Parlament. Eine Energiepolitik für Europa. COM(2007) 1 final. Brüssel.

Europäische Kommission (EK) (2007b): Mitteilung der Kommission an den Rat und das Europäische Parlament. Fahrplan für erneuerbare Energien. Erneuerbare Energien im 21. Jahrhundert: Größere Nachhaltigkeit in der Zukunft. COM(2006) 848 final. Brüssel.

Europäische Kommission (EK) (2007c): Die Europäer und die Nukleare Sicherheit. Eurobarometer Spezial 271. Bericht. o. O.

Europäische Kommission (EK) (2007d): In Zusammenarbeit mit der Groupe Caisse d'Epargne unterstützt die EIB die Massnahmen des französischen Staates und der Gebietskörperschaften gegen den Klimawandel. 350 Mio EUR für umweltfreundliche Gebäude. BEI/07/103. Paris, 16.10.2007.

Europäische Kommission (EK) (2008a): Spezial Eurobarometer 300. Einstellungen der europäischen Bürger zum Klimawandel. Bericht. o. O.

Europäische Kommission (EK) (2008b): Commission Staff Working Document. The Support of Electricity from Renewable Energy Sources. SEC(2008) 57. Brüssel.

Europäische Kommission (EK) (2008c): Proposal for a Directive of the European Parliament and of the Council on the Promotion of the Use of Energy From Renewable Sources. COM(2008) 19 final. Brüssel.

Europäische Kommission (EK) (2009): Entscheidung der Kommission vom 30. Juni 2009 zur Festlegung eines Musters für nationale Aktionspläne für erneuerbare Energie gemäß der Richtlinie 2009/28/EG des Europäischen Parlaments und des Rates. 2009/548/EG. ABl. L 182.

Europäische Kommission (EK) (2011): Mitteilung der Kommission an das Europäische Parlament, den Rat, den Europäischen Wirtschafts- und Sozialausschuss und den Ausschuss der Regionen. Energiefahrplan 2050. COM(2011) 885 final. Brüssel.

Europäische Kommission (EK) (2019): Report From the Commission to the European Parliament, the Council, the European Economic and Social Committee and the Committee of the Regions. Renewable Energy Progress Report. COM(2019) 225 final. Brüssel.

Europäische Kommission (EK) (2021): Proposal for a Directive of the European Parliament and of the Council Amending Directive (EU) 2018/2001 of the European Parliament and of the Council, Regulation (EU) 2018/1999 of the European Parliament and of the Council and Directive 98/70/EC of the European Parliament and of the Council as Regards the Promotion of Energy From Renewable Sources, and Repealing Council Directive (EU) 2015/652. COM(2021) 557 final. Brüssel.

Europäische Kommission (EK) (2022): Infringement Decisions. Database. ec.europa.eu (20.02.2022).

Europäische Union (EU) (2019): National Transposition Measures Communicated by the Member States Concerning Directive 2009/28/EC. EUR-Lex Document 32009L0028. eur-lex.europa.eu (02.12.2019).

Europäischer Wirtschafts- und Sozialausschuss (EWSA) (2005): EWSA verabschiedet zentrale Stellungnahmen zu den Themen: Bessere Rechtsetzung sowie bessere Durchführung und Durchsetzung des EU-Rechts. CES/05/106. Brüssel, 28.09.2005.

Europäisches Parlament (EP) (2008): Report on the Proposal for a Directive of the European Parliament and of the Council on the Promotion of the Use of Energy From Renewable Sources (2008/0016(COD)). Committee on Industry, Research and Energy. Rapporteur: Claude Turmes. A6-0369/2008.

Europäisches Parlament (EP) (2019): Legislative Observatory, Procedure File 2008/0016(COD). Promotion of the Use of Energy From Renewable Sources. Renewable Energy Directive. www.europarl.europa.eu (14.02.2019).

Eurostat (2002): Energy and Environment Indicators. Data 1985–2000. Pocketbooks. Luxemburg.

Eurostat (2006): Energy, Transport and Environment Indicators. Data 1990–2004. Pocketbooks. Luxemburg.

Eurostat (2016): Primärerzeugung von Energie durch Ressource [ten00076]. Datenbank. ec.europa.eu (30.05.2016).

Eurostat (2020): Abhängigkeit von Energieimporten [nrg_ind_id]. Datenbank. ec.europa.eu (09.06.2020).

Eurostat (2022a): Anteil von Energie aus erneuerbaren Quellen [nrg_ind_ren]. Datenbank. ec.europa.eu (14.02.2022).

Eurostat (2022b): Statistische Transfers, Gemeinsame Projekte und Gemeinsame Förderregelungen [nrg_ind_stjpjss]. Datenbank. ec.europa.eu (14.02.2022).

Evrard, Aurélien (2012): Les effets du Grenelle de l'environnement. Les énergies renouvelables. In: Centre de recherches politiques de Sciences Po (CEVIPOF) und Centre national de la recherche scientifique (CNRS) (Hg.): Le Grenelle de l'environnement. Acteurs, discours, effets. Rapport final. Institut d'études politiques de Paris (Sciences Po). Paris, S. 341–371.

Exadaktylos, Theofanis; Radaelli, Claudio M. (2015): Europeanisation. In: Kennet Lynggaard, Ian Manners und Karl Löfgren (Hg.): Research Methods in European Union Studies. Basingstoke: Palgrave Macmillan, S. 206–218.

Fabrégat, Sophie (2010): Un Grenelle 2 "éolicide". Histoire d'un revirement de situation. Actu-environnement. www.actu-environnement.com (04.04.2020).

Falkner, Gerda (2007): Time to Discuss. Data to Crunch or Problems to Solve? A Rejoinder to Robert Thomson. In: *West European Politics* 30 (5), S. 1009–1021.

Falkner, Gerda (2010): Institutional Performance and Compliance with EU Law. Czech Republic, Hungary, Slovakia and Slovenia. In: *Journal of Public Policy* 30 (1), S. 101–116.

Falkner, Gerda; Hartlapp, Miriam; Leiber, Simone; Treib, Oliver (2004): Non-Compliance with EU Directives in the Member States. Opposition Through the Backdoor? In: *West European Politics* 27 (3), S. 452–473.

Falkner, Gerda; Hartlapp, Miriam; Leiber, Simone; Treib, Oliver (2007a): In Search of the Worlds of Compliance. Promises and Pitfalls of Quantitative Testing. IHS Political Science Series Paper No. 113. Hg. v. Institut für Höhere Studien (IHS). Wien.

Falkner, Gerda; Hartlapp, Miriam; Treib, Oliver (2007b): Worlds of Compliance. Why Leading Approaches to European Union Implementation Are Only 'Sometimes-true Theories'. In: *European Journal of Political Research* 46 (3), S. 395–416.

Falkner, Gerda; Treib, Oliver (2008): Three Worlds of Compliance or Four? The EU-15 Compared to New Member States. In: *Journal of Common Market Studies* 46 (2), S. 293–313.

Falkner, Gerda; Treib, Oliver; Hartlapp, Miriam; Leiber, Simone (2005): Complying With Europe. EU Harmonisation and Soft Law in the Member States. Cambridge: Cambridge University Press.

Falkner, Gerda; Treib, Oliver; Holzleithner, Elisabeth (2008): Compliance in the Enlarged European Union. Living Rights or Dead Letters? Unter Mitarbeit von Emmanuelle Causse, Petra Furtlehner, Marianne Schulze und Clemens Wiedermann. Aldershot: Ashgate.

Faninger, Gerhard (2003): Towards Sustainable Development in Austria. Renewable Energy Contributions. In: *Mitigation and Adaptation Strategies for Global Change* 8 (2), S. 177–188.

Farla, Jacco; Alkemade, Floortje; Suurs, Roald A. A. (2010): Analysis of Barriers in the Transition Toward Sustainable Mobility in the Netherlands. In: *Technological Forecasting and Social Change* 77 (8), S. 1260–1269.

Featherstone, Kevin; Radaelli, Claudio M. (Hg.) (2003): The Politics of Europeanization. Oxford: Oxford University Press.

Feick, Jürgen; Jann, Werner (1988): Nations Matter. Vom Eklektizismus zur Integration in der vergleichenden Politikforschung. In: Manfred G. Schmidt (Hg.): Staatstätigkeit. International und historisch vergleichende Analysen. PVS-Sonderheft 19. Opladen: Westdeutscher Verlag, S. 196–220.

Fink, Simon; Ruffing, Eva (2017): The Differentiated Implementation of European Participation Rules in Energy Infrastructure Planning. Why Does the German Participation Regime Exceed European Requirements? In: *European Policy Analysis* 3 (2), S. 274–294.

Finnemore, Martha; Sikkink, Kathryn (1998): International Norm Dynamics and Political Change. In: *International Organization* 52 (4), S. 887–917.

Fischer, Severin (2011): Auf dem Weg zur gemeinsamen Energiepolitik. Strategien, Instrumente und Politikgestaltung in der Europäischen Union. Baden-Baden: Nomos.

Folkpartiet liberalerna (FP) (2002): Ett parti som vågar utmana. Folkpartiet liberalernas valmanifest inför valet 2002. Stockholm.

Folkpartiet liberalerna (FP) (2006): En socialliberal modell i globaliseringens tid. Folkpartiets valmanifest 2006. o. O.

Forsum, Åsa; Sahlin, Mikaela; Olsson, Olle (2018): Sweden – 2018 Update. Bioenergy Policies and Status of Implementation. Country Reports. IEA Bioenergy: 09 2018. Hg. v. Luc Pelkmans. International Energy Agency (IEA).

France Énergie Éolien (FEE) (2010a): Grenelle 2 : malgré le retrait du seuil des 15 mégawatts de puissance pour l'installation d'un parc éolien, l'avenir de la filière reste très menacé. o. O., 06.05.2010.

France Énergie Éolien (FEE) (2010b): Dispositions du texte de loi Grenelle 2 et avenir de la filière éolienne dans l'ouest de la France. o. O., 08.06.2010.

France Nature Environnement (FNE) (2009): Grenelle II. L'éolien en berne. o. O., 06.10.2009.

Freiheitliche Partei Österreichs (FPÖ) (2006): Wahlprogramm der Freiheitlichen Partei Österreichs FPÖ. Nationalratswahl 2006. o. O.

Gan, Lin; Eskeland, Gunnar S.; Kolshus, Hans H. (2007): Green Electricity Market Development. Lessons from Europe and the US. In: *Energy Policy* 35 (1), S. 144–155.

Gebbink, Andreas (2010): Klimaschutzpolitik in den Niederlanden. Arbeitsprogramm „Schoon en Zuinig". Hg. v. Zentrum für Niederlande-Studien. Westfälische Wilhelms-Universität Münster. www.uni-muenster.de (11.08.2020).

Geden, Oliver; Fischer, Severin (2008): Die Energie- und Klimapolitik der Europäischen Union. Bestandsaufnahme und Perspektiven. Baden-Baden: Nomos.

George, Alexander Lawrence; Bennett, Andrew (2005): Case Studies and Theory Development in the Social Sciences. Cambridge: MIT Press.

Georgiou, Natasha A.; Rocco, Andrea (2017): The Energy Union as an Instrument of Global Governance in EU-Russia Energy Relations. In: *Geopolitics, History, and International Relations* 9 (1), S. 241–268.

Gipe, Paul (1995): Wind Energy Comes of Age. New York: Wiley.

GLOBAL 2000 (2008): Regierungsstreit verhindert Klimaschutz! GLOBAL 2000 bilanziert Arbeit des Klima- und Energiefonds und fordert Sacharbeit für das Klima ein. Wien, 06.03.2008.

GLOBAL 2000; Greenpeace; World Wide Fund For Nature (WWF) (2004): Bartensteins Entwurf zum Ökostromgesetz kann keine Diskussionsgrundlage sein. GLOBAL 2000, Greenpeace und WWF fordern Rücknahme des Affronts gegen Österreichs Umweltschutz – Bartenstein-Entwurf widerspricht österreichischer Klimastrategie. Wien, 17.09.2004.

Gravey, Viviane; Jordan, Andrew (2016): Does the European Union Have a Reverse Gear? Policy Dismantling in a Hyperconsensual Polity. In: *Journal of European Public Policy* 23 (8), S. 1180–1198.

Green, Richard; Yatchew, Adonis (2012): Support Schemes for Renewable Energy. An Economic Analysis. In: *Economics of Energy & Environmental Policy* 1 (2), S. 83–89.

Green Cowles, Maria; Caporaso, James; Risse, Thomas (Hg.) (2001): Transforming Europe. Europeanization and Domestic Change. Ithaca: Cornell University Press.

Greenpeace Nederland (2006): Greenpeace prijst energieplannen van ChristenUnie. www.greenpeace.org (02.02.2019).

Greenpeace Österreich (2009): Wärmedämmung statt Ankündigungs-Politik! Umweltorganisation fordert eine Milliarde Euro für thermische Sanierung. Wien, 26.03.2009.

Grotz, Claudia (2005a): France. In: Danyel T. Reiche (Hg.): Handbook of Renewable Energies in the European Union. Case Studies of the EU-15 States. 2. Aufl. Frankfurt a. M.: Peter Lang, S. 121–140.

Grotz, Claudia (2005b): Germany. In: Danyel T. Reiche (Hg.): Handbook of Renewable Energies in the European Union. Case Studies of the EU-15 States. 2. Aufl. Frankfurt a. M.: Peter Lang, S. 141–160.

Guénaire, Michel; Jothy, Benjamin; Lienhardt, Pierre-Adrien; Rambaud, Aurélia; Nouel, Gide Loyrette (2017): Electricity Regulation in France: Overview. Hg. v. Thomson Reuters (Practical Law). uk.practicallaw.thomsonreuters.com (21.06.2018).

H. M. Government (2010): The Coalition. Our Programme for Government. Freedom. Fairness. Responsibility. Hg. v. Cabinet Office. London.

Haas, Peter M. (1998): Compliance With EU Directives. Insights From International Relations and Comparative Politics. In: *Journal of European Public Policy* 5 (1), S. 17–37.

Haas, R.; Eichhammer, W.; Huber, C.; Langniss, O.; Lorenzoni, A.; Madlener, R. et al. (2004): How to Promote Renewable Energy Systems Successfully and Effectively. In: *Energy Policy* 32 (6), S. 833–839.

Haas, Reinhard; Zehetner, Christoph; Resch, Gustav (2017): Renewable Energy and Efficiency Development in Austria. In: *Renewable Energy Law and Policy Review* 7 (4), S. 37–63.

Hall, Patrik (2016): The Swedish Administrative Model. In: Jon Pierre (Hg.): The Oxford Handbook of Swedish Politics. Oxford: Oxford University Press, S. 299–314.

Hall, Peter A. (1993): Policy Paradigms, Social Learning, and the State. The Case of Economic Policymaking in Britain. In: *Comparative Politics* 25 (3), S. 275–296.

Hall, Peter A; Taylor, Rosemary C. R. (1996): Political Science and the Three New Institutionalisms. In: *Political Studies* 44 (5), S. 936–957.

Hartlapp, Miriam (2007): On Enforcement, Management and Persuasion. Different Logics of Implementation Policy in the EU and the ILO. In: *Journal of Common Market Studies* 45 (3), S. 653–674.

Hartlapp, Miriam; Falkner, Gerda (2009): Problems of Operationalization and Data in EU Compliance Research. In: *European Union Politics* 10 (2), S. 281–304.

Hartlapp, Miriam; Leiber, Simone (2010): The Implementation of EU Social Policy. The 'Southern Problem' Revisited. In: *Journal of European Public Policy* 17 (4), S. 468–486.

Haverland, Markus (2000): National Adaptation to European Integration. The Importance of Institutional Veto Points. In: *Journal of Public Policy* 20 (1), S. 83–103.

Haverland, Markus (2003): The Impact of the European Union on Environmental Policies. In: Kevin Featherstone und Claudio M. Radaelli (Hg.): The Politics of Europeanization. Oxford: Oxford University Press, S. 203–221.

Haverland, Markus; Romeijn, Marleen (2007): Do Member States Make European Policies Work? Analysing the EU Transposition Deficit. In: *Public Administration* 85 (3), S. 757–778.

Haverland, Markus; Steunenberg, Bernard; Waarden, Frans van (2011): Sectors at Different Speeds. Analysing Transposition Deficits in the European Union. In: *Journal of Common Market Studies* 49 (2), S. 265–291.

Hayward, Jack E. S. (1974): National Aptitudes for Planning in Britain, France and Italy. In: *Government and Opposition* 9 (4), S. 397–410.

Hazrat, Jessika (2016): Die Förderung Erneuerbarer Energien in Deutschland, dem Vereinigten Königreich und Frankreich. Eine vergleichende Untersuchung unter Einbeziehung europarechtlicher und ökonomischer Aspekte. Dissertation. Technische Universität Dresden, Dresden.

Heidbreder, Eva G. (2017): Strategies in Multilevel Policy Implementation. Moving Beyond the Limited Focus on Compliance. In: *Journal of European Public Policy* 24 (9), S. 1367–1384.

Heidenheimer, Arnold J.; Heclo, Hugh; Adams, Carolyn Teich (1983): Comparative Public Policy. The Politics of Social Choice in Europe and America. London: Macmillan Press.

Heinisch, Reinhard (2010): Unremarkably Remarkable, Remarkably Unremarkable. Schüssel as Austria's Foreign Policymaker in a Time of Transition. In: Günter Bischof und Fritz Plasser (Hg.): The Schüssel Era in Austria. New Orleans: University of New Orleans Press, S. 119–158.

Helms, Ludger (2006): Das Parteiensystem Großbritanniens. In: Richard Stöss und Melanie Haas (Hg.): Die Parteiensysteme Westeuropas. Wiesbaden: Springer VS, S. 213–233.

Hendriks, Carolyn M. (2008): On Inclusion and Network Governance. The Democratic Disconnect of Dutch Energy Transitions. In: *Public Administration* 86 (4), S. 1009–1031.

Héritier, Adrienne (1995): 'Leaders' and 'Laggards' in European Clean Air Policy. In: Brigitte Unger (Hg.): Convergence or Diversity? Internationalization and Economic Policy Response. Aldershot: Avebury, S. 278–305.

Héritier, Adrienne (2001): Differential Europe. The European Union Impact on National Policymaking. In: Adrienne Héritier, Dieter Kerwer, Christoph Knill, Dirk Lehmkuhl, Michael Teutsch und Anne-Cécile Douillet (Hg.): Differential Europe. The European Union Impact on National Policymaking. Lanham: Rowman & Littlefield, S. 1–22.

Héritier, Adrienne; Kerwer, Dieter; Knill, Christoph; Lehmkuhl, Dirk; Teutsch, Michael; Douillet, Anne-Cécile (Hg.) (2001): Differential Europe. The European Union Impact on National Policymaking. Lanham: Rowman & Littlefield.

Hillman, Karl M.; Suurs, Roald A. A.; Hekkert, Marko P.; Sandén, Björn A. (2008): Cumulative Causation in Biofuels Development. A Critical Comparison of the Netherlands and Sweden. In: *Technology Analysis & Strategic Management* 20 (5), S. 593–612.

Hirschl, Bernd (2008): Erneuerbare Energien-Politik. Eine Multi-Level Policy-Analyse mit Fokus auf den deutschen Strommarkt. Wiesbaden: Springer VS.

Hoffmann, Volker Uwe (2008): Damals war's. Ein Rückblick auf die Entwicklung der Photovoltaik in Deutschland. In: *Sonnenenergie* (6), S. 38–39.

Hofman, Peter S.; Marquart, N. Edwin (2001): Electricity in Flux. Sociotechnical Change in the Dutch Electricity System, 1970–2000. Dutch National Research Programme on Global Air Pollution and Climate Change. Hg. v. Center for Clean Technology and Environmental Policy (CSTM). Universiteit Twente. Enschede.

Holmberg, Sören; Hedberg, Per (2017): The Will of the People? Swedish Nuclear Power Policy. In: Wolfgang C. Müller und Paul W. Thurner (Hg.): The Politics of Nuclear Energy in Western Europe. Oxford: Oxford University Press, S. 235–258.

Hoppe, Thomas; Bueren, Ellen van (2017): From Frontrunner to Laggard. The Netherlands and Europeanization in the Cases of RES-E and Biofuel Stimulation. In: Israel Solorio und Helge Jörgens (Hg.): A Guide to EU Renewable Energy Policy. Comparing Europeanization and Domestic Policy Change in EU Member States. Cheltenham: Edward Elgar, S. 65–84.

House of Commons (HC) (2006): Keeping the Lights On: Nuclear, Renewables and Climate Change. Sixth Report of Session 2005–06. Volume I, HC 584-I. Environmental Audit Committee. London.

House of Commons (HC) (2007): Climate Change: the "Citizen's Agenda". Eighth Report of Session 2006–07. Volume I, HC 88-I. Environment, Food and Rural Affairs Committee. London.

House of Commons (HC) (2008a): Energy Bill. Explanatory Notes on Lords Amendments. HC Bill 160. London.

House of Commons (HC) (2008b): Lords Amendments to the Energy Bill. HC Bill 160. London.

House of Commons (HC) (2008c): HC Debate (22.01.2008). Vol. 470, Col. 1361.

House of Commons (HC) (2008d): HC Debate (18.11.2008). Vol. 483, Col. 135.

Howes, Tom (2010): The EU's Renewable Energy Directive (2009/28/EC). In: Sebastian Oberthür und Marc Pallemaerts (Hg.): The New Climate Policies of the European Union. Internal Legislation and Climate Diplomacy. Brüssel: Brussels University Press, S. 117–150.

Huse, Cristian; Lucinda, Claudio (2014): The Market Impact and the Cost of Environmental Policy. Evidence From the Swedish Green Car Rebate. In: *The Economic Journal* 124 (578), F393–F419.

Illing, Falk (2012): Energiepolitik in Deutschland. Die energiepolitischen Maßnahmen der Bundesregierung 1949–2013. Baden-Baden: Nomos.

Industriellenvereinigung (IV) (2007): Industrie zu Energie- und Klimafonds. Schwerpunkt auf Forschung, Entwicklung, Technologie legen. Wien, 06.12.2007.

Interessengemeinschaft Windkraft Österreich (IGW) (2004a): Positionspapier Ökostromgesetz. 21. April 2004. www.igwindkraft.at (08.06.2020).

Interessengemeinschaft Windkraft Österreich (IGW) (2004b): Ökostrom: Bartenstein-Entwurf bedeutet „Aus". St. Pölten, 23.08.2004.

Interessengemeinschaft Windkraft Österreich (IGW) (2004c): Stellungnahme zum Entwurf einer Novelle 2004 zum Ökostromgesetz. St. Pölten, 07.09.2004.

International Energy Agency (IEA) (2000): Energy Policies of IEA Countries. Sweden 2000 Review. Hg. v. International Energy Agency (IEA) und Organisation for Economic Cooperation and Development (OECD). Paris.

International Energy Agency (IEA) (2003): Energy Policies of IEA Countries. Austria 2002 Review. Hg. v. International Energy Agency (IEA) und Organisation for Economic Co-operation and Development (OECD). Paris.

International Energy Agency (IEA) (2007): Energy Policies of IEA Countries. United Kingdom 2006 Review. Hg. v. International Energy Agency (IEA) und Organisation for Economic Co-operation and Development (OECD). Paris.

International Energy Agency (IEA) (2008a): Energy Policies of IEA Countries. Austria 2007 Review. Hg. v. Organisation for Economic Co-operation and Development (OECD) und International Energy Agency (IEA). Paris.

International Energy Agency (IEA) (2008b): Energy Policies of IEA Countries. Sweden 2008 Review. Hg. v. International Energy Agency (IEA) und Organisation for Economic Co-operation and Development (OECD). Paris.

International Energy Agency (IEA) (2009): Energy Policies of IEA Countries. The Netherlands 2008 Review. Hg. v. International Energy Agency (IEA) und Organisation for Economic Co-operation and Development (OECD). Paris.

International Energy Agency (IEA) (2018): Statistics. Sweden. www.iea.org (30.04.2018).

International Energy Agency (IEA) (2020): The Netherlands 2020. Energy Policy Review. o. O.

Ismayr, Wolfgang (2009): Das politische System Deutschlands. In: Wolfgang Ismayr (Hg.): Die politischen Systeme Westeuropas. Unter Mitarbeit von Jörg Bohnefeld und Stephan Fischer. 4. Aufl. Wiesbaden: Springer VS, S. 515–565.

Jacobs, David (2012): Renewable Energy Policy Convergence in the EU. The Evolution of Feed-in Tariffs in Germany, Spain and France. Farnham: Ashgate.

Jacobsson, Staffan (2008): The Emergence and Troubled Growth of a 'Biopower' Innovation System in Sweden. In: Energy Policy 36 (4), S. 1491–1508.

Jacobsson, Staffan; Lauber, Volkmar (2006): The Politics and Policy of Energy System Transformation. Explaining the German Diffusion of Renewable Energy Technology. In: Energy Policy 34 (3), S. 256–276.

Jahn, Detlef (2009): Das politische System Schwedens. In: Wolfgang Ismayr (Hg.): Die politischen Systeme Westeuropas. Unter Mitarbeit von Jörg Bohnefeld und Stephan Fischer. 4. Aufl. Wiesbaden: Springer VS, S. 107–149.

Jahn, Detlef (2013): Einführung in die vergleichende Politikwissenschaft. 2. Aufl. Wiesbaden: Springer VS.

Jans, J. H.; Squintani, L.; Aragão, A.; Macrory, R.; Wegener, B. W. (2009): 'Gold Plating' of European Environmental Measures? In: Journal for European Environmental & Planning Law 6 (4), S. 417–435.

Jenner, Steffen; Chan, Gabriel; Frankenberger, Rolf; Gabel, Mathias (2012): What Drives States to Support Renewable Energy? In: The Energy Journal 33 (2), S. 1–12.

Johnston, Angus; van der Marel, Eva (2016): How Binding are the EU's 'Binding' Renewables Targets? In: Cambridge Yearbook of European Legal Studies 18, S. 176–214.

Jordan, Andrew; Bauer, Michael W.; Green-Pedersen, Christoffer (2013): Policy Dismantling. In: Journal of European Public Policy 20 (5), S. 795–805.

Jouzel, Jean; Stern, Nicholas; Bard, Edouard; Lion, Yves; Blanc, Patricia; Rossinot, Philippe et al. (2007): Lutter contre les changements climatiques et maîtriser la demande d'énergie. Rapport du groupe 1 du Grenelle de l'Environnement. o. O.

Kaeding, Michael (2006): Determinants of Transposition Delay in the European Union. In: *Journal of Public Policy* 26 (3), 229–253.

Kaeding, Michael (2008): Lost in Translation or Full Steam Ahead. The Transposition of EU Transport Directives Across Member States. In: *European Union Politics* 9 (1), S. 115–143.

Kammer für Arbeiter und Angestellte für Wien (AK Wien) (2004): AK kritisiert Belastung für KonsumentInnen bei Ökostromgesetz-Novelle. Mehrbelastung bei den Netzgebührzuschlägen für KonsumentInnen. Wien, 15.09.2004.

Kammer für Arbeiter und Angestellte für Wien (AK Wien) (2006): Märkte – Wettbewerb – Regulierung. Wettbewerbsbericht der AK 2005. Teil 2. Wien.

Kamp, Linda M. (2007): The Importance of Learning Processes in Wind Power Development. In: *European Environment* 17 (5), S. 334–346.

Kanellakis, M.; Martinopoulos, G.; Zachariadis, T. (2013): European Energy Policy. A Review. In: *Energy Policy* 62 (C), S. 1020–1030.

Katzenstein, Peter J. (1985): Small States in World Markets. Industrial Policy in Europe. Ithaca: Cornell University Press.

Kaya, Cansarp (2018): The Impact of Interest Group Diversity on Legal Implementation in the European Union. In: *Journal of European Public Policy* 25 (4), S. 567–585.

Keay, Malcolm (2016): UK Energy Policy. Stuck in Ideological Limbo? In: *Energy Policy* 94, S. 247–252.

Kemp, René; Rotmans, Jan; Loorbach, Derk (2007): Assessing the Dutch Energy Transition Policy. How Does it Deal with Dilemmas of Managing Transitions? In: *Journal of Environmental Policy & Planning* 9 (3–4), S. 315–331.

Kempf, Udo (2009): Das politische System Frankreichs. In: Wolfgang Ismayr (Hg.): Die politischen Systeme Westeuropas. Unter Mitarbeit von Jörg Bohnefeld und Stephan Fischer. 4. Aufl. Wiesbaden: Springer VS, S. 349–404.

Kern, Florian; Howlett, Michael (2009): Implementing Transition Management as Policy Reforms. A Case Study of the Dutch Energy Sector. In: *Policy Sciences* 42 (4), 391–408.

Kingston, Jeff (2013): Nuclear Power Politics in Japan, 2011–2013. In: *Asian Perspective* 37 (4), S. 501–521.

Kinver, Mark (2008): Greens Welcome New Climate Dept. 03.10.2008. BBC News. news.bbc.co.uk (06.08.2020).

Kitschelt, Herbert (1980): Kernenergiepolitik. Arena eines gesellschaftlichen Konflikts. Frankfurt am Main: Campus.

Kitzing, Lena; Mitchell, Catherine; Morthorst, Poul Erik (2012): Renewable Energy Policies in Europe. Converging or Diverging? In: *Energy Policy* 51, S. 192–201.

Kleinwasserkraft Österreich (Kleinwasserkraft Ö.) (2004): Novelle zum Ökostromgesetz. Wien, 16.09.2004.

Klima- und Energiefonds (2008): Start für „Neue Energien 2020". Das Klima- und Energiefonds Forschungs- und Technologieprogramm. 20 Millionen Euro für die nachhaltige Restrukturierung des heimischen Energiesystems. Wien, 19.03.2008.

Klimabündnis Österreich (2005): Neues Ökostromgesetz ist Katastrophe für den Klimaschutz! Wien, 25.11.2005.

Knill, Christoph (1998): European Policies. The Impact of National Administrative Traditions. In: *Journal of Public Policy* 18 (1), S. 1–28.

Knill, Christoph (2001): The Europeanisation of National Administrations. Patterns of Institutional Change and Persistence. Cambridge: Cambridge University Press.

Knill, Christoph; Lehmkuhl, Dirk (2000a): An Alternative Route of European Integration. The Community's Railways Policy. In: *West European Politics* 23 (1), S. 65–88.

Knill, Christoph; Lehmkuhl, Dirk (2000b): Mechanismen der Europäisierung. Nationale Regulierungsmuster und europäische Integration. In: *Swiss Political Science Review* 6 (4), S. 19–50.

Knill, Christoph; Lehmkuhl, Dirk (2002): The National Impact of European Union Regulatory Policy. Three Europeanization Mechanisms. In: *European Journal of Political Research* 41 (2), S. 255–280.

Knill, Christoph; Lehmkuhl, Dirk (2004): Die Europäisierung nationaler Staatstätigkeit. Erkenntnisse aus der vergleichenden Policy-Forschung. In: Everhard Holtmann (Hg.): Staatsentwicklung und Policyforschung. Politikwissenschaftliche Analysen der Staatstätigkeit. Wiesbaden: Springer VS, S. 141–165.

Knill, Christoph; Lenschow, Andrea (1998): Coping With Europe. The Impact of British and German Administrations on the Implementation of EU Environmental Policy. In: *Journal of European Public Policy* 5 (4), S. 595–614.

Knill, Christoph; Lenschow, Andrea (1999): Neue Konzepte – alte Probleme? Die institutionellen Grenzen effektiver Implementation. In: *Politische Vierteljahresschrift* 40 (4), S. 591–617.

Knill, Christoph; Lenschow, Andrea (Hg.) (2000): Implementing EU Environmental Policy. New Directions and Old Problems. Manchester: Manchester University Press.

Knill, Christoph; Lenschow, Andrea (2001a): Adjusting to EU Environmental Policy. Change and Persistence of Domestic Administrations. In: Maria Green Cowles, James Caporaso und Thomas Risse (Hg.): Transforming Europe. Europeanization and Domestic Change. Ithaca: Cornell University Press, S. 116–136.

Knill, Christoph; Lenschow, Andrea (2001b): Die Europäisierung nationaler Verwaltungsmuster. In: Ingeborg Tömmel (Hg.): Europäische Integration als Prozess von Angleichung und Differenzierung. Opladen: Leske + Budrich, S. 159–179.

Knill, Christoph; Lenschow, Andrea (2005a): Coercion, Competition and Communication. Different Approaches of European Governance and Their Impact on National Institutions. In: *Journal of Common Market Studies* 43 (3), S. 583–606.

Knill, Christoph; Lenschow, Andrea (2005b): Compliance, Communication and Competition. Patterns of EU Environmental Policy Making and Their Impact on Policy Convergence. In: *European Environment* 15 (2), S. 114–128.

Knill, Christoph; Liefferink, Duncan (2013): The Establishment of EU Environmental Policy. In: Andrew Jordan und Camilla Adelle (Hg.): Environmental Policy in the EU. Actors, Institutions and Processes. 3. Aufl. Abingdon: Routledge, S. 13–31.

Knill, Christoph; Steinebach, Yves; Fernández-i-Marín, Xavier (2020): Hypocrisy as a Crisis Response? Assessing Changes in Talk, Decisions, and Actions of the European Commission in EU Environmental Policy. In: *Public Administration* 98 (2), S. 363–377.

Knill, Christoph; Tosun, Jale (2012): Public Policy. A New Introduction. Basingstoke: Palgrave Macmillan.

Knodt, Michèle; Ringel, Marc; Müller, Rainer (2020): 'Harder' Soft Governance in the European Energy Union. In: *Journal of Environmental Policy & Planning* 22 (6), S. 787–800.

Knodt, Michèle; Schoenefeld, Jonas J. (2020): Harder Soft Governance in European Climate and Energy Policy. Exploring a New Trend in Public Policy. In: *Journal of Environmental Policy & Planning* 22 (6), S. 761–773.

Knollmann, David (2018): Gescheiterte Kernenergiepolitik. Politische Veränderungsprozesse in Deutschland und den USA. Baden-Baden: Nomos.

König, Thomas; Luig, Bernd (2014): Ministerial Gatekeeping and Parliamentary Involvement in the Implementation Process of EU Directives. In: *Public Choice* 160 (3/4), S. 501–519.

Körbitz, W.; Friedrich, St.; Waginger, E.; Wörgetter, M. (2003): Worldwide Review on Biodiesel Production. IEA Bioenergy Task 39, Subtask „Biodiesel". Hg. v. Austrian Biofuels Institute. Wien.

Körner, Stefan (2005): Sweden. In: Danyel T. Reiche (Hg.): Handbook of Renewable Energies in the European Union. Case Studies of the EU-15 States. 2. Aufl. Frankfurt a. M.: Peter Lang, S. 281–294.

Krasner, Stephen D. (1988): Sovereignty. An Institutional Perspective. In: *Comparative Political Studies* 21 (1), S. 66–94.

Kriechbaumer, Robert (2016): „Es reicht!". Die Regierung Gusenbauer – Molterer. Österreich 2007/2008. Wien: Böhlau Verlag.

Kristdemokraterna (Kd) (2002): Valmanifest. Tid för förändring. Tid för handling. o. O.

Kristdemokraterna (Kd) (2006): Garanti-Bevis till Dig som väljare inför valet 2006. Stockholm.

Laali, Ali-Réza; Benard, Michel (1999): French Wind Power Generation Programme EOLE 2005. Results of the First Call for Tenders. Electricitè de France (EDF). In: *Renewable Energy* 16 (1–4), S. 805–810.

Labour Party (1992): It's Time to Get Britain Working Again. Labour's Election Manifesto. April 1992. London.

Labour Party (1997): New Labour. Because Britain Deserves Better. London.

Labour Party (2005): The Labour Party Manifesto 2005. Britain Forward Not Back. o. O.

Laffan, Brigid; O'Mahony, Jane (2004): Mis-fit, Politicisation and Europeanisation. The Implementation of the Habitats Directive. OEUE Phase II, Occasional Paper 1.3 – 08.04. Dublin European Institute, University College Dublin. Dublin.

Land Oberösterreich (2005): Landeskorrespondenz Nr. 289 vom 14. Dezember 2005. Linz.

Lauber, Volkmar (2005a): Austria. In: Danyel T. Reiche (Hg.): Handbook of Renewable Energies in the European Union. Case Studies of the EU-15 States. 2. Aufl. Frankfurt a. M.: Peter Lang, S. 55–70.

Lauber, Volkmar (2005b): Renewable Energy at the Level of the European Union. In: Danyel T. Reiche (Hg.): Handbook of Renewable Energies in the European Union. Case Studies of the EU-15 States. 2. Aufl. Frankfurt a. M.: Peter Lang, S. 39–53.

Lauber, Volkmar (2011): The European Experience With Renewable Energy Support Schemes and Their Adoption. Potential Lessons for Other Countries. In: *Renewable Energy Law and Policy Review* 2 (2), S. 120–132.

Lauber, Volkmar; Schenner, Elisa (2011): The Struggle Over Support Schemes for Renewable Electricity in the European Union. A Discursive-Institutionalist Analysis. In: *Environmental Politics* 20 (4), S. 508–527.

Lauber, Volkmar; Toke, David (2005): Einspeisetarife sind billiger und effizienter als Quoten-/Zertifikatssysteme. Der Vergleich Deutschland-Großbritannien stellt frühere Erwartungen auf den Kopf. In: *Zeitschrift für Neues Energierecht* 9 (2), S. 132–139.

Laumanns, Ulrich (2005): Determinanten der Energiepolitik. In: Danyel T. Reiche und Mischa Bechberger (Hg.): Grundlagen der Energiepolitik. Frankfurt am Main: Peter Lang, S. 279–289.

Lauriol, Thierry (2016): Energy Law in France. In: Martha Roggenkamp, Catherine Redgwell, Anita Rønne und Iñigo Del Guayo (Hg.): Energy Law in Europe. National, EU and International Regulation. 3. Aufl. Oxford: Oxford University Press, S. 481–557.

Leiber, Simone (2007): Transposition of EU Social Policy in Poland. Are There Different 'Worlds of Compliance' in East and West? In: *Journal of European Social Policy* 17 (4), S. 349–360.

Leimbach, Berthold; Müller, Friedemann (2008): European Energy Policy. Balancing National Interests and the Need for Policy Change. The Current European Energy Dialogue. Hg. v. Friedrich-Ebert-Stiftung (FES). Berlin.

Leiren, Merethe Dotterud; Reimer, Inken (2021): Germany. From Feed-in Tariffs to Greater Competition. In: Elin Lerum Boasson, Merethe Dotterud Leiren und Jørgen Wettestad (Hg.): Comparative Renewables Policy. Political, Organizational and European Fields. Abingdon: Routledge, S. 75–102.

Lenschow, Andrea (2004): Kommentar zu C. Knill und D. Lehmkuhl. In: Everhard Holtmann (Hg.): Staatsentwicklung und Policyforschung. Politikwissenschaftliche Analysen der Staatstätigkeit. Wiesbaden: Springer VS, S. 166–174.

Lepszy, Norbert; Wilp, Markus (2009): Das politische System der Niederlande. In: Wolfgang Ismayr (Hg.): Die politischen Systeme Westeuropas. Unter Mitarbeit von Jörg Bohnefeld und Stephan Fischer. 4. Aufl. Wiesbaden: Springer VS, S. 405–450.

Les Verts (1997): Ensemble, donnons du sens à l'avenir. Synthèse de programme. „Vert Contact" n° 460, du 3 au 9 mai 1997. www.verts.imaginet.fr ([09.03.1997] 14.01.2020).

Lijphart, Arend (2012): Patterns of Democracy. Government Forms and Performance in Thirty-Six Countries. 2. Aufl. New Haven: Yale University Press.

Lijst Pim Fortuyn (LPF) (2002): Zakelijk met een hart. o. O.

Lindblom, Charles E. (1959): The Science of „Muddling Through". In: *Public Administration Review* 19 (2), S. 79–88.

Lindvall, Johannes; Sebring, Joakim (2005): Policy Reform and the Decline of Corporatism in Sweden. In: *West European Politics* 28 (5), S. 1057–1074.

Lipp, Judith (2007): Lessons for Effective Renewable Electricity Policy From Denmark, Germany and the United Kingdom. In: *Energy Policy* 35 (11), S. 5481–5495.

Lovinfosse, Isabelle de (2008): How and Why Do Policies Change? A Comparison of Renewable Electricity Policies in Belgium, Denmark, Germany, the Netherlands and the UK. Brüssel: Peter Lang.

Lucardie, Paul (1997): Greening and Un-greening The Netherlands. In: *Political Quarterly* 68 (B), S. 183–191.

Luetgert, Brooke; Dannwolf, Tanja (2009): Mixing Methods. A Nested Analysis of EU Member State Transposition Patterns. In: *European Union Politics* 10 (3), S. 307–334.

Mah, Daphne Ngar-yin; Hills, Peter (2014): Participatory Governance for Energy Policy-Making. A Case Study of the UK Nuclear Consultation in 2007. In: *Energy Policy* 74, S. 340–351.

Mahoney, James (2000): Path Dependence in Historical Sociology. In: *Theory and Society* 29 (4), S. 507–548.

Mander, Sarah L. (2007): Regional Renewable Energy Policy. A Process of Coalition Building. In: *Global Environmental Politics* 7 (2), S. 45–63.

Mårald, Erland (2010): Methanol as Future Fuel. Efforts to Develop Alternative Fuels in Sweden After the Oil Crisis. In: *History and Technology* 26 (4), S. 335–357.

March, James G.; Olsen, Johan P. (1989): Rediscovering Institutions. The Organizational Basis of Politics. New York: The Free Press.

Martinuzzi, André; Leschnik, Melanie (2009): Evaluation im Themenfeld Energie und Umwelt. Länderstudie Österreich. In: Thomas Widmer, Wolfgang Beywl und Carlo Fabian (Hg.): Evaluation. Ein systematisches Handbuch. Wiesbaden: Springer VS, S. 213–225.

Mastenbroek, Ellen (2003): Surviving the Deadline. The Transposition of EU Directives in the Netherlands. In: *European Union Politics* 4 (4), S. 371–395.

Mastenbroek, Ellen (2005): EU Compliance. Still a 'Black Hole'? In: *Journal of European Public Policy* 12 (6), S. 1103–1120.

Mastenbroek, Ellen (2017): Guardians of EU law? Analysing Roles and Behaviour of Dutch Legislative Drafters Involved in EU Compliance. In: *Journal of European Public Policy* 24 (9), S. 1289–1307.

Mattson, Ingvar (2016): Parliamentary Committees. A Ground for Compromise and Conflict. In: Jon Pierre (Hg.): The Oxford Handbook of Swedish Politics. Oxford: Oxford University Press, S. 679–690.

Mautz, Rüdiger; Byzio, Andreas; Rosenbaum, Wolf (2008): Auf dem Weg zur Energiewende. Die Entwicklung der Stromproduktion aus erneuerbaren Energien in Deutschland. Eine Studie aus dem Soziologischen Forschungsinstitut Göttingen (SOFI). Göttingen: Universitätsverlag Göttingen.

Mayring, Philipp (2015): Qualitative Inhaltsanalyse. Grundlagen und Techniken. 12. Aufl. Weinheim: Beltz.

Mbaye, Heather A. (2001): Why National States Comply with Supranational Law. Explaining Implementation Infringements in the European Union, 1972–1993. In: *European Union Politics* 2 (3), S. 259–281.

Meritet, Sophie (2007): French Perspectives in the Emerging European Union Energy Policy. In: *Energy Policy* 35 (10), S. 4767–4771.

Meyer, Niels I. (2003): European Schemes for Promoting Renewables in Liberalised Markets. In: *Energy Policy* 31 (7), S. 665–676.

Meyer, Niels I. (2007): Learning From Wind Energy Policy in the EU. Lessons From Denmark, Sweden and Spain. In: *European Environment* 17 (5), S. 347–362.

Miljö- och samhällsbyggnadsdepartementet (2006): Uppdrag att utarbeta underlag inför utvärderingen av klimatpolitiken vid kontrollstationen 2008. Regeringens beslut 33. M2006/2845/Mk. Stockholm.

Miljödepartementet (2007a): Kommittédirektiv 2007a:59. Parlamentarisk beredning för översyn av klimatpolitiken. Beslut vid regeringssammanträde den 19 april 2007a, Bilaga 1. Stockholm.

Miljödepartementet (2007b): Kommittédirektiv 2007b:179. Tilläggsdirektiv till den parlamentariska beredningen för översyn av klimatpolitiken (M 2007b:03). Beslut vid regeringssammanträde den 19 december 2007, Bilaga 2. Stockholm.

Miljödepartementet (2009): Sweden's Fifth National Communication on Climate Change. Under the United Nations Framework Convention on Climate Change. Ds 2009:63. Stockholm.

Miljödepartementet; Näringsdepartementet (2009): An Integrated Climate and Energy Policy. Information Sheet About the Government Bills 2008/09:162 and 163. Stockholm.

Miljöpartiet de Gröna (MP) (2002): Grönt Valmanifest 2002. För en långsiktigt hållbar utveckling. Lund.

Ministère de la Transition écologique et solidaire (MTES) (2016): Biocarburants. www.ecologique-solidaire.gouv.fr ([08.12.2016] 02.08.2018).

Ministère de la Transition écologique et solidaire (MTES) (2020): Direction générale de l'énergie et du climat (DGEC). www.ecologique-solidaire.gouv.fr (15.04.2020).

Ministère de l'Écologie et du Développement durable (MEDD); Mission Interministérielle de l'Effet de Serre (MIES) (2004): Plan Climat 2004. Face au changement climatique. Agissons ensemble. Paris.

Ministère de l'Écologie, de l'Énergie, du Développement durable et de la Mer (MEEDDM) (2010): National action plan for the promotion of renewable energies. 2009–2020. In accordance with Article 4 of European Union Directive 2009/28/EC.

Ministère de l'Ecologie, du Développement et de l'Aménagement durables (MEDAD) (2007a): Le Grenelle Environnement. Groupes de travail. www.legrenelle-environnement.fr ([20.10.2007] 04.04.2020).

Ministère de l'Ecologie, du Développement et de l'Aménagement durables (MEDAD) (2007b): Lutter contre les changements climatiques et maîtriser la demande d'énergie. Membres du groupe. www.legrenelle-environnement.fr ([10.09.2007] 04.04.2020).

Ministère de l'Ecologie, du Développement et de l'Aménagement durables (MEDAD) (2010): Présentation du Grenelle Environnement. www.legrenelle-environnement.fr ([01.10.2010] 04.04.2020).

Ministère de l'Économie, des Finances et de l'Industrie (MEFI) (2003): Livre blanc sur les énergies. Présentation par Nicole Fontaine, ministre déléguée à l'Industrie. 7 novembre 2003. Paris.

Ministerie van Economische Zaken (EZ) (2007): Samen werken samen leven. Beleidsprogramma Kabinet Balkenende IV 2007–2011. Den Haag.

Ministerie van Economische Zaken (EZ) (2008): Warmte op stoom. Werkprogramma voor verduurzaming van de warmte- en koudevoorziening. Den Haag.

Ministerie van Economische Zaken (EZ) (2010): Protocol Monitoring Hernieuwbare Energie. Update 2010. Methodiek voor het berekenen en registreren van de bijdrage van hernieuwbare energiebronnen. Agentschap NL. o. O.

Ministerie van Volkshuisvesting, Ruimtelijke Ordening en Milieubeheer (VROM) (2002): Nationale Strategie voor Duurzame Ontwikkeling. Verkenning van het rijksoverheidsbeleid. Januari 2002. Den Haag.

Ministerie van Volkshuisvesting, Ruimtelijke Ordening en Milieubeheer (VROM) (2007): Nieuwe energie voor het klimaat. Werkprogramma schoon en zuinig. Den Haag.

Mission Interministérielle de l'Effet de Serre (MIES) (2000): Programme National de Lutte contre le Changement Climatique. Aurillac.

Mitchell, Catherine (2010): The Political Economy of Sustainable Energy. Basingstoke: Palgrave Macmillan.

Mitchell, Catherine; Connor, Peter M. (2004): Renewable Energy Policy in the UK 1990–2003. In: *Energy Policy* 32 (17), S. 1935–1947.

Moderata samlingspartiet (MSP) (2002): Rösta på ditt Sverige. Valmanifest 2002. o. O.

Moderata samlingspartiet (MSP) (2006): Fler i arbete – mer att dela på. Valmanifest 2006. o. O.

Monti, Alessandro; Martinez Romera, Beatriz (2020): Fifty Shades of Binding. Appraising the Enforcement Toolkit for the EU's 2030 Renewable Energy Targets. In: *Review of European, Comparative & International Environmental Law* 29 (2), S. 221–231.

Moravcsik, Andrew (1991): Negotiating the Single European Act. National Interests and Conventional Statecraft in the European Community. In: *International Organization* 45 (1), S. 19–56.

Moravcsik, Andrew (1993): Preferences and Power in the European Community. A Liberal Intergovernmentalist Approach. In: *Journal of Common Market Studies* 31 (4), S. 473–524.

Moravcsik, Andrew (1994): Why the European Union Strengthens the State. Domestic Politics and International Cooperation. Paper Presented at the Annual Meeting of the American Political Science Association, New York, 1.–4. September 1994.

Müller, Wolfgang C. (2017): Austria. Rejecting Nuclear Energy. From Party Competition Accident to State Doctrine. In: Wolfgang C. Müller und Paul W. Thurner (Hg.): The Politics of Nuclear Energy in Western Europe. Oxford: Oxford University Press, S. 98–124.

Muno, Wolfgang (2016): Fallstudien und Process Tracing in der Vergleichenden Politikwissenschaft. In: Hans-Joachim Lauth, Marianne Kneuer und Gert Pickel (Hg.): Handbuch Vergleichende Politikwissenschaft. Wiesbaden: Springer VS, S. 79–90.

Näringsdepartementet (2010): Regeringens proposition 2009/10:164. Hållbarhetskriterier för biodrivmedel och flytande biobränslen. Stockholm den 18 mars 2010. Stockholm.

Nationalrat der Republik Österreich (Nationalrat) (2000): Stenographisches Protokoll. 32. Sitzung des Nationalrates der Republik Österreich. XXI. Gesetzgebungsperiode, Mittwoch, 5., und Donnerstag, 6. Juli 2000.

Nationalrat der Republik Österreich (Nationalrat) (2002): Stenographisches Protokoll. 110. Sitzung des Nationalrates der Republik Österreich. XXI. Gesetzgebungsperiode, Mittwoch, 10., und Donnerstag, 11. Juli 2002.

Nationalrat der Republik Österreich (Nationalrat) (2006): Stenographisches Protokoll. 150. Sitzung des Nationalrates der Republik Österreich. XXII. Gesetzgebungsperiode, Dienstag, 23. Mai 2006.

Nationalrat der Republik Österreich (Nationalrat) (2007): Stenographisches Protokoll. 14. Sitzung des Nationalrates der Republik Österreich. XXIII. Gesetzgebungsperiode, Mittwoch, 7. März 2007.

Nationalrat der Republik Österreich (Nationalrat) (2008): Stenographisches Protokoll. 61. Sitzung des Nationalrates der Republik Österreich. XXIII. Gesetzgebungsperiode, Donnerstag, 5. Juni 2008.

Naumann, Karin (2019): Politische Rahmenbedingungen. In: Deutsches Biomasseforschungszentrum (DBFZ) (Hg.): Monitoring Biokraftstoffsektor. DBFZ Report Nr. 11. 4. Aufl. Leipzig, S. 7–39.

Nederlandse Emissieautoriteit (NEA) (2019): Rapportage Energie voor Vervoer in Nederland 2018. Naleving verplichtingen wet- en regelgeving Energie voor Vervoer. www.emissieautoriteit.nl (17.08.2020).

Neue Zürcher Zeitung (NZZ) (2001): Schweden entscheidet über Barsebäck, 13.12.2001. www.nzz.ch (21.06.2020).

Nilsson, Lars J.; Johansson, Bengt; Åstrand, Kerstin; Ericsson, Karin; Svenningsson, Per; Börjesson, Pål; Neij, Lena (2004): Seeing the Wood for the Trees. 25 Years of Renewable Energy Policy in Sweden. In: *Energy for Sustainable Development* 8 (1), S. 67–81.

Nilsson, Måns (2006): The Role of Assessments and Institutions for Policy Learning. A Study on Swedish Climate and Nuclear Policy Formation. In: *Policy Sciences* 38 (4), S. 225–249.

Nilsson, Måns; Nilsson, Lars J.; Ericsson, Karin (2009): The Rise and Fall of GO Trading in European Renewable Energy Policy. The Role of Advocacy and Policy Framing. In: *Energy Policy* 37 (11), S. 4454–4462.

Nohrstedt, Daniel (2005): External Shocks and Policy Change. Three Mile Island and Swedish Nuclear Energy Policy. In: *Journal of European Public Policy* 12 (6), S. 1041–1059.

Nohrstedt, Daniel (2008): The Politics of Crisis Policymaking. Chernobyl and Swedish Nuclear Energy Policy. In: *The Policy Studies Journal* 36 (2), S. 257–278.

Nohrstedt, Daniel (2010): Do Advocacy Coalitions Matter? Crisis and Change in Swedish Nuclear Energy Policy. In: *Journal of Public Administration Research and Theory* 20 (2), S. 309–333.

Nord Pool (2017): History. www.nordpoolgroup.com (28.11.2018).

Nordhaus, William D. (1995): The Swedish Dilemma. Nuclear Energy v. the Environment. Energy and Infrastructure Occasional Paper No. 74, November 1995. Stockholm: Studieförbundet Näringsliv och Samhälle (SNS).

Nouveau Centre (NC) (2007): Nos idées. Protéger l'environnement et redonner à la Terre tous ses droits. www.le-nouveaucentre.org ([04.07.2007] 20.04.2020).

Nuklearforum Schweiz (1999a): Endgültiges Aus für Barsebäck-1. 29.11.1999. www.nuclearforum.ch (19.06.2020).

Nuklearforum Schweiz (1999b): Sydkraft wehrt sich gegen Barsebäck-Schliessung. 08.09.1999. www.nuclearforum.ch (19.06.2020).

o. A. (1999): Schweden. Schwieriger Ausstieg. In: *DER SPIEGEL* 46, 15.11.1999, S. 205.

Öberg, Perola (2016): Interest Organizations in the Policy Process. Interest Advocacy and Policy Advice. In: Jon Pierre (Hg.): The Oxford Handbook of Swedish Politics. Oxford: Oxford University Press, S. 663–678.

Oberthür, Sebastian; Pallemaerts, Marc (2010): The EU's Internal and External Climate Policies. An Historical Overview. In: Sebastian Oberthür und Marc Pallemaerts (Hg.): The New Climate Policies of the European Union. Internal Legislation and Climate Diplomacy. Brüssel: Brussels University Press, S. 27–63.

Oberthür, Sebastian; Roche Kelly, Claire (2008): EU Leadership in International Climate Policy. Achievements and Challenges. In: *The International Spectator* 43 (3), S. 35–50.

Öko-Institut e. V. (1998): New Instruments for Sustainability. The New Contribution of Voluntary Agreements to Environmental Policy. EC Environmental Research Programme. Final Report. Freiburg.

Österreichische Energieagentur (AEA) (2009): Konjunkturpaket II – Thermische Sanierung: Wichtiger Schritt, weitere Mittel notwendig. Wien, 26.03.2009.

Österreichische Volkspartei (ÖVP) (2006): Kursbuch Zukunft. Modern. Sicher. Menschlich. Wien.

Österreichische Volkspartei (ÖVP) (2008): Neustart für Österreich. o. O.

Österreichischer Biomasse-Verband (Ö. Biomasse-Verband) (2004): Aus Ökostrom wird Ökorinnsal. Ökostromgesetz „neu" – kategorische Ablehnung des Österreichischen Biomasse-Verbandes. Wien, 27.08.2004.

Panke, Diana (2007): The European Court of Justice as an Agent of Europeanization? Restoring Compliance With EU Law. In: Journal of European Public Policy 14 (6), S. 847–866.

Parker, Charles F.; Karlsson, Christer (2010): Climate Change and the European Union's Leadership Moment. An Inconvenient Truth? In: Journal of Common Market Studies 48 (4), S. 923–943.

Parlamentsdirektion (2008): Alibihandlung oder Schritt in die richtige Richtung? Nationalrat beschließt Ökologisierungsgesetz und Ökostrom-Novelle. Parlamentskorrespondenz Nr. 77/2008 vom 30.01.2008. Wien.

Parti communiste français (PCF) (1997): Le programme. 5 axes pour changer de politique. Paris.

Parti socialiste (PS) (1997): Changeons d'avenir. Nos engagement pour la France. Paris.

Partij van de Arbeid (PvdA) (1989): Kiezen voor Kwaliteit. Verkiezingsprogramma. 's-Gravenhage.

Partij van de Arbeid (PvdA) (1994): Wat mensen bindt. Verkiezingsprogramma Tweede Kamer. 1994–1998. Amsterdam.

Partij van de Arbeid (PvdA) (2006): Samen sterker. Werken aan een beter Nederland. Verkiezingsprogramma Tweede-Kamerverkiezingen 2006. o. O.

Pelinka, Anton (2009): Das politische System Österreichs. In: Wolfgang Ismayr (Hg.): Die politischen Systeme Westeuropas. Unter Mitarbeit von Jörg Bohnefeld und Stephan Fischer. 4. Aufl. Wiesbaden: Springer VS, S. 607–641.

Pelkmans, Luc; Govaerts, K.; Bekiaris, Evangelos; Portouli, Evangelia; Georgopoulos, Panos (2007): European Biofuels Strategy. In: International Journal of Environmental Studies 64 (3), S. 325–346.

Percebois, Jacques (2008): Französische Energiepolitik. Von der Unabhängigkeit zur Interdependenz. Hg. v. Forschungsinstitut der Deutschen Gesellschaft für Auswärtige Politik e. V. Berlin (DGAP-Analyse Frankreich, 9).

Perger, Werner A. (2010): Erfolgreich gescheitert. In: DIE ZEIT, 28.01.2010. www.zeit.de (02.06.2020).

Persson, Thomas (2016): Policy Coordination Under Minority and Majority Rule. In: Jon Pierre (Hg.): The Oxford Handbook of Swedish Politics. Oxford: Oxford University Press, S. 634–649.

Petersson, Olof (2016a): Constitutional History. In: Jon Pierre (Hg.): The Oxford Handbook of Swedish Politics. Oxford: Oxford University Press, S 89–102.

Petersson, Olof (2016b): Rational Politics. Commissions of Inquiry and the Referral System in Sweden. In: Jon Pierre (Hg.): The Oxford Handbook of Swedish Politics. Oxford: Oxford University Press, S. 650–662.

Pflüglmayer, Barbara; Nopp, Christian; Lauber, Volkmar; Narodoslawsky, Michael (2008): Austria. An 'Incidental Front-Runner' Faces New Challenges. In: William M. Lafferty und Audun Ruud (Hg.): Promoting Sustainable Electricity in Europe. Challenging the Path Dependence of Dominant Energy Systems. Cheltenham: Edward Elgar, S. 189–218.

Pialot, Dominique (2016): EDF s'affirme comme un acteur majeur des énergies renouvelables… à l'international. In: La Tribune, 18.03.2016. www.latribune.fr (16.01.2020).

Pickard, Jim (2015): Ed Miliband Honed Key Leadership Qualities While Energy Secretary. Stubbornness and Ambition Take Politician To Top of Labour Party and Perhaps Downing Street. In: *Financial Times*, 21.04.2015. www.ft.com (06.08.2020).

Pierson, Paul (2000): Increasing Returns, Path Dependence, and the Study of Politics. In: *The American Political Science Review* 94 (2), S. 251–267.

Pircher, Brigitte (2015): Österreichs Opposition im Rat der Europäischen Union und ihre Auswirkungen auf die Richtlinienumsetzung. Dissertation. Universität Wien, Wien.

Pircher, Brigitte (2017): Member States' Opposition in the Council of the European Union and Its Impacts on the Implementation of Directives. In: *Österreichische Zeitschrift für Politikwissenschaft* 46 (3), S. 1–10.

Pircher, Brigitte; Loxbo, Karl (2020): Compliance With EU Law in Times of Disintegration. Exploring Changes in Transposition and Enforcement in the EU Member States Between 1997 and 2016. In: *Journal of Common Market Studies* 58 (5), S. 1270–1287.

Pollak, Johannes; Schubert, Samuel R.; Slominski, Peter (2010): Die Energiepolitik der EU. Wien: Facultas.

Prag, Peter (2013): Renewable Energy in the Countryside. 3. Aufl. Abingdon: Routledge.

Prankl, Heinrich; Wörgetter, Manfred; Rathbauer, Josef; Payer, Karl (1996): NTB-nett Phase 1. Nationaler Bericht Österreich. Hg. v. Bundesanstalt für Landtechnik. Wieselburg.

Präsidentenkonferenz der Landwirtschaftskammern Österreichs (2004): Stellungnahme zu dem Ministerialentwurf betreffend ein Bundesgesetz, mit dem das Ökostromgesetz, das Elektrizitätswirtschafts- und -organisationsgesetz und das Energie-Regulierungsbehördengesetz geändert werden. Stellungnahme Nr. 7/SN-184/ME. Wien.

Pressman, Jeffrey L.; Wildavsky, Aaron B. (1973): Implementation. How Great Expectations in Washington Are Dashed in Oakland. Berkeley: University of California Press.

Rangoni, Bernardo; Zeitlin, Jonathan (2020): Is Experimentalist Governance Self-limiting or Self-reinforcing? Strategic Uncertainty and Recursive Rulemaking in European Union Electricity Regulation. In: *Regulation & Governance* 15 (3), S. 822–839.

Raschauer, Bernhard (2006): Handbuch Energierecht. Wien: Springer.

Rat der Europäischen Union (Rat) (1974): Entschließung des Rates vom 17. Dezember 1974 betreffend Ziele der gemeinschaftlichen Energiepolitik für 1985. ABl. 1975 C 153.

Rat der Europäischen Union (Rat) (1986): Entschließung des Rates vom 16. September 1986 über neue energiepolitische Ziele der Gemeinschaft für 1995 und die Konvergenz der Politik der Mitgliedstaaten. ABl. C 241.

Rat der Europäischen Union (Rat) (1993a): Entscheidung des Rates vom 13. September 1993 zur Förderung der erneuerbaren Energieträger in der Gemeinschaft (ALTENER-Programm). 93/500/EWG. ABl. L 235.

Rat der Europäischen Union (Rat) (1993b): Entscheidung des Rates vom 24. Juni 1993 über ein System zur Beobachtung der Emissionen von CO_2 und anderen Treibhausgasen in der Gemeinschaft. 93/389/EWG. ABl. L 167.

Rat der Europäischen Union (Rat) (1996): 1939th Council Meeting – Environment. PRES/96/188. Brüssel, 26.06.1996.

Rat der Europäischen Union (Rat) (2006): Brussels European Council, 23/24 March 2006. Presidency Conclusions. 7751/1/06 REV 1 CONCL 1. Brüssel.

Rat der Europäischen Union (Rat) (2007): Europäischer Rat (Brüssel), 8./9. März 2007. Schlussfolgerungen des Vorsitzes. 7224/1/07 REV 1 CONCL 1. Brüssel.

Rat der Europäischen Union (Rat) (2008a): Preparation of the TTE (Energy) Council on 28 February 2008. Climate-Energy Legislative Package. 5935/08. Brüssel.

Rat der Europäischen Union (Rat) (2008b): Package of Implementation Measures for the EU's Objectives on Climate Change and Renewable Energy. Presidency Questions for the Policy Debate. 6683/08. Brüssel.

Rat der Europäischen Union (Rat) (2008c): Climate-Energy Legislative Package. Policy Debate, Contribution from the United Kingdom. 7010/1/08 REV 1. Brüssel.

Rat der Europäischen Union (Rat) (2008d): Climate-Energy Legislative Package. Policy Debate, Contribution from Sweden. 7010/1/08 REV 1 ADD 6. Brüssel.

Rat der Europäischen Union (Rat) (2008e): Climate-Energy Legislative Package. Policy Debate, Contribution from France. 7010/1/08 REV 1 ADD 10. Brüssel.

Rat der Europäischen Union (Rat) (2008f): Climate-Energy Legislative Package. Policy Debate, Contribution from Germany. 7010/08 REV 1 ADD 11. Brüssel.

Rat der Europäischen Union (Rat) (2008g): 2854th Meeting of the Council (Transport, Telecommunications and Energy), 28 February 2008. 7033/08. Brüssel.

Rat der Europäischen Union (Rat) (2008h): Vorbereitung der Tagung des Rates (Umwelt) am 5. Juni 2008 und der Tagung des Rates (Verkehr, Telekommunikation und Energie) (Tagungsteil Energie) am 6. Juni 2008. Legislativpaket „Klima-Energie". 9648/08. Brüssel.

Rat der Europäischen Union (Rat) (2008i): Climate-Energy Legislative Package. 10236/08 ADD 1. Brüssel.

Rat der Europäischen Union (Rat) (2008j): Proposal for a Directive of the European Parliament and of the Council on the Promotion of the Use of Energy from Renewable Sources. DS 642/08. Brüssel.

Rat der Europäischen Union (Rat) (2009a): Brussels European Council, 11 and 12 December 2008. Presidency Conclusions. 17271/1/08 REV 1 CONCL 5. Brüssel.

Rat der Europäischen Union (Rat) (2009b): Monthly Summary of Councils Acts April 2009. 10399/09. Brüssel.

Regeringskansliet (2009): En hållbar energi- och klimatpolitik för miljö, konkurrenskraft och trygghet. o. O.

Regeringskansliet (2010): The Swedish National Action Plan for the Promotion of the Use of Renewable Energy in Accordance with Directive 2009/28/EC and the Commission Decision of 30.06.2009.

Reiche, Danyel T. (2002): Erneuerbare Energien in den Niederlanden. Pfadabhängigkeiten, Akteure, Belief Systeme und Restriktionen. Frankfurt a. M.: Peter Lang.

Reiche, Danyel T. (2004): Rahmenbedingungen für erneuerbare Energien in Deutschland. Möglichkeiten und Grenzen einer Vorreiterpolitik. Frankfurt a. M.: Peter Lang.

Reiche, Danyel T. (2005a): Governance und Energiepolitik. In: Danyel T. Reiche und Mischa Bechberger (Hg.): Grundlagen der Energiepolitik. Frankfurt a. M.: Peter Lang, S. 233–249.

Reiche, Danyel T. (Hg.) (2005b): Handbook of Renewable Energies in the European Union. Case Studies of the EU-15 States. 2. Aufl. Frankfurt a. M.: Peter Lang.

Reiche, Danyel T. (2005c): Netherlands. In: Danyel T. Reiche (Hg.): Handbook of Renewable Energies in the European Union. Case Studies of the EU-15 States. 2. Aufl. Frankfurt a. M.: Peter Lang, S. 231–246.

Reiche, Danyel T.; Bechberger, Mischa (2004): Policy Differences in the Promotion of Renewable Energies in the EU Member States. In: *Energy Policy* 32 (7), S. 843–849.

Reiche, Danyel T.; Bechberger, Mischa (2005): Renewable Energies in the EU-Member States in Comparison. In: Danyel T. Reiche (Hg.): Handbook of Renewable Energies in the European Union. Case Studies of the EU-15 States. 2. Aufl. Frankfurt a. M.: Peter Lang, S. 19–37.

Reiche, Danyel T.; Bechberger, Mischa (2006): Diffusion von Einspeisevergütungsmodellen in der EU-25 als instrumenteller Beitrag zur Verbreitung erneuerbarer Energien. In: Mischa Bechberger und Danyel T. Reiche (Hg.): Ökologische Transformation der Energiewirtschaft. Erfolgsbedingungen und Restriktionen. Berlin: Erich Schmidt, S. 199–217.

République française (RF) (2007): Document récapitulatif des tables rondes tenues à l'Hôtel de Roquelaure les 24, 25 et 26 octobre 2007. www.legrenelle-environnement.gouv.fr ([23.11.2007] 04.04.2020).

Richardson, Jeremy (Hg.) (1982): Policy Styles in Western Europe. London: Allen & Unwin.

Rijksoverheid (2010a): Nationaal actieplan voor energie uit hernieuwbare bronnen. Richtlijn 2009/28/EG.

Rijksoverheid (2010b): National Renewable Energy Action Plan. Directive 2009/28/EC.

Rijkswaterstaat (2019): Crisis- en herstelwet. www.infomil.nl (09.10.2019).

Río, Pablo del (2014): On Evaluating Success in Complex Policy Mixes. The Case of Renewable Energy Support Schemes. In: *Policy Sciences* 47 (3), S. 267–287.

Risse, Thomas; Green Cowles, Maria; Caporaso, James (2001): Europeanization and Domestic Change. Introduction. In: Maria Green Cowles, James Caporaso und Thomas Risse (Hg.): Transforming Europe. Europeanization and Domestic Change. Ithaca: Cornell University Press, S. 1–20.

Rooijen, Sascha N. M. van; Wees, Mark T. van (2006): Green Electricity Policies in the Netherlands. An Analysis of Policy Decisions. In: *Energy Policy* 34 (1), S. 60–71.

Rowlands, Ian H. (2005): The European Directive on Renewable Electricity. Conflicts and Compromises. In: *Energy Policy* 33 (8), S. 965–974.

Rusche, Tim Maxian (2015): EU Renewable Electricity Law and Policy. From National Targets to a Common Market. Cambridge: Cambridge University Press.

Ruzicka, Johanna (2007): Klimafonds in Zeitnot. Fonds im Verzug bei Geschäftsführersuche. Greenpeace-Kritik. In: *DER STANDARD*, 29.08.2007. www.derstandard.at (26.08.2020).

Ruzicka, Johanna (2008a): Klimafonds. Viele Köche, kein Rezept. In: *DER STANDARD*, 23.04.2008. www.derstandard.at (26.08.2020).

Ruzicka, Johanna (2008b): Zum Jahrestag der heißen Luft. Diskurs. In den Mühen der Ebene droht jegliche tragfähige Klima-Energie-Politik zu zerbröseln. In: *DER STANDARD*, 21.05.2008. www.derstandard.at (26.08.2020).

Sabatier, Paul (1986): Top-down and Bottom-up Approaches to Implementation Research. Critical Analysis and Suggested Synthesis. In: *Journal of Public Policy* 6 (1), S. 21–48.

Sabel, Charles F.; Zeitlin, Jonathan (2008): Learning From Difference. The New Architecture of Experimentalist Governance in the EU. In: *European Law Journal* 14 (3), S. 271–327.

Sandoval, Israel Solorio; Morata, Francesc (2012): Introduction. The Re-evolution of Energy Policy in Europe. In: Francesc Morata und Israel Solorio Sandoval (Hg.): European Energy Policy. An Environmental Approach. Cheltenham: Edward Elgar, S. 1–22.

Sarasini, Steven (2009): Constituting Leadership via Policy. Sweden as a Pioneer of Climate Change Mitigation. In: *Mitigation and Adaptation Strategies for Global Change* 14 (7), S. 635–653.

Sauter, Raphael (2006): Die Bedeutung exogenen Anpassungsdrucks für eine ökologische Transformation der Stromwirtschaft am Beispiel Frankreichs. In: Mischa Bechberger und Danyel T. Reiche (Hg.): Ökologische Transformation der Energiewirtschaft. Erfolgsbedingungen und Restriktionen. Berlin: Erich Schmidt, S. 61–79.

Scharpf, Fritz W. (1991): Die Handlungsfähigkeit des Staates am Ende des zwanzigsten Jahrhunderts. In: *Politische Vierteljahresschrift* 32 (4), S. 621–634.

Scharpf, Fritz W. (1993): Versuch über Demokratie im verhandelnden Staat. In: Roland Czada und Manfred G. Schmidt (Hg.): Verhandlungsdemokratie, Interessenvermittlung, Regierbarkeit. Opladen: Westdeutscher Verlag, S. 25–50.

Schmidt, Vivien A. (2013): Democracy and Legitimacy in the European Union Revisited. Input, Output and 'Throughput'. In: *Political Studies* 61 (1), S. 2–22.

Schmitter, Philippe (2008): The Design of Social and Political Research. In: Donatella Della Porta und Michael Keating (Hg.): Approaches and Methodologies in the Social Sciences. A Pluralist Perspective. Cambridge: Cambridge University Press, S. 263–295.

Schoenefeld, Jonas J.; Knodt, Michèle (2021): Softening the Surface but Hardening the Core? Governing Renewable Energy in the EU. In: *West European Politics* 44 (1), S. 49–71.

Scholten, Miroslava (2017): Mind the Trend! Enforcement of EU Law Has Been Moving to 'Brussels'. In: *Journal of European Public Policy* 24 (9), S. 1348–1366.

Schrama, Reini; Zhelyazkova, Asya (2018): 'You Can't Have One Without the Other'. The Differential Impact of Civil Cociety Strength on the Implementation of EU Policy. In: *Journal of European Public Policy* 25 (7), S. 1029–1048.

Schraven, David (2007): Der Branche geht es verdammt dreckig. In: *DIE WELT*, 10.09.2007. www.welt.de (14.05.2019).

Schwarze, Jürgen; Becker, Ulrich; Pollak, Christiana (1993): Die Implementation von Gemeinschaftsrecht. Untersuchungen zur Gesetzgebungs- und Verwaltungspolitik der Europäischen Gemeinschaft und ihrer Mitgliedstaaten. Baden-Baden: Nomos.

Scottish Government (2007): UK Government Consultation on The Future of Nuclear Power. The Scottish Government Response. Edinburgh.

SEKAB Biofuels & Chemicals AB (2018): E85 – How Sweden Got the Most Biofuel in Europe. www.sekab.com (09.11.2018).

Sénat (1992a): Production de diester en Lorraine. Réponse du ministère: Premier ministre. JO Sénat du 13/08/1992, p. 1859.

Sénat (1992b): Utilisation de biocarburants en agriculture. Réponse du ministère: Agriculture. JO Sénat du 23/07/1992, p. 1668.

Siedentopf, Heinrich; Ziller, Jacques (Hg.) (1988): Making European Policies Work. The Implementation of Community Legislation in the Member States. European Institute of Public Administration. Brüssel: Emile Bruylant.

Sievers, Julia (2011): Mutual Recognition in EU Justice and Home Affairs. The Case of the European Arrest Warrant. Dissertation. Universität Bremen, Bremen.

Skjærseth, Jon Birger; Wettestad, Jørgen (2010): The EU Emissions Trading System Revised (Directive 2009/29/EC). In: Sebastian Oberthür und Marc Pallemaerts (Hg.): The New

Climate Policies of the European Union. Internal Legislation and Climate Diplomacy. Brüssel: Brussels University Press, S. 65–91.

Slingerland, Stephan (1997): Energy Conservation and Organization of Electricity Supply in the Netherlands. In: *Energy Policy* 25 (2), S. 193–203.

Socialdemokraterna (SAP) (2002): Valmanifest. Tillsammans för trygghet och utveckling. Socialdemocraternas valmanifest 2002–2006. o. O.

Sohre, Annika (2014): Strategien in der Energie- und Klimapolitik. Bedingungen strategischer Steuerung der Energiewende in Deutschland und Großbritannien. Wiesbaden: Springer VS.

Solarenergie-Förderverein e. V. (SFV) (2008): Absenkung der Solarstromvergütung im EEG 2009. Die Abgeordneten haben die Bedeutung der Photovoltaik für die Umstellung der Energieversorgung noch nicht verstanden. o. O., 12.07.2008.

Solorio, Israel; Bocquillon, Pierre (2017): EU Renewable Energy Policy. A Brief Overview of Its History and Evolution. In: Israel Solorio und Helge Jörgens (Hg.): A Guide to EU Renewable Energy Policy. Comparing Europeanization and Domestic Policy Change in EU Member States. Cheltenham: Edward Elgar, S. 23–42.

Solorio, Israel; Fairbrass, Jenny (2017): The UK and EU Renewable Energy Policy. The Relentless British Policy-Shaper. In: Israel Solorio und Helge Jörgens (Hg.): A Guide to EU Renewable Energy Policy. Comparing Europeanization and Domestic Policy Change in EU Member States. Cheltenham: Edward Elgar, S. 104–120.

Solorio, Israel; Jörgens, Helge (Hg.) (2017): A Guide to EU Renewable Energy Policy. Comparing Europeanization and Domestic Policy Change in EU Member States. Cheltenham: Edward Elgar.

Sozialdemokratische Partei Deutschlands (SPD) (2005): Vertrauen in Deutschland. Das Wahlmanifest der SPD. o. O.

Sozialdemokratische Partei Deutschlands (SPD); Bündnis 90/Die GRÜNEN (1998): Aufbruch und Erneuerung. Deutschlands Weg ins 21. Jahrhundert. Koalitionsvereinbarung zwischen der Sozialdemokratischen Partei Deutschlands und Bündnis 90/Die GRÜNEN. Bonn.

Sozialdemokratische Partei Österreichs (SPÖ) (2006): Den Wohlstand gerecht verteilen. 20 Projekte für mehr Fairness in Österreich. Wahlmanifest der Sozialdemokratischen Partei Österreichs. o. O.

Sozialdemokratische Partei Österreichs (SPÖ) (2008): Wahlmanifest der Sozialdemokratischen Partei Österreichs. Nationalratswahl 2008. 40. Ordentlicher Bundesparteitag. Hg. v. SPÖ-Bundesgeschäftsstelle. Wien.

Sozialdemokratische Partei Österreichs (SPÖ); Österreichische Volkspartei (ÖVP) (2007): Regierungsprogramm für die XXIII. Gesetzgebungsperiode. o. O.

Sozialdemokratische Partei Österreichs (SPÖ); Österreichische Volkspartei (ÖVP) (2008): Regierungsprogramm 2008–2013. Gemeinsam für Österreich. Regierungsprogramm für die XXIV. Gesetzgebungsperiode. o. O.

Spendzharova, Aneta; Versluis, Esther (2013): Issue Salience in the European Policy Process. What Impact on Transposition? In: *Journal of European Public Policy* 20 (10), S. 1499–1516.

Spieker, Christoph (2008): Ebbe und Flut. Die Neuorganisation der öffentlichen Infrastruktur in den Niederlanden. In: Hans-Jürgen Bieling, Christina Deckwirth und Stefan Schmalz (Hg.): Liberalisierung und Privatisierung in Europa. Die Reorganisation der öffentlichen

Infrastruktur in der Europäischen Union. Münster: Verlag Westfälisches Dampfboot, S. 96–125.

SPÖ-Parlamentsklub (2004): Gusenbauer: Regierung Schüssel will Anteil an Ökostrom abbauen – SPÖ dazu nicht bereit. Wien, 09.12.2004.

Statens offentliga utredningar (SOU) (1995): Omställning av energisystemet. Slutbetänkande av Energikommissionen. SOU 1995:139. Näringsdepartementet. Stockholm.

Statens offentliga utredningar (SOU) (2007): Vetenskapligt underlag för klimatpolitiken. Rapport från Vetenskapliga rådet för klimatfrågor. Miljövårdsberedningens rapport 2007:03. Stockholm.

Statens offentliga utredningar (SOU) (2008): Svensk klimatpolitik. Betänkande av Klimatberedningen. SOU 2008:24. Stockholm.

Steuer, Helmut (1999): Schweden schaltet den ersten Atommeiler ab – elf fehlen noch. In: Der Tagesspiegel, 29.11.1999. www.tagesspiegel.de (19.06.2020).

Steunenberg, Bernard (2006): Turning Swift Policy-making into Deadlock and Delay. National Policy Coordination and the Transposition of EU Directives. In: European Union Politics 7 (3), S. 293–319.

Steunenberg, Bernard (2007): A Policy Solution to the European Union's Transposition Puzzle. Interaction of Interests in Different Domestic Arenas. In: West European Politics 30 (1), S. 23–49.

Steunenberg, Bernard (2010): Is Big Brother Watching? Commission Oversight of the National Implementation of EU Directives. In: European Union Politics 11 (3), S. 359–380.

Steunenberg, Bernard; Toshkov, Dimiter (2009): Comparing Transposition in the 27 Member States of the EU. The Impact of Discretion and Legal Fit. In: Journal of European Public Policy 16 (7), S. 951–970.

Steurer, Reinhard; Clar, Christoph (2015): Is Decentralisation Always Good for Climate Change Mitigation? How Federalism Has Complicated the Greening of Building Policies in Austria. In: Policy Sciences 48 (1), S. 85–107.

Strachan, Peter A.; Lal, David (2004): Wind Energy Policy, Planning and Management Practice in the UK. Hot Air or a Gathering Storm? In: Regional Studies 38 (5), S. 549–569.

Stratton, Allegra (2008): Debutant Miliband Brings Clout to New Department. In: The Guardian, 04.10.2008. www.theguardian.com (06.08.2020).

Sturm, Roland (2009): Das politische System Großbritanniens. In: Wolfgang Ismayr (Hg.): Die politischen Systeme Westeuropas. Unter Mitarbeit von Jörg Bohnefeld und Stephan Fischer. 4. Aufl. Wiesbaden: Springer VS, S. 265–306.

Suck, André (2008): Erneuerbare Energien und Wettbewerb in der Elektrizitätswirtschaft. Staatliche Regulierung im Vergleich zwischen Deutschland und Großbritannien. Wiesbaden: Springer VS.

Summers, Deborah (2007): Government Loses Nuclear Power Plant Case. In: The Guardian, 15.02.2007. www.theguardian.com (03.08.2020).

Suurs, Roald A. A.; Hekkert, Marko P. (2009a): Competition between First and Second Generation Technologies. Lessons From the Formation of a Biofuels Innovation System in the Netherlands. In: Energy 34 (5), S. 669–679.

Suurs, Roald A. A.; Hekkert, Marko P. (2009b): Cumulative Causation in the Formation of a Technological Innovation System. The Case of Biofuels in the Netherlands. In: Technological Forecasting and Social Change 76 (8), S. 1003–1020.

Sverdrup, Ulf (2003): Compliance and Styles of Conflict Management in Europe. ARENA Working Paper WP 08/3. Hg. v. ARENA Centre for European Studies. Oslo.

Sverdrup, Ulf (2004): Compliance and Conflict Management in the European Union. Nordic Exceptionalism. In: *Scandinavian Political Studies* 27 (1), S. 23–43.

Sveriges Riksdag (2009a): Riksdagens protokoll 2008/09:132. Måndagen den 15 juni.

Sveriges Riksdag (2009b): Riksdagens protokoll 2008/09:133. Tisdagen den 16 juni.

Sveriges Riksdag (2009c): The Act on the Obligation to Supply Renewable Fuels. Summary of Follow-up Report 2009c/10:RFR7. Committee on Transport and Communications. Stockholm.

Szarka, Joseph (2006): From Inadvertent to Reluctant Pioneer? Climate Strategies and Policy Style in France. In: *Climate Policy* 5 (6), S. 627–638.

Szarka, Joseph (2011): Climate Policy in France. Between National Interest and Global Solidarity? In: *Politique européenne* 33 (1), S. 155–183.

Takeuchi, Linn (2003): Subcontractors and Component Suppliers in the Swedish Wind Power Industry. Report No. 42. Hg. v. Lund University, Department of Technology and Society. Lund.

Tallberg, Jonas (2002): Paths to Compliance. Enforcement, Management, and the European Union. In: *International Organization* 56 (3), S. 609–643.

Thelen, Kathleen (1999): Historical Institutionalism in Comparative Politics. In: *Annual Review of Political Science* 2, S. 369–404.

Thomann, Eva (2015): Customizing Europe. Transposition as Bottom-up Implementation. In: *Journal of European Public Policy* 22 (10), S. 1368–1387.

Thomann, Eva (2019): Customized Implementation of European Union Food Safety Policy. United in Diversity? Cham: Palgrave Macmillan.

Thomann, Eva; Sager, Fritz (2017): Moving Beyond Legal Compliance. Innovative Approaches to EU Multilevel Implementation. In: *Journal of European Public Policy* 24 (9), S. 1253–1268.

Thomann, Eva; Zhelyazkova, Asya (2017): Moving Beyond (Non-)Compliance. The Customization of European Union Policies in 27 Countries. In: *Journal of European Public Policy* 24 (9), S. 1269–1288.

Thomas, Steve (2004): The British Model in Britain. Failing Slowly. Paper Presented at the International Workshop on "Thirty Years of World Energy Policy", Hong Kong, 23.–25. März 2004.

Thomas, Steve (2005): The European Union Gas and Electricity Directives. Public Service International Research Unit (PSIRU), University of Greenwich, London.

Thomson, Robert (2007): Time to Comply. National Responses to Six EU Labour Market Directives Revisited. In: *West European Politics* 30 (5), S. 987–1008.

Thomson, Robert (2009): Same Effects in Different Worlds. The Transposition of EU Directives. In: *Journal of European Public Policy* 16 (1), S. 1–18.

Thomson, Robert (2010): Opposition through the Back Door in the Transposition of EU Directives. In: *European Union Politics* 11 (4), S. 577–596.

Thomson, Robert; Torenvlied, René; Arregui, Javier (2007): The Paradox of Compliance. Infringements and Delays in Transposing European Union Directives. In: *British Journal of Political Science* 37 (4), S. 685–709.

Thomson, Robert; Torenvlied, René; Judge, Andrew (2019): Incentives to Comply. The Impact of National Governments' and Stakeholders' Preferences on Compliance With EU Laws. In: *Journal of European Public Policy*, S. 1–18.

Thuijl, E. van; Deurwaarder, E. P. (2006): European Biofuel Policies in Retrospect. Hg. v. Energy Research Centre of the Netherlands (ECN). Amsterdam.

Thuijl, E. van; Roos, C. J.; Beurskens, L. W. M. (2003): An Overview of Biofuel Technologies, Markets and Policies in Europe. Hg. v. Energy Research Centre of the Netherlands (ECN). Amsterdam.

Thurner, Paul W. (2017): Germany. Party System Change and Policy Reversals. In: Wolfgang C. Müller und Paul W. Thurner (Hg.): The Politics of Nuclear Energy in Western Europe. Oxford: Oxford University Press, S. 157–182.

Thurner, Paul W.; Brouard, Sylvain; Dolezal, Martin; Guinaudeau, Isabelle; Hutter, Swen; Müller, Wolfgang C. (2017): The Conflict over Nuclear Energy. Public Opinion, Protest Movements, and Green Parties in Comparative Perspective. In: Wolfgang C. Müller und Paul W. Thurner (Hg.): The Politics of Nuclear Energy in Western Europe. Oxford: Oxford University Press, S. 65–97.

Töller, Annette Elisabeth (2004): The Europeanization of Public Policies. Understanding Idiosyncratic Mechanisms and Contingent Results. In: *European Integration online Papers* 8 (9).

Töller, Annette Elisabeth (2010): Measuring and Comparing the Europeanization of National Legislation. A Research Note. In: *Journal of Common Market Studies* 48 (2), S. 417–444.

Toshkov, Dimiter (2007): In Search of the Worlds of Compliance. Culture and Transposition Performance in the European Union. In: *Journal of European Public Policy* 14 (6), S. 933–959.

Toshkov, Dimiter (2008): Embracing European Law. Compliance With EU Directives in Central and Eastern Europe. In: *European Union Politics* 9 (3), S. 379–402.

Toshkov, Dimiter (2010): Taking Stock. A Review of Quantitative Studies of Transposition and Implementation of EU Law. Working Paper No. 01/2010. Hg. v. Institute for European Integration Research. Wien.

Toshkov, Dimiter (2012): Compliance with EU Law in Central and Eastern Europe. The Disaster That Didn't Happen (Yet). In: *L'Europe en formation* 2012/2 (364), S. 91–109.

Toshkov, Dimiter; Knoll, Moritz; Wewerka, Lisa (2010): Connecting the Dots. Case Studies and EU Implementation Research. Working Paper No. 10/2010. Hg. v. Institute for European Integration Research. Wien.

Treib, Oliver (2003): Die Umsetzung von EU-Richtlinien im Zeichen der Parteipolitik. Eine akteurszentrierte Antwort auf die Misfit-These. In: *Politische Vierteljahresschrift* 44 (4), S. 506–528.

Treib, Oliver (2008a): Europäisches Recht und nationale Parteipolitik. Warum Deutschland zu den Schlusslichtern bei der Umsetzung der EU-Antirassismusrichtlinie gehörte. In: *Sozialer Fortschritt* 57 (7/8), S. 202–208.

Treib, Oliver (2008b): Implementing and Complying With EU Governance Outputs. In: *Living Reviews in European Governance* 3 (5).

Treib, Oliver (2014): Implementing and Complying With EU Governance Outputs. In: *Living Reviews in European Governance* 9 (1).

Tweede Kamer der Staten-Generaal (TK) (1974): Energienota. Brief van de Minister van Economische Zaken, Nota. Ks. 13122, Nr. 1–2.

Tweede Kamer der Staten-Generaal (TK) (1989): Nationaal Milieubeleidsplan (NMP). Brief van de Minister van Volkshuisvesting, Ruimtelijke Ordening en Milieubeheer. Ks. 21137, Nr. 1–2.

Tweede Kamer der Staten-Generaal (TK) (1995): Derde Energienota. Brief van de Minister van Economische Zaken. Ks. 24525, Nr. 1–2.

Tweede Kamer der Staten-Generaal (TK) (1997): Actieprogramma Duurzame energie 1997–2000. Brief van de Minister van Economische Zaken. Ks. 25276, Nr. 1.

Tweede Kamer der Staten-Generaal (TK) (2007a): Schoon en zuinig. Verslag van een Notaoverleg. Ks. 31209, Nr. 7.

Tweede Kamer der Staten-Generaal (TK) (2007b): Duurzaamheidakkoord. Convenant. Ks. 31209, Nr. 4 b1.

Tweede Kamer der Staten-Generaal (TK) (2008a): Schoon en zuinig. Brief van de Ministers van Volkshuisvesting, Ruimtelijke Ordening en Milieubeheer, van Economische Zaken en de staatssecretaris van Buitenlandse Zaken. Ks. 31209, Nr. 10.

Tweede Kamer der Staten-Generaal (TK) (2008b): Schoon en zuinig. Brief van de minister van Economische Zaken. Ks. 31209, Nr. 11.

Tweede Kamer der Staten-Generaal (TK) (2008c): Energierapport 2008. Ks. 31510, Nr. 1 b2.

Tweede Kamer der Staten-Generaal (TK) (2008d): Management samenvatting Energierapport 2008. Ks. 31510, Nr. 1 b1.

Tweede Kamer der Staten-Generaal (TK) (2008e): Stimulering duurzame energieproductie. Brief van de minister van Economische Zaken. Ks. 31239, Nr. 40.

Uba, Katrin (2010): Who Formulates Renewable-energy Policy? A Swedish Example. In: *Energy Policy* 38 (11), S. 6674–6683.

Ucakar, Karl; Gschiegl, Stefan (2012): Das politische System Österreichs und die EU. 3. Aufl. Wien: Facultas.

Ulmanen, Johanna H.; Verbong, Geert P. J.; Raven, Rob P. J. M. (2009): Biofuel Developments in Sweden and the Netherlands. Protection and Socio-technical Change in a Long-term perspective. In: *Renewable and Sustainable Energy Reviews* 13 (6–7), S. 1406–1417.

Umweltdachverband (2004): Allianz der Vernünftigen fordert: Ökostrom darf nicht versiegen! Einladung zur Pressekonferenz. Wien, 14.09.2004.

Union pour la Démocratie Française (UDF) (2002): Programme de l'union pour la démocratie française (UDF) pour les élections législatives de 2002. o. O.

Union pour la Majorité Présidentielle (UMP) (2002): 25 engagements pour la France avec Jacques Chirac. www.ump.org ([23.09.2009] 02.05.2018).

Union pour un Mouvement Populaire (UMP) (2007): Contrat de législature 2007–2012. o. O.

United Kingdom (UK) (2010): National Renewable Energy Action Plan for the United Kingdom.

United Nations (UN) (1998): Das Protokoll von Kyoto zum Rahmenübereinkommen der Vereinten Nationen über Klimaänderungen. Hg. v. Sekretariat der Klimarahmenkonvention. Bonn.

Unterarbeitsgruppe „Kraftstoffmatrix" (2004): Bericht der Unterarbeitsgruppe „Kraftstoffmatrix" zum „Matrixprozess". Hg. v. Bundesministerium für Verkehr und digitale Infrastruktur (BMVI). Berlin.

Van Meter, Donald S.; Van Horn, Carl E. (1975): The Policy Implementation Process. In: *Administration & Society* 6 (4), S. 445–488.

van Waarden, Frans (1993): Über die Beständigkeit nationaler Politikstile und Politiknetzwerke. Eine Studie zur Genese ihrer institutionellen Verankerung. In: Roland Czada und Manfred G. Schmidt (Hg.): Verhandlungsdemokratie, Interessenvermittlung, Regierbarkeit. Opladen: Westdeutscher Verlag, S. 191–212.

van Waarden, Frans (1995): Persistence of National Policy Styles. A Study of Their Institutional Foundations. In: Brigitte Unger (Hg.): Convergence or Diversity? Internationalization and Economic Policy Response. Aldershot: Avebury, S. 333–372.

Vänsterpartiet (V) (2002): Vänsterpartiets Valplattform. Uppdrag Rättvisa. Stockholm.

Vasev, Nikolay; Vrangbæk, Karsten (2014): Transposition and National-level Resources. Introducing the Cross-border Healthcare Directive in Eastern Europe. In: *West European Politics* 37 (4), S. 693–710.

Vedder, Hans; Rønne, Anita; Roggenkamp, Martha; Del Guayo, Iñigo (2016): EU Energy Law. In: Martha Roggenkamp, Catherine Redgwell, Anita Rønne und Iñigo Del Guayo (Hg.): Energy Law in Europe. National, EU and International Regulation. 3. Aufl. Oxford: Oxford University Press, S. 187–366.

Verband der Deutschen Biokraftstoffindustrie e. V. (VDB) (2007): Besteuerung von Biodiesel gefährdet Zukunftsbranche. Berlin, 21.03.2007.

Verbong, Geert P. J. (1999): Wind Power in the Netherlands, 1970–1995. In: *Centaurus* 41 (1-2), S. 137–160.

Verbong, Geert P. J.; Geels, Frank (2007): The Ongoing Energy Transition. Lessons from a Socio-technical, Multi-level Analysis of the Dutch Electricity System (1960–2004). In: *Energy Policy* 35, S. 1025–1037.

Vereinigung der Österreichischen Industrie (IV) (2004a): Industrie: Politik bekommt Ökostromkosten nicht in den Griff! IV, WKÖ und AK üben heftige Kritik an überbordenden Kosten für Ökostromförderung – Erneuerbare Energie effizient und sinnvoll fördern, ohne sich an Kunden finanziell schadlos zu halten. Wien, 22.04.2004.

Vereinigung der Österreichischen Industrie (IV) (2004b): Beyrer: Ökostrom-Förderung braucht Effizienz. Kesseltreiben der Ökostrom-Profiteure auf Kosten der Allgemeinheit – 10% Ökostromziel mit aktuellem Förderregime kostet 5 Milliarden Euro. Wien, 06.10.2004.

Vereinigung der Österreichischen Industrie (IV) (2005): Ökostrom-Novelle: IV begrüßt Kompromiss. Vize-GS Koren: Kostendeckung für Zukunft möglich – Überförderung der vergangenen Jahre als Sündenfall. Wien, 25.11.2005.

Versluis, Esther (2004): Explaining Variations in Implementation of EU Directives. In: *European Integration online Papers* 8 (19), S. 1–21.

Versluis, Esther (2007): Even Rules, Uneven Practices. Opening the 'Black Box' of EU Law in Action. In: *West European Politics* 30 (1), S. 50–67.

Vleuten, Anna van der (2005): Pincers and Prestige: Explaining the Implementation of EU Gender Equality Legislation. In: *Comparative European Politics* 3 (4), S. 464–488.

Vogelpohl, Thomas (2011): Konvergenzdynamiken in der europäischen Biokraftstoffpolitik. Internationale Institutionen als Motor der Politikangleichung? Fair Fuels? Working Paper 2. Hg. v. Institut für ökologische Wirtschaftsforschung (IÖW). Berlin.

Vogelpohl, Thomas (2018): Biokraftstoffpolitik in Deutschland. Zur diskursiven Konstruktion einer multiplen Problemlösung. Wiesbaden: Springer VS.

Vogelpohl, Thomas; Ohlhorst, Dörte; Bechberger, Mischa; Hirschl, Bernd (2017): German Renewable Energy Policy. Independent Pioneering Versus Creeping Europeanization? In: Israel Solorio und Helge Jörgens (Hg.): A Guide to EU Renewable Energy Policy. Comparing Europeanization and Domestic Policy Change in EU Member States. Cheltenham: Edward Elgar, S. 45–64.

Volkspartij voor Vrijheid en Democratie (VVD) (1994): Nederland moet weer aan de slag. Kernprogramma 1994–1998. Den Haag.

Volkspartij voor Vrijheid en Democratie (VVD) (2002): Ruimte, Respect & Vooruitgang. Verkiezingsprogramma 2002–2006. Den Haag.

Walker, Peter (2007): Government Pushes Forward Nuclear Plans. In: The Guardian, 23.05.2007. www.theguardian.com (03.08.2020).

Walter, Stefanie (2016): Crisis Politics in Europe. Why Austerity Is Easier to Implement in Some Countries Than in Others. In: Comparative Political Studies 49 (7), S. 841–873.

Wang, Yan (2006): Renewable Electricity in Sweden. An Analysis of Policy and Regulations. In: Energy Policy 34 (10), S. 1209–1220.

Weale, Albert (1992): The New Politics of Pollution. Manchester: Manchester University Press.

Weidner, Helmut; Mez, Lutz (2008): German Climate Change Policy. A Success Story With Some Flaws. In: The Journal of Environment & Development 17 (4), S. 356–378.

Wennerås, Pål (2006): A New Dawn for Commission Enforcement Under Articles 226 and 228 EC. General and Persistent (GAP) Infringements, Lump Sums and Penalty Payments. In: Common Market Law Review 43 (1), S. 31–62.

Wetz, Andreas (2008): Klimafonds. Fördermillionen liegen auf Eis. In: Die Presse, 07.04.2008. www.diepresse.com (26.08.2020).

Whiteside, K. H.; Boy, D.; Bourg, D. (2010): France's 'Grenelle de l'environnement'. Openings and Closures in Ecological Democracy. In: Environmental Politics 19 (3), S. 449–467.

Wilson, James Q. (1973): Political Organizations. New York: Basic Books.

Winkler-Hermaden, Rosa (2010): Als Österreich der Buhmann der EU war. In: DER STANDARD, 21.01.2010. www.derstandard.at (02.06.2020).

Winkler-Rieder, Waltraud (1997): Energiepolitik. In: Herbert Dachs, Peter Gerlich, Franz Horner Gottweis, Helmut Kramer, Volkmar Lauber, Wolfgang C. Müller und Emmerich Tálos (Hg.): Handbuch des politischen Systems Österreichs. Die zweite Republik. 3. Aufl. Wien: Manzsche Verlags- und Universitätsbuchhandlung, S. 619–627.

Winter, Ralf (2010): Biokraftstoffe im Verkehrssektor 2010. Zusammenfassung der Daten der Republik Österreich gemäß Art. 4, Abs. 1 der Richtlinie 2003/30/EG für das Berichtsjahr 2009. Hg. v. Bundesministerium für Land- und Forstwirtschaft, Umwelt und Wasserwirtschaft (BMLFUW). Wien.

Wirtschaftskammer Österreich (WKÖ) (2003): Wirtschaft fordert rasche Novelle zum Ökostromgesetz. Mitlehner: Ohne Kostenbremse gerät Ökostromförderung ins Schleudern – droht Endverbrauchern ansonsten weiterer Kostenschub. Wien, 11.12.2003.

Wirtschaftskammer Österreich (WKÖ) (2004a): Industrie: Novellierung des Ökostromgesetzes unvermeidlich. „Das vom Wirtschaftsministerium geplante Ausschreibungssystem ist Garant für die sinnvolle Mittelverwendung". Wien, 03.09.2004.

Wirtschaftskammer Österreich (WKÖ) (2004b): Industrie: Unplanbare Förderung von Ökostrom schädigt Wirtschaftsstandort. Ökoenergie muss marktfähig sein und kosteneffizient produziert werden. Wien, 16.11.2004.

Wirtschaftskammer Österreich (WKÖ) (2004c): Ökostromgesetz: Mitterlehner bedauert „Parteitaktik" der SPÖ. WKÖ-General lobt vorgesehene Ökostrom-Novelle als positive Sachlösung – Nun droht Rechtsunsicherheit und steigende Belastung der Stromkunden – Hoffnung auf Einigung im Jänner. Wien, 09.12.2004.

Wirtschaftskammer Österreich (WKÖ) (2005): Dachverband Energie-Klima: Novelle hebt Stillstand bei der Ökostromförderung auf. Kanduth: Langfristig wird sich Ökostrom durchsetzen – Ausgewogene Unterstützung der Ökoenergiebranche bis 2011 sichergestellt. Wien, 25.11.2005.

Wolsink, Maarten (1996): Dutch Wind Power Policy. Stagnating Implementation of Renewables. In: *Energy Policy* 24 (12), S. 1079–1088.

Wood, Geoffrey; Dow, Stephen (2011): What Lessons Have Been Learned in Reforming the Renewables Obligation? An Analysis of Internal and External Failures in UK Renewable Energy Policy. In: *Energy Policy* 39 (5), S. 2228–2244.

Woodman, Bridget; Mitchell, Catherine (2011): Learning From Experience? The Development of the Renewables Obligation in England and Wales 2002–2010. In: *Energy Policy* 39 (7), S. 3914–3921.

World Wide Fund For Nature (WWF) (2005): „Wir bitten zum Amtsantritt, Minister Pröll!". Wer mit der Arbeit nicht begonnen hat, kann sie auch nicht zurücklegen. Wien, 01.12.2005.

Wurzel, Rüdiger K. W.; Connelly, James (2011): Introduction. European Union Political Leadership in International Climate Change Politics. In: Rüdiger K. W. Wurzel und James Connelly (Hg.): The European Union as a Leader in International Climate Change Politics. Abingdon: Routledge, S. 3–20.

Wüstenhagen, Rolf; Bilharz, Michael (2006): Green Energy Market Development in Germany. Effective Public Policy and Emerging Customer Demand. In: *Energy Policy* 34 (13), S. 1681–1696.

Yin, Robert K. (2009): Case Study Research. Design and Methods. 4. Aufl. Los Angeles: Sage.

Zanten, Agnès van; Maxwell, Claire (2015): Elite Education and the State in France. Durable Ties and New Challenges. In: *British Journal of Sociology of Education* 36 (1), S. 71–94.

Zeitlin, Jonathan (2016): EU Experimentalist Governance in Times of Crisis. In: *West European Politics* 39 (5), S. 1073–1094.

Zhelyazkova, Asya (2012): Compliance Under Controversy. Analysis of the Transposition of European Directives and Their Provisions. Dissertation. Universiteit Utrecht, Utrecht.

Zhelyazkova, Asya (2013): Complying With EU Directives' Requirements. The Link Between EU Decision-Making and the Correct Transposition of EU Provisions. In: *Journal of European Public Policy* 20 (5), S. 702–721.

Zhelyazkova, Asya; Kaya, Cansarp; Schrama, Reini (2016): Decoupling Practical and Legal Compliance. Analysis of Member States' Implementation of EU Policy. In: *European Journal of Political Research* 55 (4), S. 827–846.

Zhelyazkova, Asya; Kaya, Cansarp; Schrama, Reini (2017): Notified and Substantive Compliance With EU Law in Enlarged Europe. Evidence From Four Policy Areas. In: *Journal of European Public Policy* 24 (2), S. 216–238.

Zhelyazkova, Asya; Kaya, Cansarp; Schrama, Reini (2018): When Practice Goes Beyond Legislators' Expectations. Analysis of Practical Implementation Exceeding Legal Compliance With EU Directives. In: *Journal of Common Market Studies* 56 (3), S. 520–538.

Zhelyazkova, Asya; Thomann, Eva (2021): 'I Did It My Way'. Customisation and Practical Compliance With EU Policies. In: *Journal of European Public Policy*, S. 1–21.

Zhelyazkova, Asya; Torenvlied, René (2011): The Successful Transposition of European Provisions by Member States. Application to the Framework Equality Directive. In: *Journal of European Public Policy* 18 (5), S. 690–708.

Zhelyazkova, Asya; Yordanova, Nikoleta (2015): Signalling 'Compliance'. The Link Between Notified EU Directive Implementation and Infringement Cases. In: *European Union Politics* 16 (3), S. 408–428.

Zito, Anthony R.; Bruckner, Lars; Jordan, Andrew; Wurzel, Rüdiger K. W. (2003): Instrument Innovation in an Environment Lead State. 'New' Environmental Policy Instruments in the Netherlands. In: *Environmental Politics* 12 (1), 157–178.

Zubek, Radoslaw; Staronova, Katarina (2010): Ministerial Transposition of EU Directives. Can Oversight Improve Performance? Working Paper No. 09/2010. Hg. v. Institute for European Integration Research. Wien.

The manufacturer's authorised representative in the EU is Springer
Nature Customer Service Centre GmbH, Europaplatz 3, 69115 Heidelberg,
Germany. If you have any concerns regarding our products, please
contact ProductSafety@springernature.com

Printed and bound by CPI Group (UK) Ltd, Croydon, CR0 4YY
28/04/2026
02098491-0010